Wettbewerbsfaktor Produktionstechnik

Aachener Perspektiven

Herausgeber:
AWK Aachener Werkzeugmaschinen-Kolloquium

Walter Eversheim
Fritz Klocke
Tilo Pfeifer
Manfred Weck

Die Deutsche Bibliothek - CIP-Einheitsaufnahme

Wettbewerbsfaktor Produktionstechnik: Aachener Perspektiven/
[Aachener Werkzeugmaschinen-Kolloquium '99].
Hrsg.: AWK Aachener Werkzeugmaschinen-Kolloquium. W. Eversheim...-
Sonderausg.- Aachen: Shaker, 1999
ISBN 3-8265-4344-0

Sonderausgabe für
AWK Aachener Werkzeugmaschinen-Kolloquium

Copyright Shaker Verlag 1999
Alle Rechte, auch das des auszugsweisen Nachdruckes, der auszugsweisen oder vollständigen Wiedergabe, der Speicherung in Datenverarbeitungsanlagen und der Übersetzung, vorbehalten.
Die Wiedergabe von Gebrauchsnamen, Handelsnamen, Warenbezeichnungen usw. in diesem Werk berechtigt auch ohne besondere Kennzeichnung nicht zu der Annahme, daß solche Namen im Sinne der Warenzeichen- und Markenschutz-Gesetzgebung als frei zu betrachten wären und daher von jedermann benutzt werden dürften.

Herstellung: Rhiem Druck, Voerde

Printed in Germany.

ISBN 3-8265-4344-0

Shaker Verlag GmbH • Postfach 1290 • 52013 Aachen
Telefon: 02407/95 96 - 0 • Telefax: 02407/95 96 - 9
Internet: www.shaker.de • eMail: info@shaker.de

Vorwort

In einigen Bereichen der Wirtschaft schwächt sich der Aufwärtstrend der letzten Jahre merklich ab. Gerade unter schwieriger werdenden Randbedingungen ist es für die produzierenden Unternehmen wichtig, sich auf Kernkompetenzen zu konzentrieren und markt- sowie produktorientierte Kooperationen einzugehen. Hiermit verbundene Umstrukturierungsmaßnahmen bedürfen jedoch eines ausreichenden Zeitvorlaufs. Dies wird dadurch verstärkt, daß sich Produktlebenszyklen verkürzen und Produktionsstandorte ihre Einmaligkeit verlieren. Um in diesem Umfeld wettbewerbsfähig zu bleiben und neue Spitzenpositionen zu erlangen, müssen Unternehmen ihre Innovationsfähigkeit schnell und wirksam steigern.

Aber, Innovationswettbewerb heißt auch immer Zeitwettbewerb. Innovative Produkte und wandlungsfähige Geschäftsprozesse sowie das Arbeiten in Verbünden sind deshalb besondere Herausforderungen für die Zukunft.

Das Aachener Werkzeugmaschinen-Kolloquium AWK '99 widmet sich diesen aktuellen Fragestellungen unter dem Motto „Wettbewerbsfaktor Produktionstechnik - Aachener Perspektiven". Neben der Analyse und der Bewertung aktueller Problemstellungen werden in den Bereichen Unternehmensstrategien, Produktentwicklung, Produktion sowie Systeme für die Produktion konkrete Lösungswege aufgezeigt und Handlungsanleitungen für die direkte praktische Umsetzung vorgestellt. Diese Ergebnisse wurden von Experten aus Industrie und Wissenschaft gemeinsam erarbeitet.

Um das Thema „Wettbewerbsfaktor Produktionstechnik - Aachener Perspektiven" einem größeren Interessentenkreis zugänglich zu machen, setzen wir die Reihe der AWK-Vortragsbände mit dem vorliegenden Kompendium fort.

Wir danken allen, die mit großem Engagement an der Erstellung dieses Buches mitgewirkt haben.

Aachen, im Juni 1999   Fritz Klocke
                                                        Walter Eversheim
                                                        Tilo Pfeifer
                                                        Manfred Weck

Grußwort

Eberhard Reuther

Präsident des Verbandes
Deutscher Maschinen- und Anlagenbau,
Vorsitzender des Vorstandes der Körber AG, Hamburg

Sehr geehrte Damen und Herren,

der Maschinen- und Anlagenbau hält in der industriellen Welt eine Schlüsselposition. Wie keine andere Branche versammeln wir die verschiedensten wissenschaftlichen Disziplinen: Mathematik, Physik, Werkstoffkunde, Verfahrenstechnik, Chemie, Elektrotechnik, Elektronik, Informatik bis hin zur Betriebswirtschaft. Wie keine andere Branche sind wir deshalb auf eine breite Basis dieser verschiedenen Wissenschaftsgebiete in Europa und hier in Deutschland angewiesen. Dabei leben wir nirgendwo vom Durchschnitt: Im weltweiten Wettbewerb brauchen wir auf allen Gebieten weltweit die Spitzenposition. Nicht von ungefähr nimmt die Frage der Hochschulausbildung, aber auch die Zusammenarbeit mit den verschiedensten Hochschulen in der Arbeit des VDMA einen ganz entscheidenden Stellenwert ein. Seit jeher pflegen wir deshalb mit den Maschinenbau-Lehrstühlen der unterschiedlichsten Fachrichtungen eine enge Zusammenarbeit. Die Gemeinschaftsforschung von Industrie und Wissenschaft hat bei den Mitgliedern des VDMA traditionell eine große Bedeutung und einen entsprechenden Umfang.

Ich freue mich deshalb sehr, heute vor Ihnen im Namen des VDMA und unserer Branche Grußworte sprechen zu können.

Bei Pressekonferenzen muß ich als VDMA-Präsident in erster Linie als Konjunkturwahrsager und Politikkritiker auftreten. Lassen Sie mich deshalb hier bei Ihnen die Gelegenheit nutzen, grundsätzlicher zu werden. Denn die Wucht der Veränderungen greift bei weitem tiefer als das konjunkturelle Auf und Ab, das - fast möchte ich sagen - selbstverständlich zu unserem Geschäft gehört.

Drei Kernthesen würde ich vor Ihnen gerne skizzieren:

1. Unsere Kunden konzentrieren sich immer stärker auf ihr eigenes Produkt und dessen Vermarktung.

Unsere Kunden kommen mehr und mehr unter Druck. Die Unternehmen sind mehr und mehr gezwungen, sich auf die Aufgaben zu konzentrieren, die für ihre Marktposition entscheidend sind. Das sind Produktentwicklung und Marktdurchdringung.

Als Lieferant der Maschinen und Anlagen werden wir zunehmend für Herstellung, Qualität und Produktkosten in die Pflicht genommen. Wir sollen sicherstellen,

- daß das Gesamtproduktionssystem optimiert ist.
- daß die Optimierung nicht nur nach technischen Kriterien, wie Output, erfolgt, sondern daß ebenso Qualität, Kosten, Auslastungsschwankungen, unterschiedliche Standort- und Infrastrukturbedingungen, Materialgüten der Ausgangsmaterialien oder unzulängliche Mitarbeiterqualifikationen im Kundenunternehmen berücksichtigt werden.

Nur mit einer solchen Sichtweise werden wir für unsere Kunden zum nicht leicht austauschbaren, unverzichtbaren Partner. Es geht also immer weniger um den einzelnen Roboter, die einzelne Werkzeugmaschine oder das einzelne Werkzeug. Das Zusammenspiel der einzelnen Systembausteine Material, Maschine, Software, Mensch und Organisation gibt den Ausschlag über Erfolg oder Mißerfolg.

Somit verliert die Technik allein an Bedeutung. War es früher möglich, durch technische Finessen Wettbewerbsvorsprünge am Markt zu erzielen, fragt heute der Kunde nach dem Gesamtnutzen für sein Endprodukt und seine Lieferfähigkeit.

Diese Kundenbedürfnisse werden von der Technik zusätzlich gefördert und geweckt. Ausgefeiltere Software, mechanische und elektronische Komponenten, die die Maschinen ihrerseits selbständiger machen, ermöglichen heute einen ganz anderen Grad der Vernetzung von Maschinen zu Gesamtsystemen sogar von ganzen Unternehmensverbünden. Bisherige Grenzen werden so von der Technik selbst überschritten. Neue Maßstäbe der Optimierung werden gesetzt.

2. Die Individualisierung der Geschäftsbeziehungen nimmt weiter zu.

Durch das vorhergesagte wird verständlich, daß zum Leistungsumfang neben der Hardware und Software zunehmend auch die Dienstleistung gehört: Die Bedingungen des Kundengeschäftes, die Qualifikation seiner Mitarbeiter, die spezifischen Anforderungen seiner Produkte an die Herstelltechnik oder die Möglichkeiten seiner Kunden Investitionsrisiken einzugehen bzw. Kapazitäten auch bei schwankendem Geschäft vorzuhalten, müssen erfaßt und in „Lastenhefte" umgesetzt werden.

Zur Bereitstellung der Maschinen und Anlagen kommt die Schulung der Mitarbeiter. Selbst permanente personelle und organisatorische Unterstützung beim Betreiben unserer Produktionsanlagen wird nachgefragt. Betreibermodelle sind zwischenzeitlich keine Seltenheit mehr. Der Kunde will das Loch und nicht den Bohrer, so hat es mein Vize Rolf Kuhnke gesagt.

Das Leistungsangebot geht schließlich über die Rücknahme von Gebrauchtmaschinen bis hin zum Recycling. Ja, selbst Neumaschinen werden mit Altmaschinen „bezahlt". Der Kunde macht uns so mitverantwortlich für den gesamten Lebenszyklus der Maschine bis hin zum Thema des weltweiten Kapazitätsmanagements: Im Extremfall kann man sich vorstellen, daß der Lieferant von Maschinen und Anlagen immer nur die Produktionskapazität zur Verfügung stellt, die der Kunde zeitpunktbezogen wirklich benötigt.

Die Grenzen zwischen Investitionsgut und Dienstleistung verwischen sich immer mehr. Hat Dienstleistung allein keine Zukunft mehr? Es scheint so. Dienstleistung-

Produktion-Dienstleistung charakterisiert das Verhältnis zwischen dem Kunden und Lieferanten von Maschinen und Anlagen. Und jeder Kunde definiert dieses Verhältnis für sich ganz individuell.

Das hat noch andere Auswirkungen:

Normen und Standards werden mehr und mehr vom Markt als Begrenzung der Individualisierung gesehen. Standardisierung ist nunmal das Gegenteil von Individualisierung. Und der Stand der Technik, den Normen auch definieren möchten, gibt es in dem Maße nicht mehr. Stand der Technik ist eben nicht mehr das, was machbar ist, sondern ausschließlich das, was den Kunden in seinem Geschäft erfolgreicher macht.

Wir empfanden es bislang als besonders modern, den Kunden als König zu bezeichnen. Der Wunsch des Königs Kunde hatte uns Befehl zu sein. Doch in dem Maße, wie sich Zuständigkeiten vom Kunden auf den Lieferanten verlagern, reicht es nicht mehr aus, dem König seine Wünsche geradezu willfährig von den Lippen abzulesen. König Kunde will vielmehr, daß wir unsere eigene Kompetenz in das Geschäft mit ihm einbringen. Wir müssen verantwortlicher und offensiver im Verhältnis zum Kunden mit dem umgehen, was wir können. Wir müssen wirklich zu dem stehen, was wir für das Beste für den Kunden halten und können uns nicht mehr nur auf das versteifen, was der Kunde als Wunsch geäußert hat. Wir müssen - um es auf den Punkt zu bringen - auf unserem Gebiet die Bedürfnisse des Kunden besser kennen als er selbst. König Kunde ist tot - Es lebe die Republik - nein - die Partizipation.

Ich komme damit zur dritten und letzten Kernaussage:

3. Der Ersatz menschlicher Arbeitskraft reicht nicht mehr.

Rationalisierung durch Technik war von jeher geprägt von dem Bestreben, menschliche Arbeitskraft zu unterstützen, nachzuahmen und zu ersetzen. Das Personalkostenthema ist uns allen hinreichend bekannt.

Doch in dem Maße, wie kundenindividuelle Gesamtsysteme und dazu gehören die Menschen, optimiert werden, wird auch die Optimierungsaufgabe komplexer.

In vielen Ländern der Welt gibt es unterschiedliche Knappheitsverhältnisse. Arbeitskräfte, allerdings mit höchst unterschiedlichen Qualifikationen, zu niedrigen Löhnen stehen vielfach im Übermaß zur Verfügung. Dort Maschinen ausschließlich unter dem Blickwinkel des Ersatzes menschlicher Arbeitskraft verkaufen zu wollen, ist häufig weder wirtschaftlich noch politisch möglich. Aber wie muß Technik aussehen, die die Stabilität der Produktionsabläufe gewährleistet und gleichzeitig menschliche Arbeitskraft wieder in die Fabriken holt? Wir kennen die Frage, aber die Lösung noch nicht. Um so wichtiger ist es an solcher Art Themen gemeinsam zu arbeiten.

Wie ist die Antwort der Technik auf eine sich verdoppelnde Erdbevölkerung? – Die Gesamtressourcenproduktivität müssen wir erhöhen, nicht nur die Produktivität menschlicher Arbeit! Es ist Grenzwertoptimierung hinsichtlich aller unserer Ressourcen gefragt: Von der Umwelt (Wasser, Energie) über die Produktion (Emissionen, Immissionen, Material) bis hin zur Arbeit (Qualifikation, Verfügbarkeit) und Kapital.

Gleichzeitig geht es natürlich darum, in hochentwickelten Volkswirtschaften, Produktionsmöglichkeiten zur Verfügung zu stellen, die in der Tat die Arbeitsproduktivität dem hohen, wenn nicht sogar zu hohen Lohnniveau entsprechend anheben. Insofern gibt es auch bei diesem Optimierunsproblem kein „entweder-oder" sondern ein „sowohl-als-auch". Das Spektrum der Anforderungen wird größer.

Die Technik wird in Zukunft mehr leisten müssen. Technik ist mehr denn je entscheidende Grundlage dafür, daß unsere Kunden im weltweiten Wettbewerb erfolgreich sind und daß eine weiter wachsende Menschheit auch in Zukunft eine Überlebenschance hat.

Dafür brauchen wir Spitzenleistungen in der Wissenschaft aber auch die Bereitschaft aller, über den eigenen Tellerrand hinaus zu schauen. Mehr denn je wird es auf die Integrationsleistung der verschiedenen Wissenschaften ankommen: Die Grenzen zwischen Technologien und den verschiedenen Industriebranchen sind fließend geworden. Das ist nicht zuletzt der Grund dafür, warum sich gerade der VDMA so vehement für eine Neukonzeption der Hannover Messe unter der Überschrift „FABRIKAUTOMATION" mit Erfolg - das kann ich nach erfolgreichem Verlauf der Hannover Messe heute sagen - eingesetzt hat. Wir müssen deutlich machen, daß es in Zukunft immer mehr um das Zusammenspiel verschiedener Technologien, verschiedener technischer Lösungen und verschiedener Komponenten aus unterschiedlichen Unternehmen ankommt. Immer weniger geht es um die Spitzenleistung des Einzelnen. Die Gesamtleistung ist gefragt! Und da sind wir in Deutschland gar nicht so schlecht.

Insgesamt wird so die Kommunikation zwischen Kunden und Lieferanten vielschichtiger. Im weltweiten Geschäft werden die interkulturellen Kompetenzen der Beteiligten immer wichtiger. Auch wird es darauf ankommen, die Grenzen des Einzelunternehmens zu überspringen. Denn die eigentliche Leistung des Lieferanten von Maschinen und Anlagen besteht immer weniger darin, was er alleine kann. Auf die Leistung - entstanden auch im Verbund mit anderen - kommt es an!

Damit ist indirekt - lassen Sie mich mit diesem Gedanken schließen - das Thema von Unternehmenskooperationen und auch das Thema von Unternehmenszusammenschlüssen angesprochen. Auch das wird zusätzlich, gerade den mittelständisch geprägten Maschinenbau, sehr fordern. Auf der einen Seite gilt es, Leistungsverbünde zu schaffen, auf der anderen Seite sollten wir die Gestaltungs- und Innovationskraft gerade der mittelständischen Unternehmen bewahren und über den Generationswechsel hinaus weiterentwickeln.

Die Zukunft wird vor diesem Hintergrund spannend und gerade Sie, als Ingenieure im Maschinenbau, stehen vor einer wahrhaft globalen Aufgabe.

Eberhard Reuther

Inhalt

0   Die Zukunft produzierender Unternehmen -
Ein mutiger Blick nach vorn   1

1.1 Nummer 1 in Qualität -
Der Weg zu Business Excellence   17

1.2 Integrierter Umweltschutz -
Ein strategischer Erfolgsfaktor   49

1.3 Wissen -
Die Ressource der Zukunft   73

2.1 Innovation mit System -
Die Zukunft gestalten   99

2.2 Virtual Engineering -
Leistungsfähige Systeme für die Produktentwicklung   141

3.1 Dynamik Leichtbau -
Werkstoff, Gestalt und Fertigung   169

3.2 Einführung von Hochleistungsprozessen -
Mit Technologiekooperation zum Erfolg   209

3.3 Hybride Prozesse -
Neue Wege zu anspruchsvollen Produkten   243

3.4 Werkzeugbau mit Zukunft -
Vom Dienstleister der Produktion zum Partner in der Prozeßkette   279

4.1 Trends im Werkzeugmaschinenbau -
Schnell und zuverlässig   311

4.2 Internet-Technologie für die Produktion -
Neue Arbeitswelt in Werkstatt und Betrieb   357

4.3 Mikrotechnik -
Von der Idee bis zum Produkt   399

4.4 Komplexe Produktionsprozesse sicher beherrschen -
Eine Herausforderung für die Fertigungsmeßtechnik   421

0 Die Zukunft produzierender Unternehmen - Ein mutiger Blick nach vorn

Gliederung:

1 Einleitung

2 Die Produktivitätsoffensive

3 Die Produktoffensive

4 Die Internationalisierungsoffensive

5 Die Imageoffensive

6 Fazit

Kurzfassung:

Die Zukunft produzierender Unternehmen - Ein mutiger Blick nach vorn
Die Zukunft produzierender Unternehmen wird in den nächsten Jahren noch stärker als bisher von der eigenen Aktionsgeschwindigkeit beeinflußt, wahrscheinlich sogar von ihr abhängen. Im Geschwindigkeitsrausch wird jedoch häufig vergessen, daß Schnelligkeit allein nicht immer das Entscheidende ist, sondern oft auch mit Beharrung und Langsamkeit gepaart sein muß. Patentrezepte gibt es nicht. Jede Firma, jeder Fall muß individuell betrachtet werden. Dennoch gibt es „Hausaufgaben", die entschlossen abgearbeitet werden müssen, soll der Erfolg und die Zukunftsfähigkeit eines Unternehmens langfristig abgesichert werden. Die wichtigsten Handlungsfelder lauten: Produktivität, Innovationen, Internationalisierung und Image. Wer auf diesen Feldern die Weichen rechtzeitig in die richtige Richtung stellt, agiert - und muß nicht auf den Wettbewerb reagieren. Wer die Initiative ergreift, bestimmt seine Aktionsgeschwindigkeit eigenständig - und gerät nicht in Zugzwang.

Abstract:

Manufacturing Companies' Future - Looking forward
The future of manufacturing companies will be more and more influenced by their agility, probably depend on their agility. But: focussing on agility managers tend to forget that speed is not the only success factor for a company. In some cases agility has to be combined with intelligent slow response. There are no easy prescriptions available. Each company has to be treated individually. But there is some basic "homework", which has to be done to safe a company's success and future. The main fields of action are: efficiency, innovation, globalization and image. Companies which early manage to have their switches in the right position in these fields have the chance to be the acting - and not the reacting - part of the market. To be initiative means to determine the speed of the business.

1 Einleitung

„Jeden Morgen erwacht in Afrika eine Gazelle. Sie weiß, daß sie schneller sein muß als der schnellste Löwe, sonst wird sie gefressen. Und jeden Morgen erwacht in Afrika ein Löwe, der weiß, daß er schneller sein muß als die langsamste Gazelle, sonst wird er verhungern. Es ist also gleichgültig, ob man Gazelle ist oder Löwe. Wenn die Sonne aufgeht, empfiehlt es sich, daß man losrennt" (Bild 1). So steht es in dem Buch „Die Beschleunigungsfalle oder Der Triumph der Schildkröte" [1]. Charles Darwin hat dies bekanntlich als „Struggle of Life" oder „Survival of the Fittest" bezeichnet [2].

Bild 1: Über die Geschwindigkeit [3]

Was für die Gazelle und den Löwen gilt, gilt offensichtlich auch für Unternehmen. Denn so mancher Topmanager läßt sich in jüngster Zeit gern zu der Prophezeiung verleiten, daß künftig nur noch die Geschwindigkeit dominieren werde. Beobachtet man die aktuelle Fusionswelle, die weltweit fast alle Branchen erfaßt hat, dann muß man zwangsläufig den Eindruck bekommen, daß die Prophezeiung Realität geworden ist - ja, daß sie auch in der Vergangenheit schon auf der Tagesordnung stand.

Gleichgültig, ob man nun Löwe oder Gazelle ist, über eines sollte man sich im Klaren sein: Die Zukunft eines produzierenden Unternehmens wird in den nächsten Jahren noch stärker als bisher von der eigenen Aktionsgeschwindigkeit beeinflußt, wahrscheinlich sogar von ihr abhängen.

Oder anders ausgedrückt: Wer heutzutage im immer schärfer werdenden internationalen Wettbewerb nicht schnell und flexibel genug agiert, wird letztendlich seine Wettbewerbsfähigkeit aufs Spiel setzen, sie vermutlich sogar verlieren. Er wird entweder verhungern oder gefressen werden. Soweit mag die These also richtig sein.

Doch dies ist nur die halbe Wahrheit. Im Geschwindigkeitsrausch wird häufig vergessen, daß Schnelligkeit allein nicht immer das Entscheidende ist, sondern oft auch mit Beharrung und Langsamkeit gepaart sein muß. Denn wenn Tempo zum Dogma wird, können dynamische Prozesse in der Wirtschaft auch sehr schnell zu unkalkulierbaren Risiken werden.

Eines der spektakulärsten Beispiele für das Zuschnappen der Beschleunigungsfalle in jüngster Zeit war wohl die hochmoderne Speicherchip-Fabrik von Siemens in England. Im August 1995 gab Siemens den Bau der Fabrik bekannt. Insgesamt tausend neue Arbeitsplätze sollten in der strukturschwachen Region geschaffen werden. In Anwesenheit der Queen wurde die Fabrik im Mai 1997 feierlich eröffnet. Und im August 1998 mußte Siemens dann - für alle Welt überraschend - die Schließung des neuen Werkes bekanntgeben.

Was ist in diesen nur 15 Monaten passiert, das Siemens veranlaßte, eine solch radikale, kostspielige und - was die Arbeitsplätze angeht - unpopuläre Entscheidung zu treffen? Die Antwort ist so einleuchtend wie niederschmetternd: ein schmerzlicher Verlust von - bei vorsichtiger Schätzung - mehr als einer Milliarde Mark und keine Hoffnung, daß sich dieser Zustand wieder ändern könnte [4, 5].

Der Auslöser für dieses Desaster lag vor allem darin, daß die Preise für Speicherchips innerhalb eines Jahres dramatisch abgestürzt waren. Selbst die weltweit besten Hersteller - und Siemens zählte sich dazu - konnten nicht einmal mehr ihre variablen Kosten decken.

Die Speicherchipfabrik ist ein warnendes und mahnendes Symbol dafür, wie schnell unternehmerische Strategien im Zeitalter der Globalisierung und des immer schärfer werdenden internationalen Wettbewerbs Makulatur werden können. Das ist nicht weiter verwunderlich, schließlich werden Investitionsentscheidungen immer auf der Basis bestehender Daten getroffen, was schlicht daran liegt, daß die Zukunft generell schwer vorherzubestimmen ist.

Ein anderes Beispiel: Napoleon ließ seine Truppen etwa zweitausend Jahre nach Julius Caesar durch Europa marschieren, doch Caesar konnte eine Armee genauso schnell von Punkt A nach Punkt B bewegen wie Napoleon. Und beide haben dabei ausschließlich auf Pferd und Wagen zurückgegriffen.

Der Schluß ist also naheliegend: Zweitausend Jahre waren verstrichen, ohne daß es im Landtransport zu einer nennenswerten Innovation gekommen wäre. Doch nur fünfzig Jahre nach Napoleons Tod bewegte sich die Dampfeisenbahn mit 100 Stundenkilometern voran - und jeder weiß, daß diese Innovation die Mobilität schlagartig veränderte, ohne daß sie jemand hätte prognostizieren können. Nicht anders wird es wahrscheinlich Siemens in England ergangen sein. Und Beispiele für ähnlich gelagerte Fälle gibt es zuhauf.

Wie muß man sich also heute als Unternehmer aufstellen, um schnell und flexibel auf die immer komplexer werdenden globalen Herausforderungen unserer Zeit reagieren zu können, ohne dabei in die Beschleunigungsfalle zu tappen? Dieser Frage müssen sich heute national wie international operierende Unternehmen jeden Tag aufs Neue stellen.

Ein Patentrezept gibt es natürlich nicht. Jede Firma, jeder Fall muß individuell betrachtet und analysiert werden. Dennoch gibt es Überlegungen, die nicht ignoriert werden dürfen, wenn die Zukunftsfähigkeit eines Unternehmens auf der Tagesordnung steht.

Im folgenden wird aufgezeigt, auf welchen Feldern die Weichen rechtzeitig und konsequent in die richtige Richtung gestellt werden müssen, will man auch im nächsten Jahrzehnt agieren und nicht reagieren. Denn wer die Initiative zuerst ergreift, bestimmt seine Aktionsgeschwindigkeit eigenverantwortlich - und damit auch indirekt die des Wettbewerbers.

Es gilt, vier Offensiven zu starten: die Produktivitäts-, die Produkt-, die Internationalisierungs- und die Imageoffensive (Bild 2). Keine Frage: Für die Automobilindustrie gelten alle vier. Eine Verallgemeinerung ist aber nicht zulässig, gibt es doch Unternehmen in anderen Branchen, für die zum Beispiel die letzten beiden - die Internationalisierungs- oder die Imageoffensive - keine oder nur eine geringe Rolle spielen.

Von der Defensive in die ...

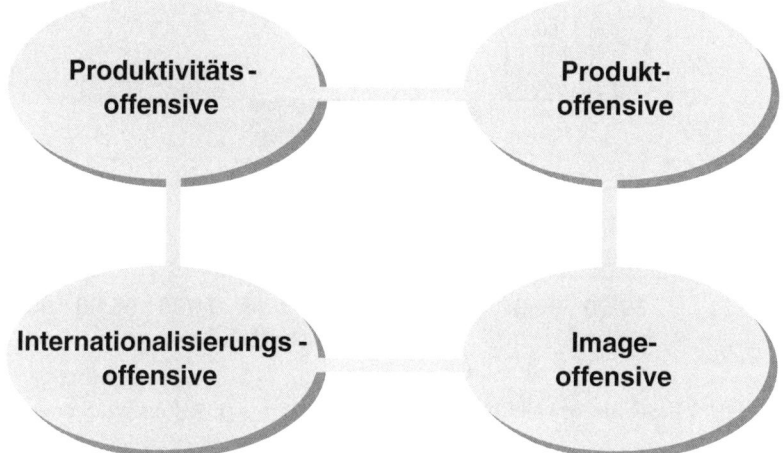

Bild 2: Handlungsfelder zur Zukunftssicherung

Dennoch ist die Zukunftsfähigkeit eines Unternehmens bedroht, wenn auch nur auf einem dieser vier Felder ein gravierendes Defizit besteht. Das Gebot der Stunde kann deshalb nur lauten: ganzheitlich Denken und Handeln - aber nicht unter Zeitdruck. Konzepte und Strategien brauchen Zeit zum Reifen. Dies mag eine Binsenweisheit sein. Wer diese jedoch nicht beherzigt - und auch dafür gibt es immer noch genügend Beispiele -, wird sich zwangsläufig und schneller, als es einem lieb sein kann, mit den negativen Konsequenzen konfrontiert sehen.

2 Die Produktivitätsoffensive

Die Grundvoraussetzung für erfolgreiches Wirtschaften ist und bleibt eine effiziente und leistungsfähige Produktion. Schlanke Strukturen sind dabei nur die eine Seite der Erfolgsmedaille, die richtigen Produkte zu haben, die andere. Aber schlanke Strukturen sind die Voraussetzung, um überhaupt erfolgreich zu sein.

Genau hier lag zum Beispiel das Problem von Porsche Anfang der 90er Jahre. Dem Unternehmen stand damals das Wasser nicht nur bis zum Hals, sondern sogar bis zur Nasenspitze. 1993 mußte Porsche mit annähernd 240 Millionen Mark den größten Verlust in der Geschichte des Unternehmens bekanntgeben. Die Selbständigkeit und Unabhängigkeit des Unternehmens waren massiv gefährdet (Bild 3).

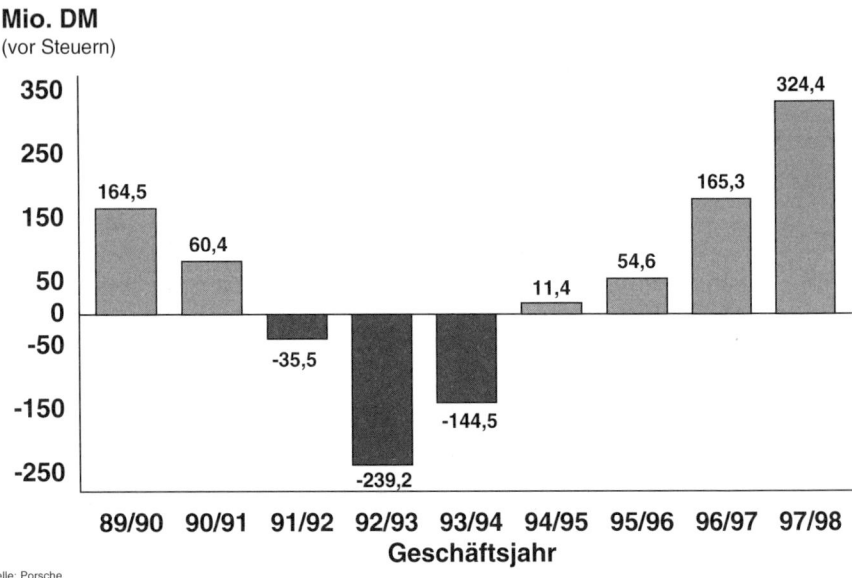

Bild 3: Ergebnisentwicklung des Porsche-Konzerns (Ergebnis vor Steuern)

Von einem Tag auf den anderen wurde schonungslos aufgedeckt, daß die Sportwagen über Jahre hinweg viel zu teuer entwickelt, produziert und vertrieben wurden. Als der Dollarkurs auf den Devisenmärkten diese Tatsache gewissermaßen über Nacht anzeigte, war es schon zu spät. Plötzlich waren die Kunden nicht mehr bereit, den Preis für den selbstverschuldeten höheren Aufwand zu zahlen. Mit einem Satz: Porsche hatte seine Wettbewerbsfähigkeit verloren.

Das Unternehmen hatte keine andere Wahl als die Flucht nach vorn. Alle noch zur Verfügung stehenden Reserven und Energien wurden gebündelt, und es wurde systematisch begonnen, das Fundament für den Turnaround zu legen.

Porsche hat damals auf Lean Production, Lean Management und Lean Thinking gesetzt. Bei anderen Unternehmen lauteten die Schlagwörter Reorganisation oder Reengineering. Unabhängig von der Bezeichnung: Das Entscheidende ist, daß die Effizienz aller Prozesse im Unternehmen innerhalb kürzester Zeit nachhaltig gesteigert wird - in der Produktion, in der Entwicklung, im Vertrieb und in der Verwaltung.

Denn wie sich schlanke Hierarchien, intelligente Arbeitszeitmodelle, abgestimmte Teamarbeit und verbessertes Qualitätsbewußtsein - alles getragen vom kontinuierlichen Verbesserungsprozeß - letztendlich auszahlen können, zeigt sich bekanntlich am schnellsten und effektivsten am Ende des Fließbandes und bei der Übergabe der Produkte an den Kunden.

Bei Porsche ist es dadurch zum Beispiel gelungen, die Produktionszeit des 911 von 1992 bis heute - ohne eine höhere Automatisierung - um mehr als die Hälfte zu senken. Und die Zeit, die für die Fertigung eines Boxster benötigt wird, liegt noch einmal erheblich darunter (Bild 4).

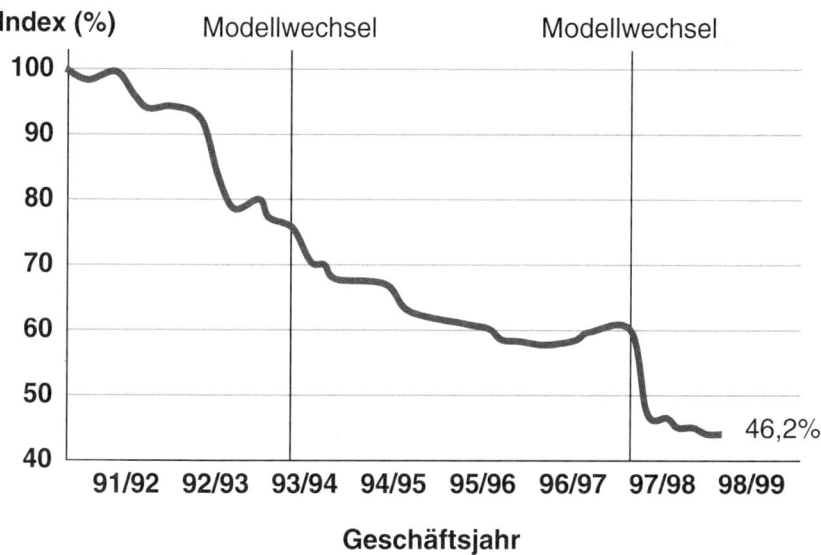

Bild 4: Serienfertigungszeiten seit August 1991: Beispiel Porsche 911 Carrera 2

Aber auch im Entwicklungsbereich wurden große Fortschritte erzielt. Benötigte Porsche in der Vergangenheit sechs bis sieben Jahre, um ein neues Modell vom Reißbrett auf die Straße zu stellen, so wurden beim neuen 911 und beim Boxster dafür gerade einmal 36 Monate gebraucht. Damit steht Porsche heute mit an vorderster Front in der Automobilindustrie.

Dies alles wäre nicht möglich gewesen, wenn die Belegschaft dem Kurs nicht gefolgt wäre. Denn ein ganz wesentlicher Faktor, der in Zukunft maßgeblich über den Erfolg eines Unternehmens mitentscheiden wird, ist die Motivation der Mitarbeiter.

Es ist ein unschätzbarer Vorteil, nicht nur mit einer selbstbewußten, sondern auch mit einer verantwortungsbewußten Belegschaft zusammenzuarbeiten. Denn wenn es einem Unternehmer gelingt, die Mitarbeiter für seine Ziele zu begeistern - und das schafft man vor allem durch eine offene, ehrliche und direkte Kommunikation -, dann kann man Potentiale erschließen, von denen man vorher nicht einmal wußte, daß es sie überhaupt gibt.

Ein anderes Beispiel: Bei Porsche kamen in der Vergangenheit auf jeden Mitarbeiter 0,06 Verbesserungsvorschläge pro Jahr. Im vergangenen Geschäftsjahr 1997/98 lag dieser

Wert bei sechs Vorschlägen - fast alle qualifiziert und wertvoll für das Unternehmen. Diese entfachte Dynamik übertraf selbst die kühnsten Erwartungen. Im Vergleich zu anderen Automobilherstellern ist Porsche mit diesen Werten unangefochtener Spitzenreiter (Bild 5).

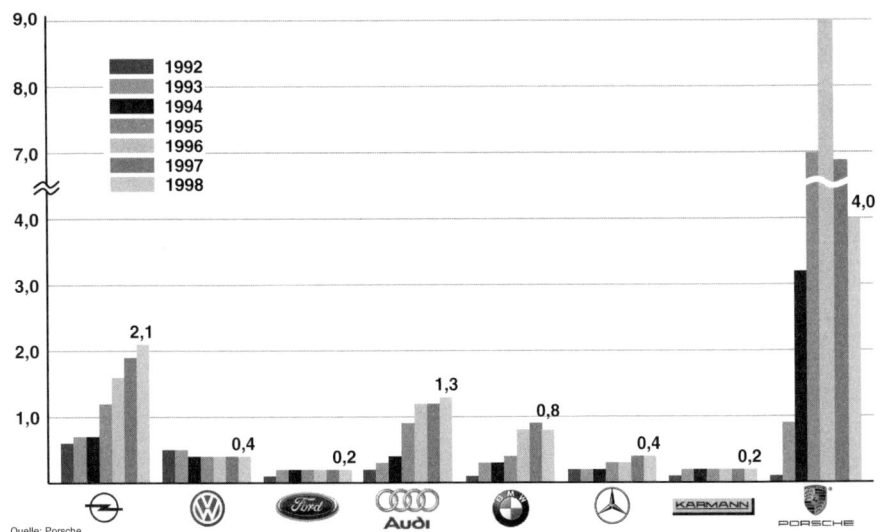

Bild 5: Anzahl der Verbesserungsvorschläge pro Mitarbeiter

Keine Frage: Die meisten Manager - egal in welcher Branche - wissen heute sehr genau, wo in ihrem Betrieb noch Optimierungspotentiale zu finden sind. Gerade auf diesem Gebiet hat sich in den vergangenen Jahren in den Unternehmen viel getan. Bei dem einen mehr, bei dem anderen weniger - je nach dem, wie groß der Druck war.

Ein Unternehmen wird in der Zukunft nur eine Perspektive haben, wenn es seine Wettbewerbsfähigkeit halten und die Effizienz weiter steigern kann. Das ist und bleibt das Fundament für den wirtschaftlichen Erfolg eines Unternehmens. Nur das allein wird nicht reichen.

3   Die Produktoffensive

Zusätzlich zur Produktivitätsoffensive müssen alle zur Verfügung stehenden Hebel auf Wachstumskurs gestellt werden. Und genau darin - also in der Kombination von Kosten- und Wachstumsstrategie - liegt die eigentliche Herausforderung für den Unternehmer (Bild 6).

Hier wird sich zeigen, ob einer sein Handwerk versteht. Denn wer alles getan hat, um seine Produktion schlank zu machen, aber nicht die richtigen Produkte im Angebot hat, wird trotzdem scheitern.

Unternehmer, die neue Produkte in den Markt einführen wollen, stehen heute mehr denn je auf dünnem Eis. Und es wird in Zukunft noch dünner werden. Denn im Zeitalter des permanenten Wertewandels, in dem ein Trend den anderen jagt und ablöst, wird es immer schwieriger, ein sicheres Gespür dafür zu bekommen, in welche Richtung sich die Wünsche der Kunden zukünftig entwickeln werden.

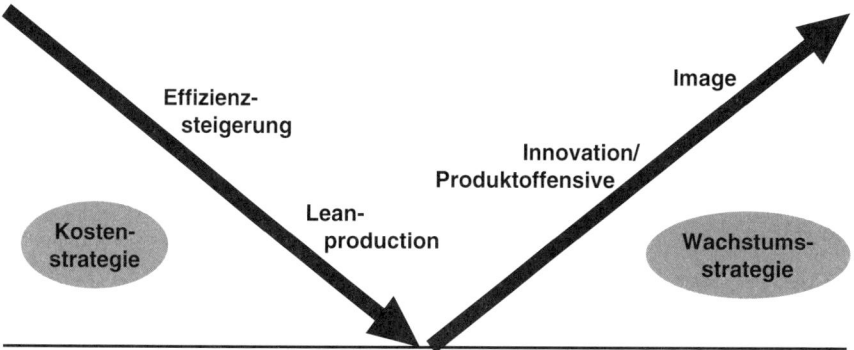

- **Kostenstrategie schafft Voraussetzung für Wachstumsstrategie!**
- **Strategien kombinieren!**

<u>Bild 6:</u>   Kombination von Kosten- und Wachstumsstrategie

Das Kaufverhalten des Kunden wird in Zukunft - aus Sicht des Herstellers - zunehmend „irrationaler". Auf der einen Seite verlangt er ständig nach Innovationen, auf der anderen Seite praktiziert er aber auch ein zunehmendes Beharrungsvermögen. Auch läßt sich der Kunde nicht mehr so einfach klassifizieren - in den Käufer von Luxusgütern und in den von Billigprodukten [6].

Noch vor wenigen Jahren wäre es undenkbar gewesen, wenn man als Porsche- oder Mercedes-Besitzer bei Aldi einkaufen gegangen wäre. Die zuständige Adresse war der Delikatessenladen, schon weil das gesellschaftliche Umfeld kein anderes Verhalten zugelassen hätte. Heute dagegen ist der Porsche auf dem Aldi-Parkplatz Ausweis für den gewandelten Lebensstil: Man fährt ein Luxusprodukt, kauft gleichzeitig beim Discounter ein und verzehrt danach Austern im Feinkostrestaurant. Niemanden stört es mehr, vor niemandem wird sich heute dafür jemand rechtfertigen - ein geradezu überzeugendes Beispiel für den dramatischen Wertewandel in unserer Gesellschaft.

Der Manager der Zukunft steht deshalb vor einer Schicksalsfrage: Wie muß ich auf diesen rasanten Wertewandel reagieren?

Dies führt zu einer ganz zentralen Frage: Wieviel Innovationen verträgt der Kunde vor dem Hintergrund eines permanenten und gleichzeitig grenzenlosen Fortschritts? Über technische Neuerungen werden Wettbewerbsfähigkeit und Märkte geschaffen, obwohl zunehmend die angebotenen und auch gekauften technischen Bereicherungen vom Kunden nicht mehr voll genutzt werden (<u>Bild 7</u>).

Bild 7: Wieviel Innovation verträgt der Kunde?

Einmal davon abgesehen, daß man seine eigenen Entwicklungsbudgets im Innovationsrausch unnötig überzieht: Tut man dem Kunden eigentlich noch einen Gefallen, wenn man seine Welt immer mehr zu einem Hightech-Center aufrüstet, das er fast nicht mehr beherrschen kann? Wer kann denn heute einen modernen PC oder ein Videogerät noch ohne fachmännische Hilfe mit all seinen angebotenen Facetten nutzen? Wo überhaupt liegt für den Kunden der teuer erkaufte Mehrwert?

Wer als Unternehmer in diesem immer rasanter werdenden Wettlauf nicht aufgerieben werden will, wer auch auf diesem Gebiet nicht in die Beschleunigungsfalle tappen will, der muß versuchen, den schmalen Grat zwischen dem praktischem und dem emotionalen Nutzen des Kunden zielgenau zu treffen.

Der Mehrwert einer technischen Innovation liegt vor allem darin, daß sie dem Kunden das Leben vereinfacht. ABS und Airbags - dies sind technische Fortschritte im besten Sinne des Wortes. Sie überfordern den Kunden nicht, weil er außer Geld keinen weiteren Beitrag leisten muß. Im Falle eines Unfalles helfen sie ihm aber, sein Leben zu retten.

Aber schon beim Autoradio fängt es an: Der Kunde möchte störungsfrei seinen Lieblingssender mit Verkehrsfunk hören, meist auch noch eine schöne CD. Deshalb muß heute jedes Radio diese Leistungen bieten können. Der Blick auf die Geräte in den Fahrzeugen zeigt jedoch: Überall leuchten Knöpfe als Multifunktionstasten für verschiedenste Einstellungen, deren Sinnhaftigkeit nur schwer nachvollziehbar oder deren Nutzen nicht offenkundig ist. Trotzdem werden solche Geräte vom Kunden gekauft, weil sie ihm eine vermeintlich herausgehobene Stellung im Konsumentenumfeld gestatten.

Keine Frage: Innovationen sind notwendig. Aber wer sich als Unternehmer nicht zügeln kann, wer glaubt, verbesserte Qualität und Beherrschbarkeit allein reichen heute nicht mehr aus, betreibt Overengineering und steht bereits mit einem Bein in der Beschleunigungsfalle.

In diesem Zusammenhang ist auch die Werkzeugmaschinenindustrie zu nennen, die zum Teil ihr Heil in immer komplexeren, immer leistungsfähigeren und immer teureren Maschinen gesucht hat. Heute gibt es viele Unternehmen dieser Branche nicht mehr. Im Innovationsrausch haben sie nicht mehr rechtzeitig die Warnsignale des Marktes erkannt, haben an den Wünschen der Kunden vorbeientwickelt und wurden damit Opfer der eigenen Beschleunigung. In einem ähnlichen Teufelskreis befindet sich heute auch die weltweite Elektronikindustrie, die gerade dabei ist, sich kaputt zu rüsten. Auch hier befinden sich schon einige in der Beschleunigungsfalle - ohne es zu wissen.

Aber nicht genug damit: Die Frage nach der Grenze der Belastbarkeit des Kunden kann auch noch auf ein anderes Feld ausgedehnt werden, der Länge der Produktzyklen. Marktforscher wissen, daß der Kunde weder fähig noch bereit ist, immer kürzere Zyklen zu ertragen. Zum einen stört es ihn, wenn seine Anschaffung - ob Automobil oder Computer - nach kurzer Zeit bereits wieder veraltet ist und er sich gezwungen sieht, immer aufwendigere und damit auch immer teurere Nachfolgeprodukte kaufen zu müssen. Zum anderen widerspricht es seiner anerzogenen Werterhaltungsmentalität, die darauf ausgelegt ist, mit erworbenen Gütern verantwortungsbewußt und pfleglich umzugehen - also auch längerfristig.

Produkte, die den Kunden in ihrer Komplexität überfordern, deren Mehrwert nur mühsam zu nutzen ist und die überdies auch noch schnell veralten, provozieren geradezu Kaufzurückhaltung. Jeden Tag eine Neuheit, die das Bestehende veralten läßt, hält niemand aus. Der Kunde merkt sehr schnell, daß dies nichts anderes als _seine_ Kapitalvernichtung ist.

Man erlebt es doch fast täglich bei Computern. Wer hat denn wirklich den Mehrwert einer schnellen Neuinvestition schon hereingefahren, wenn die nächste und noch leistungsstärkere Gerätegeneration auf den Markt kommt.

Wer es als Unternehmer schafft, seine Produktivität zu steigern, kundengerechte Produkte in die Märkte einzuführen und dabei noch die Gefahren der Beschleunigungsfalle zu umgehen, ist damit noch nicht auf der sicheren Seite. Eine Bedrohung erwächst ihm nämlich noch aus einer anderen Ecke: der sogenannten Globalisierungsfalle.

4 Die Internationalisierungsoffensive

Globalisierung bedeutet, daß man Werkzeuge und Zulieferteile überall auf der Welt kaufen kann, wo man will, sich die dafür notwendigen Finanzmittel beschafft, wo man will, die Arbeitskräfte nutzt, wo man will und schließlich seine Waren absetzt, wo man will. Eine grenzenlose Welt, in der Transport- und Kommunikationsprobleme nicht mehr gelten, erlaubt es jedem Unternehmer, aus jedem Winkel der Erde nur noch die Vorteile mitzunehmen. Doch jedem Vorteil ist auch ein Nachteil mitgegeben.

Globalisierung führt in die Sackgasse, wenn ausschließlich Kosten- und nicht Marktgründe Grundlage von unternehmerischen Entscheidungen sind. Immer mehr Unternehmen, die ihr Heil gerade in Niedriglohnländern gesucht haben, kommen wieder zurück nach Deutschland (Bild 8). Dieser Trend ist schon seit einiger Zeit zu beobachten (s.a. [7]).

Internationalisierung aus Markt- und nicht nur aus Kostengründen !

Bild 8: Grenzen der Globalisierung

Nach einer Studie des Fraunhofer-Instituts waren es gerade die niedrigeren Arbeitskosten, die Unternehmen dazu verführt haben, mit ihrer Produktion ins Ausland zu gehen [8]. Nicht wenige haben sich dann wieder auf den Rückweg machen müssen, weil sie erkennen mußten, daß die neuen Standorte und Belegschaften bei den Themen „Flexibilität", „Kapazitätsauslastung" und „Qualität" erhebliche Defizite aufzuweisen haben. Unter dem Strich ist das ganze für viele zu einem kostspieligen Abenteuer geworden.

Denn was im Rausch der Globalisierung häufig übersehen wird, ist die Vergleichbarkeit - und zwar nicht nur auf der Herstellerseite, sondern auch auf der Marktseite. Was für den Hersteller ein Kostenvorteil ist, mag für den Kunden ein Qualitäts-, Liefer- oder Imagenachteil sein. Der von Wirtschaftswissenschaftlern so sehr gerühmte komparative Kostenvorteil ist weg.

Porsche setzt auf die Internationalisierung - und zwar aus Marktgründen. Wenn Porsche wachsen will - und das Wachsen ist die Voraussetzung für eine gesicherte Zukunft -, dann muß nicht nur die Produktpalette erweitert werden, sondern es müssen auch neue Absatzmärkte für das Unternehmen erschlossen werden. Porsche war vor einigen Jahren erst in 40 Ländern der Erde präsent, heute ist das Unternehmen in über 70 Märkten mit eigenen Vertriebsgesellschaften oder Importeuren vertreten.

Bei einem Volumenhersteller sieht diese Logik sicherlich wieder anders aus. Er muß oftmals mit seiner Produktion den Märkten folgen. Aber entscheidend ist: Es müssen Marktgründe sein, in vielen Ländern zu produzieren, und nicht ausschließlich Kostengründe (s.a. [8]).

Die Zukunft produzierender Unternehmen

5 Die Imageoffensive

Seit nun mehr 100 Jahren baut Miele Waschmaschinen. 100 Jahre Qualität - das hat sich über Generationen in den Köpfen der Menschen verankert. Tradition, Innovation und Solidität können also eine Marke prägen, sie gegenüber dem Wettbewerb hervorheben. Miele ist ein hervorragendes Beispiel dafür, daß nicht nur emotionale Produkte wie zum Beispiel Sportwagen, sondern auch nüchterne Produkte geeignet sind, ein überdurchschnittliches Markenimage aufzubauen.

Der wirtschaftliche Erfolg von Miele über Jahrzehnte hat dazu geführt, daß heute das Produkt und die Marke aus Sicht des Kunden deckungsgleich sind. Dieser Erfolg läßt sich zahlenmäßig belegen: Die vertikale Kundenbindung (Wiederkauf) ist für die Marke Miele mit 92% die am höchsten gemessene im Hausgerätemarkt. Die Kaufbereitschaft für Miele-Produkte ist hoch. Ein Wert von 74% ist im Vergleich zur Besitzquote von 33% überproportional groß und zeigt das Wachstumspotential der Marke (Bild 9).

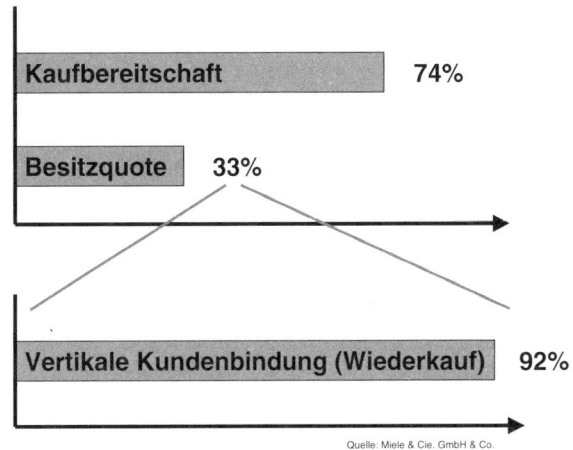

Bild 9: Imageoffensive: Fallbeispiel Miele

Das heißt: Die Marke, die sich über Jahrzehnte am Markt behaupten konnte, hat in den heute immer schwieriger werdenden Zeiten dank ihres Images von vornherein bessere Chancen, sich auch zukünftig im Wettbewerb behaupten zu können. Das setzt aber voraus, daß man seiner Unternehmensstrategie - ob als klassischer Premiumanbieter oder als Massenhersteller - konsequent treu bleibt. Die Zusammenführung von Premium und Masse unter dem Dach einer Marke kann gefährlich sein. Weder Miele noch Porsche zum Beispiel könnten mit dieser Doppelstrategie erfolgreich sein. Beide würden ihre Marken, die auch und gerade für Exklusivität stehen, letztlich zerstören.

Qualität und Tradition - diese beiden Faktoren sind es, die den Ruf einer Marke ausmachen. Sie sind die eigentlichen Pfunde, mit denen man im Wettbewerb wuchern kann. Qualität und Tradition sind Werte, die einem niemand nehmen kann und die ein Unternehmen stark machen.

Wer sind denn die erfolgreichen Unternehmen der letzten Jahre? Doch diejenigen, die wie Miele, Bosch, Daimler-Benz oder auch Porsche auf eine jahrzehntelange Unternehmensgeschichte zurückblicken können.

In einer modernen Gesellschaft reicht das allein heute aber nicht mehr aus: Im Zeitalter des permanenten Wertewandels gewinnen innovatives, modernes Design, kundenfreundliche Serviceangebote und ein attraktives Preis-Leistungsverhältnis immer mehr an Bedeutung.

Was in Zukunft ebenfalls über den Erfolg eines Produkts mitentscheiden wird, ist das Erscheinungsbild eines Unternehmens und das Auftreten seiner verantwortlich handelnden Manager in der Öffentlichkeit im Sinne einer „Corporate Behaviour". Die Kunden wollen sich nicht nur mit den Produkten identifizieren, sondern zusätzlich auch mit dem Image des Unternehmens. Man möchte lieber die Produkte eines innovativen, dynamischen und modernen Unternehmens, das auch seiner gesellschaftlichen Verantwortung gerecht wird, kaufen, als von einem Unternehmen, dem trotz guter Produkte ein Verlierer-Image anhaftet.

Weil sich dieser Trend in Zukunft sogar noch verstärken wird, muß man dem Kunden mehr bieten als nur ein interessantes Produkt auf hohem qualitativen Niveau. Zusätzlich müssen Unternehmen - stärker als bisher - dem Kunden das rundum gute Gefühl verschaffen, als Mitglied der Unternehmensfamilie ein nicht unwesentlicher Teil dieser Erfolgsstory zu sein.

Eine Kommunikationsstrategie, die dieses Ziel verfolgt, kann nur dann erfolgreich sein, wenn sie ausschließlich aus den Produkten des Unternehmens und der Markenphilosophie heraus entwickelt wird. Sympathie und Anerkennung erlangt man nicht, wenn man dem Zeitgeist hinterherrennt und das nachmacht, was andere bereits vorgemacht haben. „Me-Too-Aktionen" langweilen das Publikum und stoßen es früher oder später vom Produkt ab.

Das Motto kann deshalb nur lauten: „anders sein als die anderen". Nur so erweckt man das Interesse der Konsumenten und bleibt länger im Gespräch. Aber dieses sollte nicht dadurch erreicht werden, daß immer spektakulärere Show-Einlagen ohne Bezug zum Produkt angeboten werden, sondern vielmehr durch einen außergewöhnlichen aus dem Produkt ableitbaren Auftritt. Nur so kann sich Sympathie und Image entwickeln.

6 Fazit

Der internationale Wettbewerb mit seinen offenen und versteckten Risiken wird viele Firmen in den nächsten Jahrzehnten vor bisher ungeahnte Probleme stellen. Welchen Unternehmen gehört also die Zukunft? Die Antwort: Denjenigen, die ihre internationale Wettbewerbsfähigkeit halten, die auf Chancenmanagement setzen, die die Innovationsfähigkeit weiter verbessern, moderne Fertigungstechnologien einsetzen, die Emotionalität in Produkten verankern, die ihr Markenimage richtig zu pflegen wissen und bei alledem weder in die Beschleunigungs- noch in die Globalisierungsfalle tappen (Bild 10).

Unternehmen, die...

- **ihre Wettbewerbsfähigkeit sichern,**
- **auf Chancenmanagement setzen,**
- **ihre Innovationsfähigkeit weiter verbessern,**
- **moderne Fertigungstechnologien einsetzen,**
- **Emotionalität in Produkten verankern sowie**
- **ihr Markenimage richtig pflegen,**

... gehört die Zukunft.

Bild 10: Fazit

Wer auf diesen Feldern die Weichen rechtzeitig in die richtige Richtung stellt, hat die besten Voraussetzungen, um sich künftig als Unternehmer in den weltweiten Märkten behaupten zu können. Daß die Instrumente hierfür von Branche zu Branche verschieden sind, versteht sich von selbst. Trotzdem ist es ratsam, auch immer wieder einmal über den eigenen Tellerrand hinaus zu schauen. Hersteller, Zulieferer und Ausrüster können - gerade auch beim AWK - von einander lernen (Bild 11).

Voneinander lernen!

Aber:

Nicht kopieren, sondern „kapieren"!

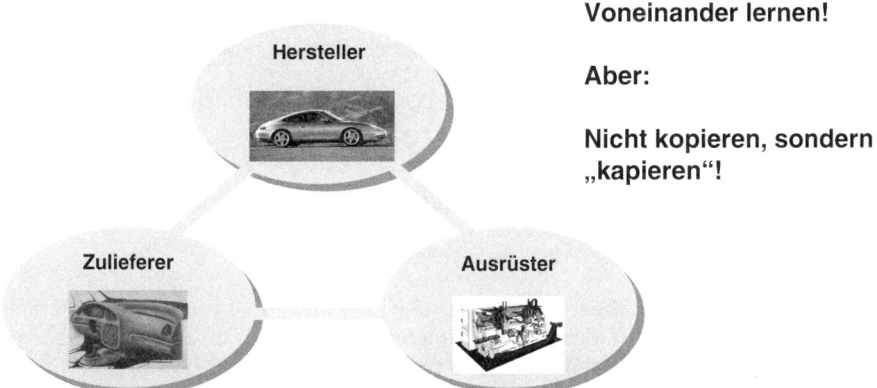

Bild 11: Diskussionsforum AWK

Dabei gilt es jedoch unbedingt zu beachten, daß Erfolgskonzepte nicht kopiert werden können. Sie müssen kapiert und angepaßt auf das jeweilige Unternehmen angewendet werden. Auch in diesem bedachten Vorgehen liegt ein Schlüssel zum Erfolg.

Unser Denken und Handeln wird immer schneller. Und der Lebensrhythmus jeder Gesellschaft wird zunehmend von immer kürzeren Zyklen bestimmt. Doch Schnelligkeit beziehungsweise Beschleunigung allein kann es nicht sein.

Das heißt nicht, daß Tempo verzichtbar wäre. Schnelligkeit ist aber nur dort im Sinne des Unternehmenszwecks gut, wo sie wertschöpfend ist.

Geschwindigkeit hat auch destruktive Potentiale. Durch sie wird vieles übersehen, vieles überrannt, vieles nicht gehört und vieles nicht verstanden. Wer alles in seinem Betrieb beschleunigt, wer überall im „roten Bereich" fährt, wird auch schnell an seine Grenzen stoßen. Unternehmer müssen schnell sein, aber sie müssen es mit dem richtigen Produkt zur richtigen Zeit sein. Unternehmer sein ist also mehr, als nur das Tempo zu beschleunigen.

„Jeden Morgen erwacht in Afrika eine Gazelle. Sie weiß, daß sie nur dann den Tag überleben wird, wenn sie die Zeiten beachtet, zu denen sich der Löwe auf Nahrungssuche macht. Und jeden Morgen erwacht in Afrika ein Löwe. Er weiß, daß er nur dann nicht verhungern wird, wenn er die Zeiten beachtet, zu denen die Gazelle ihren Durst am Wasser stillt. Es ist egal, ob man Löwe oder Gazelle ist: Wenn die Sonne aufgeht, muß man etwas von den Zeiten anderer Lebewesen verstehen und sie beachten" [1].

Ob in der afrikanischen Savanne oder in der Weltwirtschaft: Nicht der Schnellste oder der Größte, sondern der Geschickteste wird überleben.

Literatur:

[1] Backhaus, Kl.: Die Beschleunigungsfalle oder Der Triumph der Schildkröte; Schäffer-Poeschel-Verlag, Stuttgart, 1998

[2] Darwin, Ch.: On the origin of species by means of natural selection or the preservation of favoured races in the struggle of life; Murray, London, 1859

[3] N.N.: Die Welt der Tiere, Gerstenberg -Verlag, Hildesheim, 1998

[4] Schwarzer Freitag für Siemens; Berliner Morgenpost v. 01.08.98

[5] Nichts wie raus; Manager Magazin September 1998; S. 35 ff.

[6] Audi und Aldi; Manager Magazin September 1997; S. 140 ff.

[7] Pflichtaufgabe Globalisierung - Stolperstein für KMU ?; Dokumentation des Erfahrungsaustauschs für kleine und mittlere Unternehmen im Rahmen des Forschungsprogramms „Produktion 2000 plus"; Raunheim, 02.10.1998

[8] Kinkel, St.; Wengel, J.: Produktion zwischen Globalisierung und regionaler Vernetzung - Mit der richtigen Strategie zu Umsatz- und Beschäftigungswachstum; Fraunhofer Institut für Systemtechnik und Innovationsforschung; Mitteilungen aus der Innovationserhebung; Nr. 10; April 1998

Referent für den Vortrag 0

Dr.-Ing. W. Wiedeking, Porsche AG

1.1 Nummer 1 in Qualität - Der Weg zu Business Excellence

Gliederung:

1 Wettbewerbsfaktor Qualität

2 Qualitätsmanagement im dynamischen Umfeld
2.1 Wandel des Unternehmensumfeldes
2.2 Wandel des Qualitätsmanagements
2.3 Anforderungen und Handlungsbedarf

3 Bausteine eines Managementsystems
3.1 Zielfindung und -anpassung
3.2 Prozeßbefähigung und -controlling
3.3 Mitarbeiterorientierte Kommunikation des Prozeßmodells - Information und flexible Dokumentation

4 Zusammenfassung und Ausblick

Kurzfassung:

Nummer 1 in Qualität - Der Weg zu Business Excellence
Unternehmen, die sich nicht ständig verbessern, stehen nicht nur still, sie fallen zurück. Produktqualität, Kundenzufriedenheit und Time-to-market bildeten einst kritische Erfolgsfaktoren - heutzutage stellen sie allenfalls noch die Voraussetzungen für den Markteintritt dar. Unternehmen, die auch in Zukunft im Wettbewerb erfolgreich sein wollen, müssen weitergehen: Sie müssen die Ansprüche aller Interessenpartner befriedigen und in Einklang bringen sowie die Effizienz der betrieblichen Leistungserstellung kontinuierlich verbessern. Moderne Managementsysteme erlauben es, die Qualität der Produkte und die Qualität der Leistungserstellung auch im turbulenten Umfeld sicherzustellen. Ausgehend von der Unternehmensstrategie und den Anforderungen der Interessenpartner werden in dem hier dargestellten Managementansatz Ziele entwickelt und bewertbar gemacht. Die Umsetzung der Ziele erfolgt unter der Maxime der Geschäftsprozeßqualität, angepaßt an die unterschiedlichen Ausprägungen von Geschäftsprozessen unter dem Fokus der internen Kunden-Lieferanten-Beziehungen. Die Bewertung der Effizienz und Zielerreichung an den Schnittstellen der Prozeßkettenelemente schafft Transparenz und die Möglichkeit für Nachführungen und Korrekturen. Der Erfolg geplanter Veränderungen stellt sich erst ein, wenn sie von den Mitarbeitern gelebt werden. Die Dokumentation von geänderten Prozessen und die Information der Mitarbeiter über diese Änderungen sind demzufolge notwendige Voraussetzungen für die erfolgreiche Gestaltung von Veränderungsprozessen. Neue Medien und die Vernetzung der Arbeitsplätze bieten die Grundlage hierfür.

Abstract:

Number 1 in quality - The way to business excellence
Companies which do not practice continuous improvement, do not simply remain static; they fall behind. Product quality, customer satisfaction and time-to-market, once critical factors in entrepreneurial success, have become little more than the credentials required in order to join in market activity. Companies striving for lasting success must go a step further; They must satisfy and harmonize the demands of all parties involved whilst, at the same time, ensuring that the efficiency of the services provided by the company, is continuously enhanced. Modern management systems make it possible to guarantee the quality of products and services, even within a turbulent environment. In the management approach described here, aims are developed and made measurable on the basis of corporate strategy and taking full account of the requirements of all the partners involved. The aims are implemented in accordance with the principles of business process quality, adapted to the different emphases of business processes within the internal customer-supplier relationships. Evaluation of the efficiency and of the degree to which targets have been met at the interfaces between elements in the process chain, creates transparency and the opportunity to carry out follow-up work and corrective modifications. Planned changes can be successful only when they have been internalized and actually lived by the workforce. Accordingly, documenting alterations carried out to processes and informing the employees about these modifications are essential prerequisites for the successful organization of change. New media and the networking of workplaces provide the basis for this approach.

1 Wettbewerbsfaktor Qualität

„Quality exists when the price is long forgotten!"

Mit diesen Worten wird Frederick Henry Royce, der Mitbegründer des englischen Traditionsunternehmens Rolls Royce zitiert. Daß die aus Royce Aussage ableitbare „Unternehmensstrategie Qualität" den produzierenden Unternehmen heute mehr denn je Erfolg verspricht, belegt auch die Analyse einer weltweit tätigen Unternehmensberatung: Demzufolge weisen Unternehmen mit hohem Einsatz im Qualitätsmanagement im Schnitt mehr als doppelt so hohe Umsatzrenditen und Umsatzwachstumsraten auf als der Durchschnitt [1].

Neuere Untersuchungen belegen darüber hinaus auch den nachhaltigen Einfluß einer ausgeprägten Qualitätsorientierung auf den Unternehmenserfolg (Bild 1). Gemäß einer Studie der NIST Stock Investment Studies, in der die Börsenentwicklung von Gewinnern des Malcolm Baldrige National Quality Award mit der entsprechenden durchschnittlichen Entwicklung der amerikanischen Industrie verglichen wurde, läßt sich ein signifikanter Unterschied zwischen den im Hinblick auf ihre Qualitätsorientierung ausgezeichneten Unternehmen und dem Durchschnitt feststellen. Je nach Betrachtungszeitraum haben die Aktien der Award-Gewinner einen zwischen drei- und sechsfach höheren Return on Investment erwirtschaftet als der Durchschnitt der 500 größten US-amerikanischen Aktiengesellschaften, gemessen am S&P 500 (Standard and Poor's 500 Stock Price Index).

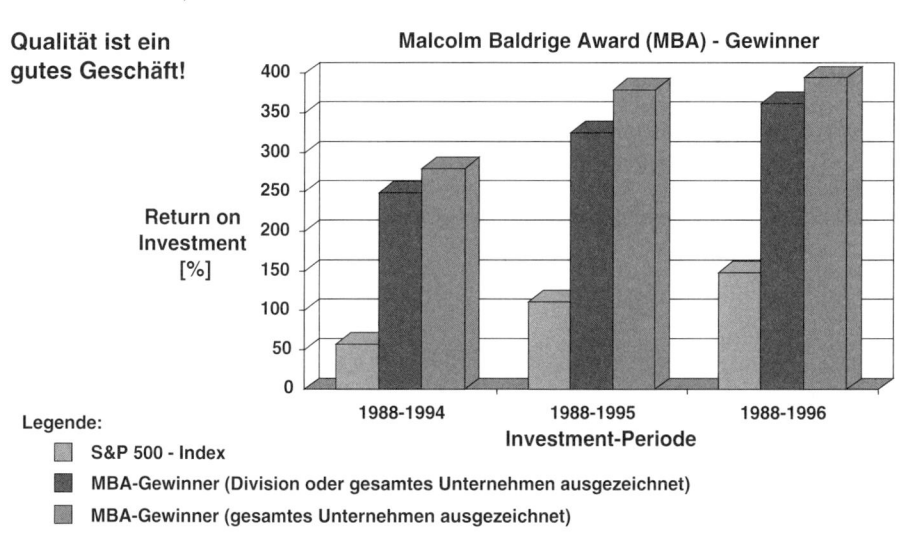

Bild 1: Börsenentwicklung der Malcolm Baldrige Award-Gewinner (Quelle: NIST Stock Investment Studies 1996-1998)

Der Erfolg einer betrieblichen Unternehmung läßt sich im wesentlichen über das Wachstum des Unternehmens in seinen Märkten einerseits und über die Effizienz der betrieblichen Leistungserbringung andererseits positiv beeinflussen. In diesem Zusammenhang muß leistungsfähiges Qualitätsmanagement, verstanden als Managementaufgabe zur ständigen Verbesserung der Effektivität durch kundenoptimale Produkte und die kontinuierliche Steigerung der Effizienz durch die Vermeidung von Blind- und Fehlleistung, zwei wesentliche Gesichtspunkte beinhalten:

- Sicherstellung von geeigneten und jederzeit aktuellen Unternehmenszielen (Zielqualität) und
- die Absicherung der optimalen Umsetzung der Ziele in Produkt- und Prozeßleistungen (Prozeßqualität).

Unternehmen agieren heutzutage im turbulenten Umfeld, demzufolge sind auch die genannten Anforderungen an ein Managementsystem nicht statisch. Um erreichte Wettbewerbspositionen halten bzw. ausbauen zu können, müssen erfolgreiche Unternehmen heutzutage immer wieder neue Antworten auf die Herausforderungen und Veränderungen unserer Zeit finden. Ständige Nachführung, Verbesserung und Erneuerung des Zielsystems und der Geschäftsprozesse sowie eine entsprechende Ausrichtung des Managementsystems sind dabei die Voraussetzungen für dauerhaften Unternehmenserfolg. Quasi-statische z.b. elementbezogene Managementsysteme scheitern hier, denn sie bilden zwar den Status Quo zum Zeitpunkt ihrer Einführung ab, begleiten aber nicht die Evolution des Unternehmens im Alltag [2, 3]. So wie sich die Unternehmen von funktionalen zu prozeßorientierten Organisationen entwickeln, so müssen sich auch die zugrundeliegenden Managementsysteme zur Sicherung der Produkt-, Prozeß- und Unternehmensqualität weiterentwickeln. Die Einbindung und Befähigung aller Mitarbeiter ist hierfür eine essentielle Voraussetzung.

2 Qualitätsmanagement im dynamischen Umfeld

Das Umfeld der betrieblichen Unternehmung ist heutzutage durch permanenten Wandel und hohe Dynamik gekennzeichnet. Zur langfristigen Sicherung der Wettbewerbsfähigkeit ist daher eine ständige Anpassung des Unternehmens an die sich verändernden Anforderungen der verschiedenen Anspruchsgruppen notwendig.

2.1 Wandel des Unternehmensumfeldes

Unternehmen, die sich nicht ständig verbessern, stehen nicht nur still, sie fallen zurück. Produktqualität, Kundenzufriedenheit und Time-to-market bildeten einst kritische Erfolgsfaktoren - heutzutage stellen sie allenfalls noch Voraussetzungen für den Markteintritt dar. Unternehmen, die auch in Zukunft im Wettbewerb erfolgreich sein wollen, müssen deshalb weitergehen: Sie müssen die Ansprüche aller Interessenpartner befriedigen und in Einklang bringen sowie die Effizienz der betrieblichen Leistungserstellung kontinuierlich verbessern (Bild 2).

Die für eine erfolgreiche Unternehmensführung erforderliche Erweiterung des Managementansatzes - vom ausschließlichen Erfolgsfaktor Produktverfügbarkeit in Anbietermärkten hin zur Befriedigung der Forderungen aller Interessenpartner des Unternehmens in den globalen Märkten der heutigen Zeit - stellt jedoch nur eine Facette der Anforderungssituation dar, der die Unternehmen ausgesetzt sind. Das betriebliche Umfeld ist - über die beschriebene Komplexitätserhöhung hinaus - von zunehmender

Dynamik gekennzeichnet, d.h. die Veränderungsgeschwindigkeit des Unternehmensumfeldes steigt kontinuierlich. In diesem Umfeld sehen sich die Unternehmen heutzutage immer öfter mit tiefgreifenden, gleichermaßen chancen- wie risikobehafteten, Umwälzungen konfrontiert. Globale Unternehmenszusammenschlüsse nie gekannten Umfangs, die zu erheblichen Verschiebungen des Marktgefüges führen, Finanzkrisen, die potentielle Zukunftsmärkte über Nacht ausradieren oder Quantensprünge in Informations-, Kommunikations- und Mikrotechnologien sind - um nur einige aktuelle Ereignisse und Entwicklungen zu nennen - Veränderungen, die Unternehmen in den betroffenen Märkten beeinflussen.

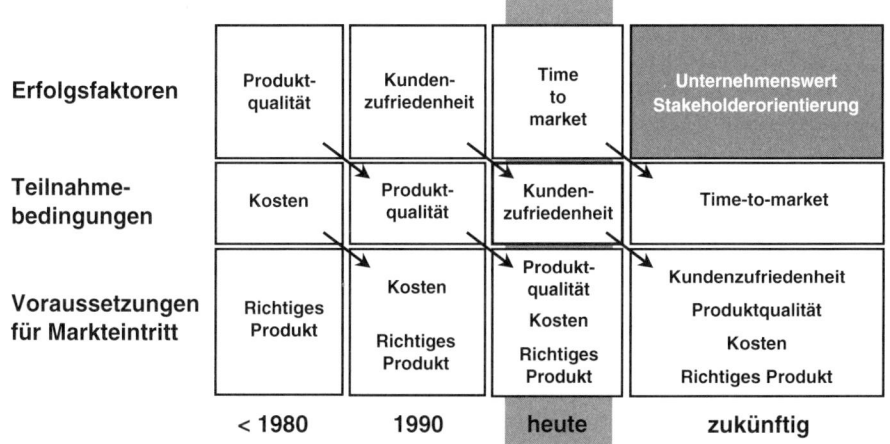

Bild 2: Die Welt verändert sich (Quelle: EOQ)

Erfolgreiche Unternehmen erkennen diesen Wandel nicht nur, sondern nutzen ihn aktiv zur Erzielung von Wettbewerbsvorteilen. Aufgabe eines entsprechend intelligent gestalteten Managementsystems muß es demzufolge sein, das Unternehmen zu befähigen, den Umfeldwandel zu antizipieren und so das „Schiff" Unternehmen frühzeitig auf den richtigen Kurs zu bringen, d.h. für die richtige Qualität der Zielausrichtung zu sorgen.

2.2 Wandel des Qualitätsmanagements

Korrespondierend zu dem in Kapitel 2.1 beschriebenen Wandel der Anforderungen an eine erfolgreiche betriebliche Unternehmung haben sich die Managementansätze bzw. Managementsysteme, die für eine erfolgreiche Bewältigung der entsprechenden Anforderungssituation erforderlich sind, ebenfalls verändert.

Bezogen auf den Faktor Qualität können verschiedene Stadien der Entwicklung des Managementansatzes zur Sicherstellung derselben konstatiert werden. So lassen sich die unternehmerischen Bemühungen um eine qualitätsgerechte Leistungserstellung in aufsteigender Entwicklungsreife des zugrundeliegenden Qualitätsansatzes in die Stufen „Qualitätsprüfung", „Qualitätssicherung", „Qualitätsmanagement" und „Business Excellence" unterteilen (Bild 3). Die Stufen können dabei nicht nur als Beschreibung des

Status-Quo eines betriebsspezifischen Qualitätsmanagement-Ansatzes dienen, sondern bilden auch die zeitliche Entwicklung des Qualitätsmanagements im Allgemeinen ab.

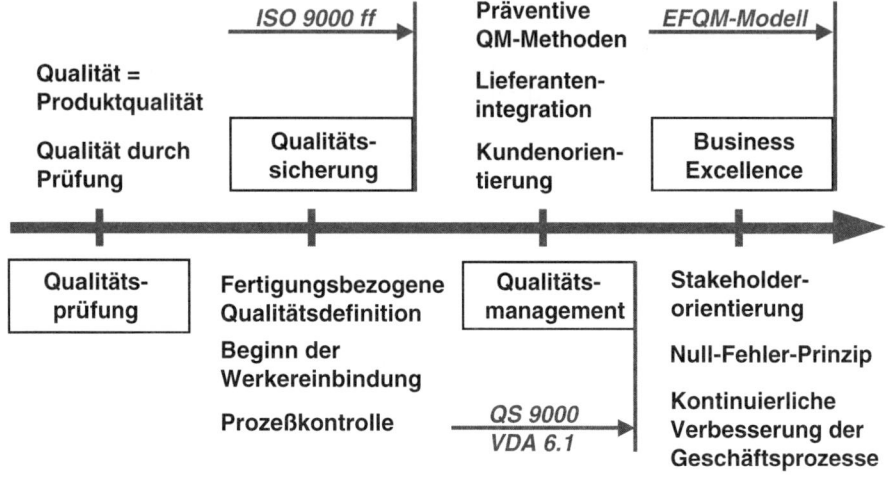

Bild 3: Wandel des Qualitätsgedankens

Die Stufe der „Qualitätsprüfung" ist durch einen ausschließlich auf die Prüfung von Zwischen- bzw. Endprodukten und deren anschließende Nachbesserung fokussierenden Qualitätsansatz gekennzeichnet. Die Konzentration auf die Ergebnisprüfung zeigt dabei das dieser Stufe zugrundeliegende schwache Qualitätsbewußtsein.

Dem Qualitätsansatz der Stufe „Qualitätssicherung" liegt eine ebenfalls noch hauptsächlich auf die Fertigung bezogene Definition von Qualität zugrunde. Über die reine Ergebnisprüfung hinaus sind jedoch erste Maßnahmen zur Kontrolle und Regelung von Fertigungsprozessen implementiert. Ein präventives Qualitätsverständnis im Rahmen der Produktentwicklung existiert allerdings noch nicht.

Unternehmen, die ein tatsächliches „Qualitätsmanagement" betreiben, zeichnen sich durch eine ausgeprägte Kundenorientierung aus. Darüber hinaus wird durch den Einsatz von präventiven Methoden des Qualitätsmanagements der Fokus der Qualitätsaktivitäten von der Fehlerentdeckung auf die Fehlervermeidung verschoben. Die verantwortliche Integration der Mitarbeiter, z.B. sichtbar in der Werkerselbstprüfung und einem aktiven betrieblichen Vorschlagswesen, sowie die beginnende Einbeziehung der Lieferanten sind weitere Kennzeichen dieses Stadiums der Entwicklung des betrieblichen Managementansatzes zum Thema Qualität.

Angesichts der Charakteristik eines sich verändernden Unternehmensumfeldes stellt die Konzentration auf den Kunden als Anspruchsgruppe und die Erzielung einer überlegenen Produktqualität heutzutage zwar nach wie vor eine notwendige, jedoch keine hinreichende Bedingung für unternehmerischen Erfolg dar. Die Unternehmen müssen ihre Aufmerksamkeit nun vielen verschiedenen Anspruchsgruppen bzw. Interessenpartnern entgegenbringen. Diesem Wandel vom kundenanforderungsorientierten Management hin zu einem ganzheitlichen Anspruchsgruppenmanagement trägt der Qualitätsmanagementansatz der Stufe „Business Excellence" Rechnung. Qualitätsmanagementsysteme dieser Ebene gewährleisten durch eine geeignete Zieldefinition einen Ausgleich der Forderungen aller Interessenpartner des Unternehmens. Business-Excellence-Unternehmen zeichnen sich darüber hinaus durch eine konsequente Optimierung der für den Unternehmenserfolg relevanten Prozesse und eine unternehmensweit von allen Mitarbeitern verinnerlichte Qualitätskultur aus, die in allen Bereichen und Prozessen Qualität erzeugt.

2.3 Anforderungen und Handlungsbedarf

Der Vergleich der beschriebenen Umfeldanforderungen einerseits und der dargelegten Entwicklungen im Bereich des modernen Qualitäts- bzw. Unternehmensmanagements andererseits läßt für die betriebliche Unternehmung zunächst keinen großen Handlungsbedarf vermuten. In der betrieblichen Praxis ist jedoch bei einem Großteil der Unternehmen ein Umsetzungsdefizit auf dem Weg zu „Business Excellence" zu konstatieren. Es fehlt derzeit an handhabbaren Vorgehensweisen bzw. Werkzeugen, die den Weg vom Stadium der Qualitätssicherung oder des Qualitätsmangements zum Stadium der „Business Excellence" unterstützen, und helfen, den dann erreichten Zustand in Anbetracht des dynamischen Umfeldes auch langfristig zu stabilisieren.

Hierzu muß ein leistungsfähiger und umsetzbarer Managementansatz zur Sicherung des langfristigen Unternehmenserfolges bei der Ableitung geeigneter Ziele, der Befähigung der Prozesse der betrieblichen Leistungserbringung und dem entsprechenden Controlling unterstützen. Darüber hinaus sind eine geeignete Kommunikation erforderlicher Veränderungen und die Information der Mitarbeiter als Basis einer erfolgreichen Unternehmensführung zu realisieren.

3 Bausteine eines Managementsystems

Das grundsätzliche Ziel eines Managementsystems ist die Sicherung des Unternehmenserfolgs. Ausgehend von den Faktoren, die den Unternehmenserfolg maßgeblich determinieren, können die Bausteine eines effektiven Managementsystems abgeleitet werden. Der Unternehmenserfolg, beispielsweise gemessen an der Profitabilität des Unternehmens, der Stabilität seiner langfristigen Entwicklung oder der Antizipationsfähigkeit äußerer Entwicklungen, kann durch zwei wesentliche Faktoren beeinflußt werden: Wachstum und interne Effizienz (Bild 4).

Ein qualitätsorientiertes Management kann in diesem Zusammenhang über die Gewährleistung einer adäquaten Produkt- und Prozeßqualität die entscheidenden Beiträge zur Erreichung der Subziele Wachstum und Effizienz sowie des Globalziels Unternehmenserfolg leisten. Dabei zeichnet sich die Produktqualität als die das Wachstum entscheidend beeinflussende Größe aus, wohingegen die Prozeßqualität als wesentliches Kriterium für die Effizienz der internen Leistungserbringung angesehen werden kann. Ein entsprechender Managementansatz muß demzufolge Prozeß- und Produktqualität unter geeigneter Einbeziehung der im Zentrum der betrieblichen Leistungserbringung stehenden Mitarbeiter sicherstellen.

Unternehmensstrategien

Unternehmenserfolg
- Profitabilität
- Stabilität
- Antizipation
- ...

Wachstum — **Effizienz**

Produktqualität
- Marke
- Image
- Leistung

Mitarbeiter

Prozeßqualität
- Robustheit
- Prävention
- Lernen

Information - Dokumentation - Kommunikation

Management

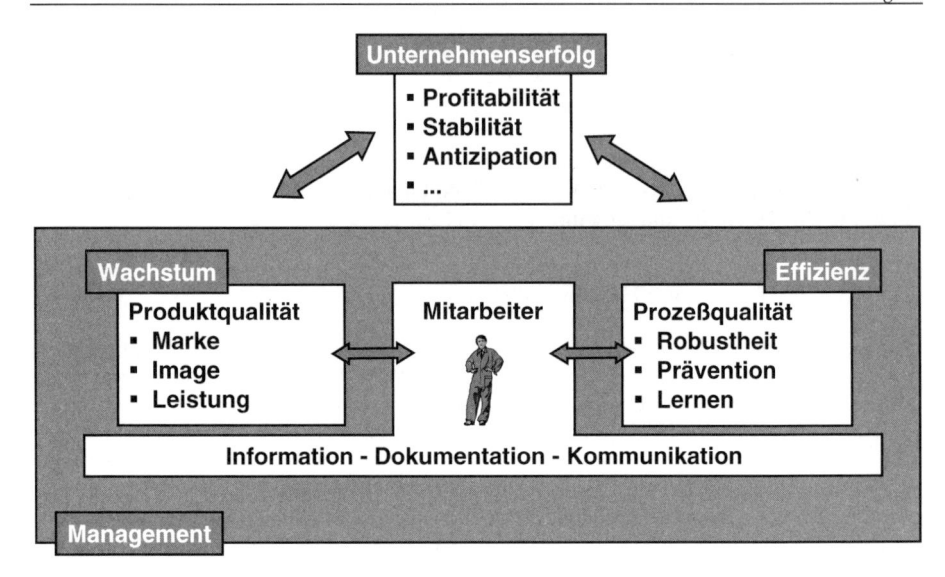

Bild 4: Qualität sichert den Unternehmenserfolg

Ein Managementansatz, der den beschriebenen Anforderungen gerecht wird, weist im wesentlichen folgende Grundelemente auf (Bild 5):

Grundelemente:
- Ziele finden und setzen
- Befähigen
- Controllen
- Kommunizieren

Wachstum — **Effizienz**

Managementsystem
- Ziele finden
- Ziele setzen

Informieren
Dokumentieren
Kommunizieren

- Befähigen
- Controllen

Produktqualität — **Prozeßqualität**

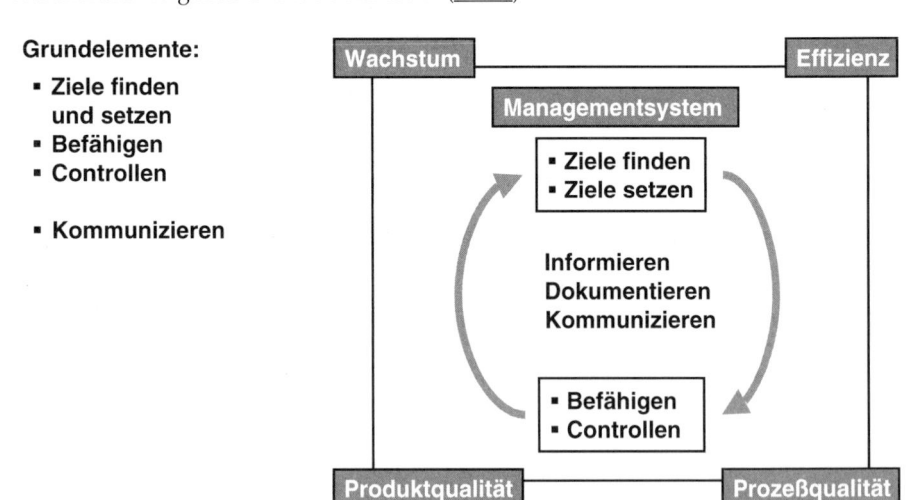

Bild 5: Grundelemente des Managementsystems

- Zielfindung und -anpassung: Mit dem Setzen der richtigen Ziele, z.B. die Definition unternehmensspezifischer Anforderungen an die Produktqualität, wird die langfristige Ausrichtung des Unternehmens abgesichert.
- Befähigung und Controlling: Durch das Befähigen und Controllen der Prozesse der betrieblichen Leistungserbringung wird die optimale Umsetzung der Ziele in entsprechende Produkt- und Prozeßleistungen sichergestellt.

Nummer 1 in Qualität 25

- Kommunikation: Die Prozesse und Ziele eines Unternehmens müssen von allen Mitarbeitern getragen werden. Eine ansprechende und innovative Kommunikation sowie die Information der Mitarbeiter sind Basis für die Fähigkeit der Mitarbeiter, sich im Sinne des Unternehmens einzusetzen.

Im folgenden werden die entsprechenden Grundelemente im einzelnen vorgestellt.

3.1 Zielfindung und -anpassung

Ausgangspunkt jedes mittel- bis langfristigen Unternehmenserfolges ist eine entsprechende Qualität der Unternehmensziele. Aufgabe eines Managementsystems muß die Absicherung dieser Zielqualität sein. Ausgehend von Visionen bzgl. der Anforderungen der Interessenpartner des Unternehmens sind in einem Zielfindungs- und -anpassungsprozeß handlungsleitende Ziele zu entwickeln und bis auf Mitarbeiterebene herunterzubrechen (Bild 6).

Von Visionen über Strategien zu Zielen und Kennzahlen!

Erfolg mit Qualität... ...Premiumanbieter!

Vision
Rahmenstrategien
Ziele
Kennzahlen

top-down / bottom-up

„smart"
s: spezifisch
m: meßbar
a: ambitioniert
r: realistisch
t: terminiert

Quelle: Bayer AG

Bild 6: Zielfindung und -anpassung

In einer top-down-Vorgehensweise werden zunächst Rahmenstrategien zur Erreichung der Visionen erarbeitet. Anschließend werden bottom-up von den Bereichen ihre Beiträge zur Erfüllung der in der Rahmenstrategie festgelegten Vorgehensweise definiert.

Eine exemplarische Umsetzungsform der Zielentwicklung mit dem Fokus auf dem Interessenpartner Kunde stellt die sogenannte „Markenqualität" der DaimlerChrysler AG dar. „Mercedes-Benz - Nr. 1 in Markenqualität im Jahr 2000" ist in diesem Zusammenhang ein beschlossenes Konzernziel der DaimlerChrysler AG. Markenqualität beschreibt dabei die Position der Marke Mercedes-Benz am Markt im Vergleich zum Wettbewerb. Hierbei orientiert sich die „Markenqualität Mercedes-Benz" an der Qualitätswahrnehmung des Kunden in acht Dimensionen (Bild 7).

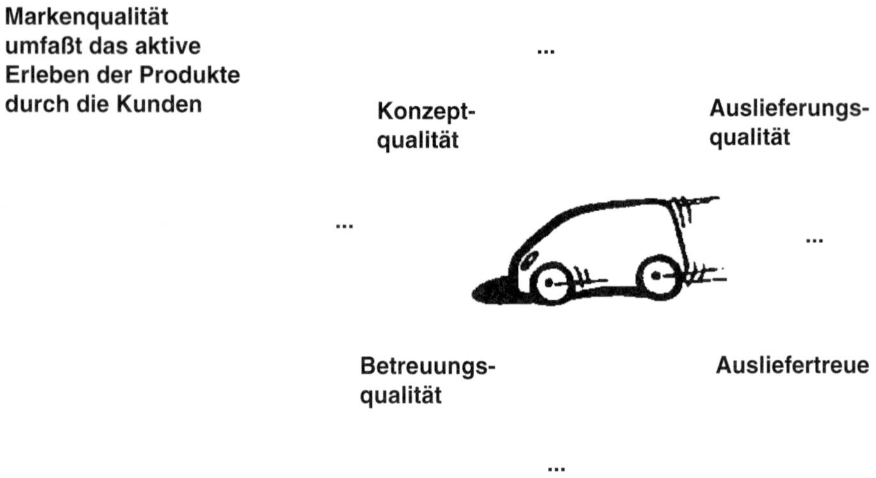

**Markenqualität
umfaßt das aktive
Erleben der Produkte
durch die Kunden**

...

Konzept-
qualität

Auslieferungs-
qualität

...   ...

Betreuungs-
qualität

Ausliefertreue

...

<u>Bild 7:</u>   Markenqualität als zentrale Qualitätsdefinition (Quelle: DaimlerChrysler AG)

Markenqualität entsteht im Zusammenspiel der Bereiche Entwicklung, Produktion und Vertrieb. Ein Produktionswerk beispielsweise zeichnet dabei vornehmlich verantwortlich für die Dimensionen „Auslieferungsqualität" und „Auslieferertreue" sowie eingeschränkt für „Betreuungsqualität" im Hinblick auf Kundencenter oder Vertriebsunterstützung und für die Dimension „Konzeptqualität" bezüglich der Unterstützung der Entwicklung des Folgeproduktes. Für das Produktionswerk ergibt sich daraus die Aufgabe, den Produktionsprozeß so abzusichern, daß das dort erstellte Produkt im Benchmark mit dem Wettbewerb in den Dimensionen Ausführungsqualität und Auslieferertreue im Jahr 2000 den Spitzenplatz erreicht.

Über die geschilderte Zielfindung in den einzelnen Bereichen durch Identifikation der aktiv beeinflußbaren Dimensionen der Markenqualität hinaus werden im weiteren die Ziele bis auf Teilprozeßebene heruntergebrochen. Hierzu sind zu den vom Bereich beeinflußbaren Dimensionen der Markenqualität jeweils kundenrelevante Qualitätskriterien zu erarbeiten und die Stellhebel im Prozeß zu identifizieren, die die entsprechenden Kriterien determinieren (Bild 8).

3.2   Prozeßbefähigung und -controlling

Lange Zeit hatten stark funktional gegliederte Unternehmensstrukturen aufgrund hoher ökonomischer Vorteile in Produktionsbetrieben ihre Daseinsberechtigung. Bei den heutigen Wettbewerbsbedingungen, die eine größere Flexibilität und höhere Kundenorientierung bei zugleich immer komplexeren und variantenreicheren Produkten bedingen, stellen prozeßorientierte Betriebsabläufe die überlegeneren Organisationsformen dar: Die Effizienzsteigerung des gesamten Wertschöpfungsprozesses wird immer mehr zur Überlebensstrategie. Dies gilt nicht nur für den Hersteller von Massenprodukten, sondern auch für die Hersteller von komplexen Maschinen in Einzelfertigung und Kleinserien. Es ist daher notwendig, das Abteilungsdenken zu verlassen und zu einem ganzheitlichen, funktionsübergreifenden Denken und Handeln in Geschäftsprozessen überzugehen. Qualität wird in diesem Zusammenhang definiert als die optimale Erfüllung von Forderungen in einem Geflecht von internen und externen Kunden-Lieferanten-Beziehungen. Instrumente eines prozeßorientierten Qualitätsmanagements erlauben eine systematische qualitative Absicherung und Verbesserung der Geschäftsprozesse [4].

Umsetzung der Markenqualität in einem Produktionswerk

Beeinflußbare Dimensionen der Markenqualität

- Auslieferungsqualität
- Ausliefertreue

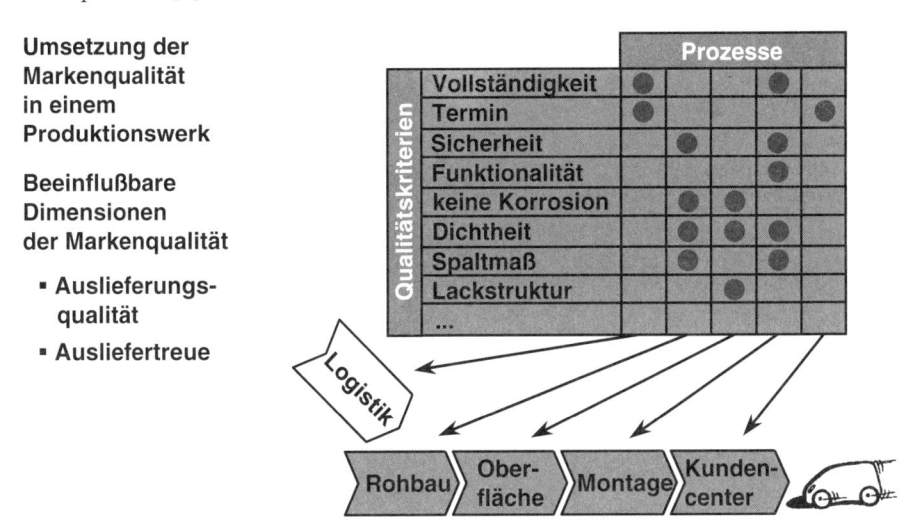

Bild 8: Beiträge der Geschäftsprozesse zur Markenqualität (Quelle: DaimlerChrysler AG)

Ausgehend von den Unternehmenszielen gilt es, die erfolgskritischen Geschäftsprozesse zu identifizieren und systematisch zu befähigen, ihren individuellen Zielbeitrag zu erbringen. Im Sinne eines geschlossenen Regelkreises müssen diese Prozesse ständig überprüft und im Hinblick auf ihre Zielerreichung bewertet werden. Die meßbare Bewertung stellt die notwendige Voraussetzung für jede Form der Verbesserung dar.

Bei der Absicherung von Geschäftsprozessen gilt es, die Verschiedenartigkeit der einzelnen Unternehmensprozesse zu berücksichtigen. Prinzipiell können hier Prozesse mit hohem Wiederholgrad und Prozesse mit Projektcharakter - also Prozesse mit entsprechend geringem Wiederholgrad - unterschieden werden. Die Verschiedenartigkeit der Prozesse muß sich in der Form der anzuwendenden Prozeßabsicherung entsprechend widerspiegeln. Prinzipiell lassen sich die genannten Prozeßtypen anhand der Kriterien „Wiederholfrequenz", „Zielausrichtung" und „Ablaufcharakteristik" unterscheiden (Bild 9).

Ein Beispiel für einen Geschäftsprozeß mit hohem Wiederholgrad stellt die Kundenauftragsabwicklung bei der Herstellung von Serienprodukten dar. Kennzeichen dieser Geschäftsprozeßart stellen der im Vergleich zu den Geschäftsprozessen mit Projektcharakter schnelle Prozeßdurchlauf, das Prozeßziel der maximalen Konformität und der vornehmlich sequentielle Prozeßablauf dar.

	Prozesse mit hohem Wiederholgrad	Prozesse mit Projektcharakter
Beispiel	Kunde 6/99 → Kundenauftragsabwicklung → Kunde 8/99	Markt 6/99 → Produktentstehung → Markt 6/03
Frequenz	750.000/Jahr	1/Jahr
Qualitätsansatz	Rückkoppeln, Regeln	Planen, Lernen
Ziel	maximale Konformität	maximale Kreativität
Qualitätsansatz	Null-Fehler, Kundenzufriedenheit	Innovation, Kundenbegeisterung
Ablauf	primär sequentiell	primär parallel
Qualitätsansatz	Harmonisieren	Synchronisieren

Bild 9: Verschiedenartigkeit von Geschäftsprozessen (Quelle: P3 GmbH)

Geschäftsprozesse mit Projektcharakter, wie sie beispielsweise im Rahmen der Forschung und Entwicklung vorliegen, sind gekennzeichnet durch eine niedrige Wiederholrate, die Fokussierung auf eine maximale Kreativität und die Problematik der Synchronisation parallel ablaufender Aktivitäten.

3.2.1 Geschäftsprozesse mit hohem Wiederholgrad

Geschäftsprozesse mit hohem Wiederholgrad können als Kette aufeinanderfolgender Kunden-Lieferanten-Beziehungen betrachtet werden, die zyklisch immer wieder durchlaufen wird. Die Qualität dieser Art von Geschäftsprozessen definiert sich als die größtmögliche Erfüllung von expliziten und impliziten Kundenforderungen innerhalb der Prozeßkette. Dies mündet in der Konsequenz, daß alle nicht erkannten und nicht erfüllten Kundenforderungen sowie alle Tätigkeiten, die nicht vom Kunden nachgefragte Funktionen am Produkt realisieren, als Verluste in Form von Kapital, Ressourcen und Motivation zu verbuchen sind. Das gilt sowohl für Leistungen, die vom Kunden nachgefragt oder gefordert werden, aber nicht erbracht werden (Leistungslücke) wie auch für Tätigkeiten, die vom Lieferanten erbracht, aber vom Kunden gar nicht nachgefragt werden (Blindleistung).

An dieser Stelle setzt die Methodik des prozeßorientierten Qualitätsmanagements an, indem sie den Fokus auf die (wertschöpfenden) Prozesse bzw. Tätigkeiten richtet und diese in einem übergreifenden Ansatz analysiert und verbessert. Hierbei wird klar definiert und festgelegt, wie die Kommunikation an den Schnittstellen auszusehen hat und welche Leistungen und Informationen im Sinne einer (internen) Kunden-Lieferanten-Beziehung zu erbringen sind. Das Ziel optimaler Produkte und Prozesse muß von allen Mitarbeitern gemeinsam und abteilungsübergreifend erreicht werden. Eine prozeßorientierte Sichtweise entlang der Wertschöpfungskette ist der erste Schritt, um den Kundenforderungen an Produkte und Unternehmen gerecht zu werden.

Verfolgt man einen Auftrag durch ein Unternehmen, so muß dieser Auftrag bei heute vorherrschender Unternehmensorganisation viele Abteilungs- und Bereichsgrenzen überwinden. An jeder Schnittstelle tritt ein Kompetenz- und Verantwortungswechsel ein, und an jeder Schnittstelle gehen immer wieder Informationen verloren. Der Mitarbeiter kennt noch den nächsten vor- bzw. nachgelagerten Prozeßschritt, doch die Verantwortlichen und Ansprechpartner in weiter entfernten Gliedern der Prozeßkette sind meist nicht oder nur unzureichend bekannt. Dabei werden in allen „vorgelagerten Bereichen" Festlegungen getroffen und Fakten geschaffen, die Eingangsinformationen für die nachfolgenden Bereiche darstellen oder zumindest deren Tätigkeiten beeinflussen. Rückmeldungen auf Fehler, Verbesserungsvorschläge, Ablaufverbesserungen und Innovationen scheitern aber häufig an Abteilungsgrenzen oder unterbleiben ganz. Eine solche Prozeßkette ist daher durch Rückfragen, Fehler und Nacharbeit gekennzeichnet. Nicht entdeckte Fehler summieren sich in der weiteren Kette auf und führen zu erhöhten Fehler- und Fehlerfolgekosten. Passieren Fehler unentdeckt die Endkontrolle und wird das Produkt an den Kunden geliefert, erzeugen sie, neben hohen Fehlerbehebungskosten und Imageverlust, Unzufriedenheit und Enttäuschung beim Kunden.

Das Konzept eines prozeßorientierten Qualitätsmanagementsystems (pQMS) der DaimlerChrysler AG ist speziell für Geschäftsprozesse mit hohem Wiederholgrad konzipiert und basiert auf der systematischen Erfassung, Analyse und Verbesserung aller direkten und übergreifenden Kunden-Lieferanten-Beziehungen (Bild 10). Den Ausgangspunkt der Überlegungen zum pQMS-Konzept stellen die Gründe für das Scheitern von Geschäftsprozessen dar [5, 6].

Prozeßorientiertes Qualitätsmanagement mittels durchgängiger Absicherung aller internen Kunden-Lieferanten-Beziehungen

Prozeß-Struktur-Matrix

TP = Teilprozeß

Beispiel: pQMS, DaimlerChrysler AG

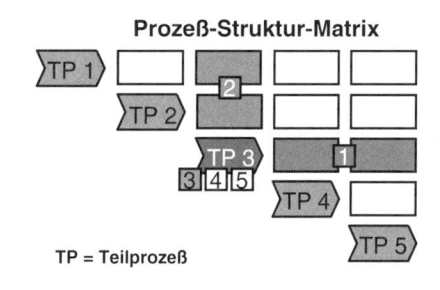

Gründe für das Scheitern von Geschäftsprozessen:

1. Die Erwartungen des Kunden sind nicht bekannt
2. Die Vorleistungen der Prozeßkette stimmen nicht
3. Das Handwerkzeug stimmt nicht
4. Der Mitarbeiter will nicht
5. Der Mitarbeiter darf nicht

Bild 10: Prozesse mit hohem Wiederholgrad -1- Grundidee des prozeßorientierten Qualitätsmanagements (Quelle: DaimlerChrysler AG)

Analysiert man Prozeßketten effizienter Prozesse, so stellt man fest, daß Informationsbeziehungen nicht nur an den Schnittstellen zwischen aufeinanderfolgenden Teilprozessen existieren, sondern daß zwischen allen Teilprozessen Informationen und Leistungen ausgetauscht werden können. Bildet man alle Kommunikationsschnittstellen eines Wertschöpfungsprozesses ab, so entsteht eine Dreiecksmatrix, die alle in der Prozeßkette existierenden Kunden-Lieferanten-Beziehungen beinhaltet, die „Prozeß-Struktur-Matrix" (PSM). Die betrachtete Prozeßkette erscheint in der Hauptdiagonalen, während die Schnittstellen der Kunden-Lieferanten-Beziehungen oberhalb der Diagonalen abgebildet werden. Wertet man die Prozeß-Struktur-Matrix für jeden Teilprozeß aus, so ergeben sich aus der Horizontalen alle Kundenforderungen nachgelagerter Teilprozesse an den Teilprozeß, während die Vertikale alle Forderungen des Teilprozesses an vorgelagerte Teilprozesse beinhaltet. Die systematische Erfassung der gelieferten Informationen und Leistungen erfolgt sukzessive.

Die Einführung des prozeßorientierten Qualitätsmanagements bei schnellaufenden Geschäftsprozessen kann in fünf aufeinanderfolgende Phasen gegliedert werden (Bild 11) [5].

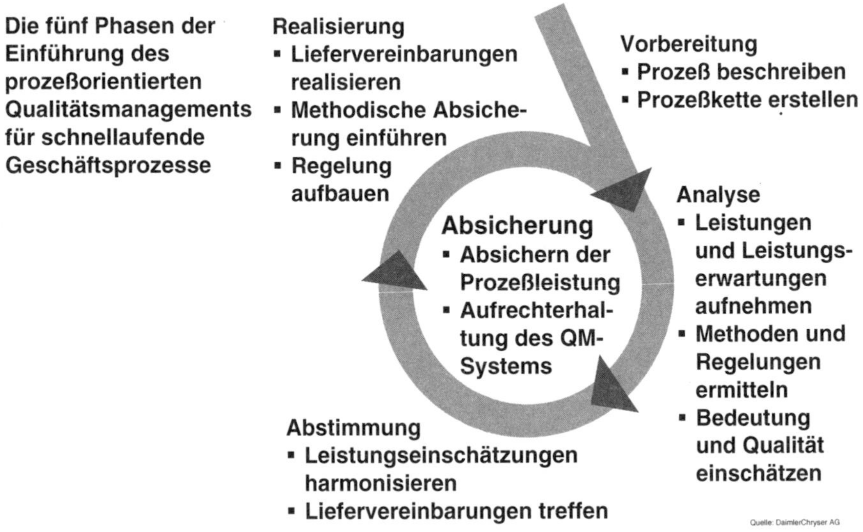

Die fünf Phasen der Einführung des prozeßorientierten Qualitätsmanagements für schnellaufende Geschäftsprozesse

Realisierung
- Liefervereinbarungen realisieren
- Methodische Absicherung einführen
- Regelung aufbauen

Vorbereitung
- Prozeß beschreiben
- Prozeßkette erstellen

Absicherung
- Absichern der Prozeßleistung
- Aufrechterhaltung des QM-Systems

Analyse
- Leistungen und Leistungserwartungen aufnehmen
- Methoden und Regelungen ermitteln
- Bedeutung und Qualität einschätzen

Abstimmung
- Leistungseinschätzungen harmonisieren
- Liefervereinbarungen treffen

Quelle: DaimlerChrysler AG

Bild 11: Prozesse mit hohem Wiederholgrad -2- Einführung des prozeßorientierten Qualitätsmanagements (Quelle: DaimlerChrysler AG)

Zunächst werden die einzelnen Teilprozesse definiert, d.h. es wird eine Kette der einzelnen oder zusammenhängenden Tätigkeiten gebildet. Der hierbei erforderliche Detaillierungsgrad hängt von der gewünschten Tiefe ab, mit der der Prozeß betrachtet werden soll. Prinzipiell ist hierbei ein Top-Down-Vorgehen zu empfehlen, das die Bildung von „Unter-PSM" für jeden einzelnen Prozeßschritt ermöglicht. Den aufgenommen Teilprozessen werden dann die verantwortlichen und die durchführenden Mitarbeiter, die sogenannten „Teilprozeßeigner", zugeordnet [7].

In der Analysephase werden die Schnittstellen zwischen den Teilprozessen analysiert. Die Teilprozeßeigner artikulieren ihre Forderungen an die ihnen vorgelagerten Teilprozesse gemäß der Prozeß-Struktur-Matrix in moderierten Interviews oder durch eine schriftliche Befragungssystematik. Ziel ist es, möglichst detailliert die (Informations-) Forderungen des internen Kunden und den akuten Handlungsbedarf zu erfassen. Neben den Forderungen des Kunden werden in der Analysephase auch die Leistungen des (Informations-) Lieferanten erfaßt. Sowohl die Forderungen wie auch die Leistungen werden mit Hilfe einer Bewertungssystematik entsprechend ihrer Bedeutung und ihrer Qualität eingeschätzt.

Die in der PSM aufgenommenen Forderungen und Leistungen werden in der Abstimmungsphase miteinander verglichen. Der bei unterschiedlichen Bewertungen der beiden Teilprozeßeigner ermittelte Handlungsbedarf wird bewertet, priorisiert, und es werden Maßnahmen zur Kommunikations-/Leistungsverbesserung festgelegt. Diese Verbesserungsmaßnahmen, sei es die Einführung von präventiven Qualitätsmanagementmethoden oder „nur" der Einsatz einer Checkliste, werden von den Mitarbeitern in der Prozeßkette selbständig definiert und umgesetzt. So entstehen gelebte und schnittstellenspezifische Methoden und Werkzeuge, mit denen die Erfüllung der Kundenforderungen und damit eine Effizienzsteigerung des Prozesses sichergestellt werden kann. Weiterhin wird zwischen den Teilprozeßeignern ein direktes Bewertungs- und Regelverfahren aufgestellt, das Abweichungen von der festgelegten Qualität frühzeitig erkennt und bei Überschreiten einer bestimmten Grenze Regelmechanismen zur Abweichungsbehebung anstößt. Prinzipiell kommen hier, je nach Bedeutung der Schnittstelle und Komplexität der Kunden-Lieferanten-Beziehungen, qualitative und quantitative Verfahren zum Einsatz.

Die Absicherungsphase schließt den Regelkreis des prozeßorientierten Qualitätsmanagements, denn in ihr erfolgt die Überprüfung der Wirksamkeit der Kunden-Lieferanten-Beziehungen. „Nur was gemessen werden kann, kann auch verbessert werden!" Nach diesem Grundsatz wird auch im pQMS-Konzept verfahren, das über zwei unterschiedliche Regelkreise die Effizienz und die Effektivität der Prozeßkette sicherstellt: Eine Detailregelung überprüft in Form eines Audits, ob durch das prozeßorientierte Qualitätsmanagement und die geschlossenen Liefervereinbarungen eine Qualitätsverbesserung innerhalb der Prozeßkette eingetreten ist. Das Audit prüft somit die Wirksamkeit der Liefervereinbarungen, indem die Qualität der gelieferten Leistung mit der in der Liefervereinbarung festgeschriebenen Qualität verglichen wird. Mit Hilfe der Globalregelung kann überprüft werden, ob der Gesamtprozeß an sich noch wertschöpfend ist. Dies geschieht mit Hilfe von Reviews, die die Ausrichtung des Prozesses an den Management- und Unternehmensforderungen sowie an externen Kundenforderungen spiegeln.

Das beschriebene pQMS-Konzept zur Absicherung von Geschäftsprozessen mit hohem Wiederholgrad befindet sich in den verschiedensten Prozessen der DaimlerChrysler AG in der Anwendung. Hierbei wurde das Konzept bislang nicht nur auf Prozesse innerhalb einzelner Geschäftsbereiche (z.B. Produktion oder Vertrieb), sondern auch auf geschäftsbereichsübergreifende Prozesse, wie z.B. die Reorganisation der Produktbewährung oder die Unterstützung von Serienanlaufprozessen, angewandt (Bild 12).

3.2.2 Geschäftsprozesse mit Projektcharakter

Umfassende Maßnahmen zur Senkung der Produktkosten und Prozeßdurchlaufzeiten haben in den vergangenen Jahren speziell bei den Geschäftsprozessen mit Projektcharakter, wie sie im wesentlichen bei Forschungs- oder Entwicklungsprozessen vorliegen, zum einen enorme Effizienzsteigerungen gebracht, zum anderen aber auch zu Qualitätsproblemen geführt, die sich z.T. bis in den Markt auswirkten. Ein Qualitätsmanagement derartiger Prozesse hat die Aufgabe, bei anhaltendem bzw. sich weiter verschärfendem Kosten- und Zeitdruck die Erreichung einer gemäß der Unternehmenszielsetzung definierten Forschungs- bzw. Entwicklungsqualität abzusichern.

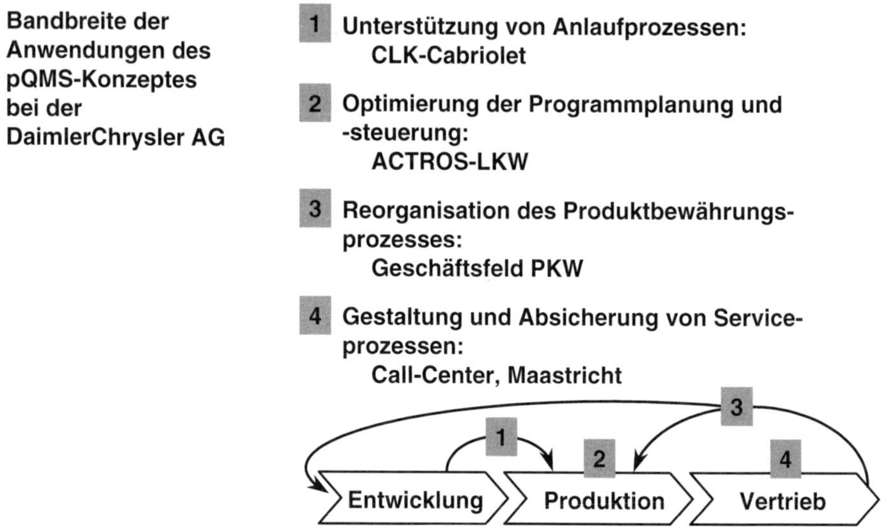

Bandbreite der Anwendungen des pQMS-Konzeptes bei der DaimlerChrysler AG

1 Unterstützung von Anlaufprozessen:
   CLK-Cabriolet

2 Optimierung der Programmplanung und -steuerung:
   ACTROS-LKW

3 Reorganisation des Produktbewährungsprozesses:
   Geschäftsfeld PKW

4 Gestaltung und Absicherung von Serviceprozessen:
   Call-Center, Maastricht

> Entwicklung >> Produktion >> Vertrieb >

Bild 12: Prozesse mit hohem Wiederholgrad -3- Bandbreite der Anwendung des prozeßorientierten Qualitätsmanagements

Diese Aufgabe wird erfüllt, wenn die vom Markt nachgefragte Forschungs- bzw. Entwicklungsqualität systematisch in entsprechende Prozeßleistungen transferiert wird und die Erfüllung dieser Anforderungen durch ein wirksames Qualitätscontrolling abgesichert werden kann. Schlüsselelemente einer Absicherung von Forschungs- bzw. Entwicklungsprozessen können sogenannte „Quality-Gates" darstellen (Bild 13).

Hierbei wird unter einem Quality-Gate ein Meßpunkt verstanden, an dem Forschungs- bzw. Entwicklungsergebnisse bezüglich der Erfüllung der Anforderungen interner und externer Kunden beurteilt werden. Ein Quality-Gate hat somit eine Filterfunktion und soll für Produkte und deren Eigenschaften, die nicht den Anforderungen nachgelagerter Nutzer entsprechen, „undurchlässig" sein. Ziel der Quality-Gates ist neben der Grobsynchronisation paralleler Aktivitäten insbesondere bei Entwicklungsprozessen die Vorverlagerung des Änderungsgeschehens.

Die Konzeption eines wirksamen Qualitätsmanagements für Forschungs- und Entwicklungsprozesse muß die besondere Charakteristik derartiger Prozesse berücksichtigen. Aufgrund der z.T. extrem geringen Wiederholrate solcher Prozesse ist beispielsweise entsprechendes Gewicht auf die Vermeidung von Fehlern und der dadurch oftmals bedingten zeit- und kostenintensiven Rücksprünge im Prozeßablauf zu legen. Mit Hilfe einer in Abhängigkeit des Prozeßrisikos durchzuführenden qualitätsgerechten Planung der Abläufe gilt es, von zeitlichen Rücksprüngen zu inhaltlichen Vorschleifen zu gelangen. Neben der starken Betonung der Fehlervermeidung muß ein Qualitätsmanagement sogenannter „langsamlaufender Geschäftsprozesse" weiteren Zielsetzungen genügen:

- die Qualität der Forschung bzw. Entwicklung muß meß- und bewertbar gemacht werden,
- die Koordination, Kommunikation und Synchronisation vernetzter paralleler Aktivitäten bzw. Prozesse muß gewährleistet sein und
- die Anzahl der Wiederholfehler in Folgeprojekten ist durch das Nutzen von Erfahrungswissen drastisch zu reduzieren.

Quality-Gates als Instrument zur Absicherung von parallelen Prozessen

Quality-Gates:

Merkmale
- gemeinsamer Meßpunkt
- Bewertungs- und Filterfunktion

Ziele
- Synchronisation paralleler Aktivitäten
- Vorverlagerung des Änderungsgeschehens

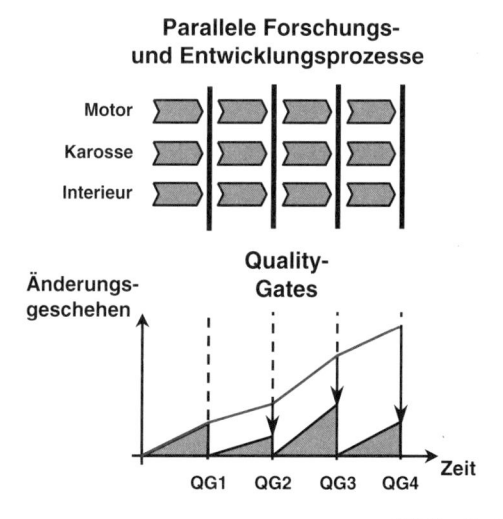

Parallele Forschungs- und Entwicklungsprozesse

Motor
Karosse
Interieur

QG: Quality-Gate

Bild 13: Prozesse mit Projektcharakter -1- Quality-Gates als Schlüssel zur Absicherung

Neben der Berücksichtigung der Prozeßcharakteristik von Forschungs- bzw. Entwicklungsprozessen muß ein praxistaugliches Qualitätsmanagementsystem für derartige Prozesse auch der spezifischen Kultur und Organisation des Forschungs- bzw. Entwicklungsumfeldes gerecht werden. Qualitätsmanagementsysteme (QM-Systeme) der Vergangenheit haben die Forschungs- und Entwicklungsteams nur selten wirklich erreicht, weil bereits ihr normativer Ansatz die Kreativität zu ersticken drohte. Kreativität ist die Basis für Innovation und so sollte ein QM-System einerseits die Kreativität und Selbstorganisation fördern. Andererseits erlaubt es die Unternehmenskultur oftmals noch nicht, die Qualität nur auf der Basis einer Selbstbewertung zu steuern.

Im Bereich PKW-Entwicklung Mercedes-Benz befindet sich bei der DaimlerChrysler AG ein wirksames Qualitätsmanagement von Forschungs- und Entwicklungsprozessen in der Anwendung, das den beschriebenen Anforderungen gerecht wird.

Das Qualitätsmanagementsystem der PKW-Entwicklung (QMS) legt ein Netz von Meßpunkten über die Prozesse, daß einen normativen Rahmen für die kreativen Inhalte zwischen den Meßpunkten absteckt. Die Meßpunkte unterteilen die Entwicklungsprozesse in Prozeßabschnitte und ermöglichen ein Controlling der Entwicklungsqualität. An diesen Meßpunkten bewertet das Management die Erfüllung der Anforderungen und entscheidet über die weitere Vorgehensweise. Die Meßpunkte sind gleichzeitig Review- und Preview-Punkte. Die Anforderungen in den Meßpunkten werden mit den Entwicklungsteams vor Beginn des jeweiligen Prozeßabschnitts abgestimmt, so daß potentielle Fehler vor deren Entstehung vermieden werden können.

Nach der Abstimmung hat das mit der Entwicklungsaufgabe betraute Entwicklungsteam eine QM-Planung vorzulegen, die beschreibt, wie die Anforderungen im Meßpunkt erreicht werden sollen. Gemäß dieses QM-Plans wird der Entwicklungsfortschritt durch das Entwicklungsteam selbst im Sinne eines Soll-Ist-Vergleichs gemessen und methodisch abgesichert. Anforderungsabweichende Sachverhalte werden mit den betroffenen Bereichen synchronisiert, um zeitliche Rücksprünge im Prozeßablauf zu verhindern.

Sowohl an den Meßpunkten als auch zwischen den Meßpunkten entsteht Erfahrungswissen, das über die spezifische Entwicklungsaufgabe hinaus von Bedeutung ist. Dieses Erfahrungswissen wird durch die Anwendung des QM-Systems nutzbar gemacht und in Nachfolgeprojekten genutzt, um Wiederholfehler projektübergreifend zu vermeiden. In der Summe besteht das QM-System aus fünf Elementen und deren Wirkzusammenhängen (Bild 14).

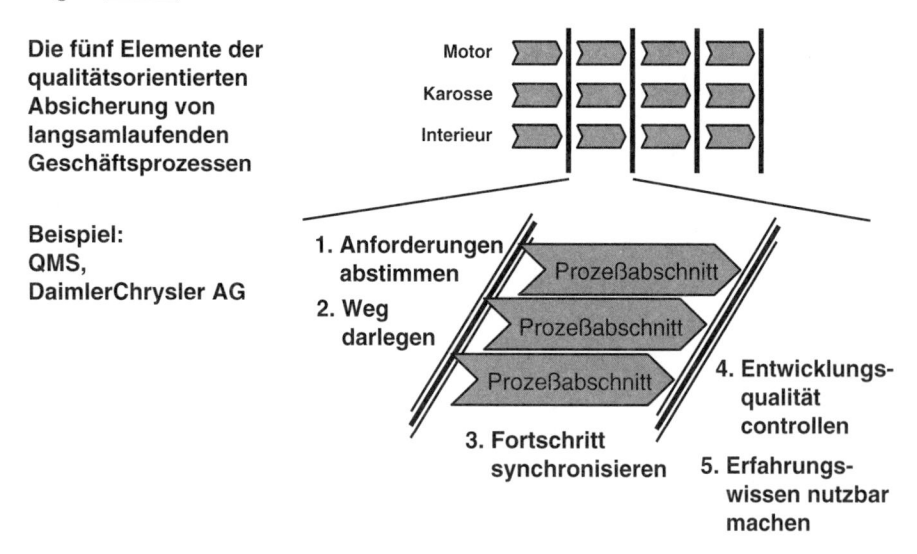

Bild 14: Prozesse mit Projektcharakter -2- Die fünf Elemente der Absicherung durch QMS (Quelle: DaimlerChrysler AG)

Element 1: Anforderungen abstimmen

Rahmenhefte sind in der Vergangenheit oftmals als „Märchenbücher" bezeichnet worden, weil die Anforderungen aus dem Marketing von den Entwicklern als nicht machbar eingestuft wurden. Umgesetzte Lastenhefte hingegen wurden teilweise den Marktbedürfnissen nicht gerecht, weil die Inhalte zwar machbar waren, aber bisweilen an den wirklichen Bedürfnissen des Marktes, die im Marketing bekannt waren, vorbeigingen. In den heutigen Entwicklungsprozessen werden gesetzte Meilensteine häufig „überfahren". Zum einen, weil die Meilensteine als nicht einhaltbar gesehen werden, zum anderen, weil ein Entwicklungsteam die „Altlasten" aus zuvor überfahrenen Meilensteinen nicht mehr aufholen kann.

Die Lösung der skizzierten Problematik liegt in der Erkenntnis, daß für den Menschen nur die Anforderungen wirklich handlungsleitend sind, die von ihm selbst mitgestaltet und als sinnvoll und machbar akzeptiert werden. Bei der Anwendung des QM-Systems werden daher die z.T. konkurrierenden Anforderungen der verschiedensten Interessenpartner mit den Entwicklungsteams vor Beginn der jeweiligen Entwicklungsaufgabe, d.h. vor Beginn des jeweiligen Prozeßabschnitts, abgestimmt. Nur abgestimmte, sprich harmonisierte, Vorgaben sind aus Lieferantensicht machbar und gleichzeitig aus Kundensicht zielführend. Die präventive Abstimmung löst die Problematik der überfahrenen Meilensteine und festgeschriebenen Forderungen in Rahmen- und Lastenheften. Meßpunkte sind somit nicht nur Meßpunkte, sondern eben auch Harmonisierungspunkte.

Das Qualitätsmanagement harmonisiert im Meßpunkt n die Vorgaben für den Meßpunkt n+1, wodurch mögliche Probleme vor deren Auftreten sichtbar werden (Prävention), die Problemlösung zeitlich vorgezogen wird, Zielklarheit entsteht, die Ergebnisse überhaupt erst validierbar werden und die festgelegten Anforderungen die Handlungen des Entwicklungsteams auch tatsächlich leiten.

Harmonisierte Anforderungen werden in Leistungsvereinbarungen dokumentiert. Sie entsprechen der Beauftragung des Entwicklungsteams durch das Management. Mit dem Durchlaufen des Meßpunktes wird das Entwicklungsteam entlastet. Ein Meßpunkt kann nur einmal, nämlich durch die verifizierte Erfüllung der Anforderungen, durchlaufen werden.

Element 2: Weg darlegen

Im Anschluß an die Festlegung der Anforderungen ist der Weg zwischen den Meßpunkten vom Entwicklungsteam darzulegen. In einem QM-Plan wird hierzu festgelegt, durch welche Vorgehensweise und mit welcher methodischen Absicherung die Anforderungen im Meßpunkt erfüllt werden sollen. Die Planung und Darlegung der Entwicklungsaufgabe gibt den Entwicklungsteams und dem Management Transparenz und Sicherheit in das Erreichen der Anforderungen am Meßpunkt. Um die Eigenverantwortlichkeit der Entwicklungsteams zwischen den Meßpunkten zu stärken und Selbstkorrekturen zu ermöglichen, werden Reifegradindikatoren, Synchronisationspläne und Szenarien zur Reduzierung bestehender Entwicklungsrisiken im QM-Plan festgelegt.

Element 3: Fortschritt synchronisieren

Entwicklungsprozesse sind durch eine schrittweise Konkretisierung der eigentlichen Entwicklungsaufgabe gekennzeichnet. So sind zu Beginn eines Prozeßabschnitts z.B. die einzusetzende Produktionstechnologie, der zu verwendende Werkstoff, die Bauraumabmessungen oder der zu entwickelnde Kraft- und Formschluß eines Bauteils noch offen und sollen durch die Entwicklungsaufgabe festgelegt werden. Im Zuge der schrittweisen Konkretisierung ändern sich dabei Sachverhalte, die über die eigentliche Entwicklungsaufgabe hinaus die Durchführung von parallel verlaufenden Entwicklungstätigkeiten maßgeblich beeinflussen. Will man Blindleistungen und zeitliche Rücksprünge in parallel verlaufenden Entwicklungsprozessen vermeiden, so muß der Entwicklungsfortschritt mit parallelen Entwicklungsprozessen, auch und gerade zwischen den Meßpunkten, synchronisiert werden.

Dabei gewinnt die Abstimmung bzw. Synchronisation des Entwicklungsfortschritts zwischen parallel arbeitenden Teams mit zunehmender Komplexität des zugrundeliegenden Beziehungsgeflechts gegenüber dem Ziel der Erreichung eines individuellen Arbeitsfortschritts an Bedeutung. Im Extremfall kann der für die Synchronisation erforderliche Aufwand den originären Entwicklungsaufwand übertreffen (Bild 15). Ziel der Synchronisation, d.h. der regelmäßigen ggf. täglichen Abstimmung des Entwicklungsfortschritts ist es, durch physikalische oder auch virtuelle Produkttests Fehler frühzeitig zu provozieren, schnell abzustellen und den erreichten Stand als neue Basis festzuschreiben. Durch diesen fortwährenden Abgleich wird der Abstimmungs- und Fehlerstau vermieden, der schon ab einer mittleren Produkt- bzw. Prozeßkomplexität nahezu nicht mehr beherrschbar wird.

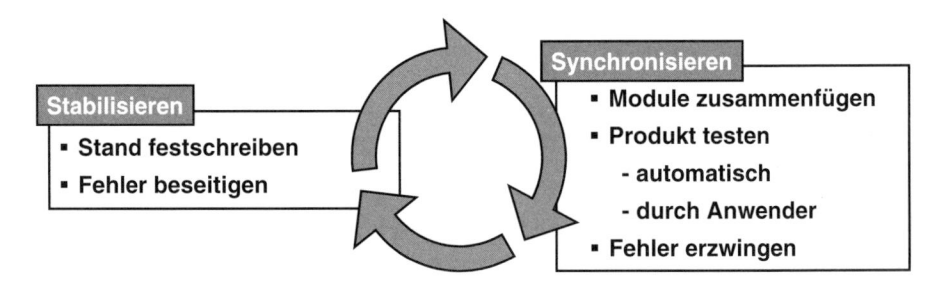

Stabilisieren
- Stand festschreiben
- Fehler beseitigen

Synchronisieren
- Module zusammenfügen
- Produkt testen
  - automatisch
  - durch Anwender
- Fehler erzwingen

Feste Regeln:
- Trennung in fest und variabel
- zur Synchronisation verpflichten
- Zyklus täglich bis wöchentlich
- sofortige Fehlerbeseitigung
- Aufwand für die Synchronisation übersteigt z.T. die Entwicklungsaufwände

Quelle: P3 GmbH

Bild 15: Aspekte der Synchronisation von Prozessen (Quelle: P3 GmbH)

Die Anwendung des QM-Systems stellt in diesem Zusammenhang sicher, daß auf dem Weg zwischen den Meßpunkten Abweichungen von den Anforderungen aus parallelen

Entwicklungsprozessen erkannt und abgestimmt werden. Den Entwicklungsfortschritt, d.h. den Reifegrad zu messen, reicht dabei nicht aus. Nur der abgestimmte, d.h. der synchronisierte Entwicklungsfortschritt entscheidet über den gemeinsamen Erfolg.

Die parallele Bewertung der Reife und der Synchronisation bildet dabei den Spannungsbogen zwischen fertig entwickelten, aber nicht synchronisierten Produkten einerseits und abgestimmten aber nicht fertigen Produkten andererseits, voll ab. Durch die Anwendung des QM-Systems wird die Prozeßqualität, die sich als Summe von Reifegrad und Synchronisationsgrad darstellt, meßbar.

Element 4: Entwicklungsqualität controllen

Eine Kombination aus Selbstbewertung zwischen den Meßpunkten und Fremdbewertung an den Meßpunkten schafft einerseits kreativen Freiraum und andererseits Zielorientierung. Die Fremdbewertung erfolgt durch das Management der Interessenpartner aus Produktion, Markt, Vertrieb, Einkauf und parallelen Entwicklungsprozessen. Für das Management sind Meßpunkte Prozeßmeilensteine, an denen Richtungsänderungen und Sondermaßnahmen „von außen" eingeleitet werden können. Das Netz von Meßpunkten stellt ein Frühwarnsystem dar und bietet die Möglichkeit, die „Reißleine" zu ziehen. Zwischen den Meßpunkten sind die Entwickler eigenverantwortlich und unterliegen nur ihrer eigenen Bewertung (Selbstbewertung).

Der Markt, d.h. die Kunden, entscheiden über den Erfolg. Somit ist der Markt, bzw. sind deren Interessenvertreter (Management, Vertrieb, Marketing) die wichtigsten Partner der Entwickler. Während einer mehrjährigen Entwicklungsdauer ändern sich die Anforderungen des Marktes, spontan, unvorhersehbar und unstetig. Aufgabe des Managements ist es, die Entscheidung zu treffen, ob veränderte Marktbedürfnisse zu neuen oder geänderten Entwicklungsvorgaben in laufenden Projekten führen, an welches Entwicklungsteam diese Anforderungen übertragen werden und zu welchem Zeitpunkt dies geschieht. Das Netz von Meßpunkten bietet die Möglichkeit, geänderte Bedingungen „von außen" in Anforderungen an die Entwicklungsprojekte zu transferieren. Zwischen den Meßpunkten sind die Entwicklungsvorgaben „von außen" fix, um ein Mindestmaß an Ruhe und Kontinuität gewährleisten zu können.

Element 5: Erfahrungswissen nutzbar machen

Bei der Bewertung und Steuerung der Entwicklungsprozesse an den Meßpunkten, beim Harmonisieren der Anforderungen, bei der Erstellung des QM-Plans und während der fortlaufenden Selbstbewertung des Synchronisations- und Reifegrads entsteht Erfahrungswissen. Dieses Erfahrungswissen kann einerseits in nachfolgenden Entwicklungsprozessen und andererseits zur ständigen Optimierung des QM-Systems genutzt werden.

Das QM-System ermöglicht und fördert das Lernen, indem Erfahrungen zur Anwendung bereitgestellt werden. Zum einen erfolgt dies über die Organisation von Erfahrungsaustauschen, zum anderen wird eine Wissensbasis aufgebaut, die das Prozeß- und Qualitäts-Know-how strukturiert und zur systematischen Anwendung bereitstellt. Durch das gezielte Nutzen von Erfahrungswissen werden Wiederholfehler im Prozeßablauf reduziert und das QM-System einem kontinuierlichen Verbesserungsprozeß unterzogen.

Das beschriebene QM-System befindet sich derzeit in den Kernprozessen Gesamtfahrzeugentwicklung, Komponentenentwicklung sowie in Dienstleistungsprozessen der Mercedes-Benz-PKW-Entwicklung in der Einführungsphase (Bild 16). Die Anwendung des QM-Systems vollzieht sich dabei in allen Kernprozessen nach dem gleichen organisatorischen Grundprinzip.

Bandbreite der Anwendungen des QMS-Konzeptes bei der DaimlerChrysler AG

1 Unterstützung von Gesamtfahrzeugprojekten: Nachfolger A-Klasse

2 Absicherung von Komponentenprojekten: Motorsteuergerät

3 Unterstützung von Dienstleistungsprozessen: Prototypenbau

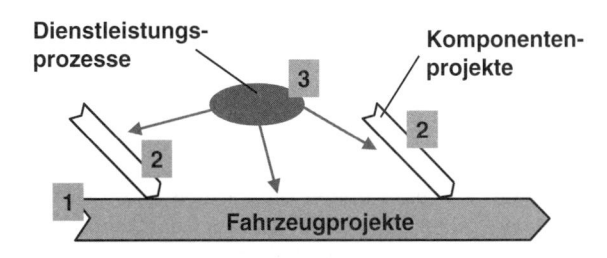

Bild 16: Prozesse mit Projektcharakter -3- Bandbreite der Anwendung von QMS

3.3 Mitarbeiterorientierte Kommunikation des Prozeßmodells - Information und flexible Dokumentation

In der deutschen Industrie ist zu beobachten, daß es nicht an der Existenz von Methoden, sondern an deren unzureichender Umsetzung krankt, d.h. es liegt nicht ein Methoden-, sondern ein Anwendungsdefizit vor. So zeigt sich, daß die meisten Veränderungsprozesse nicht an der Definition der Veränderungen, sondern an ihrer Kommunikation und der Umsetzung durch die Mitarbeiter scheitern: Innovationen, „gute Ideen" und die Reaktion des Unternehmens auf den ständigen Wandel werden nicht oder nur unscharf bis an die Mitarbeiter getragen. Daher wird oft nach nicht mehr aktuellen Prozessen gearbeitet, und die „Totzeit" vom Erkennen einer notwendigen Veränderung bis zu gelebten und wirksamen Konsequenzen ist erschreckend lang.

Für erfolgreiche, dynamische und qualitätsorientierte Geschäftsprozesse ist die aktive Information und Einbeziehung der Mitarbeiter der Schlüssel zum Erfolg. Über eine aktive und aktuelle Kommunikation der erforderlichen Veränderungen im Unternehmen können die notwendigen Voraussetzungen für den Wandel bei Zielen und Geschäftsprozessen geschaffen werden. Es gilt also, diesen Wandel festzulegen und über geeignete Medien in die Köpfe der Mitarbeiter zu bringen. Ein Qualitätskriterium ist hierbei, wie schnell die geänderten Randbedingungen, die neuen Ziele und die gewandelten Abläufe kommuniziert werden können. Je schneller und eindeutiger dieser Regelkreis geschlossen wird, desto schneller kann ein Unternehmen mit angepaßten Produkten auf den Markt treten.

In den bisherigen Abschnitten wurde der Weg von der Ermittlung des Veränderungsbedarfs und dem daraus folgenden qualitätsorientierten Ausrichten der Unternehmensprozesse aufgezeigt. Leitlinien und Hilfsmittel, vom EFQM-Modell über die qualitätsorientierte Blanced Scorecard bis zur Absicherung der unterschiedlichen Arten von Geschäftsprozessen, geben den Rahmen vor, der nun im Unternehmen kommuniziert und gelebt werden muß. Voraussetzung für „lebende Prozesse" und die Prozeßbefähigung ist die Festlegung der Soll-Prozesse in einer geeigneten Dokumentationsform. Hierbei erfährt der Begriff der Dokumentation eine neue Bedeutung: Er wandelt sich von der papiergestützten statischen Archivierung von Fakten zum dynamischen Management von Unternehmenswissen.

3.3.1 Dokumentation als Voraussetzung zur Prozeß- und Mitarbeiterbefähigung

Eine in der kreativen Phase der Anpassung und Neuausrichtung von Geschäftsprozessen oft unterschätzte Problematik ist die Kommunikation der Festlegungen und Veränderungen an alle Mitarbeiter. Voraussetzung für den Erfolg der Kommunikationsbemühungen ist in einem ersten Schritt die eindeutige Beschreibung der Ziel- und Prozeßausrichtung und in einem zweiten Schritt die Vermittlung dieses Wissens an die involvierten Mitarbeiter.

Im ersten Schritt, der Dokumentation der Festlegungen und Veränderungen, erfolgt die Festschreibung der an den Wandel angepaßten Ziele und Prozesse. Dafür sind die sich kontinuierlich verändernden Visionen, Ziele und Prozesse zu definierten Zeitpunkten „einzufrieren" und als Grundlage für die Beschreibung und Dokumentation zu nutzen. Hierbei ist die Problematik zu meistern, den zunächst nur dem mit der Veränderung betrauten Team durch Rahmenbedingungen und Diskussionen bekannten Wandel zu konkretisieren, zu definieren und auf eine geeignete Weise nach einem Beschreibungs- und Kommunikationsmodell abzubilden. Dieses Kommunikationsmodell bildet das Hilfsmittel zum Transfer des Prozeßwissens und damit zur Befähigung der Mitarbeiter (Bild 17).

Mit dem Hauptaugenmerk auf der Kommunikation neuer und veränderter Prozesse ist es notwendig, aus der (Management-) Dokumentation bedarfsorientiert Informationen extrahieren zu können, d.h. aus dem Gesamtkontext müssen einzelne Informationseinheiten angefordert und separat genutzt werden können. Eine effiziente Verwendung dieser Informationseinheiten allerdings kann nur erfolgen, wenn dabei eine übergreifende Vernetzung der einzelnen Wissensblöcke gewährleistet ist. So können ergänzende Wissensinhalte hinzugezogen und Querverweise genutzt werden. Da sich die Anzahl der entstehenden Wissensverknüpfungen mit der Anzahl der Informationseinheiten potenziert, ist es notwendig, mit Hilfsmitteln wie Verknüpfungsbäumen und „Fisheye-Views" eine Darstellung der Zusammenhänge zu erhalten. Prinzipiell münden diese Anforderungen in einer durchgängigen und einheitlichen Beschreibungssprache, die die Sachverhalte möglichst durch Symbolik und nicht durch textuelle Beschreibungen darstellt.

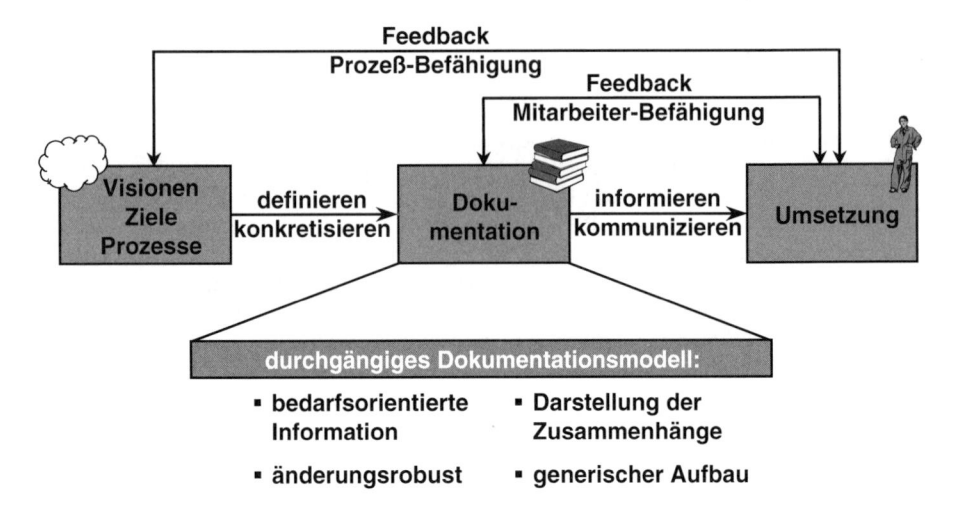

Bild 17: Kommunikation zur Prozeßbefähigung

Beim Setzen der Meilensteine für die Aktualisierung der Dokumentation ist zwischen der Aktualität des Inhalts und dem erhöhten Aufwand für kürzere Dokumentationszyklen abzuwägen. Ein generischer Aufbau des Dokumentationsmodells läßt hier die Möglichkeit einer flexiblen Erweiterung der Wissensinhalte auf beliebiger Detaillierungsstufe zu. Ebenso ist die Wahl einer änderungsrobusten Beschreibungs- und Dokumentationsform ein möglicher Ausweg aus dem Dilemma zwischen Aktualität und Pflegeaufwand.

Der Unternehmenserfolg wird auch von der effizienten Umsetzung der dokumentierten Vorgaben durch die Mitarbeiter bestimmt. Ohne eine direkte Information und Qualifikation sowie die aktive Einbindung aller Mitarbeiter sind Veränderungsprojekte zum Scheitern verurteilt. Daher stellt eine einheitliche und qualitativ hochwertige Dokumentation in zweierlei Hinsicht eine Notwendigkeit für den Erfolg der Kommunikation des Wandels dar. Zum einen dient sie den Mitarbeitern als direkte Vorgabe und Anweisung als Grundlage für das „Leben von Prozessen" und bildet damit auch den Maßstab für das Erkennen und Bewerten von Abweichungen in den gelebten Prozessen. Zum anderen kann über das Feedback der festgestellten Abweichungen im Sinne eines Regelkreises ein Verbesserungsmanagement bei der Mitarbeiter-Befähigung (direkter Regelkreis) und der Prozeß-Befähigung (indirekter Regelkreis) initiiert werden: Im direkten Feedback werden Rückmeldungen über Fehler und Verbesserungen bezüglich der Dokumentation kommuniziert, während über die große Regelschleife eine Bottom-up-Rückmeldung über die Effizienz der Prozesse und deren Fähigkeit zur Zielerreichung erfolgen kann.

3.3.2 Innovative Dokumentation und Kommunikation

Die Festschreibung der veränderten Geschäftsprozesse und Abläufe in Form einer Dokumentation ist die Grundlage für die Vermittlung dieses Wissens an die involvierten Mitarbeiter. Hierbei erfolgt die Mitarbeiterinformation und -befähigung über zwei unterschiedliche Kommunikationsformen, die genutzt werden, um allgemeine Informationen an alle Mitarbeiter zu verteilen oder um individuellen Wissensbedarf einzelner Mitarbeiter zu befriedigen. Prinzipiell können hier das Push- und das Pull-Prinzip unterschieden werden, die je nach Zielgruppe, zu vermittelndem Wissen und gewünschter Wirkung, individuell oder kombiniert eingesetzt werden können (Bild 18).

Allgemeines Wissen

push-Prinzip: unidirektionale Kommunikation

Fokus:
Informationsverteilung
- Gießkannenprinzip
- anwenderneutral

Mittel:
- klassische Medien

Umsetzung:
- Schulungen
- Hausmitteilungen
- Unternehmens-TV

Fokus:
Problemorientierung
- aktive Informations-
  nachfrage
- anwenderspezifisch

Mittel:
- Hypertext
- Hypermedia

Umsetzung:
- Intranet
- EMMH

Individuelles Wissen

pull-Prinzip: interaktive Kommunikation

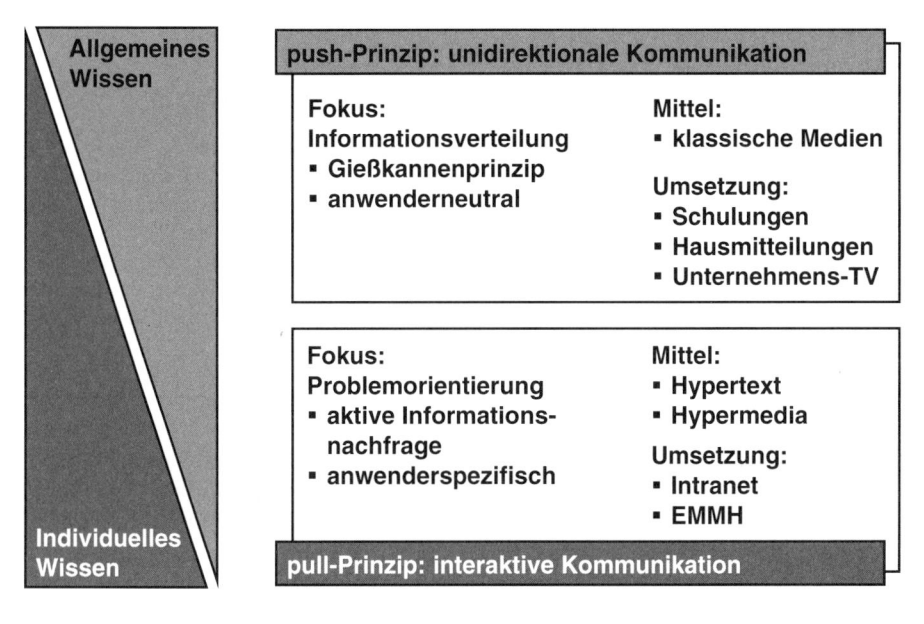

Bild 18: Innovative Dokumentation und Kommunikation

Mit dem Push-Prinzip werden Informationen und Wissen von zentraler Stelle aus verteilt, wobei der Empfänger diese Informationen in einem passiven Vorgang aufnimmt. Das Push-Prinzip kann damit effizient für die weite Verbreitung allgemeinen Wissens eingesetzt werden, das die Grundlage für eine weitere individuelle Wissensvermittlung bildet. Hierbei gelingt es allerdings nur schwer, unterschiedliche Wissensstufen anzusprechen und auf individuelle Probleme einzugehen. Beispiele für eine erfolgreiche Informationsvermittlung über das Push-Prinzip finden sich in Schulungen, Mitarbeiterzeitungen oder neuerdings in der Mitarbeiterinformation durch Unternehmens-TV.

Die Vermittlung von individuellem Wissen steht im Vordergrund des Pull-Prinzips. In diesem Fall liegt bei dem Mitarbeiter ein Informationsdefizit vor, und er versucht, dieses durch konkretes Nachfragen zu lösen. Eine erfolgreiche Umsetzung des Pull-Prinzips erlaubt dem Anwender daher den eigenständigen Zugriff auf geordnetes und strukturiertes Wissen unterschiedlicher Wissensstufen. Das zur Lösung seines Problems benötigte Wissen muß allerdings von der Organisation aufbereitet und bereitgestellt werden. Ein bewährtes Verfahren für die individuelle Vermittlung von Wissen ist die Nutzung von Hypertext und Hypermedia. Hierbei kann über Verweise, je nach individuellem Wissensbedürfnis, auf vertiefende oder verwandte Wissensebenen verzweigt werden. Moderne Intranet-Anwendungen bieten die Möglichkeit dieser Wissensstrukturierung über Sprungverweise und die Einbindung von multimedialen oder virtuellen

Komponenten. Über einen Mausklick kann direkt zu gesuchtem Wissen verzweigt werden. Aber auch über Suchmaschinen kann der gesamte Informationsbestand nach Schlüsselwörtern durchsucht werden und die gefundenen Lösungen auf individuelle Problemstellungen übertragen werden.

Mit der Unternehmensgröße und der räumlichen Entfernung zwischen den Mitarbeitern eines Unternehmens wachsen auch die Kommunikationsbarrieren, die einen informellen und direkten Wissensaustausch zwischen den Mitarbeitern behindern. Zur Überwindung dieser Barrieren und zur Unterstützung der problemorientierten Kommunikation werden seit jüngster Zeit auch elektronische Medien eingesetzt: Intranet-Anwendungen bilden dabei auch die Plattform für ein unternehmensweites internes Wissensnetzwerk. Vorgaben für neue Prozesse und das dokumentierte Erfahrungswissen aus vergangenen Projekten werden als Wissensbasis zur Verfügung gestellt, damit „das Rad nicht immer wieder neu erfunden" werden muß. Im Sinne von „Gelben Seiten" (Yellow Pages) haben die Mitarbeiter die Möglichkeit, die Bereiche ihrer Kernkompetenzen und ihr Know-how-Profil in das Netz einzuspeisen. Hilfesuchende finden über Suchmaschinen die kompetenten Ansprechpartner für ihr Problem und können die Experten per Telefon oder Email konsultieren.

Beide vorgestellten Prinzipien der Wissensvermittlung sind kombiniert einzusetzen, um Vorgaben und Veränderungen im Unternehmen und dessen Prozessen effizient zu vermitteln und somit erfolgreich zu gestalten. Hierzu erfolgt in der Regel zunächst in definierten Abständen eine Information der Mitarbeiter nach dem Push-Prinzip, die durch die Möglichkeit zur individuellen Wissensakquisition nach dem Pull-Prinzip ergänzt wird.

In der Praxis hat sich die Wahrung der Aktualität der Dokumentation als wichtigstes Akzeptanzkriterium der Mitarbeiter erwiesen: Ist auch nur ein Teil der übermittelten Informationen überholt oder ungültig, so wird häufig die Glaubwürdigkeit und der Richtliniencharakter der Gesamtdokumentation in Zweifel gestellt. Ein solcher, durch nicht aktuelle Informationen verursachter, Vertrauensverlust in die Dokumentationen kann dann nur sehr mühsam durch gezielte und kostspielige Aktionen des Managements wieder aufgebaut werden. Durch die elektronische Verteilung der Informationen kann sichergestellt werden, daß allen Mitarbeitern zu jedem Zeitpunkt die aktuellsten Informationen zur Verfügung stehen, d.h. die „Totzeit" zwischen Entstehung und Verteilung der Informationen kann erheblich verkürzt werden.

3.3.3 Beispiele innovativer Dokumentation und Kommunikation

Um mit dem Wandel der Vorgaben in der Dokumentation Schritt halten zu können und um der Komplexität und Vernetzung der Informationen Rechnung zu tragen, werden neue und dynamische Medien eingesetzt. Die zunehmende Ausstattung der Arbeitsplätze mit Computern und die Integration der Rechner über Netzwerke prädestinieren gerade die elektronischen Medien für die Bereitstellung von Informationen an die Mitarbeiter. In Abhängigkeit der Unternehmensgröße können verschiedene Formen bzw. Realisierungsstufen der flexiblen Kommunikation unterschieden werden. Gemeinsam ist allen die Nutzung moderner Multimedia-Technologien und die Nutzung eines gemeinsamen Datenpools, so daß das klassische Vervielfältigen und Verteilen von Print-Informationen entfällt.

Bei aller Euphorie für neue Technologien darf jedoch die Tatsache nicht aus den Augen verloren werden, daß nicht eine perfekte Informationstechnik, sondern eine optimale Unterstützung des Mitarbeiters in seinem Prozeßgeschehen gefordert ist [3]. Die Qualität der neuen Kommunikationsformen wird bestimmt durch ihren Beitrag zur Prozeßbefähigung und durch den direkten Bezug zur Tätigkeit und zu den Prozessen.

Im folgenden sind zwei Beispiele für innovative Realisierungen der flexiblen Dokumentation und Kommunikation im Unternehmen dargestellt: Diese Praxislösungen zeigen, daß die Kommunikation des Wandels nicht nur von großen Unternehmen angegangen und gelöst werden kann, sondern daß auch kleine Unternehmen mit neuen Medien Veränderungen im Unternehmen transparent machen können. Aufgrund der unterschiedlichen Anforderungen und Zielgruppen gelangen global operierende Konzerne einerseits und kleine bzw. mittelständische Unternehmen andererseits naturgemäß zu unterschiedlichen Lösungen: Während in Konzernen die Verteilung und Verknüpfung unterschiedlicher Wissensinhalte über die Intranettechnologie abgebildet wird, erfolgt eine effektive Vermittlung der jeweils aktuellen Prozesse und der eingetretenen Änderungen im Kleinunternehmen über das hausinterne PC-Netzwerk.

Ein Beispiel für die innovative Kommunikation des Wandels und den Aufbau eines Wissensnetzwerks stellt das „qmweb" der DaimlerChrysler AG dar (Bild 19). „qmweb" stellt eine weltweite Vernetzung sämtlicher QM-Bereiche im Automobilgeschäft des Konzerns über das Intranet mit dem Ziel der Kommunikation und des Wissenstransfers im Bereich des Qualitätsmanagements dar. Hierbei werden die QM-Bereiche der einzelnen Center und Werke über eine zentrale Seite miteinander verknüpft, so daß auch standortübergreifend auf Informationen zugegriffen werden kann. Für die Einheitlichkeit und Durchgängigkeit sorgt ein zentral vorgegebenes Rohgerüst ohne Inhalte (Subweb), das von den einzelnen Leistungszentren ohne spezielles Know-how individuell gefüllt werden kann. Ebenso werden von zentraler Stelle Werkzeuge und Hilfsmittel zur dezentralen Wartung und Aktualisierung zur Verfügung gestellt.

Auf der Hauptnavigationsseite des „qmweb" stehen dem Mitarbeiter folgende Anwendungen zur Verfügung:

- „live" - eine Informationsplattform mit Kalender, Newsboard, QM-Infos und weiteren aktuellen Informationen
- „network" - der Zugang zu sämtlichen Subwebs des qmweb mit entsprechenden Recherchemöglichkeiten
- „office" - der komplette QM-Werkzeugkasten bestehend aus der QM-Dokumentation des Werkes, QM-Methoden sowie Dienstleistungen im Bereich des Qualitätsmanagements
- „mission" - die Informationen zur strategische Ebene des Qualitätsmanagements, wie QM-Strategien, Politik bzw. Ziele
- „facts" - Zahlen, Daten, Fakten

Innovative Unternehmenskommunikation in einem Großkonzern mittels Intranettechnologie

Beispiel: „qmweb", DaimlerChrysler AG

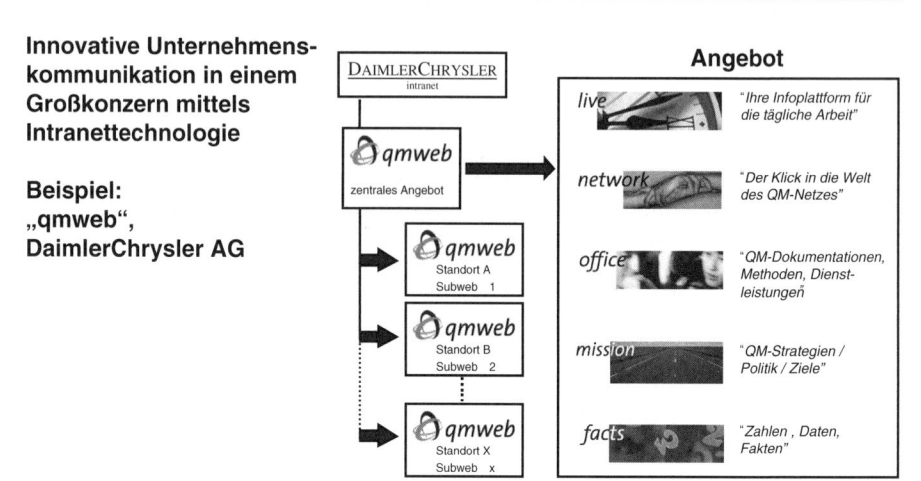

DAIMLERCHRYSLER intranet		Angebot	
qmweb zentrales Angebot		live	"Ihre Infoplattform für die tägliche Arbeit"
	qmweb Standort A Subweb 1	network	"Der Klick in die Welt des QM-Netzes"
		office	"QM-Dokumentationen, Methoden, Dienstleistungen"
	qmweb Standort B Subweb 2	mission	"QM-Strategien / Politik / Ziele"
	qmweb Standort X Subweb x	facts	"Zahlen, Daten, Fakten"

<u>Bild 19:</u> Mögliche innovative Realisierungsformen: „qmweb", DaimlerChrysler AG

Durch den analogen Aufbau der Intranetseiten der einzelnen Leistungszentren ist für die Mitarbeiter eine einfache standortübergreifende Wissensakquisition möglich, leistungszentrenübergreifende Suchmöglichkeiten und der Einsatz von Agenten (selbständige Programme, die auf fremden Servern nach Informationen suchen) unterstützen den Wissenstransfer. Ebenso ist über eine spezielle Suche die Identifikation von Wissensträgern im Konzern möglich. Derzeit erfolgen ca. 4000 - 8000 Zugriffe pro Tag auf das „qmweb" der DaimlerChrysler AG, was die Bedeutung und die Akzeptanz des Systems bei den Anwendern widerspiegelt.

Auch mittelständische Unternehmen setzen in der internen Unternehmenskommunikation auf die Unterstützung durch neue Medien: Die Firma Schrauben Betzer GmbH & Co. KG in Lüdenscheid ist ein Spezialist in der Herstellung von Präzisionsschrauben und Kaltformteilen. Täglich werden bei Betzer etwa 6 Millionen Schrauben produziert, die bei den Kunden vorwiegend automatisch verschraubt werden. Um den hohen Qualitätsansprüchen seiner Kunden zu genügen und den Gedanken der ständigen Verbesserung in das Unternehmen zu tragen, lebt Betzer ein unternehmensumfassendes Qualitätsmanagementsystem, das auch den Forderungen aus QS 9000, VDA 6.1 und DIN EN ISO 9001 Rechnung trägt. Die derzeitige Integration des Umweltmanagements in das Betzer-Managementsystem ist ein Beispiel für die aktive Weiterentwicklung des Managementsystems.

Ein elementarer Bestandteil des Betzer-Managementsystems ist das Elektronische Managementhandbuch (EMMH), das allen Mitarbeitern die Möglichkeit bietet, Managementvorgaben aus Qualität, Umweltschutz und Arbeitssicherheit am PC-Bildschirm innerhalb des innerbetrieblichen Netzwerkes per Mausklick einzusehen (<u>Bild 20</u>). Das Informationssystem basiert auf dem Portable-Document-Format (PDF), mit dem sich elektronische Dokumente miteinander nach Hypertext-Prinzip verknüpfen lassen. Die in beliebigen Anwendungsprogrammen (Word, Excel, ABC-Flowcharter etc.) erstellten einzelnen Dokumente werden „per Ausdruck" in PDF konvertiert und stehen dann sofort elektronisch zur Verfügung. Durch die Nutzung von Windows-

Standardfunktionen und die graphische, selbsterklärende Bildschirmoberfläche herrschte bei der Einführung des Systems kaum Schulungsbedarf.

Innovative Unternehmenskommunikation im Mittelstand über lokale Netzwerke

Beispiel: „EMMH", Betzer GmbH

EMMH: Elektronisches Management-Handbuch

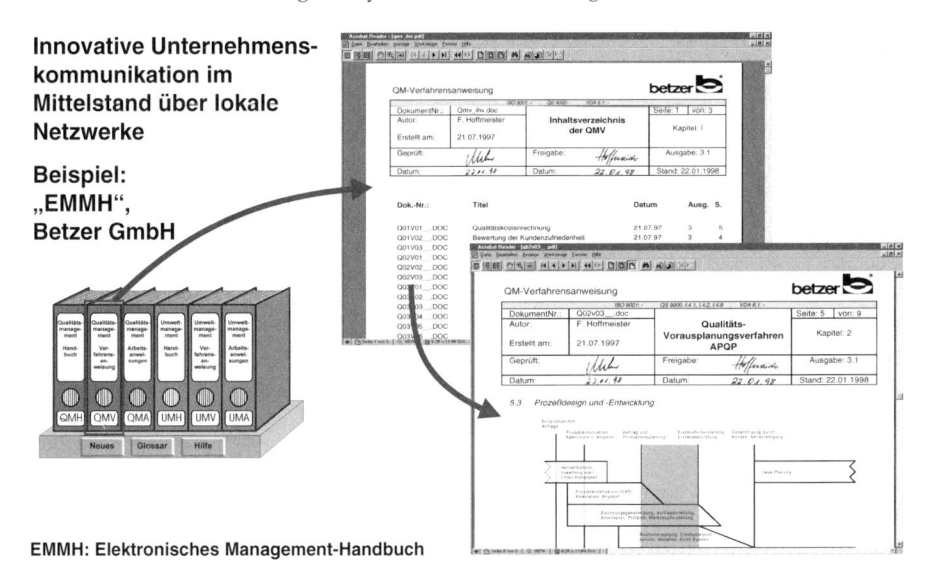

Bild 20: Mögliche innovative Realisierungsformen: „EMMH", Betzer GmbH

Die Anwendung des EMMH durch die Mitarbeiter zeigt den Erfolg des elektronischen Informationssystems: Der Bildschirmzugriff per Mausklick ist wesentlich schneller als das Blättern und Suchen in unterschiedlichen Handbüchern und Dokumenten. Auch kann durch elektronische Verknüpfung der Dokumente über Querverweise zu mitgeltenden Unterlagen (z.B. Verfahrensanweisungen) gesprungen werden. Besondere Seiten zur Kommunikation aktueller Themenbereiche und zur Information über erfolgte Änderungen innerhalb der Dokumentation erweitern das Informationsangebot an die Nutzer. Ein besonderer Erfolgsfaktor des Systems ist die Möglichkeit der Volltextrecherche, mit der über die gesamte Dokumentation nach Informationen gesucht werden kann, ohne daß die inhaltliche Handbuchstruktur bekannt sein muß.

Zur Zeit kann das elektronische Managementhandbuch bei Betzer an allen Windows NT-Arbeitsplätzen aufgerufen werden, wobei neben den Verwaltungsabteilungen auch die einzelnen Fertigungsabteilungen über Informationsplätze Zugang zu dem Informationssystem haben.

4 Zusammenfassung und Ausblick

Unternehmen, die sich nicht fortwährend an den Forderungen aller Interessenpartner ausrichten und ihre Effizienz ständig verbessern, stehen nicht nur still, sie fallen im Wettbewerb zurück. Moderne Managementsysteme müssen sich dieser Herausforderung stellen und mittels Qualitätsorientierung Unternehmenswachstum und Effizienz ermöglichen. Das hier dargestellte Modell eines qualitätsfokussierenden Managementsystems erlaubt es, die Qualität der Produkte und die Qualität der Leistungserstellung auch in einem sich wandelnden Umfeld sicherzustellen.

Ausgehend von einer Unternehmensstrategie, die den Anforderungen aller Interessenpartner gerecht wird, und der Definition einer Markenqualität werden Ziele entwickelt, bewertbar gemacht und auf die Geschäftsprozesse heruntergebrochen. Die Umsetzung dieser Ziele erfolgt dann unter der Maxime einer maximalen Geschäftsprozeßqualität, angepaßt an die unterschiedlichen Ausprägungen von Geschäftsprozessen. Dabei erfolgt die Beherrschung der Prozesse durch die kombinierte Anwendung des Managementzyklusses „Ziele setzen", „Befähigen" und „Controllen" (Bild 21): Hierbei ist es von Bedeutung, nicht nur rückblickend die Effizienz zu prüfen und ggf. Maßnahmen zu ergreifen, sondern in einem präventiven Ansatz Prozesse und Mitarbeiter zu befähigen.

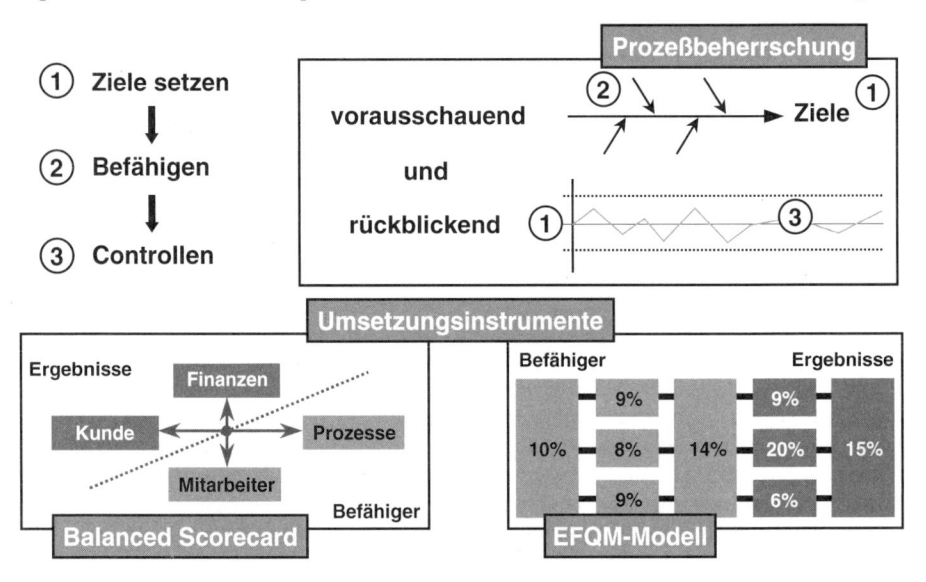

Bild 21: Prozeßeffizienz durch Prozeßbeherrschung - Fazit

Als Umsetzungsinstrumente für die dargestellte Vorgehensweise bieten sich nach Meinung der Expertengruppe der kombinierte Einsatz der Balanced Scorecard und des EFQM-Bewertungsmodells an, in denen jeweils eine Bewertung von Befähigern und Ergebnissen erfolgt. Diese Bewertungskriterien werden in einem ausgewogenen Berichtsbogen, der Balanced Scorecard, in den Komponenten Mitarbeiter, Prozesse, Kunde und Finanzen gegenübergestellt. Während die Gewichtung der Bewertungkriterien in der Balanced Scorecard nicht festgelegt ist, stellt das EFQM-Modell über die Balanced Scorecard hinausgehende Bewertungsvorgaben und Zielkriterien zur Verfügung, mit deren Hilfe die Qualitätslage des Unternehmens bewertet werden kann [8, 9].

Der Erfolg von Managementvorgaben und Veränderungen stellt sich jedoch erst ein, wenn sie kommuniziert und auch von den Mitarbeitern gelebt werden. Die Dokumentation von geänderten Prozessen und die Information der Mitarbeiter über diese Änderungen sind demzufolge notwendige Voraussetzungen für die effiziente Gestaltung von

Veränderungsprozessen. Mit Hilfe neuer Medien können neue aktive Formen der Kommunikation und Mitarbeiterbefähigung erschlossen werden.

Daß der hier dargestellte Managementansatz den Herausforderungen der Praxis gewachsen ist, zeigen die Beispiele für Vorgehensweisen, Werkzeuge und Anwendungen aus der Industrie. Schließlich sind es nicht spezielle Methoden und Verfahren, sondern die Definition von Qualität und deren Projektion auf das Unternehmen und die wertschöpfenden Prozesse sowie die aktive Einbeziehung und Befähigung aller Mitarbeiter, die die Grundlagen für ein effizientes und wandlungsfähiges Managementsystem bilden. Erfolgreich sind hier einfache, aber durchgängige und ganzheitliche Lösungen. Die Strategie, der Komplexität und Dynamik mit Einfachheit und Wandlungsfähigkeit zu begegnen, sichert dem erfolgreichen Unternehmen die Schnelligkeit, die es braucht, um das Marktgeschehen aktiv mitzubestimmen, denn: „Ein perfektes Managementsystem erkennt man nicht daran, daß man nichts mehr hinzufügen kann, sondern dran, daß man nichts mehr weglassen kann" (Bild 22).

Unternehmertum im Unternehmen

Managementtrends

Unternehmensnetzwerke

„Ein perfektes Managementsystem erkennt man nicht daran, daß man nichts mehr hinzufügen kann, sondern daran, daß man nichts mehr weglassen kann."

globale Informationsnetzwerke

Globalisierung

Fusionen

Bild 22: Ausblick

Literatur:

[1] McKinsey & Company, Inc.; Rommel, G. u.a.: Qualität gewinnt: Mit Hochleistungskultur und Kundennutzen an die Weltspitze. Schäffer-Poeschel Verlag, Stuttgart, 1995

[2] Weingarten, Th.: Ganzheitliches Qualitätsmanagement von Geschäftsprozessen. Dissertation RWTH Aachen, P3 GmbH (P3-Schrift 98-02), Aachen, 1998

[3] Tobias, M.: Informationsunterstützung für das prozeßorientierte Qualitätsmanagement. Dissertation RWTH Aachen, P3 GmbH (P3-Schrift 98-01), Aachen, 1998

[4] Prefi, Th.: Entwicklung eines Modells für das prozeßorientierte Qualitätsmanagement. Dissertation RWTH Aachen, Beuth Verlag (FQS-Schrift 92-02), Frankfurt am Main, 1995

[5] Edenhofer, B.; Prefi, Th.; Wißler, F.: Das System verändern - pQMS ein Qualitätsmanagementsystem für Prozesse. QZ Qualität und Zuverlässigkeit 42 (1997) 11

[6] Pfeifer, T.; Westkämper, E.; Wohlfarth, D.: Das System verändern - pQMS ein Qualitätsmanagementsystem für Prozesse. QZ Qualität und Zuverlässigkeit 42 (1997) 10

[7] Pfeifer, T.; Forkert, St.; Hofmann v. K., K.; Siegler, St.: Prozeßorientiertes Qualitätsmanagement. ZwF - Zeitschrift für wirtschaftlichen Fabrikbetrieb, ZwF 92 (1997) 6

[8] Pfeifer, T.: Qualitätsmanagement: Strategien, Methoden, Techniken. 2. Auflage, Carl Hanser Verlag, München, Wien 1996

[9] Brunner, J.; Sprich, O.: Performance Management und Balanced Scorecard. io management Nr. 6, 1998

Mitarbeiter der Arbeitsgruppe für den Vortrag 1.1

Dipl.-Ing. D. Hagemann, Verein Deutscher Werkzeugmaschinenfabriken e.V., Frankfurt am Main
Dr. rer-pol. F. Hoffmeister, Schrauben Betzer GmbH & Co. KG, Lüdenscheid
Dipl.-Ing. K. Hofmann von Kap-herr, Fraunhofer IPT, Aachen
K. Krötzsch, Vorwerk E.B.S. Betriebsmittelbau, Wuppertal
Dr.-Ing. M. Mayer, DaimlerChrysler AG, Stuttgart
Dr.-Ing. F. Peters, Degussa-Hüls AG, Frankfurt am Main
Prof. Dr.-Ing. Dr. h.c. Prof. h.c. T. Pfeifer, Fraunhofer IPT, Aachen
Dr.-Ing. T. Prefi, P3 GmbH, Aachen
Dr. rer. nat. L. Preis, Bayer AG, Leverkusen
Dipl.-Ing. D. Steins, Fraunhofer IPT, Aachen
Dr.-Ing. H. Thomann, TÜV Management Systems GmbH, Köln

1.2 Integrierter Umweltschutz - Ein strategischer Erfolgsfaktor

Gliederung:

1 Umweltschutz in Gesellschaft und Unternehmen
1.1 Gesellschaftlich bedingte Entwicklungen
1.2 Handlungsfelder im Umfeld der Produktion
1.3 Integration als Lösungsansatz
1.4 Richtlinien und Hilfsmittel für die Praxis
1.5 Erfolgsfaktor Mensch

2 Integrierter Umweltschutz in erfolgreichen Unternehmen
2.1 Kristallglasproduktion
2.2 Gußteilnachbehandlung
2.3 Einheitliche Kühlschmiermittel
2.4 Life Cycle Design
2.5 Duales System im Unternehmen
2.6 Optimierung der Produktnutzung
2.7 Recyclinggerechte Produktstruktur
2.8 Umweltschutz durch Kooperation

3 Positionen für die Zukunft
3.1 Erfolgsfaktoren für den Integrierten Umweltschutz
3.2 Herausforderungen für die Zukunft

Kurzfassung:

Integrierter Umweltschutz - Ein strategischer Erfolgsfaktor
Umweltschutz wurde in produzierenden Unternehmen über eine lange Zeit mit nichtwertschöpfenden Aufwendungen für sogenannte End-of-Pipe-Maßnahmen zur Verringerung oder Beseitigung von Abfällen und Emissionen in Verbindung gebracht. Neue Ansätze zu einem „Integrierten Umweltschutz" zielen dagegen auf eine frühzeitige Berücksichtigung umweltbezogener Aspekte und somit eine optimale Auswahl von Produktionsfaktoren ab. Neben einer Erfüllung von Umweltauflagen ergeben sich darüber hinaus oftmals signifikante wirtschaftliche Potentiale. Diese resultieren aus einer zunehmend höheren Kundenakzeptanz gegenüber umweltfreundlichen Produkten sowie der Tatsache, daß Einsparungen von Material, Energie, Abfällen und Emissionen in der Regel auch Kostensenkungen bedeuten. Ausschlaggebend für eine erfolgreiche Umsetzung eines integrierten Umweltschutzes sind dabei im wesentlichen drei Faktoren: die Vereinbarkeit ökonomischer und ökologischer Zielsetzungen, das Erarbeiten von praktikablen Lösungen mit einem hohen Innovationsgrad sowie die Umweltverantwortung der Mitarbeiter. Zentrale zukünftige Aufgaben im Hinblick auf ein nachhaltiges Wirtschaften sind die Gestaltung globaler umweltökonomischer Rahmenbedingungen, die Schaffung fachlich fundierter und gleichzeitig einheitlicher Umweltstandards sowie die effiziente Bereitstellung umweltorientierter Produkt- und Produktionskonzepte. Die Lösung dieser Aufgaben erfordert ein gemeinsames Vorgehen von Industrie, Wissenschaft und Politik.

Abstract:

Integrated Environmental Protection - A Strategic Success Factor
In manufacturing circles "Environmental Protection" was associated for a long time with non-value adding end-of-pipe procedures to reduce or dispose of waste or emissions. New approaches to "Integrated Environmental Protection", however, take account of environmental issues at early stage, thus ensuring that all the conditions are in place to promote the selection of optimum manufacturing strategies. Apart from the ability to comply with environmental legislation manufacturing enterprises have also recognized that environmental awareness has significant economic potential. This is the result of increasingly high levels of customer acceptance of environmentally-friendly products and of the fact that economies achieved in terms of material, energy, waste and emissions generally go hand in hand with cost savings. There are three prerequisites for the successful implementation of an integrated environmental protection policy: Compatibility of economic and ecological objectives, the development of practicable, highly innovative solutions and a perception among the workforce of their collective responsibility for the environment. Central themes in connection with the drive to ensure a sustainable economy, are the development of global, economically viable environmental boundary conditions, the creation of expert, uniform standards worldwide and the efficient provision of environment-oriented product and production concepts. Effective pursuit of these objectives is possible only when industry, science and politics adopt a collaborative approach.

Integrierter Umweltschutz

1 Umweltschutz in Gesellschaft und Unternehmen

1.1 Gesellschaftlich bedingte Entwicklungen

Wer hätte noch vor wenigen Jahren gedacht, in wie vielfältiger Weise heute Ansprüche an Unternehmen herangetragen werden? Waren es bisher eine relativ überschaubare Anzahl von Anspruchsgruppen, die Anforderungen hinsichtlich Kosten, Qualität und Zeit artikulierten, so kommt heute zunehmend der Gesichtspunkt des Umweltschutzes hinzu. Mit diesem neuen Aspekt geht auch eine Ausweitung der Anspruchsgruppen einher.

So treten neben dem Staat, der seit Mitte der 70er Jahre eine fast schon unüberschaubare Vielzahl an Gesetzen, Verordnungen und Technischen Anleitungen zum Schutz der Umwelt erläßt, nun auch verstärkt Gruppierungen wie Kapitalgeber, Mitarbeiter, Kunden und Anwohner für Umweltschutzaspekte ein (Bild 1). Diese Entwicklung basiert auf einem Bewußtseinswandel in der Gesellschaft, die in zunehmendem Maße umweltgerecht denkt und handelt. Belege hierfür sind die breite Akzeptanz für Maßnahmen der Abfalltrennung als Vorbereitung eines stofflichen Recycling sowie das große Interesse, das z.B. regenerativen Energien oder kompakten, kraftstoffsparenden Automobilen entgegengebracht wird.

Anzahl und Einfluß der Anspruchsgruppen, die Umweltschutz fordern, steigen.

Auseinandersetzung der Unternehmen mit umweltbezogenen Forderungen ist notwendig.

Bild 1: Anspruchsgruppen mit Umweltbewußtsein

Allein schon aufgrund dieser Entwicklung werden Unternehmen in zunehmendem Maße „gezwungen", sich aktiv mit dem Umweltschutz zu befassen. Dabei wurde in vielen Unternehmen erkannt, daß diese Aufgaben nicht nur Kapazitäten binden und Kosten verursachen, sondern auch einen zumindest qualitativ, oftmals auch quantitativ meßbaren Nutzen erzeugen können. Diese Erkenntnis geht einher mit einem Wandel des Grundverständnisses zum Umweltschutz.

Dabei folgt die Entwicklung in den Unternehmen dem von der Gesellschaft geforderten und vorgelebten Trend. So werden nun z.B. Haushaltsgeräte mit geringen Wasserverbräuchen und Energiebedarfen sowie umweltgerecht erzeugte Lebensmittel ökologiebetont beworben oder materialschonende (Mehrweg-)Verpackungen genutzt. Treiber dieser Entwicklung waren zunächst die Kunden, denen die Abfallberge zu groß und die Energierechnungen zu hoch wurden. Prävention statt Nachsorge wurde zunehmend gefordert - und „geliefert".

Viele produzierende Unternehmen erkannten die Chancen, die sich durch diese Entwicklung boten und zukünftig vermehrt bieten werden. Sowohl über die Erschließung neuer Märkte mit ersichtlich umweltfreundlicheren Produkten, als auch mit einem Wandel des betrieblichen Umweltschutzes konnten vielfach schon deutliche Vorteile erschlossen werden [1], wie auch die im Rahmen dieses Beitrages folgenden Beispiele belegen.

Die Beispiele untermauern dabei implizit auch die Beobachtung, daß umweltbezogene unternehmerische Tätigkeiten, die früher primär nachsorgenden Charakter hatten, heute zunehmend durch präventive Maßnahmen ergänzt oder sogar ersetzt werden. Das Thema Umweltschutz wird damit auf der Grundlage einer entsprechenden gesellschaftlichen Entwicklung über die Anspruchsgruppen in die Unternehmen transferiert und beginnt, sich dort auf den verschiedensten Ebenen zu verankern [3].

1.2 Handlungsfelder im Umfeld der Produktion

Die einleitend skizzierte Entwicklung wird durch die Erkenntnis forciert, daß mit der Umsetzung präventiver Umweltschutzmaßnahmen auch ökonomische Potentiale erschlossen werden können. Diese These ist sofort nachvollziehbar, da zweifelsohne davon ausgegangen werden kann, daß sich ein umweltorientiertes Unternehmen insbesondere durch eine hohe Ressourceneffizienz auszeichnet, die direkt zu monetär meßbaren Vorteilen führt [2].

Dabei kann diese Aussage nicht nur auf die Produktion bezogen, sondern auch auf die Produkte im Hinblick auf deren Nutzung und Entsorgung ausgedehnt werden. Dies verdeutlicht eine genauere Betrachtung der Produktlebensphasen „Entstehung", „Nutzung" und „Entsorgung" unter dem Aspekt der Verbindung ökologischer und ökonomischer Aspekte (Bild 2).

Im Rahmen der Produktentstehung treten die bedeutendsten umweltrelevanten Effekte in der Produktion auf. Diese Effekte werden einerseits durch die im Rahmen der Gestaltung des Produkts festgelegten Werkstoffe hervorgerufen und sind andererseits eine Folge der für die Herstellung des Produktes notwendigen Prozesse mit ihren Hilfs- und Betriebsstoffen. Eine Vielzahl unterschiedlichster Beispiele belegt, daß durch eine geeignete Auswahl oder eine ressourcenbezogene Optimierung der Produktionsprozesse gerade in dieser Produktlebensphase schon erstaunliche umweltökonomische Erfolge erzielt worden sind [1, 4]. Die positiven Auswirkungen einer umweltorientierten und damit ressourceneffizienten Produktion auf die Höhe der Produktionskosten kann auf der Grundlage der sehr guten Erfahrungen als nahezu allgemeingültig bezeichnet werden.

Für die Nutzungsphase stehen insbesondere die mit der Verwendung der erzeugten Produkte verbundenen Ressourcenbedarfe im Blickpunkt der Betrachtung. Dabei sind in der Regel als wichtigste Aspekte die Bedarfe an Energieträgern - Strom, Öl, Erdgas etc. - zu nennen. Aber auch eine Effizienzbetrachtung zu anderen Betriebsstoffen, wie Wasser, Schmierstoffen, Kühlmitteln etc., kann von Interesse sein; dies gilt vor allem dann, wenn diese Betriebsstoffe unter Umweltgesichtspunkten als bedenklich oder gefährlich eingestuft werden müssen. Eng mit der Frage des Betriebsstoffbedarfs sind auch Aspekte der Wartung bzw. des Service verknüpft. Je effizienter diese Stoffe in einem Produkt eingesetzt werden, um so seltener müssen z.B. Schmieröle ausgetauscht oder aufgefüllt werden. Damit sinken die Aufwendungen für Wartungs- bzw. Servicearbeiten, womit zum Wohl des Kunden schließlich die direkt ableitbaren laufenden Kosten für Personal und Material im Rahmen der Produktnutzung reduziert werden. Ähnliche Effekte sind sicherlich auch mit qualitativ hochwertigen, langlebigen und damit ressourceneffizienten Produkten zu erzielen, da mit einem gestiegenen Umweltbewußtsein untrennbar eine Abkehr von der „Wegwerfgesellschaft" verbunden sein muß. Zumindest für den Bereich der Konsumgüter kann insgesamt davon ausgegangen werden, daß vor dem Hintergrund der skizzierten gesellschaftlichen Entwicklung mit ressourceneffizient gestalteten Produkten eine Stärkung von Marktpositionen erreicht werden kann.

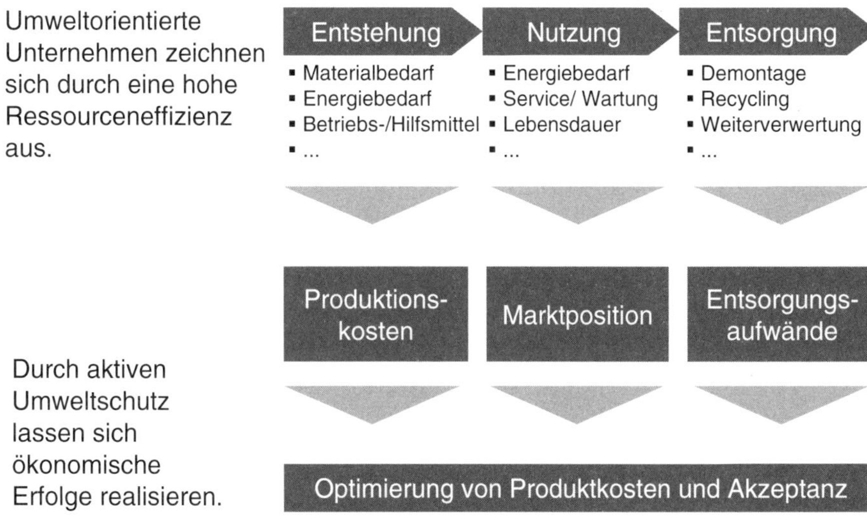

Umweltorientierte Unternehmen zeichnen sich durch eine hohe Ressourceneffizienz aus.	Entstehung • Materialbedarf • Energiebedarf • Betriebs-/Hilfsmittel • ...	Nutzung • Energiebedarf • Service/ Wartung • Lebensdauer • ...	Entsorgung • Demontage • Recycling • Weiterverwertung • ...
Durch aktiven Umweltschutz lassen sich ökonomische Erfolge realisieren.	Produktions- kosten	Marktposition	Entsorgungs- aufwände
	Optimierung von Produktkosten und Akzeptanz		

Bild 2: Umweltbewußtsein und Ökonomie

Auch eine optimale Ausrichtung an dem Ziel „Ressourceneffizienz" wird aber nicht dazu führen können, daß Produkte eine unbegrenzte Zeit nutzbar sind; mit Beendigung der Nutzungsphase sind sie in jedem Fall zu entsorgen. Vor dem Hintergrund dieser Gewißheit kann durch eine frühzeitige Berücksichtigung des Entsorgungsaspektes schon in der Entwicklung dafür Sorge getragen werden, daß auch diese Produktlebensphase umweltgerecht gestaltet werden kann. So kann z.B. eine demontagegerechte Konstruktion dazu beitragen, daß eine Weiter-/Wiederverwendung oder ein stoffliches Recycling von Bauteilen erleichtert bzw. ermöglicht wird [5, 6]. Damit können die Aufwendungen für eine geeignete Entsorgung minimiert werden, was sich wirtschaftlich z.B. in verminderten Preisen oder einer besseren Verfügbarkeit von qualitativ hochwertigeren Sekundärrohstoffen niederschlagen kann.

Insgesamt kann eine umweltorientierte Produkt- und Produktionsgestaltung damit zu einer Reduzierung der Produktionskosten, einer Verbesserung der Marktposition und einer Minderung der Entsorgungsaufwände führen. Somit kann zweifelsohne behauptet werden, daß richtig verstandenes und umgesetztes Umweltbewußtsein zum wirtschaftlichen Erfolg eines Unternehmens beitragen kann, indem die lebenszyklusbezogenen Produktkosten reduziert werden und gleichzeitig die Akzeptanz der Produkte am Markt erhöht wird.

1.3 Integration als Lösungsansatz

Mit welchen Ansätzen können nun vorhandene umweltökonomische Potentiale erschlossen werden?

Wie einleitend bereits betont, wurde Umweltschutz bisher in vielen Unternehmen primär nachsorgend betrieben. Aufbauend auf der Erkenntnis, daß mit diesen additiven Maßnahmen grundsätzlich zusätzliche Kosten verbunden sind, und vor dem Hintergrund der skizzierten gesellschaftlichen Entwicklung wurden und werden nun neue, wirtschaftlichere Wege für den Umweltschutz gesucht und gefunden.

Da die aufwendigen und damit teuren Maßnahmen des Additiven Umweltschutzes ausschließlich auf die Beseitigung bereits entstandener Emissionen und Abfälle ausgerichtet sind, liegt die Überlegung nahe, die Ursachen dieses Kostenfaktors anzugehen. Dies kann nur gelingen, wenn die zu vermeidenden Emissionen bereits an ihrer Quelle vermindert und nicht erst an ihrer Freisetzung in die Umwelt gehindert werden. Wird also der Umweltschutz in Prozesse und Produkte integriert, können die sonst notwendigen nachsorgenden Maßnahmen eingespart werden. Entsprechende Möglichkeiten bieten die Konzepte des Produktionsintegrierten und des Produktintegrierten Umweltschutzes (Bild 3).

Dabei wird mit dem Produktionsintegrierten Umweltschutz das Ziel verfolgt, produktionsbedingte Umweltbelastungen präventiv zu vermeiden oder zumindest zu vermindern. Dies wird erreicht, indem Quellen für Umweltbeeinträchtigungen aufgedeckt und mit geeigneten technischen oder organisatorischen Maßnahmen beseitigt werden.

Umfassender als der Produktionsintegrierte ist der Produktintegrierte Umweltschutz ausgerichtet. Eine genaue umweltökonomische Betrachtung aller Lebensphasen wird bereits in die Entwicklung und die Konstruktion eines Produktes einbezogen; dies führt zu Lösungen, die sich über den gesamten Betrachtungshorizont hinweg als am besten geeignet erweisen. Damit wird der - schon lange vorhandenen - Erkenntnis Rechnung getragen, daß mit der Werkstoffwahl und der funktionellen sowie konstruktiven Gestaltung schon grundlegende Randbedingungen für die Produktion, die Nutzung und die Entsorgung eines Produktes festgelegt werden.

Hinsichtlich der skizzierten Ansätze ist zu beachten, daß sie sich gegenseitig beeinflussen können. Einerseits können Modifikationen am Produkt mit erheblichen Änderungen im Produktionsprozeß verbunden und andererseits Umstellungen in der Produktion mit Auswirkungen auf das Produkt behaftet sein. Dies führt zwangsläufig zu der Überlegung, daß es das Ziel betrieblicher Umweltschutzbemühungen sein muß, abgestimmte umweltökonomische Optimierungen an Produkten und Produktionsprozessen vorzunehmen.

Mit der Komplexität steigt auch das Erfolgspotential

Produktentwicklung

Entstehung   Nutzung   Entsorgung

Additiver Umweltschutz
- nachsorgend
- teuer

Produktionsintegrierter Umweltschutz
- kurzfristig
- gewinnbringend

Wandel von Umweltkosten zu Investitionen

Produktintegrierter Umweltschutz
- nachhaltig
- zukunftsichernd

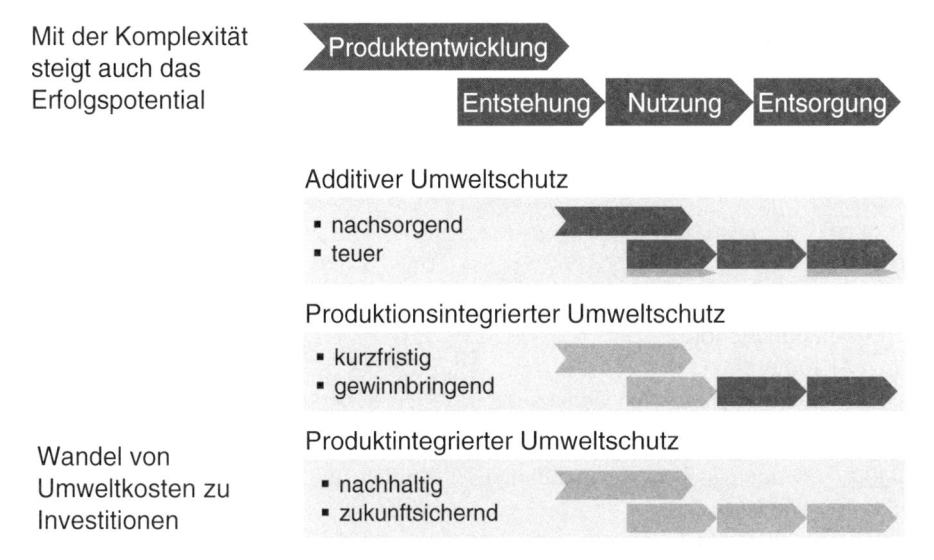

Bild 3: Additiver und Integrierter Umweltschutz

Dieses Ziel ist dann zu erreichen, wenn das Konzept des Produktintegrierten Umweltschutzes umgesetzt wird und ergänzend produktionsintegrierte Maßnahmen ergriffen werden, sofern diese keine negativen Auswirkungen auf den Produktlebenszyklus haben. Bei dem Versuch, dieser Zielformulierung gerecht zu werden, ist aber zu beachten, daß mit dem komplexeren Ansatz des Produktintegrierten Umweltschutzes zwar ein größeres umweltökonomisches Erfolgspotential verbunden ist, die notwendigen Aufwände aber auch um ein Vielfaches höher sind als bei rein produktionsbezogenen Verbesserungsbemühungen.

Vor diesem Hintergrund ist es für Unternehmen, die aktiven Umweltschutz betreiben wollen sinnvoll, mit einem produktionsintegrierten Ansatz zu starten, um in einem zweiten Schritt den produktintegrierten Umweltschutz zu realisieren.

1.4 Richtlinien und Hilfsmittel für die Praxis

Diese Empfehlung erhält anhand einer Betrachtung der aktuell gültigen Richtlinien und verfügbaren Hilfsmittel zusätzliches Gewicht. Der interessierte Unternehmer sieht sich einer Vielzahl von Ausarbeitungen zu organisatorischen Maßnahmen bis hin zu operativen Handlungsanleitungen gegenüber; mit allen diesen Texten wird das Ziel verfolgt, die Umsetzung notwendiger umweltökonomischer Maßnahmen zu erleichtern. Oftmals sind aber die Zusammenhänge zwischen den angebotenen Richtlinien und Hilfsmitteln nicht direkt ersichtlich oder nur unzureichend ausgearbeitet (Bild 4).

Hemmnisse:
- Unterschiedliche Anwendungsebenen
- Fehlende Transparenz der Zusammenhänge zwischen Ansätzen

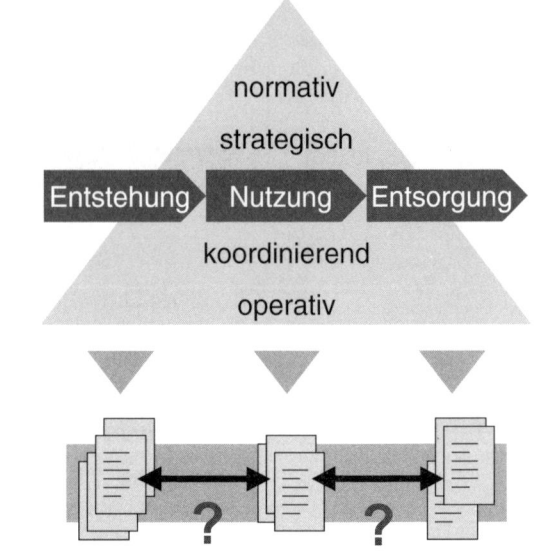

normativ
strategisch
Entstehung ▶ Nutzung ▶ Entsorgung ▶
koordinierend
operativ

Konsequenz:
- Unzureichende Akzeptanz und Anwendung

<u>Bild 4:</u>   Ordnungsschema zu Richtlinien, Hilfsmitteln und Maßnahmen des Umweltschutzes

Schon hinsichtlich der „Pflicht", der Erfüllung gesetzlicher Anforderungen, treten die ersten Probleme auf. Angesichts der Vielzahl von Gesetzen, Verordnungen und Technischen Anleitungen fällt es schwer, einen umfassenden Überblick über die unternehmensspezifisch relevanten Texte zu erlangen und nachfolgend zu behalten.

Hier können geeignete Umweltmanagementsysteme „helfen"; sie zwingen den Unternehmer dazu, sich intensiv auch mit den gesetzlichen Rahmenbedingungen auseinanderzusetzen. Direkte Lösungen für umweltbezogene Problemstellungen bieten diese Systeme allerdings auch nicht; sie helfen lediglich, sich systematisch mit Umweltfragen zu beschäftigen und tragen damit ausschließlich dazu bei, einen organisatorischen Rahmen zu schaffen. So stehen auch nach der Einführung eines Umweltmanagementsystems nach DIN ISO 14001 oder gemäß EWG-VO 1836/93 viele Unternehmer vor der Frage, wie nun genau zur Ermittlung und Erschließung umweltökonomischer Potentiale vorgegangen werden soll.

Hier ist die Wissenschaft gefordert, aus einer Vielzahl existierender Ansätze praxisnahe und wirtschaftlich einsetzbare Hilfsmittel zu entwickeln, mit denen z.B. eine systematische Analyse der Ressourcenbedarfe in der Produktion durchgeführt werden kann oder eine Produktentwicklung unter Berücksichtigung des gesamten Produktlebenszyklus erfolgen kann. Schließlich bedarf es auch geeigneter Verfahren, die z.B. für produktionsbezogene Investitionsentscheidungen oder im Hinblick auf Produktentwicklungskonzepte eine umfassende Bewertung von Alternativen unter ökonomischen, ökologischen, strategischen und qualitätsbezogenen Aspekten ermöglichen. Die Grundlagen hierfür existieren und werden zur Zeit zu geeigneten Methodiken ausgebaut; erste prototypische Anwendungen mit z.B. dem EDV-Tool CALA (Computer Aided Lifecycle

Analysis) des Fraunhofer IPT im Bereich der Produktion stimmen zuversichtlich [2, 3], daß hier in naher Zukunft ein Durchbruch erzielt werden kann.

1.5 Erfolgsfaktor Mensch

Hilfsmittel sind wichtig. Der entscheidende Faktor zur Erreichung der gesetzten Ziele, Umweltverträglichkeit und Wirtschaftlichkeit von Produkten und Produktionsprozessen unter Berücksichtigung gesellschaftlicher Randbedingungen fortlaufend zu verbessern, ist aber weiterhin der Mensch. Er muß in der Lage und Willens sein, die von der Wissenschaft zur Verfügung gestellten Hilfsmittel einzusetzen und sein berufliches ebenso wie sein privates Umfeld umweltökonomisch auszurichten.

Hierzu bieten sich ihm vielfältige Möglichkeiten, da nahezu jeder Mensch im Rahmen der Gestaltung, Nutzung und Entsorgung von Produkten ausreichend Gelegenheit hat (Bild 5). Dabei ist allerdings den meisten Menschen nicht bewußt, daß sie auch bei alltäglich und nicht zwangsläufig ökologisch ausgerichtet erscheinenden Produkten mit Gegenständen umgehen, die umweltökonomisch optimiert worden sind.

Jeder Mensch benutzt Produkte

&

Jedes Produkt beeinflußt die Umwelt

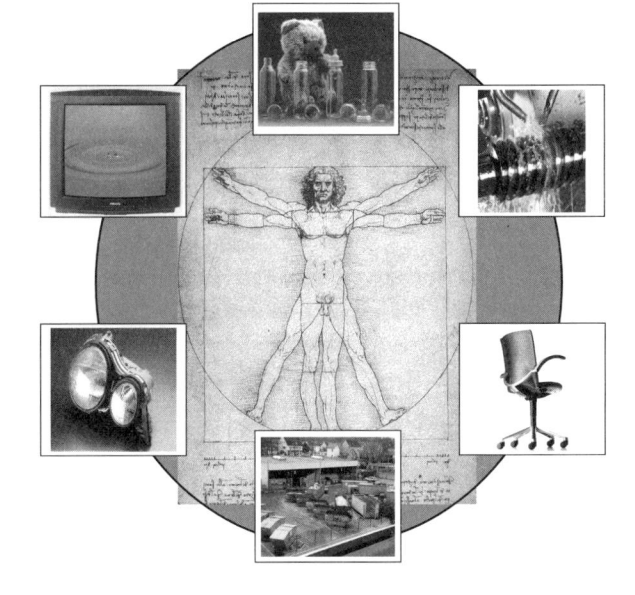

Jeder Mensch beeinflußt die Umwelt, immer!

Bild 5: Ökofaktor Mensch

Als Beleg der aufgestellten Thesen und zur Veranschaulichung möglicher Maßnahmen des Produktintegrierten und des Produktionsintegrierten Umweltschutzes werden im folgenden die im Bild 5 dargestellten Erzeugnisse im Hinblick auf die in ihnen verwirklichten Umweltschutzgedanken erläutert. Dazu werden einige Stationen aus einem Tagesablauf betrachtet, wie ihn z.B. ein Ingenieur erleben könnte.

Damit kann einerseits verdeutlicht werden, daß jeder Mensch auch heute schon mit einer Vielzahl umweltökonomisch ausgerichteter Produkte in Berührung kommt. Andererseits können aber auch Anregungen gegeben sowie Potentiale für Produkte aufgezeigt werden, die noch keine derartigen Verbesserungen unter Ressourcengesichtspunkten erfahren haben.

2 Integrierter Umweltschutz in erfolgreichen Unternehmen

2.1 Kristallglasproduktion

Eine erste Begegnung mit Erzeugnissen, bei deren Herstellung umweltrelevante Aspekte Berücksichtigung finden, erfolgt bereits zu Tagesbeginn. Als Beispiel sollen an dieser Stelle neuartige Kristallgläser von Schott Glas hervorgehoben werden (Bild 6). Die Entstehung umweltgerechter Produkte wird durch die Verwendung natürlicher Glasrohstoffe, wie zum Beispiel Sand, Kalk, Soda und Pottasche, gewährleistet. In der Nutzungsphase verhalten sich Glasprodukte überwiegend umweltneutral.

Ausgangssituation:
- Einsatz von Blei- und Bariumoxid

Optimierung:
- Entwicklung neuer Gläser und Produktionsprozesse

Erfolge:
- 100% Reduktion der Bleioxidemissionen
- Bessere Produkteigenschaften:
  - Anmutung
  - Bearbeitbarkeit
- Alleinstellungsmerkmal

Quelle: Schott Glas

Bild 6: Substitution „kritischer" Zusatzstoffe bei der Kristallglasherstellung

Bei der Herstellung neuartiger Kristallgläser wie auch optischer Gläser geht man bei Schott jedoch einen bedeutenden Schritt weiter: Bereits in der Phase der Werkstoffbeziehungsweise Produktentwicklung stellen die sichere und umweltverträgliche Herstellung, die Verwendung unbedenklicher Rohstoffe und Materialien, Sicherheit in Umgang und Anwendung sowie die umweltgerechte Entsorgung der Produkte wichtige Kriterien dar. So konnte bei der Herstellung hochwertiger Trinkgläser auf Blei- und Bariumoxidzusätze, die bislang zur Erreichung qualitätsbestimmender Eigenschaften erforderlich waren, zu 100% verzichtet werden.

Trotz einer entsprechenden Veränderung des Herstellungsprozesses besitzen diese neuartigen Glassorten im Tiefschliff dennoch die gleiche Brillanz und gewährleisten die gleichen Gebrauchseigenschaften wie die bisher konventionellen Kristallgläser. Weitere

Vorteile sind Gewichtserleichterungen, die bei blei- und arsenfreien optischen Gläsern bis zu 36% betragen können, höhere chemische Beständigkeit, bessere mechanische Bearbeitbarkeit sowie der Entfall bleioxidhaltiger Schleifschlämme in der Produktion der Kunden von Schott Glas.

Der Nutzen eines Verzichts auf „kritische" Zusatzstoffe, wie beispielsweise Blei-, Barium-, Thorium- oder Arsenoxid bei der Glasherstellung durch eine Veränderung der Produktionsprozesse ist nicht direkt monetär zu quantifizieren. Bei der Glasherstellung sowie -bearbeitung ergeben sich aber wesentliche Verbesserungen im Hinblick auf den Emissionsschutz.

2.2 Gußteilnachbehandlung

Die Fahrt zur Arbeitsstelle wird in vielen Fällen mit dem eigenen Auto bewältigt. Wie das folgende Beispiel einer Zylinderkopffertigung bei der DaimlerChrysler AG belegt, kommen auch hierbei Produkte zum Einsatz, bei deren Entwicklung und Herstellung umwelt- sowie ressourcenorientierte Aspekte eine wesentliche Rolle spielten (Bild 7).

Erfolge:

- Energiebedarf 75%
- Anlagenkosten 45%
- Personalkosten ca. 50%
- Durchlaufzeiten 60 %
- CO_2-Emissionen 64 %

(Bisheriger Prozeß = 100%)

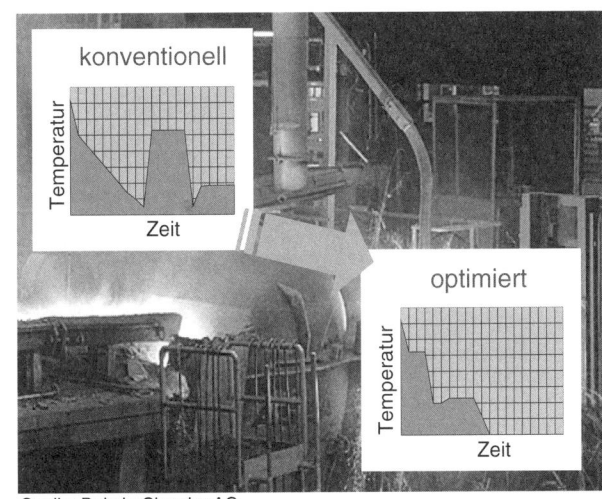

Quelle: DaimlerChrysler AG

Bild 7: Verfahrensintegration bei der Gußteilnachbehandlung

Die Fertigung der Zylinderköpfe der aktuellen V6- und V8-Motoren gliedert sich in einen Urformprozeß, die Wärmebehandlung der Gußteile sowie eine spanende Fertigbearbeitung. Im Rahmen einer Optimierung der eingesetzten Ressourcen bei der Gußteilnachbehandlung konnten hierbei durch eine integrierte Wärmebehandlung und gleichzeitige Entformung der Zylinderköpfe sowohl die Durchlaufzeiten für Abkühlvorgänge reduziert als insbesondere auch ein erneutes Erwärmen der Bauteile nach der Entformung vermieden werden.

Wie eine Bilanzierung dieser neuen Prozeßkette ergab, wurden durch die Nutzung der Gußwärme Energieeinsparungen in Höhe von 25% realisiert. Darüber hinaus konnten die bisherigen CO_2-Emissionen um 64% reduziert und die Durchlaufzeiten um 60% verkürzt werden. Die durchgeführte Verfahrensintegration erbrachte somit nicht nur Ressourceneinsparungen, sondern auch wirtschaftliche Verbesserungen.

2.3 Einheitliche Kühlschmiermittel

Bei der spanenden Nachbearbeitung wurden bisher unterschiedliche Kühlschmiermedien für die einzelnen Zerspanoperationen - vom Fräsen über Schleifen bis zum Honen - eingesetzt. Hier wurde weltweit erstmalig eine flächendeckende Substitution aller bisher verwendeten Kühlschmieremulsionen durch ein einheitliches emissionsarmes Mineralöl umgesetzt. Die Entstehung von Abwasser wird somit entscheidend reduziert. Gleichzeitig konnten die Kühlschmierstoffkosten pro Motorenteil um 60% reduziert werden. Durch eine weitgehende Kühlschmierstoff-Rückgewinnung wurde außerdem der Primärstoffeinsatz für Kühlschmierstoffe um 27% verringert, denn das ausgeschleppte Öl wird regeneriert und der Produktion wieder zugeführt. Weitere Kosteneinsparungen sind auf der Werkzeugseite zu erwarten, denn der Umstieg von Emulsion auf Öl kann durchaus eine Verdopplung der Werkzeugstandzeit bewirken (Bild 8).

Ausgangssituation:
- Unterschiedliche Kühlschmiermedien

Optimierung:
- Einheitliches emissionsarmes Mineralöl

Erfolge:
- Industrieabwasser: 50%

- Kühlschmierstoffkosten bis zu 60 % gesenkt

- Werkzeugstandzeiten: bis 200%
(Bisheriger Prozeß = 100%)

Quelle: DaimlerChrysler AG

Bild 8: Kühlschmierstoffsubstitution in der Motorenfertigung

Im Zuge der Späneaufbereitung werden über ein zwei Kilometer langes Fördersystem täglich rund 30 Tonnen Stahl-, Grauguß- und Aluminiumspäne sortenrein erfaßt. Wertvolles Öl wird von den Spänen zurückgewonnen und in die Stoffkreisläufe zurückgeführt. Die Menge der jährlich zurückgewonnenen Aluminiumspäne reicht aus, um davon 23.000 neue Kurbelgehäuse-Rohlinge zu gießen.

Insgesamt konnte somit im Motorenwerk Bad Cannstatt der DaimlerChrysler AG durch eine verstärkte Einbindung der Mitarbeiter in kontinuierliche Verbesserungsprozesse bei der Planung, den Einsatz von innovativen Technologien im Produktionsbereich sowie insbesondere einen aktiven Umweltschutz ein zukunftsweisendes Fabrikkonzept realisiert werden.

2.4 Life Cycle Design

Im Hinblick auf ein effizientes Arbeiten im Büro kommt Sitzmöbeln eine besondere Bedeutung zu. Die Komplexität und insbesondere die Materialvielfalt, die solche Möbel kennzeichnen, sind jedoch nur wenigen „Nutzern" bewußt.

Die Philosophie der Wilkhahn GmbH beinhaltet eine umweltorientierte Ausrichtung des gesamten Unternehmens, die sowohl Produktionsstätten als auch Produkte mit einschließt. Bereits im Jahr 1989 wurde von Verwaltungsrat, Geschäftsführung und Betriebsrat des Unternehmens eine grundlegende ökologische Transformation initiiert. In der betreffenden Erklärung wurde festgehalten, daß „der ökologische Aspekt" im Zweifelsfall einen „höheren Stellenwert hat als schneller Gewinn". Neben Aufgaben in den Bereichen Technik und Logistik, die sich aus der genannten Zielsetzung ableiten ließen, wurde insbesondere darauf geachtet, daß die Menschen im Unternehmen stets über das Vorhaben informiert und für die einzelnen Projekte gewonnen werden.

Der Einstieg in den Produktintegrierten Umweltschutz wurde mit dem Bürostuhl „Picto" vollzogen (Bild 9).

Grundlage:
- Umweltorientierte Unternehmensphilosophie

Umsetzung:
- Berücksichtigung des gesamten Lebenszyklus im Rahmen der Entwicklung

Erfolge:
- Wiederverwendbarkeit der eingesetzten Materialien: 95 %
- Kundenorientierte Verbindung von Design und Umweltverträglichkeit

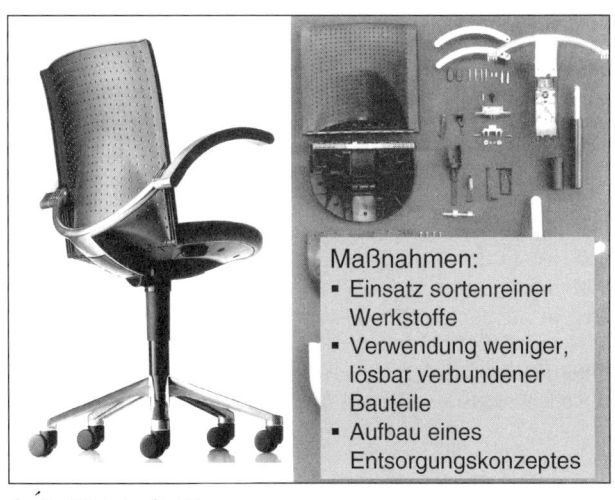

Maßnahmen:
- Einsatz sortenreiner Werkstoffe
- Verwendung weniger, lösbar verbundener Bauteile
- Aufbau eines Entsorgungskonzeptes

Quelle: Wilkhahn GmbH

Bild 9:   Life Cycle Design am Beispiel eines Bürostuhls

Bei der Entwicklung dieses Modells fand der gesamte Lebenzyklus des Produktes Berücksichtigung, was sich in den folgenden zunächst definierten und später auch umgesetzten Zielen manifestiert:

- Einsatz weniger, sortenreiner, ökologisch unbedenklicher Werkstoffe

- Konstruktion aus wenigen Bauteilen, die lösbar verbunden sind
- Prioritäten auf Langlebigkeit, einfache Demontierbarkeit und Reparaturfähigkeit
- 95%ige Wiederverwertbarkeit der eingesetzten Materialien
- Versand in Mehrwegverpackungen
- Maßnahmen zur Verlängerung der Produktlebensdauer, Rücknahme, Recycling und Rückführung der Werkstoffe in den Werkstoffkreislauf

Wie die obige Aufzählung belegt, endet für das Unternehmen Wilkhahn die Umweltverantwortung eines Produktherstellers nicht mit dem erfolgreichen Verkauf seines Produktes: die kontinuierliche Überprüfung der Gebrauchsfähigkeit sowie gegebenenfalls rechtzeitige Behebung von kleineren Schäden kann die Lebensdauer eines Bürostuhls zum Beispiel verdoppeln; Rücknahme und Verwertung beziehungsweise sachgerechte Entsorgung der Sitzmöbel schließen den Lebenszyklus. Das Produkt „Picto" zeichnet sich im Hinblick auf diese letzte Lebensphase durch einen gänzlichen Verzicht auf geklebte oder geschweißte Verbindungen aus.

Seit seiner Markteinführung im Jahr 1992 konnte Wilkhahn für das Produkt eine sehr gute Umsatzsteigerung verzeichnen, was deutlich macht, daß ein attraktives und gleichzeitig umweltgerechtes Produktdesign auch am Markt gut angenommen wird.

2.5 Duales System im Unternehmen

Motiviert nicht zuletzt durch die zu erschließenden wirtschaftlichen Potentiale werden im Bereich der Produktion in zunehmendem Maße Ansätze zur Reduzierung des Ressourceneinsatzes verfolgt. Die dezentrale Sammlung von hausmüllähnlichen Gewerbeabfällen in der Produktion, wie sie bei der DaimlerChrysler AG eingeführt wurde, ist ein Beispiel für die Übertragung einer im privaten Bereich etablierten Vorgehensweise in den Unternehmens- beziehungsweise Arbeitsalltag (Bild 10).

Das Konzept einer möglichst sortenreinen Erfassung von hausmüllähnlichen Gewerbeabfällen in der Produktion haben sich Unternehmen zu eigen gemacht, um einerseits die Kreislaufführung von Material zu fördern, andererseits jedoch die Entsorgungskosten in nennenswertem Umfang zu senken. Bei der DaimlerChrysler AG wurden Abfälle aus der Produktion, die dem Hausmüll zuzurechnen sind, bisher zentral in Containern erfaßt. Zukünftig erfolgt eine Erfassung dieser Abfälle in getrennten Behältern, die eine sortenreine Trennung der einzelnen Fraktionen erlauben.

Analog zu der überraschenden Akzeptanz, die das Konzept des Dualen Systems beziehungsweise des „Gelben Sacks" erfuhr, wurde auch diese betriebliche Maßnahme von den Mitarbeitern sehr gut aufgenommen. Als Nebeneffekt konnte sogar eine erhöhte Mitarbeitermotivation aufgrund der übereigneten Verantwortung bei der Trennung der Abfallfraktionen registriert werden.

Ausgangssituation:
- Zentrale Erfassung in Containern

Optimierung:
- Dezentrale und sortenreine Erfassung

Erfolge:
- Kurze Wege für die Erfassung der Abfälle
- Steigerung der direkten Mitarbeiterverantwortung
- Entsorgungskosten: Senkung auf 70%

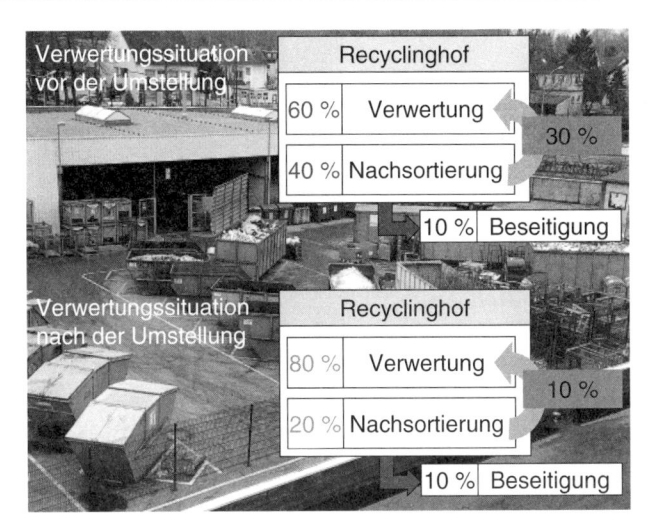

Verwertungssituation vor der Umstellung
Recyclinghof: 60% Verwertung, 40% Nachsortierung, 10% Beseitigung — 30%

Verwertungssituation nach der Umstellung
Recyclinghof: 80% Verwertung, 20% Nachsortierung, 10% Beseitigung — 10%

Quelle: DaimlerChrysler AG

Bild 10: Dezentrale Erfassung von hausmüllähnlichen Produktionsabfällen

Durch die eingeleiteten Maßnahmen war eine Steigerung des Anteils der verwertbaren Abfälle von 60% auf 80% möglich. Neben einer Verkürzung der Transportwege zu den einzelnen Entsorgungsstellen konnten somit durch eine Reduzierung des Nachsortierungsaufwands die Entsorgungskosten bei den hausmüllähnlichen Abfällen um 30% gesenkt werden.

2.6 Optimierung der Produktnutzung

Bei Antritt der Heimfahrt sei für den hier skizzierten Tagesablauf bereits Dunkelheit eingekehrt, das Einschalten der Fahrzeugleuchten ist somit erforderlich. Bei der Hella KG Hueck & Co. werden bereits im Rahmen der Produktentwicklung bei Scheinwerfern und Heckleuchten ressourcenrelevante Kriterien berücksichtigt.

Der in Bild 11 dargestellte Scheinwerfer hat durch sein außergewöhnliches Design und das dadurch geprägte neue Erscheinungsbild des zugehörigen Automobils für Aufsehen gesorgt. Für die Umsetzung der Designvorgaben war ein Wechsel des Materials für die Streuscheibe notwendig. Anstatt des sonst üblichen Glases wurde hier eine Kunststoffstreuscheibe eingesetzt. Bedingt durch diese Materialsubstitution wurde ein hoher Entwicklungsaufwand; jedoch zahlten sich die Bemühungen letztendlich sowohl bei der Herstellung durch geringere Material- und Produktionskosten als auch in der Produktnutzung in Form einer Gewichtsreduzierung und somit einem geringeren Energiebedarf über die Lebensdauer des Automobils aus. Aus Angüssen und Fehlchargen wird Recyclat hergestellt. Dies dient als Rohmaterial für Reflektoren. Darüber hinaus wurde durch die Neukonstruktion eine bessere optische Leistung erreicht.

Erfolge:

- Hoher Wiedererkennungswert des Produktes
- Verbesserte optische Leistung
- Gewichtsreduzierung gegenüber konventioneller Konstruktion
- Kreislaufführung von produktionsinternen Kunststoffabfällen

Quelle: Hella KG Hueck & Co.

Auswahl eines Werkstoffes unter
- technischen
- wirtschaftlichen
- umweltbezogenen

Gesichtspunkten

Nutzung der materialbedingten Freiheitsgrade in der Konstruktion

Bild 11: Materialsubstitution bei PKW-Scheinwerfern

2.7 Recyclinggerechte Produktstruktur

Eine Produktentwicklung im Sinne eines „Design for Disassembly" wurde bei der Hella KG Hueck & Co. anhand einer PKW-Heckleuchte durchgeführt. Im Zusammenhang mit Modularisierungskonzepten in der Automobilindustrie werden Forderungen nach einer vollständigen schadensfreien Demontierbarkeit von Einzelteilen ohne zusätzliche Spezialwerkzeuge gestellt. Diesen Forderungen kann beispielsweise durch die Entwicklung vollständig demontierbarer Heckleuchten entsprochen werden. Hierdurch wird zum einen der Austausch von Einzelteilen im Schadensfall möglich sowie andererseits eine einfache und sortenreine Trennung der Bestandteile bei der Entsorgung der Leuchteneinheit gefördert. Zudem ergeben sich interessante Potentiale für die Produktion, da in der Regel bei einer geforderten einfachen Demontage auch wesentlich einfachere und robustere Montageoperationen möglich werden (Bild 12).

2.8 Umweltschutz durch Kooperation

Der Fernseher ermöglicht nach getaner Arbeit einen Überblick über die gesellschaftlichen und politischen Geschehnisse des zurückliegenden Tages. Wenig bekannt ist im allgemeinen, daß die Herstellung von Bildröhren für Fernsehgeräte durch einen hohen Material- und Energieeinsatz gekennzeichnet ist und die Beherrschung der Produktionsprozesse ein hohes Maß an Fachwissen und Erfahrung erfordert. Bei der Philips GmbH Aachen wurde deshalb ein Konzept für das Recycling von Schirmglasabfällen in der Bildröhrenproduktion erarbeitet (Bild 13).

In der Aachener Glasfabrik der Philips GmbH werden zunächst die Glasbauteile für eine Bildröhre hergestellt. Diese werden in der benachbarten Bildröhrenfabrik weiter verarbeitet. Bedingt durch eine Vielzahl von Störgrößen, die auf die Produktionsprozesse einwirken, sind die einzelnen Prozesse zum Teil schwer beherrschbar. Eine Rückführung des produktionsintern anfallenden Glasabfalls auf hohem Qualitätsniveau ist insbesondere von einer sortenreinen Erfassung der einzelnen Fraktionen abhängig. Bisher war aufgrund einer gemeinsamen Erfassung von höherwertigen Schirmglas und Konenglas lediglich eine Kreislaufführung des anfallenden Schirmglasschrotts auf niedrigem Niveau in Form eines Downcyclings zu Konenglas möglich.

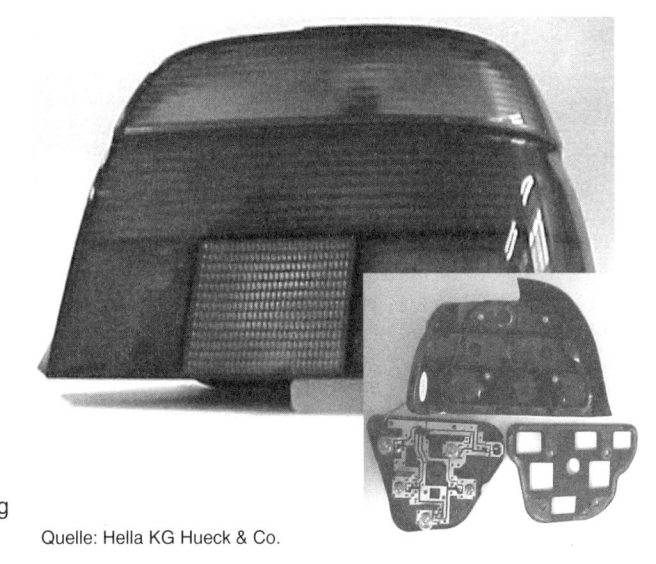

Erfolge:
- Einfache Demontierbarkeit ohne Spezialwerkzeuge
- Sortenreine Trennung im Entsorgungsfall

Quelle: Hella KG Hueck & Co.

Bild 12: Demontagegerechte PKW-Heckleuchte

Vor diesem Hintergrund wurde ein Konzept zur sortenreinen Trennung und erneuten Eingliederung der unterschiedlichen Glassorten erarbeitet. Ausgehend von diesem Konzept können monatlich über 100 t Schirmglas erneut in die Schirmglasproduktion eingebracht werden, was einer Kreislaufführung auf gleichem Niveau entspricht. Sowohl die Bildröhren- als auch die Glasfabrik der Philips GmbH Aachen profitieren von dieser Kreislaufführung und der damit verbundenen Einsparung von hochwertigen Rohstoffen für die Schirmglasproduktion, insbesondere auch in wirtschaftlicher Hinsicht. Zudem führt das Konzept zu einer Stärkung der Kooperation der beiden Werke.

3 Positionen für die Zukunft

Die dargestellten Beispielen verdeutlichen, daß integrierter Umweltschutz bereits in vielfältiger Weise in der Industrie angewendet wird. Eine genaue Beleuchtung der Rahmenbedingungen und Aktivitäten hinter den erzielten Erfolgen ermöglicht die Ableitung von Erfolgsfaktoren, die von Unternehmen berücksichtigt werden müssen, um ähnliche Resultate zu erzielen. Darüber hinaus ergeben sich Ansatzpunkte für Verbesserungen, die dazu führen, daß die Erfolgsfaktoren mittelfristig für alle Unternehmen in geeigneter Weise erfüllt sind, um insgesamt das Ziel eines nachhaltigen Wirtschaftens zu erreichen.

Ausgangssituation:
- Unzureichende Sortenreinheit bei der Glasabfallerfassung
- Downcycling bei der Rückführung in die Glasteileproduktion

Optimierung:
- Sortenreine Trennung von Schirm- und Konenglasabfällen
- Recycling der Abfälle auf hohem Qualitätsniveau

Erfolge:
- Recycling von monatlich über 100 t hochwertigem Schirmglas
- Stärkung der Unternehmenskooperation
- Monetäre Vorteile für beide Kooperationspartner

Quelle: Philips GmbH

Bild 13: Unternehmensübergreifendes Recycling von Schirmglasscherben

3.1 Erfolgsfaktoren für den Integrierten Umweltschutz

Entscheidend für die erfolgreiche Umsetzung eines integrierten Umweltschutzes in der Industrie ist neben der Umweltorientierung insbesondere die Wirtschaftlichkeit der Maßnahmen; sie müssen zur nachhaltigen Sicherung der Wettbewerbsfähigkeit der Unternehmen beitragen (Bild 14). Dies verdeutlichen die aufgeführten Beispiele zu erfolgreich umgesetzten Umweltschutzmaßnahmen: grundsätzlich korrelierten die ökonomischen und ökologischen Ziele so, daß durch die getroffenen Maßnahmen zumeist auch finanzielle Erfolge zu erzielen waren. Dies unterstreichen Untersuchungen des Umweltbundesamtes zur Anwendung von Umweltmanagementsystemen: diese werden häufig mehr als lästiges, notwendiges Übel oder als Marketinginstrument, denn als Chance zur Leistung eines nachhaltigen Beitrags zur Umweltschonung verstanden; ein direkter Nutzen für das Unternehmen wird häufig nicht erkannt [8]. Die Vermutung liegt nahe, daß hier Umweltschutz zum Selbstzweck betrieben wird, ohne eine Verknüpfung zu wirtschaftlichen Zielsetzungen vorzunehmen.

Im Hinblick auf einen nennenswerten umweltökonomischen Nutzen durch Maßnahmen des integrierten Umweltschutzes müssen auch die Aufwände für eine Umsetzung oder Anwendung überschaubar und in einem angemessenen Verhältnis zum Nutzen stehen. Die hieraus resultierenden Forderungen an unterstützende Hilfsmittel zur Durchführung von Umweltschutzmaßnahmen können wie folgt zusammengefaßt werden:

> „Die Praxis braucht den Dreisatz und nicht die Differentialgleichung."
> (Zitat eines Mitautors dieses Beitrags aus der Industrie).

Vereinbarkeit
ökonomischer und
ökologischer
Zielsetzungen

Praktikable Lösungen
mit hohem
Innovationsgrad

Umweltverantwortung
privat und beruflich

Bild 14: Erfolgsfaktoren für den Integrierten Umweltschutz

Die notwendige praxisnahe und effiziente Anwendbarkeit von umweltorientierten Hilfsmitteln erfordert es, daß im Bereich der Wissenschaft konkrete und auch auf operativer Ebene nutzbare Ansätze abgeleitet werden; besonders in frühen Planungsstadien müssen grobe Abschätzungen hinsichtlich der ökologischen und auch ökonomischen Auswirkungen von Optimierungsmaßnahmen zu ermitteln sein [3, 9]. Ausgangspunkt für die zu entwickelnden Ansätze bleiben dabei die realen umweltbezogenen Wirkzusammenhängen, die aufgrund ihrer Komplexität in der vorliegenden Form nicht im industriellen Alltag berücksichtigt werden können. So trägt bisher z.B. die Uneinigkeit über „den richtigen Maßstab" für Umweltwirkungen auf Seiten der Forschung dazu bei, daß im Berufsalltag eher der gesunde Menschenverstand genutzt als auf wissenschaftliche Ergebnisse zurückgegriffen wird.

Ausgehend von anwendbaren Hilfsmitteln und Methoden muß es das Ziel von umweltökonomischen Optimierungen sein, praktikable Lösungen mit einem hohen Innovationsgrad zu identifizieren und zu realisieren. Damit gelingt es, nicht nur kurzfristige Erfolge zu erzielen, sondern langfristige umweltökonomische Potentiale zu erschließen. Insbesondere unter Berücksichtigung dieser Vorgabe wird es möglich, Umweltschutz als strategischen Erfolgsfaktor in produzierenden Unternehmen zu etablieren.

Eine besondere Bedeutung für die erfolgreiche Umsetzung von Umweltschutzmaßnahmen kommt den Mitarbeitern in den Unternehmen zu. Die dargestellten Beispiele belegen, daß die Umweltverantwortung im beruflichen Wirkungskreis durch die Bereitschaft, in der Privatsphäre Verantwortung für die Umwelt zu übernehmen, begünstigt wird. Dort, wo durch Erziehung und Ausbildung oder durch eine Steigerung der Mitarbeiterverantwortung das Umweltbewußtsein geschärft wird, können durch geeignete Maßnahmen wesentlich größere umweltökonomische Effekte erzielt werden als durch extrinsische Motivation von höherer Stelle.

3.2 Herausforderungen für die Zukunft

Wie kann in Zukunft der Integrierte Umweltschutz als strategischer Erfolgsfaktor wirksam werden, und welche Positionen sind für die Sicherung eines Lebensraums für zukünftige Generationen zu beziehen?

Das Gewicht dieser Fragestellung wird durch eine Studie des Umweltbundesamtes zum Thema „Nachhaltiges Deutschland - Wege zu einer dauerhaft umweltgerechten Entwicklung" [10] untermauert. Im Rahmen dieser Ausarbeitung wurden drei verschiedene umweltbezogene Zukunftsszenarien miteinander verglichen:

- Beibehaltung des gesellschaftlichen Status Quo im Hinblick auf Ressourceneffizienz,
- Steigerung der Effizienz der industriellen und sonstigen Aktivitäten und
- Umsetzung eines radikalen Struktur- und Bewußtseinswandels.

Ein Vergleich der unterschiedlichen Szenarien erfolgte anhand der weltweiten Entwicklung der energiebedingten CO_2-Emissionen, die heute als maßgebliche Ursache für den Treibhauseffekt betrachtet werden. Es wurden hierbei folgende Entwicklungen prognostiziert:

Im Falle des Status Quo (1. Szenario) steigt der Energiebedarf in Regionen mit derzeit noch gering entwickelter Wirtschaftskraft - Lateinamerika, Naher Osten, Afrika etc. - stark an. Dies führt zu einer Steigerung der weltweiten CO_2-Emissionen in der Zeit von 1990 bis 2010 um 50% auf ca. 30 Mrd. Tonnen pro Jahr.

Eine effizientere Energienutzung ist nur durch Innovationen möglich (2. Szenario). Hierfür wird vorhergesagt, daß sich trotz eines zu erwartenden Anstiegs der Weltbevölkerung von ca. 6 auf 8 Mrd. Menschen „lediglich" eine Erhöhung der CO_2 Emissionen von ca. 7% und damit eine deutliche Verbesserung gegenüber einer Beibehaltung des Status Quo ergibt.

Die Umsetzung eines radikalen Struktur- und Bewußtseinswandels (3. Szenario) ist schließlich die Voraussetzung dafür, daß langfristig die Erzeugung von Energie aus fossilen Brennstoffen durch regenerative Energieerzeugung ersetzt wird. Unter diesen Bedingungen werden für das Jahr 2010 trotz steigenden Energiebedarfs nahezu gleichbleibende CO_2-Emissionen vorhergesagt. Dabei wird für das Jahr 2100 von einer vollständigen Einführung regenerativer Energiequellen ausgegangen; Sonnen- und Windenergie sollen zukünftig den Hauptanteil von 80% decken. Als Konsequenz fielen die CO_2-Emissionen aus der Energieerzeugung vollständig weg.

Damit sind die grundsätzlich notwendigen Rahmenbedingungen im Hinblick auf umweltökonomischen Entwicklungen bis zum Jahr 2100 umrissen. Zu definieren bleibt letztendlich der Weg zur Erreichung dieses hochgesteckten Ziels.

3.3 Globaler und elementarer Umweltschutz - Vereinte Kräfte für die Umwelt

Die Erfahrung aus bisherigen Bemühungen zeigt, daß es für eine Aufgabenstellung dieser Tragweite notwendig ist, konsensorientiert zu handeln. Es bedarf gemeinsamer

Anstrengungen aus Industrie, Wissenschaft und Politik, um die heutigen sowie die zukünftigen Umweltprobleme zu lösen.

Einen wichtigen Einflußfaktor stellen dabei die von der Politik geschaffenen Rahmenbedingungen für die Umweltausrichtung produzierender Unternehmen dar; diese werden in Gesetzen, Verordnungen und Richtlinien dokumentiert. Ein besonderes Augenmerk ist in diesem Zusammenhang auf eine international ausgewogene Ausgestaltung dieser Rahmenbedingungen zu richten. Hintergrund dieser Forderung sind einerseits mögliche wettbewerbsverzerrende Aspekte sowie andererseits die Notwendigkeit einer globalen Lösung von Umweltproblemen. Insbesondere der letztgenannte Aspekt wird nahezu täglich durch Beispiele wie Tschernobyl oder jüngste Katastrophen aus Indien und China unterstrichen - Umweltverschmutzung kennt wenige geographische und keine politischen Grenzen. Durch eine engere Kooperation zwischen Politik und Industrie kann die Durchsetzung verbindlicher Standards auf internationaler Ebene vorangetrieben werden; Politik und Industrie müssen an dieser Stelle gemeinsam sinnvolle globale und somit internationale umweltökonomische Rahmenbedingungen erarbeiten [11].

Auf politischer Ebene müssen vor allem die Regierungen der Industrieländer, in denen die höchsten Pro-Kopf-Ressourcenbedarfe zu verzeichnen sind, Verantwortung für die weltweite Schaffung von abgestimmten Umweltstandards übernehmen. Dies resultiert aus der Überlegung, daß sich bei einer Extrapolation der heute in den Ländern der Ersten und der Zweiten Welt üblichen Ressourcenbedarfe auf vergleichbare zukünftige Pro-Kopf-Bedarfe in den Schwellen- und Entwicklungsländern eine untragbare Zunahme der Umweltbelastungen ergibt. Als Vertreter der Ersten Welt stehen hier insbesondere auch die europäischen Industrienationen in der Pflicht, umweltschutzbezogene Erfahrungen und umweltökonomisches Know-how zu transferieren.

Die zusätzliche Einbeziehung der Industrie in diesen Prozeß ist sinnvoll, weil große Konzerne bereits heute nach weltweit abgestimmten Regeln agieren. Gerade Unternehmensfusionen in der jüngsten Vergangenheit machen deutlich, daß sich dieser Trend etabliert und sogenannte Global Player die Unternehmen der Zukunft sind. Erstaunlich ist, in wie kurzer Zeit Wirtschaftsunternehmen in der Lage sind, Kompromisse und Einigungen für eine geregelte Zusammenarbeit auch über Länder- und Staatsgrenzen hinweg zu schaffen. Die Regierungen verschiedener Staaten sind dazu bisher bei weitem nicht in der Lage [12]. Diese vorhandenen Netzwerke global agierender Unternehmen bieten ein signifikantes Potential, um von unternehmerischer Seite Umwelteinflüsse sowie Ressourcenbedarfe nachhaltig zu reduzieren und gleichzeitig den wirtschaftlichen Erfolg zu sichern.

Eine alleinige Einbeziehung von Politik und Industrie ist aber nicht ausreichend. Vielmehr muß seitens der Wissenschaft eine umfangreiche Unterstützung gewährleistet werden, weil die zu definierenden Umweltstandards nicht willkürlich festgelegt, sondern wissenschaftlich fundiert abgeleitet und argumentiert werden müssen. Die diesbezügliche zukünftige Hauptaufgabe nationaler Wissenschaftler und mehr noch internationaler Wissenschaftsgremien besteht damit in der Festlegung von sowohl für Politik als auch für die Industrie praktikablen, wissenschaftlich fundierten Richtlinien und Strategien für die Reduzierung der ökologischen Auswirkungen.

Als weitere wichtige Aufgabenfelder für die Wissenschaft kommen die Ausarbeitung praxisgerechter methodischer Hilfsmittel zur umweltgerechten Produkt- und Produktionsplanung sowie die Entwicklung neuer, umweltorientiert einzusetzender Techniken hinzu. Die Ergebnisse derartiger Anstrengungen müssen anschließend gemeinsam mit industriellen Anwendern validiert und für eine flächendeckende Anwendung bereitgestellt werden.

Die dargestellte Verzahnung der zukünftigen Aufgaben von Politik, Industrie und Wissenschaft verdeutlicht, daß nur mit auf Kooperation ausgerichteten Vorgehensweisen der integrierte Umweltschutz effizient wirksam werden kann (Bild 15).

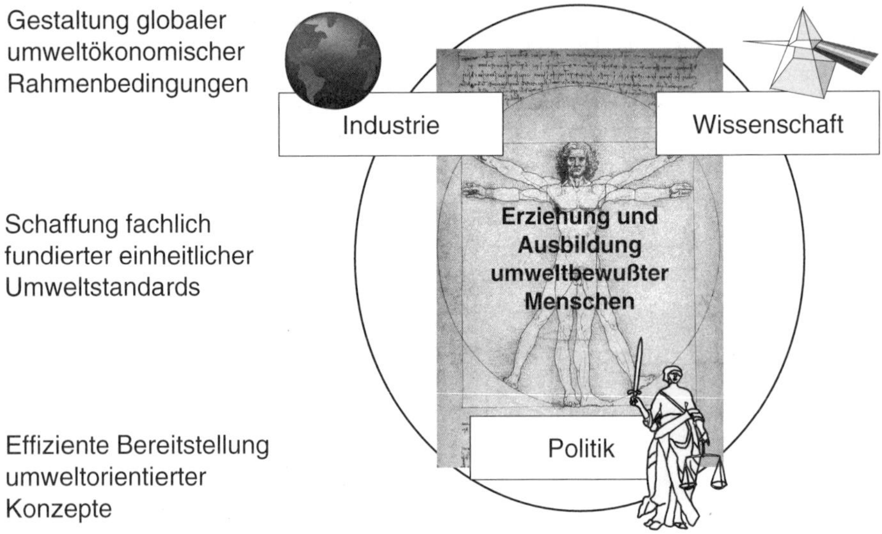

Gestaltung globaler umweltökonomischer Rahmenbedingungen

Industrie

Wissenschaft

Schaffung fachlich fundierter einheitlicher Umweltstandards

Erziehung und Ausbildung umweltbewußter Menschen

Effiziente Bereitstellung umweltorientierter Konzepte

Politik

Bild 15: Vereinte Kräfte für die Umwelt

Losgelöst von gruppierungsbezogenen Einflußmöglichkeiten ist als der entscheidende Erfolgsfaktor aber weiterhin der einzelne Mensch zu identifizieren. Soll in Zukunft, über die Schonung der Umwelt durch Effizienzsteigerung hinaus, ein Struktur- und Bewußtseinswandel erreicht werden, so ist neben den dargestellten Aufgaben eine aktive Einflußnahme von Politik, Wissenschaft und Industrie auf die Erziehung und Ausbildung der Menschen erforderlich.

Als Grundlage für die nachhaltige Zukunftssicherung muß „Umweltbewußtsein" als wichtiger Aspekt in das Werteverständnis eines jeden Menschen integriert und somit eine neue, bisher noch nicht diskutierte Art des integrierten Umweltschutzes geschaffen werden. Dieser als „elementarer Umweltschutz" zu bezeichnende Umweltschutz zielt darauf ab, ein ökologieorientiertes Werteverständnis möglichst frühzeitig in den Köpfen zu etablieren und zum Leben zu erwecken. Es gilt, den Umweltschutz nicht zur eigenständigen und ggf. nebensächlichen Disziplin ausbauen zu lassen, sondern ihn als Querschnittsthema in allen Bereichen als selbstverständlich akzeptiert und anwendbar zu etablieren [13].

Es sind schließlich immer Menschen, die in unterschiedlichen Rollen in Politik, Industrie und Wissenschaft darüber entscheiden müssen und können, ob sie (sich) einen Beitrag zum Umweltschutz leisten wollen. Es steht somit letztendlich in der Macht des Einzelnen, Umweltschutz zum strategischen Erfolgsfaktor werden zu lassen und Verantwortung für die nächsten Generationen zu übernehmen [14].

Literatur:

[1] Gege, M.; Kosten senken durch Umweltmanagement - 1000 Erfolgsbeispiele aus 100 Unternehmen, Verlag Franz Hahlen, München, 1997

[2] Dyckhoff, H.; Umweltschutz: Gedanken zu einer allgemeinen Theorie umweltorientierter Unternehmensführung In: Produktentstehung, Controlling und Umweltschutz - Grundlagen eines ökologieorientierten F&E Controlling, Hrsg.: Dyckhoff, H.; Ahn, H.; Phisica Verlag, Heidelberg, 1998

[3] Eversheim, W.; Kölscheid, W.; Schenke, F.-B.; Wettbewerbsvorteile durch ressourcenschonende Produkte, VDI-Bericht 1400, VDI Verlag GmbH, Düsseldorf 1998

[4] Eyerer, P.; Ganzheitliche Bilanzierung, Springer Verlag, Berlin 1996

[5] VDI-Richtlinie 2243: Konstruieren recyclinggerechter technischer Produkte, VDI-EKV, Fachbereich Konstruktion, VDI-Verlag Düsseldorf, Oktober 1993

[6] Sonderforschungsbereich 144 der Deutschen Forschungsgemeinschaft an der RWTH Aachen (Hrsg.); Energie- und Rohstoffeinsparung - Methoden für ausgewählte Fertigungsprozesse, VDI Verlag, Düsseldorf, 1996

[7] Eversheim, W.; Albrecht, T.; Heitsch, J.-U.; Golm, F.; Herrmann, K.; Liermann, J.; Ökonomisch-ökologische Optimierung der Achs- und Getriebefertigung, in: VDI-Z Special Antriebstechnik, VDI Verlag, Düsseldorf, 1999

[8] Umweltbundesamt; Umweltmanagement in der Praxis, Teil I-III, Umweltbundesamt 1998, Texte 20/98 (1998a)

[9] Alting, L.; Wenzel, H.; Hauschild, M.; Environmental Assessment of Products, Volume 1: Methodology, tools and case studies in product development, Chapman & Hall, London, 1997

[10] Umweltbundesamt; Nachhaltiges Deutschland - Wege zu einer dauerhaft umweltgerechten Entwicklung, Umweltbundesamt 1998, 2., durchges. Aufl. - Berlin: Erich Schmidt, 1998

[11] Umweltbundesamt; Methodik der produktbezogenen Ökobilanzen - Wirkungsbilanzen und Bewertung, Umweltbundesamt 1995, Texte 23/95 (1995)

[12] Radermacher, F. J.; Bewältigung des Wandels, Verlagsgesellschaft Management & Technologie, Broschüre, München 1998

[13] Spur, G.; Life Cycle Modeling as a Management Challenge, Proceedings of the IFIP, WG5.3, international conference on life-cycle modeling for innovative products and processes, Berlin, 1995

[14] Vester, F.; Neuland des Denkens - vom technokratischen zum kybernetischen Zeitalter, 10. Auflage, dtv, 1997

Mitarbeiter der Arbeitsgruppe für den Vortrag 1.2

Hr. H.-G. Becker, Philips GmbH Glasfabrik Aachen
Dr.-Ing. Dipl.-Wirt. Ing. U. Böhlke, Schott Glas, Mainz
Dipl.-Ing. F. Döpper, Fraunhofer IPT, Aachen
Prof. Dr.-Ing. Dr. h.c. Dipl.-Wirt. Ing. W. Eversheim, WZL RWTH Aachen
Dipl.-Ing. J.-U. Heitsch, Fraunhofer IPT, Aachen
Dipl.-Ing. W. Kölscheid, WZL RWTH Aachen
Prof. Dr.-Ing. R. Kopp, IBF RWTH Aachen
Hr. H. Kurz, Hella KG Hueck & Co., Lippstadt
Dr.-Ing. H. Paul, DaimlerChrysler AG, Stuttgart
Dipl.-Ing. K. Selg, DaimlerChrysler AG, Stuttgart
Fr. S. Skoecz, Wilkhahn Wilkening + Hahne GmbH, Bad Münder
Dipl.-Ing. M. Vorweg, Hella KG Hueck & Co., Lippstadt

1.3 Wissen - Die Ressource der Zukunft

Gliederung:

1 Einleitung
1.1. Trends und Herausforderungen
1.2. Klassifizierung von Wissen
1.3. Szenario: Verlierer im Wissenswettbewerb

2 Wissensvorsprung
2.1. Dimensionen der Wissenserschließung
2.2 Barrieren und Hemmnisse auf dem Weg zum Wissensvorsprung
2.3 Strategien und Methoden zur Erzielung von Wissensvorsprüngen

3 Fazit und Perspektiven
3.1. Szenario: Gewinner im Wissenswettbewerb

Kurzfassung:

Wissen - Die Ressource der Zukunft
Jeder Wettbewerbsvorsprung läßt sich auf einen Wissensvorsprung zurückführen. Wissen gewinnt damit eine erfolgsentscheidende Bedeutung für die Zukunft von Unternehmen. Insbesondere das unternehmensintern verfügbare Wissen bietet ein erhebliches Potential, das vor dem Hintergrund des zukünftigen Wissenswettbewerbs erschlossen werden muß. Im vorliegenden Beitrag werden daher die zentralen Dimensionen bei der Wissenserschließung aufgedeckt. Drei sich ergänzende Strategien, um einen Wissensvorsprung zu erzielen - Mehr-Wissen, verfügbares Wissen besser ausnutzen, Wissen schneller anwenden - werden durch Unternehmensbeispiele veranschaulicht und rezeptartig konkretisiert. Zu den Gewinnern im Wissenswettbewerb werden schließlich diejenigen Unternehmen gehören, die in der Lage sind, neues Wissen aufzubauen, es im Unternehmen schnell zu verbreiten und effektiv zu nutzen, um nachhaltige Wettbewerbsvorteile zu erlangen.

Abstract:

Knowledge - Resource of the Future
Each competitive edge is based on advantages in knowledge. Consequently knowledge is of high importance for future success of enterprises. Especially the internal knowledge in companies reveals great potential prevailing in future knowledge competition. Therefore, exploiting internal knowledge is one of the most decisive tasks nowadays and in future. The article presents the main dimensions for exploitation of knowledge. Three complementary strategies for achieving advantages in knowledge competition - getting more knowledge, exploiting knowledge better, using knowledge faster - are discussed and illustrated by examples. Winner of future knowledge competition are able to accumulate new knowledge, to distribute it fast in the whole company and to use it effectively - for getting sustainable competitive advantages.

Wissen

1 Einleitung

Wissen ist Grundlage vernünftigen Handelns. Das postulierte bereits Immanuel Kant, indem er seine drei berühmten Fragen in der bewußten Reihenfolge stellte [1]: Was können wir wissen? Was sollen wir tun? Was dürfen wir hoffen?

Zweck des unternehmerischen Handelns ist es, Probleme von Kunden besser, preisgünstiger und schneller zu lösen als Wettbewerber. Mittel zu diesem Zweck ist - frei nach Kant - Wissen. Wissen ist jedoch nur dann wertvoll, wenn es intelligent genutzt wird. Vorhandenes Wissen allein nutzt nichts, wenn man es nicht aktivieren kann, um neue Lösungen zu finden und Wettbewerbsvorsprünge zu erhalten oder auszubauen.

Wettbewerbsvorsprünge sind immer Resultat von Wissensvorsprüngen. Nachhaltig wird der Vorsprung gegenüber den Wettbewerbern, wenn er auf einen Vorsprung des eigenen Wissens zurückzuführen ist. Einen Wissensvorsprung auf- und auszubauen wird somit zur zentralen Aufgabe eines Unternehmens. Insbesondere das unternehmensintern verfügbare Wissen bietet dabei ein enormes Potential, das vor dem Hintergrund des zukünftigen Wissenswettbewerbs erschlossen werden muß.

Interne Wissenspotentiale können jedoch nur dann erschlossen werden, wenn dazu wirksame „Rezepte" in Form von Strategien inklusive zugehöriger Methoden und Hilfsmittel verfügbar sind. Das Teilen und der Transfer von Wissen müssen für jeden Mitarbeiter als persönlicher Erfolgsfaktor und als Beitrag zum Unternehmenserfolg empfunden werden. Daher sind Führung und Kultur wichtige Voraussetzungen, um die unternehmensinternen - sichtbaren und unsichtbaren - Wissenspotentiale zu erschließen (Bild 1).

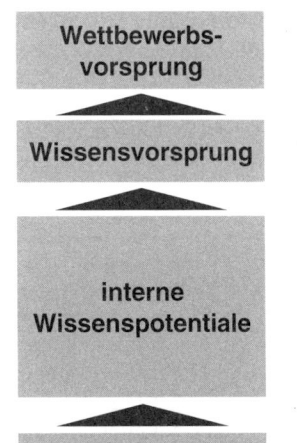

Wettbewerbsvorsprung	Erhalt und Ausbau eines Wettbewerbsvorsprunges ist oberste Führungsaufgabe
Wissensvorsprung	Wettbewerbsvorsprung nur durch Wissensvorsprung
interne Wissenspotentiale	Wissensvorsprung durch Erschließung interner Potentiale • Mehr-Wissen, • bessere (Aus-) Nutzung von Wissen, • schnellere Anwendung von Wissen
Führung und Kultur	Erschließung interner Potentiale erfordert Führung und Kultur

Bild 1: Kernaussagen

Auf Basis dieser Kernaussagen gliedert sich der vorliegende Beitrag in drei Blöcke. (Bild 2). Zunächst wird in das Themenfeld Wissen im Unternehmen eingeführt: Die wesentlichen Trends im unternehmerischen Umfeld werden den wissensbezogenen

Herausforderungen gegenübergestellt. Ein erfolgreiches Management des Wissens muß auf diese Herausforderungen reagieren. Dem folgt eine Klärung, was unter Wissen zu verstehen ist und welche Einteilungen von Wissen in Unternehmen existieren. Schließlich wird mit einem Szenario auf die Frage geantwortet, was passieren wird, wenn sich Unternehmen *nicht* dem Wissenswettbewerb stellen.

Einleitung	• Trends und Herausforderungen
	• Klassifizierung von Wissen
	• Szenario: Verlierer im Wissenswettbewerb
Wissensvorsprung	• Dimensionen der Wissenserschließung
	• Stolpersteine auf dem Weg zum Wissensvorsprung
	• unternehmensinterne Wissenspotentiale
	• Vorsprung durch Mehr-Wissen
	• Vorsprung durch bessere (Aus-) Nutzung von Wissen
	• Vorsprung durch schnellere Anwendung von Wissen
Fazit	• Szenario: Gewinner im Wissenswettbewerb

<u>Bild 2:</u> Struktur

Im zweiten Block werden Methoden und Hilfsmittel zur Erlangung eines Wissensvorsprungs dargelegt: Insbesondere werden drei sich ergänzende Ansatzpunkte - Mehr-Wissen, verfügbares Wissen besser ausnutzen, Wissen schneller anwenden - durch Unternehmensbeispiele veranschaulicht und rezeptartig konkretisiert.

Im dritten Block schließlich wird ein Fazit gezogen und - wiederum in Form eines Szenarios - eine Perspektive für diejenigen Unternehmen eröffnet, die sich dem Wissenswettbewerb stellen, da sie erkannt haben, daß Wissen die Ressource der Zukunft ist.

1.1 Trends und Herausforderungen

Die gegenwärtigen Trends im unternehmerischen Umfeld und die Herausforderungen, die sich daraus für Unternehmen ergeben, werfen vielfältige Fragen im Zusammenhang mit dem Thema Wissen auf. Beispiele für wesentliche Trends und Herausforderungen sind die Zunahme von Unternehmenskooperationen, die Dezentralisierung, die fortschreitende Globalisierung von Unternehmensaktivitäten und das anhaltende Lean Management (<u>Bild 3</u>).

Bei zunehmend komplexeren Produkten und Prozessen sind Unternehmen gezwungen, die Potentiale in der gesamten Wertschöpfungskette maximal auszuschöpfen. Ein wirksames Mittel dazu ist die Bildung von unternehmensübergreifenden Kooperationen [2], so daß jeder Partner seine spezifischen Produkt- oder Produktionskenntnisse einbringen kann. Kooperationen funktionieren daher nur, wenn diese Kenntnisse für eine gemeinsame Aufgabenbearbeitung integriert und nutzbar gemacht werden können. Die Art der Zusammenarbeit ist jedoch in der Regel zeitlich befristet. Deshalb muß das eigene Wissen geschützt werden, da es ansonsten nach Beendigung der Zusammenarbeit durch nachfolgende Kooperationen der Partner mit potentiellen Wettbewerbern letzteren zur Verfügung stände.

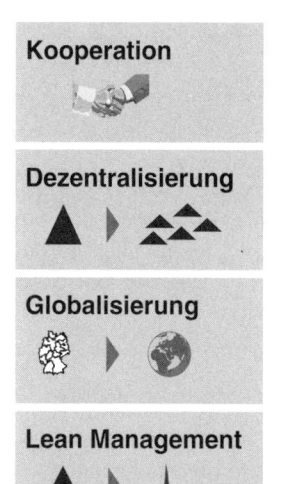

Kooperation	• Wie wird „fremdes" Wissen integriert? • Wie wird gemeinsames Wissen „addiert"? • Wie kann eigenes Wissen geschützt werden?
Dezentralisierung	• Wie wird „zentrales" Wissen dezentral wirksam genutzt? • Kann Wissen delegiert werden?
Globalisierung	• Wie werden kulturelle und sprachliche Barrieren durchdrungen? • Wie funktioniert Wissenstransfer zwischen weltweiten Organisationsstrukturen?
Lean Management	• Welches Wissen ist wichtig? • Auf welches Wissen kann verzichtet werden?

Bild 3: Unternehmerische Trends und Herausforderungen

Mit dem Ziel, Marktmacht zu erlangen und Skaleneffekte zu nutzen, haben viele Unternehmen eine Expansionsstrategie verfolgt. Merger und Akquisitionen der jüngeren Vergangenheit sind Ergebnis dieser strategischen Überlegungen. Dadurch sind jedoch zum Teil überaus komplexe Organisationsstrukturen entstanden. In Konsequenz dieser organisatorischen Komplexität wurden kleinere Einheiten gebildet, Verantwortungs- und Aufgabenumfänge neu geregelt und dezentralisiert. Das Unternehmenswissen muß dieser Dezentralisierung angepaßt werden, so daß beispielsweise ehemals zentrales Wissen in den „neuen" Einheiten genutzt werden kann.

Weiterhin stellt die rasante Entwicklung der Informations- und Kommunikationstechnologien (IuK-Technologien) als Medium der Verbreitung und Speicherung von Wissen stetig neue Herausforderungen an Unternehmen und Mitarbeiter (Bild 4). IuK-Technologien durchdringen mittlerweile alle Bereiche der Wertschöpfungskette. Veränderungen am einzelnen Arbeitsplatz und bezüglich der Vernetzung von Arbeitsplätzen ermöglichen neue Formen der Aufgabenbearbeitung in Unternehmen.

Die Entwicklungen am einzelnen Arbeitsplatz werden forciert durch verbesserte Mensch-Maschine-Schnittstellen und höhere Leistungsfähigkeit bei gleichzeitiger Miniaturisierung. Dies steigert die Verfügbarkeit der zur Aufgabenbearbeitung erforderlichen Hard- und Software. Der Austausch der dabei erzeugten Ergebnisse wird durch Integrationsbemühungen, beispielsweise durch Client-Server-Architekturen, Intranets, genormte Übertragungsprotokolle und an Prozeßketten orientierte Software ständig vorangetrieben [3]. Internet an der Werkzeugmaschine oder am Montagearbeitsplatz, eingebunden in Werkstattinformationssysteme wird zukünftig beispielsweise Betriebsdatenerfassung und -auswertung oder Maschinenbedienung und -diagnose tiefgreifend verändern (vgl. Beitrag 4.2 dieses Bandes).

Änderungen der IuK-Technologien bewirken und bedingen verändertes Verhalten aller Mitarbeiter

Wissen über wirksame Anwendung von IuK-Technologien ist erfolgsentscheidend

Handlungsbedarf:
- **neues Verhalten?**
- **neue Mitarbeiter?**

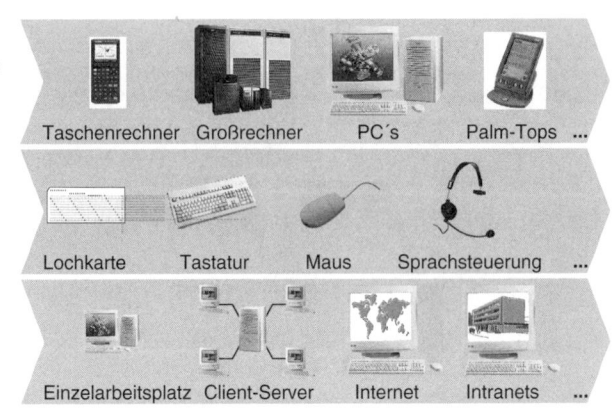

Taschenrechner Großrechner PC´s Palm-Tops ...

Lochkarte Tastatur Maus Sprachsteuerung ...

Einzelarbeitsplatz Client-Server Internet Intranets ...

IuK-Technologien: Informations- und Kommunikationstechnologien

Bild 4: Herausforderungen der Informations- und Kommunikationstechnologien

Die Veränderungen der Informations- und Kommunikationstechnologien bewirken und bedingen neues Verhalten. Die enormen Potentiale der IuK-Technologien lassen einen Verzicht auf diesen Fortschritt nicht zu. Vielmehr ist die Kenntnis einer effektiven und effizienten Anwendung dieser Technologien erfolgs- und wettbewerbsentscheidend. Es stellt sich also für jeden Mitarbeiter die Herausforderung, sein Verhalten den Möglichkeiten und dem Fortschritt der IuK-Technologien anzupassen.

Da jedoch die Expansionsgeschwindigkeiten von persönlichem Erfahrungsraum und technischem Fortschritt unterschiedlich groß sind - und zwar zu Ungunsten der persönlichen Erfahrungen - stellt sich mit Nachdruck die Frage, inwiefern der Einzelne anpassungsfähig ist oder inwiefern es notwendig sein wird, den „Geschwindigkeitsunterschied" durch Schulung oder Neueinstellungen von Mitarbeitern zu kompensieren.

Die Beispiele belegen, daß wesentliche unternehmerische Trends und Herausforderungen ähnliche Fragestellungen aus verschiedenen Blickrichtungen auf den Umgang mit Wissen aufwerfen. Es sind dies vor allem Fragen nach Auswahl, Integration, Verteilung und effizienter Nutzung von Wissen.

1.2 Klassifizierung von Wissen

Die Beantwortung der Frage, was „Wissen" ist, verbindet seit jeher verschiedene Forschungsdisziplinen. Erkenntnistheoretiker, Kognititionspsychologen oder allgemein „Wissen"schaftler versuchen zu ergründen, was es heißt, etwas zu „wissen". So unterschiedlich wie die Erfahrungshintergründe der Beteiligten sind auch die jeweiligen Definitionen des Begriffs Wissen. Die Intensität, mit der am Konzept „Wissen" gearbeitet wird, zeigt die Bedeutung, die Wissen von verschiedener Seite beigemessen wird. Sie verdeutlicht jedoch auch die Schwierigkeiten, Wissen zu definieren und zu operationalisieren. Selbst intuitiv überzeugende Ansätze, das Wissen einer Person sei die Menge aller zu einem Zeitpunkt von ihm akzeptierten Aussagen, erwiesen sich letztlich als nicht haltbar [4]. Eine wesentliche Schwierigkeit besteht darin, Wissen auf grundlegendere Begriffe zurückzuführen [5].

Dennoch haben sich als gemeinsamer Nenner der Diskussionen um den Begriff „Wissen" einige Kernaspekte herauskristallisiert:

Wissen ist interpretierte Information [6]. Das heißt zunächst, daß Wissen und Information nicht dasselbe sind. Vielmehr müssen Informationen interpretiert werden, bevor sie zum eigenen Wissen integriert werden können. Umgekehrt kann Wissen nicht einfach weitergegeben werden, sondern muß zuvor adäquat repräsentiert werden.

Wissen ist eine Mischung aus Erfahrungen, Wertvorstellungen und Fachkenntnissen [7]. Das heißt, Fachkenntnisse - zum Beispiel aus der Ausbildung oder Büchern - können wirksam ergänzt werden durch gelebte oder vermittelte Erfahrung. In Unternehmen ist Wissen nicht nur in Dokumenten oder Handbüchern enthalten, sondern erfährt auch eine allmähliche Einbettung in organisatorische Routinen, Praktiken und Normen.

Mit der Unterscheidung in *explizites* und *implizites* Wissen werden zwei grundlegende Arten von Wissen angesprochen [8]. Explizites Wissen ist außerhalb der Köpfe einzelner Personen in Medien speicherbar. Es kann daher mittels elektronischer Datenverarbeitung verarbeitet, übertragen und gespeichert werden. Implizites Wissen ist eine Art stilles Wissen, das in den Köpfen einzelner Personen gespeichert und entsprechend schwer zu formulieren ist. Subjektive Einsichten und Intuition gehören zum impliziten Wissen, das tief in den Handlungen und Erfahrungen von Personen verankert ist.

Neben den angesprochenen Aspekten herrscht Einigkeit, daß sich Wissen immer auf etwas beziehen muß. Zum Beispiel läßt sich Wissen über Technologien von Wissen über Kunden unterscheiden. Unternehmerisches Wissen ist insgesamt vielfältig (Bild 5). Beispielsweise muß zur Planung eines Montageprozesses Integrations- und Schnittstellenwissen über das Produkt und die Zulieferer mit technologischem Wissen und Kostenwissen verbunden werden. Ergibt neues Marktwissen, daß höhere Stückzahlen als ursprünglich geplant zu erwarten sind, muß über Änderungen der Montagetechnologien nachgedacht werden. Beispielsweise könnte eine Erhöhung des Automatisierungsgrades (Technologie- und Prozeßwissen) zu geringeren Stückkosten führen (Kostenwissen).

Dieses Beispiel zeigt, daß das Thema Wissen als solches nicht neu ist: Schon immer lag die Ursache für Wettbewerbsfähigkeit in dessen Anwendung. Doch mit dem sich wandelnden Umfeld und dem explosionsartigen Anstieg des angebotenen Wissens ist der Druck zur adäquaten Behandlung von Wissen gestiegen. Dazu gehören effiziente Selektionsmechanismen und Hilfsmittel zur zielorientierten (Re-) Kombination und dynamischen Vernetzung von Wissen, um Probleme optimal lösen zu können. Insgesamt ist Wissen im Vergleich zu den klassischen materiellen Faktoren in seiner Bedeutung für Unternehmen überdurchschnittlich gestiegen.

Sachverhalt:
- Wissen ist vielfältig

Forderung:
- Wissen muß dynamisch vernetzt werden

Problem:
- Unternehmensstrukturen nach statischen Wissenseinteilungen

Bild 5: Einteilung von Wissen

1.3 Szenario: Verlierer im Wissenswettbewerb

Wissen bestimmt heute und zukünftig maßgeblich den Unternehmenswert [9]. Der Marktwert von Microsoft beispielsweise, dem größten Softwareanbieter der Welt, betrug 1996 etwa 119 Mrd. US-Dollar, der „Nettobuchwert" dagegen nur etwa 17 Mrd. US-Dollar.

Was passiert, wenn Unternehmen sich *nicht* dem Wissenswettbewerb stellen? Eine Antwort zeigt das folgende Szenario des Jahres 2010 (Bild 6).

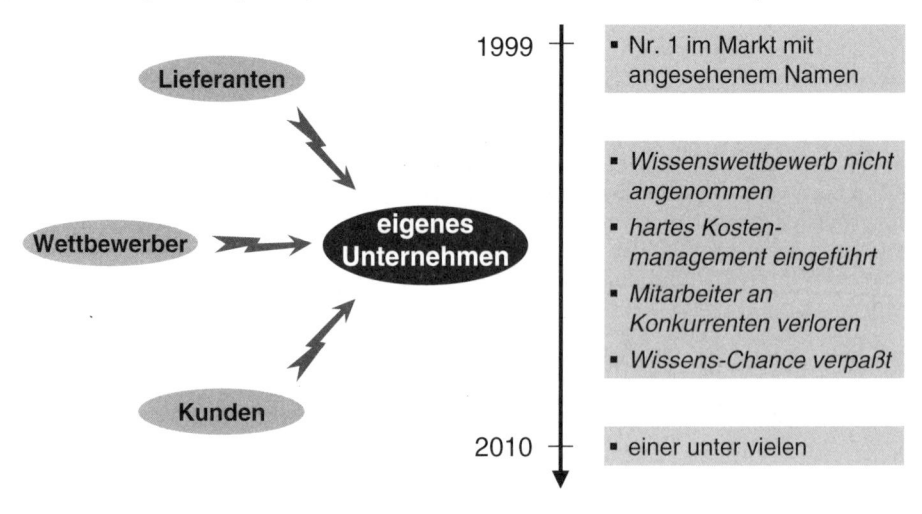

Bild 6: Szenario 2010 - Verlierer im Wissenswettbewerb

Noch im Jahre 1999 war das eigene Unternehmen Marktführer in seiner Branche. Den Zulieferern, die in hartem Wettbewerb zueinander standen, konnten die Einstandspreise diktiert wer-

den. *Kostenvorteile gegenüber den Wettbewerbern wurden an die Kunden weitergegeben. Eine große Forschungs- und Entwicklungsabteilung sorgte für stetige Weiterentwicklung der bestehenden Produktlinien.*

In den darauffolgenden Jahren haben sich die Zulieferer weiterentwickelt und sind verstärkt Kooperationen eingegangen. Durch die Vernetzung miteinander konnte zuvor getrenntes Wissen zusammengeführt werden. Heute sind die Lieferanten von damals ernstzunehmende Marktpartner. Einige von ihnen haben die Strategie der Vorwärtsintegration verfolgt und gehören schon zu den Wettbewerbern.

Die ehemalige Nummer Zwei der Wettbewerber hat konsequent auf die Strategie des Wissensvorsprunges gesetzt. Neben der Sicherung bzw. Erhöhung des Finanzkapitals wurde das „Wissenskapital" als die wettbewerbsentscheidende Größe erkannt und ausgebaut. Heute ist dieser Wettbewerber die Nummer Eins und bestimmt das Marktgeschehen. Er gilt als Pionier bei neuen Produkten und bei innovativem Verhalten gegenüber Kunden. Der prinzipiellen Austauschbarkeit der (Hardware-) Produkte wurde durch einzigartige Dienstleistungen und wirksame Problemlösestrategien begegnet.

Ehemals vom eigenen Unternehmen abhängige Kunden sind „klüger" geworden. Sie vergleichen weltweit Preise, Qualitäten und Lieferzeiten. Sie sind heute auf der Suche nach für sie spezifischen Produkten mit eingebettetem Wissen.

Im eigenen Unternehmen wurde anhand von Finanzkennzahlen erkannt, daß die Marktführerschaft nicht gehalten werden kann. Als Maßnahme wurde zunächst bei steigenden F&E-Ausgaben ein Programm zur Erhöhung der Forschungseffizienz gestartet. Im gesamten Unternehmen wurden „cost cutting"-Projekte durchgeführt, um wieder Gewinne einzufahren. Die Wettbewerbsposition konnte dennoch nicht gehalten werden. Kundenreklamationen häuften sich, Rückrufaktionen torpedierten das Betriebsergebnis. Ein großangelegtes Werbeprogramm konnte die internen Schwächen nur kurzfristig verbergen. Zunehmend wanderten exzellente Mitarbeiter zu Konkurrenten ab. Heute ist man einer unter vielen in der Branche.

2 Wissensvorsprung

Das dargestellte Szenario ist zweifelsohne überzeichnet. Es ist jedoch nicht übertrieben, sondern pointiert die Notwendigkeit, sich dem Wissenswettbewerb zu stellen. *Ein nachhaltiger Wettbewerbsvorsprung kann nur durch einen Wissensvorsprung erzielt werden.* Dazu muß das unternehmensinterne Wissen erschlossen und wirksam genutzt werden.

2.1 Dimensionen der Wissenserschließung

Die grundsätzlichen Dimensionen unternehmerischen Handelns sind, dem MTO-Modell folgend, der „Mensch", die „Technik" und die „Organisation". Für eine ganzheitliche Betrachtung der Wissenserschließung ist es darüber hinaus zweckmäßig, „Führung" und „Kultur" explizit als Dimensionen der Wissenserschließung zu ergänzen und den Menschen, d.h. den Mitarbeiter, in den Mittelpunkt der Betrachtung zu stellen (Bild 7).

Mitarbeiter nutzen und schaffen Wissen. Sie sind damit der wirkungsvollste und unmittelbarste Hebel bei der Erschließung der Ressource Wissen. Trotz der vielzitierten „Halbwertszeit des Wissens", die nach empirischen Untersuchung bei derzeit etwa fünf Jahren liegt [8], ist die Qualifikation der Mitarbeiter eine wesentliche Wissensquelle. Zu unterscheiden ist zwischen der Ausbildungsqualifikation, die das Ergebnis von Erstausbildung und Lernprozessen ist, und der Arbeitsqualifikation, die Ergebnis von Weiterbildungs- und Anwendungsprozessen ist. Die Arbeitsqualifikation, gemeinhin auch als Erfahrung bezeichnet, muß sich im beruflichen Alltag stetig erweitern und erneuern. Weiterbildungsmaßnahmen im Unternehmen sind ein Ansatz, dieses zu fördern.

Mitarbeiter nutzen und schaffen Wissen

Technik ist Werkzeug, keine Grenze

Organisation kann gestaltet werden

Führung und **Kultur** sind Grundlage für Wissensteilung im Unternehmen

- Nicht „Wissen ist Macht", sondern „Wissen teilen macht stark"
- Fehlerfreundlichkeit
- Aufbruch zu Neuem

- Datenbanken
- Intranet
- Groupware

Kultur — **Technik**

Mitarbeiterwissen

Führung — **Organisation**

- Delegation und Partizipation
- Vorbildfunktion

- Lernende Organisation
- Projektmanagement
- dezentral und lean

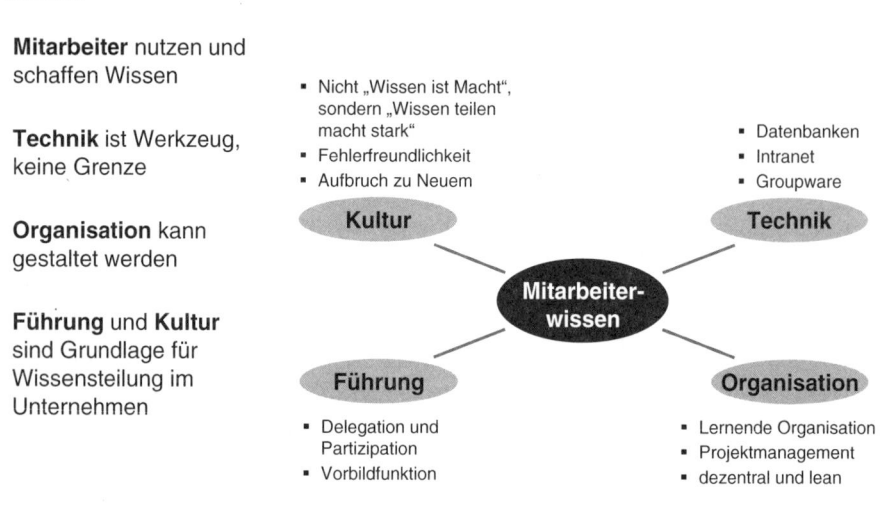

Bild 7: Dimensionen der Wissenserschließung

Technik ist einer Studie des American Productivity & Quality Center zufolge ein sogenannter „enabler" für die Wissenserschließung [10]: „It would be impossible for many companies to pursue their existing approaches to knowledge management if existing information technologies were not available." Die Technologien mit dem größten Einfluß auf die unternehmensinterne Wissenserschließung sind nach dieser Studie: Datenbanken, das Internet und Intranets sowie Groupware. Technik als Dimension stellt nicht mehr den limitierenden Faktor dar. Bereits heute sind im Internet sogenannte „intelligente Schnüffler" frei verfügbar - Suchmaschinen, die mittels Methoden der künstlichen Intelligenz auf die spezifischen Bedürfnisse eines Anwenders trainiert werden können und die das gesamte Internet beispielsweise nach bestimmten Schlüsselwörtern absuchen und die relevanten Informationen aufsammeln. Technik muß also als Werkzeug begriffen werden, dessen Einsatz bewußt gestaltet werden muß: „The critical role for information technology lies in its ability to support communication and collaboration [...] not static repositories of best practices" [10].

Aus der Perspektive der *Organisation* geht es um die Schaffung und Entwicklung von Strukturen, die den Wissensfluß fördern sollen. Dazu gehören die Überlegungen zur Virtualisierung und zum Lernen von Organisationen sowie zum Projektmanagement.

Führung und Kultur bilden die Grundlage für eine wirksame Wissenserschließung im Unternehmen. Dazu gehören beispielsweise kooperative Führungsprinzipien, die Delegation von Aufgabe *und* Verantwortung oder die Partizipation von Mitarbeitern am Entscheidungsprozeß. Ein weiterer wichtiger Aspekt ist die Vorbildfunktion der Führungskräfte. Nur wenn Führungskräfte vorleben, daß das Horten von Wissen ein Schaden und das Teilen von Wissen ein Erfolgsfaktor ist, kann eine wissensfördernde Unternehmenskultur geschaffen werden. Bestandteile einer solchen Kultur sind zudem Fehlerfreundlichkeit und ein für Neues offenes und aktives Verhalten [11]. Fehlerfreundlichkeit umfaßt in diesem Zusammenhang nicht nur die Toleranz, Fehler einmal zuzulassen, sondern auch die Fähigkeit, Fehler verkraften und kompensieren zu können [12].

Insgesamt hat jede dieser Dimensionen ihre Berechtigung, und dennoch stellt ihre separate Betrachtung eine unzulässige - und eine unökonomische - Verkürzung bei der Wissenserschließung dar. Um die unternehmensinternen Wissenspotentiale voll ausschöpfen zu können, müssen die Dimensionen Mensch, Technik, Organisation, Führung und Kultur ganzheitlich betrachtet werden.

2.2 Barrieren und Hemmnisse auf dem Weg zum Wissensvorsprung

Zu dieser Betrachtung gehört auch, Barrieren und Hemmnisse zu überwinden. Bei allen genannten Dimensionen liegen „Stolpersteine" auf dem Weg zum Wissensvorsprung, die erkannt und ausgeräumt werden müssen (Bild 8).

Mensch
- veraltete Ausbildung
- Rollenzwang, fehlender Mut zu Neuem

Technik
- überholte Informationstechnologie, fehlende Infrastruktur
- zu hohe Technikgläubigkeit

Organisation
- Bürokratismus, mechanistische Organisation
- statische Unternehmensstrukturen

Führung und Kultur
- „Not-Invented-Here"-Syndrom
- „Killerargumente" gegen neues Wissen

Bild 8: Stolpersteine auf dem Weg zum Wissensvorsprung

In einer Studie des Fraunhofer Instituts für Arbeitswissenschaft und Organisation über Wissensmanagement in der Praxis wurde als ein Haupthindernis für Wissenstransfer das fehlende Bewußtsein, Wissen mit anderen zu teilen, genannt [13]. Dabei wurde das fehlende Bewußtsein vor allem auf die Kollegen projiziert. Interessant ist, daß dennoch nur knapp 29% der Befragten die Unternehmenskultur als Barriere ansehen, aber fast

60% sie unbedingt verbessern wollen. An dieser Diskrepanz wird deutlich, daß man eher nach Defiziten bei anderen sucht, als den Veränderungsprozeß bei sich selbst zu beginnen.

Die bestehenden Informations- und Kommunikationstechnologien werden nur von knapp einem Drittel der Befragten als Engpaß gesehen. Dieses Ergebnis bestätigt die allgemeine Erkenntnis, daß die ausschließliche Verbesserung der informationstechnischen Infrastruktur keine signifikanten Verbesserungen des Wissenstranfers bewirkt. Eine adäquate Infrastruktur ist unabdingbar, garantiert aber nicht den Erfolg. Informationstechnologien können ihre unterstützende Funktion jedoch erst dann zur Entfaltung bringen, wenn die Akzeptanz der Mitarbeiter gegenüber den neuen Technologien vorhanden ist und sich das Verhalten der Mitarbeiter entsprechend angepaßt hat. Zu den größten Barrieren in diesem Zusammenhang gehört, daß der Aufwand eines Mitarbeiters zur Pflege und Aktualisierung von Daten für ihn unmittelbar entsteht, der Nutzen für den Einzelnen jedoch in der Regel erst mittelbar spürbar wird.

2.3 Strategien und Methoden zur Erzielung von Wissensvorsprüngen

Wissensvorsprünge werden erreicht, indem die unternehmensinternen Wissenspotentiale erschlossen werden. Wichtigster Ansatzpunkt bei der Erschließung unternehmensinternen Wissens ist der Mitarbeiter. Seine Handlungen müssen als zielorientierte Beiträge in wissensbezogenen Prozessen verstanden werden. Dazu ist es wesentlich, daß sich auf einzelne Mitarbeiter bezogene, individuelle Ziele in einem übergeordneten Zielsystem einordnen resp. aus diesem ableiten lassen. Um dies zu gewährleisten, bedient sich beispielsweise die Firma Siemens der Vorgehensweise des Policy Deployment und nutzt das Hilfsmittels der sogenannten Scorecards (Bild 9). Durch die Vorgehensweise wird das Zusammenspiel von Mitarbeiter und Führungskräften bei der Entfaltung von Zielen und Werten beschrieben: Strategische Zielen werden nicht „top-down" heruntergebrochen, sondern sind Ergebnis von Verhandlungen in interindividuellen Kommunikationsprozessen. Beispielsweise können in Mitarbeitergesprächen Zielvereinbarungen getroffen werden, die gleichermaßen von seiten der Führungskraft und des Mitarbeiters getragen werden.

Art und Ausmaß der Ziele werden in Scorecards festgehalten. Diese Karten funktionieren ähnlich wie ein Wegweiser und zeigen übersichtlich die zu verfolgenden Ziele eines jeden Mitarbeiters an. Insbesondere können auch Wissensziele bewußt als Dimension in den Karten aufgenommen werden. Wichtig ist, daß die Ziele nachprüfbar, das heißt objektiv meßbar sind. Nur so kann der Aufbau von Fähigkeiten gezielt gesteuert und eine Überprüfung der Wettbewerbsposition des Unternehmens im Sinne eines Benchmarking gewährleistet werden.

Das Beispiel zeigt, wie durch eine Erweiterung klassischer Führungsinstrumente Lernprozesse im Unternehmen angestoßen und aufrecht erhalten werden können. Lernen bedeutet jedoch nichts anderes als der Aufbau von Wissen. Mit einer Metapher aus der Mechanik gesprochen: *Das verfügbare Wissen im Unternehmen kann als potentielle Energie betrachtet werden.* Die Größe dieser Energie sowie der Wirkungsgrad und die Geschwindigkeit, mit der sich diese Energie umwandeln läßt, sind erfolgsentscheidende Faktoren im Wettbewerb mit anderen Unternehmen.

wissenbezogene Kernprozesse

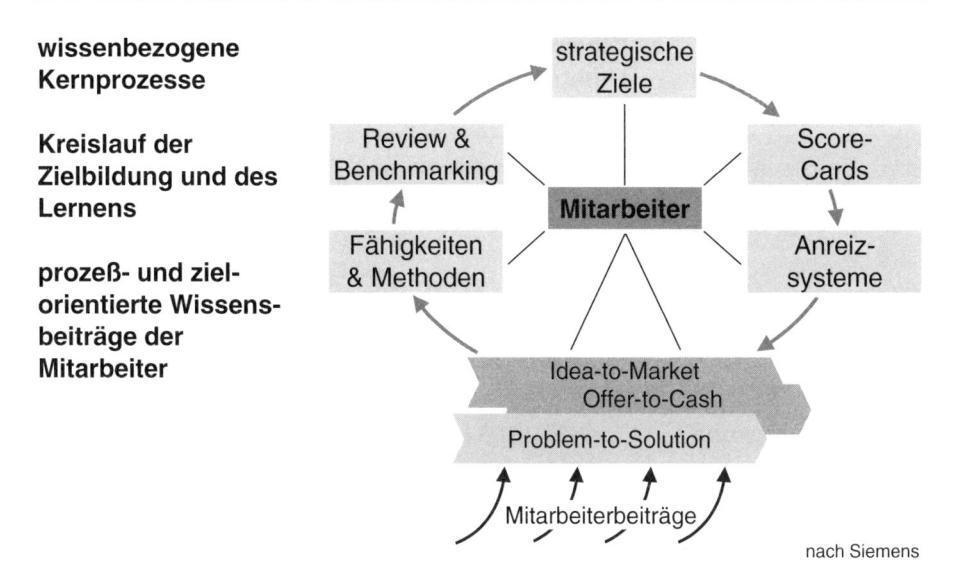

Kreislauf der Zielbildung und des Lernens

prozeß- und zielorientierte Wissensbeiträge der Mitarbeiter

Diagramm: Mitarbeiter im Zentrum, umgeben von strategische Ziele, Score-Cards, Anreizsysteme, Idea-to-Market / Offer-to-Cash / Problem-to-Solution, Fähigkeiten & Methoden, Review & Benchmarking. Mitarbeiterbeiträge.

nach Siemens

Bild 9: Controlling und Lernen bei der Wissenserschließung

Potentielle Energie ist gespeicherte Energie. Potentielle Energie benötigt einen Anlaß, um genutzt werden zu können. Dieser Anlaß kann zum Beispiel eine Anfrage eines Kunden sein, ein interner Forschungsauftrag oder auch ein akutes Problem in der Produktion. Bei der Umwandlung potentieller Energie ist zum einen deren Größe entscheidend. Je größer die potentielle Energie - das verfügbare Wissen - desto größer ist der gespeicherte Lösungsvorrat für interne oder Kundenprobleme. Übertragen auf Wissen bedeutet das, *ein Wissensvorsprung läßt sich erzielen, wenn mehr Wissen als beim Wettbewerber vorhanden ist*. Zum zweiten ist der Wirkungsgrad, mit der der Energiespeicher entladen werden kann, wichtig. Je weniger Reibungsverluste entstehen, desto besser läßt sich die potentielle Energie - das verfügbare Wissen - in eine andere Energieform - eine umsetzbare Lösung - umwandeln. Übertragen auf Wissen bedeutet das, *ein Wissensvorsprung läßt sich durch bessere Ausnutzung verfügbaren Wissens erzielen*. Schließlich ist die Geschwindigkeit der Entladung von Bedeutung. Je schneller die potentielle Energie - das verfügbare Wissen - entladen werden kann, desto eher kann eine andere Energieform - eine entwickelte Lösung - genutzt werden. Übertragen auf Wissen bedeutet das, *ein Wissensvorsprung kann erzielt werden, wenn Wissen schneller angewandt wird*.

Insgesamt ergeben sich drei ergänzende Ansätze, einen Wissensvorsprung zu erzielen (Bild 10):

- Mehr-Wissen,
- bessere Ausnutzung verfügbaren Wissens,
- schnellere Anwendung verfügbaren Wissens.

Die drei genannten Ansätze werden im folgenden durch Beispiele aus den Unternehmen der Arbeitsgruppe veranschaulicht und konkretisiert.

Wissen ist potentielle Energie

Die größten Wissenspotentiale liegen im Unternehmen

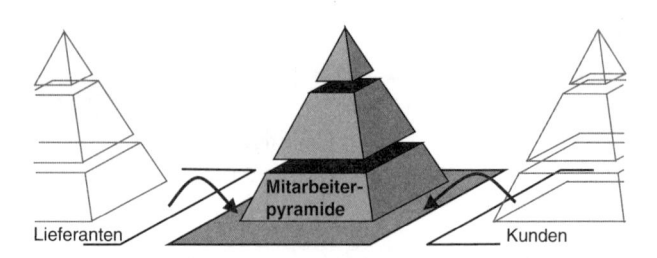

Lieferanten — Mitarbeiterpyramide — Kunden

Wissensvorsprung durch:
- Mehr-Wissen
- bessere Ausnutzung verfügbaren Wissens
- schnellere Anwendung verfügbaren Wissens

Bild 10: Priorisierung unternehmensinterner Wissenspotentiale

Mehr-Wissen

Mehr zu wissen als der Wettbewerber kann auf zwei Arten erreicht werden. Zum einen kann der Ansatz verfolgt werden, stetig für Wissenswachstum im Unternehmen zu sorgen. Zum anderen kann das vorhandene Wissen vor Kopie und Imitation durch Wettbewerber geschützt werden.

Eine wichtige Quelle des Wissenswachstum ist die *Kreativität* der Mitarbeiter. Kreatives Verhalten steht stets in Konkurrenz zur Gewohnheit bzw. zu gewöhnlichem Verhalten [14]. Werden bestimmte Aufgaben in immer der gleichen Weise bearbeitet, bestimmte Problemarten in immer der gleichen Weise angegangen, so bilden sich durch die Wiederholung Fertigkeiten aus. Wiederholung ist insofern eine Voraussetzung für Spezialisierung und Effizienzsteigerung. Gleichzeitig bilden sich jedoch auch Gewohnheiten. *Gewohnheiten verhindern Kreativität*. Eine zu stark ausgeprägte Tradition in Unternehmen wird daher auch als Barriere der Wissenserschließung angesehen [8].

Die Zulassung von Kreativität ist eine unternehmerische Chance auf dem Weg zum Wissensvorsprung: Wenn sich das unternehmerische Umfeld ändert, bedeutet gerade die Wiederholung von gewöhnlichen Handlungen und Problemlösungen ein Risiko, das durch kreatives Verhalten vermindert wird.

Kreativ ist jedoch nicht nur neu, sondern *kreativ* ist die Schnittmenge zwischen *neu* und *wertvoll* [14]. Der Wert neuen Verhaltens kann in der Regel erst einige Zeit später bemessen werden. Die Zulassung von Freiraum für Kreativität ist somit ein unternehmerisches Wagnis, da auch potentiell wertloses Verhalten zugelassen wird. Zudem werden effiziente Gewohnheiten möglicherweise über Bord geworfen („kreative Destruktion"). Es gibt also ein überkritisches Maß an Kreativität.

Um kreatives Verhalten gezielt und mit einem definierten Maß zu fördern, hat die Firma 3M eine sogenannte „15%-Regel" eingeführt (Bild 11). Den Mitarbeitern der Forschungs- und Entwicklungsabteilungen werden definierte Freiräume zur Verfügung gestellt, sich den Gewohnheiten und Wiederholungen zu entziehen, um neues Wissen zu generieren. Diese Freiräume sind zeitlich begrenzt auf 15% der Arbeitszeit. In Absprache mit den Vorgesetzten kann dieses Verhältnis auf einzelne Tage oder aber auf mehrere Wochen bezogen werden.

15%-Regel   **Wissensziel: Freiraum zur Wissensgenerierung**

jeder Mitarbeiter im Bereich R&D erhält 15% seiner Zeit zur freien Verfügung

Unternehmensziel: Innovationen diversifizieren

nach 3M

Bild 11:   Vorsprung durch Mehr-Wissen - 15%-Regel

In der „freien Arbeitszeit" können eigene Ideen vorangetrieben, der Austausch mit Kollegen forciert oder in kleineren Gruppen Projekte initiiert werden. Die 15%-Regel ist eine organisatorische Maßnahme, die Auswirkungen auf die Kultur im Unternehmen hat, gleichermaßen Mitarbeiter und Führungskräfte einbindet und somit auf beinahe allen Dimensionen der Wissenserschließung wirksam wird.

Neben der Strategie, Mehr-Wissen durch Wissenswachstum zu erlangen, kann konsequent versucht werden, vorhandenes Wissen vor Zugriff durch Wettbewerber zu *schützen*, um einen Wissensvorsprung zu bewahren. Das klassische Hilfsmittel dazu ist ein professionalisiertes Patent-Management. Bei der Entscheidung, ob neue Entwicklungen zum Patent angemeldet werden sollen, müssen jedoch zwei Aspekte ins Kalkül gezogen werden. Zum einen beschreiben Patente neues Wissen, das vor Kopie durch Wettbewerber geschützt werden muß. Nur so läßt sich eine Marktführerposition halten. Zum anderen bedeutet die Anmeldung eines Patentes gleichzeitig die *Preisgabe neuen Wissens*. Eine Prüfung auf Anmeldung ist daher auch eine Prüfung, ob neues Wissen in Produkte - für Kunden bemerkbar - eingebettet und - für Wettbewerber unsichtbar - „versteckt" werden kann.

Bessere Ausnutzung von Wissen

Um verfügbares Wissen besser nutzen zu können, muß es zur richtigen Zeit am richtigen Ort vorhanden sein. Dies ist zunächst ein Konfigurationsproblem, da Wissen in der Regel verteilt im Unternehmen vorliegt und für bestimmte Problemstellungen zusammengeführt werden muß. Zusätzlich ist das Problem zu lösen, in welcher Form und Qualität das Wissen konfiguriert werden muß. Es stellt sich also die Frage nach der Art der Wissensspeicherung.

Auf die Frage, was die „richtige" Zeit und der „richtige" Ort sind, können zwei sich ergänzende, jedoch prinzipiell unterschiedliche Antworten gegeben werden. Zum einen kann *nachfrageorientiert* geantwortet werden: Zeit und Ort werden bestimmt durch ein konkretes Problem. Das heißt, dort wo ein Problem offenkundig wird, muß das Wissen zusammengezogen werden - und zwar möglichst sofort. Zum anderen kann *angebotsorientiert* geantwortet werden: Wissen muß zu jeder Zeit an jedem Ort verfügbar sein. Das heißt, unabhängig von aktuellen Problemen muß der Zugriff auf verfügbares Wissen gewährleistet sein.

Abhängig von dieser prinzipiellen Unterscheidung (angebots- oder nachfrageorientiert) kann im zweiten Schritt die Frage nach der Art der erforderlichen Wissensspeicherung beantwortet werden. Der Wissensspeicher „Mitarbeiter" ist hervorragend zur Lösung von konkreten Problemen geeignet. Dabei kann individuelles Wissen - beispielsweise in Teams - kurzfristig konfiguriert werden. Soll verfügbares Wissen jederzeit für alle Mitarbeiter nutzbar sein, so muß allerdings eine andere Form der Wissensspeicherung gefunden werden. Hier bieten sich zum Beispiel im Unternehmen verfügbare Produkt- oder Produktionstechnologien - beispielsweise in Form von Werkzeugen, Produktionsanlagen oder Produktbeispielen - als Wissensspeicher resp. -träger an.

Bei der Firma Freudenberg wurde das Hilfsmittel „Growtth" - Get Rid Of Waste Through Team Harmony - etabliert, um akute Probleme unter Nutzung von individuellem Mitarbeiterwissen in einer bestimmten Zeit zu lösen (Bild 12).

Bei einem Growtth-Projekt soll in einem interdisziplinären Team mit circa sechs Mitarbeitern eine definierte Problemstellung innerhalb einer Woche gelöst werden. Dazu gehört die Analyse des Problems, die Entwicklung von Verbesserungsvorschlägen und die Umsetzung eines Lösungskonzeptes. In Growtth-Projekten wird gezielt verteiltes Wissen an einen Ort zusammengeführt, indem Mitarbeiter aus unterschiedlichen Bereichen - zum Teil auch Kunden und Lieferanten - ein Team bilden und für die Zeit des Projektes von anderen Aufgaben befreit sind.

Growtth ist auch ein Hilfsmittel des Wachstums und der kontinuierlichen Verbesserung. Die angestrebten Verbesserungen können sich auf Produkte beziehen, auf Fertigungsverfahren oder auf interne Abläufe in indirekten Bereichen. Übergeordnetes Ziel ist es, alle Ressourcen - auch die Ressource Wissen - effizient zu nutzen und sich von Ballast („Waste") zu befreien. Seit 1993 wurden mehr als viertausend Growtth-Projekte durchgeführt; im gleichen Zeitraum stieg der Umsatz um ca. 50%, das Ergebnis um beinahe 150%. Growtth ist ein Beispiel dafür, daß die bessere Nutzung verfügbaren Wissens zu meßbaren Unternehmenserfolgen führen kann.

Wissen 89

Einen anderen Weg, um Wissen besser zu ausnutzen, geht die Firma 3M. Dort wird das im Konzern verfügbare Wissen in Form von Technologien allen Unternehmenseinheiten angebotsorientiert zugänglich gemacht (Bild 13).

Growtth

Get **R**id **o**f **W**aste
Through **T**eam **H**armony

Wissensziel: verteiltes Wissen zusammenführen

- Problemstellung analysieren,
- Verbesserungsansätze entwickeln,
- Lösungskonzept umsetzen

Statistik seit 1993
- > 4ooo Growtth-Projekte bei Freudenberg
- > 5ooo Mitarbeiter haben teilgenommen
- > 5oo Lieferanten und Kunden haben teilgenommen

Unternehmensziel: schnelleres Wachstum als Wettbewerber

nach Freudenberg/ NOK

Bild 12: Vorsprung durch bessere Nutzung verfügbaren Wissens - Growtth

Technologien als Wissensträger

Wissensziel: exzellente Ausschöpfung verfügbaren Wissens

Zentral-Labor	Sector-Labor	Divisions-Labor
• Grundlagen-forschung	• Technologie-entwicklung	• Produkt-entwicklung Zeit
• *grundsätzliche Erkenntnisse*	• **Technologien**	• *Anwendungen, Produkte*
	• müssen allen zugänglich gemacht werden	• gehören den Geschäftsbereichen

Unternehmensziel: Innovationsführerschaft

nach 3M

Bild 13: Vorsprung durch bessere Nutzung verfügbaren Wissens - Technologien als Wissensträger

Technologien sind Ergebnis der Forschungs- und Entwicklungstätigkeiten der sogenannten „sector laboratories". Diese Ergebnisse werden in den „division laboratories" in konkrete Anwendungen und Produkte umgewandelt. Technologien und Produkte werden im Unternehmen unterschiedlich behandelt: Während Produkte und Anwendungen den Geschäftsbereichen gehören, gehören Technologien dem gesamten Konzern und müssen allen Geschäftseinheiten zugänglich gemacht werden.

Damit Technologien als wirksame Wissensträger fungieren können, werden sie bei 3M zu Basistechnologien zusammengefaßt. Das Verhältnis von verfügbaren Basistechnologien (ca. dreißig) und derzeitigen Anwendungen (ca. fünfzigtausend Artikel) verdeutlicht die außergewöhnliche Ausschöpfung verfügbaren Wissens.

Schnellere Anwendung von Wissen

Der dritte Ansatz, einen Wissensvorsprung zu erzielen, ist die schnellere Anwendung des internen Wissens. Dabei können drei sich ergänzende Ziele verfolgt werden:

- intern auftretende Probleme schneller lösen,
- vom Kunden beschriebene Probleme schneller lösen,
- dem Markt schneller eine Problemlösung offerieren.

Die schnellere Lösung interner Probleme bedingt, daß Wissensträger im Unternehmen schnell gefunden werden können und daß sich Expertise bezüglich bestimmter Domänen gezielt entwickeln kann.

Zu diesem Zweck wurde bei der Firma Siemens ein *Branchenbuch des Wissens* eingeführt, das eine Art „Gelbe Seiten"-Verzeichnis des Unternehmens darstellt [15]. Die Gelben Seiten sind im Intranet des Unternehmens implementiert. Jeder Mitarbeiter, der auf einem bestimmten Gebiet über besonderes Wissen verfügt, soll sich „seine" Gelbe Seite einrichten können. Während Stammdaten wie Name oder Adresse aus dem zentralen Siemens Corporate Directory automatisch erstellt und auch aktuell gehalten werden, ist jeder Mitarbeiter für die Pflege seines Profils selbst verantwortlich.

So kann er beispielsweise Links zu seiner persönlichen Homepage und zu themenbezogenen Websites legen. Auch die Einrichtung von FAQs („frequently asked questions") samt passenden Antworten ist möglich. Ebenso können die Adresse eines Stellvertreters oder Festlegungen zur persönlichen Erreichbarkeit aufgenommen werden.

Ein wichtiges Element der Gelben Seiten sind die detailliert erläuterten Wissensfelder. Um diese besser identifizieren zu können, wurde eine standardisierte Liste mit Auswahlmöglichkeiten erstellt. So können wissenssuchende Mitarbeiter die Wissensträger schnell und effizient identifizieren. Die Gelben Seiten sind ein Beispiel für die geschickte Nutzung vorhandener Informations- und Kommunikationstechnologien zur Erzielung eines Wissensvorsprunges.

Ein vorbereitender Schritt für eine solche aufwendige Intranet-basierte Lösung sind Wissenslandkarten, wie sie die Firma Suspa Compart erstellt hat (Bild 14).

In *Wissenslandkarten* sind einfach und übersichtlich Wissensdomänen den Wissensträgern zugeordnet. Um solche Karten aufzubauen, müssen zunächst die Wissensdomänen identifiziert werden. Dazu wird beispielsweise auf Basis einer Projekt- oder Produkthistorie problemrelevantes Wissen identifiziert. Den Wissensbereichen werden in einem zweiten Schritt sogenannte „Champions" zugeordnet. Ein Champion ist idealerweise ein Mitarbeiter mit ausgewiesener Expertise bezüglich des entsprechenden Wissensbereiches. Es kann jedoch notwendig werden, Champions zu „definieren", wenn zu einem bestimmten Wissensbereich noch kein anerkannter Experte vorhanden ist.

Wissenslandkarten **Wissensziel: erleichterte Suche von Wissensträgern**

Wissensdomäne	Champions	Unternehmenseinheit
• Rapid Prototyping	• Hr. Werner	• FE-03
• Plasma-Nitrieren	• Hr. Seiffert	• PP-04
• Galvanotechnik	• Fr. Eckart	• ZP-03
• Spiral- & Druckfedern	• Hr. Mayer	• ZP-02
• Pneumatik & Hydraulik	• Fr. Göller	• PP-02

Unternehmensziel: schnelle Lösung interner Probleme

nach Suspa Compart

Bild 14: Vorsprung durch schnellere Anwendung des Wissens - Wissenslandkarten

Auf jeden Fall haben Wissenschampions die Aufgabe, kompetenter Ansprechpartner für bestimmte Problemstellungen im Unternehmen zu sein. Um diese Aufgabe erfüllen zu können, sind sie verantwortlich dafür, das Wissen „ihrer" Domäne zu pflegen und stets aktuell zu halten. *Dazu ist ein offensives, exploratives Wissensverhalten notwendig.* Das heißt, die Experten dürfen nicht warten, bis neues Wissen über ihren Bereich zu ihnen gedrungen ist, sondern müssen - beispielsweise durch Lesen von Fachzeitschriften, Kontakte zu Hochschulinstituten, Messebesuche etc. - selbst dafür sorgen, den aktuellen Stand der Technik und „best practice"-Lösungen zu kennen.

Die zusätzlichen wissensbezogenen Aufgaben können in die Stellenbeschreibung der Mitarbeiter aufgenommen und - wie bei Siemens - in die traditionellen Führungsinstrumente integriert werden. Dadurch können in den Zielvereinbarungen zwischen Führungskräften und Mitarbeitern spezifische Wissensziele formuliert und einem gemeinsamen Lernzyklus zugeführt werden.

Die schnelle Lösung von Problemen, die von Kunden beschrieben werden, ist ein weiteres Ziel der Anwendung von Wissen. Ein Wissensvorsprung - und damit ein Wettbewerbsvorsprung - wird erzielt, wenn Kundenanfragen kompetent und *prompt* beantwortet werden. Dies wird jedoch bei globalen und verteilten Strukturen zunehmend schwieriger. Die Unterscheidung zwischen zentraler Basisentwicklung und Applikationsentwicklung vor Ort sowie historisch gewachsene oder in bestimmten Werken zufällig angehäufte Produkt- oder Produktionskompetenz erschweren sowohl für Kunden als auch unternehmensintern eine transparente und klare Wissenszuordnung.

Idealerweise müssen zum Zwecke einer Problemlösung nicht mehr als zwei Personen resp. Stellen agieren, nämlich der Fragesteller (Kunde) und der Antwortgeber (Unternehmenseinheit). Dies bedingt, daß eine direkte Verbindung von Wissensquelle (im Unternehmen) und Wissensnutzer (dem Kunden) hergestellt wird (Bild 15).

klare Wissens-zuordnung

Wissensziel: direkte Verbindung von Wissensquelle und Wissensnutzer

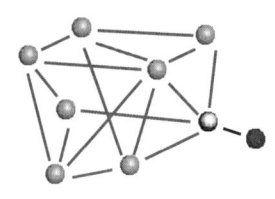

- Strukturierung nach Produkt und Kunde
- vernetzte, globale und dezentrale Einheiten
- schlanke und flexible Strukturen
- verteiltes Wissen nahe an der Nutzung
- kurze Regelkreise, schnelle Wissensweitergabe

Unternehmensziel: schnelle Lösung von Kundenproblemen

nach Freudenberg/ NOK

Bild 15:   Vorsprung durch schnellere Anwendung des Wissens - Wissenszuordnung

Die Firma Freudenberg hat sich daher konsequent nach Produkten und Kunden strukturiert. Die Strukturierung nach Kunden mündet beispielsweise in Key-Accounts für Hauptkunden. Die Strukturierung nach Produkten wurde durch sogenannte Lead-Center umgesetzt. Ziel ist es, eine für Kunden transparente Wissenszuordnung herzustellen und aufrecht zu erhalten. Dazu muß zum einen Wissen über eine globale und vernetzte Struktur dezentralisiert werden. Ergebnis ist produkt- und kundenrelevantes Wissen nahe an der Nutzung mit der Möglichkeit der schnellen Wissensweitergabe. Zum anderen müssen die dezentralen Strukturen flexibel und anpassungsfähig gestaltet werden. Dies gelingt unter anderem durch Größenbeschränkung der Organisationseinheiten sowohl bezüglich der Mitarbeiterzahl als auch der Hierarchieebenen.

Das Beispiel der Firma Freudenberg zeigt, wie unter der Leitlinie des Lean Management - *lean* verstanden als *schnell* und *einfach* - den wissensbezogenen Herausforderungen begegnet werden kann, die sich aus den Trends Globalisierung und Dezentralisierung ergeben.

Ein weiterer wichtiger Trend, der besondere Herausforderungen an die Erschließung der Ressource Wissen stellt, ist die zunehmende Kooperation. Das Ziel, Kunden schneller eine Problemlösung in Form eines Produktes oder einer Dienstleistung zu offerieren - und damit einen Vorsprung durch schnellere Anwendung von Wissen zu erlangen - macht eine kooperative Wissensnutzung notwendig. Damit ist sowohl unternehmensübergreifende als auch unternehmensinterne Kooperation gemeint.

Unter dem Schlagwort Simultaneous Engineering hat beispielsweise die Firma Volkmann frühzeitig die Produktentstehung organisatorisch und technisch neu gestaltet. Bis heute wurde fundierte Expertise aufgebaut, fremdes und eigenes Wissen - dazu zählt auch Wissen verschiedener Unternehmensbereiche - neu zu (re-) kombinieren und zusammenzuführen. Aus unternehmerischer Sicht kann so durch kooperative Wissensnutzung die Geschwindigkeit vom Problem (beschrieben im Lastenheft) bis zur Lösung (realisiert durch das Produkt) gesteigert werden (Bild 16).

kooperative Wissensnutzung   **Wissensziel: schnelle Integration „fremden" Wissens**

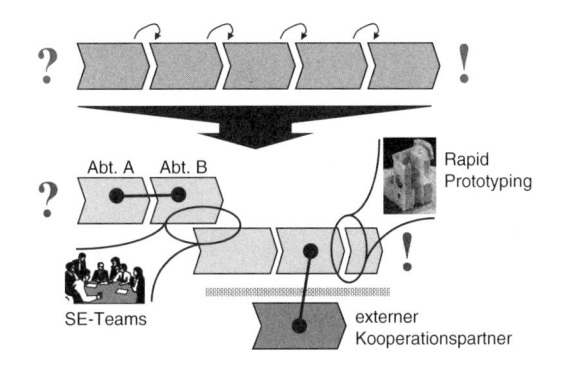

Unternehmensziel: Verkürzung Time-To-Market

nach Volkmann

Bild 16: Vorsprung durch schnellere Anwendung des Wissens - kooperative Wissensnutzung

Der gesamte Prozeß des Innovationsmanagements wird ausführlich behandelt in Beitrag 2.1 dieses Bandes; ergänzend wird speziell auf die Technologie des Virtual Engineering in Beitrag 2.2 eingegangen. Aus Wissenssicht ist gerade letztere von großer Bedeutung: Sie versetzt Produkt- und Produktionsplaner in die Lage, mehrere „mögliche Welten" zu generieren und innerhalb dieser Welten neues Wissen zu schaffen, zu integrieren und auszuwählen. Soll später eine dieser möglichen Welten - zum Beispiel in Form bestimmter Produktfeatures - realisiert werden, kann das zuvor erzeugte Wissen schnell umgesetzt werden.

3 Fazit und Perspektiven

Zusammenfassend ist festzuhalten, daß die Einführung innovativer Informations- und Kommunikationstechnologien nur eine Dimension bei der Erschließung der Ressource Wissen sein kann. Wissensvorsprünge können nur erzielt werden, wenn technologische Hilfsmittel, organisatorische Strukturen und unternehmenskulturelle Aspekte zu einem ganzheitlichen Ansatz integriert werden. Die Implementierung von Methoden und Hilfsmitteln zur Erlangung eines Wissensvorsprungs sollte deshalb von der Überlegung geprägt sein, daß der Erfolg im Wissenswettbewerb zu achtzig Prozent organisatorischen und kulturellen und nur zu zwanzig Prozent technologischen Ursprungs ist.

Wirksame Strategien und Methoden, um einen Wissensvorsprung zu erzielen, fokussieren die internen Potentiale. Mehr-Wissen, bessere Ausnutzung von Wissen und schnellere Anwendung von Wissen müssen die Leitlinien für organisatorische, technische und humanorientierte Veränderungen sein, um diese Potentiale zu erschließen.

Die Bedeutung der Ressource Wissen wird weiter zunehmen, und die Fähigkeit der Unternehmen, ihr Wissen effizient und zielorientiert zu nutzen, wird deren Wettbewerbsfähigkeit entscheidend beeinflussen. Nur diejenigen Unternehmen, die in der Lage sind, neues Wissen aufzubauen und es im Unternehmen schnell zu verbreiten und effektiv zu nutzen, werden nachhaltige Wettbewerbsvorteile erlangen können.

3.1 Szenario: Gewinner im Wissenswettbewerb

Abschließend soll ein Gewinner-Szenario des Wissenswettbewerbes skizziert werden. Um die Realisierbarkeit des Szenarios zu unterstreichen, wird ein erfolgreiches Beispiel der Vergangenheit herangezogen.

Die Firma Junghans Uhren verfolgte konsequent das Ziel des Wissensvorsprunges bei der Entwicklung der ersten Funkarmbanduhr.

Vor der Umsetzung der Produktidee mußten jedoch Stolpersteine auf dem Weg zur wirtschaftlichen Nutzung des Wissensvorsprunges überwunden werden. Kritiker schätzten die Produktidee als zu komplex ein und hielten eine geeignete Umsetzung für nur schwer machbar. Des weiteren wurde der wirtschaftliche Erfolg des potentiellen Produktes in Frage gestellt. Die Herstellungskosten seien zu hoch für die mit dem Produkt am Markt zu erzielenden Preise.

Die Skeptiker setzen sich allerdings nicht durch. Grund dafür war entschlossenes Handeln und eine für Neues offene Führung. Aus den Bereichen der Defense Electronic Funktechnik, der Quarzuhrtechnologie für Armbanduhren und der C-mos Technologie - einer speziellen Fertigungstechnologie für Halbleiter - wurde zielorientiert Wissen (re-) kombiniert. Neben der Kombination wurde ergänzend neues Wissen über Produkt- und Fertigungstechnologien generiert. Wissenslücken wurden durch Kooperationen mit Forschungseinrichtungen, der Physikalisch-Technischen Bundesanstalt und anderen Partnern aus dem eigenen Konzern geschlossen. Auf diese Weise konnte durch die Integration „fremden" Wissens die Umsetzung wesentlich beschleunigt werden.

Mit dem Technologiesprung von der Quarzuhr zur Funkuhr konnte sich das Unternehmen gegenüber anderen Unternehmen auf dem Uhrenmarkt behaupten und eine führende Stellung einnehmen. Das Ziel des Wettbewerbvorsprungs durch Wissensvorsprung war erreicht.

Das Beispiel zeigt, wie durch geschickte Kombination vorhandenen Wissens, gezielte Schaffung neuen Wissens und entgegen aller Barrieren und Hemmnisse wettbewerbsentscheidende Wissensvorsprünge erzielt werden können.

Dazu sind auf allen Dimensionen der Wissenserschließung die beiden folgenden Fragen zu beantworten:

- Was sollen wir tun, um das Richtige zu wissen?

Wissen 95

- Was müssen wir tun, um Wissen richtig zu nutzen?

Einige Antworten darauf sind in diesem Beitrag gegeben worden. Werden diese Fragen insgesamt als Aufforderung zum Handeln verstanden, wird die Beantwortung der dritten Frage eine erfolgreiche Perspektive für die Zukunft im Wissenswettbewerb eröffnen:

- Was dürfen wir hoffen, wenn das richtige Wissen richtig genutzt wird?

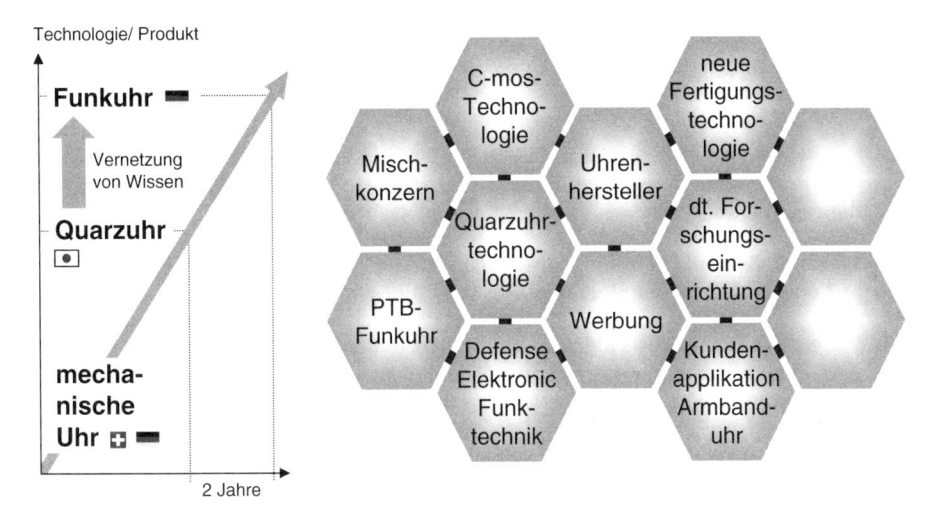

Bild 17: Beispiel - Gewinner im Wissenswettbewerb

Literatur:

[1] Kant, Immanuel: Kritik der reinen Vernunft (KrV B); Suhrkamp Taschenbuch Wissenschaft, 1787/ 1974

[2] Eversheim, Walter et al.: Optimierte Kooperation - VIA-OK, Abschlußbericht zum gleichnamigen Verbundprojekt des Landes Nordrhein-Westfalen, 1998

[3] Köhler, Jochen: Fallstudie Intranets; in: Systemisches Wissensmanagement, verfaßt v. Willke, Helmut; Lucius & Lucius Verlagsgesellschaft, Stuttgart, 1998, S. 327-352

[4] Stegmüller, Wolfgang: Erklärung - Begründung - Kausalität (Probleme und Resultate der Wissenschaftstheorie und Analytischen Philosophie Bd. I); 2., verb. u. erw. Aufl.; Springer-Verlag, Berlin u.a., 1983

[5] Zimmermann, Manfred: Wahrheit und Wissen in der Mathematik - Das Benacerrafsche Dilemma; Transparent Verlag, Berlin 1995

[6] Bonitz, Manfred: Wissen - Information - Informatik; in: Effektivitätsfaktor Information, Themenkreis 1: Von der Datenverarbeitung zur Wissensverarbeitung; Themenkreisleiter: Mater, E.; Killenberg, H.; Jankowski, L.; hrsg. v. Institut für Informationswissenschaft, Erfindungswesen und Recht der Technischen Hochschule Ilmenau; Illmenau, 1990; S. 4-20

[7] Davenport, Thomas H.; Jarvenpaa, Sirkka L.; Beers, Michael C.: Improving Knowledge Work Processes; in: Sloan Management Review, Summer 1996, pg. 53-65

[8] Schüppel, Jürgen: Wissensmanagement - Organisatorisches Lernen im Spannungsfeld von Wissens- und Lernbarrieren; Deutscher Universitäts-Verlag, Wiesbaden, 1997

[9] Sveiby, Karl Erik: Wissenskapital - das unentdeckte Vermögen. Immaterielle Unternehmenswerte aufspüren, messen und steigern; Landsberg/ Lech, Verlag Moderne Industrie, 1998

[10] Manasco, Britton: Leading Firms develop Knowledge Strategies; in: October Issue of Knowledge Inc., Stamford, 1996

[11] Vetter, Gisela: VDI-Präsident: „Wir brauchen Mut zum ungewohnten Neuen"; Artikel zum Deutschen Ingenieurtag ′95 in Saarbrücken, in: VDI-Nachrichten, Nr. 22, 2. Juni 1995, S. 1

[12] von Weizsäcker, Ernst Ulrich; von Weizsäcker, Christine: Fehlerfreundlichkeit; in: Offenheit - Zeitlichkeit - Komplexität: Zur Theorie der offenen Systeme; hrsg. v. Kornwachs, Klaus; Campus Verlag, Frankfurt a.M., 1984, S. 167-201

[13] Bullinger, Hans-Jörg; Wörner, Kai; Prieto, Juan: Wissensmanangement heute - Daten, Fakten, Trends; Ergebnisse einer Unternehmensumfrage des Fraunhofer-Instituts für Arbeitswissenschaft und Organisation in Zusammenarbeit mit dem Manager Magazin, Stuttgart, 1997

[14] Brodbeck, Karl-Heinz: Gewohnheitsbildung und kreative Destruktion; Vortrag vom 10.7.1997, Max-Planck-Institut zur Erforschung von Wirtschaftssystemen, Jena

[15] Berres, Wolfgang: Knowledge Networking holt das Wissen aus den Köpfen - Steigerung von Qualität und Kundenzufriedenheit dank Knowlegde Management; in: io-Management, Nr. 10, 1998, S. 58-61

Mitarbeiter der Arbeitsgruppe für den Vortrag 1.3

Dr.-Ing. A. Bong, Hilti Entwicklung GmbH, Kaufering
Dr.-Ing. Dipl.-Wirt-Ing. J. C. Gupta, Carl Freudenberg & Co., Weinheim
Dr.-Ing. M. Heyn, Robert Bosch, Stuttgart
Dipl.-Ing. S. Kroß, Volkmann GmbH & Co., Krefeld
Dipl.-Ing. H. Riedel, WZL, RWTH Aachen
Dr.-Ing. M. Stehle, Carl Freudenberg & Co., Weinheim
Dipl.-Ing. O. Terhaag, WZL, RWTH Aachen
Dr.-Ing. U. Viethen, Siemens AG, München
Dr.-Ing. M. Wengler, Suspa Compart AG, Altdorf
Dr.-Ing. H. Zölzer, 3M Deutschland GmbH, Neuss

2.1 Innovation mit System - Die Zukunft gestalten

Gliederung:

1 Einleitung und Motivation

2 Definition des Betrachtungsbereichs
2.1 Das St. Galler Management-Konzept
2.2 Das Teilkonzept „Integriertes Innovationsmanagement"
2.3 Strategische und operative Innovationsplanung

3 Aufstellung des Analysekonzepts

4 Fallstudien
4.1 Fallstudie DaimlerChrysler AG
4.2 Fallstudie Ford
4.3 Fallstudie 3M
4.4 Fallstudie Mannesmann AG
4.5 Fallstudie MTU München GmbH
4.6 Fallstudie SUSPA Compart AG

5 Detaillierung des Analysekonzepts
5.1 Beschreibung der Unternehmensmerkmale
5.2 Beschreibung der Gestaltungsansätze

6 Fazit und Perspektiven

Kurzfassung:

Innovation mit System - Die Zukunft gestalten
Unternehmen haben drei grundsätzliche Möglichkeiten, sich im zunehmenden Wettbewerbsdruck zu behaupten: Verlagerung in Niedriglohnländer, Rationalisierung und Innovation. Für Unternehmen, die auch weiterhin am Standort Deutschland agieren wollen und bereits „durchrationalisiert" haben, ist damit der Weg für die Zukunft vorgezeichnet. Es gilt, mit erfolgreichen Produktinnovationen den entscheidenden Wettbewerbsvorsprung zu sichern. Um alle internen und externen Ideenquellen systematisch auszuschöpfen, müssen sich die Anstrengungen besonders auf die innovationsförderliche Gestaltung der Strategien, Strukturen und Methodenanwendung in den frühen Phasen der Produktentstehung konzentrieren. Zusammengefaßt stellt sich die Frage: Wie können Unternehmen ihre Innovationsfähigkeit steigern?
Es gibt keinen „Königsweg, aber es gibt verschiedene Königsmuster erfolgreicher Innovationsstrategien". Der vorliegende Beitrag gilt der Identifizierung und Nutzung dieser „Königsmuster" anhand von Beispielen erfolgreicher Produktinnovationen ausgewählter Unternehmen. Dazu wird ein Modell vorgestellt, in dessen Rahmen die Entstehungsgeschichten und Strukturen erfolgreicher Produktinnovationen analysiert wurden. Anhand dieses Modells kann der Anwender auf Basis der eigenen Unternehmenssituation erfolgversprechende Gestaltungsansätze zur Steigerung der Innovationsfähigkeit insbesondere für die frühen Phasen der Produktentwicklung ableiten.

Abstract:

Systematic Innovation - Creating the Future
A company has three basic possibilities to maintain its position in the increasing competition: relocation into low-wage countries, rationalization and/or innovation. Hence, the way for the future is pre-indicated for companies which are willing to continue acting in Germany and which have already streamlined their structures and processes. They essentially have to secure the decisive competitive edge by successful product innovations. In order to systematically exploit all internal and external sources of ideas, efforts have to focus particularly on the innovation-promoting organization of the strategies, structures and the application of methods in the early phases of product development. Summarized, the question comes up: How can enterprises increase their innovation ability?
There is no ideal way, but there are different ideal patterns of successful innovation strategies. The presented article intends to identify and use these „ideal patterns" based on selected examples of successful product innovations. Therefore an innovation management model is introduced. Within this framework the histories and the structures of successful product innovations have been analyzed. The model can be used to derive promising approaches for increasing a company's innovation ability especially in the early phases of product development.

1 Einleitung und Motivation

Unternehmen haben drei grundsätzliche Möglichkeiten, sich im zunehmenden Wettbewerbsdruck zu behaupten [5]:

- Verlagerung in Niedriglohnländer
- Rationalisierung
- Innovation

Für Unternehmen, die auch weiterhin am Standort Deutschland agieren wollen, ist damit unter der Voraussetzung, daß bereits „durchrationalisiert" wurde und Leistungsprozesse optimiert wurden, der Weg für die Zukunft vorgezeichnet. Es gilt, mit neuen Produkten und Leistungen, mit erfolgreichen Produktinnovationen den entscheidenden Wettbewerbsvorsprung zu sichern [5]. Um alle potentiellen Ideenquellen innerhalb und außerhalb der Unternehmen systematisch auszuschöpfen, müssen sich die Anstrengungen besonders auf die innovationsförderliche Gestaltung der Strategien, Strukturen und Methodenanwendung in den frühen Phasen der Produktentstehung konzentrieren [34]. In diesem Zusammenhang stellt sich in vielen Unternehmen die Frage, wie die eigenen Strukturen und Aktivitäten erfolgversprechend gestaltet werden können.

Die Ergebnisse aktueller Studien [3 u.a.] zeigen, daß viele Ideen notwendig sind, bevor aus diesen schließlich eine erfolgreiche Innovation hervorgeht (Bild 1). Zwar wird selten ein Mangel an Ideen beklagt, doch mit den begrenzten Entwicklungsressourcen können nur wenige Projekte bis zur Serienreife geführt werden. In der Folge werden oftmals in einer sehr frühen Phase und auf Basis unsicherer Informationen unternehmerische Fehlentscheidungen getroffen. Dabei sollte beachtet werden, daß in den frühen Phasen der Ideen- und Demonstratorentwicklung bereits 80% der Gesamtentwicklungskosten *festgelegt* werden. Hingegen werden erst während der Entwicklung zur Serienreife 90% der Kosten *verursacht*. Folglich kann der Ressourcenproblematik auf zwei Wegen begegnet werden: Verteilt über die gesamte Entwicklungszeit greifen effizienzsteigernde Maßnahmen („die Dinge richtig tun"). Dieses in der Vergangenheit vorherrschende Vorgehen führt zu einer Minimierung des Aufwandes. Um jedoch dort einzuwirken, wo bereits ein Großteil der späteren Kosten festgelegt wird, müssen zukünftig insbesondere in den frühen Phasen effektivitätssteigernde Maßnahmen ergriffen werden („die richtigen Dinge tun"), um zu einer Nutzenmaximierung zu gelangen.

Zur Ideenauswahl und -umsetzung bedarf es daher praktisch umsetzbarer Organisationskonzepte und -strukturen. Das kulturelle und organisatorische Umfeld im Unternehmen muß zur Eigendynamik von Innovationsvorhaben führen. Dazu gehört eine projektbegleitende Unterstützung der Lösungsentwicklung auf operativer Ebene; darüber hinaus muß auf einer strategischen Ebene der Fit in die übergeordnete Innovationsstrategie des Unternehmens über einen geeigneten Entscheidungsprozeß gewährleistet werden.

Es wurde bereits mehrfach versucht, aus Fallstudien erfolgreicher Produkteinführungen durch die Suche nach gemeinsamen „Erfolgsfaktoren" im Sinne eines Benchmarking ein allgemeines Rezept zur erfolgreichen Produktinnovation abzuleiten [3, 7, 21, 22, 24 u.a.]. Die unverändert hohe Rate der Produktentwicklungen, die das gesteckte

Umsatzziel nicht erreichen, ermutigt jedoch keineswegs. So beschreibt z.B. COOPER den Erfolg einer Produktinnovation als Geheimnis, für das es keine allgemeingültigen Lösungen gibt. Als mögliche Gründe führt er die hohe Komplexität und Einmaligkeit der Probleme heran [8]. STAUDT bezeichnet sogar den Glauben daran, daß Erfolgsfaktoren beliebig reproduzierbar und bei ihrem Zusammentreffen auch automatisch wieder erfolgreich seien, als Extrapolationskurzschluß [32].

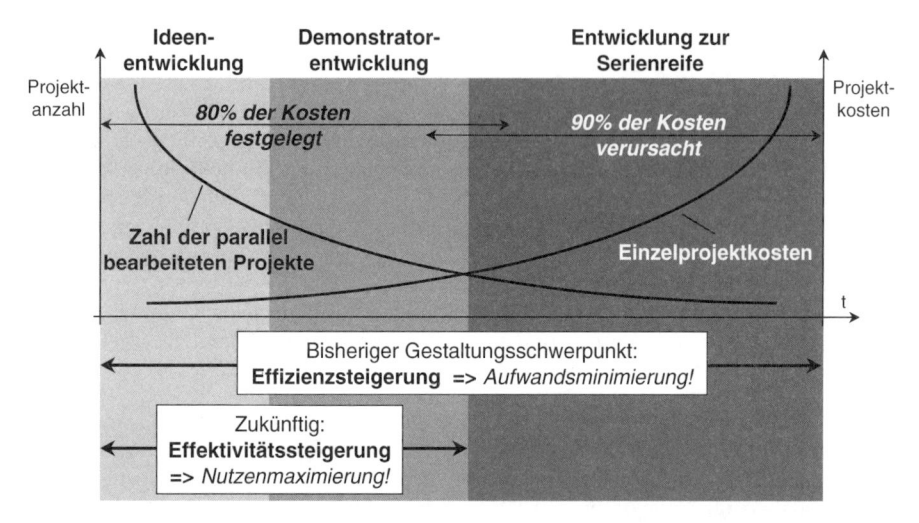

Bild 1: Problem- und Gestaltungsschwerpunkte bei der Produktinnovation

Es gibt also aufgrund unterschiedlicher Unternehmensumwelten, Märkte oder verschiedenartiger Technologien keine allgemeingültige Vorgehensweise, der alle Unternehmen folgen können. Jedoch existieren viele gute Beispiele, wie Unternehmen unter den gegebenen spezifischen Voraussetzungen überleben und erfolgreich agieren. Um von diesen Erfolgsbeispielen zu lernen, müssen die Muster erkannt werden, die ihren Vorgehensweisen zugrunde liegen. Bei der Übertragung der eingesetzten Lösungen müssen deren spezifische Randbedingungen beachtet werden. Erst dadurch können diese Muster und Fallbeispiele interessante Anstöße für die eigenen Lösungswege geben [34]. Jeder Innovationsprozeß wird bestimmt vom Innovationsprofil des jeweiligen Unternehmens. Es gibt keinen „Königsweg, aber es gibt verschiedene Königsmuster erfolgreicher Innovationsstrategien" [30].

Der vorliegende Beitrag gilt der Identifizierung und Nutzung dieser „Königsmuster" anhand von Beispielen erfolgreicher Produktinnovationen ausgewählter Unternehmen. Dazu soll ein Modell vorgestellt werden, in dessen Rahmen die Entstehungsgeschichten und Strukturen erfolgreicher Produktinnovationen analysiert wurden. Anhand dieses Modells kann der Anwender auf Basis der eigenen Unternehmenssituation erfolgversprechende Gestaltungsansätze zur Steigerung der Innovationsfähigkeit insbesondere für die frühen Phasen der Produktentwicklung ableiten.

2 Definition des Betrachtungsbereichs

Im Rahmen eines erweiterten Innovationsbegriffs stellt das Innovationsmanagement heute eine integrierte Querschnittsdimension im Unternehmen dar. Dies ist das Ergebnis eines Entwicklungsprozesses, in dem eine Vielzahl an innovationsorientierten Philosophien, Strategien, Techniken, Methoden und Werkzeugen entstanden sind. Für die Abgrenzung und Einordnung dieser Begriffe muß zunächst ein geeigneter Bezugsrahmen gefunden werden. Hierfür ist das von Ulrich und Krieg entwickelte und von Bleicher überarbeitete St. Galler Management-Konzept aufgrund seiner Universalität ausgezeichnet geeignet [4].

2.1 Das St. Galler Management-Konzept

Durch das St. Galler Management-Konzept werden ein problembezogener Ordnungsrahmen und ein Vorgehensmodell zur ganzheitlichen Förderung einer nachhaltigen Unternehmensentwicklung bereitgestellt. Um logisch voneinander abgrenzbare Problemfelder zu akzentuieren, die durch das Management bearbeitet werden können, wird die Unterscheidung zwischen einer normativen, einer strategischen und einer operativen Dimension getroffen. Zusätzlich werden diese drei Dimensionen von den drei Aspekten Strukturen, Verhalten und den eigentlichen Aktivitäten des Unternehmens durchzogen [4]. Die Veränderung der Erfolgspositionen, d.h. der Fähigkeiten eines Unternehmens, im Zeitablauf längerfristige überdurchschnittliche Ergebnisse zu erzielen, führt schließlich zu einer Entwicklung des Unternehmens [29].

2.2 Das Teilkonzept „Integriertes Innovationsmanagement"

Im Sinne des ganzheitlich zu verstehenden St. Galler Management-Konzeptes gilt es, verschiedene Querschnittsdimensionen des Unternehmens, wie z.B. das Qualitäts- oder das Innovationsmanagement in Form von Teilkonzepten zu detaillieren. An dieser Stelle wird für das Innovationsmanagement ein Entwurf für ein neues Teilkonzept vorgestellt (Bild 2). Durch die Beibehaltung der gegebenen Gliederung des Modells in die verschiedenen Management-Ebenen und in Strukturen, Aktivitäten und Verhalten wird erreicht, daß innovationsspezifische Aspekte jedes Managementmoduls in Bezug gesetzt werden können zu den allgemeinen Managementaspekten.

Das Teilkonzept „Integriertes Innovationsmanagement" soll im folgenden erläutert und dabei auch zur Abgrenzung des Betrachtungsbereiches für den vorliegenden Beitrag genutzt werden. Hierbei wird - im Vergleich zu in der Vergangenheit überwiegend betriebswirtschaftlich geprägten Abhandlungen - erstmals eine ingenieurwissenschaftliche Sichtweise des Innovationsmanagement auf Basis des St. Galler Management-Konzeptes vorgestellt.

Die Innovationsfähigkeit wird in der Literatur definiert als die Fähigkeit des Unternehmens, durch neues Wissen oder Marktverständnis neue Ideen zu entwickeln und erfolgreich in neue Produkte umzusetzen [14, 20 u.a.]. Es ist das Ziel des Innovationsmanagement, diese Fähigkeit zu steigern. Zu diesem Zweck muß ausgehend von der übergeordneten Philosophie des Unternehmens die Innovationspolitik, -kultur und eine geeignete Verfassung der Strukturen abgestimmt werden. Diese normative Ebene des

Innovationsmanagement ist sehr schwierig und nur extrem langfristig zu beeinflussen. Sie wird in den folgenden Ausführungen nicht näher betrachtet.

```
                          Philosophie

        Strukturen          Aktivitäten           Verhalten
                       Normatives Management
   Innovationsverfassung                       Innovationskultur
                       Innovationspolitik

      Innovations-     Strategisches Management
    managementsystem
                       Innovationsstrategie    Innovationsführung
      Innovations-
    managementstruktur Innovationsplanung

   Innovationsprozesse Operatives Management
                                               Innovationsbereitschaft
   Innovationscontrolling Innovationsprojekte

                       Innovationsfähigkeit
```

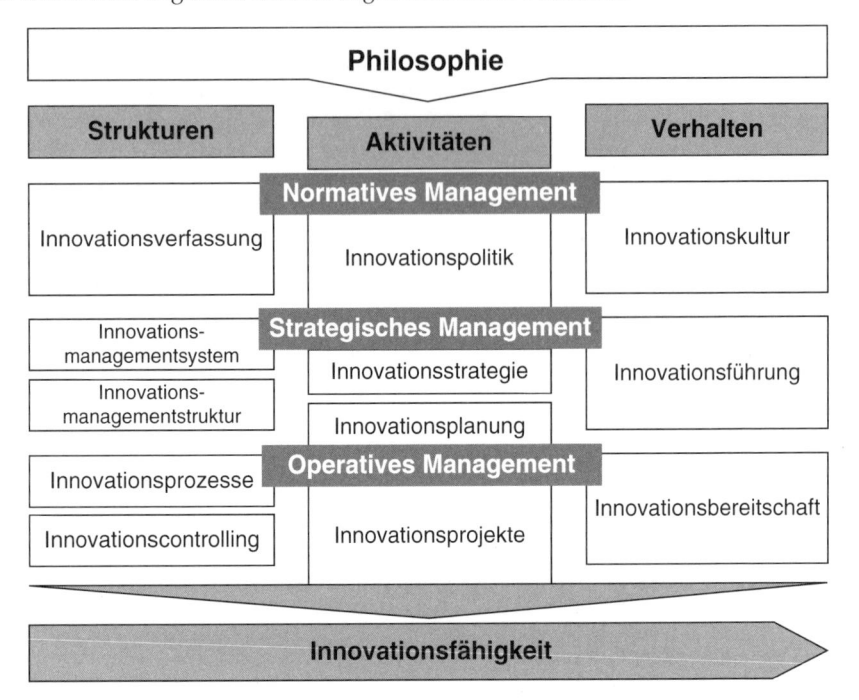

Bild 2: Das Teilkonzept „Integriertes Innovationsmanagement"

Die Aspekte der Verhaltensdimension werden gewöhnlich mit dem Begriff der Innovationskultur umschrieben. Auf der strategischen und operativen Ebene können jedoch zusätzlich die speziellen Problembereiche der geeigneten Führung des Innovationsverhaltens sowie der persönlichen Bereitschaft des Einzelnen zur Innovation identifiziert werden. Diese sehr wichtigen Verhaltensaspekte werden im vorliegenden Beitrag nur untergeordnet behandelt, da sie nur indirekt beeinflußt werden können.

Die Innovationsaktivitäten des Unternehmens sind darauf gerichtet, die aus der übergeordneten Unternehmensstrategie gebildete Innovationsstrategie umzusetzen in eine adäquate Innovationsplanung. Auf dieser Basis werden entsprechende Innovationsprojekte definiert und durchgeführt. Die befähigende Grundlage dieser Aktivitäten wird gebildet durch ein unternehmensübergreifendes, auf Innovation ausgerichtetes Managementsystem. Die Vorgaben dieses übergeordneten Systems manifestieren sich in geeigneten organisatorischen Strukturen zur Generierung von Innovationen. Parallel zu dieser Aufbaustruktur benötigt das Unternehmen entsprechend definierte und effektive Innovationsprozesse, deren Effizienz durch ein geeignetes Innovationscontrolling sichergestellt werden muß.

Der vorliegende Beitrag konzentriert sich innerhalb des dargestellten Rahmens insbesondere auf geeignete Organisationsstrukturen, Strategien sowie effektive Planungs-

und Innovationsprozesse. Dies sind die vor allem aus ingenieurwissenschaftlicher Sicht beeinflußbaren Aspekte des Innovationsmanagement.

2.3 Strategische und operative Innovationsplanung

Mit dem Ziel, ein einheitliches Begriffsverständnis für den vorliegenden Beitrag zu schaffen und den allgemeinen Erfahrungsschatz zusammenzufassen, soll zunächst die strategische und operative Innovationsplanung von der zugrunde liegenden Vision bis zum auf dem Markt eingeführten Produkt beschrieben werden.

Wesentlicher Bestandteil der Innovationspolitik ist die Unternehmensvision für die Zukunft. Sie ist ein zwar schwer erreichbares, jedoch realistisches Ziel, welche dem täglichen Handeln im Unternehmen die Richtung vorgibt. Aus der Vision werden die strategischen Ziele wie die Markt- und die Technologiestrategie für das Unternehmen bzw. den Geschäftsbereich abgeleitet (Bild 3). Es gilt, geeignete Innovationschancen zu identifizieren und aufzugreifen. Im Rahmen der strategischen Gesamtplanung werden die Chancen zu Innovationsprojekten konkretisiert und nach erfolgreicher Bewertung erster Lösungskonzepte in den Innovationsplan aufgenommen.

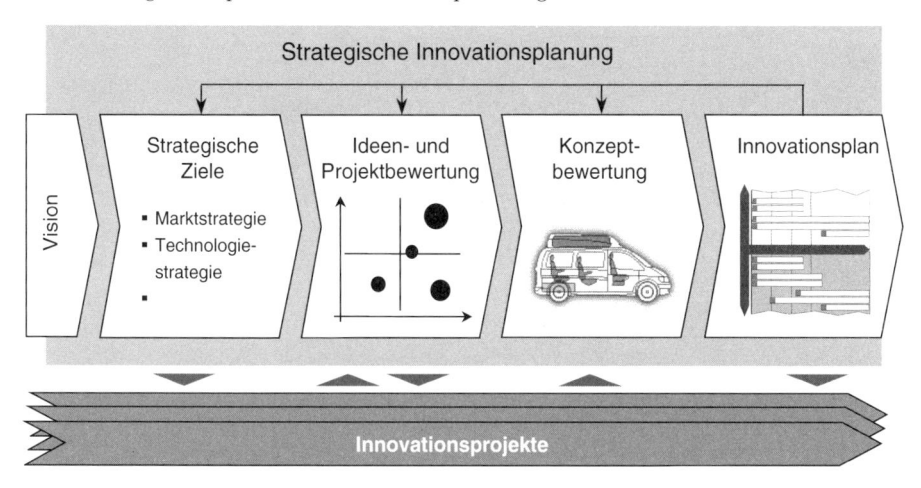

Bild 3: Von der Vision zum Innovationsplan

Die Betrachtung des einzelnen Innovationsprojekts zeigt weitere Aspekte dieses Gesamtzusammenhangs. Ausgehend vom Market-Pull, d.h. der Entstehung oder der Veränderung von Bedürfnissen am Absatzmarkt, oder vom Technology-Push, d.h. der Entstehung oder Veränderung von Möglichkeiten am Technologie-Beschaffungsmarkt, werden Hypothesen über zukünftige Innovationschancen aufgestellt (Bild 4). Kann dann eine solche Hypothese mit der Möglichkeit einer entsprechenden technische Lösung bzw. mit einem entsprechenden Marktbedarf sinnvoll verknüpft werden, so ist eine erste Innovationsidee geboren, die keineswegs konkret sein muß. Sie ist lediglich der Anstoß für das weitere Vorgehen und wirft dafür Fragen, Probleme und Suchfelder auf. Bedingung für die Weiterführung ist der Abgleich mit den strategischen Zielen der Innovationsplanung. Es schließt sich dann der Teilprozeß der Lösungsfindung an. Hier wird die Umsetzung der Idee zur Invention, d.h. zur Erfindung angestrebt. Schließlich liegt mit der Invention ein hoffentlich wirtschaftlich verwendbares Novum vor, das eine Nutzungschance bietet [35]. In der Regel liegen mehrere Lösungsansätze vor, die vor und nach der Vervollständigung zu Produktkonzepten und Demonstratoren hinsichtlich Funktionserfüllung und strategischer Eignung bewertet werden müssen. Ein Demonstrator ist die erste funktionierende, materielle Umsetzung der Idee unabhängig z.B. von Design oder Werkstoff. Erst jetzt sollte die Entscheidung getroffen werden, die zugrunde liegende Invention auch wirklich zur Marktreife zu bringen. Dies geschieht im Rahmen des sog. Time-to-Market-Prozesses. Hier gilt es, Effizienzziele bezüglich Termintreue, Kosten oder Prozeßfähigkeit zu erreichen. Erst nach erfolgreicher Markteinführung kann von einer vollständigen Innovation gesprochen werden.

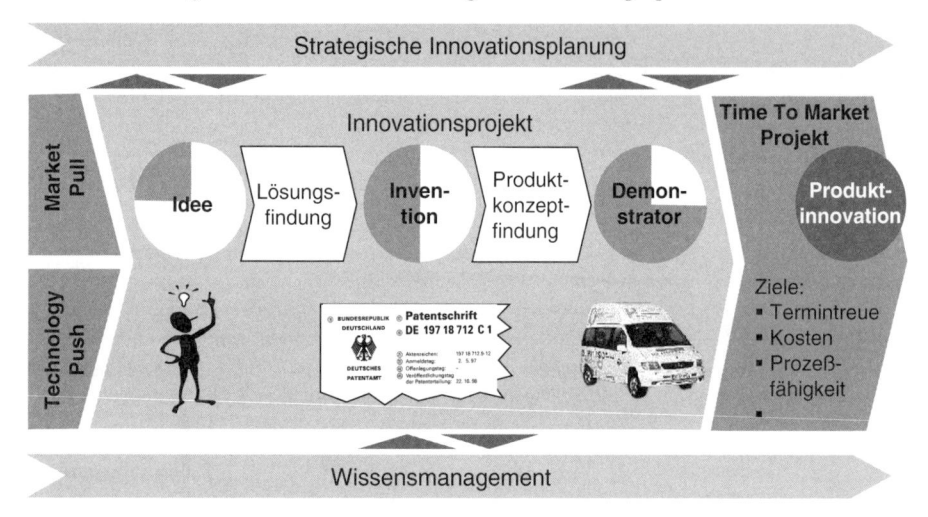

Bild 4:   Von der Idee zum Produkt

3   Aufstellung des Analysekonzepts

Ausgangspunkt der Modellerstellung ist der Gedanke, vor dem Hintergrund bestimmter Unternehmensmerkmale Gestaltungsansätze zur Steigerung der Innovationsfähigkeit eines Unternehmens abzuleiten (Bild 5). Die inhaltliche Basis des Modells wird dabei von unternehmensspezifischen Fallstudien (1) gebildet, die dadurch charakterisiert sind, daß als Ergebnis eine im Markt erfolgreiche Produktinnovation hervorgebracht wurde. Diese Fallstudien werden in zwei Richtungen mit Hilfe von Zuordnungsmatrizen abstrahiert und klassifiziert: Einerseits werden sie im Hinblick auf die spezifischen, innovationsförderlichen Gestaltungsansätze eingeordnet (2a); diese können so beschrieben werden, daß sie solche Methoden, Strategien, Organisationsformen und unternehmenskulturelle Faktoren beinhalten bzw. darstellen, deren konkrete Anwendung nicht unternehmensabhängig, sondern vielmehr als Gestaltungsansatz universell ist. Andererseits erfolgt eine Klassifizierung des in der jeweiligen Fallstudie beschriebenen Unternehmens hinsichtlich bestimmter innovationsrelevanter Merkmale (2b).

Innovation mit System 107

Als Beleg der Innovationsfähigkeit der in den Fallstudien beschriebenen Unternehmen wird im folgenden Abschnitt für ausgewählte Unternehmen eine „Success Story" geschildert, die eine erfolgreiche Produktinnovation als Ergebnis hatte.

Modellkonzeption

1. Analyse der Fallstudien

2a 2b Zuordnung zu:
- Gestaltungsansätzen des Innovationsmanagement
- Unternehmensmerkmalen

Modellanwendung

3. Einordnung:
- Klassifizierung des betrachteten Unternehmens

4. Synthese:
- Auswertealgorithmus liefert unternehmensspezifisches Gestaltungsprofil

2a Gestaltungsansätze
- organisatorisch
- strategisch
- methodisch
- kulturell

1 Fallstudien

2b Unternehmensmerkmale

3 Unternehmensmerkmale d. Anwenders

4 Unternehmensspezifisches Gestaltungsprofil

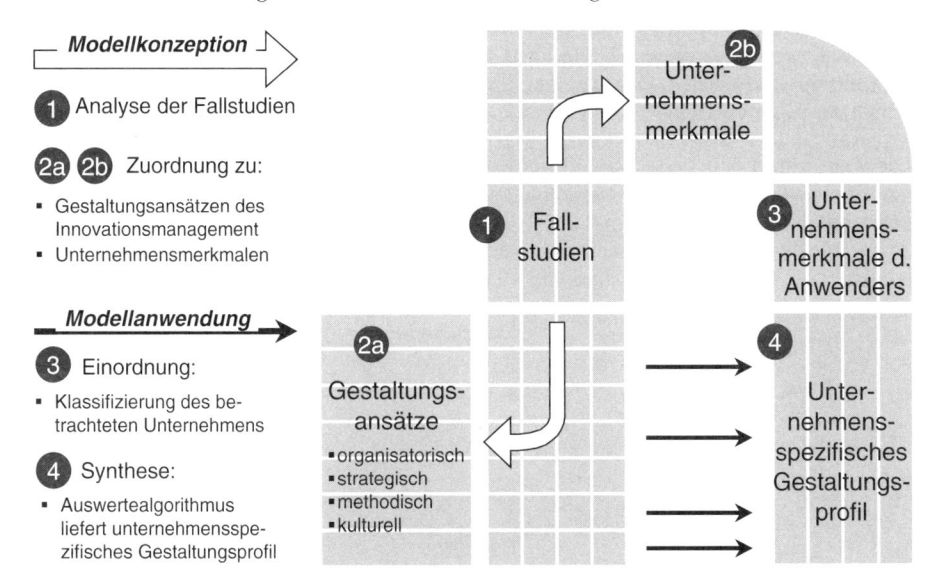

Bild 5: Konzeption und Anwendung des Analysemodells

Bei der Nutzung des Modells ordnet der Anwender zunächst sein Unternehmen den vorgegebenen Unternehmensmerkmalen zu (3). Entsprechend der Korrelation zu den ausgewerteten Fallstudien ergeben sich je nach Merkmal mal signifikante, mal schwächere Übereinstimmungen. Signifikante Übereinstimmungen fließen dann stark in die Empfehlung der durch den Auswertealgorithmus ermittelten Gestaltungsansätze ein, schwache Übereinstimmungen entsprechend weniger. Auf diese Weise ergibt sich ein unternehmensspezifisches Gestaltungsprofil (4) der Ansätze, die zur Steigerung der Innovationsfähigkeit empfohlen werden.

Eine detaillierte Darstellung ausgewählter Unternehmensmerkmale und Gestaltungsansätze findet sich in Abschnitt 5.

4 Fallstudien

Im folgenden werden vor dem Hintergrund des vorgestellten Analysekonzepts exemplarisch sechs Fallstudien kurz erläutert, die neben anderen, hier nicht näher beschriebenen, die Grundlage für das Modell zur Steigerung der Innovationsfähigkeit bilden. Dabei wird neben der Darstellung der Innovationsstrukturen und -gestaltungsansätze des jeweiligen Unternehmens zur Veranschaulichung jeweils ein Fallbeispiel für ein erfolgreiches Innovationsprojekt geschildert.

4.1 Fallstudie DaimlerChrysler AG

Durch den Zusammenschluß der deutschen Daimler-Benz AG mit der US-amerikanischen Chrysler Inc. entstand vor kurzem unter dem Namen DaimlerChrysler eines der führenden Automobil-, Transport- und Dienstleistungsunternehmen der Welt. Den Schlüssel zum zukünftigen Erfolg sieht DaimlerChrysler in überlegenen, innovativen Produkten. In 1998 hat DaimlerChrysler rund 13 Mrd. DM für Forschung und Entwicklung aufgewendet.

Die Basis, um mögliche Betätigungsfelder für Innovationen zu identifizieren, bildet ein systematisches Innovationsmanagement. Es umfaßt alle Phasen des Innovationsprozesses, von der Ideengenerierung über die Bewertung und Klassifizierung bis hin zur Auswahl (Bild 6). Dies geschieht in bereichsübergreifenden Kreisen, in denen Experten aus Vertrieb, Einkauf, Produktion, Entwicklung und Forschung zusammenarbeiten.

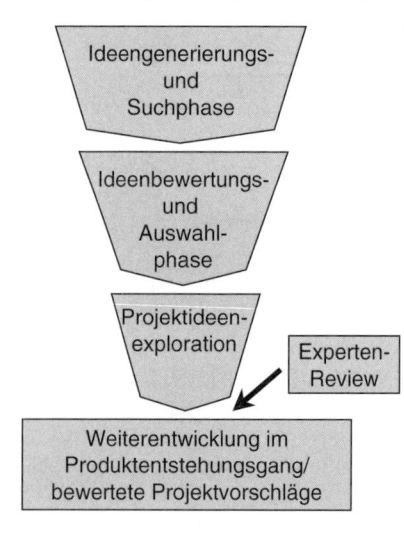

```
Ideengenerierungs-        Marktkriterien
und Suchphase               • Marktattraktivität (Wachstum, Größe,...)
                            • Umsatzpotential
                            • Lieferzeiten, Preise, Qualitätskriterien
Ideenbewertungs-          Nutzerkriterien
und Auswahl-                • Funktion, Handhabung
phase                       • Zuverlässigkeit
                            • Design
Projektideen-             Herstellerkriterien
exploration   Experten-     • Fit zur Unternehmensstrategie
              Review        • Machbarkeit, Fertigungsgerechtheit
                            • Durchlaufzeit, Kosten
                          Schwachstellen
Weiterentwicklung im        • Risiko (technologisch, zeitlich,
Produktentstehungsgang/       wirtschaftlich)
bewertete Projektvorschläge
                          Patente und Lizenzen
                            • strategische Bedeutung der Patente
                            • Lizenzgebühren
```

Bild 6: Von der Idee zum Projektvorschlag

Das Zentralressort „Forschung und Technologie" ist dabei die Drehscheibe für die technologische Zukunftssicherung des Konzerns. Seine Aufgaben bestehen darin, die Geschäftsbereiche bei der Entwicklung ihrer Technologiestrategien zu unterstützen, ein integriertes Innovations- und Technologiemanagement durch die enge Zusammenarbeit mit den Geschäftsbereichen sicherzustellen und die technologischen Grundlagen für wettbewerbsdifferenzierende Produkte zu schaffen.

Der Abgleich der F&E-Aktivitäten zwischen den Geschäftsbereichen und der zentralen Konzernforschung ist in Bild 7 dargestellt. Durch verschiedene Gremien und Instanzen werden zunächst Technologiestrategien und im weiteren Verlauf Forschungsthemen bis hin zu einzelnen Forschungsprojekten geplant und aufeinander abgestimmt.

Zur Konkretisierung und Veranschaulichung des Produktinnovationsprozesses bei der DaimlerChrysler AG wird die Entwicklung der Distronic, eines Abstandsregelsystems, beschrieben.

Im Automobilsektor wurden durch konsequente Markt- und Technologiebeobachtung u.a. folgende Trends identifiziert: Die zunehmende Verkehrsdichte gekoppelt mit einem auch gesetzlich verankerten Sicherheitsstreben trifft auf gestiegene Komforterwartungen der Fahrer, die jedoch durch den zunehmenden Einsatz von Elektronik im Fahrzeug nicht in ihrer Entscheidungsgewalt eingeschränkt werden möchten. Ferner konnte bereits frühzeitig der allgemeine Trend zu autonomen Systemen im Fahrzeug identifiziert werden.

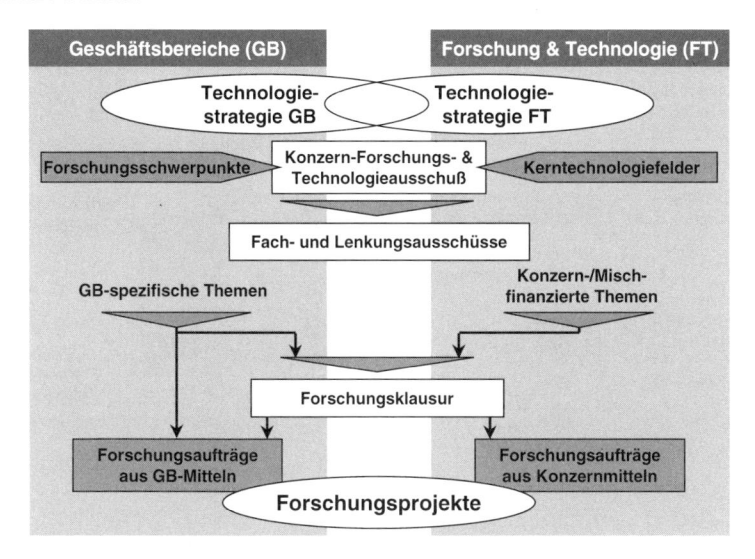

Bild 7: Integriertes F&E-Management bei der DaimlerChrysler AG

Da durch diese Forderungen einige der Kerntechnologiefelder von DaimlerChrysler berührt waren, entschloß man sich zur Initiierung eines Innovationsprojekts. Als eine geeignete Reaktion zur Befriedigung der Bedürfnisse und Trends sollte zunächst ein reines Abstandswarnsystem entwickelt werden, mit dem der Fahrer vor der Unterschreitung bestimmter Abstände gewarnt wird. Eine Abstandsregelung als Komfortsystem wurde parallel in Betracht gezogen und ebenso im Projekt verfolgt und gefördert. In der Forschungsphase wurden verschiedene Untersuchungen und praktische Erprobungen des technologisch Machbaren durchgeführt. Durch vergleichende Untersuchungen mehrerer konkurrierender Sensorkonzepte wurde ein geeignetes Systemkonzept mit entsprechender Technologie ausgewählt und der Fahrzeugentwicklung zugeführt.

Die Entwicklungsphase war gekennzeichnet durch eine enge Verzahnung von Forschung, Vorentwicklung, Serienentwicklung und konzerninternen Zulieferern. Dadurch konnte eine Bündelung der verschiedenen im Konzern vorhandenen Kompetenzen und Technologien sichergestellt werden, als deren Folge z.B. Synergiepotentiale mit der Luftfahrt/Wehrtechnik ausgeschöpft werden konnten. Unterstützt wurde dieses konzerneigene, interdisziplinäre Team durch eine enge Zusammenarbeit mit ausgewählten Zulieferern (Bosch, Lucas), die auf ihren Spezialgebieten ebenfalls Technologieführerschaft innehaben; dies nicht zuletzt dank vorhergehender Innovationen, die diese Unternehmen gemeinsam mit Daimler-Benz auf den Markt gebracht hatten (Bremsassistent, ESP). Nachdem sich eine Abstandsregelung als Objekt der Arbeit durchgesetzt hatte, wurde zur Beschleunigung der Produkteinführung das „Projekthaus Distronic" gegründet (Bild 8). Hier wurden im Sinne einer effektiven Zusammenarbeit ausgewählte Mitarbeiter von Forschung, Entwicklung und dem beteiligten In-House-Zulieferer (auch räumlich) in interdisziplinären Teams und unbeeinflußt von den starren Schranken der Organisation zusammengeführt.

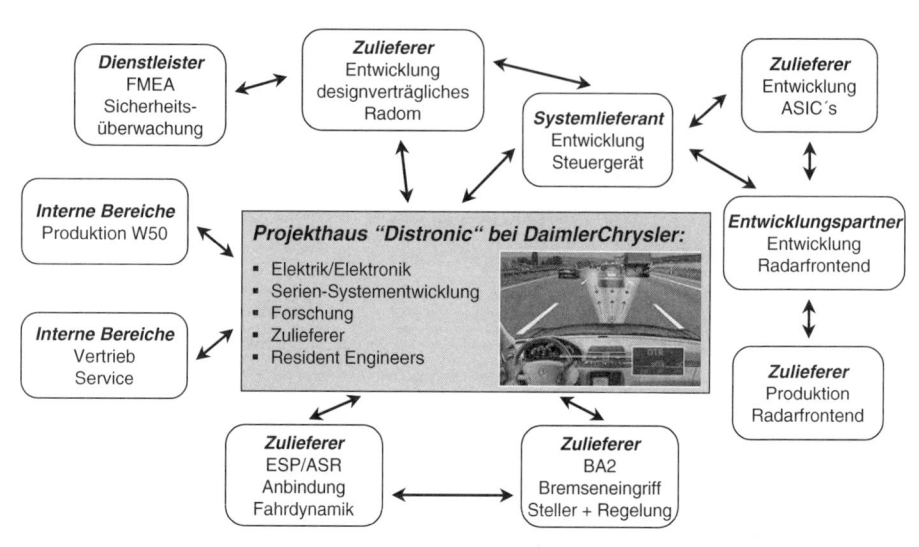

```
┌─────────────────┐      ┌─────────────────┐                          ┌─────────────────┐
│  Dienstleister  │      │   Zulieferer    │                          │   Zulieferer    │
│      FMEA       │ ◄──► │   Entwicklung   │ ◄──────┐                 │   Entwicklung   │
│  Sicherheits-   │      │ designverträg-  │        │                 │     ASIC´s      │
│  überwachung    │      │  liches Radom   │        │                 │                 │
└─────────────────┘      └─────────────────┘        │                 └─────────────────┘
                                  ▲          ┌──────────────────┐              ▲
                                  │          │ Systemlieferant  │              │
                                  │          │   Entwicklung    │ ◄────────────┤
                                  ▼          │   Steuergerät    │              ▼
┌─────────────────┐      ┌──────────────────────────────────────┐     ┌─────────────────┐
│ Interne Bereiche│      │ Projekthaus "Distronic" bei           │     │Entwicklungspartner│
│  Produktion W50 │ ◄──► │  DaimlerChrysler:                     │     │   Entwicklung   │
└─────────────────┘      │                                       │     │   Radarfrontend │
                         │ • Elektrik/Elektronik                 │     └─────────────────┘
┌─────────────────┐      │ • Serien-Systementwicklung            │              ▲
│ Interne Bereiche│      │ • Forschung                           │              │
│    Vertrieb    │ ◄──► │ • Zulieferer                          │              ▼
│    Service     │      │ • Resident Engineers                  │     ┌─────────────────┐
└─────────────────┘      └──────────────────────────────────────┘     │   Zulieferer    │
                                  ▲                     ▲              │   Produktion    │
                                  │                     │              │  Radarfrontend  │
                                  ▼                     ▼              └─────────────────┘
                         ┌─────────────────┐   ┌─────────────────┐
                         │   Zulieferer    │   │   Zulieferer    │
                         │    ESP/ASR      │ ◄►│      BA2        │
                         │   Anbindung     │   │ Bremseneingriff │
                         │  Fahrdynamik    │   │Steller + Regelung│
                         └─────────────────┘   └─────────────────┘
```

<u>Bild 8:</u> Entwicklungsstruktur im Projekthaus „Distronic"

Ergebnis der Arbeiten war nach nur drei Jahren der Abstandsregeltempomat „Distronic", eine Schrittmachertechnologie für den Einstieg in weiterführende autonome Systeme. Im Dezember 1998 wurde das Entwicklungsteam für die schnelle Entwicklung der „Distronic" zur Serienreife mit dem „Daimler-Benz Innovation Award" ausgezeichnet.

Die „Distronic" unterstützt den Fahrer im Kolonnenverkehr, indem sie den herkömmlichen Tempomaten um eine Abstandsregelfunktion erweitert. Die Radarantenne, die in einem Radom mit 10 cm Durchmesser hinter dem Kühlergrill montiert ist, sendet nacheinander Meßstrahlen in drei verschiedene, teilweise überlappende Raumrichtungen aus und empfängt die aus diesen drei Richtungen aus der Umgebung reflektierten Signale. Objekte vor dem Fahrzeug lassen sich so in Entfernungen bis zu 150 m in Winkel, Abstand und Geschwindigkeit erkennen. Der Fahrzeugregler, der in Gas und Bremse eingreift, berücksichtigt diese Signale in einem Eigengeschwindigkeitsbereich von 40-160 km/h. Spezielle Prozessoren berechnen den Abstand und die Relativgeschwindigkeit zwischen Hindernis und Fahrzeug. Verringert sich die Distanz unter den gewünschten Abstand, drosselt das System die Motorleistung und aktiviert, falls erforderlich, die Bremsen. Wächst der Abstand wieder, beschleunigt das System den Wagen auf die voreingestellte Geschwindigkeit.

Das System findet seinen Ersteinsatz in der S-Klasse, wobei zwei Aspekte von Bedeutung sind. DaimlerChrysler übernimmt mit der Einführung der „Distronic" eine Vorreiterrolle und demonstriert seine Innovationskraft und seine Fähigkeit, Hochtechnologie im Konzern zu entwickeln. Die Marke Mercedes-Benz wird damit ihrem eigenen Anspruch und den Erwartungen der Kunden gerecht, die mit der Marke die Neueinführung wichtiger sicherheitstechnischer und komfortsteigender Innovationen verbinden. Das gilt natürlich zuallererst für das „Flaggschiff" S-Klasse. Gleichzeitig ist festzustellen, daß eine Innovation wie die „Distronic", ähnlich der Entwicklung von Airbag und ABS, ihren Ausgangspunkt nur in der Premiumklasse haben kann, bevor durch die Kostenentwicklung eine breitere Marktdurchdringung möglich wird.

4.2 Fallstudie Ford

Ford mit Sitz in Detroit, Michigan, USA ist der zweitgrößte Hersteller von PKW und leichten Nutzfahrzeugen weltweit. Unter den Marken Ford, Lincoln, Mercury, Jaguar, Aston Martin und Volvo und über Anteile an Mazda und KIA fahren Ford-Automobile auf allen Kontinenten; Fertigungs-, Montage- und Verkaufsorganisationen befinden sich in 31 Ländern weltweit.

Basis für alle Produktentwicklungstätigkeiten - und damit auch für die Produktinnovationsprozesse - ist das „Ford Product Development System (FPDS)". Dieses regelt einheitlich das Vorgehen im Entwicklungsprozeß in definierten Phasen mit Meilensteinen und integriert dabei die Entwicklung vom Gesamtfahrzeug bis hin zu den Einzelkomponenten.

Die Forschung und Vorentwicklung im Bereich Produkttechnologie wird bei Ford von „Advanced Vehicle Technology (AVT)" durchgeführt. AVT ist in einer Matrixorganisation gegliedert, die einerseits durch 10 Engineering-orientierte Bereiche (z.B. Electrical & Electronic System Engineering, Alternative Fuel Vehicles etc.) und andererseits durch Support-Bereiche (z.B. Quality, Communication etc.) aufgespannt wird. Das Pendant zur AVT in der Fertigungstechnologieentwicklung ist der Bereich „Advanced Manufacturing Technology Development (AMTD)".

Überdecken sich Forschungsergebnisse (technology push) mit Marktbedürfnissen, die von den Vehicle Center eingebracht werden (market pull), so bildet dies die Basis für eine Technologieentwicklung (Bild 9). Diese wird eingebettet in einen Gesamt-Technologieentwicklungsplan, der in AVT in Übereinstimmung mit der Gesamtunternehmensstrategie entwickelt wird.

Im Anschluß an eine Technologieentwicklung ist der Einstieg in das Vorprogramm abhängig von der Concept Readiness (CR) der erforderlichen Technologien. Die technische Machbarkeit muß, evtl. mit Hilfe eines Demonstrators, nachgewiesen worden sein. Die Erreichung von Zwischenzielen und damit die Freigabe zum Eintritt in die nächste Entwicklungsphase wird mit Checklisten abgefragt. Dabei werden nicht nur die Ergebnisse, sondern auch die Vorgehensweise zu ihrer Erreichung (z.B. der Methodeneinsatz) beurteilt.

Ist im Rahmen des Vorprogramms der Nachweis der Großserientauglichkeit der benötigten Technologien für Komponenten und Systeme, die sogenannte Implementation Readiness (IR), erbracht, so beginnt die eigentliche Serienentwicklung im Fahrzeugmodell-Programm. Im gesamten Innovationsprozeß werden CR bzw. IR Technologien in der Ford-internen Technologie-Wissensbasis abgelegt. Diese können dann wieder in andere Vor- bzw. Fahrzeugprogramme einfließen.

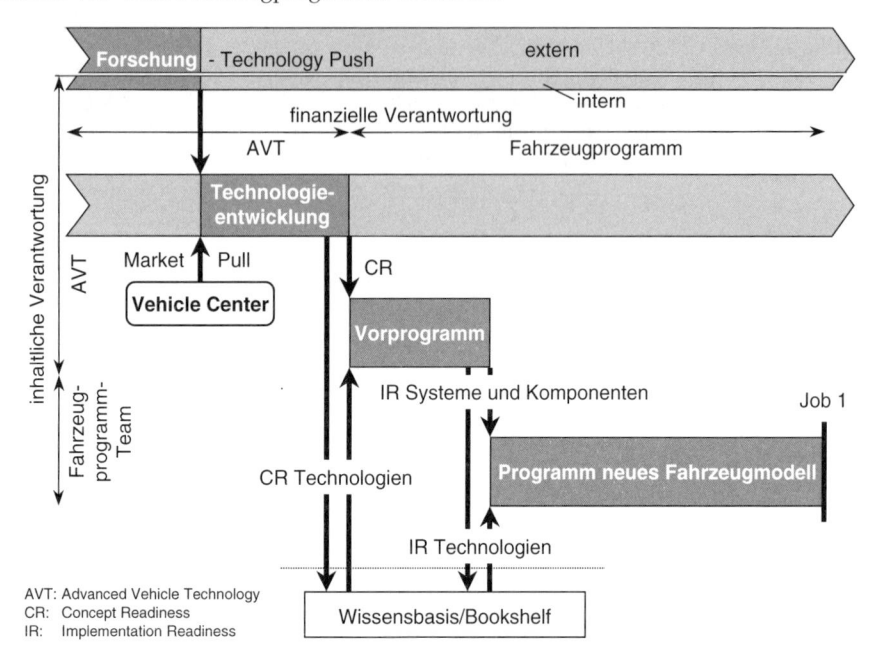

Bild 9: Der Produktinnovationsprozeß bei Ford

Organisatorisches Merkmal des Innovationsprozesses bei Ford ist das Zusammenspiel zwischen AVT und den Fahrzeugprogramm-Teams. Während in der Phase der Technologieentwicklung AVT verantwortlich für Inhalte und Finanzen ist, ergänzen sich die inhaltlichen Aufgabenbereiche im Vorprogramm mit denen der Fahrzeugprogramm-Teams. Daraus resultiert ein Know-how-Transfer, der mit gezieltem Personalaustausch zwischen den beiden Bereichen unterstützt wird. Somit kann einerseits Technologieentwicklungs-Know-how bis zur Serienentwicklung getragen und andererseits die Erfahrung aus seriennahen Aktivitäten auch für die Technologieentwicklungsphase nutzbar gemacht werden.

Große Bedeutung kommt auch der umfassenden methodischen Unterstützung bereits in den frühen Phasen des Innovationsprozesses zu. Das Customer Futuring dient der Antizipation möglicher zukünftiger Kundenwünsche und der zu ihrer Erfüllung wesentlichen technischen Parameter. Darüber hinaus kommt der Quality Function Deployment Methode sowie dem Value Engineering eine hohe Bedeutung bei der Umsetzung von Anforderungen in wertschaffende technische Produktmerkmale zu. Auf dieser Basis erfolgt das „Target Setting" zur Festlegung der Ziele für die jeweilige Produktentwicklung. Ziel der systematischen Methodenanwendung in diesen frühen Phasen ist es, Kundenanforderungen nicht nur zu erfüllen, sondern sie sogar zu übertreffen.

Im folgenden Projektbeispiel wird die Entwicklung der Schwertlenkerachse für den Ford Focus beschrieben [18]. Eine der wesentlichen Gestaltungsfelder bei der Entwicklung des neuen Ford Focus war die vom Kunden als besonders wichtig erachtete Fahrdynamik, gekennzeichnet durch Fahrvergnügen mit hoher aktiver Sicherheit. Zugleich sollte das markentypische, mit Fiesta, Ka und Puma bereits etablierte Ford Fahrverhalten als Familienähnlichkeit erkennbar sein und weiterentwickelt werden. Aufbauend auf subjektiven Kundenwünschen und objektiv meßbaren Fahrdynamikgrößen aus den genannten Programmen, konnten viele Zielgrößen gesetzt werden, nachdem die wichtigen Kundensegmente und deren Bedürfnisse u.a. mittels Quality Function Deployment (QFD) analysiert waren. Priorität wurde auf agiles und komfortables Fahr- sowie präzises Lenkverhalten gelegt.

Die ersten Schritte des Entwicklungsprozesses bis hin zur Konzeptfindung orientierten sich an dem in <u>Bild 10</u> dargestelltem Ablauf. Die subjektiven Beschreibungen in Form von Kundenwünschen wurden durch am Fahrzeug erfaßte physikalische Meßdaten und Expertenbeurteilungen in objektive Kriterien auf Vollfahrzeugebene übersetzt.

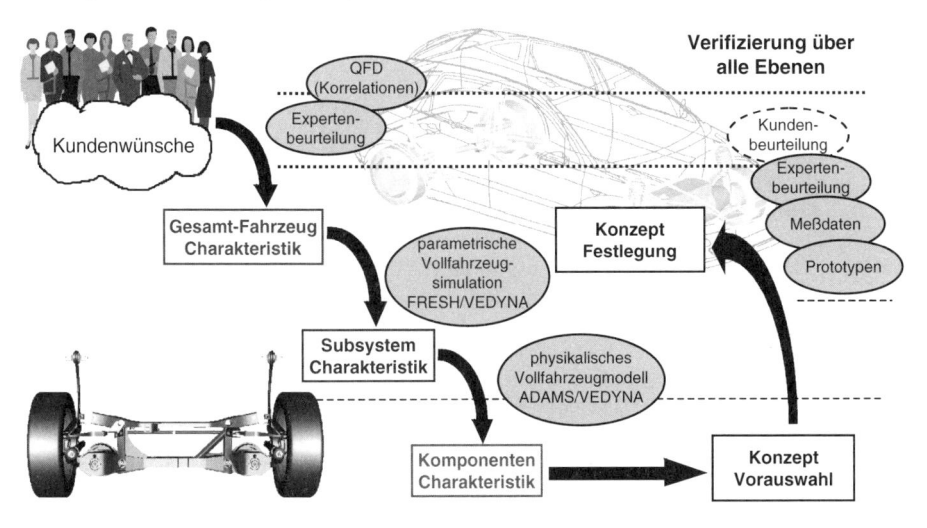

Bild 10: Schematische Darstellung des Entwicklungsprozesses bei Ford am Beispiel der Fahrdynamik - Schwertlenkerachse

Anhand eines Vergleichs mit Wettbewerbsfahrzeugen konnten der aktuelle und zukünftige Wettbewerbsstatus für die unterschiedlichen Fahrzeugeigenschaften beurteilt sowie Zielwerte abgeleitet werden. Auf dieser Basis konnten mit Hilfe von Fahrzeugsimulationsmodellen die Funktion und die erforderlichen Komponenteneigenschaften der Subsysteme wie z.B. der Radaufhängung abgeleitet und an ersten Rechnerkonzepten in ihren Eigenschaften simuliert werden.

Diese Vorentwicklungen sowie reale Fahrversuche führten zur Auswahl eines erfolgversprechenden Achskonzepts. Um die Zielsetzungen zu erfüllen, war ein Übergang von der klassenüblichen Verbundlenkerachse zu einer komplexeren Ausführung, der sogenannten Schwertlenkerachse (SLA), notwendig. Bei diesem Achstyp ist durch die Entkopplung der Funktionen auf einen (schwertförmigen) Längs- sowie drei Querlenker eine hohe Quersteifigkeit, die für die Fahrdynamik erforderlich ist, bei gleichzeitiger Längselastizität, die für den Fahrkomfort benötigt wird, realisierbar. Für die Versuche wurden in einem frühen Stadium des Entwicklungsprogramms Demonstratoren, bei Ford Attributsprototypen genannt, erstellt, die alle wichtigen Komponenten zur Darstellung des neuen Fahrzeugs hinsichtlich Fahrverhalten beinhalteten. Es zeigte sich, daß das Ansprechverhalten (Gieren und Querbeschleunigung) mit der SLA des klassenhöheren Ford Mondeo linearer und direkter wurde und die Lenkpräzision gesteigert werden konnte.

Durch konstruktive und fertigungstechnologische Änderungen der vorhandenen Konzepte aus der Mittelklasse konnten die Kosten für die Focus-SLA um ca. 18% reduziert werden. Im fertigen Serienfahrzeug sind die Verbesserungen im Vergleich zum Escort offensichtlich. Der Focus weist ein sehr agiles Fahrverhalten mit direktem Lenkgefühl auf. Hinsichtlich des Komforts konnten die Aufbaubeschleunigungen signifikant reduziert werden. Als weiterer Nutzen des Projektes fließt die Innovation der Focus-Entwicklung nun auch in die 1. Generation der Schwertlenkerachse des Mondeo Turnier ein.

4.3 Fallstudie 3M

1902 zunächst als Bergwerksgesellschaft gegründet ist das Unternehmen 3M (Minnesota Mining and Manufacturing Company) heute ein hochdiversifizierter, weltweit operierender Konzern. Produkte von 3M werden in fast 200 Nationen weltweit verkauft. Sitz der Firmenzentrale ist St. Paul, Minnesota. In über 60 Ländern finden sich Niederlassungen, einschließlich Produktionsstätten in 41 und F&E-Einrichtungen in zahlreichen Ländern Amerikas, Europas und Asiens. Die große Mehrheit der Angestellten wird in den Standorten angestellt, um eine gute Kenntnis von Märkten, Kunden und Kulturen zu erreichen.

In der Literatur findet 3M immer wieder Erwähnung als positives Beispiel für innovative, visionäre Unternehmen [7 u.a.]. Obgleich die Unternehmensleiter in der Geschichte von 3M nie sagen konnten, in welche Richtung sich das Unternehmen in Zukunft entwickeln würde, hatten sie doch kaum Zweifel, daß man es aufgrund der eingebauten „Mutationsautomatik" weit bringen würde. Diese „Mutationsautomatik" beruht z.B. auf dem Motto „Try a little, sell a little" mit dem 3M zu verstehen gibt, daß Marktschlager oft aus kleineren Innovationen hervorgehen. Da man jedoch nicht weiß, welche kleinen Neuerungen zu Marktschlagern werden, muß man sehr viele kleine Innovationen ausprobieren, die erfolgreichen beibehalten und die anderen fallenlassen. Sich „an den Grundsatz haltend, daß kein Markt und kein Endprodukt so unbedeutend ist, daß man ihn oder es geringschätzen sollte", erlaubt 3M demnach seinen Mitarbeitern, als Reaktion auf Probleme und Ideen winzige Zweige aus dem „Unternehmens-Organisationsbaum" sprießen zu lassen. Die meisten Zweige wachsen nicht weiter, doch jeden verheißungsvollen Zweig läßt man zu einem kräftigen Ast oder auch zu einem vollständigen Baum heranwachsen [7].

Diese Ausführungen gehen im wesentlichen auf William McKnight zurück. McKnight wurde 1914 General Manager von 3M und formulierte während seines Wirkens für das Unternehmen Unternehmensphilosophie und Maximen, deren Prinzipien noch heute

Gültigkeit haben und „gelebt" werden. Die Grundzüge sind im folgenden kurz aufgelistet:

- Du sollst keine Idee für ein neues Produkt ungenutzt lassen.
- Achtung vor individueller Initiative und persönlichem Wachstum.
- Toleranz gegenüber Fehlern in bester Absicht.
- Unsere eigentliche Aufgabe ist die Lösung von Problemen.
- „Probier es aus, aber schnell!" [7, 23].

Diesem Abriß ist zu entnehmen, daß bei 3M Innovationen im Mittelpunkt der Unternehmensphilosophie stehen. Entscheidend für den Erfolg ist jedoch, daß diese Philosophie tatsächlich umgesetzt wird. Die Entwickler werden durch die innovationsfreundliche Unternehmenskultur in unterschiedlichster Weise unterstützt. So verfügen sie über bis zu 15% ihrer Zeit, um an Projekten ihrer Wahl zu arbeiten. Darüber hinaus existieren interne Wagniskapitalfonds, aus denen Forscher bis zu 50.000 US$ für die Entwicklung von Prototypen und die Durchführung von Markttests erhalten können. Verschiedene unternehmenseigene Awards zur Anerkennung herausragender Leistungen sowie die in der Führung herrschende Risikobereitschaft und Fehlertoleranz spornen die Mitarbeiter zusätzlich an.

Aufbauorganisatorisch ist die F&E bei 3M auf verschiedenen Ebenen und mit verschiedenen Zeithorizonten integriert (Bild 11). Innerhalb der ca. 30 Business Units (BU) wird eine weitere Ebene „tiefer" an der Produktentwicklung der einzelnen Divisions in den Division Laboratories gearbeitet. Der Zeithorizont für hier bearbeitete Projekte, die wegen des starken Marktbezugs als sogenanntes „Today's Business" bezeichnet werden, beträgt maximal 3 Jahre. Die Arbeit der Sector Laboratories hat dagegen weniger Marktbezug bei einer Ausrichtung auf die Entwicklung von Technologien für die gesamte BU bzw. den gesamten Sector. Der Zeithorizont beträgt hier 3-10 Jahre. Den BU's aufbauorganisatorisch gleichgestellt bestehen die Corporate Laboratories, die direkt dem Sr. Vice President R&D unterstellt sind. Zeithorizont ist hier >10 Jahre, und die Konzentration besteht auf der Entwicklung gänzlich neuer Technologien. Ressourcen der jeweils übergeordneten F&E-Organisation können nach entsprechenden Bewerbungs- und Bewertungsverfahren für konkrete Projekte zur Verfügung gestellt werden.

Ein Projektbeispiel aus der 3M Business Unit „Traffic Control Materials Division (TCMD)" soll die beschriebene Innovationsstruktur und -kultur veranschaulichen. Es handelt sich dabei um die Entwicklung des „Wet Retroreflective Marker", einer Fahrbahnmarkierung, die auch bei Regen und Dunkelheit deutlich sichtbar bleibt. Der Bedarf dafür war seit vielen Jahren be- und erkannt; jeder Autofahrer kennt die Probleme bei der nächtlichen Erkennung der Spur auf regennasser Fahrbahn. Der Stein kam jedoch erst ins Rollen, als sich der Entwickler Terry Bailey, Mitarbeiter in der TCMD, des Problems annahm.

Bailey wurden das Vertrauen und die Unterstützung geschenkt, die Arbeiten mit einem eigenen Entwicklungsteam und entsprechendem Spielraum anzugehen. Das breite Wissen verschiedener Technologien bei Bailey wurde ergänzt durch spezifisches Knowhow weiterer Mitarbeiter. Dabei wurde mehr Wert auf das explorative Lösen von Problemen gelegt, als theoretische Erklärungen und Modelle zu generieren. In der hochmotivierten, freundschaftlichen Teamarbeit wurden Teilergebnisse gemeinsam erreicht und Mißerfolge gemeinsam weggesteckt.

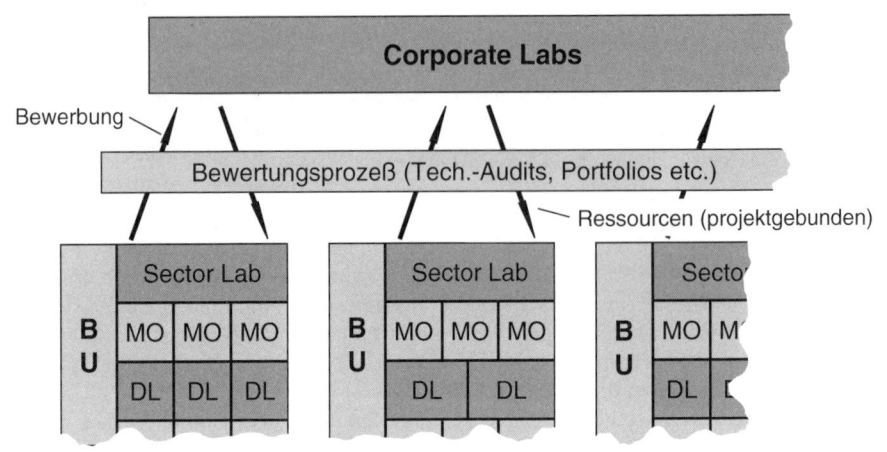

BU: Business Unit   MO: Marktorganisation   DL: Division Laboratories

Bild 11: Die aufbauorganisatorische Einbindung von F&E bei 3M

Nach jahrelanger, mühsamer Forschungsarbeit war schließlich das Ziel erreicht. Eine Fahrbahnmarkierung, die haltbar, belastbar und um ein Vielfaches heller war als die bekannten Marker. Bei ersten Präsentationen in den USA fand der „Wet Retroreflective Marker" trotz voraussichtlich höherer Preise begeisterte Resonanz. Das Produkt befindet sich in der Markteinführung und ersetzt nach und nach die alten Fahrbahnmarkierungen.

Die logische Konsequenz für Bailey war die Aufnahme in die „3M Hall of Fame", die Carlton Society, im letzten Jahr. Diese ist eine nach dem ersten Technical Director und fünften Präsidenten von 3M benannte Ehrengesellschaft, deren Mitglieder in Anerkennung ihrer herausragenden und technologischen Erfindungen innerhalb von 3M berufen werden. Prominentes Mitglied der Carlton Society ist z.B. auch Art Fry, der „Vater" der Post-It-Haftzettel.

4.4 Fallstudie Mannesmann AG

Die Mannesmann AG ist ein global agierender, in verschiedenen Geschäftsfeldern tätiger Konzern. Die vier Hauptgebiete sind Maschinenbau, Automobiltechnik, Telekommunikation sowie Rohre. Innerhalb dieser Tätigkeitsbereiche existieren Führungsunternehmen, die von Mannesmann unabhängig geführt werden. Eine zentrale Forschungseinrichtung gibt es nicht. Innovationsprojekte liegen in der Verantwortung der einzelnen Teilkonzerne und werden von den zugehörigen Entwicklungsabteilungen initiiert. Sie konzentrieren sich auf die Fortschreibung, Erweiterung und Weiterentwicklung des bestehenden Produktprogrammes.

Um für den Konzern neue Geschäftsfeldideen sowie Produktkonzepte zu generieren, wurde 1992 die Mannesmann Pilotentwicklungsgesellschaft mbH (mpe) als 100%-ige

Tochter der Mannesmann AG gegründet. Das ca. 25-köpfige Team aus Ingenieuren, Naturwissenschaftlern, Informatikern, Betriebswirten sowie Sozial- und Gesellschaftswissenschaftlern untersteht direkt dem Vorstand der Konzernzentrale. Ziel der mpe ist es, Innovationsideen in drei bis sieben Jahren zur Reife für eine Markteinführung zu bringen.

Ausgehend von den Kompetenzen des Konzerns betreibt man bei der mpe ein fortwährendes Technologie- und Marktmonitoring. Zu diesem Zweck wird ein Netzwerk zu externen Experten gepflegt, die bestimmte Regionen oder Technologiefelder bei Bedarf einer aktuellen Untersuchung unterziehen. Ergebnis sind Trendableitungen, die für die folgende Ideenfindung genutzt werden. Die Ideen werden zusammen mit Partnern aus dem Konzern analysiert und bewertet. Auf diese Weise bearbeitet die mpe vorrangig eigeninitiierte Projekte. Der Anwendungsbezug wird durch frühzeitige Einbeziehung von lead-customern gewährleistet. In der Planungsfreiheit liegt der Vorteil gegenüber den in Produktsparten angesiedelten, auftragsbezogen arbeitenden Teams. Losgelöst von den Sachzwängen eines einzelnen Unternehmensbereiches können so völlig neue Produkte, Dienstleistungen oder Prozesse entwickelt werden, die einen wesentlich größeren Innovationssprung zur Folge haben sollen.

Der zunächst rein organisatorisch erscheinende Ansatz ist als Innovationsmethode zu verstehen. Die Mannesmann Pilotentwicklung hat sich 7 Jahre nach ihrer Gründung als erfolgreich erwiesen. Dies zeigen zahlreiche Patente, neu erschlossene Geschäftsfelder und die Neugründung einiger Gesellschaften aus mpe-Projekten. Die organisatorische Weiterführung und operative Umsetzung der Innovationsidee basiert auf der Marktdynamik und der Kompatibilität zu bestehenden Geschäftsfeldern [Bild 12].

Projekte dieser Art laufen üblicherweise mit der Unterstützung zahlreicher externer Teammitglieder ab, sowohl Mitarbeiter aus dem Konzern als auch Spezialisten aus dem internationalen Beziehungsnetzwerk. Projektbezogen kann damit die Schlagkraft der mpe kurzfristig vervielfacht werden. Die mpe-Großprojekte sind damit auch Beispiele für virtuelle Unternehmen.

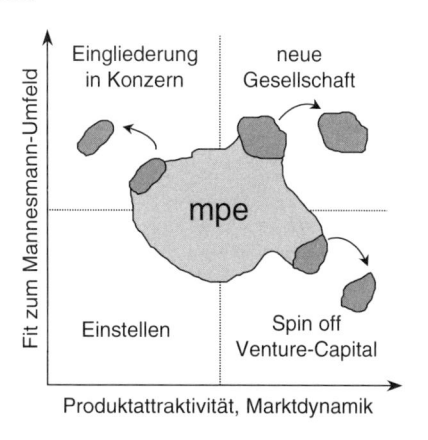

Bild 12: Die mpe als Venture-Generator im Mannesmann-Konzern [15]

Zur Veranschaulichung der beschriebenen Strukturen wird im folgenden ein Projekt der mpe kurz beschrieben. Im Rahmen der Trend- und Technologiebeobachtung wurden Ende 1992 folgende Veränderungen im Bereich Verkehr analysiert:

- Forderungen nach verkehrstelematischen Systemen zur Bewältigung der grundlegenden Mobilitätsforderungen durch verbesserte Verkehrsmanagement-Systeme mit Blick auf eine effizientere Nutzung des Verkehrsraumes.
- Tendenz zur Privatisierung vormals hoheitlicher Aufgaben (Telekommunikation, Betrieb von Verkehrsinfrastruktur wie Bahn und Straßen).
- Neue technische Möglichkeiten in Erwartung stark sinkender Preise und erweiterter Funktionen von Satellitennavigationssystemen (Global Positioning System oder kurz GPS) sowie des GSM-Mobilfunknetzes.

Im Rahmen eines Workshops wurde folgende Idee für einen neuen Einsatzbereich dieser Technologien entwickelt: Das GPS wird zur Mauterhebung auf den Autobahnen in den Fahrzeugen benutzt, wodurch eine fest installierte straßenseitige Infrastruktur überflüssig würde. Das Team entschied sich für die schnelle Realisierung eines vorführbaren Demonstrators, um die Idee zu validieren (Bild 13). Innerhalb weniger Wochen wurde dieser hergestellt.

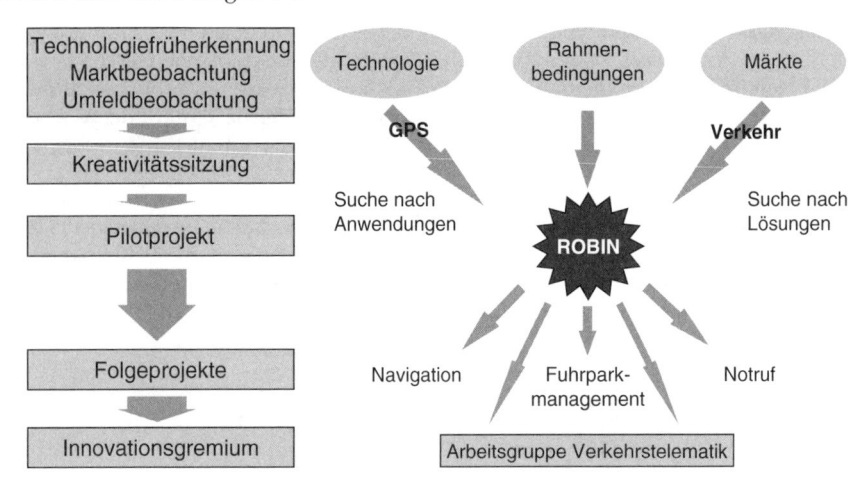

Bild 13: Das Vorgehen im Projekt ROBIN [15]

ROBIN (Road Billing Network) wurde schließlich 1993 für einen Feldversuch des Bundesministeriums für Verkehr auf der A 555 bei Bonn angemeldet und im folgenden Jahr auf seine Alltagstauglichkeit getestet. Das Projekt ROBIN war die treibende Kraft für eine Reihe anderer Projekte, bei denen das erworbene Know-how eingesetzt werden konnte. Als Beispiele seien Notrufsysteme, Flottenmanagement oder intelligente Routenplanungssysteme genannt. Gleichzeitig wurde die Gründung der Mannesmann Autocom vorbereitet, die nun Service Provider für verkehrstelematische Dienste ist.

4.5 Fallstudie MTU München GmbH

Die Motoren- und Turbinen-Union München GmbH (MTU) ist eine Tochtergesellschaft der DaimlerChrysler Aerospace (Dasa) und in diesem Verbund zuständig für das Geschäftsfeld Antriebe Luftfahrt. Die MTU entwickelt, fertigt, vermarktet und betreut Triebwerke für zivile und militärische Flugzeuge und Hubschrauber. Im Rahmen internationaler Kooperationen ist die MTU in allen wesentlichen Technologiebereichen eines Triebwerks wie Verdichter, Brennkammer, Hoch- und Niederdruckturbine oder Regelung tätig. Im Jahr 1997 wurde mit rund 6.100 Mitarbeitern ein Umsatz von rund 3 Mrd. DM erzielt. Der F&E-Aufwand betrug 319 Mio. DM (1/3 Eigenforschung bzw. „Vorentwicklung", 2/3 kundenbezogene Entwicklung).

Die enorm zeit- und kostenaufwendige Entwicklung einer neuen Triebwerkgeneration läßt sich aufgrund der herrschenden, engen Marktbedingungen allein durch den Verkauf der Produkte nicht finanzieren. Auch die in der Vergangenheit zur Querfinanzierung genutzten militärischen Projekte sind aufgrund der gewandelten sicherheitspolitischen Situation einem enormen Kostendruck ausgesetzt. Folglich legt die MTU inzwischen einen besonderen Fokus auf das Service- und Instandhaltungsgeschäft. Da Flugzeugtriebwerke bei entsprechender Wartung mehrere Jahrzehnte im Einsatz bleiben können, erschließt sich die MTU damit ein Langfrist-Geschäft, das wesentliche Teile der Entwicklungskosten über die Lebensdauer der Produkte wieder einspielen soll.

Auf Basis des laufenden Neugeschäftes und der Instandhaltung verfolgt die MTU zwei wesentliche Innovationsstrategien: Einerseits die kontinuierliche Fortentwicklung der Triebwerkstechnologie, um im bestehenden Markt die Technologieführerschaft zu behalten und auszubauen (zweckinduzierte Innovation). Andererseits wird seit neuestem versucht, die für diesen Bereich aufgebaute technologische Kompetenz auch in anderen Märkten und Anwendungen nutzbar zu machen (mittelinduzierte Innovation). Aufgrund der Komplexität und der Langfristigkeit der Produktentwicklungsprojekte bei der MTU wird im Folgenden auf eine detaillierte Darstellung eines Einzelprojektes verzichtet. Die MTU soll im Rahmen dieser Untersuchung stellvertretend für Unternehmen mit technologiebedingt langen Innovationszyklen betrachtet werden.

Die technologische Produktinnovation für das Kerngeschäft der MTU wird in einer zentralen F&E-Einrichtung vorangetrieben. Die Kundenanforderungen an künftige Luftfahrtantriebe sind weitgehend bekannt. Sie müssen insbesondere deutlich umweltverträglicher und wirtschaftlicher sein als heute. Ferner sind die technologischen Grenzen der derzeitigen Triebwerkskonzepte bekannt. Wesentliche Ansätze für grundsätzlich neue Konzepte (z.B. der Einsatz von Getrieben für die Übersetzung des Turbofanantriebs) sind bereits seit langem in der Branche bekannt, bisher jedoch an werkstoff- und fertigungstechnischen Grenzen gescheitert. Entsprechende Themenfelder werden daher im Rahmen brancheninterner Kooperationen bearbeitet. Bei der MTU werden auf Basis dieser genauen Kenntnis der marktseitigen und technologischen Randbedingungen langfristige Roadmaps erstellt, in denen die zukünftig zu entwickelnden Produkte und Technologien spezifiziert sind. Als Ergebnis dieser Planungen arbeitet die MTU seit einigen Jahren als führendes Unternehmen zusammen mit Partnern aus Industrie und Forschung an dem von der Bundesregierung geförderten nationalen Luftfahrtforschungsprogramm „Engine 3E" (3E = Economy, Environment, Efficiency). Ziel ist es, bis zur Einführung in die Serienproduktion im Jahre 2010 den Kraftstoffverbrauch um

20 Prozent zu reduzieren, die Gesamtwirtschaftlichkeit deutlich zu verbessern, die Lärmemission zu halbieren (-10 dB) und den Ausstoß von Stickoxyd um 85% zu verringern. Weiterhin sollen die direkten Einsatzkosten (DOC: Direct Operating Costs) um drei Prozent gesenkt werden. Die MTU konzentriert ihre Arbeiten schwerpunktmäßig auf die Entwicklung neuer Hochdruck-Verdichter und -Turbinen mit weniger Stufen in kürzerer und leichterer Bauweise. Mit entsprechenden Demonstratoren konnten bereits jetzt größere Druckverhältnisse erzielt werden, die weltweit Maßstäbe gesetzt haben.

Neben dieser kontinuierlichen Langfrist-Innovation im angestammten Kerngeschäft betreibt die MTU inzwischen auch eine systematische Vermarktung ihrer technologischen Kompetenzen für neuartige Anwendungen. Zu diesem Zweck wurde 1998 zusammen mit Brunel International NV das Joint Venture „ATENA, Gesellschaft für Engineering Services mbH" gegründet (Bild 14), das Engineering-Dienstleistungen und Auftragsentwicklungen anbietet (ATENA = Advanced Technology Engineering Alliance).

Die Beratungsgruppe Brunel betreibt die systematische und flexible Vermarktung von Know-how und ist in den Niederlanden der Marktführer bei der Vermittlung von hochqualifiziertem technischen Personal. In den Bereichen Informationstechnologie, Energie, Engineering und nichttechnischen Bereichen werden Experten vermittelt sowie Beratung und Projektdurchführung angeboten.

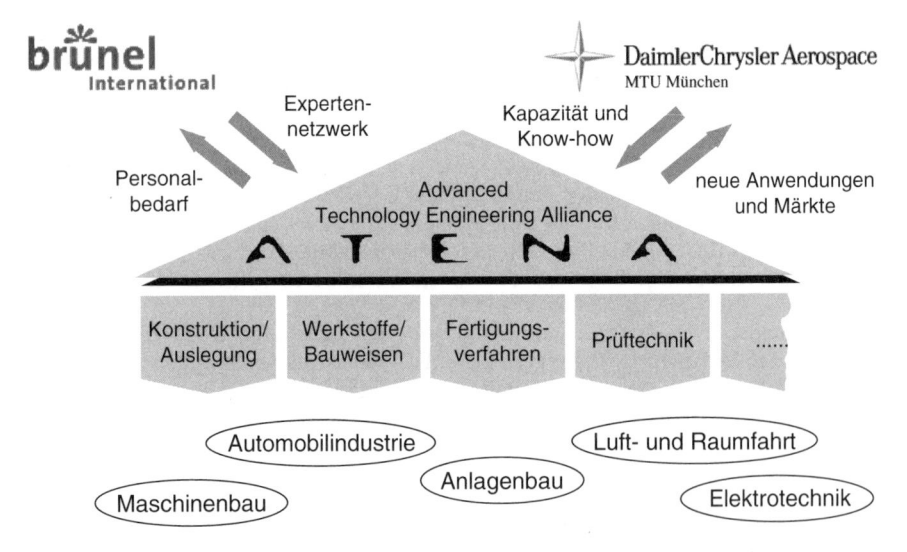

Bild 14: ATENA - Joint Venture der Brunel Gruppe und der MTU München

MTU und Brunel haben zu gleichen Teilen in ATENA investiert. Der Sitz des Unternehmens ist in direkter Nachbarschaft zur MTU in München. Die dort vorhandene technologische Kompetenz und zumindest zwischenzeitlich nicht voll ausgelastete Kapazität steht der ATENA zur Vermarktung zur Verfügung. Technische Lösungen nach Maß sollen großen und mittelständischen Unternehmen im Rahmen einer Beratung oder in Form von schlüsselfertigen Projekten angeboten werden. ATENA kann die Einrichtungen und technologischen Kompetenzen der MTU sowie das Know-how von

Innovation mit System

Brunel bei der Vermittlung von Experten nutzen. Dies garantiert ein hohes Niveau der Dienstleistung. Mögliche Märkte sind z.b. Anlagenbau, Automobil- oder Luftfahrtindustrie. Ganz bewußt soll in den Zeiten der Hochkonjunktur im Bereich der Luftfahrt die ATENA auch als Dienstleister für die MTU tätig sein und dort Kapazitätsengpässe abfangen. Sie kann als Makler für Innovationsideen gelten, nicht jedoch als Ideenschmiede.

4.6 Fallstudie SUSPA Compart AG

Die SUSPA Compart AG in Altdorf bei Nürnberg gehört zu den weltweit führenden Herstellern von Gasfedern, Hydraulikdämpfern, Schwingungsdämpfern und Aufpralldämpfersystemen. Sie ist Entwicklungs- und Systempartner für namhafte Büromöbel-, Automobil- und Gebrauchsgüteranbieter sowie Waschmaschinenhersteller. Die Kernkompetenzen liegen in der Entwicklung von Anwendungen zum Heben, Senken, Neigen und Dämpfen. Der SUSPA Konzern hat an weltweit 5 Produktionsstandorten rund 1.500 Mitarbeiter bei einem Umsatz von ca. 320 Mio. DM; im Geschäftsjahr 1997/98 betrug der F&E-Aufwand 5,2 Mio. DM.

In den vergangenen Jahren bis 1996 haben verschiedenen Restrukturierungsmaßnahmen für eine „Gesundschrumpfung" des Unternehmens gesorgt. Nahezu alle Arbeitsbereiche wurden von der ehemals funktionalen Organisation zu einer neuen, kundenorientierten Aufbauorganisation umgestaltet. Das bedeutet, daß alle Funktionen, die zu einem Produkt gehören, zu sogenannten Produkteinheiten (PE) konzentriert wurden, um die Durchlaufzeiten zu verkürzen und damit die Kosten zu senken.

Für die Zukunft ist nun wieder ein erhebliches Unternehmenswachstum durch die Erschließung neuer Märkte mit innovativen Produkten angestrebt. Dabei steht man vor der Aufgabe, in schlanken Strukturen eine effektive Forschungs- und Entwicklungsarbeit sicherzustellen. Der aufbauorganisatorische Lösungsansatz stellt sich wie folgt dar:

Jede Produkteinheit verfügt über eine eigenes Entwicklungs- und Konstruktionsteam (E&K), in dem PE-relevante Entwicklungsaufgaben - in der Regel Serienentwicklungen - durchgeführt werden. Ausgegliedert und PE-unabhängig existiert eine Forschungs- und Entwicklungsabteilung (F&E) mit 4 Mitarbeitern, die sich als Dienstleister für die PE versteht. Aufgabe dieser kleinen Gruppe anwendungsorientierter Ingenieure ist zum einen die Unterstützung der Vorentwicklung einzelner Produkteinheiten; zum anderen sollen Geschäftsideen, die nicht unmittelbar in den PE liegen bzw. gänzlich neu sind durch die F&E-Mitarbeiter vorangetrieben werden - und dies vor dem Hintergrund der Wachstumsstrategie in besonderem Maße. Nun wäre diese Einheit personell unterbesetzt, um dieser Aufgabe gerecht werden zu können. Daher wird nach dem Ansatz einer virtuellen F&E verfahren: Fall- bzw. projektspezifisch werden jeweils solche SUSPA-Kompetenzen (in Form entsprechender Mitarbeiter) gebündelt, die für die Lösung einer neuen, bislang markt- oder technologieseitig ungeklärten Aufgabenstellung erforderlich sind. Somit umfaßt die de facto minimale Stabstelle F&E virtuell alle anderen 25 Mitarbeiter der SUSPA Compart AG, die mit Entwicklungsaufgaben befaßt sind. Darüber hinaus werden regelmäßig externe F&E-Partner konsultiert, die fehlendes fachliches oder auch methodisches Know-how einbringen. Daraus folgt eine vor dem Hintergrund der Unternehmensgröße und -organisation ressourcen- und nutzenoptimale Gestaltung des Innovationsmanagement.

Die Produktinnovationsplanung wird in dieser Aufbauorganisation durch das Gates&Stages-Projektmanagement getragen (Bild 15). Von der Idee bis zum Produktionsstart sind 3 Gates definiert, die ausgehend von einem Freiraum für die Ideenfindung und -detaillierung ein zunehmend strafferes Controlling des Innovationsprozesses sowie eine steigende Verantwortlichkeit einer PE zur Folge haben. Dabei werden (im Idealfall) die Phasen (Stages) der Projektideen, Vorprojekte, Konzeptentwicklungen sowie Serienentwicklung durchlaufen. Die praktische Umsetzung der beschriebenen Innovationsstruktur soll im folgenden Beispiel verdeutlicht werden.

Eines der ersten Projekte in den oben beschriebenen Strukturen war das „Movotec"-Projekt. Basierend auf dem Markt-Know-how im Bereich Büromöbel war der globale Trend der zunehmend ergonomisch optimierten Gestaltung von Büroarbeitsplätzen identifiziert worden. Darüber hinaus ist mit einem verstärkten Computereinsatz - insbesondere im Ingenieurbereich (CAD) - zu rechnen, was auf einen steigenden Marktbedarf nach kombinierten Sitz-Steh-Arbeitsplätzen schließen läßt. Der Abgleich dieses Trends mit den Kompetenzen der SUSPA Compart AG ergab, daß zum einen bereits ein Marktzugang über die technische Lösung des gasfederunterstützten Hebens und Senkens von Bürostühlen existiert, zum anderen aber auch eine weitere technologische Kompetenz aus dem Industriebereich für das Heben und Senken genutzt werden kann: hydraulische Höhenverstellsysteme für Montagetische.

Durchführungs-verantwortung	Projektphasen	Ergebnisse der Vorhaben	Entscheidungspunkte
Sonstige / Virtuelle Forschung und Entwicklung / Produkteinheit (PE)	Projektideen	• Marktchancen • Produktideen	Gate 1
	Vorprojekte	• Marktanalysen • Machbarkeitsstudien	Gate 2
	Konzeptentwicklungen	Demonstrator für Kundenkontakte	Gate 3
	Serienentwicklung	Produkt- und Prozeßentwicklung	Serienstart

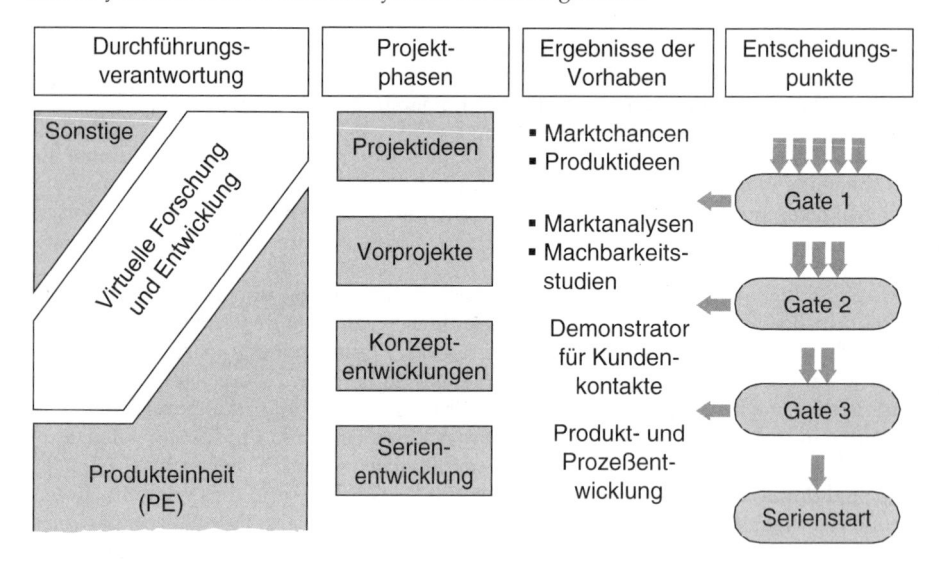

Bild 15: Produktinnovationsplanung bei der SUSPA Compart AG

Vor dem Hintergrund dieser Projektidee wurde ein heterogen besetztes Team ins Leben gerufen. Dabei kamen Mitarbeiter aus den Bereichen F&E, E&K (Bürostuhlgasfedern, Industrielle Höhenverstellung), Produktion (Gasfedern, Industrielle Höhenverstellung) und Marketing (Gasfedern) zusammen. Ergänzt wurde dieses Team um die externe F&E-Beratung durch das Fraunhofer IPT sowie ein mit SUSPA kooperierendes Unternehmen aus der Hydraulikbranche. Auf die Interdisziplinarität wurde deshalb besonderer Wert gelegt, da sowohl das SUSPA Know-how in unterschiedlichen Unternehmensbereichen als auch externes Fachwissen in inhaltlicher und methodischer Hinsicht nutzbar gemacht werden sollte.

Zunächst wurden in einem Vorprojekt grundsätzliche technologische Lösungen für die Aufgabenstellung der Tischhöhenverstellung generiert. Hierbei wurden Methoden wie intuitive Kreativitätstechniken, Morphologie und das House of Innovation eingesetzt (Bild 16). Parallel dazu wurden die Kundenanforderungen identifiziert sowie ein Wettbewerbsvergleich und eine erste Abschätzung des potentiellen Marktvolumens durchgeführt. Im zweiten Gate wurden die erarbeiteten Lösungen durch die Geschäftsleitung mittels eines Innovationsportfolios bewertet. Ergebnis dieser ersten Phase war eine dreistufige Innovationsstrategie (Innovation Roadmap), deren kurzfristiger Lösungsansatz in den folgenden Projektphasen weiterentwickelt wurde.

		Methoden	Ergebnis
	Vorprojekt	•Marktabschätzung •Wettbewerbsanalyse •Kreativitätstechniken •Morphologie •House of Innovation	•Innovationsportfolio mit bewerteten Ansätzen (Gate 2) •Innovation-Roadmap
	Konzeptentwicklung	•Detaillierte Marktanalyse •TRIZ-Methodik •Technologiekalender-Methodik	•Patentanmeldung •Demonstrator •Lead-User-Kontakt •Kleinserie •Technology-Roadmap

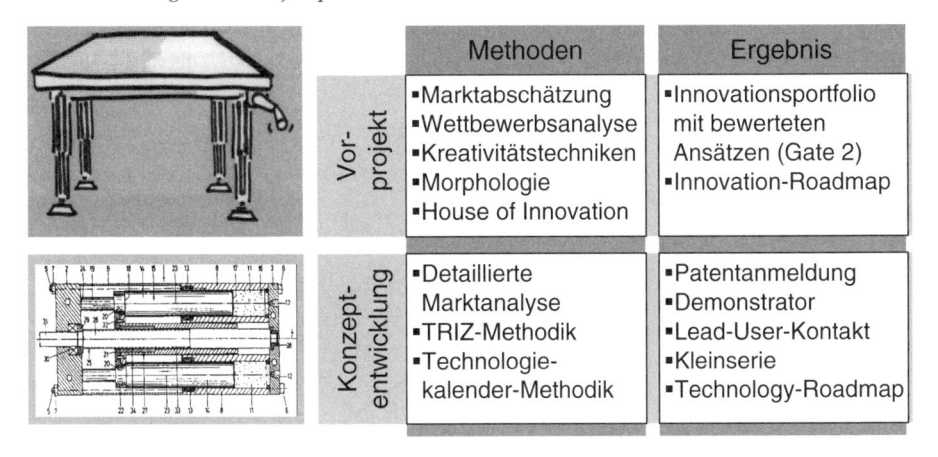

Bild 16: Das „Movotec"-Projekt der SUSPA Compart AG

Die Projektphase der Konzeptentwicklung wurde in der Verantwortung der PE „Industrielle Höhenverstellung" gelegt. Neben der Mitarbeit der SUSPA-F&E und der Beratung durch das Fraunhofer IPT wurde zusätzlich eine Unternehmensberatung mit einer detaillierten Marktstudie für den Markt der Tischhöhenverstellsysteme beauftragt.

Die technische Entwicklung des Produktkonzeptes erfolgte insbesondere mittels der TRIZ-Methodik; parallel dazu wurde die Planung der Fertigungstechnologien mit Hilfe der Technologiekalender-Methodik vorangetrieben. Ergebnis dieser Phase waren marketingseitig eine detaillierte Abschätzung des Marktvolumens sowie die Kooperation mit einem Lead-User, der bereits eine Kleinserie des neuen Produktes in Auftrag gegeben hatte. Technologieseitig wurde zum einen ein Patent für das Produkt angemeldet sowie ein Demonstrator für weitere Versuche sowie zur Präsentation bei potentiellen Kunden gebaut. Darüber hinaus konnte auf Grundlage einer Technology Roadmap eine Prognose der Herstellkosten für zukünftige Stückzahlentwicklungen und damit auch Produktevolutionsstufen getroffen werden.

Basierend auf diesen Ergebnissen fiel in der dritten Gate-Sitzung der Beschluß, mit der Serienentwicklung zu starten. Diese wurde dann ausschließlich in die Hände der PE „Industrielle Höhenverstellung" gelegt, während ein neues Team unter Leitung der

F&E mit der Durchführung eines Vorprojektes zur Ausarbeitung der mittelfristigen Lösung aus der Innovation Roadmap beauftragt wurde.

5 Detaillierung des Analysekonzepts

Zur Detaillierung des Analysekonzepts werden in diesem Abschnitt zunächst die signifikanten, innovationsbeeinflussenden Merkmale zur Beschreibung von Unternehmen vorgestellt. Im Anschluß erfolgt dann die Vorstellung ausgewählter Ansätze zur Gestaltung der Innovationsfähigkeit.

5.1 Beschreibung der Unternehmensmerkmale

Um die große Anzahl von Merkmalen, die in Korrelation zur Innovationsfähigkeit von Unternehmen stehen, handhabbar zu machen, werden nur solche ausgewählt, die bestimmten Anforderungen genügen (Bild 17).

F&E-Personal
- Ausbildung
- Erfahrung

Branche
- Verbrauchs-/Gebrauchsgüter
- Investitionsgüter
- Konsumgüter

F&E-Größe
- Mitarbeiterzahl
- Umsatzanteil

Innovationsstrategie
- mittelinduziert
- grundlageninduziert
- zweckinduziert

Wettbewerbsstrategie
- Kostenführerschaft
- Differenzierung
- Nischenstrategie

Unternehmensgröße
- Mitarbeiterzahl
- Umsatz

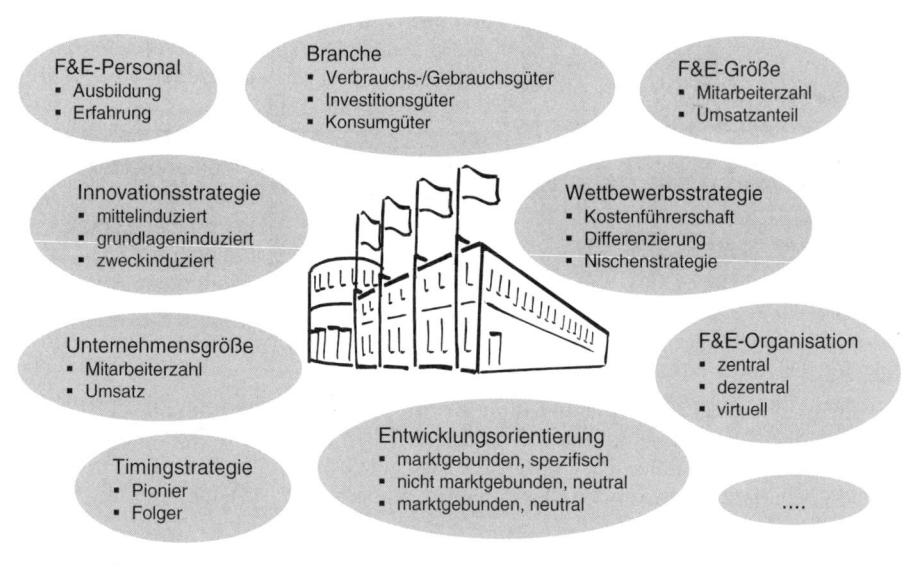

F&E-Organisation
- zentral
- dezentral
- virtuell

Timingstrategie
- Pionier
- Folger

Entwicklungsorientierung
- marktgebunden, spezifisch
- nicht marktgebunden, neutral
- marktgebunden, neutral

Bild 17: Übersicht ausgewählter, innovationsrelevanter Unternehmensmerkmale

Wichtige Anforderungen sind die Verfügbarkeit, die Eindeutigkeit und nicht zuletzt die Relevanz. Ein Merkmal muß prinzipiell bei jedem Unternehmen verfügbar sein und auch zur Verfügung gestellt werden können. Nur so kann eine breitgefächerte Anwendbarkeit des zu entwickelnden Modells in Unternehmen unterschiedlicher Charakteristika sichergestellt werden. Im Hinblick auf Eindeutigkeit bzw. Definierbarkeit muß Wert auf möglichst quantifizierbare bzw. meßbare Merkmale gelegt werden, um die Vergleichbarkeit der gewonnenen Daten sicherzustellen. Beispielsweise können verhaltensorientierte Größen, wie die Mitarbeitermotivation, nicht verwendet werden, da sie nicht oder nur sehr subjektiv bestimmbar sind. Die Relevanz stellt das entscheidende Kriterium dar. Es gilt, die Merkmale herauszufiltern, die für die Innovationsfähigkeit von Unternehmen von entscheidender Bedeutung sind und eine ausreichende Abgrenzung gegenüber anderen ermöglichen.

Innovation mit System

5.1.1 Unternehmensgröße

Die Annahme eines ursächlichen Zusammenhangs zwischen der Größe eines Unternehmens und der Hervorbringung von Innovationen wird in der Literatur kontrovers diskutiert [3, 21, 22 u.a.]. Es kann jedoch als sicher angenommen werden, daß die Größe zumindest über die verfügbaren Ressourcen und die dementsprechend mögliche Gestaltungsfreiheit einen Einfluß auf den Innovationsprozeß hat.

Die wohl am häufigsten zur Beschreibung bzw. Klassifizierung von Unternehmen bzw. deren Größe genannten Merkmale sind die Mitarbeiteranzahl und der Umsatz. Auch in dem vorliegenden Modell werden sie als signifikante Unternehmensmerkmale genutzt. Die Clusterung folgt dabei der Synthese der Erkenntnisse verschiedener Studien [22, 25 u.a.].

5.1.2 Branche

Der unterschiedliche Charakter der Branchen fließt mit einer relativ groben Unterteilung in das Modell ein, um Vergleiche ziehen zu können. Grenzt man nach den Anwendungsgebieten erstellter Sachleistungen ab, so lassen sich Produkte in Investitionsgüter und Konsumgüter unterscheiden [2]. Verwendet man die Produktbeschaffenheit (Dauerhaftigkeit) als Gliederungskriterium, so werden Güter bzw. die entsprechenden Branchen nach Gebrauchs- und Verbrauchsgütern differenziert [17]. Dienstleistungen werden nicht in das Modell einbezogen.

5.1.3 F&E-Größe

Ein weiteres signifikantes Unternehmensmerkmal ist die F&E-Größe, die über die Kennzahlen Budget und Mitarbeiteranzahl in das Modell einfließt. Damit werden unter der Voraussetzung vergleichbarer Erfassungsumfänge sowohl die finanziellen als auch die personellen Ressourcen beschrieben, die Einfluß auf die Gestaltung der Innovationsfähigkeit haben. Die Berücksichtigung der F&E-Größe ist notwendig, da unabhängig von der Unternehmensgröße verschieden große Ressourcen für F&E in den Unternehmen zur Verfügung stehen [25].

5.1.4 F&E-Personal

Mit diesem Kriterium wird die Qualifikation des für die Innovationsfähigkeit eines Unternehmens entscheidenden F&E-Personals erfaßt. Hinsichtlich der Personalpolitik fallen Unterschiede bei der Besetzung der Stellen im Bereich F&E auf [21]. Einige Unternehmen legen hohen Wert auf die akademische Ausbildung ihrer F&E-Mitarbeiter. Methodisches Vorgehen ist hier im Innovationsprozeß sehr ausgeprägt. Andere Unternehmen setzen auf die hohe Erfahrung ihrer Mitarbeiter. Durch genaue Kenntnis von Markt und Technologien können hier Entscheidungen häufig „aus dem Bauch heraus" getroffen werden.

5.1.5 F&E-Organisation

Durch die F&E-Organisation werden die handlungsleitenden Prinzipien für die Planung und Realisation der F&E-Aktivitäten festgelegt [12]. Aus der Vielzahl denkbarer

Einbindungsmöglichkeiten der betrieblichen F&E in das Unternehmen wurden hier die zentrale, die dezentrale und die virtuelle Form als wesentliche Unternehmensmerkmale ausgewählt.

Zentrale F&E-Abteilungen sind aufbauorganisatorisch derart ins Unternehmen eingegliedert, daß sie den Geschäftseinheiten als eine zusätzliche Einheit gleichberechtigt oder als Stabseinheit zugeordnet sind. Sämtliche Ressourcen sind hier zentralisiert zusammengefaßt. Es wird Grundlagenforschung für das gesamte Unternehmen betrieben, und bei konkreten Projekten werden den Geschäftseinheiten Personal und Mittel zur Verfügung gestellt.

Dezentrale F&E-Organisationen erhalten ihre Bezeichnungen daher, daß die verschiedenen, zumeist vertriebsorientiert strukturierten Geschäftseinheiten eigene F&E-Bereiche unterhalten. Die Arbeit konzentriert sich daher auf die einzelnen Geschäftsfelder, übergreifende Tätigkeiten existieren kaum.

In der Praxis sind vorwiegend Mischformen aus zentraler und dezentraler F&E vorzufinden. Schwerpunkte ergeben sich dann je nach Unternehmensstrategie.

Virtuelle Organisationen haben in den letzten Jahren erhöhte Aufmerksamkeit gefunden und sind in der Literatur viel diskutiert [19 u.a.]. Die virtuelle F&E [6] ist in ihrer personellen Zusammensetzung projektbezogen dynamisch. Die Mitglieder werden für bestimmte Forschungsprojekte aus den Unternehmensbereichen rekrutiert und arbeiten dann in Voll- oder Teilzeit an diesem Projekt. Die virtuelle F&E ist nicht als Unternehmensbereich institutionalisiert. Daher bedarf es in den beteiligten Bereichen des Unternehmens der Bereitschaft, finanzielle und insbesondere personelle Ressourcen zur Verfügung zu stellen.

5.1.6 Innovationszyklus

Über den Quotienten aus dem Plattform- bzw. Baureihenlebenszyklus und der durchschnittlichen Plattform-/Baureihenentwicklungsdauer wird dem Innovationszyklus Rechnung getragen, d.h. der dem Unternehmen vom Markt vorgegebenen Anforderung hinsichtlich der Innovationsgeschwindigkeit. Der Plattformlebenszyklus gibt dabei an, wie lange sich eine Plattform am Markt absetzen läßt, bevor sie durch eine neue substituiert werden muß. Eine Plattform ist dabei als Basis verschiedener Variantenkonstruktionen zu verstehen.

5.1.7 Entwicklungsorientierung

Kunden können über die Art der Beziehung zum Unternehmen entscheidenden Einfluß auf die Innovationsaktivitäten haben. Zunächst ist von großer Bedeutung, ob das Geschäft des Unternehmens in entscheidendem Maße von einzelnen Kunden abhängt. Ist dies der Fall, so ist die Wahrscheinlichkeit der Einflußnahme nicht nur auf selbstverständliche Prozesse wie die Preisbildung signifikant, sondern u.U. auch auf die Innovationsaktivitäten.

Des weiteren ist die Art der Entwicklungstätigkeit, speziell für den Kunden oder unabhängig von ihm, von Bedeutung für die Innovationsfähigkeit. Es sind dementsprechend bestimmte Formen der Organisation, evtl. mit Einbindung von Personal des Kunden, oder auch der Kommunikation erforderlich. Faßt man die genannten Kriterien der Kundenbindung und der Rolle des Kunden für die Produktentwicklung im Sinne einer Profilmaximierung mit wenigen Kriterien zusammen, so bieten sich die Einteilungen „kundengebunden-neutrale Entwicklung", „kundengebunden-spezifische Entwicklung" sowie „nicht kundengebunden-spezifische Entwicklung" an [25], die im folgenden als Entwicklungsorientierung bezeichnet werden.

5.1.8 Wettbewerbsstrategie

Wettbewerbsstrategie ist die Wahl offensiver und defensiver Maßnahmen, um eine gefestigte Branchenposition zu schaffen, d.h. erfolgreich mit den Wettbewerbskräften fertig zu werden und somit einen höheren Ertrag auf das investierte Kapital zu erzielen [28]. Auf einer allgemeinen Ebene lassen sich drei Gruppen bestimmen, die getrennt oder kombiniert verfolgt werden können und einen signifikanten Einfluß auf den Innovationsprozeß haben: Kostenführerschaft, Differenzierung und Nischenstrategie.

Mit der Kostenführerstrategie verfolgt ein Unternehmen das Ziel, der am rationellsten produzierende Hersteller und darauf aufbauend auch günstigster Anbieter von Produkten in einem Markt zu werden. Es können überdurchschnittliche Ergebnisse erzielt werden, wenn man im Vergleich zum Wettbewerb paritätische, d.h. gleichwertige Qualität, Service etc. aufweisen kann.

Bei der Differenzierungsstrategie (oder auch Technologieführerschaft) werden herausragende marktrelevante Produktmerkmale, wie z.B. Zuverlässigkeit, Lebensdauer, Gebrauchsnutzen, Ausstattung, Design oder eine Produktqualität insgesamt angestrebt, die in einem Markt als einmalig angesehen wird. Auch hier können überdurchschnittliche Ergebnisse nur bei paritätischen oder annähernd paritätischen Kosten erzielt werden.

Die Nischenstrategie geht davon aus, daß sich strategische Ziele besser erreichen lassen, wenn man sich auf einen ausgewählten Schwerpunkt konzentriert. Man bedient Marktnischen, deren Produktanforderungen durch das bisherige Angebot nicht oder nicht ausreichend befriedigt wurden. Gründe dafür können mangelnde Flexibilität der bisherigen Anbieter oder zu geringe Größe des Marktsegments speziell für größere Wettbewerber sein.

5.1.9 Timingstrategie

Aufgrund der Beschleunigung der technologischen Entwicklung sowie des damit verbundenen Wandels der Märkte werden den Wettbewerbsstrategien zusätzliche Timing-Strategien hinzugefügt [27]. Sie stellen den Zeitpunkt der Markteinführung neuer Produkte in den Vordergrund der Betrachtungen. Man unterscheidet: Pionierstrategie und Folger-Strategie.

Die Pionier- oder First-to-Market-Strategie zielt darauf ab, als erstes Unternehmen eine neue Technologie in den Markt einzuführen oder ein Produkt anzubieten. Voraussetzung ist das Vorliegen einer technisch ausgereiften Problemlösung als Ergebnis eines

Innovationsprozesses. Aus den genannten Zeitzielen und den Innovationsrisiken ergeben sich jedoch besondere Aufgaben im Innovationsprozeß.

Folger (Later-to-Market-Strategie) treten in einem möglichst kurzen Zeitabstand zum Pionier mit dem gleichen Leistungsangebot in den Markt und versuchen Marktanteile für sich zu gewinnen. Sie können sich dabei an den Ergebnissen des Pioniers orientieren und im Innovationsprozeß Fehler vermeiden. Das Innovationsrisiko ist damit geringer geworden, auf der anderen Seite sind nicht mehr die Umsätze zu erreichen, die der Pionier erzielen konnte.

5.1.10 Innovationsstrategie

Unterschieden wird nach der Art des Antriebs zur Innovation bzw. der Art der Induktion in zweck- oder anwendungsinduzierte Innovation, mittel- oder technologieinduzierte Innovation sowie grundlageninduzierte Innovation [26].

Technologiegebundene Unternehmen sind hinsichtlich ihrer Innovationstätigkeit in entscheidendem Maße von bestimmten Technologien abhängig. Ein hoher Spezialisierungsgrad der Kernkompetenzen, ausgeprägtes Know-how und Schwierigkeiten des Umstiegs auf andere Technologien zeichnen solche Unternehmen aus. Bei der mittelinduzierten Innovation liegt eine bekannte Technologie vor, gesucht wird eine völlig neue Anwendung [13].

Anders als die technologiegebundenen Unternehmen sind marktgebundene Unternehmen an die Bedürfnisse ihres Absatzmarktes, d.h. den Market Pull gekoppelt. Es gilt, auf dem bekannten Markt z.B. durch hohe Qualität oder besonders innovative Produkte Marktanteile zu sichern und auszubauen. Damit geht die zweckinduzierte Innovation von bekannten und klaren Zielen aus und versucht, neue Technologien oder Mittel zu bestimmen, durch die diese Ziele besser erfüllt werden können. Dies ist der Normalfall der industriellen Forschung und Entwicklung [13].

Die grundlageninduzierte Innovation kann über zwei Wege zur Innovation führen; zum einen über die Erlangung von Zweckklarheit, zum anderen über die Erlangung von Mittelklarheit. In dieses Segment fällt jegliche Grundlagenforschung, Technologien sind noch weitgehend unbekannt und auch die Zwecke lassen sich nicht klar bestimmen. Durch das sehr viel größere Ausmaß an Komplexität werden besondere Anforderungen an den Innovationsprozeß gestellt [13]. Grundlageninduzierte Innovationen werden in dem vorliegenden Beitrag nur am Rande betrachtet.

5.2 Beschreibung der Gestaltungsansätze

Im folgenden werden ausgewählte Ansätze beschrieben, die zu einer Steigerung der Innovationsfähigkeit von Unternehmen führen können (Bild 18). Im Sinne der eingangs geschilderten Nutzenmaximierung (vgl. Bild 1) liegt der Fokus dabei auf effektivitätssteigernden Gestaltungsansätzen.

Innovation mit System 129

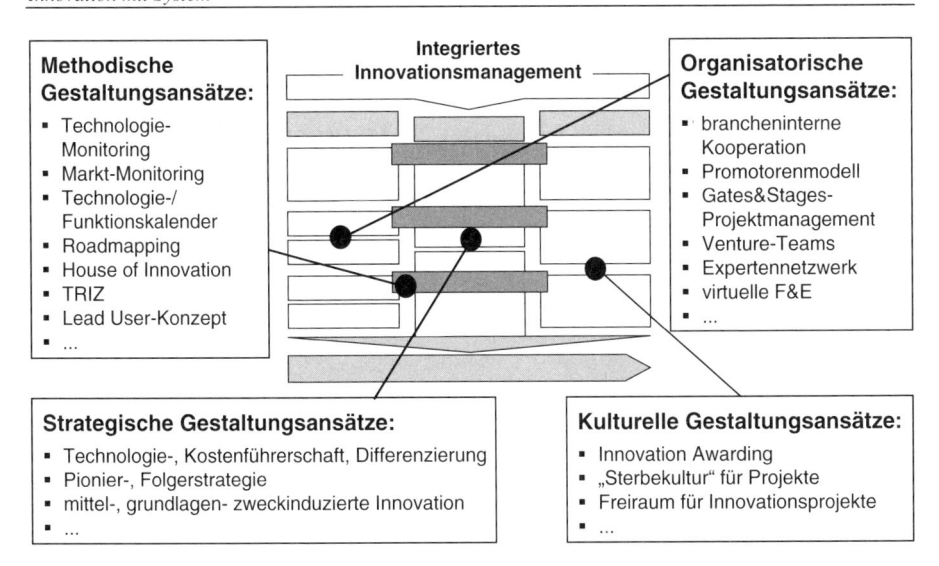

Methodische Gestaltungsansätze:	**Integriertes Innovationsmanagement**	**Organisatorische Gestaltungsansätze:**
• Technologie-Monitoring • Markt-Monitoring • Technologie-/Funktionskalender • Roadmapping • House of Innovation • TRIZ • Lead User-Konzept • ...		• brancheninterne Kooperation • Promotorenmodell • Gates&Stages-Projektmanagement • Venture-Teams • Expertennetzwerk • virtuelle F&E • ...
Strategische Gestaltungsansätze:		**Kulturelle Gestaltungsansätze:**
• Technologie-, Kostenführerschaft, Differenzierung • Pionier-, Folgerstrategie • mittel-, grundlagen- zweckinduzierte Innovation • ...		• Innovation Awarding • „Sterbekultur" für Projekte • Freiraum für Innovationsprojekte • ...

<u>Bild 18:</u> Übersicht ausgewählter, effektivitätssteigernder Gestaltungsansätze

Aufgrund der Verschiedenartigkeit wird dabei in methodische, strategische, organisatorische und kulturelle Gestaltungsansätze unterschieden. Dies dient nur einer groben Strukturierung; es ist z.B. möglich, daß Gestaltungsansätze sowohl strategischer als auch methodischer Natur sind. Es werden nur wesentliche und einige neuartige, bislang wenig angewendete Gestaltungsansätze vorgestellt. So werden die insbesondere für spätere Entwicklungsphasen wichtigen oder hinlänglich bekannten Methoden wie das Target Costing, die Conjoint Analyse, Portfolio- und Szenario-Techniken, die Wertanalyse, das Simultaneous Engineering [9], die Fehler-Möglichkeits- und Einflußanalyse (FMEA) und die Methode des Quality Function Deployment (QFD) hier nicht näher erläutert.

5.2.1 Methodische Gestaltungsansätze

Methodische Gestaltungsansätze erhöhen die Innovationsfähigkeit eines Unternehmens durch die methodische Unterstützung der Aktivitäten.

„TRIZ" ist ein aus dem Russischen stammendes Akronym und steht für die in der Sowjetunion entwickelte „Theorie zur Lösung erfinderischer Probleme". Anders als bei herkömmlichen Ansätzen der Konstruktionssystematik oder den intuitiven Kreativitätstechniken beruht TRIZ auf einer breiten empirischen Basis. Bis heute wurden über 2,5 Millionen Patente aus den verschiedensten technischen Bereichen analysiert. Ergebnis der Untersuchungen sind abstrahierbare Lösungsmuster, deren Anwendung erfolgreiche Patente auszeichnet. Dem Nutzer stehen diese Prinzipien in einer Entwicklungswiderspruchs-Matrix und in Form von Evolutionsmustern technischer Systeme für die Anwendung auf eigene Probleme zur Verfügung. Seit der Öffnung des Ostblocks verbreitet sich die Methode sehr erfolgreich in den USA, aber auch zunehmend in Europa.

Die **Technologiekalender-Methodik** ist eine durchgängige Vorgehensweise zur strategischen Planung der Einsatzmöglichkeiten innovativer Produktionstechnologien [10]. Ziel ist es, den zeitlichen Zusammenhang zwischen der Einführung neuer Produkte und neuer Produktionskonzepte herzustellen. In die Darstellung des Technologiekalenders einbezogen sind daher die unternehmensspezifischen Prämissen und Prognosen zukünftiger Produkt- und Produktionsprogramme. Diese werden mit den zu ihrer Herstellung erforderlichen, neuen Technologien in Beziehung gesetzt.

Analog dem Technolgiekalender vorwiegend für Produktionstechnologien, wird die **Funktionskalender-Methodik** als Instrument der strategischen Produktplanung für Produktfunktionen und -technologien verwendet. Es werden dabei die prognostizierte Evolution des Absatzmarktes und die resultierenden Anforderungen den prognostizierten Evolutionen von Produktfunktionen und ihrer Umsetzung durch Prinziplösungen gegenübergestellt. Durch diese Zusammenführung entsteht eine Wissensbasis, anhand der geeignete Reaktionen mit unterschiedlichen Zeithorizonten im Voraus planbar werden. Kurzfristig können aus dem Funktionskalender Handlungsempfehlungen für Technologie- und Entwicklungsprojekte (TTM-Projekte) abgeleitet werden. Langfristig dient er zum Aufzeigen von Entwicklungstendenzen und hilft durch die Form der Darstellung bei der Ableitung von Markt- und Technologiestrategien.

Durch das **House of Innovation (HoI)** [11] wird eine durchgehende methodische Unterstützung des Innovationsprozesses geboten. Es beruht auf dem Ansatz der Kopplung von am Markt geforderten Funktionen und den technologischen Kompetenzen eines Unternehmens. Durch die simultane Betrachtung dieser beiden Bereiche wird darüber hinaus die systematische Suche nach Ideen für innovative Produkte gefördert.

Lead User sind Kunden, die ein starkes Eigeninteresse an Produktneuentwicklungen zur Erfüllung zukünftiger Marktbedürfnisse haben. Sie sind mehr als andere Kunden mit Randbedingungen, Märkten und Technologien vertraut. Die Motivation zu einer Zusammenarbeit in der Produktentwicklung besteht in der Möglichkeit zur frühen Einflußnahme auf das entstehende Produkt und damit auf Kosten und Funktionserfüllung. Der Vorteil des **Lead User-Konzepts** besteht darin, anstatt auf Analysen und Studien zurückgreifen zu müssen, mit Menschen zusammenarbeiten zu können, die das zukunftsrelevante Denken eines Kunden quasi in sich tragen. Für ein Unternehmen gilt es, diese Lead User zu identifizieren und ihr Wissen und ihre Kenntnisse für die Findung und konzeptionelle Gestaltung von Produktinnovationen zu nutzen [16].

Beim **Technologie-Monitoring** wird der Technologie-Beschaffungsmarkt kontinuierlich beobachtet. Ziel ist die Erkennung von Technologietrends- und -entwicklungen. Diese sollen dann frühzeitig zur Entwicklung innovativer Produkte genutzt werden. Beim **Markt-Monitoring** werden bestehende und potentielle Absatzmärkte kontinuierlich beobachtet. Ziel ist die frühzeitige Erkennung neuer Bedürfnisse, auf die das Unternehmen mit geeigneten Produkten reagieren kann.

Im Rahmen des **Roadmapping** wird die Evolution von Absatzmarkt und Technologien antizipiert und prognostiziert. Auf Basis dieser Antizipation werden geeignete Reaktionen von Seiten des Unternehmens geplant. Ergebnis ist eine Art Karte (Roadmap) für die Zukunft, auf der das Unternehmen seinem Weg entsprechend seiner Strategie folgt. Roadmaps können als integrierende Instrumente die Planung verschiedener Technologien mit verschiedenen Zeithorizonten abbilden. So kann eine Roadmap bezüglich eines Produkts, seiner Komponenten und Bauteile sowie seiner Fertigung erstellt werden. Selektive Roadmaps werden gezielt bezüglich ausgewählter Technologien erstellt. Als Beispiele für Roadmaps seien hier der oben erwähnte Technologie- und Funktionskalender genannt.

5.2.2 Strategische Gestaltungsansätze

Innovations-, Wettbewerbs- und Timingstrategien wurden bereits als signifikante Unternehmensmerkmale in Abschnitt 5.1.8 bis 5.1.10 beschrieben. Diese Strategien können jedoch ebenso Gestaltungsansätze und damit Stellgrößen zur Steigerung der Innovationsfähigkeit sein. Daher werden sie im vorliegenden Modell sowohl zur Einordnung als auch zur Gestaltung von Unternehmen genutzt.

Ergänzend dazu können in Anlehnung an ANSOFF als strategische Stoßrichtungen zur Produktinnovation die der Marktentwicklung, Technologieentwicklung sowie Diversifikation unterschieden werden [1]. Eine Diversifikation, d.h. die Erschließung neuer Märkte mit neuen Produkten, wird dabei häufig basierend auf den vorhandenen technologischen Kompetenzen angestrebt.

5.2.3 Organisatorische Gestaltungsansätze

In diesem Abschnitt werden ausgewählte Gestaltungsansätze vorgestellt, die die Innovationsfähigkeit fördern, indem sie Einfluß auf Innovationsstrukturen und die Organisation von Innovationsprozessen nehmen.

Das **Gates&Stages Projektmanagement** zeichnet sich durch eine offene Führung speziell in den frühen Phasen des Innovationsprozesses aus. Die Erreichung von Gates und das Eintreten auf nächsthöhere Stufen (Stages) des Prozesses ist nicht streng an zeitliche Vorgaben gebunden. Dadurch soll der Kreativität der nötige Raum zu ihrer Entfaltung gegeben werden. Erst in den späteren Phasen wird das Vorgehen zunehmend straffer und ähnelt dem bekannten Projektmanagement mit der Festlegung von Meilensteinen.

Das **Promotorenmodell** [35] konzentriert sich auf die herausragenden Individuen im Innovationsprozeß. Es wird davon ausgegangen, daß Inhaber verschiedenartiger Machtpositionen im Unternehmen notwendig sind, um Innovationsbarrieren zu überwinden. Der Machtpromotor fördert den Innovationsprozeß durch hierarchisches Potential, das ihm durch seine Position im Unternehmen gegeben ist [13]. Der Fachpromotor fördert den Innovationsprozeß durch objektspezifisches Fachwissen, durch Kreativität und durch pädagogische Leistung, also durch Expertenmacht. Der Prozeßpromotor fördert den Innovationsprozeß durch Organisationskenntnis, Verknüpfungsleistungen und Werbekraft, also durch Informations- und Kommunikationsmacht [13].

Venture-Teams zielen darauf ab, unternehmerische Kräfte zu „entfesseln". Dabei werden Mitarbeiter verschiedener Funktionsbereiche i.d.R. aus dem organisatorischen Umfeld herausgelöst und allein dem Venture-Team zugeordnet, wodurch eine Fokussierung ihrer Aktivitäten auf das Venture-Projekt stattfindet und eine vollkommene Identifikation sowie eine hohe emotionale Affinität mit dem Projekt angestrebt wird. Auf diese Weise soll bei den Teammitgliedern die Bereitschaft gesteigert werden, Ungewöhnliches zu leisten. Eine gleichzeitige Mitarbeit an anderen F&E-Projekten ist folglich problematisch und wird als störend empfunden. Das Venture-Team kann somit als Simulation eines dynamischen „Pionierunternehmens" betrachtet werden, das frei von organisatorischen Zwängen ungewöhnliche F&E-Projekte realisiert [31].

Mit der **virtuellen F&E** wurde bereits in Abschnitt 5.1.5 ein Unternehmensmerkmal vorgestellt, welches aufgrund der bislang geringen Verbreitung hier auch als organisatorischer Gestaltungsansatz des Innovationsmanagement aufgeführt wird.

Die Zielsetzung von **Kooperationen** besteht in der Nutzung von Vorteilen, die aus der gemeinschaftlichen Ausübung von Funktionen mit dem Kooperationspartner erwachsen. Dabei gehen rechtlich selbständige Unternehmen eine geschäftsfeldbezogene, zeitlich begrenzte Zusammenarbeit ein, um eine bestimmte, vertraglich oder auch informell abgestimmte, gemeinsame Produktentwicklung durchzuführen [33].

Eine weitere Form der Kooperation ist die Zusammenarbeit mit **ausgewählten Zulieferern**. Hier gilt es, die spezifische, fachliche Kompetenz des Zulieferers zur Maximierung der Entwicklungsergebnisse zu nutzen.

Die konkrete Erschließung von externem Wissen für Entwicklungsvorhaben erfordert eine detaillierte Innovationsplanung, um eine genaue Übersicht über den Informationsbedarf zu bekommen. Durch den frühzeitigen Kontakt zu potentiell interessanten Experten und dem von ihnen beherrschten Know-how soll dem Unternehmen die Möglichkeit gegeben werden, im Bedarfsfall Innovationsprozesse durch den schnellen Zugriff auf strukturiertes Wissen zu verkürzen. Der Aufbau von **Expertennetzwerken** bietet sich insbesondere bei Unternehmen ohne ausreichende eigene Forschungs- und Marketingkapazitäten an.

5.2.4 Kulturelle Gestaltungsansätze

Kulturelle Gestaltungsansätze erhöhen die Innovationsfähigkeit durch ihre förderliche Einflußnahme auf die Verhaltensaspekte des Unternehmens. Dazu gehören die Gestaltung eines innovationsfreundlichen Klimas oder das Vorleben und die Unterstützung durch die Führungskräfte. Häufig wird auch Mitarbeitern von F&E-Abteilungen ein gewisser **Freiraum für Innovationsprojekte** gewährt, den sie eigenverantwortlich nutzen können.

Durch das sogenannte **Awarding** werden Mitarbeiter oder Mitarbeitergruppen für herausragende Leistungen zum Nutzen des Unternehmens formell gewürdigt. Mitarbeiter werden dadurch emotional gebunden und zusätzlich motiviert.

Hinderlich für die Entfaltung von Ideen und die Projektdurchführung kann die Furcht vor Fehlern und mangelndem Projekterfolg sein. Es muß daher hingenommen werden, daß hin und wieder nicht zielführende Projekte abgebrochen werden. Dabei dürfen den Verantwortlichen und den Beteiligten keine Nachteile entstehen. Es ist daher innovationsförderlich, eine „**Sterbekultur**" für Innovationsprojekte zu haben.

Die Schaffung einer innovationsfreundlichen Unternehmenskultur ist in der Regel nur langfristig zu erzielen; sie soll in der vorliegenden Analyse nicht detailliert betrachtet werden.

6 Fazit und Perspektiven

Die geschilderten Fallstudien zum Innovationsmanagement wurden hinsichtlich der relevanten Unternehmensmerkmale und der zur Anwendung gekommenen Gestaltungsansätze detailliert untersucht. Es konnten unter den Unternehmensmerkmalen drei Cluster identifiziert werden, die signifikant unterschiedliche Muster bei den strukturellen Lösungsansätzen aufwiesen. Diese Merkmalscluster, im folgenden als „Innovationstypus" bezeichnet, sollen dazu dienen, die Kernaussagen der vorliegenden Ausarbeitung prägnant zusammenzufassen. Sie beschreiben archetypische Ansätze zur Steigerung der Innovationsfähigkeit von Unternehmen (Bild 19).

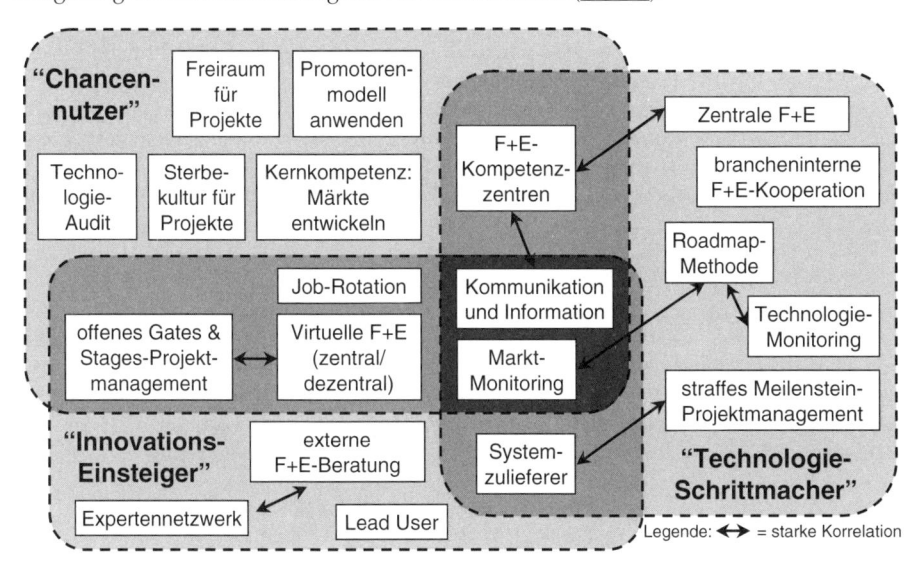

Bild 19: Innovationsfähigkeit durch effektive Strukturen und Aktivitäten

Allen Typen gemeinsam ist das kontinuierlich betriebene Markt-Monitoring sowie ein fallspezifisch ausgearbeitetes Kommunikations- und Informationssystem, das der Vernetzung der verschiedenen Fachbereiche sowie der Frühaufklärung dient. Die Systeme können dabei sowohl EDV-technisch unterstützt sein als auch sich in persönlichen Netzwerken, regelmäßigen Treffen usw. manifestieren. Weiterhin wurden in allen untersuchten Fallstudien zur Lösung technischer Probleme erfolgreich Kreativitätstechniken eingesetzt, wohingegen der Einsatz von systematischen Methoden wie TRIZ sich erst langsam durchzusetzen beginnt.

Innovationstypus „Technologieschrittmacher"

Das innovative Unternehmen vom Typ „Technologieschrittmacher" verfolgt die Wettbewerbsstrategie des Technologieführers. Zusätzlich geht dieser Innovationstypus bei der Timingstrategie das besondere Risiko des Pioniers ein. Typischerweise bewegt sich der Technologieschrittmacher in einem turbulenten Markt, dessen allgemeine Innovationszyklen gerade noch mit den notwendigen Entwicklungszeiten für neue Produktgenerationen konform gehen. Dieses extrem aufreibende Innovationstempo wird jedoch insbesondere vom Technologieschrittmacher selbst forciert. Beispiele dieser Art finden sich insbesondere im Bereich hochkomplexer, systemtechnischer Produkte. Man denke etwa an die Mikroelektronik, aber auch an die bereits vorgestellten Beispiele aus der Automobil- und Luftfahrtindustrie. Weitere denkbare Bereiche sind „ältere" Branchen mit festgefügten Wettbewerbstrukturen und hohen Markteintrittsbarrieren, wie der klassische Maschinenbau oder „weiße Ware".

Dieser Innovationstypus setzt signifikant häufig das Instrumentarium des „Roadmapping" ein. Dies kann insbesondere dazu genutzt werden, Ergebnisse des Markt- und Technologie-Monitorings systematisch in die Planung von zukünftigen Produkten und Technologien einfließen zu lassen. Zur Erreichung der hochgesteckten Ziele gehen Technologieschrittmacher bisweilen brancheninterne Kooperationen ein. In späteren Phasen des Innovationsprozesses wird ein straffes Meilenstein-Projektmanagement angewendet, in das Systemzulieferer mit Entwicklungskompetenz systematisch eingebunden werden. Die technologischen Grundlagen werden abseits von diesem Prozeß in zentralen F&E-Einrichtungen erarbeitet. Die durch die Anwendungsgebiete vorgegebenen technologischen Themengebiete werden zur Bündelung der Kräfte in speziellen Kompetenzzentren bearbeitet, die in ihrem Fachgebiet eine Spitzenstellung erlangen sollen.

Innovationstypus „Chancennutzer"

Das innovative Unternehmen vom Typ „Chancennutzer" verfolgt bei der Planung seines Neugeschäftes die Wettbewerbsstrategie des Nischenanbieters. Die (bevorzugt neuartigen) Marktchancen haben dementsprechend eine niedrigere Wettbewerbsdichte. Es ergeben sich daraus längere Innovationszyklen. Besonders häufig finden sich solche Situationen bei Produkten, die auf einer Werkstoffkompetenz beruhen oder bei Nischenprodukten mit mittlerer Komplexität (z.B. Zulieferkomponenten).

Auch bei diesem Innovationstypus finden sich F&E-Kompetenzzentren. So lassen sich z.B. anspruchsvolle und langfristige Werkstoffentwicklungen nur im Rahmen einer solchen konzentrierten Grundlagenforschung erarbeiten. Diese Zentren sind jedoch eingebettet in ein Netzwerk aus dezentralen und eher marktorientierten Entwicklungsabteilungen. Um die verschiedenen langfristigen Projekte in einem Unternehmen unter Kontrolle zu halten und eine schnelle Umsetzung vermarktbarer Kompetenzen zu gewährleisten, wird das Instrument des „Technologieaudits" im Sinne eines kontinuierlichen, internen Technologie-Monitorings angewendet. Um das gesammelte Know-how auch in die Serienentwicklung übergehen zu lassen, gehen die entsprechenden Experten zusammen mit ihren Projekten im Sinne einer Job-Rotation zumindest zeitweise in die marktnahen Einheiten. Eine weitere, stark ausgebildete Kernkompetenz der Chancennutzer besteht im systematischen Neuaufbau von Marktzugängen, klassischerweise im Fachbereich Marketing angesiedelt. Die einzelnen Innovationsprojekte sind durch eine offene Gesamtführung gekennzeichnet. Im Rahmen von abgestuften Bewertungsfiltern (Gates) und spezifisch zugeschnittenen Charakteristiken für die einzelnen Phasen (Stages) entsteht der sogenannte Projekt-„Funnel", der kontinuierlichen Nachschub an Innovationsprojekten liefert. Zu diesem zumindest in den frühen Phasen eher lockeren Projektmanagement gehört jedoch eine bestimmte Innovationskultur. Sie zeichnet sich aus durch die Anwendung des Promotorenmodells sowie Freiraum für selbstdefinierte Projekte. Es existiert eine Sterbekultur für Projekte und sogar für ganze Geschäftsbereiche. Fehlentwicklungen sind in diesem Rahmen erlaubt, sollen aber in Erfahrungszuwachs für neue Projekte münden.

Innovationstypus „Innovationseinsteiger"
Dieser Unternehmenstypus stellt eine Besonderheit dar. Er weist bezüglich der Unternehmensmerkmale und Lösungsansätze wesentliche Eigenschaften des „Chancennutzers" auf, allerdings gepaart mit einem verhältnismäßig kleinen F&E-Budget. Dies führt zu besonderen Ausprägungen der Lösungsansätze und einigen spezifischen Eigenschaften. Dieser Innovationstypus ist damit insbesondere stellvertretend für mittelständische Unternehmen oder aus kleineren Einheiten zusammengesetzte Unternehmensgruppen, die von einer extrem verschlankten Grundstruktur ausgehen müssen. Den innovationsfeindlichen Nebenwirkungen des Rationalisierungs- und „Lean Management"-Trends der neunziger Jahre möchte der Innovationseinsteiger nun mit einer auf Wachstum ausgerichteten Unternehmens- bzw. Innovationsstrategie begegnen.

Ein besonders charakteristischer Lösungsansatz betrifft die fehlende bzw. stark reduzierte zentrale F&E-Kapazität. Auch beim Innovationseinsteiger werden Projekte in Angriff genommen, die die Kompetenzen mehrerer Geschäftsfelder betreffen und einzelne Entwicklungsabteilungen kapazitiv überfordern würden. Zu diesem Zweck wird eine virtuelle Zentral-F&E eingerichtet, die fallspezifisch und je nach Projektbezug auf die dezentralen Abteilungen zugreift. Mit zunehmender Konkretisierung des Produktes gehen die Verantwortung und auch einige Projektteammitglieder in einen (u.U. neu zu gründenden) Geschäftsbereich über. Die eigenen Kompetenzen des Unternehmens können durch punktuelle externe Unterstützung besonders schlagkräftig verstärkt werden. Dies kann spezielle Entwicklungsleistungen und Systemzulieferungen betreffen, aber auch Beratung im Sinne einer methodischen Unterstützung. Darüber hinaus kann es sinnvoll sein, bei der Produktinnovation mit Lead Usern des angestrebten Marktes zusammenzuarbeiten. Um diese Prozesse zu institutionalisieren und gleichzeitig ein unaufwendiges, externes Monitoring sicherzustellen, bauen Innovationseinsteiger ein informelles Expertennetzwerk auf. Das Gesamtmanagement der Innovationsprojekte folgt bedingt durch die Verschiedenartigkeit der Projekte dem Gates&Stages-Ansatz. Insgesamt zeichnen sich die Lösungsansätze des Innovationseinsteigers aus durch einen Fokus auf Flexibilität und Schnelligkeit, ohne jedoch bleibende Strukturen herauszubilden.

Neben diesen eher strukturell orientierten Gestaltungsansätzen ergibt sich für die drei Innovationstypen jeweils eine strategische Leitlinie (Bild 20), die für die Bewertung und Auswahl der „richtigen" Innovationsideen (siehe Abschnitt 1) genutzt werden kann.

Der Innovationstypus *„Technologie-Schrittmacher"* konzentriert sich auf die evolutionäre Entwicklung und Ausweitung angestammter Märkte und festigt seine Position dort durch fortwährende, radikale Innovation basierend auf neuartigen technologischen Fähigkeiten. Die Entwicklung der Innovationsfähigkeit muß daher auf speziell zu definierende Gebiete fokussieren und mit einer konsequenten Marktorientierung gekoppelt sein. Der *„Chancennutzer"* sucht hingegen Märkte zu revolutionieren bzw. neu zu schaffen. Diesem hohen Risiko begegnet er durch das Bestreben, seine technologischen Fähigkeiten langfristig zu evolutionieren und damit auch zu perfektionieren. Er bevorzugt zur Diversifikation Marktchancen, die sich auf Basis weitgehend vorhandener Technologien erschließen lassen. Der „*Innovationseinsteiger*" muß größere Markt- und Technologierisiken vermeiden. Er kann nur Innovationsideen fördern, die eine Kombination aus zumindest teilweise vorhandenen oder artverwandten Marktzugängen und technologischen Kompetenzen darstellen. Er muß daher seine vorhandenen Kompetenzen zunehmend entfalten und damit weiterentwickeln.

	"Chancen-nutzer" ... diversifizieren technologie-basiert.	grundlagen-induzierte Innovation
radikal Markt-innovation inkremental	"Innovations-einsteiger" ... sollten Kompetenzen entfalten.	"Technologie-schrittmacher" ... fokussieren marktorientiert.
	inkremental Technologie-innovation	radikal

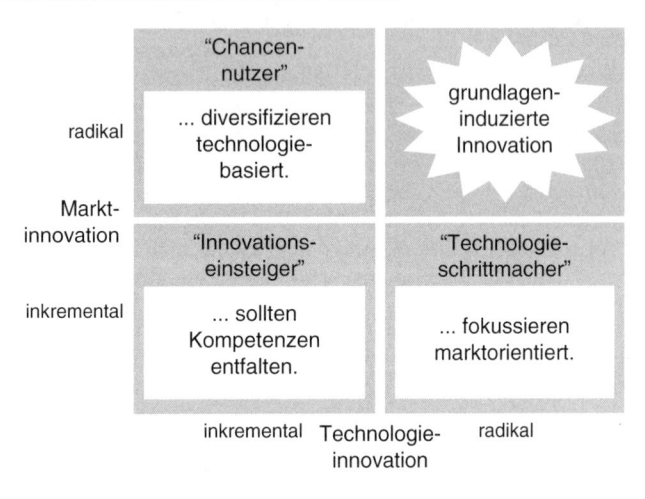

Bild 20: Innovationsfähigkeit durch effektive Strategien

Der Sonderfall der grundlageninduzierten Innovation, die auf Basis einer völlig neuartigen Technologie einen unter Umständen vorher nicht vorhandenen Markt eröffnet, bleibt hierbei außer Betracht. Beispiele dieser Art (wie etwa das elektrische Licht oder das Internet) sind entweder singulär oder basieren auf einem so allgemeinen Interesse, daß die langfristige Erarbeitung der Grundlagen von öffentlicher Hand gefördert werden muß.

Es bleibt anzumerken, daß die identifizierten Innovationsarten und erfolgversprechenden Lösungsmuster archetypisch zu verstehen sind. Ein reales Unternehmen wird häufig Aspekte mehrerer Innovationstypen aufweisen. Dieser Tatsache trägt das Modell durch die differenzierte Betrachtung von Unternehmensmerkmalen und Gestaltungsansätzen Rechnung.

Es liegt damit ein erster Lösungsansatz vor, um aus der systematischen Analyse unterschiedlicher Fallstudien ein Erklärungsmodell bezüglich effektiver Innovationsstrategien und -strukturen abzuleiten. Dieses Modell unterscheidet sich von der in der Vergangenheit häufig betriebenen Erfolgsfaktorenforschung durch die ingenieurwissenschaftliche Perspektive sowie die Berücksichtigung der Besonderheiten mittelständischer Unternehmen. Die Abbildung des Erfahrungswissens der beteiligten Experten, das in den Fallstudien im vorliegenden Bericht nur kurz angerissen werden kann, bietet eine exzellente Ausgangsbasis für detailliertere Analysen. Zukünftig sollte diese Arbeit um weitere Fallstudien erfolgreicher, innovativer Unternehmen erweitert werden. Das Ziel ist ein sich stetig verbesserndes und damit „lernendes" Modell der Innovationsfähigkeit zur Praxis des Innovationsmanagements. Es sollte im Rahmen des Konzeptes „Integriertes Innovationsmanagement" auch um die in dieser Ausarbeitung zunächst noch nicht berücksichtigten Gestaltungsfelder (vgl. Bild 2) erweitert werden. In der Folge kann das Modell neben der konkreten Hilfestellung für die Industrie auch für die angewandte Wissenschaft genutzt werden, um noch zu entwickelnde Strukturen, Methoden und Vorgehensweisen für das Innovationsmanagement zu identifizieren.

Literatur

[1] Ansoff, H. I.: Management-Strategie; München, 1966

[2] Backhaus, K.: Investitionsgütermarketing; München, 1982

[3] Berth, R.: The Return of Innovation - Eine Anleitung zur Verbesserung ihrer Innovationskraft; Düsseldorf, Kienbaum Forum 1993

[4] Bleicher, K.: Das Konzept Integriertes Management - Das St. Galler Management Konzept; Frankfurt, Campus 1995

[5] Boutellier, R.: Erfolg durch innovative Produkte - Bausteine des Innovationsmanagement; München, Hanser 1997

[6] Brandenburg, F.; Spielberg, D. E.: Implementing New Ideas into R&D-Strategies - Innovation Management for the Automotive Industry; 31st ISATA, Proceedings, Düsseldorf, 1998

[7] Collins, J.; Porras, J. I.: Visionary Companies - Visionen im Management, München, Artemis und Winkler 1995

[8] Cooper, R. G.: The dimensions of industrial new product success and failure; in: JoM, Nr.43 (3/79), S. 93-103

[9] Eversheim, W.: Simultaneous Engineering - Von der Strategie zur Realisierung; Heidelberg 1996

[10] Eversheim, W.; Böhlke, U.; Martini, C.; Schmitz, W.: Innovativer mit dem Technologiekalender; Harvard Business Manager, 1/1996, S. 105-112

[11] Eversheim, W.; Klocke, F.; Pfeifer, T.; Weck, M. (Hrsg.): Wettbewerbsfaktor Produktionstechnik: Aachener Perspektiven; Aachener Werkzeugmaschinen-Kolloquium AWK `96, Düsseldorf, VDI-Verlag 1996

[12] Frese, E.: Unternehmungsführung; Landsberg am Lech 1987

[13] Hauschildt, J.: Promotoren - Projektmanager der Innovation?; in: Franke, N.; Braun, C.-F. von (Hrsg.): Innovationsforschung und Technologiemanagement; Springer-Verlag, Berlin 1998

[14] Herzoff, S.: Innovations-Management - Gestaltung von Prozessen und Systemen zur Entwicklung der Innovationsfähigkeit von Unternehmungen; Dissertation, Köln, Josef Eul Verlag 1991

[15] Kainzbauer, C.; Kaelber, C.: Mannesmann Pilotentwicklung - Eine Innovationsmethode des Mannesmann-Konzerns; in: Franke, N.; Braun, C.-F. von (Hrsg.): Innovationsforschung und Technologiemanagement; Springer-Verlag, Berlin 1998

[16] Kleinschmidt, G.; Cooper, R.; Geschka, H.: Erfolgsfaktor Markt; Berlin, Springer 1996

[17] Kneerich, O.: F&E - Abstimmung von Strategie und Organisation; Berlin, Schmidt 1995

[18] Gies, S.; Eichhorn, U.: Kundenorientierte Fahrdynamikentwicklung; Tag des Fahrwerks, Institut für Kraftfahrwesen, RWTH Aachen, Oktober 1998

[19] Krystek, U.: Grundzüge virtueller Organisationen; Wiesbaden, Gabler 1997

[20] Kühner, M.: Die Gestaltung des Innovationssystems; Bamberg, Difo-Druck 1990

[21] Niehr, D.; Schusser, U.: Innovationsfördernde Faktoren; in: ZfO 4/1990

[22] Niggemann, H.; Ostendorf, B.: Produktinnovation - Eine Strategie zur Sicherung der Wettbewerbsfähigkeit des deutschen Maschinenbaus?; in: Braczyk, H.-J. (Hrsg.): Innovationsstrategien im deutschen Maschinenbau - Bestandsaufnahme und neue Herausforderungen; Arbeitsbericht der Akademie für Technikfolgenabschätzung in Baden-Württemberg 1997

[23] o. V.: Our story so far; Unternehmensbroschüre 3M; St. Paul, 1977

[24] o. V.: Erfolgsfaktoren von Innovationen: Prozesse, Methoden und Systeme - Ergebnisse einer gemeinsamen Studie der Fraunhofer Institute IPA, IAO, IPK 1998

[25] o. V.: Stars der Innovation - Die Agamus Consult Innovations-Studie; Starnberg, Agamus-Consult 1998

[26] Pearson, A.: Innovative Strategy; in: Technovation, Vol. 10, 1990

[27] Pleschak, F.; Sabisch, H.: Innovationsmanagement; Stuttgart, Schäffer-Pöschel 1996

[28] Porter, M. E.: Wettbewerbsstrategie; Frankfurt, Campus 1990

[29] Pümpin, C.: Strategische Erfolgspositionen - Methodik der dynamischen strategischen Unternehmensführung; Stuttgart, Haupt 1992

[30] Schultz-Wild, L.; Lutz, B.: Industrie vor dem Quantensprung; Berlin, Springer 1997

[31] Seidel, M.: Zur Steigerung der Marktorientierung der Produktentwicklung; Dissertation der Universität St. Gallen; Bamberg, Difo-Druck 1996

[32] Staudt, E.: Innovation und Unternehmensführung; in: ZfO Nr.2/85, S. 75-79

[33] Von Einem, E.; Helmstädter, H. G.: Neue Produkte durch Kooperation - acht Fallstudien aus der Unternehmenspraxis; Berlin, Regioverl. Ring 1997

[34] Walter, W.: Erfolgversprechende Muster für betriebliche Ideenfindungsprozesse; Dissertation der Fakultät für Maschinenbau an der Universität Karlsruhe 1997

[35] Witte, E.: Organisation für Innovationsentscheidungen - Das Promotorenmodell; Göttingen, Verlag Otto Schwartz & Co. 1973

Mitarbeiter der Arbeitsgruppe für den Vortrag 2.1:

Dipl.-Ing. F. Brandenburg, Fraunhofer IPT, Aachen
Dipl.-Ing. M. J. Dierkes, Ford Werke AG, Köln
Dr. R. L. Erickson, 3M Deutschland GmbH, Neuss
Dr. R. L. Fitzgerald, 3M Deutschland GmbH, Neuss
Dipl.-Wirtsch.-Ing. C. Kainzbauer, Mannesmann Rexroth AG, Lohr am Main
Dr.-Ing. W. Ritter, Tiroler Röhren- und Metallwerke AG, Hall in Tirol
Dr.-Ing. U. Schmitz, Mannesmann Pilotentwicklungsgesellschaft mbH, München
Dr.-Ing. Dipl.-Wirt. Ing. W. J. Schmitz, SUSPA Compart AG, Altdorf
Dr. W. G. Smarsly, Motoren- und Turbinen-Union München GmbH, München
Dipl.-Ing. D. E. Spielberg, Fraunhofer IPT, Aachen
Dr.-Ing. K. Steffens, Motoren- und Turbinen-Union München GmbH, München
Prof. K.-D. Vöhringer, DaimlerChrysler AG, Stuttgart

2.2 Virtual Engineering - Leistungsfähige Systeme für die Produktentwicklung

Gliederung:

1 Anforderungen an die Produktentwicklung

2 Virtual Engineering als Lösungsansatz
2.1 Digitaler Prototyp
2.2 Datenmanagement
2.3 Entwicklungsprozesse

3 Virtual Engineering in der Automobilindustrie
3.1 Bedeutung von Informationsverfügbarkeit und -weitergabe
3.2 Produkt- und Prozeßintegration auf virtueller Basis
3.3 Einbindung der Zulieferer in die Produkt- und Prozeßentwicklung

4 Virtual Engineering im Maschinen- und Anlagenbau

5 Fazit und Ausblick

Kurzfassung:

Virtual Engineering - Leistungsfähige Systeme für die Produktentwicklung
Die Nutzung von leistungsfähigen CA- (Computer Aided) und Kommunikationssystemen stellt einen Ansatz dar, die Produktentwicklung fit für das 21. Jahrhundert zu machen. Physische Prototypen werden zunehmend durch „digitale Prototypen" ersetzt. Anwendungen des Virtual Engineering zur Visualisierung, Simulation und interaktiven Überprüfung von Entwicklungsergebnissen werden zukünftig Standardwerkzeuge in der Produktentwicklung sein. Informations- und Kommunikationssysteme bilden die Grundlage für verteilte Entwicklungskooperationen. Virtual Engineering als Synonym für den Einsatz neuer Systemtechnologien wird zu einem Erfolgsfaktor im globalen Wettbewerb, da sich Entwicklungsergebnisse und Produkteigenschaften auf Basis von digitalen Prototypen frühzeitig überprüfen und bewerten lassen. Anhand bereits realisierter Anwendungen und auf der Grundlage von Erfahrungen aus der Automobilindustrie werden die Charakteristika des Virtual Engineering aufgezeigt. Voraussetzung für ein erfolgreiches Virtual Engineering ist die Gestaltung der Entwicklungsprozesse und die Abstimmung des Systemeinsatzes auf die Abläufe. Für den Maschinen- und Anlagenbau wird ein Ansatz zur Übertragbarkeit des Virtual Engineering beschrieben.

Abstract:

Virtual Engineering - New Approaches for Product Development
The application of powerful CA- (Computer Aided) and communication systems is one approach to improve product development. Physical prototypes will be replaced by „digital prototypes". Virtual Engineering for visualisation, simulation and interactive evaluation of results will become a standard tool for product development in future. Information and communication systems are the basis for shared global product development. Elements of Virtual Engineering are business processes, systems for modelling digital prototypes and systems for data management. Experiences gained in the automotive industry show that development time and costs are reduced by Virtual Engineering. So a consistent implementation of Virtual Engineering leads to competition-related advantages in all technology-intensive industries. The adaptation of the key elements is the basis for the successful use of Virtual Engineering. Transferability of Virtual Engineering will be presented for capital goods industry.

1 Anforderungen an die Produktentwicklung

Um Technologieführerschaft in Wettbewerbsvorteile umsetzen zu können, müssen verstärkt innovative Produkte mit unmittelbarem Marktbezug und Kundennutzen entwickelt werden. Die integrierte Produkt- und Prozeßentwicklung wird in diesem Zusammenhang zu einem der wichtigsten Schlüsselfaktoren. Hier werden neben der Grundlage für innovative Lösungen auch die Produkteigenschaften sowie die Produktkosten festgelegt. Maßnahmen, die auf eine Wettbewerbssteigerung der Unternehmen zielen, sind nur dann erfolgreich und sinnvoll, wenn diese auf die Produktentwicklung ausgerichtet sind. Auf die Produktentwicklung wirken verschiedene Einflüsse ein, die erfaßt und bei deren Gestaltung berücksichtigt werden müssen. Die Situation ist durch eine steigende Produktkomplexität aufgrund einer hohen Funktionalität und Individualität der Produkte gekennzeichnet. Ein Beispiel ist die Kombination von mechanischen mit elektrischen/elektronischen Komponenten sowie die gleichzeitige Integration von Softwarefunktionen („mechatronische Produkte"). Damit ist auch ein erhöhter Aufwand für die in die Produktentwicklung involvierten Unternehmensbereiche verbunden. Infolge sich kontinuierlich verkürzender Produktlebenszyklen ist eine starke Beschleunigung der Entwicklungsabläufe erforderlich. Darüber hinaus ist das Risiko neuer Entwicklungsvorhaben angesichts der wachsenden Unsicherheit technologischer Entwicklungen sowie des hohen Preisdruckes vielfach kaum kalkulierbar. Hierzu zählen auch Fragen der Produkthaftung.

Eine weitere wesentliche Randbedingung für die Produktentwicklung stellt die Bildung von global verteilten Unternehmensnetzwerken und Entwicklungskooperationen dar. Vor diesem Hintergrund werden die Aspekte Kommunikation, Koordination und Kooperation von zentraler Bedeutung und beeinflussen die wettbewerbsentscheidenden Faktoren Entwicklungszeit und Entwicklungskosten in erheblichem Maße (Bild 1) [1].

Randbedingungen:
- kurze Produktentwicklungszeiten
- hohe Funktionalität und Individualität der Produkte
- hohes Entwicklungsrisiko
- verteilte globale Produktentwicklung
- hoher Preisdruck

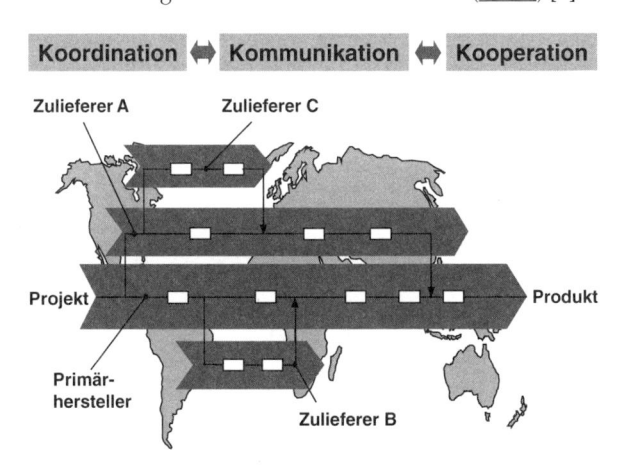

Bild 1: Produktentwicklung im Wandel

Für die Produktentwicklung als ein Kernelement produzierender Unternehmen ergeben sich hieraus zwei zentrale Fragestellungen: Wie lassen sich immer komplexere Produkte mit einer steigenden Funktionalität und Individualität in zunehmend kürzeren Zeitabständen auf wettbewerbsintensiven Märkten lancieren? Und wie kann dabei der steigende Preisdruck kompensiert werden? Auf diese Fragen gilt es, Antworten zu finden, um eine Effizienzsteigerung in der Produktentwicklung zu realisieren. Erklärtes Ziel muß es sein, mit einem konfigurierbaren Entwicklungsprozeß sowohl dem Zeit- und Kostendruck als auch dem Innovationsdruck für eine steigende Anzahl konfigurierbarer Produkte zu begegnen.

2 Virtual Engineering als Lösungsansatz

Methodische und organisatorische Ansätze, z.b. Simultaneous Engineering oder die Bildung von produktspezifischen Prozeßketten, bieten erhebliche Potentiale zur Reduzierung der Entwicklungszeiten und -kosten [2]. Doch diese Ansätze allein sind heute nicht mehr ausreichend. Eine weitere wichtige Maßnahme stellt die erweiterte Rechnerunterstützung in der Prozeßkette der Produktentwicklung dar. Hierbei gewinnt die Nutzung von leistungsfähigen CAE-Systemen (Computer Aided Engineering) zunehmend an Bedeutung. Der prozeßintegrierte Rechnereinsatz wird zur Schlüsseltechnologie der Rationalisierungsbemühungen [3].

Dieser ganzheitliche Lösungsansatz wird als Virtual Engineering bezeichnet. Virtual Engineering umfaßt dabei die frühzeitige, kontinuierliche, vernetzte und integrierte Unterstützung des Entwicklungsprozesses hinsichtlich der Abstimmung, Bewertung und Konkretisierung der Entwicklungsergebnisse aller Entwicklungspartner mit Hilfe eines „digitalen Prototypen". Frühzeitig bedeutet, daß bereits Designentwürfe oder Konzepte im Rechner abgebildet werden und die Grundlage für eine erste Bewertung oder Abstimmung bilden. Der Aspekt der Kontinuität unterstreicht die hohe Bedeutung, Entwicklungsergebnisse nicht nur einmalig sondern kontinuierlich zu fest definierten Meilensteinen zu verifizieren. Aus Prozeßsicht ist die Vernetzung und Zusammenführung einzelner abteilungs- und unternehmensübergreifender Enwicklungsprozesse erforderlich. Systemtechnisch müssen die eingesetzten Systeme interoperabel in die Entwicklungsprozesse integriert werden, um den Ansatz des Virtual Engineering realisieren zu können.

2.1 Digitaler Prototyp

Wesentlicher Aspekt des Virtual Engineering ist der „digitale Prototyp" oder das „virtuelle Produkt" [3, 4]. Dieser digitale Prototyp bezeichnet die realistische Darstellung des Produktes mit allen während des Produktlebenszyklus geforderten Funktionen [5, 6]. Zur Erzeugung und Nutzung dieses Rechnermodells stehen verschiedene Systemlösungen zur Verfügung (Bild 2) [7].

Mit 3D-CAD-Systemen (Computer Aided Design) wird die vollständige und eindeutige rechnerinterne Repräsentation der geometrischen Form physischer Objekte ermöglicht, so daß diese in ihrer gesamten Komplexität realitätsnah dargestellt werden können. 3D-CAD-Systeme stellen somit die Grundlage für die Repräsentation von digitalen Prototypen oder virtuellen Produkten dar, so daß der gesamte Prozeß der Produktentstehung beginnend mit dem Entwurf, über die Detaillierung, die Berechnung und Zeichnungserstellung bis hin zur Fertigung unterstützt wird.

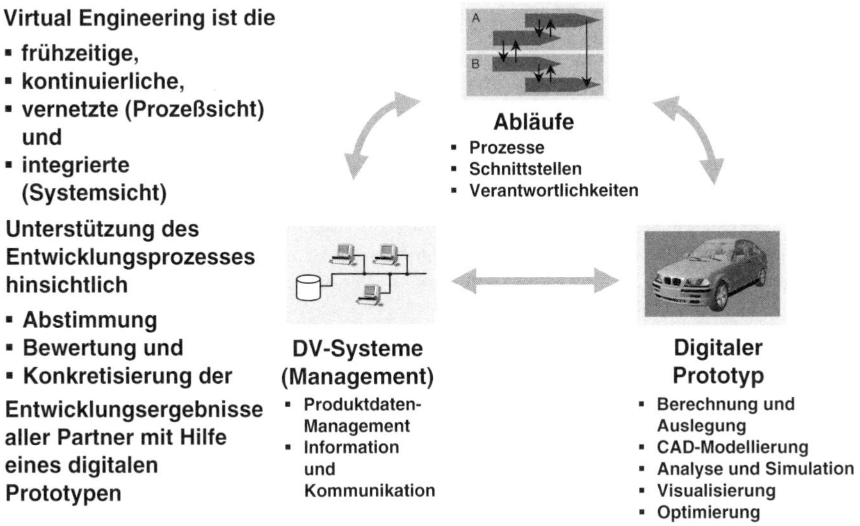

Virtual Engineering ist die
- frühzeitige,
- kontinuierliche,
- vernetzte (Prozeßsicht) und
- integrierte (Systemsicht)

Unterstützung des Entwicklungsprozesses hinsichtlich
- Abstimmung
- Bewertung und
- Konkretisierung der

Entwicklungsergebnisse aller Partner mit Hilfe eines digitalen Prototypen

Abläufe
- Prozesse
- Schnittstellen
- Verantwortlichkeiten

DV-Systeme (Management)
- Produktdaten-Management
- Information und Kommunikation

Digitaler Prototyp
- Berechnung und Auslegung
- CAD-Modellierung
- Analyse und Simulation
- Visualisierung
- Optimierung

Bild 2: Lösungsansatz Virtual Engineering

Steigende Anforderungen an die Leistungsfähigkeit von Produkten erfordern eine durch Auslegung und Berechnung abgesicherte Gestaltung der Bauteile. Der Einsatz moderner Berechnungsverfahren gewinnt sowohl für den Erfolg des Produktes als auch für eine ökologisch zweckmäßige Ausnutzung der Ressourcen bei der Produktentstehung bzw. Nutzung des Produktes eine wachsende Bedeutung. Für die unterschiedlichen Analysen kommen zum einen einfache, auf spezielle Bauteile ausgelegte Berechnungswerkzeuge und zum anderen Verfahren zur Untersuchung komplexer Produkte, wie z.B. die Finite-Elemente-Methode, zum Einsatz. Ziele der Berechnungen sind u.a. die Überprüfung der Sicherheit gegen Versagen bei Überlast, die Überprüfung der Produktfunktionalität, die Entwicklung von Leichtbaukonzepten sowie die Sicherstellung einer wirtschaftlichen Fertigung.

Neben den Berechnungsverfahren stellen Systeme zur Simulation, d.h. zur Untersuchung des Betriebsverhaltens unterschiedlichster technischer Systeme, einen wichtigen Teil des digitalen Prototypen dar. Durch Simulationen, z.B. Kinematiksimulation, NC-Simulation, Steuerungssimulation etc., mit Hilfe von CAD-, Mehrkörpersimulations- (MKS) oder regelungstechnischen Systemen können sehr früh qualitative und quantitative Aussagen über das Verhalten eines Produkts getroffen werden. Wesentlich für die Güte bzw. Qualität der Ergebnisse ist die der Simulation zugrunde liegende Modellbildung. Hier können in Abhängigkeit vom Entwicklungsstadium unterschiedliche Detaillierungsgrade der Modelle genutzt werden, um von ersten qualitativen Aussagen bis hin zu abgesicherten qualitativen und quantitativen Ergebnissen zu gelangen.

Für die realitätsnahe Visualisierung der Geometrie und der Simulationsergebnisse stellt die Virtual Reality (VR) eine neue Dimension der graphischen Simulation dar. Ziel ist es, die Interaktion zwischen Rechner und Benutzer dahingehend zu ändern, daß der Benutzer möglichst vollständig in die Modellwelt einbezogen wird und somit diese direkt manipulieren kann. Voraussetzung für die Anwendung sind neben den 3D-Produktmodellen auch dreidimensionale Präsentations- und Interaktionstechniken [8].

2.2 Datenmanagement

Neben den Applikationen zur Erzeugung des digitalen Prototypen bilden Systeme zum Datenmanagement und Datenaustausch den zweiten Grundpfeiler des Virtual Engineering. Die Realisierung des Virtual Engineering basiert dabei auf einem ganzheitlichen Produktmodell, in dem sämtliche Daten eines Produkts abgebildet werden, die für die Produktentstehung sowie die Folgephasen relevant sind [3].

Moderne marktgängige Engineering Data Management Systeme (EDMS) bieten eine effiziente Unterstützung des Informationsmanagements. Durch ein logisch zentrales Datenmanagement beispielsweise können Ablage und Zugriff verschiedener Benutzer auch bei geographisch verteilter Entwicklung ermöglicht werden. So wird durch den Verzicht auf eine lokale Speicherung der Informationen und Dokumente, auf die mehrere Benutzer zugreifen, die Gefahr inkonsistenter Daten wirkungsvoll vermieden. Die Definition und Vergabe von Status schafft Transparenz über den Auftragsfortschritt, da nicht nur die Fertigstellung, sondern auch vordefinierte Zwischenstände überprüft werden können. Dies ist insbesondere für die Verwaltung der digitalen Prototypen erforderlich. Des weiteren können Status als Hilfsmittel zur Ablaufsteuerung und zur Anwendung von Strategien aus dem Bereich des Simultaneous Engineering genutzt werden. Ein Konfigurationsmanagement hilft, die Auswirkungen von Änderungen an einer Baugruppe oder einem Einzelteil auf andere Objekte zu beurteilen und die potentiell von der Änderung betroffenen Dokumente zu sperren.

Durch die Wiederverwendung bereits erstellter Dokumente wird nicht nur der Bearbeitungsaufwand reduziert, auch die Produktqualität wird durch den Rückgriff auf bewährte Baugruppen oder Einzelteile gesteigert. So kann z.B. durch den Einsatz von Sachmerkmal-Leisten eine Wiederholteilsuche effizient gestaltet werden. Von EDMS können auch (Teil-)Abläufe mit Hilfe von Workflow-Komponenten unterstützt werden. Damit lassen sich Tätigkeiten unterstützen, deren Verlauf vorgegeben ist und die sequentiell abzuarbeiten sind. Beispiele hierfür sind Freigabeprozeduren oder Änderungsabläufe [9].

Im Rahmen der verteilten Produktentwicklung findet zunehmend eine logische Verteilung von Wertschöpfungsprozessen entgegen ihrer räumlichen Gebundenheit statt. So können Kooperationen realisiert werden, in denen global verteilte Kompetenzen und Ressourcen optimal zur Erfüllung der kooperativen Zielsetzung gebündelt werden, d.h. auch die Koordination und Kommunikation müssen auf virtueller Basis realisiert werden. Somit wird die zentrale Datenverwaltung zunehmend durch ein verteiltes Netz lokaler Datenbasen ersetzt, die aber durch einen einheitlichen Workflow-Prozeß koordiniert werden. Vor dem Hintergrund der Kooperationen ist die ungehinderte Kommunikation in und zwischen Unternehmen zu einem wichtigen Bestandteil der Produktentwicklung geworden. Moderne Telekooperationstechnologie unterstützt mit Hilfe informationstechnischer Soft- und Hardware diese Form der Zusammenarbeit zwischen den Entwicklungspartnern. Voraussetzung hierfür sind allerdings kompatible Prozesse und Systeme [10].

2.3 Entwicklungsprozesse

Drittes Kernelement des Lösungsansatzes Virtual Engineering sind die eigentlichen Entwicklungsabläufe. Diese umfassen sowohl die unternehmensinternen Prozesse der Produktentwicklung, z.b. für die verschiedenen Disziplinen mechanische oder elektrische Konstruktion, Hydraulik, Pneumatik sowie Softwareerstellung, als auch unternehmensübergreifende Entwicklungskooperationen. Hier muß das reibungslose Zusammenspiel zwischen den eingesetzten Systemen zur Modellierung des digitalen Prototypen, den Systemlösungen zum Datenmanagement sowie den Prozessen mit den zugehörigen Schnittstellen und Verantwortlichkeiten der Entwicklungsabläufe gewährleistet sein.

3 Virtual Engineering in der Automobilindustrie

Erste Erfahrungen aus der Luftfahrt- und Automobilindustrie verdeutlichen die großen Potentiale, die bei einer konsequenten durchgängigen Nutzung des 3D-Geometriemodells in der Prozeßkette erschlossen werden können. Eines der bekanntesten Beispiele und einer der Vorreiter hinsichtlich der Anwendung des Virtual Engineering ist die Fa. Boeing. So wurde von Boeing das zweistrahlige Verkehrsflugzeug „777" vollständig digitalisiert entworfen, um die hohen Kosten für eine geometrische Kollisionsprüfung auf Basis physischer Endprototypen einsparen zu können. Bei diesem Vorgehen konnte der Anteil der Nachbearbeitungen um 60% reduziert werden [11].

Anwendungen aus der Automobilindustrie bestätigen diese Erfahrungen. So können durch einen Wechsel von physischen Prototypen hin zu digitalen Prototypen Entwicklungszeiten und -kosten um bis zu 30% reduziert werden [5]. BMW beispielsweise propagiert das „Digital Car", um den Entwicklungsprozeß auf einer virtuellen Basis durchzuführen. Hierbei wird jedoch betont, daß eine Produktentwicklung ganz ohne physische Prototypen nicht realistisch ist. Während im klassischen Ablauf der Fahrzeugentwicklung die geometrische, funktionale und fertigungstechnische Stimmigkeit des Fahrzeugprojekts in den einzelnen Entwicklungsphasen an einer Hardware-Referenz verifiziert wird, so wird beim Digital Car die Verifikation an einer Software-Referenz des Gesamtfahrzeugs durchgeführt [12]. Mit diesem Ansatz erwartet BMW hohe Einsparungen bei den Entwicklungszeiten.

Auch bei Audi wurde vom Management die Vision verabschiedet, daß das erste Fahrzeug, welches real gebaut wird, an den Kunden ausgeliefert wird [13]. Ausgehend von der Strategie, daß physische Prototypen nur dann gebaut werden, wenn vorher eine Überprüfung mittels digitaler Prototypen stattgefunden hat, konnte die erste Prototypenstufe abgeschafft werden. Dies entspricht einer Reduzierung des Gesamtumfangs an physischen Prototypen um ca. 10%. Langfristig soll die Anzahl physischer Prototypen kontinuierlich weiter reduziert werden. Ein weiterer Effekt, der neben den meßbaren Zielgrößen Zeit und Kosten erreicht wird, ist die Beherrschung von Änderungen. Mittels digitaler Prototypen lassen sich Fehler und Änderungen zwar nicht grundsätzlich ausschließen, doch bleiben diese überschau- und planbar (Bild 3).

Durch das Virtual Engineering bleiben Freiheitsgrade der Entwicklung über die Konzept- und Designphase hinaus erhalten. Dies ermöglicht den Unternehmen zum einen,

Kundenanforderungen und Markttrends länger beobachten und schneller berücksichtigen zu können sowie das Design Freeze zu einem späteren Zeitpunkt in der Entwicklungskette durchzuführen. Durch den hohen Freiheitsgrad lassen sich zum anderen verschiedene Produktvarianten auf Basis digitaler Prototypen untersuchen, bewerten, auswählen und optimieren. Zudem können Innovationen schneller in die Produkte einfließen, wodurch auch die parallele Produkt- und Prozeßentwicklung durch Virtual Engineering unterstützt wird. Voraussetzung hierfür ist eine durchgängige Informationsnutzung. Erst mit Umsetzung der Entwicklungsergebnisse im Werkzeugbau sowie in der Fertigung und Montage nehmen die Freiheitsgrade der Entwicklung stark ab.

Vision:
Das erste Fahrzeug wird verkauft!*

Strategie:
Physische Prototypen nur auf Basis digitaler Prototypen!

Nutzen:
- Reduzierung der Anzahl physischer Prototypen
- Reduzierung der Entwicklungszeiten und -kosten
- Beherrschung der Änderungen

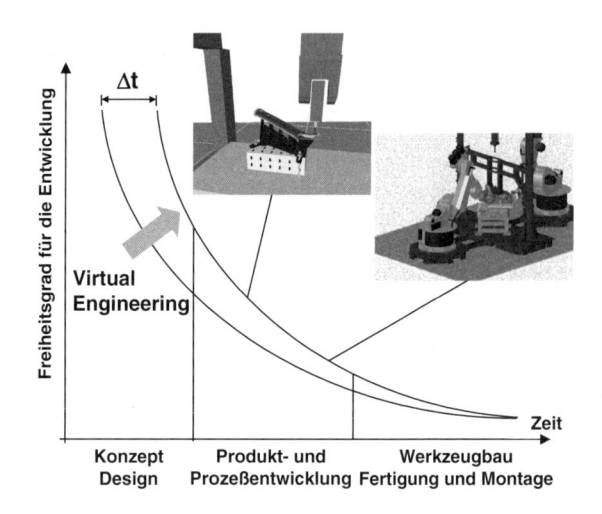

* nach Audi

Bild 3: Potentiale durch Virtual Engineering in der Automobilindustrie

3.1 Bedeutung von Informationsverfügbarkeit und -weitergabe

Wie die durchgängige Informationsnutzung im Rahmen des Virtual Engineering realisiert werden kann, soll an einem Beispiel von Ford verdeutlicht werden. Für neue Fahrzeugprojekte werden Zeitrahmen von ca. 3 Jahren - von der ersten Designstudie bis zum Serienstart - definiert. Erreicht werden sollen diese Zeitvorgaben durch stark parallelisierte Entwicklungsabläufe unter der Einbeziehung und durchgängigen Nutzung der informationstechnischen Systeme. Die Planung der Entwicklungsprojekte wird im sogenannten „Ford-Product-Development-System (FPDS)" beschrieben.

Im ersten Schritt erfolgt auf Fahrzeugebene die Programmeingabe, d.h. die Sammlung und Analyse der Anforderungen sowie die Festlegung der Zeit-, Kosten-, Qualitäts- und Funktionsziele. Im weiteren Verlauf der Fahrzeugentwicklung findet - unter Berücksichtigung der Zielvorgaben - im Rahmen des Konzepts- und Entwurfstadiums eine Dekomposition auf System-, Subsystem- bis hin zur Komponentenebene statt. Bei der Produktkonstruktion und Prozeßentwicklung auf Bauteilebene werden neben der Detailkonstruktion auch die jeweiligen erforderlichen Fertigungstechnologien ausgewählt. Im Rahmen der Bestätigung der Konstruktion bzw. Freigabe der Serie werden die einzelnen Komponenten wieder zu (Sub-) Systemen bis zum Gesamtfahrzeug zusammengeführt. In diesem Abschnitt des Entwicklungsprozesses erfolgen die Produktverifikation sowie die Überprüfung und Freigabe der Fertigungs- und Montageprozesse. Durch das Programmanagement wird der Programmfortschritt hinsichtlich der Zielerreichung kontinuierlich verfolgt und bewertet (Bild 4).

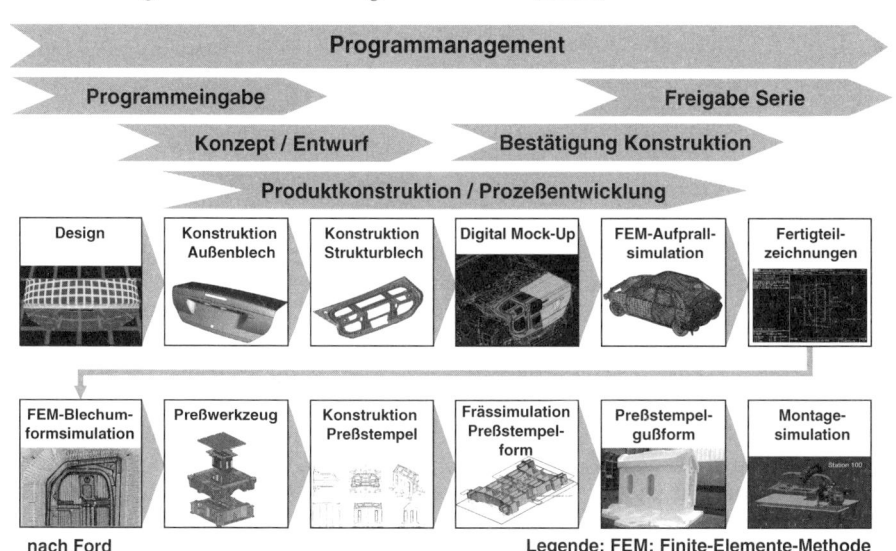

Bild 4: Durchgängige Informationsnutzung

In allen Phasen des „Ford-Product-Development-System" werden CAD-, CAM- und CAE-Tools eingesetzt. Mit Hilfe dieser Systeme werden die Zieldefinition, die Untersuchung von Konstruktionsalternativen sowie die Konstruktions- und Prozeßbestätigung unterstützt. Als Beispiel hierfür kann die Heckklappe des aktuellen Ford Focus herangezogen werden. Ausgehend von dem Design der Außenflächen über die Konstruktion des Außen- und Strukturbleches, von der Überprüfung und Simulation der Bauteileigenschaften bis hin zur Ableitung der entsprechenden Preßwerkzeuge und Montagesimulation basiert die dargestellte Informationskette auf einer einheitlichen Datenbasis.

Der Einsatz der neuen Systemtechnologien erfordert neben der durchgängigen Informationsnutzung auch die frühzeitige Informationsweitergabe sowie die Kommunikation von Entwicklungsständen. Wurde früher ein Entwicklungsergebnis an andere (Entwicklungs-) Bereiche erst weitergegeben, wenn dieses vollständig ausgearbeitet war, so ist es zukünftig erforderlich, schon erste Teilergebnisse an nachfolgende Bereiche zu kommunizieren (Bild 5). Dies kann beispielsweise in der einfachsten Form durch die Angabe des voraussichtlich erforderlichen Bauraumes für das Bauteil geschehen.

Nach Erfahrungen von BMW lassen sich durch die frühzeitige Weitergabe „unreifer" Daten die Prozesse im Sinne des Simultaneous Engineering auch informationstechnisch parallelisieren. Damit wird die frühzeitige Integration der Entwicklungs- und Produktionsbereiche ermöglicht, so daß gemeinsame Produkt- und Prozeßdaten zum Aufbau des Digital Car generiert werden können. Hiermit lassen sich insbesondere zeit- und kostenintensive Änderungsschleifen auf Basis physischer Prototypen reduzieren, wodurch der Änderungsaufwand insgesamt gesenkt werden kann [14]. Demgegenüber ist eine hohe Anzahl der Änderungsschleifen auf Basis virtueller Prototypen erwünscht, um eine frühzeitige Rückkopplung im Optimierungsprozeß sicherzustellen. Bei der Nutzung von physischen Prototypen muß die Anzahl der Änderungsschleifen möglichst gering gehalten werden, da die Kosten für diese physischen Prototypen die Kosten für die digitalen Prototypen deutlich übersteigen. Versuche mit physischen Prototypen sollten in erster Linie zur Bestätigung von virtuellen Versuchen dienen. Eine vollständige Ablösung der physischen Prototypen durch digitale Versuchsmodelle wird es nicht geben.

Nutzen:

- **Parallelisierung der Prozesse durch frühzeitige Integration der Entwicklungs- und Produktionsbereiche**

- **Konzeptreife vor der Detaillierung**

- **Reduzierung und Beschleunigung der Änderungsschleifen**

- **Senkung der Änderungskosten**

nach BMW

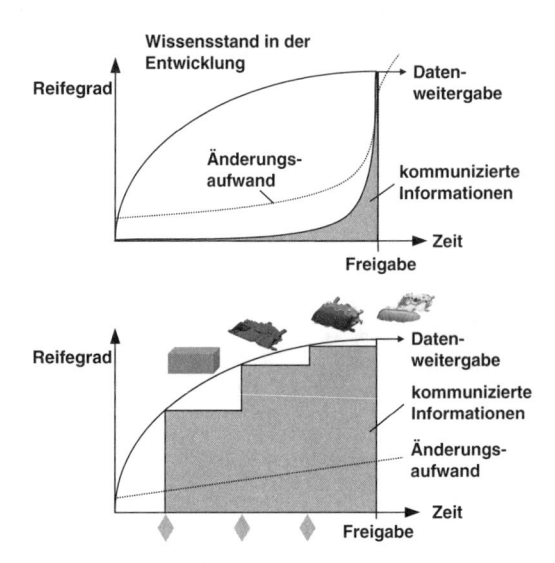

Bild 5: Frühzeitige Informationsweitergabe

3.2 Produkt- und Prozeßintegration auf virtueller Basis

Die frühzeitige und durchgängige Informationsnutzung dient zum Aufbau eines Digital Mock-Up (DMU, digitales Versuchsmodell). Mittels Digital Mock-Up soll eine aktuelle, konsistente Verfügbarkeit unterschiedlicher Sichtweisen auf Produktgestalt und -funktion sowie Prozesse und technologische Zusammenhänge unterstützt werden. Wesentliche Kennzeichen des DMU sind die unterschiedlichen Stufen der Integration. Diese reichen von der geometrischen Integration, d.h. der Untersuchung von geometrischen Beziehungen, bis hin zur Kopplung der Geometrie mit funktionalen Produkt- und Prozeßeigenschaften [15].

Hierbei beschränken sich die Anwendungsmöglichkeiten eines DMU nicht nur auf die Konstruktion. Vielmehr kann DMU auch in den Bereichen Planung, Fertigung und Montage sowie Wartung und Service sinnvoll eingesetzt werden [16]. Typische Anwendungsfälle sind z.B. die statische und dynamische Überprüfung eines einzelnen Bauteils bzw. einer Baugruppe hinsichtlich Kollisionsfreiheit, Kontaktflächengenauigkeit oder der Einhaltung von Mindestabständen zu benachbarten Bauteilen bzw. Baugruppen. Montagevorgänge können sowohl statisch als auch dynamisch überprüft werden. Damit wird die Wartungs- und Reparaturfreundlichkeit des Produkts in der Nutzungsphase bereits in der Entwicklung berücksichtigt. Weiterhin können auch Prozeßabläufe in der Fertigung im Sinne eines „Digital Manufacturing (DMF)" mit Hilfe virtueller Prototypen und Produktionsanlagen simuliert und kontrolliert werden [17]. Neben Überprüfung und Bewertung der Entwicklungsergebnisse können die DMU- und DMF-Anwendungen auch zur Kommunikation und anschaulichen Darstellung des Produkts bzw. der Produktionsanlagen genutzt werden. Technische Sachverhalte, Funktionen oder auch Prozeßabläufe lassen sich anhand eines 3D-Modells oftmals besser darstellen bzw. erklären als auf Basis von Entwurfszeichnungen oder Hallenlayouts.

Der wesentliche Vorteil der DMU-Anwendungen liegt in einer verkürzten Reaktionszeit. Dies bedeutet, daß Zeiten für die Fertigung physischer Prototypen entfallen und die Überprüfungen immer auf dem aktuellen Konstruktionsstand erfolgen. Voraussetzung für den Aufbau eines DMU ist die vollständige 3D-CAD-Modellierung der einzelnen Bauteile.

Bei einem Beispiel aus dem Fahrzeugbereich umfaßt das Digital Mock-Up eines Kabelbaums etwa 250 Bauteile, die als 3D-Geometriemodelle zur Verfügung stehen müssen (Bild 6).

Digital Mock-Up in der Elektrikentwicklung:

- circa 250 Bauteile
- vollständige 3D-Modellierung
- termingerechte Informationsbereitstellung
- „Design in Context"

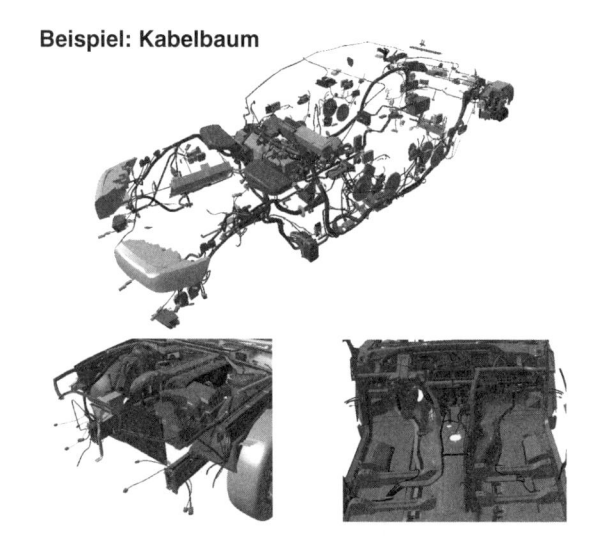

Beispiel: Kabelbaum

nach BMW

Bild 6: Digital Mock-Up - Geometrische Integration

Die Zusammenführung dieser Bauteile erfordert eine termingerechte Informationsbereitstellung, d.h. zu festgelegten Zeitpunkten im Produktentstehungsprozeß müssen die Daten von allen an dem Digital Mock-Up beteiligten Entwicklungsabteilungen und -partnern vorliegen. Nur dadurch wird ein „Design in Context" ermöglicht, bei dem die angrenzenden Bauteile und -gruppen berücksichtigt werden, so daß ein über alle Disziplinen abgestimmtes Entwicklungsergebnis erzielt wird. Der Konstrukteur muß die Einzelteile positionieren und zu dem gesamten digitalen Prototypen „zusammenbauen". Hierbei muß die hohe Anzahl an Einzelteilen in eine Produkt- und Baugruppenstruktur gebracht werden, so daß ein z.T. sehr großes Datenvolumen in einem Modell entstehen kann. Durch Verwendung von vereinfachten Hüllgeometrien anstelle von 3D-Volumenmodellen wird diese Anforderung systemseitig berücksichtigt. Zudem stehen Funktionalitäten zum Aufbau der jeweiligen Produktstruktur zur Verfügung.

Ein Beispiel für die funktionale Integration bei einem Digital Mock-Up ist das System HELIOS aus dem Bereich der Lichttechnik. HELIOS ist ein von HELLA entwickeltes System, um lichttechnische Komponenten in einem virtuellen Labor zu berechnen, zu simulieren, zu analysieren und zu bewerten. Die virtuellen Geräte, z.B. Scheinwerfer oder Rückleuchten, werden durch eine Geometrie repräsentiert. Über eine Direktschnittstelle mit dem CAD-System Catia können diese Geometrien nach HELIOS importiert werden. Die Kopplung zur CAD-Geometrie wird zunächst zur Berechnung von Primärfunktionen, z.B. Lichtausbreitung mittels einer stochastischen Strahlverfolgung, genutzt. Durch eine Visualisierung können die Sekundärfunktionen, z.B. Licht- und Beleuchtungsstärken oder Leuchtdichten, simuliert und bewertet werden (Bild 7).

Digital Mock-Up in der Scheinwerferentwicklung:

- Verbindung von Geometrie und Funktion
- Unterstützung der Entwicklungskompetenz
- Modellbildung in Abhängigkeit des Entwicklungsstadiums

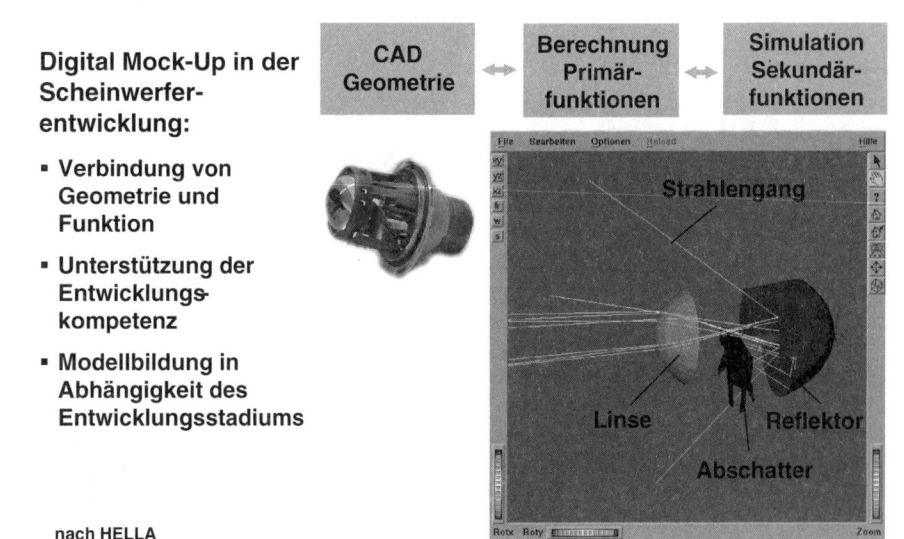

nach HELLA

Bild 7: Digital Mock-Up - Funktionale Integration

Dieses System trägt wesentlich dazu bei, die Entwicklungskompetenz im Bereich der Lichttechnik zu sichern. Aktuelles Beispiel sind Scheinwerfer mit Freiflächen-Technik, bei denen die Lichtverteilung durch den Reflektor realisiert wird. Zudem gibt es Eigenschaften und Funktionen, die in Versuchen schwer oder gar nicht zu erfassen sind und nur auf der Grundlage des Rechnermodells abgebildet werden können. Dabei ist es für den sinnvollen Einsatz des Systems im Sinne einer Aufwandsminimierung wichtig, den Detaillierungsgrad der Modellbildung in Abhängigkeit des jeweiligen Entwicklungsstadiums zu definieren. Zu Beginn der Leuchtenentwicklung ist es beispielsweise ausreichend, für erste Aussagen nur wenige Strahlengänge zu simulieren. Bei der abschlie-

Virtual Engineering 153

ßenden Verifikation müssen jedoch die Anzahl der berücksichtigten Strahlengänge erhöht und die erforderlichen Komponenten, z.B. die Wendel, detailliert abgebildet werden. Ziel bei HELLA ist es, nur noch einen physischen Prototypen für einen abschließenden Versuch im Lichtlabor zu erstellen.

Neben der Simulation und Bewertung der Produkteigenschaften lassen sich mit Hilfe eines DMU auch Prozeßabläufe und Fertigungssysteme überprüfen. Durch Einbeziehung des Menschen in die Modellwelt können auch ergonomische Aspekte analysiert werden (Bild 8).

Digital Mock-Up zur Gebrauchssimulation:

- **Dynamische Ein-/Ausbauuntersuchung mit Kollisionsüberprüfung**
- **Überprüfung des verfügbaren Bau- und Montageraums**
- **Einbeziehung des Menschen in die Modellwelt**

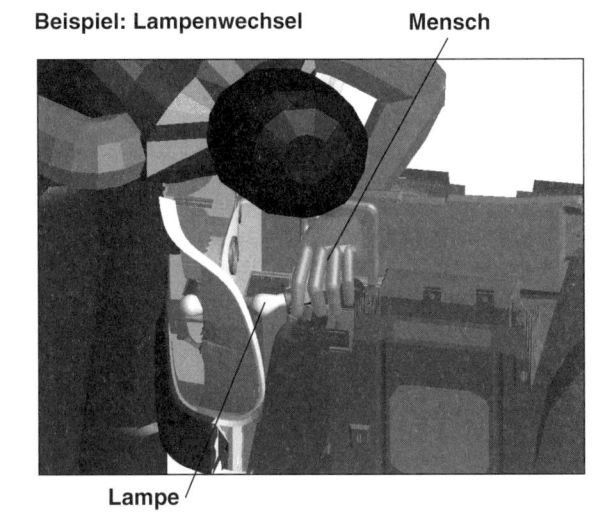

nach BMW

Beispiel: Lampenwechsel   Mensch

Lampe

Bild 8: Digital Mock-Up - Produktionstechnische Integration

Für diese Aufgaben stehen heutzutage Softwaretools zur Verfügung, die dynamische Ein- und Ausbauuntersuchungen mit Online-Kollisionskontrolle durchführen können oder die Funktionalitäten bereitstellen, mit denen beispielsweise durch Produktionseinrichtungen „gegangen" bzw. „geflogen" werden kann. Zur Darstellung von Produktionsanlagen stehen Bibliotheken mit geometrischen und kinematischen Modellen, z.B. Zuführ- und Transporteinrichtungen, zur Verfügung. Durch Verbindung von Logiken mit den jeweiligen Betriebsmitteln wird das Systemverhalten der realen Welt emuliert. Bei der Analyse von Fertigungssystemen können auch Produktionsvariablen, z.B. Geometrie, Geschwindigkeit oder Beschleunigung der Bauteile bzw. Produktionseinrichtungen, berücksichtigt werden. Mit Hilfe dieser Systeme kann ein „Digital Manufacturing" im Sinne einer integrierten Produkt- und Prozeßgestaltung unterstützt werden.

3.3 Einbindung der Zulieferer in die Produkt- und Prozeßentwicklung

Ein wichtiges Merkmal der zukunftsweisenden Wertschöpfung ist die Integration flexibler, auf Kernkompetenzen konzentrierter Systemlieferanten in die Produktentwicklung des Primärherstellers [18]. Der Ansatz des Virtual Engineering beinhaltet deshalb auch die unternehmensübergreifende Produkt- und Prozeßentwicklung. Aus diesem

Grund müssen auch die Zulieferer in die Entwicklungsprozesse des Primärherstellers integriert werden. Die CAx-Fähigkeit und Kompatibilität der Prozesse auf Seiten des Zulieferers sind die Schlüsselfaktoren für eine erfolgreiche Integration und Zusammenarbeit. Ein Beispiel, wie die Zulieferunternehmen in die Produktentwicklung integriert werden können, ist die bei Ford verfolgte Strategie „C3P".

C3P steht für die Integration der drei C-Techniken CAD, CAM und CAE und des Product Information Management (Bild 9). Philosophie ist es, die Zulieferer bereits bei der Programmeingabe, d.h. bei der Erarbeitung der Zielvorgaben, miteinzubeziehen [19].

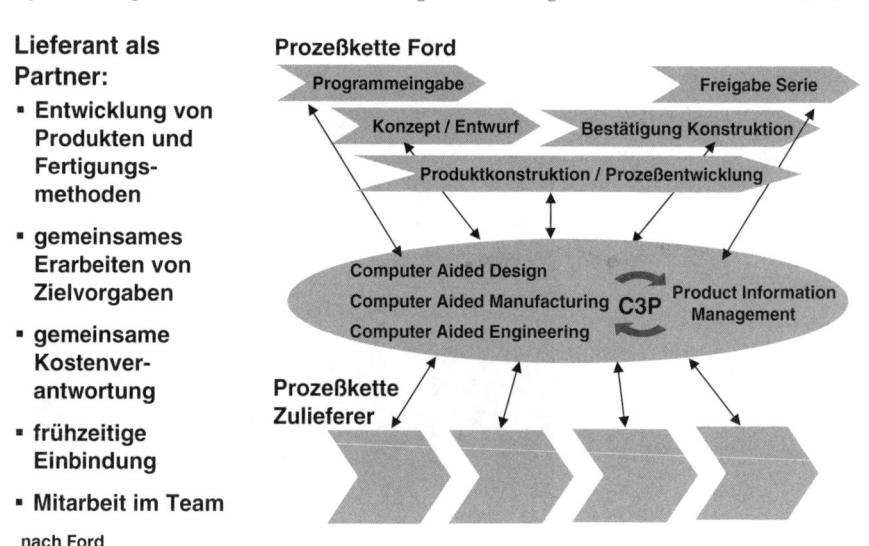

Lieferant als Partner:
- **Entwicklung von Produkten und Fertigungsmethoden**
- **gemeinsames Erarbeiten von Zielvorgaben**
- **gemeinsame Kostenverantwortung**
- **frühzeitige Einbindung**
- **Mitarbeit im Team**

nach Ford

Bild 9: Integration der Zulieferer in die Produktentwicklung

Durch die frühzeitige Einbindung und enge Mitarbeit im Team wird eine gemeinsame Kosten- und Zeitverantwortung erreicht. Neben der Gestaltung der organisatorischen Randbedingungen bildet die Systemtechnik den zweiten Grundpfeiler dieser Strategie. Kerngedanke ist es, daß es in der gesamten Entwicklungskette zukünftig nur noch ein „Master-Modell" geben wird, auf das alle Anwendungen referenziert werden sollen. Dies bedeutet die Schaffung einer einheitlichen Datenstruktur und einer einheitlichen Systemplattform. Damit sollen Datenkonvertierungen zwischen Systemen entfallen und so Schnittstellenprobleme vermieden werden. Neben der Systemlandschaft ist auch der Umgang mit der Software, d.h. der Modellaufbau, definiert, so daß hier eine Vereinheitlichung der Modellstrukturen erzielt wird. Die Strategie verdeutlicht, daß eine Umsetzung des Virtual Engineering ohne die Integration der Zulieferer bzw. Entwicklungspartner nicht möglich ist.

Das unternehmensübergreifende Zusammenspiel der CAD-Systeme bereitet den Zulieferunternehmen, die gleichzeitig Entwicklungs- und Kompetenzpartner für verschiedene Kunden sind, erhebliche Schwierigkeiten. Die Ursache liegt im wesentlichen in der Heterogenität der Systeme seitens der einzelnen Kunden. Vor diesem Hintergrund müssen die CAD-Systeme der einzelnen Entwicklungspartner insbesondere auch über die Unternehmensgrenzen hinweg zusammenwirken [20].

Das Beispiel von HELLA zeigt eine Möglichkeit auf, wie das Problem des Datenaustauschs zwischen heterogenen CAD-Systemen bewältigt werden kann (Bild 10). Die Anbindung an die CAD-Systeme der einzelnen Kunden erfolgt mittels des Konvertierungstools Design Data eXchange (DDX), das es jedem autorisierten Benutzer ermöglicht, Konstruktionsdaten mit den Entwicklungspartner automatisch im entsprechenden Datenformat auszutauschen.

Aufgabe:
Datenaustausch zwischen heterogenen Systemen von Entwickler zu Entwickler

Lösung:
automatische Konvertierung der ein- und ausgehenden CAD-Modelle mittels Design Data eXchange

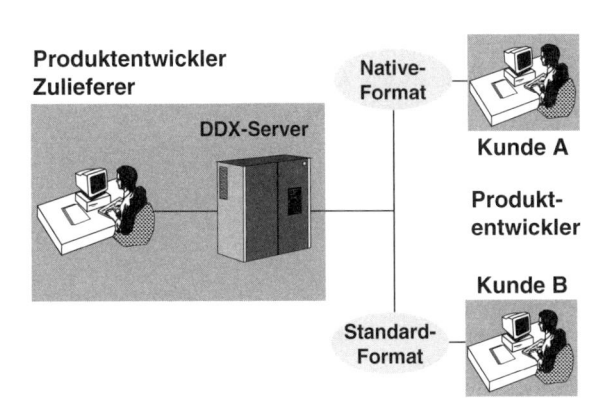

nach Hella

Bild 10: Austausch von CAD-Daten

Hierbei sind Vorschriften implementiert, die für die einzelnen Entwicklungspartner das erforderliche Datenformat und Austauschmedium definieren. Hinsichtlich des Datenformates wird zwischen den Native-Formaten der einzelnen CAD-Systeme und den verschiedenen anwendungsneutralen Softwareschnittstellen, wie zum Beispiel STEP (Standard for the Exchange of Product Model Data), VDA-FS (VDA-Flächenschnittstelle) und IGES (Initial Graphics Exchange Specification) unterschieden. Der Datenaustausch erfolgt entweder auf Basis des FTP (File Transfer Protocol) über das Local Area Network (LAN) oder des OFTP (Odette File Transfer Protocol) über ISDN (Integrated Services Digital Network). Die Vorbereitung des Datenaustauschs beschränkt sich somit lediglich auf die Identifikation des Austauschpartners und der auszutauschenden CAD-Modelle. Auf Basis dieser Informationen werden die Datenkonvertierung und der anschließende Datentransfer durch das Konvertierungstool DDX automatisch durchgeführt, so daß der Benutzer den Datenaustausch schnell und sicher - auch ohne Unterstützung des Systemadministratoren - ausführen kann.

Der zukünftige Trend hinsichtlich des Austauschs der CAD-Daten geht in die Richtung des internet-basierten European Network eXchange (ENX). Zudem wird die Integration der Zulieferer in das Engineering Data Management (EDM) des Kunden angestrebt [21].

Neben den Anforderungen bezüglich des Datenaustauschs zwischen den Entwicklungspartnern sind bei der Realisierung des Virtual Engineering Anforderungen an eine konsistente und redundanzfreie Datenverwaltung zu erfüllen. Im einzelnen impliziert das Virtual Engineering einen gemeinsamen Datenbankzugang der relevanten Abteilungen, eine strukturierte Ablage der Informationen sowie ein Versions- und Variantenmanagement [22]. Die Berücksichtigung der aufgeführten Anforderungen bei der Konzeption eines Engineering Data Management Systems (EDMS) soll am Beispiel der Fa. KUKA, einem Hersteller von Schweißrobotern und Schweißstraßen, verdeutlicht werden.

Das Engineering Data Management bei KUKA umfaßt die Integration der in der Produktentwicklung eingesetzten EDV-Systeme, wie zum Beispiel Catia, AutoCad und RobCad, sowie die Kopplung der einzelnen Datenbanken für eine Schweißdaten-, Bauteil- und Stücklisten- beziehungsweise Zeichnungsverwaltung (Bild 11). Die verschiedenen Daten sind den Abteilungen mechanische und elektrische Konstruktion, Prozeßtechnik sowie Inbetriebnahme zugänglich.

Ansatz:
- Integration der EDV-Syteme
- Kopplung der einzelnen Datenbanken

Legende:
BV = Bauteilverwaltung
SV = Schweißdatenverwaltung
SZV = Stücklisten/Zeichnungsverwaltung

nach Kuka

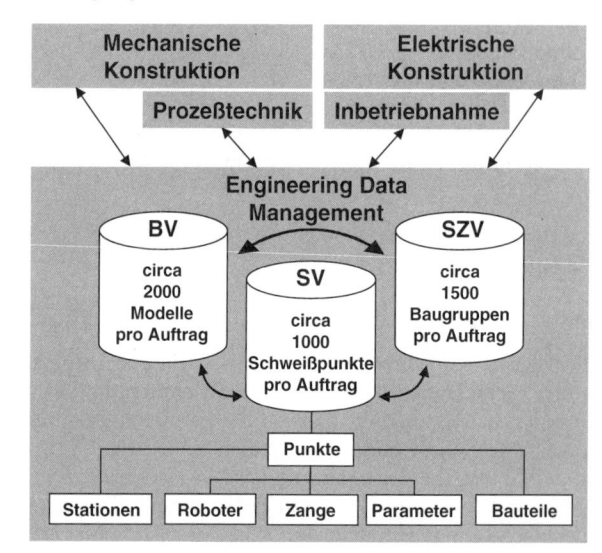

Bild 11: Engineering Data Management

Zentrale Aufgabe der Schweißdatenverwaltung ist es, die Verteilung der einzelnen Schweißpunkte auf die verschiedenen Roboter und Vorrichtungen sicherzustellen und zu dokumentieren. Die Schweißdatenverwaltung beinhaltet eine Verknüpfung der Informationen über die Stationen, Roboter, Zangen, Parameter und Bauteile. In der Bauteilverwaltung werden die Daten über die Produktstruktur, die einzelnen Bauteile und die zugehörigen CAD-Modelle abgelegt. Die Informationen über die Schweißpunkte, die Bauteile und die Zuordnung der einzelnen Schweißpunkte zu den Bauteilen können sowohl aus dem CAD-System in die Datenbanken als auch aus den Datenbanken direkt in das CAD-System übertragen werden.

Virtual Engineering 157

4 Virtual Engineering im Maschinen- und Anlagenbau

Die aufgeführten Beispiele aus der Automobilindustrie zeigen, daß Virtual Engineering eine effiziente Unterstützung der Produktentwicklung darstellt. Hieraus leitet sich die Frage ab, ob der Virtual Engineering-Ansatz nicht auch im Maschinen- und Anlagenbau verfolgt werden kann. Trotz der branchenspezifischen Besonderheiten, wie zum Beispiel Einzel- und Kleinserienfertigung, kleine Entwicklungsabteilungen und z.T. geringe EDV-Durchdringung in der Produktentwicklung, besteht auch für den Maschinen- und Anlagenbau die Notwendigkeit, sich mit der Einführung des Virtual Engineering auseinanderzusetzen. Dies läßt sich aus einem Zukunftsszenario für den Maschinen- und Anlagenbau ableiten, das am Beispiel der Fa. Hegenscheidt-MFD vorgestellt werden soll (Bild 12).

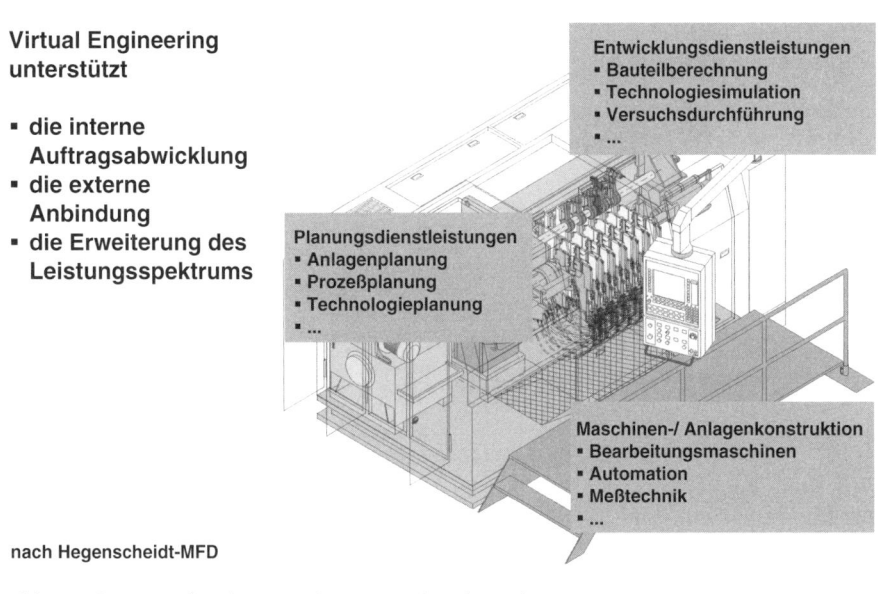

Virtual Engineering unterstützt

- die interne Auftragsabwicklung
- die externe Anbindung
- die Erweiterung des Leistungsspektrums

Entwicklungsdienstleistungen
- Bauteilberechnung
- Technologiesimulation
- Versuchsdurchführung
- ...

Planungsdienstleistungen
- Anlagenplanung
- Prozeßplanung
- Technologieplanung
- ...

Maschinen-/ Anlagenkonstruktion
- Bearbeitungsmaschinen
- Automation
- Meßtechnik
- ...

nach Hegenscheidt-MFD

Bild 12: Szenario für den Maschinen- und Anlagenbau

Dieses Szenario trägt dem zunehmenden Kundenwunsch Rechnung, daß Maschinen- und Anlagenbauer ihre Kernkompetenzen ausgehend von der Maschinen- und Anlagenkonstruktion um Dienstleistungen erweitern sollen. In diesem Zusammenhang werden die traditionellen Maschinen- und Produktionskompetenzen durch Entwicklungs- und Planungsdienstleistungen ergänzt.

Mit der Erweiterung des Leistungsspektrums um Entwicklungsdienstleistungen, z.B. Berechnungen am Kundenbauteil, Technologiesimulationen und Versuchsdurchführungen, sowie Planungsdienstleistungen, z.B. Anlagen-, Prozeß- und Technologieplanungen, wird die Entwicklung vom reinen Maschinen- und Anlagenlieferanten hin zum Systemlieferanten angestrebt. Hiermit sind eine frühzeitige Integration in die Produktentwicklung und Fertigungsplanung des Kunden sowie eine starke Koordination der Zulieferunternehmen verbunden. Aus der Erweiterung des Leistungsspektrums resultiert eine Steigerung des Umfangs und der Komplexität hinsichtlich der internen

Auftragsabwicklung sowie der externen Anbindung der Kunden und Zulieferunternehmen. Die neuen Anforderungen an Abläufe und EDV-Systeme können insbesondere durch die Einführung des Virtual Engineering erfüllt werden.

Bei der Realisierung des Virtual Engineering ist jedoch zu berücksichtigen, daß erst eine anforderungsgerechte Gestaltung des Virtual Engineering eine effiziente Produktentwicklung ermöglicht. Die Übertragung des Virtual Engineering-Ansatzes aus der Automobilindustrie auf den Maschinen- und Anlagenbau erfordert deshalb eine entsprechende Konfiguration unter Berücksichtigung der branchenspezifischen Unterschiede bezüglich der Abläufe und des EDV-Einsatzes in der Produktentwicklung (Bild 13).

Durch Konfiguration wird der VE-Ansatz im Maschinen- und Anlagenbau angepaßt.

- **Gestaltung der Prozesse**
- **Zuordnung und Einführung der geeigneten Systeme**
- **Qualifikation der Mitarbeiter**

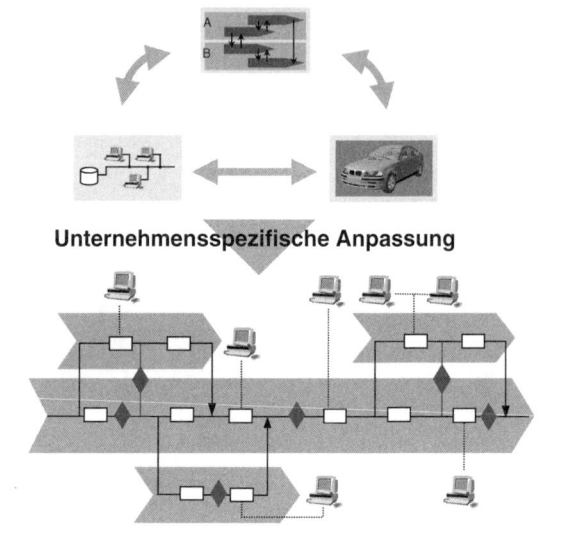

Unternehmensspezifische Anpassung

Bild 13: Anpassung des Virtual Engineering-Ansatzes

Diese Anpassung umfaßt einerseits die Analyse und Optimierung der Abläufe in der Produktentwicklung hinsichtlich einer Integration geeigneter Systeme. Andererseits müssen die erforderlichen Systeme den verschiedenen Entwicklungsprozessen bedarfsgerecht zugeordnet werden. Auf diese Weise wird sichergestellt, daß neue Abläufe beziehungsweise Strategien in der Produktentwicklung durch die entsprechenden Systeme wirkungsvoll unterstützt werden. Ein nicht zu vernachlässigender Aspekt bei der Konfiguration des Virtual Engineering-Ansatzes ist die Qualifikation der Mitarbeiter. Erst durch die adäquate Qualifikation kann die Akzeptanz der Mitarbeiter bezüglich neuer Systeme sichergestellt und damit der effiziente Systemeinsatz im Sinne des Virtual Engineering erzielt werden [13].

Die erfolgreiche Konfiguration des Virtual Engineering-Ansatzes soll anhand zweier Fallbeispiele aus dem Maschinen- und Anlagenbau aufgezeigt werden.

Bei der Auslegung von Fertigungskonzepten und Anlagen für den Zusammenbau von Automobil-Karosserien ergeben sich aufgrund der simultanen Entwicklung der Karosserieteile auf Seiten der Automobilhersteller und der zugehörigen Schweißanlagen seitens KUKA zahlreiche Konstruktionsänderungen hinsichtlich der Anlagenkonstruktion. Gleichzeitig werden die Produktentwicklungszeiten immer kürzer. Vor diesem Hintergrund bietet die Einführung des Virtual Engineering eine effiziente Unterstützung der Anlagenkonstruktion. Die Anlagenkonstruktion umfaßt die Konstruktion der Vorrichtungen und Peripherieeinrichtungen, die Erstellung des Anlagenlayouts sowie die Simulation der Schweiß- und Handhabungsoperationen (Bild 14).

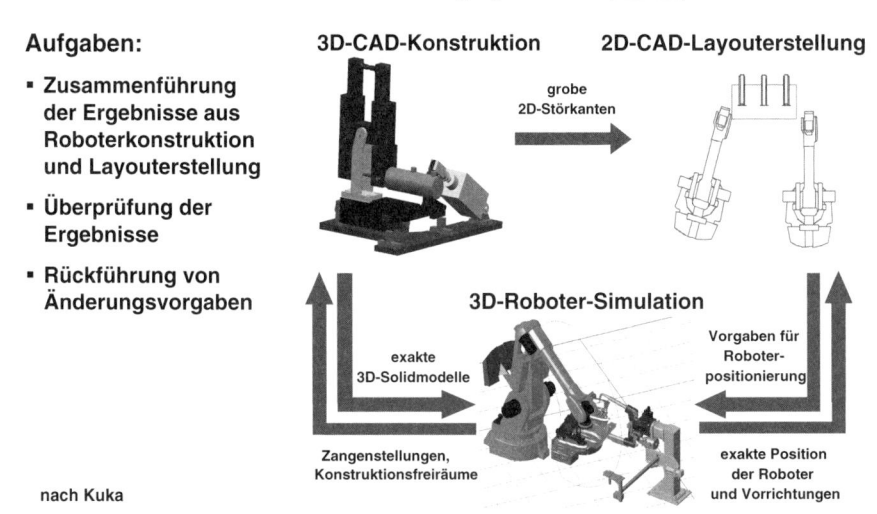

Bild 14: Robotersimulation

Durch die Robotersimulation werden sowohl die Konstruktion der Vorrichtungen und Peripherieeinrichtungen als auch die Erstellung des Anlagenlayouts im Hinblick auf eine Kollisionsvermeidung beim Anfahren der einzelnen Schweißpunkte unterstützt. Aufgrund des Trends zu kompakten Anlagen und einem verstärkten Einsatz des Roboterhandlings gewinnt die Simulation als integrativer Bestandteil der Produktentwicklung zunehmend an Bedeutung. Die Robotersimulation dient zum einen der Überprüfung der prinzipiellen Erreichbarkeit der Schweiß- und Greifpunkte sowie der Zugänglichkeit in den Vorrichtungen. Zum anderen wird der Ablauf der Schweißoperationen simuliert, um die exakten Anfahrwege zu definieren und Aussagen über Taktzeiten zu gewinnen. Darüber hinaus wird die Offline-Programmierung vorbereitet. Hierbei werden die Verfahrwege vollständig beschrieben und die Roboterprogramme in den Zielsteuerungscode übersetzt.

Die Fa. Hegenscheidt-MFD entwickelt u.a. Kurbelwellenbearbeitungsmaschinen für die Automobilindustrie. Kollisionsüberprüfungen auf Basis von Zeichnungen insbesondere für die Fest- und Richtwalzeinheiten werden durch die hohe Komplexität der Bewegungsabläufe bei diesen Maschinen erschwert. Vor diesem Hintergrund setzt Hegenscheidt-MFD Kinematiksimulationen ein, um eine Kollisionsüberprüfung mit Hilfe einer Visualisierung der Bewegungsabläufe durchzuführen. Darüber hinaus werden die Kinematiksimulationen von der Vertriebsabteilung für Kundenpräsentationen eingesetzt, um die Bewegungsabläufe und Besonderheiten der Kurbelwellenbearbeitungsmaschinen zu verdeutlichen (Bild 15).

Kinematiksimulation:

- Kollisionskontrolle
- Visualisierung der komplexen Bewegungsabläufe
- Kundenpräsentation

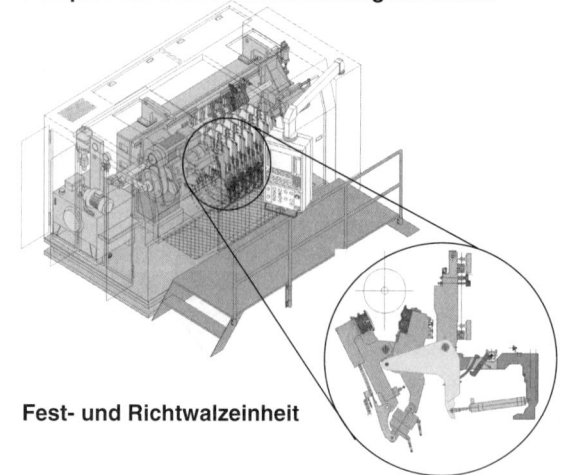

Beispiel: Kurbelwellenbearbeitungsmaschine

Fest- und Richtwalzeinheit

nach Hegenscheidt-MFD

<u>Bild 15</u>: Kinematiksimulationen bei Kurbelwellenbearbeitungsmaschinen

Die beiden Beispiele zeigen deutlich, daß Virtual Engineering auch im Maschinen- und Anlagenbau eine effiziente Unterstützung der Produkt- und Prozeßentwicklung bieten kann. Um die Potentiale des Virtual Engineering vollständig nutzen zu können, muß der integrative Charakter des Virtual Engineering berücksichtigt werden. So werden im Rahmen des Virtual Engineering Mitarbeiter aus allen Ebenen eines Unternehmens in die Produktentwicklung eingebunden. Auf der einen Seite verabschiedet z.B. der Vorstand als Entscheidungsgremium das Produktdesign auf Basis virtueller Prototypen. Auf der anderen Seite überprüft der Konstrukteur beispielsweise die geometrische Verträglichkeit aneinandergrenzender Bauteile mit Hilfe digitaler Prototypen.

Um Virtual Engineering als effiziente Unterstützung der Produktentwicklung einsetzen zu können, werden gleichermaßen sowohl die Anwender als auch das Management in die Einführung einbezogen. Die Anwender müssen über eine entsprechende Qualifikation und Motivation zu neuen Arbeits- und Denkweisen ermutigt werden. Das Management muß für das Virtual Engineering sensibilisiert werden, damit es die Umsetzung des Virtual Engineering-Ansatzes als eigene zentrale Aufgabe versteht. Nur wenn das Management die Patenschaft für die Einführung des Virtual Engineering übernimmt, wird dieser Ansatz konsequent verfolgt, gefördert und somit den gewünschten Erfolg bringen (<u>Bild 16</u>).

Die Einführung des Virtual Engineering erfolgt in Pilotprojekten entlang der gesamten Prozeßkette innerhalb der Produktentwicklung. Diese Pilotprojekte mit besonders engagierten Mitarbeitern sollen auf der einen Seite einen Vorbildcharakter für die anderen Abteilungen besitzen und auf der anderen Seite die Umsetzung des Virtual Engineering transparent gestalten. Zielsetzung der Pilotprojekte ist es, die physischen Prototypen in den Produktentwicklungsabläufen der Pilotprojekte zunehmend durch digitale Prototypen zu ersetzen.

Virtual Engineering

Leitgedanke:

- **Virtual Engineering muß vom Management und den Mitarbeitern gemeinsam getragen werden**
- **kontinuierliche bereichs- und ebenenübergreifende Kommunikation**

nach Audi

Management
- Aufgabe
- Akzeptanz
- Information
- Patenschaft

Pilotprojekte → Virtuelles Produkt

Mitarbeiter
- neue Arbeits- und Denkweisen
- Motivation
- Qualifizierung

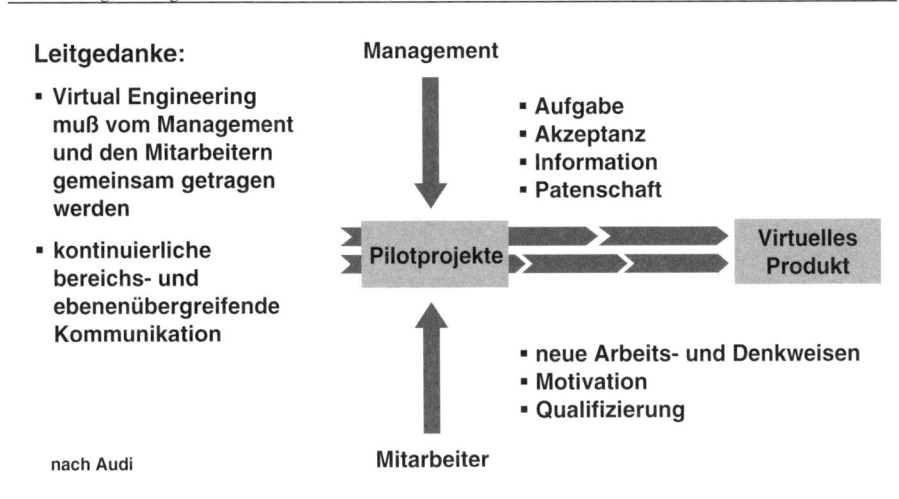

Bild 16: Umsetzung des Virtual Engineering

Die konkrete Einführung des Virtual Engineering erfolgt in fünf Schritten (Bild 17). Im ersten Schritt muß das Management die Ziele, die mit der Umsetzung des Virtual Engineering erreicht werden sollen, eindeutig definieren. In diesem Zusammenhang werden die Einsatzfelder und die zu verfolgende Strategie festgelegt. Die folgenden Schritte beziehen sich auf die beiden Bausteine des Virtual Engineering, Systeme und Produktentwicklungsprozesse. Die verschiedenen Systeme zur Modellierung virtueller Produkte beziehungsweise zum Datenmanagement bilden zwar die systemtechnischen Grundlagen für die Arbeit mit digitalen Prototypen. Um jedoch eine anforderungsgerechte Gestaltung des Virtual Engineering und damit verbunden eine effiziente Produktentwicklung zu realisieren, muß der Systemeinsatz auf die Abläufe in der Produktentwicklung abgestimmt werden. Vor diesem Hintergrund müssen bei der Einführung des Virtual Engineering sowohl die System- als auch die Prozeßsicht berücksichtigt werden. Auf diese Weise wird insbesondere der methodische Ansatz des Simultaneous Engineering durch den Einsatz des Digital Mock-Up, der Telekooperations- und Engineering Data Management Systeme unterstützt, so daß eine optimale Parallelisierung der Prozesse innerhalb der Produktentwicklung erreicht wird [22].

Der zweite Schritt zur Einführung des Virtual Engineering beinhaltet eine umfassende Reorganisation der Entwicklungsprozesse. Zu diesem Zweck wird eine Analyse und Optimierung der Abläufe in der Produktentwicklung durchgeführt. Hierfür stehen den Unternehmen heutzutage umfangreiche Methoden und Hilfsmittel zur Verfügung. So werden durch eine Prozeßanalyse die Abläufe in der Produktentwicklung transparent dargestellt und hinsichtlich verschiedener Kriterien, wie zum Beispiel Bearbeitungszeiten und Liegezeiten, quantifiziert. Auf diese Weise werden potentielle Schwachstellen aufgedeckt. Der Einsatz der Design-Structure-Matrix ermöglicht darüber hinaus die Abbildung und Analyse informationsbedingter Abhängigkeiten zwischen den einzelnen Prozessen. Hierdurch können Planungsabläufe transparent dargestellt und zeitlich optimiert werden. Der projektneutrale Entwicklungsplan dient zur Darstellung der Ablaufsequenzen, Ergebnisse und Abstimmungspunkte, so daß eine transparente Dokumentation des Abstimmungsbedarfs über alle Phasen der Produktentstehung zur Verfügung steht. Für die unternehmensübergreifende Zusammenarbeit ist der Einsatz eines Kommunikationsplans sinnvoll. In diesem Kommunikationsplan werden die Kommunikationspartner sowie Intensität und Art der Abstimmungsbeziehungen dokumentiert. Auf diese Weise können die verschiedenen Kommunikations- und Informationstechnologien anforderungsgerecht zugeordnet werden [23].

```
• Analyse der Prozeßkette:          Projektdefinition       • Einsatzfelder
  - Ist-Abläufe in der                                      • Zielkriterien
    Produktentwicklung                      ↓               • Strategie
• Gestaltung der Prozeßkette            Prozeß-
  - Bestimmung der Sollabläufe       reorganisation
    für die Produktentwicklung
  - Festlegung von Meilensteinen            ↓               • Pflichtenheft
    auf Basis des Virtual Engineering  Erstellen eines      • VE-Konzept
  - Gestaltung der                    Systemkonzeptes       • Systemintegration
    Kunden-Zulieferintegration               ↓
• Ermittlung von Potentialen                                • Grobauswahl
• Ableiten von Anforderungen an       Systemauswahl         • Feinauswahl
  das Virtual Engineering-Konzept                           • Wirtschaftlichkeit
                                             ↓
                                     Systemeinführung      • Schulungskonzept
                                                           • Systemanpassung
```

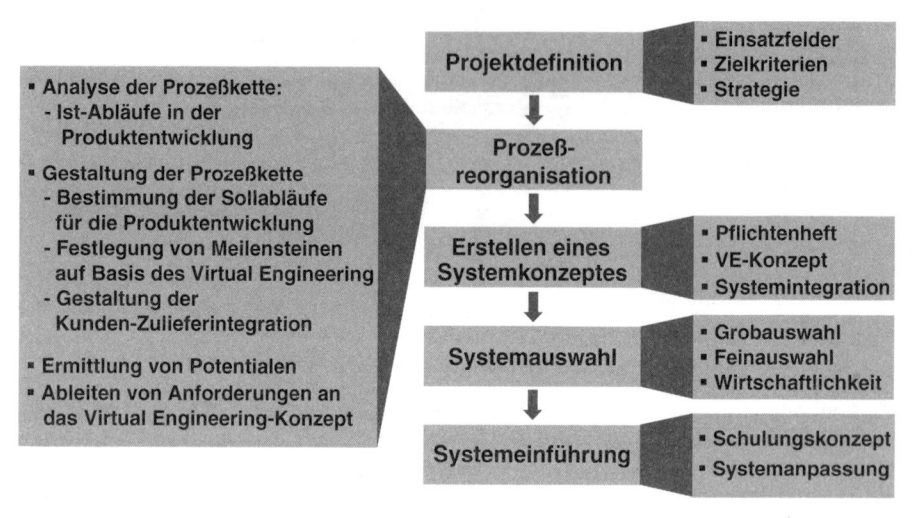

Bild 17: Umsetzung des Virtual Engineering

Im Rahmen der Prozeßreorganisation werden darüber hinaus die Potentiale, die mit der Einführung des Virtual Engineering erschlossen werden können, ermittelt sowie die Anforderungen an das Virtual Engineering-Konzept abgeleitet. Im dritten Schritt wird das Virtual Engineering-Konzept entwickelt und die Integration der Systeme in die Prozeßkette der Produktentwicklung definiert. Anschließend werden die Systeme, die für die Realisierung des Virtual Engineering benötigt werden, ausgewählt. Abschließend erfolgt die Systemeinführung, die eine Anpassung der Systeme an die Prozesse sowie die Entwicklung eines Schulungskonzeptes umfaßt [1].

5 Fazit und Ausblick

Erfolgsfaktoren für die zukünftige Produktentwicklung liegen in einer frühzeitigen Überprüfung der Entwicklungsergebnisse anhand digitaler Prototypen, die eine ganzheitliche Produkt- und Prozeßsicht ermöglichen. Aufgrund der Möglichkeit zur Reduzierung der Entwicklungszeiten und -kosten werden digitale Prototypen physische Prototypen zunehmend ersetzen. Die systemtechnischen Lösungen, die die einzelnen Prozesse der Produktentwicklung im Sinne des Virtual Engineering unterstützen können, existieren bereits. Jedoch müssen die einzelnen Insellösungen in einen durchgängigen Gesamtansatz integriert werden. Die Potentiale des Virtual Engineering lassen sich jedoch nur dann erschließen, wenn der Systemeinsatz auf die Prozesse abgestimmt ist, die Systeme fest in den Abläufen verankert sind und zum täglichen Werkzeug der Anwender gehören. Der wesentliche Faktor für den Erfolg des Virtual Engineering bleibt allerdings weiterhin der Mensch, da der digitale Prototyp schließlich nur eine Repräsentation der menschlichen Entwicklungsleistung darstellt. Damit Virtual Engineering in Zukunft eine effiziente Unterstützung der Produktentwicklung werden kann, sind Investitionen in die Ressourcen System und Mensch erforderlich.

Die aufgeführten Beispiele aus der Automobilindustrie und dem Maschinen- und Anlagenbau bestätigen, daß Virtual Engineering die Grundlage für die zukünftige Produktentwicklung sowohl in der Groß- als auch in der Einzel- und Kleinserie bildet (Bild 18). Trotzdem sind dem Virtual Engineering Grenzen gesetzt.

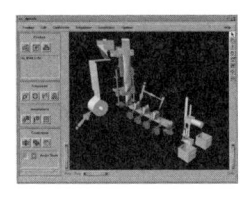

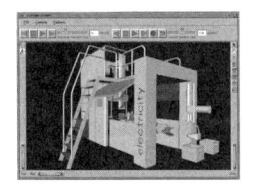

- **Virtuelle Prototypen ersetzen zunehmend physische Prototypen.**
- **Die EDV-technischen Voraussetzungen für Virtual Engineering sind vorhanden.**
- **Virtual Engineering bildet die Grundlage für die zukünftige Produktentwicklung in der Großserie sowie in der Einzel- und Kleinserie.**
- **Virtual Engineering erfordert die Investition in die Ressourcen Mensch und System.**

Bild 18: Fazit

So wird die Modellbildung zum einen durch die aktuell verfügbare Modellierungs- beziehungsweise Simulationshard- und -software, die eine Modellierung komplexer Produkte unter Berücksichtigung der für die Simulation erforderlichen Detaillierung nicht ermöglichen, beschränkt. Zum anderen können in der Modellwelt nicht alle Aspekte der realen Welt abgebildet werden, so daß die Aussagekraft der Simulationsergebnisse kritisch zu hinterfragen ist. Physische Prototypen werden somit immer erforderlich bleiben.

Darüber hinaus behindern Schwierigkeiten bezüglich des Datenaustauschs die Zusammenarbeit zwischen den einzelnen Entwicklungspartnern. So schränken die hohen Anforderungen an die Datensicherheit beziehungsweise an den Datenschutz den Austausch proprietärer Informationen ein. Des weiteren ist der Datenaustausch durch die Heterogenität der Systeme und die unzureichende Standardisierung der Schnittstellen mit hohen zusätzlichen Aufwänden für die Konvertierung in das erforderliche Datenformat verbunden. Aufgrund der hohen Relevanz des Faktors Mensch für den Erfolg des Virtual Engineering ist die Qualifikation und Akzeptanz der Anwender auf Seiten der Entwicklungspartner eine wesentliche Voraussetzung für die effiziente Nutzung der neuen Technologien. In diesem Zusammenhang ist der Abschied von der traditionellen tayloristischen Arbeits- und Denkweise eine weitere Hürde bei der Einführung des Virtual Engineering. Schließlich stellt auch die unterschiedliche CAx-Durchdringung bei den Entwicklungspartnern eine weitere Grenze des Virtual Engineering dar. Hierbei ist zu berücksichtigen, daß der Aufbau eines virtuellen Prototypen auf der Basis von 3D-Modellen erfolgt. Jedoch werden derzeit im überwiegenden Teil der produzierenden Unternehmen immer noch 2D-CAD-Systeme eingesetzt, die eine erfolgreiche Umsetzung des Virtual Engineering behindern [24] (Bild 19).

- Grenzen der Modellbildung

- Sicherheit proprietärer Informationen

- heterogene Systeme und unzureichende Standardisierung der Schnittstellen

- Qualifikation und Akzeptanz der Mitarbeiter und Zulieferer

- CAx-Durchdringung

Bild 19: Grenzen des Virtual Engineering

Aus dem Bestreben nach einer zunehmenden Interaktion zwischen Entwickler und Modellwelt resultiert die Entwicklung neuer Produktmodellierungstechniken sowie einer geeigneten Verknüpfung der einzelnen Methoden. Erste Ansätze finden sich hier bereits in der kooperativen 3D-Modellierung mit Hilfe eines virtuellen Tisches oder der maßstabsgetreuen Abbildung eines digitalen Prototypen in einer Cave (mehrseitiger Projektionsraum). Durch die zunehmende Einführung des Virtual Engineering in verschiedenen Industriebranchen werden die Einsatzfelder für die zugehörigen Systeme kontinuierlich wachsen. Vor diesem Hintergrund besteht für die Zukunft die Notwendigkeit, neue Berechnungs- und Simulationswerkzeuge zu entwickeln, um die unternehmensspezifischen Kernkompetenzen sichern zu können. Vor dem Hintergrund einer Vorbereitung der Modelle für die Folgeprozesse bietet es sich an, zunehmend auch semantische Informationen in die Modelle zu integrieren, um die nachgelagerten Prozesse beschleunigen zu können. Die Maxime einer Homogenisierung der Systeme ist insbesondere für einen verstärkten Einsatz des Virtual Engineering von hoher Bedeutung, da hiermit die bestehenden Hemmnisse bezüglich des Datenaustauschs zwischen den Entwicklungspartnern abgebaut werden können. Jedoch entspricht diese Maxime nicht der Realität. Vor diesem Hintergrund wird die Beherrschung der Systemkomplexität durch ein entsprechendes Interoperabilitätskonzept angestrebt. (Bild 20).

Trotz der Potentiale, welche die neuen Systemtechnologien beinhalten, wird es noch eine gewisse Zeit dauern, bis alle Prozesse in der Produktentwicklung systemunterstützt ablaufen. Ein wichtiger Aspekt darf bei der Diskussion um den Einsatz neuer Systemtechnologien jedoch nicht vergessen werden. Am Produktionsstandort Deutschland bleibt der Mensch - auch bei verstärkter Integration der Systeme in die Produktentwicklung - aufgrund seiner Kreativität und Flexibilität des Denkens sowie seiner Innovationskraft und seines Erfindertums der wichtigste Faktor für den Erfolg eines neuen Produkts. Diese Leistungen können von Systemen nur unterstützt, aber nicht übernommen werden.

- Entwicklung neuer Produktmodellierungstechniken
- zunehmende Interaktion zwischen Entwickler und Modellwelt
- Entwicklung neuer Berechnungs- und Simulationswerkzeuge zur Sicherung des Kernkompetenzen
- zunehmende Integration semantischer Informationen
- Homogenisierung bzw. Interoperabilität der Systeme

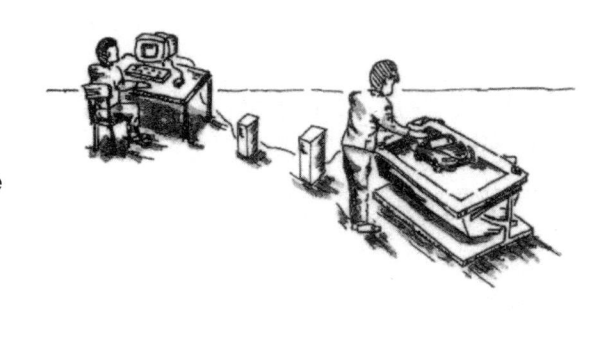

Bild 20: Ausblick

Literatur:

[1] Jasnoch, U., Dohms, R., Schenke, F.-B.: Virtual Engineering in investment goods industry - Potentials and application concepts. In: Jacucci, G. u.a. (Hrsg.): Globalization of manufacturing in the digital communications era of the 21st century: innovation, agility and the Virtual Enterprise.

[2] Eversheim, W. (Hrsg.), Bochtler, W., Laufenberg, L.: Simultaneous Engineering: von der Strategie zur Realisierung. Springer, Berlin, Heidelberg, 1995.

[3] Spur, G., Krause, F.-L.: Das virtuelle Produkt: Management der CAD-Technik. Hanser, München, Wien, 1997.

[4] Eversheim, W.: Organisation in der Produktionstechnik. Konstruktion. 3., vollst. überarb. Aufl., Springer, Berlin, Heidelberg, 1998.

[5] N.N.: Wieviel Luft steckt noch im Engineering? In: Konstruktion und Engineering. Nr. 3, März 1998, S.3.

[6] Gausemeier, J., Lemke, J., Riepe, B.: Integriertes Prototyping zur durchgängigen Unterstützung der Produktentwicklung. Industrie Management 14 (1998) 5; S. 13-19.

[7] Jasnoch, U., Rix, J.: Virtuelles Produktdesign - ein Werkzeug für die effiziente Produktentwicklung. VDMA Maschinenbau-Nachrichten, 08/98, S. 16-19.

[8] Vital, E. u.a.: Introduction of Virtual Product Development in Practice. VDI-Berichte 1435, VDI-Verlag, Düsseldorf, 1998, S. 41-56.

[9] Eversheim, W., Ritz, P., Walz, M.: Einsatz einer Engineering Data Base - Erfahrungen und Potentiale, VDI-Berichte Nr. 1289, VDI-Verlag, Düsseldorf, 1996, S. 349-367.

[10] Luczak, H., Eversheim, W.: Telekooperation in verteilten Produktentwicklungen. Springer, Berlin, Heidelberg, 1998.

[11] Abarbanel, R.: Going 200% Digital. Tagung: Digitale Prototypen, 24./25. Juni 1998, IGD, Darmstadt.

[12] Milberg, J., Taiber, J.: Agilität durch Venetzung von Produkt- und Prozeßinnovationen. In: Krause, F.-L., Uhlmann, E.: Innovative Produktionstechnik. Hanser, München, Wien, S. 211-222.

[13] Storath, E. u.a.: Das virtuelle Produkt im Prozeßnetz - mehr als nur die Anwendung von Systemen entlang der Prozeßketten. VDI-Bericht Nr. 1435, Oktober 1998, S. 169-181.

[14] Woman, I.: Virtuelle Produktentwicklung: DMU bei BMW - Ansätze und Perspektiven. Tagung: Digitale Prototypen, 24./25. Juni 1998, IGD, Darmstadt.

[15] Janocha, A. u.a.: Digital-Mock-up und Cax-Systemintegration. CAD-CAM Report Nr. 6 1988, S. 62-66.

[16] Praun, S.: Digital Mock-up. Entwicklungsstrategie und Kommunikationsplattform für den gesamten Produktlebenszyklus. VDI-Z Special C-Techniken, März 1998, S. 42-44.

[17] N.N.: 3D-Software simuliert den Produktionsablauf. Umformtechnik 4/98, S.34-35.

[18] Wüthrich, H.; Philipp, A.: Virtuell ins 21. Jahrhundert? Wertschöpfung in temporären Netzwerkverbünden. HMD 200/1998, S.9-23.

[19] Sendler, U.: Das C3P-Projekt von Ford verlangt strategische Partner. VDI-Z Special C-Techniken, Oktober 1997, S. 34-36.

[20] N.N.: Produkte gemeinsam entwickeln. Industrieanzeiger 37/98, S. 70-71.

[21] Hüngsberg, W.: Die Zukunft von EDI in der Automobilindsutrie. ZWF 93(1998) 9; S.426-428.

[22] Gehrke, U.; Scheibler, M.: Ein effektives Produktdatenmanagement - Rückgrat für die virtuelle Produktentwicklung. VDI-Bericht Nr. 1435, Oktober 1998, S. 13-30.

[23] Eversheim, W.: Moderne Informations- und Kommunikationssysteme als Wegbereiter für innovative Geschäftsprozesse. Seminar „Mit Telekooperation in die zukunft", Frankfurt, 11. Februar 1998.

[24] N.N.: Analyse zur Entwicklung des Cax-Marktes in Deutschland. In: Computer Graphik Markt 1998/1999. Dressler-Verlag, Heidelberg, 1998.

Mitarbeiter der Arbeitsgruppe für den Vortrag 2.2

Dr.-Ing. J. Asbeck, Fa. Hegenscheidt-MFD GmbH, Erkelenz
Prof. Dr.-Ing. Dr. h.c. J. Encarnacao, IGD, Darmstadt
Dr.-Ing. C. Escher, Ford-Werke AG, Köln
Dr.-Ing. K. Etscheidt, Kuka Schweissanlagen GmbH, Augsburg
Prof. Dr.-Ing. W. Kalkert, Ford-Werke AG, Köln
Prof. Dr.-Ing. Dr. h.c. Dr.-Ing. E.h. J. Milberg, BMW AG, München
Dr.-Ing. J. Rix, IGD, Darmstadt
Dipl.-Ing. F.-B. Schenke, WZL, RWTH Aachen
Dr.-Ing. J. Taiber, BMW AG, München
Dipl.-Ing. Dipl.-Wirt. Ing. M. Walz, WZL, RWTH Aachen,
Dipl.-Ing. P. Weber, WZL, RWTH Aachen
Dipl.-Math. G. Weißberger, AUDI AG, Ingolstadt
Dr.-Ing. B. Wördenweber, Hella KG Hueck & Co., Lippstadt

3.1 Dynamik Leichtbau - Werkstoff, Gestalt und Fertigung

Gliederung:

1 Einleitung

2 Kraft und Masse

3 Wege zum Leichtbau

4 Werkstoffeigenschaften und Grundstrukturen

5 Hemmnisse und Potentiale

6 Leichtbaulösungen
6.1 Metallische Werkstoffe
6.2 Leichtbau mit Kunststoffen
6.3 Keramiken
6.4 Werkstoffverbunde

7 Gestalterische Möglichkeiten
7.1 Gestaltoptimierung
7.2 Konzeptioneller Leichtbau

8 Ausblick

Kurzfassung:

Dynamik Leichtbau - Werkstoff, Gestalt und Fertigung

Leichtbau bietet überall dort Entwicklungspotential, wo die Verminderung von Gewichtskräften oder Trägheitskräften den Gebrauch und die Eigenschaften der Erzeugnisse verbessern kann. Leichtbau für Großserien- und Massenprodukte erfordert noch mehr als konventionelle Bauweisen Simultaneous Engineering. Optimale Werkstoffausnutzung, höchste Festigkeit und Steifigkeit, maximale Funktionsintegration, Wirtschaftlichkeit bei Produktion und Gebrauch sowie einfache Demontierbarkeit kennzeichnen die Anforderungen an Leichtbaustrukturen. Das Leichtbaupotential von Werkstoffen wird durch bezogene Kenngrößen wie Reißlänge oder spezifische Steifigkeit in Verbindung mit dem Anwendungsfall gekennzeichnet und nicht alleine durch die Dichte. Tailored Blanks, metallische Schäume, faser- und partikelverstärkte Metalle und Kunststoffe, hochfeste und hoch verformbare Stähle, Keramik sowie Verbunde aus metallischen und nichtmetallischen Materialien stehen heute für die Entwicklung von Leichtbauteilen zur Verfügung. Die optimale Nutzung dieses Potentials ist am besten durch Mischbauweisen zu erreichen. Für die Be- und Verarbeitung sowie für das Verbinden sind sichere und serientaugliche Verfahren notwendig. Die Chance, durch Leichtbau wettbewerbsfähige Spitzenprodukte zu entwickeln, darf nicht durch eine verengte Sichtweise auf Materialkosten oder Kosten für einzelne Produktionsprozesse ungenutzt bleiben. Es ist vielmehr eine vollständige Analyse des Leichtbaupotentials von der Konzeption über die Produktion und die Nutzung bis in die Wiederverwertungsphase vorzunehmen.

Abstract:

Dynamics through Lightweight Construction - Material, Design and Manufacture

Lightweight construction offers potential wherever the reduction of weight and acceleration forces improves the use and the properties of products. Lightweight construction for mass produced parts demands the use of Simultaneous Engineering more than conventional design does. Optimized material utilization, highest strength and stiffness, a maximum of integrated functions, economical production and use combined with simple disassembly represent the demands of lightweight construction. The light weight potential of materials is determined by factors such as the breaking length or the specific stiffness in combination with the application and not solely by density. Tailored blanks, foam metals, fiber and particle reinforced metals and plastics, high strength and high formability steels, ceramics and composites from different metallic and non-metallic materials are available for the development of lightweight constructions. The best use of this potential will be made by designs combining different materials. For machining and processing as well as joining, stable and suitable methods for mass production must be developed. The chance to have market leading products by using lightweight construction must not be wasted through a narrow view towards only material cost or cost of production. Rather, a complete analysis of the lightweight potential, beginning in the design phase, continuing through production and use, ending with recycling, must be performed.

1 Einleitung

Leichtbau war für Schiffe, Luft- und Raumfahrzeuge schon immer ein Muß. Er war und ist die Schlüsselbauweise, um die Grundfunktionen derartiger Produkte überhaupt herzustellen: Schiffe schwimmfähig zu machen, Luftfahrzeuge zum Fliegen zu bringen, mit Raumfahrzeugen die Erdanziehung zu überwinden.

Auch in der Bautechnik, beispielsweise im Hochbau und im Brückenbau, muß so konstruiert werden, daß eine möglichst große Differenz zwischen der Belastung des Bauwerkes durch sein Eigengewicht und der Belastbarkeit im Gebrauch gegeben ist. Dies gelingt um so besser, je konsequenter Leichtbau angewandt wird.

Leichtbau muß im Grundsatz überall dort auf Interesse stoßen, wo heute die Auswirkungen großer Massen die Eigenschaften, den Gebrauch und die Akzeptanz von Erzeugnissen beeinträchtigen.

Weltweit besteht ein großer und wachsender Bedarf an Mobilität. Dieser wird zunehmend durch Radfahrzeuge für Schiene und Straße gedeckt. Der Betrieb derartiger Fahrzeuge benötigt Energie und verursacht Emissionen, entweder durch das Fahrzeug selbst oder dort, wo die Energie zum Betrieb des Fahrzeugs erzeugt wird. Am meisten ins Blickfeld geraten sind solche Emissionen, die als Schadstoffe die Umwelt belasten [1, 2, 3].

Bei der Diskussion über Fahrzeuge darf nicht vergessen werden, daß es eine Vielzahl anderer Produkte gibt, bei deren Betrieb ebenfalls Energie verbraucht und Emissionen verursacht werden. Dazu gehören zum Beispiel Maschinen aller Art, mechanisierte Fertigungseinrichtungen, Haushaltsgeräte, Geräte der Informations- und Kommunikationstechnik.

Auf den ersten Blick mag die Aufzählung der verschiedenartigen Produkte in einem Vortrag, der sich mit Leichtbau befaßt, wenig strukturiert erscheinen. Das Verbindende zwischen diesen Produkten ist jedoch, daß ihre Nutzungseigenschaften wesentlich von ihrer Masse beeinflußt werden. Und zu diesen Eigenschaften gehören auch die Höhe des Energieverbrauchs und der Emissionen.

2 Kraft und Masse

Auf jede Masse m wirken im Schwerefeld der Erde Kräfte. Ruht die Masse, dann wirkt die Gewichtskraft G. Ihre Größe wird durch die Masse m und durch die konstante Erdbeschleunigung g bestimmt: $G = m \cdot g$.

Wird eine Masse m in Bewegung gesetzt, beschleunigt, oder eine Bewegung verzögert oder in ihrer Richtung verändert, dann wirkt eine Beschleunigungskraft $F = m \cdot a$. Die Beschleunigung a ist anders als die Erdbeschleunigung g eine in Betrag und Richtung variable Größe.

Aus dieser einfachen Betrachtung folgt:

- Gewichtskräfte sind nur durch Veränderung der Masse zu beeinflussen
- Beschleunigungskräfte können sowohl durch Veränderung der Masse als auch durch Veränderung der Beschleunigung beeinflußt werden.

Eine Verminderung von Kräften, gleich ob von Gewichtskräften oder Beschleunigungskräften, die auf eine Struktur wirken, kann zur Reduzierung der Masse dieser Struktur genutzt werden. Die Struktur wird leichter.

Die physikalisch gegebene Möglichkeit, Beschleunigungen zu reduzieren, um Beschleunigungskräfte zu vermindern, ist in der Praxis vielfach nicht realisierbar. Sie bedeutet, daß Bewegungsänderungen langsamer ablaufen müssen und sich dadurch Zykluszeiten verlängern. Das Gegenteil ist heute durchgehend gefordert: hohe Dynamik von Maschinen, Anlagen, Robotern, Fahrzeugen und Geräten. Die Reduzierung von Beschleunigungskräften bei gleichzeitiger Verbesserung der Dynamik erfordert in noch stärkerem Maße als die Reduzierung der Gewichtskräfte eine Verkleinerung von Massen, also Leichtbau.

3   Wege zum Leichtbau

Mit dem Begriff „Leichtbau" ist heute noch, historisch bedingt, vielfach der Gedanke an leichte Werkstoffe wie Aluminium, Magnesium, Titan und faserverstärkte Kunststoffe verknüpft. Leichtbau ist jedoch erheblich mehr als reiner Austausch eines Werkstoffes mit höherer Dichte gegen einen mit niedrigerer Dichte. Er umfaßt die funktionsgerechte Gestaltung des Produktes, die bestgeeignetste Bauweise, die beanspruchungsgerechte Auswahl und Kombination von Werkstoffen, die Anwendung technologisch und wirtschaftlich optimaler Herstellprozesse. Ferner muß die Möglichkeit einfacher Stofftrennung nach Nutzung der Produkte „eingebaut" sein, um Kreislaufwirtschaft betreiben zu können.

Aus der Summe dieser Aufgaben wird deutlich, daß es keine Leichtbauweise per se gibt. Es existieren vielmehr eine Reihe von Bauweisen, die zum Herstellen von Leichtbauprodukten angewandt werden (Bild 1).

Die Vielzahl möglicher Konzepte zum Gestalten von Leichtbaukomponenten mag zunächst verwirren. Letztlich ist aber gerade sie die Voraussetzung, Leichtbauaufgaben optimal lösen zu können.

4   Werkstoffeigenschaften und Grundstrukturen

Von Leichtbaukomponenten sind Kräfte aufzunehmen und weiterzuleiten. Diese Kräfte verursachen in den Komponenten statische und dynamische Beanspruchungen in Form von Zug, Druck, Schub, Biegung oder Torsion.

Ganz allgemein gilt, daß die Gestaltung von Bauteilen und die Auswahl von Werkstoffen an den jeweiligen Beanspruchungsfall anzupassen sind. Beim Leichtbau kommt als weiteres, entscheidendes Kriterium die Gewichtsminimierung hinzu.

Dynamik Leichtbau 173

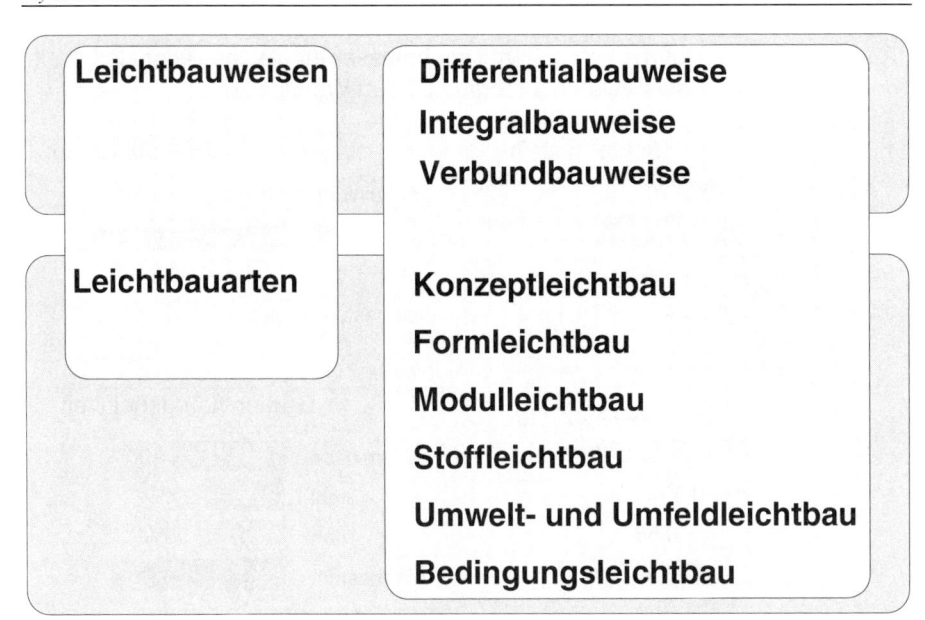

Leichtbauweisen	Differentialbauweise
	Integralbauweise
	Verbundbauweise

Leichtbauarten	Konzeptleichtbau
	Formleichtbau
	Modulleichtbau
	Stoffleichtbau
	Umwelt- und Umfeldleichtbau
	Bedingungsleichtbau

Bild 1: Darstellung verschiedener Leichtbauweisen und -arten (Quelle: AUDI)

Die Verknüpfung von Beanspruchung, Gestalt, Werkstoff und Gewicht erfordert es, gewichtsbezogene Kennzahlen für einzelne Lastfälle wie Zug, Biegung, Knickung oder Arbeitsaufnahme zu erarbeiten. Dabei wird die Dichte ρ stets bezogen auf eine oder mehrere andere Werkstoffkenngrößen, beispielsweise auf den Elastizitätsmodul E oder auf die zulässige Spannung σ.

Am Beispiel einer einfachen Struktur, einem Rohr, läßt sich anschaulich zeigen, daß das Leichtbaupotential von Werkstoffen eng mit der Gestaltung und der Beanspruchung verknüpft ist. Die Wanddicken von Rohren gleicher Biegesteifigkeit aus Aluminium, Stahl, Titan und Magnesium unterscheiden sich um fast 500%. Beim Gewicht je Längeneinheit, einem charakteristischen Kriterium für Leichtbau, schrumpft die Differenz zwischen den Ausführungen aus den verschiedenen Werkstoffen auf maximal 9% zusammen (Bild 2).

Bemerkenswert an diesem Beispiel ist, daß hier die Materialien Stahl und Titan trotz ihrer höheren Dichte „klassische" Leichtbauwerkstoffe wie Aluminium und Magnesium im Merkmal Gewichtseinsparung übertreffen. Werkstoffe mit niedriger Dichte führen nicht zwangsläufig auch zu leichten Bauweisen. Im Umkehrschluß gilt, wie das Bild zeigt, entsprechendes [4].

Metalle und Kunststoffe konkurrieren zunehmend, wenn leicht gebaut werden soll. Welcher Werkstoff letztlich zum Einsatz kommt, ist vom Beanspruchungskollektiv, das auf das Bauteil wirkt, und von den Kosten abhängig. Ebenso beeinflussen Geräusch- und Wärmeisolation, thermisches Verhalten, Resistenz gegen Korrosion und Umwelteinflüsse, Reparaturfreundlichkeit und Recyclefähigkeit die Werkstoffauswahl.

Auslegung eines Rohres von 25 mm Durchmesser für gleiche Biegesteifigkeit
Basis: Aluminiumrohr mit 1 mm Wanddicke

Dichte (g/cm³)	
Aluminium	2,70
Stahl	7,86
Titan	4,51
Magnesium	1,84

E-Modul (GPa)	
Aluminium	70
Stahl	210
Titan	120
Magnesium	45

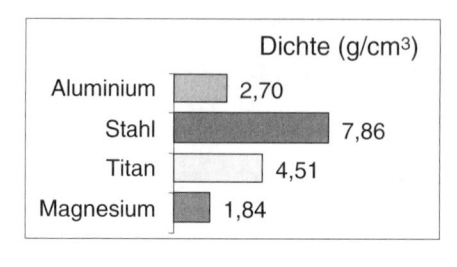

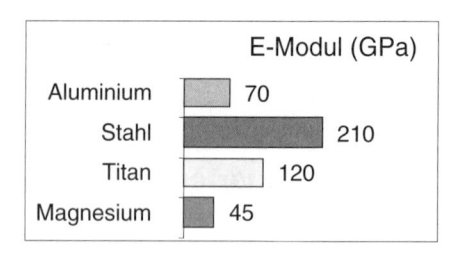

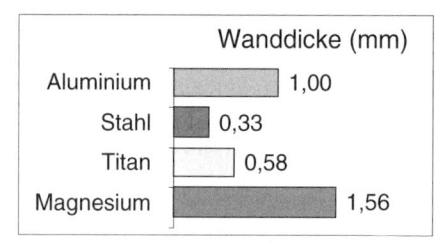

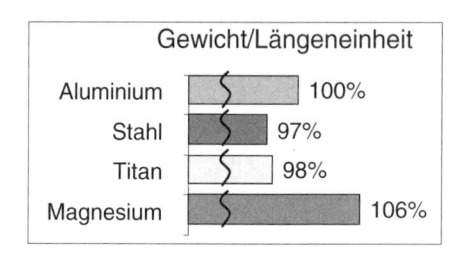

Wanddicke (mm)	
Aluminium	1,00
Stahl	0,33
Titan	0,58
Magnesium	1,56

Gewicht/Längeneinheit	
Aluminium	100%
Stahl	97%
Titan	98%
Magnesium	106%

Bild 2: Werkstoffvergleich an gleichem Bauteil unter gleicher Belastung
(Quelle: Wardlow et al.)

Wie sich Kunststoffe im Vergleich zu Stahl, Aluminium und Magnesium unter verschiedenartigen Belastungszuständen verhalten, zeigt Bild 3. Darin ist Stahl St 14 als Bezugswerkstoff ausgewählt. Ein Werkstoff ist entsprechend der hier miteinander verglichenen Merkmale um so besser für Leichtbau geeignet, je größer seine „Leichtbaugüte" ist. Die Biegesteifigkeit gilt hier für flächige Strukturen und nicht für Biegebalken, weil die Werkstoffe zum Teil nur flächig (plattenförmig) verarbeitet werden [5].

Aus dem Vergleich der Werkstoffeigenschaften für die drei hier dargestellten spezifischen Steifigkeits- und Festigkeitskriterien wird wiederum deutlich, daß es „den Leichtbauwerkstoff" nicht gibt. Die faserverstärkten Kunststoffe zeichnen sich mit Ausnahme von CF-PA12, Gestrick 0/90, durch überragende Steifigkeit bei Zug- und Druckbelastung aus. Sie übertreffen in diesem Merkmal die metallischen Vergleichsstoffe. Die spezifische Zug-, Druckfestigkeit des Stahles St 14 wird annähernd nur von dem Leicht-SMC-Material erreicht.

Für den Automobilbau läßt sich noch ein weiterer Leichtbau-Kennwert angeben, der sowohl die Konstruktion als auch den Werkstoff einschließt [6]:

Gerippegewicht/[Torsionssteifigkeit über den Stoßdämpferdomen * Aufstandsfläche]

In dieser Beziehung gelten folgende Definitionen:

Gerippegewicht: Gewicht der Rohkarosse ohne Türen und Klappen

Torsionssteifigkeit: Messung mit eingebauter Front- und Heckscheibe

Aufstandsfläche: Spurbreite * Radstand

Dynamik Leichtbau 175

[Diagramm: Leichtbaugüte verschiedener Werkstoffe]

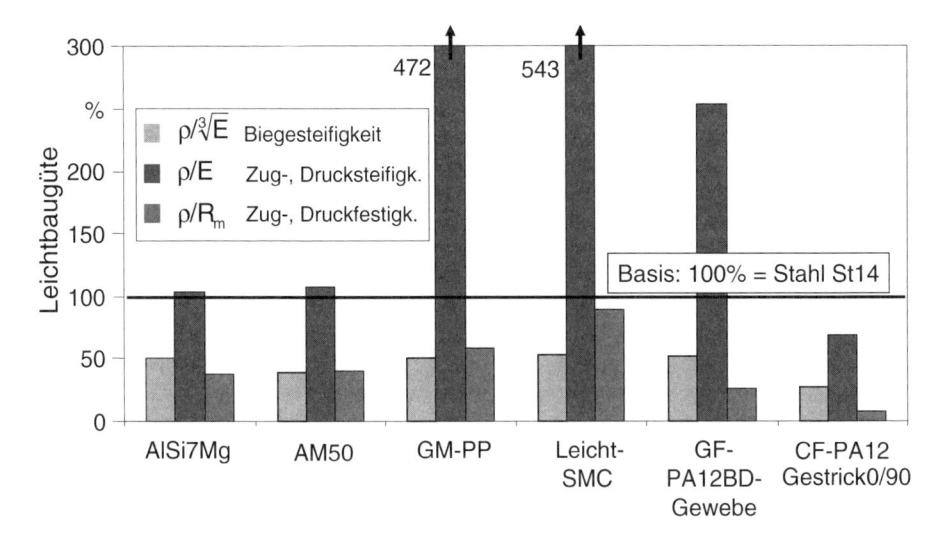

Legende:
- $\rho/\sqrt[3]{E}$ Biegesteifigkeit
- ρ/E Zug-, Drucksteifigk.
- ρ/R_m Zug-, Druckfestigk.

Basis: 100% = Stahl St14

Werte: 472 (GM-PP), 543 (Leicht-SMC)

Werkstoffe: AlSi7Mg, AM50, GM-PP, Leicht-SMC, GF-PA12BD-Gewebe, CF-PA12 Gestrick0/90

Bild 3: Leichtbaugüte verschiedener Werkstoffe unter unterschiedlichen Belastungen (Quelle: BMW)

Die Ausführungen zu den bezogenen Stoffkennwerten unterstreichen die Notwendigkeit einer umfassenden Betrachtungsweise, wenn die Eignung von Werkstoffen für Leichtbau untersucht wird.

5 Hemmnisse und Potentiale

Die Verknüpfung von Werkstoffeigenschaften mit einfachen Beanspruchungsfällen hat anschaulich gezeigt, daß Leichtbau erheblich mehr impliziert als die Substitution eines schweren Materials durch ein leichtes. Dieser Sachverhalt ist keineswegs ein Nachteil, sondern eine Chance für den Leichtbau. Das Wissen um Eignungskriterien von Werkstoffen, mit denen Leichtbau betrieben werden soll, ist der Schlüssel zur optimierten, das heißt zur stoff-, gestalt- und funktionsgerechten Konstruktion von Leichtbaustrukturen.

Mit zunehmender Verfügbarkeit und Nutzung von Wissen über Leichtbau werden Hemmnisse, sich mit dieser Bauweise zu befassen, sie anzuwenden und aktiv voranzutreiben, abgebaut (Bild 4).

Leichtbau ist das Ziel vieler Entwicklungen innovativer Produkte und Fertigungsverfahren in allen Industriezweigen. In einigen ist er, wie bereits erwähnt, ein Muß. Im Straßenfahrzeugbau werden die heute schon bekannten Forderungen nach weiterer Verringerung des Energieverbrauches und damit der Emissionen nur durch weitere Reduzierung der Fahrzeugmassen zu realisieren sein. Seitens der EU-Kommission und des EU-Parlamentes wird vom Jahr 2005 an ein Flottenverbrauch von maximal 5 l Treibstoff/100km angestrebt. Das entspricht einer CO_2-Emission von 120 g/km. In einer Selbstverpflichtung haben sich europäische Automobilhersteller auferlegt, bis zum Jahr 2000 ein derartiges Fahrzeug anzubieten und bis zum Jahr 2008 einen Zielwert von

140 g CO_2/km als Durchschnittswert für alle jährlich zugelassenen Neufahrzeuge zu realisieren. Dies würde zwar noch nicht ganz den EU-Vorstellungen entsprechen, bedeutet aber eine Emissionsreduzierung von 25% für den Zeitraum von 1995-2008 [1, 7].

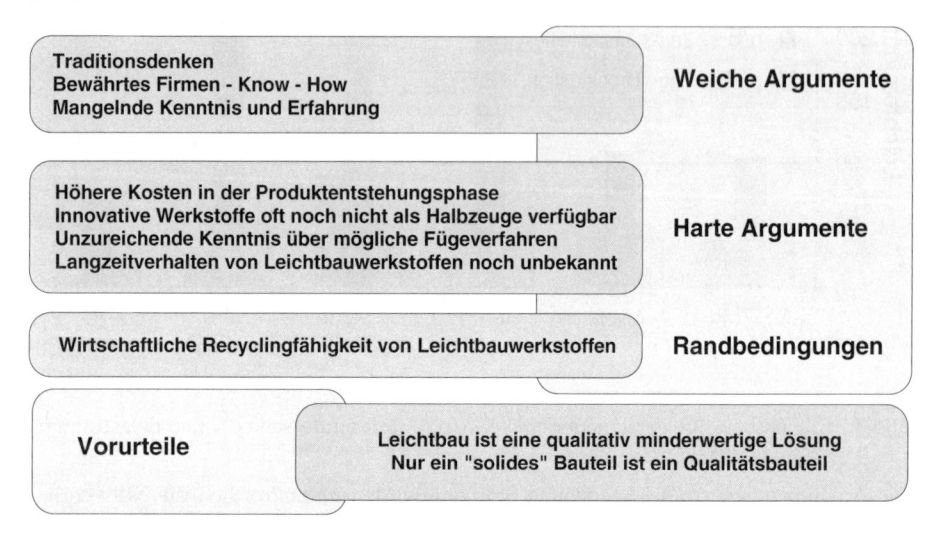

Traditionsdenken Bewährtes Firmen - Know - How Mangelnde Kenntnis und Erfahrung	**Weiche Argumente**
Höhere Kosten in der Produktentstehungsphase Innovative Werkstoffe oft noch nicht als Halbzeuge verfügbar Unzureichende Kenntnis über mögliche Fügeverfahren Langzeitverhalten von Leichtbauwerkstoffen noch unbekannt	**Harte Argumente**
Wirtschaftliche Recyclingfähigkeit von Leichtbauwerkstoffen	**Randbedingungen**
Vorurteile	Leichtbau ist eine qualitativ minderwertige Lösung Nur ein "solides" Bauteil ist ein Qualitätsbauteil

Bild 4: Hemmnisse für den Einsatz von Leichtbau (Quelle: IFW)

Wirtschaftliche Betrachtungen stehen oft an erster Stelle, wenn der Einsatz von Leichtbaulösungen erwogen wird. Je nach Branche ergeben sich hier unterschiedliche Spielräume. So darf ein Kilogramm eingesparte Masse das Endprodukt in der Raumfahrt um 8800 $, in der Luftfahrt um 1000 $ und im Automobilbau um 7 $ (wenn überhaupt) verteuern [8]. Entsprechend derartiger Margen müssen sich Leichtbaulösungen für die einzelnen Produktgruppen deutlich unterscheiden.

Die zu erwartende Gesetzgebung und die Selbstverpflichtung der Fahrzeugindustrie werden die Nachfrage nach leichtbautauglichen Werkstoffen und nach großserienfähigen Fertigungsverfahren weiter beleben. Es ist zu erwarten, daß die Verfügbarkeit von Werkstoffen und Halbzeugen für Leichtbau weiter zunimmt und parallel dazu neue Fertigungsverfahren für diese Werkstoffe und Bauteile entwickelt und in die Serienproduktion eingeführt werden.

Die Ausweitung von Leichtbau in der Großserienproduktion wird in den Unternehmen strukturelle Veränderungen erfordern und dadurch Chancen zur Stärkung und zum Ausbau der Standorte bieten, die intensiv Leichtbau betreiben und dadurch innovative Produkte anbieten können. Leichtbau wird, via Ressourcenschonung und Emissionsverminderung, zur gesellschaftlichen Akzeptanz der Produkte beitragen.

In Deutschland gibt es viele Industriezweige, die Leichtbau für ihre Produkte einsetzen können. Alleine im verarbeitenden Gewerbe gehören dazu Branchen, in denen fast 2,5 Millionen Menschen beschäftigt sind. Im Kontext zur Beschäftigungssituation in unserem Lande wird oft von der Beschäftigungswirksamkeit neuer und innovativer Verfahren und Produkte gesprochen. Leichtbau ist sicher geeignet, in vielfältiger Weise Inno-

Dynamik Leichtbau 177

vationen anzustoßen, die sich zu Wettbewerbsvorteilen ausbauen lassen. Wenn angewandt, wird Leichtbau so zur Verbesserung der Wettbewerbssituation und zur Standortsicherung beitragen (Bild 5).

Leichtbau schafft Märkte und Arbeitsplätze

Arbeitsplätze in Deutschland 1998

Straßenfahrzeugbau*	1.200.000
Schienenfahrzeugbau*	79.000
Luft- und Raumfahrzeugbau*	98.000
Maschinenbau	920.000
Fördertechnik	76.000
Medizin- und Orthopädietechnik	80.000
Sport- und Freizeitgeräte	10.000
* inkl. Zulieferer	2.463.000

bei gesamt 6,4 Mio. Arbeitsplätzen im verarbeitenden Gewerbe

Bild 5: Arbeitsmarktperspektive Leichtbau (Quelle: IFW, LFT)

6 Leichtbaulösungen

6.1 Metallische Werkstoffe

6.1.1 Leichtbau mit Stahl

Wie die grundsätzliche Betrachtung von spezifischen Stoffkennwerten schon gezeigt hat, liegt ein Schlüssel zum Leichtbau in der optimalen Ausnutzung der Eigenschaften von Werkstoffen. Das bedeutet für Stahlwerkstoffe, daß die Beurteilung ihres Potentials für Leichtbauanwendungen keinesfalls nur anhand der Dichte erfolgen darf. Eine derart oberflächliche Betrachtungsweise verhindert die Nutzung des Leichtbaupotentials von Materialien, die in vielfältigen Formen und Abmessungen verfügbar sind und deren Be- und Verarbeitung gut beherrscht wird. Stahl kann durchaus ein Leichtbauwerkstoff sein, wenn so konstruiert und gefertigt werden kann, daß sich seine mechanischen Eigenschaften optimal nutzen lassen, also wenn das Engineering stimmt.

Besonders der Einsatz höherfester Stahlsorten ermöglicht es, in den Bauteilen, deren Festigkeitswerte die Gesamtkonstruktion bestimmen, zu geringeren Wandstärken überzugehen. Auf statisch-elastische und dynamisch-elastische Bauteileigenschaften hat die Verwendung von Stahlsorten höherer Festigkeit keinen Einfluß. Da die Mehrzahl der Bauteile aber auf die Festigkeit sowie die Energieabsorption im Crashfall ausgelegt wird, gewinnt höherfester Stahl mit entsprechend günstigem Festigkeits-Dichte-

Verhältnis wieder an Bedeutung. Dabei ist es vor allem für den Crashfall notwendig, daß der Stahl gleichzeitig hohe Festigkeit und hohe Bruchdehnung besitzt.

Für derartige Anforderungen gibt es neuere Stahlsorten, bei denen eine geschickte Kombination von Legierungszusammensetzung und Wärmebehandlung bei der Stahlherstellung realisiert ist. Zwei Stahlgruppen, bekannt als TRIP-Stähle (Transformation induced Plasticity: Phasenumwandlung bei plastischer Verformung) und als TWIP-Stähle (Twinning induced Plasticity: Zwillingsbildung bei Verformung), zeichnen sich durch die hier geforderten Eigenschaften aus: Kombination hoher Festigkeit und hoher Bruchdehnung. Dieser Effekt wird durch Einstellung einer metastabilen austenitischen Phase im Stahl erreicht. Während einer Kaltumformung kann sich diese Phase in Martensit umwandeln (TRIP-Stahl) oder durch Zwillingsbildung zur plastischen Formänderung beitragen (TWIP-Stahl).

Die Erhöhung der Bruchdehnung stellt sich dadurch ein, daß gerade in den Werkstoffbereichen, die zu Beginn einer Einschnürung sehr stark umgeformt werden, die Phasenumwandlung besonders stark auftritt. Dadurch wird der Werkstoff lokal wesentlich stärker verfestigt als der umliegende, weniger verformte Werkstoff. In der Folge wird das Wachstum der Einschnürung gestoppt und die weitere Werkstoffverformung läuft in anderen Werkstoffbereichen ab. Die effektive Verhinderung des Wachstums von Einschnürungen führt somit zu makroskopisch beobachtbaren, erheblich erhöhten Bruchdehnungen.

Die bei der Umformung absorbierte spezifische Energie E berechnet sich aus der Formänderungsfestigkeit k_f und dem Umformgrad φ zu:

$$E = \int_{\varphi_1}^{\varphi_2} k_f \, d\varphi.$$

Je größer k_f und φ_2 sind, desto größer ist die absorbierte Energie E im Verformungsfall. Der Umformgrad φ_1 bezeichnet dabei die im Werkstoff aufgrund der Bauteilherstellung vorhandene Kaltverfestigung, die zwingend bei der Berechnung der Crashabsorptionsenergie berücksichtigt werden muß. Bei konventionellen Stahlsorten ist die Bruchdehnung (erreichbares φ_2) die limitierende Größe, so daß durch die Entwicklung der TWIP-Stähle mit ihrer hohen Bruchdehnung die Crashenergieabsorption drastisch erhöht werden konnte [9] (Bild 6).

Die Fließspannung k_f ist eine weitere Kenngröße, die Einfluß auf die Energieabsorption im Crashfall hat. Gelingt es, Werkstoffe dahingehend zu entwickeln, daß die Formänderungsfestigkeit definiert mit der Verformungsgeschwindigkeit ansteigt, dann kann das Crashverhalten von Stahlelementen weiter verbessert werden. An dieser Stelle besteht aus werkstoffkundlicher Sicht noch deutliches Entwicklungspotential.

Das ULSAB-Projekt (UltraLight Steel Auto Body) hat gezeigt, in welcher Weise der Werkstoff Stahl bei innovativer Nutzung seiner vorteilhaften Eigenschaften Leichtbau ermöglicht. Im ULSAB-Projekt haben sich 35 Stahlhersteller aus 18 Nationen zusammengefunden, um die Einsatzmöglichkeiten von Stahlwerkstoffen für den Leichtbau im Automobilbau zu erforschen und aufzuzeigen. Die Festigkeits-, Torsions- und Schwingungskennwerte von 9 Mittelklassewagen wurden gemittelt und als Referenz für den Stand der Technik zugrunde gelegt. Unter der Zielsetzung, diese Referenzwerte zu übertreffen und keine Kompromisse bezüglich Sicherheit und Fertigungskosten einzugehen, war das Gewicht der Karosserie deutlich zu senken (Bild 7). Um dies zu erreichen, wurden verschiedene, im folgenden näher beschriebene Maßnahmen getroffen.

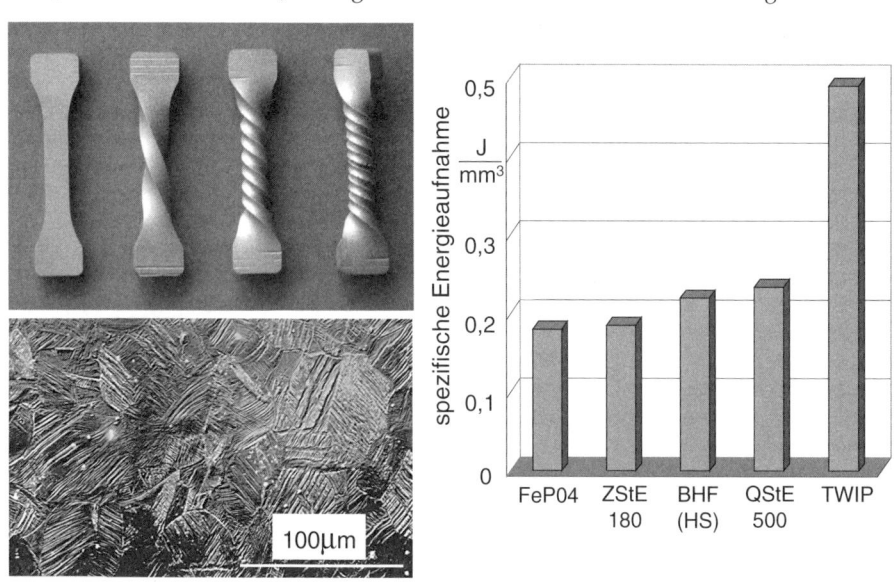

Bild 6: Hochfester Stahl mit hoher Bruchdehnung: TWIP (Transformation induced Plasticity) (Quelle: MPI Düsseldorf)

Die im ULSAB-Projekt erzielten Ergebnisse haben sich noch während der Projektlaufzeit als so überzeugend dargestellt, daß zwei Parallelprojekte gestartet wurden:

- ULSAC (UltraLight Steel Auto Closures: Ultraleichte Automobil Schließteile aus Stahl) und
- ULSAS (UltraLight Steel Auto Suspension: Aufhängungen, Achssysteme).

In der gleichen Konsequenz wurde das ULSAB-Projekt nach seinem Abschluß 1998 fortgesetzt. Zielsetzung ist, in weiteren zwei Jahren im ganzheitlichen Ansatz das Potential des Werkstoffes Stahl für den Leichtbau im Automobilbau zu erarbeiten. Es wird eine weitere Gewichtsreduktion im zweistelligen Prozentbereich erwartet [10].

Der angepaßte Einsatz der Technologien „Tailored Blanks" und „Innenhochdruckumformen" erlaubte die optimale Verwendung von höherfesten Stählen zur Herstellung leichter Stahlbauteile. Deshalb werden diese für den Leichtbau wichtigen Fertigungstechnologien im folgenden näher beschrieben.

Durch die belastungsoptimierte Kombination verschiedener Blechstärken in einer Platine kann erhebliches Gewicht eingespart werden. Für den Werkstoff Stahl eröffnet dies, neben dem Trend zu höherfesten und mit besonderen Eigenschaften versehenen Stahlgüten, neue Perspektiven für den Leichtbau.

		140 MPa	7,6 %
		210 MPa	27,1 %
		280 MPa	13,5 %
		350 MPa	45,0 %
		420 MPa	2,7 %
		Ultra High Strength	2,5 %
		Steel Sandwich	1,5 %

Festigkeit der verwendeten Stähle bei den jeweiligen Bauteilen sowie ihre Verteilung

		Benchmark	Zielwert	ULSAB
Torsionssteifigkeit	Nm/°	11531	13000	20800
Biegesteifigkeit	N/mm	11902	12200	18100
Erste Eigenschwingungsfrequenz	Hz	38	40	60
Masse	kg	271	200	203

Ergebnisse der Strukturanalyse

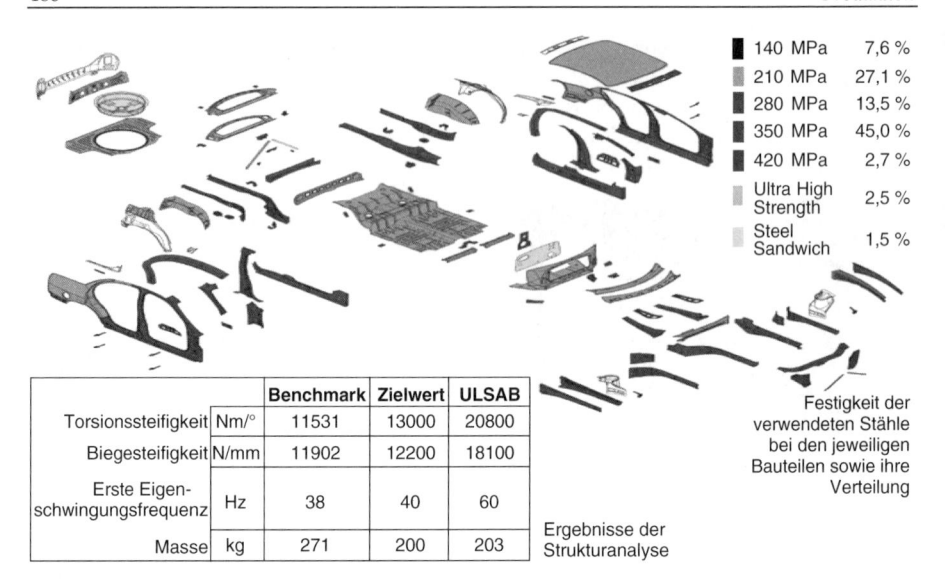

Bild 7: Erreichte Karosseriekennwerte im ULSAB-Projekt (Quelle: Thyssen Krupp Stahl AG)

6.1.1.1 Tailored Blanks

Die Herstellung der Tailored Blanks (Maßgeschneiderte Bleche) begann mit dem Einsatz von Quetschnahtschweißungen. Inzwischen hat sich als Fügetechnik das Laserschweißen durchgesetzt. Durch die Flexibilität und Leistungsfähigkeit des Laserschweißens ist es möglich, Bleche unterschiedlicher Dicke oder unterschiedlicher Stahlgüten miteinander zu verschweißen. Dabei wird unterschieden zwischen Verbindungen mit geradliniger Naht (Tailored Blanks) und Verbindungen mit beliebigem Nahtverlauf, nach dem Verfahrensentwickler „Thyssen Engineered Blanks" (TEB) genannt.

Derzeit beträgt der jährliche Ausstoß an lasergeschweißten Blechen weltweit etwa 40-50 Millionen Stück. Die Diskussion über die Wirtschaftlichkeit des Einsatzes von Tailored Blanks ist trotz dieser Verbreitung noch keineswegs abgeschlossen. Ein Tailored Blank als Ausgangsmaterial für ein Ziehteil muß zwangsläufig zunächst teurer als ein Blech konstanter Dicke sein. Es fallen Kosten für das Herstellen der Einzelelemente und für das Fügen an. Dem muß die Kostenersparnis durch Verringerung des Materialeinsatzes und vielfach auch durch Reduzierung von Einzelteilen des aus Tailored Blanks gefertigten Endproduktes gegenübergestellt werden. Damit entfallen Kosten für Investitionen, Logistik und Fügeoperationen, was in der Summe vielfach zu einer Kostenreduzierung für Bauteile aus Tailored Blanks führt [11]. Besonders bei Neuentwicklungen sollten deshalb die neuen Gestaltungsmöglichkeiten, die Tailored Blanks bieten, auf Umsetzbarkeit geprüft werden. Die Substitution konventioneller Lösungen durch Verwendung von Tailored Blanks ist grundsätzlich auch für laufende Produktionen möglich, wobei jeder Einzelfall sorgfältig zu analysieren ist. Die Tatsache, daß im Automobilbau mehr und mehr Tailored Blanks eingesetzt werden, ist ein gutes Indiz für die Wirtschaftlichkeit dieser Technologie. An der in <u>Bild 8</u> dargestellten Tür kann dies verdeutlicht werden: Tailored Blanks mit dickeren Blechen für den Schloß- und Scharnierbereich machen separate Verstärkungen überflüssig und führen zu wirtschaftlicherer Herstellung als die konventionelle Bauweise.

Das Laserschweißen ermöglicht die Verbindung von Blechen

- **unterschiedlicher Dicke**
- **unterschiedlicher Stahlgüte (Festigkeit)**
- **in geradlinigen oder gekrümmten Verbindungslinien**
- **mit für die Umformung geeigneter Schweißnahtform**

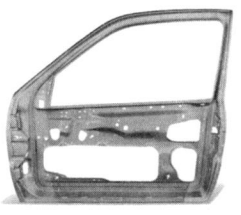

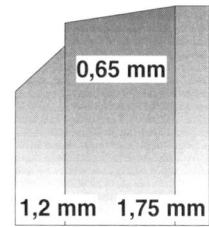

<u>Bild 8:</u>   Tailored Blanks - Laserschweißen und Anwendungsbeispiel

Die Verarbeitung von Tailored Blanks steht nach der Bereitstellung dieser Technologie im Vordergrund. Hier ist insbesondere hinzuweisen auf das veränderte Verhalten der aus verschieden dicken Einzelblechen gefertigten Platinen in Tiefzieh- oder Innenhochdruckumformprozessen [12]. Neuere FEM-Programme zur Berechnung von Umformprozessen bieten deshalb heute schon die Möglichkeit, die speziellen Eigenschaften von Tailored Blanks bei der Simulation mit zu berücksichtigen. Es muß allerdings herausgestellt werden, daß die Schweißnaht selbst in den seltensten Fällen zu einem Problem während der Umformung führt. Blechreißer infolge nicht optimal eingestellter Umformprozesse treten nicht im Bereich der Schweißnähte auf. Sie entstehen, wie in einteiligen Blechen auch, an Stellen, an denen das Material überlastet wird.

Die Nutzung von Tailored Blanks könnte auch auf Bleche aus anderen Materialien als Stahl übertragen werden. Auch durch Kombination verschiedener Werkstoffe zu Tailored Blanks müßte sich Leichtbaupotential schaffen lassen.

Eine Alternative zu den geschweißten Tailored Blanks sind flexibel gewalzte Bleche. Statt durch ein Schweißverfahren zu fügen, wird bei der Halbzeugherstellung im Walzwerk eine Blechstärkenvariation eingebracht, die einen „sanfteren" Übergang der beiden Blechstärken in bezug auf Geometrie und Homogenität der Stoffeigenschaften erlaubt und somit besonders beim Umformen Verarbeitungsprobleme vermeiden kann. Die Flexibilität der Übergangsliniengestaltung ist jedoch gegenüber dem Fügen durch Schweißen deutlich eingeschränkt.

6.1.1.2 Innenhochdruckumformung

Das Verfahren Innenhochdruckumformung ist schon seit längerer Zeit bekannt. Maschinentechnische Restriktionen ließen jedoch eine nennenswerte Verbreitung des Verfahrens erst in den sechziger Jahren zu. Die komplexe Anlagentechnik führte dazu, daß das Verfahren vorwiegend in Spezialanwendungen für solche Bauteile eingesetzt wurde, die sich durch kein anderes Herstellungsverfahren produzieren ließen [13]. Ein wesentlicher Vorteil der Innenhochdruckumformung liegt in der Verkürzung von Fertigungsketten. In einem einzigen Fertigungsschritt entstehen einteilige Bauteile mit hoher Funktionsintegration.

Das Verfahrensprinzip ist folgendes: Ein oft durch Biegen bereits vorgeformtes Rohteil, meist ein Rohr, wird in ein teilbares Formwerkzeug eingelegt. Nach dem Schließen des Werkzeuges folgt das Befüllen des Rohres mit Flüssigkeit, danach das Aufbringen eines hohen Druckes. Das Rohteil wird umgeformt, bis es die Gestalt der Werkzeuggravur angenommen hat (Bild 9). Durch Anbringen von beweglichen Schiebern im Werkzeug lassen sich auch Teile mit seitlichen Anschlußelementen herstellen.

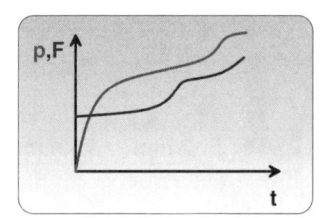

Nach dem Befüllen des Werkstückes mit der Druckemulsion führt ein definierter Druck-Zeit und Nachschiebekraft-Zeit-Verlauf zur gezielten Umformung des Werkstücks

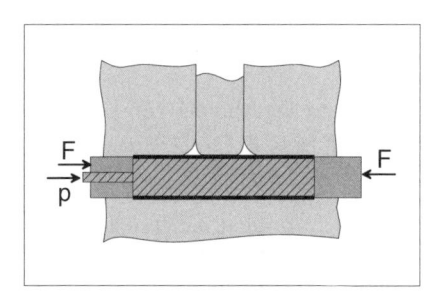

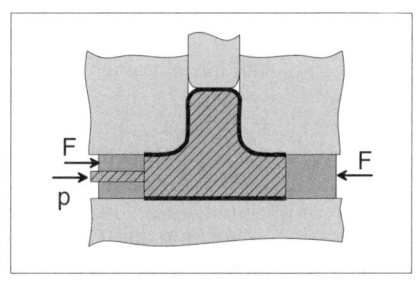

Bild 9: Verfahrensablauf des Innenhochdruckumformens

Die erfolgreiche Durchführung eines Innenhochdruckumformprozesses hängt dabei von einer Reihe von Faktoren, zum Beispiel von der Reibung und vom Fließverhalten des Werkstoffes, ab. Die beiden wichtigsten Einflußfaktoren sind die prozeßgerechte Gestaltung des zu erzeugenden Werkstücks und die optimierte Prozeßführung.

Nicht prozeßgerecht gestaltete Werkstücke haben oft Geometriedetails, die für die Funktion des Bauteils so nicht notwendig sind, aber den Stofffluß beeinträchtigen und dadurch die Anwendung des Innenhochdruckumformens erschweren oder verhindern. Gerade bei noch nicht sehr weit verbreiteten Fertigungsverfahren ist die frühzeitige Kooperation zwischen Bauteilkonstrukteuren und Verfahrenstechnikern, das Simultaneous Engineering, unerläßlich. Freiheitsgrade, die in der Entwicklungsphase eines

Werkstückes noch bestehen, müssen gleichzeitig zur Funktionserfüllung und zur prozeßgerechten geometrischen Gestaltung von Bauteilen genutzt werden.

Wesentliche Verfahrensparameter zur sicheren Durchführung des Innenhochdruckumformens sind der Innendruck und der Nachschiebeweg. Beide Parameter müssen zudem sorgfältig aufeinander abgestimmt werden, damit Reibungsvorgänge den Werkstofffluß nicht so stark behindern, daß Prozeßstörungen und Bauteilschäden durch Blechreißer auftreten.

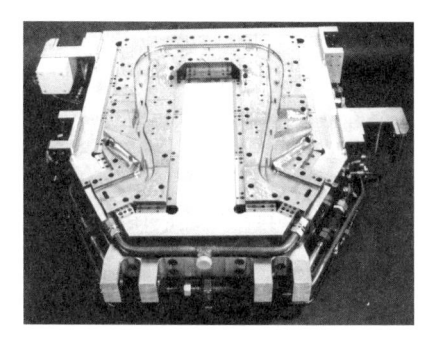

Innenhochdruckwerkzeug   Motorträger mit Anbauteilen

Vergleichswerte zu konventioneller Bauweise:

- 30 % leichter
- 20 % billiger
- 60 % geringere Werkzeugkosten

Bild 10: Durch Innenhochdruckumformung hergestellter Motorträger (Quelle: Schuler Hydroforming)

Das Leichtbaupotential von Innenhochruckumformteilen aus Stahl ergibt sich aus der Tatsache, daß die Zahl von Einzelteilen komplex geformter Strukturen reduziert werden kann. Es ist möglich, Bauteile mit sehr hoher Funktionsintegration zu erzeugen. Separate Anbauteile und Verbindungselemente können vielfach entfallen. Des weiteren ist es möglich, mit komplexen Strukturen belastungsoptimiert zu bauen. So läßt sich beispielsweise eine Ausbauchung zur Erhöhung des Flächenträgheitsmoments eines tragenden Bauteils durch den Innenhochdruckprozeß oft leichter einbringen als eine Versteifung durch zusätzliche Bauteile bei mehrstückiger Bauweise. Darüber hinaus ist das Potential der Werkstoffverfestigung zu nennen, soweit die Festigkeit eines Bauteils die konstruktionsbestimmende Größe ist.

Die konsequenteste Umsetzung des Leichtbaugedankens in Verbindung mit der Innenhochdruckumformung bestände somit darin, die durch den Umformvorgang erzeugte Kaltverfestigung bereits rechnerisch bei der Festigkeitsauslegung des Bauteils zu berücksichtigen. Grundsätzlich denkbar wäre dieses Vorgehen unter Anwendung der FEM. Eine Schwachstelle, die es vorher noch zu beseitigen gilt, sind fehlende physikalische Kennwerte von Werkstoffen. Erst genauere Daten über das Fließ- und Verfestigungsverhalten metallischer Werkstoffe (auch in Blechform) können eine verläßlichere Grundlage für ein derartiges Vorgehen schaffen als sie heute gegeben ist.

6.1.1.3 Innovative Leichtbauprodukte in Stahl

Höherfeste Stähle bauen leichter als konventionelle Stähle. Hürden für den Einsatz derartiger Stähle als Leichtbauwerkstoff sind Schwierigkeiten bei der Verarbeitbarkeit. Im allgemeinen sinkt das Formänderungsvermögen mit steigender Festigkeit deutlich. Damit dadurch kein Nachteil hinsichtlich der Nutzung des Festigkeitspotentials entsteht, sind stoff- und beanspruchungsgerechte Konstruktionen zusammen mit angepaßter Fertigungstechnik notwendig.

Im folgenden ist ein Beispiel dafür dargestellt. Es handelt sich um eine Mitnehmerscheibe, die im MCC Smart zwischen Motor und der Kupplung des Getriebes eingebaut ist. Bild 11 zeigt die Konstruktion der ursprünglich geplanten Mitnehmerscheibe, die feinschneidgerechte optimierte Konstruktion sowie eine Abbildung des Bauteils wie es derzeit in der Serie eingesetzt wird [14].

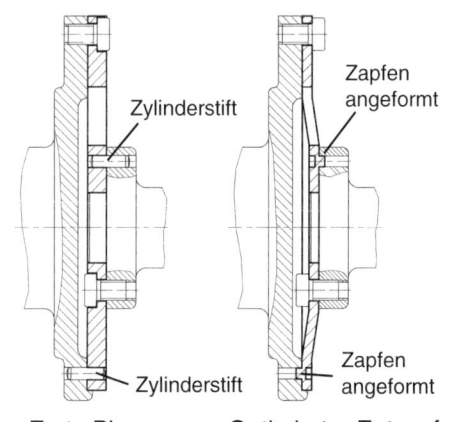

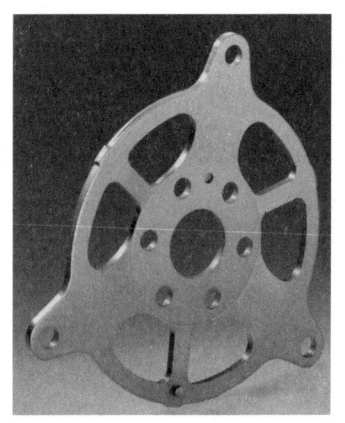

Erste Planung   Optimierter Entwurf   Serienbauteil

Die Verwendung hochfesten Feinkornstahls ermöglicht
- Reduktion der Bauteildicke von 8,5 auf 5 mm
- Einbringen von Entlastungsfenstern
- Gewichtsreduktion um 70%

Quelle: Feintool

Bild 11: Stahl-Leichtbauteil Mitnehmerscheibe (Quelle: Feintool, MCC)

Die Vereinfachung von Fertigung und Montage entstand durch die tellerförmige Gestaltung des Bauteils, wodurch die Schraubenkopfsenkungen entfallen können. Außerdem wurden die Zylinderstifte zur Zentrierung, für die zunächst ein Preßsitz herzustellen und dann ein Montagevorgang durchzuführen wäre, durch angepreßte Zapfen ersetzt.

Die Gewichtsreduzierung der Mitnehmerscheibe resultiert hauptsächlich aus der Verwendung des mikrolegierten Feinkornstahles QStE 500 TM, der eine Streckgrenze von 500 N/mm^2 besitzt. Damit konnte die Dicke von ursprünglich geplanten 8,5 mm auf

Dynamik Leichtbau 185

5 mm gesenkt werden. Des weiteren war es möglich, Aussparungen zur Gewichtsreduzierung einzubringen und trotzdem die geforderten Festigkeitswerte des Bauteils zu übertreffen. Insgesamt ist damit im Vergleich zur ursprünglich vorgesehenen Konstruktion eine Gewichtsersparnis von 70% erreicht worden.

6.1.2 Leichtbau mit Aluminium

Aluminium ist in vielen Branchen als Werkstoff für Leichtbauteile seit langem eingeführt (Bild 12). Es steht in Form von Gußlegierungen und von Knetlegierungen für vielfältige Anwendungsgebiete zur Verfügung. Die Verfahren zur Herstellung von Guß- und Schmiedeteilen, von Fließpreßteilen und Profilen sowie von Blechen werden im industriellen Maßstab gut beherrscht und breit genutzt [15, 16]. Gleiches gilt für Standardverfahren zur spanenden Bearbeitung und zum Fügen [17]. Forschungs- und Entwicklungsbedarf für die Be- und Verarbeitung von Aluminiumwerkstoffen entsteht dann neu, wenn diese Werkstoffe in neuen Anwendungsfeldern eingesetzt werden. Dabei sind neue Bauweisen zu entwickeln, die ihrerseits oft neue Anforderungen an die Fertigungstechnik mit sich bringen.

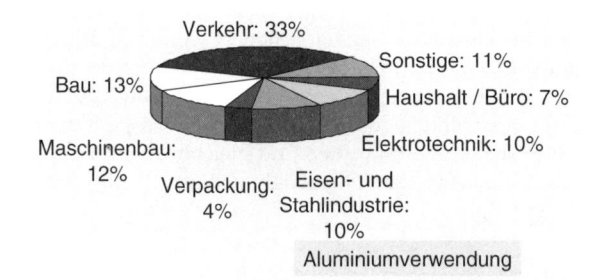

Aluminiumverwendung: Verkehr: 33%, Bau: 13%, Maschinenbau: 12%, Verpackung: 4%, Eisen- und Stahlindustrie: 10%, Elektrotechnik: 10%, Haushalt / Büro: 7%, Sonstige: 11%

Werkstoffe im Automobil

1998		2008	
6 %	Aluminium (Knet- u. Gußleg.)	12 %	■
12 %	Kunststoffe	17 %	■
14 %	Andere	13 %	☐
66 %	Stahl + Grauguß	56 %	☐
2 %	Glas	2 %	■

Bild 12: Anwendungsgebiete von Aluminium und Prognose des Aluminiumeinsatzes im Automobil (Quelle: Aluminium-Zentrale e.V.)

Verbesserte Druckgießprozesse haben zur weiteren Verbreitung von Aluminium als Werkstoff für Motorblöcke beigetragen. Viele davon sind in Mischbauweise hergestellt. In Aluminiumblöcke sind Laufbuchsen aus Grauguß direkt mit eingegossen oder werden nachträglich eingepreßt. Auch das Eingießen von hoch siliziumhaltigen, verschleißfesten Aluminiumbuchsen wird angewandt. Derartige Mischbauweisen erschweren die spanende Fertigbearbeitung. Werkzeuge sind heute durchweg auf die Bearbeitung eines Werkstoffes hin optimiert. Besonders am Übergang von einem Werkstoff auf den anderen entstehen Schwierigkeiten durch Änderung der Passivkräfte, die sich auf die

Maß- und Formgenauigkeit auswirken können. Eine weitere Gefahr ist dann gegeben, wenn Werkstoffe mit unterschiedlichen Härten zu bearbeiten sind. Dann können Probleme dadurch entstehen, daß Späne aus dem härteren Material in das weichere eingepreßt werden und die Oberfläche, die Qualität sowie die Funktionalität des Bauteils beeinträchtigen. Das System Motorblock/Laufbuchse steht hier beispielhaft für weitere Komponenten in Mischbauweise, etwa einen Graugußblock mit angeschraubten Aluminiumelementen zur Bildung der Hauptlagergasse.

Der Einsatz des Vakuum-Druckgießens erlaubt die Herstellung sehr dünnwandiger Bauteile mit hoher Funktionsintegration für Anbauteile und für Montagezwecke. Zu derartigen Teilen gehören heute auch schon Fahrwerksteile in Form großer, geschlossener Rahmenstrukturen. Die Herstellung immer genauerer großformatiger, endkonturnaher Gußteile vermindert den Aufwand für Fügeoperationen und für die Endbearbeitung weiter. Allerdings ist auch festzustellen, daß die noch verbleibenden Bearbeitungen anspruchsvoller werden. Dies gilt sowohl für die Präzision als auch für die Prozeßsicherheit und die Robustheit von Hochleistungsprozessen.

Das Feingießen ist ein weiteres Urformverfahren, das die Herstellung hochpräziser, komplex geformter Near-Net-Shape Bauteile erlaubt. In einer speziellen Verfahrensvariante kann die Erstarrung des Gußteiles lokal von außen gesteuert werden. Dadurch lassen sich die Werkstoffeigenschaften im Gußteil so beeinflussen, daß unterschiedliche Massenverteilungen und daraus resultierende verschiedene Abkühlgeschwindigkeiten nicht zu Gefüge- und Festigkeitsinhomogenitäten führen. Durch das lokal gesteuerte Abkühlen entstehen feine und dichte Gußgefüge mit guten und gleichmäßigen Festigkeitseigenschaften. In <u>Bild 13</u> sind Serienteile aus dem Flugzeugbau, die mit Hilfe dieses Verfahrens hergestellt werden, gezeigt [18].

Geringe Dichte des Aluminiums

An Belastung angepaßte Materialeigenschaften

Geringe Wandstärke durch Feinguß

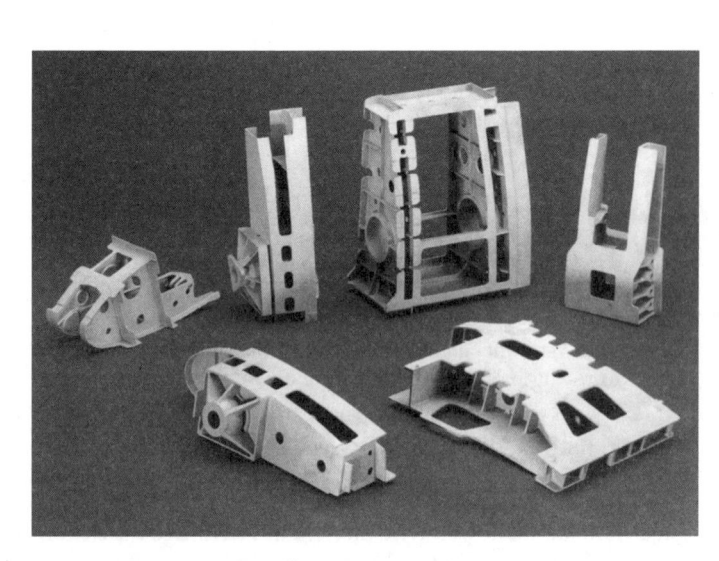

<u>Bild 13:</u> Serienbauteile des Airbus aus Aluminium-Feinguß (Quelle: TITAL)

Im Automobilbau gibt es Entwicklungen zum Einsatz von Aluminium, die besonderes Interesse der Fachöffentlichkeit und der technisch interessierten Kunden finden. Als Beispiele dafür sind aluminiumintensive Bauweisen kompletter Fahrzeuge und größerer Funktionseinheiten zu nennen.

Ein im Markt eingeführter Oberklassen-PKW mit Aluminium Space Frame Karosserie hat ein Trockengewicht von 1.538 kg. Das sind 201 kg oder 13% weniger Gewicht als bei Herstellung in konventioneller Bauweise. Der Energieaufwand zur Herstellung des aluminiumintensiven Fahrzeuges beträgt 143,3 GJ. Ein Fahrzeug in konventioneller Bauweise würde eine Herstellenergie von 116 GJ erfordern. Die Energiebilanz für die Herstellung ist mit der Energiebilanz für den Betrieb zu verknüpfen. Dafür gibt es eine Reihe von Modellrechnungen. Die Ergebnisse sind nicht direkt vergleichbar, weil sich Fahrzeugklassen, Bauweisen und weitere Einflußgrößen unterscheiden. Der Ansatz, den Energieaufwand für Herstellung und Betrieb gesamtheitlich zu betrachten, dürfte in Zukunft zu einer fundierten Entscheidungshilfe für Art und Umfang von Leichtbaumaßnahmen führen und Entwicklungsbedarf aufzeigen. Tendenzen zeichnen sich bereits heute ab. Unabhängig von Unterschieden der Randbedingungen scheint gesichert, daß sich zum Beispiel bei aluminiumintensiver Bauweise die Fahrstrecke bis zur energetischen Amortisation mit zunehmender Verwendung von Aluminiumrecyclat verkürzt. Der vollständige Einsatz von Aluminiumrecyclat würde die Amortisationsgrenze auf wenige 1.000 km senken. Hier muß die Wirtschaftlichkeit der geschlossenen Recyclingkette von Aluminium noch untersucht werden. Insbesondere die sortenreine Rückführung unterschiedlicher Legierungen bedarf noch einer logistisch sicheren und wirtschaftlich akzeptablen Lösung [19].

Das Leichtbaupotential von Aluminium wird von vielen Automobilherstellern zur Gewichtsreduzierug größerer Funktionseinheiten genutzt. Neuere Entwicklungen sind hier Achskonstruktionen unter Verwendung von Aluminiumgußteilen. Neben diesem Herstellverfahren kommt neuerdings auch das Innenhochdruckumformen für Aluminiumbauteile zum Einsatz. In einem Serien-PKW trägt der Aluminiumeinsatz an Vorder- und Hinterachse zu einer Gewichtsreduzierung um 43,6 kg bei. Durch weitere Maßnahmen konnten die ungefederten Massen von insgesamt 65 kg, entsprechend 22% der vorherigen Ausführung, gesenkt werden [5]. Dadurch verbessern sich Fahrkomfort und Fahreigenschaften, Merkmale, auf die Kunden in besonderem Maße Wert legen.

Die Analyse von Möglichkeiten, die Masse von Rädern und Bremsscheiben zu reduzieren, führt sowohl zu Ansätzen auf der Werkstoffseite als auch auf der Fertigungsseite. Durch Substitution eines Vollspeichenrades aus Aluminium-Kokillenguß durch ein gleich großes Hohlspeichenrad aus Aluminiumdruckguß würden sich 25% des Gewichtes einsparen lassen. Die Verwendung von Magnesium hätte eine Gewichtsreduzierung um 35% zur Folge. Um dieses Potential nutzen zu können, müssen sichere und wirtschaftliche Hohl-Gießverfahren für den industriellen Einsatz verfügbar gemacht werden [20].

Für Radbremsen existieren Entwicklungen weg vom „klassischen" Werkstoff Grauguß. Eine Entwicklungsrichtung ist der Übergang auf eine Aluminium-Carbon-Bauweise. Dabei ist ein Bremsscheibenträger, der Topf, mit einer Carbonbremsscheibe bestückt. Diese Konstruktion baut um 54% leichter als die Graugußvariante, die substituiert werden soll. Vor einer Einführung in die Serie sind noch Probleme auf der Werkstoffseite zu lösen, serientaugliche Fertigungsverfahren zu entwickeln, das Ansprechverhalten der Bremsen im kalten Zustand zu verbessern und der Bremsscheibenverschleiß zu verringern [20].

6.1.3 Leichtbau mit Magnesium

Magnesium erlebt gegenwärtig eine Art Renaissance als Leichtbauwerkstoff. Auslöser dafür ist die Automobilindustrie, die diesen Werkstoff aufgrund seines Leichtbaupotentials „wiederentdeckt" hat. Getriebegehäuse, Ansauggehäuse, Teile aus dem Bereich Lenkung, Sitzschalen und Rückenlehnen, Gehäuse und Halterungen für die verschiedensten Zwecke, Felgen und Strukturteile sind realisiert oder in der Erprobung. Es ist ein weltweiter Trend hin zur Anwendung von Magnesium in der Automobilindustrie zu beobachten [21, 22, 23]. Dominierend sind Europa und die USA.

Der Blick auf andere Industriezweige zeigt, daß Magnesium zum Zweck der Gewichtseinsparung sehr breit genutzt werden kann und auch kontinuierlich genutzt wird. Beispiele sind handgeführte Maschinen und Geräte, Produkte der Elektroindustrie, mobile Informations- und Kommunikationsgeräte (Bild 14) [24] bis hin zu Grundkörpern für schnell rotierende Zerspanwerkzeuge.

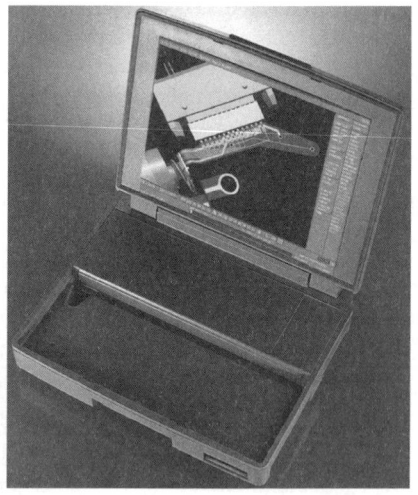

Bild 14: Magnesiumeinsatz im Portable- und Mikromechanikbereich

Magnesiumlegierungen zeichnen sich durch hervorragende Gießeigenschaften aus. Im Vergleich zu Aluminiumbauteilen können Magnesiumbauteile, sofern es die Anforderungen zulassen, mit deutlich dünneren Wandstärken hergestellt werden. Liegen die Wandstärken von Aluminiumgußteilen bei 2,5-3,5 mm, so sind 1,0-2,0 mm bei Magnesium möglich. Diese besseren Gießeigenschaften erlauben die Herstellung dünnwandiger, großflächiger, komplex geformter Gußteile. In Bild 15 sind Armaturenträger stellvertretend dafür gezeigt, wie die Kombination von Werkstoff, Fertigungsverfahren sowie funktions- und fertigungsgerechter Gestaltung zu neuen Lösungen genutzt werden kann [25, 26].

Gute Gießbarkeit ermöglicht
integrale Herstellung

Armaturenträger aus AM50

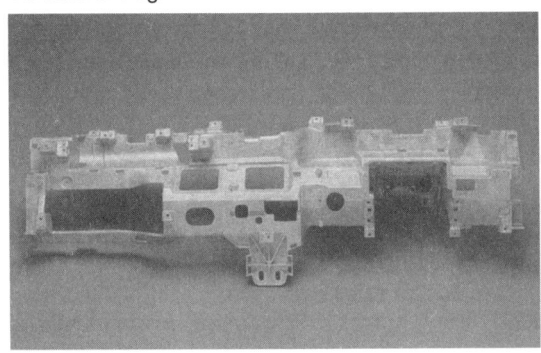

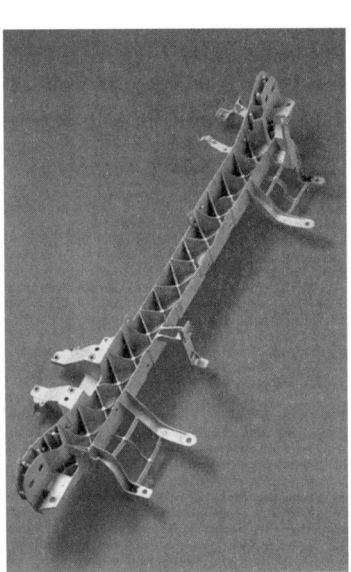

Bild 15: Hochintegrierte Gußbauteile aus Magnesium (Quelle: Meridian)

Im Vergleich zum konventionellen Aufbau von Armaturenträgern in Mischbauweise aus Stahl und Kunststoff ist das einstückige Magnesiumteil um zwei Drittel leichter. Die beiden gezeigten Ausführungen substituieren insgesamt 40 beziehungsweise 60 Einzelteile sowie die zugehörigen Füge- und Montageoperationen und den Aufwand für Logistik. Der einteilige Aufbau trägt mehr zur Verstärkung der Karosserie bei als die vorherige mehrteilige Bauweise. Im Crashfall wird mehr Energie durch plastische Verformung abgebaut als von der Ausführung, die ersetzt wurde.

Gute Gießeigenschaften und hohe Funktionsintegration erlauben die Herstellung von Near-net-shape Teilen. Dennoch lassen sich die heute üblichen hohen Anforderungen an die Maß- und Formgenauigkeit in der Serienfertigung und an bestimmte Oberflächeneigenschaften auch bei Magnesiumteilen vielfach nur durch eine spanende Fertigbearbeitung erfüllen. Dabei kommen hauptsächlich Verfahren wie das Fräsen, das Bohren, das Aufbohren, das Reiben, das Gewindebohren und das Gewindefräsen zum Einsatz.

Magnesiumwerkstoffe lassen sich gut spanabhebend bearbeiten. Der Verschleißangriff an den Werkzeugen und die Adhäsionsneigung sind gering. Es kann unter Anwendung hoher Schnitt- und Vorschubgeschwindigkeiten gearbeitet werden. Schnittgeschwindigkeiten von v_c = 4000 m/min und Vorschubgeschwindigkeiten über v_f = 25 m/min sind zum Beispiel beim Messerkopf-Stirnfräsen möglich. Derartige Bearbeitungsparameter sind der HSC-Bearbeitung zuzuordnen. Als Schneidstoff ist Diamant, mono- oder polykristallin, aber auch als Beschichtung, erste Wahl [27].

Spanend bearbeitete Oberflächen weisen geringe Rauheiten, beim Messerkopf-Stirnfräsen oft unter R_z = 10 µm, auf. Die Schnittkräfte liegen bei diesem Prozeß etwa ein Drittel niedriger als bei der Aluminiumbearbeitung unter gleichen Bedingungen.

Die Feinbearbeitung, zum Beispiel das Reiben, kann bei Schnittgeschwindigkeiten bis zu v_c = 700 m/min und Vorschüben bis zu f = 0,3 mm erfolgen. Dabei liegen die Rauhtiefen unter R_z = 3 µm [28].

Diesen positiven Eigenschaften stehen negative gegenüber. Am bedeutendsten ist das Risiko von Spanbränden. Beim Zerspanen unter Einsatz von Öl als Kühlschmierstoff kann es zu Verpuffungen und zu Explosionen des Ölnebels kommen. Ölbrände können Magnesiumbrände nach sich ziehen, wenn sie nicht schnell genug gelöscht werden. Bearbeitungsmaschinen mit Sicherheitseinrichtungen für die Magnesiumbearbeitung unter Öl sind im Markt verfügbar. Bei Verwendung von Emulsion bildet sich Wasserstoff. Dieser darf sich im Arbeitsraum der Maschine, in der Absaugung und in Behältnissen zur Lagerung oder zum Transport von Spänen keinesfalls in Konzentrationen von mehr als 4 Volumenprozent ansammeln, weil er sonst zur Explosionsgefahr führt. Trockenzerspanung wird heute als riskanter angesehen als Naßzerspanung. Über Risiken bei der Bearbeitung unter Anwendung der Minimalkühlschmiertechnik liegen noch keine ausreichenden Erfahrungen vor.

Risiken bei der Zerspanung von Magnesium sind nicht neu. Zusätzlich zum aktuellen Kenntnisstand und zur industriellen Praxis werden gegenwärtig in dem vom BMBF geförderten Verbundprojekt MADICA neben der Weiterentwicklung der Bearbeitungstechnologie auch Entwicklungen zur Erhöhung der Sicherheit von Bearbeitungsmaschinen untersucht.

Magnesiumdruckguß weist bei Raumtemperatur mit A = 4-6% nur eine geringe Bruchdehnung auf. Diese Eigenschaft läßt den Werkstoff für Kaltumformprozesse wenig geeignet erscheinen. Zu diesen Prozessen gehört das Gewindefurchen, das zum Beispiel zur Herstellung von Gewinden in Aluminiumdruckguß häufig angewandt wird. Vorteil des Verfahrens ist unter anderem, daß keine Späne entstehen. Zur Prävention gegen Korrosion sind Magnesiumbauteile oft mit Sacklochgewinden versehen. Aus derartigen Gewinden ist das Entfernen von Spänen noch schwieriger als aus Durchgangsgewinden. Bei automatisierter, drehmomentgesteuerter Schraubmontage sind Späne in Gewinden nicht tragbar.

Bei der Entwicklung des Gewindefurchens für Magnesiumdruckgußlegierungen wurden erste Erfolge erzielt (Bild 16). Das Gewinde ist kalt umgeformt. Weder das Werkstück noch das Werkzeug wurde vor dem Furchen erwärmt. Um dennoch die erforderliche Formänderung zu erreichen, waren die Furchwerkzeuge an die spezifischen Umformeigenschaften des Werkstoffes anzupassen. Die Auszugfestigkeit der gefurchten Gewinde übertraf die von gebohrten Gewinden geringfügig [27, 29].

Die Renaissance, die der Werkstoff Magnesium gegenwärtig erfährt, hat auch Entwicklungen zur Verbesserung seiner Eigenschaften ausgelöst. Dabei stehen Arbeiten zur Erhöhung des Korrosionswiderstandes, zur Verbesserung des Verschleißverhaltens und zur Verringerung des Kriechens, vor allem bei erhöhten Temperaturen, im Vordergrund. Des weiteren werden faser- und partikelverstärkte Werkstoffe zur Verbesserung der Festigkeitseigenschaften und des Verschleißverhaltens entwickelt [30].

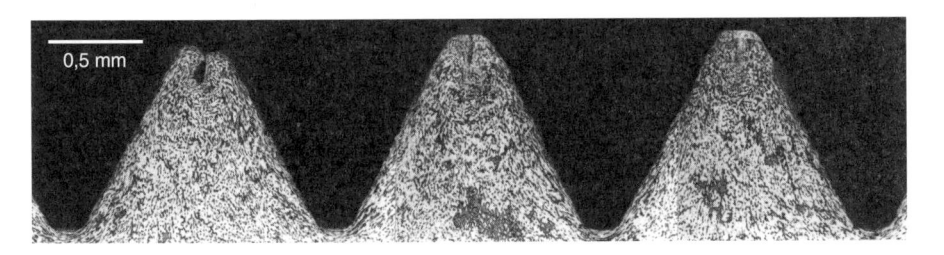

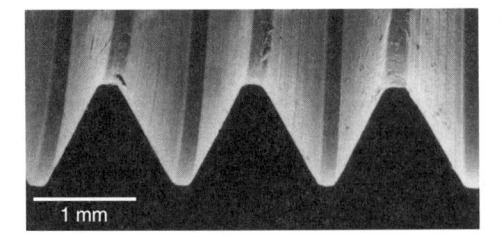

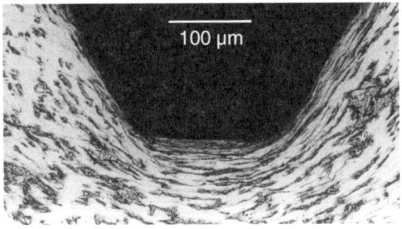

Werkzeug: HSS-Gewindefurcher, TiCN-beschichtet
Furchgeschwindigkeit: v_c = 150 m/min   Schmierung: Ölfilm in Bohrung

Bild 16:   Gewindefurchen in Magnesium (Quelle: WZL)

6.1.4 Metallische Schäume

Nichtmetallische Schäume als Werkstoff sind schon seit langem Stand der Technik: Schäume aus Kunststoff dienen sowohl als Wärmedämmaterial als auch als Konstruktionswerkstoff zur Bauteilgestaltung. Metallische Schäume als Werkstoff für den Leichtbau sind neu. Die Herstellverfahren, der werkstoffgerechte Einsatz sowie die Integration metallischer Schäume in Leichtbaulösungen werden erst seit kurzer Zeit systematisch erforscht. Im Einzelfall mögen bereits marktreife Lösungen existieren, die flächendeckende Einführung dieser Technik erfordert aber sicherlich noch weitere Entwicklungsarbeit und Zeit.

Das Leichtbaupotential von Schäumen besteht darin, daß die Dichte der erzeugten Bauteile abgesenkt und ein großer Teil des Bauteilvolumens nicht von metallischem Werkstoff, sondern von einem Gas ausgefüllt wird. Die mechanischen Eigenschaften eines ausgeschäumten Bauteils sind aber im Vergleich zu einem hohlen Bauteil gleicher Masse (beispielsweise einer IHU-Rohrkonstruktion oder eines Bauteils aus einer Schalenkonstruktion) verändert, da aufgrund der Schaumstruktur auch im Inneren Kräfte und Spannungen übertragen werden können. Genaue Kennwerte für das mechanische Verhalten ausgeschäumter Strukturen in Abhängigkeit von der Schaumherstellung werden derzeit erforscht. Für den Konstrukteur interessante Kennwerte sind dabei die Festigkeit, das Dauerfestigkeitsverhalten sowie die Dämpfungseigenschaften der ausgeschäumten Struktur.

Die Herstellung des geschäumten Materials inklusive der beidseitigen Bedeckung mit Blech aus Stahl, Aluminium oder anderen Metallen wird in Bild 17 an einem Aluminium-Stahl-Sandwich (AFS) dargestellt. Die Schaumtechnik beruht auf einem pulvermetallurgischen Verfahren: Einem Metallpulver wird eine geringe Menge (0,15%) eines festen Treibmittels, zum Beispiel einer Metall-Stickstoff-Verbindung, zugemischt. Es folgt eine Kaltumformung, beispielsweise durch Strangpressen, in der das Pulvergemisch zu einem festen, weiter verarbeitbaren Formkörper verdichtet wird. Ein anschließender Walzplattierprozeß verbindet die Deckbleche mit dem so erzeugten Schaum-Vormaterial zu einem Sandwich-Halbzeug. Dieses Halbzeug kann im folgenden durch klassische Umformverfahren, etwa durch einen Tiefziehprozeß, in die gewünschte Endform gebracht werden. Der Schäumprozeß schließt die Fertigungsfolge ab: Durch Erhitzen des Bauteils auf eine Temperatur, bei der das Schaum-Grundmaterial in eine semi-flüssige Phase übergeht und das Treibmittel sich in Metall und Gas zersetzt, wird der Aufschäumvorgang durchgeführt.

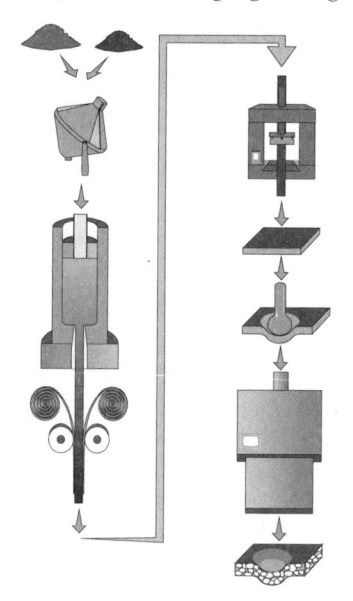

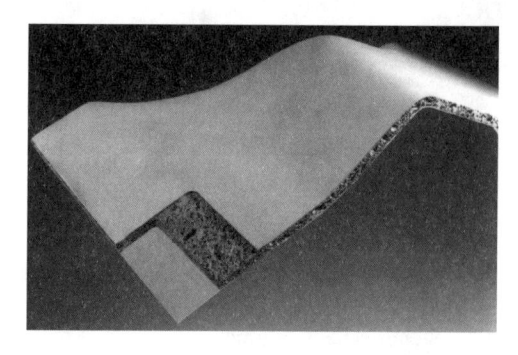

- Sandwichbauteil, 8-mal steifer als Stahlbauteil

- Entwicklungsziel:
    - Dicke des Deckbleches 0,8 mm
    - Dicke des Schaumes 5 mm

Bild 17: Herstellung von Aluminiumschaum-Stahl Sandwichblech (AFS) in 3D-Kontur (Quelle: Karmann/IFAM)

Für das Aufschäumen besteht noch Forschungsbedarf. Dieser Vorgang ist aufgrund der komplexen Wechselwirkungen zwischen der Legierungszusammensetzung des Grundmaterials, dem Treibmittel und der Temperaturführung noch sehr zeitaufwendig. Hier müssen Kombinationen gefunden werden, die nach Möglichkeit in einem Durchlaufprozeß und somit in der Linie taktgleich und prozeßsicher gemeinsam mit den weiteren Fertigungsschritten durchführbar sind.

Das in Bild 17 dargestellte AFS ist achtmal steifer als ein Stahlblech und 23% leichter als eine Stahlblech-Sicken-Struktur. Berechnungen haben gezeigt, daß ein optimales Steifigkeitsgewinn-Dickenprofil erreicht wird, wenn Stahl-Deckbleche mit einer Dicke von 0,8 mm und ein Schaumkern mit einer Dicke von 5 mm eingesetzt werden [31, 32].

Sind keine flächigen Teile herzustellen, sondern bestehende Hohlstrukturen durch Ausschäumen zu optimieren (Bild 18), so muß dies in einem dem oben beschriebenen

Dynamik Leichtbau 193

Vorgang ähnlichen Fertigungsprozeß erfolgen. Das Metall-Treibmittel-Gemisch wird durch Vorpressen in eine geeignete feste Form gebracht. Es folgt das Einlegen in ein durch Schalenbauweise oder durch Innenhochdruckumformen erzeugtes Hohlbauteil. Induktive Erwärmung löst die Schaumbildung aus. Dabei läßt sich durch geschickte Wahl der Aufschäumtemperatur eine feste Verbindung zwischen Schaum und Wandung herstellen. Derartig ausgeschäumte Hohlbauteile weisen einen wesentlich höheren Widerstand gegen Knickung sowie bessere Dämpfungs- und Crasheigenschaften auf als Hohlteile ohne Schaumkern.

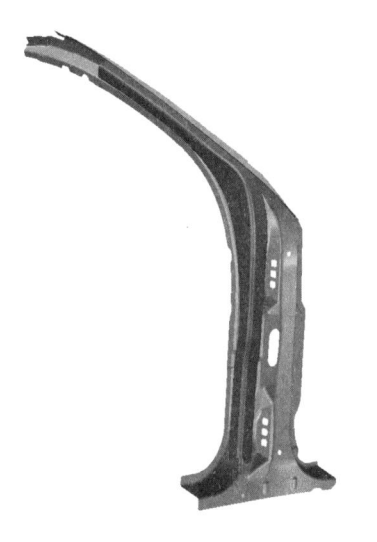

Fertigungsfolge:
- IHU - Blechformteil
- Einlegen des vorgepreßten Pulvers
- Auslösen der Schaumbildung durch Induktion
- Konstruktion ist schweißbar, da die Wärmeleitfähigkeit des Schaums sehr klein ist

Knicklast der A - Säule wird effektiv erhöht

Bild 18: Aluminiumschaum-Anwendung in einem IHU-Bauteil (Quelle: Karmann)

Die Vorteile der Verwendung geschäumter Werkstoffe erscheinen somit sehr deutlich. Es müssen aber noch die Großserientauglichkeit sowie die Wirtschaftlichkeit nachgewiesen werden, bevor diese Technologie sich breit durchsetzen kann. In bestimmten Anwendungen (Luft- und Raumfahrt) dürfte die Hemmschwelle für den Einsatz deutlich geringer liegen als im Fahrzeugbau und in anderen Anwendungsfeldern. Dennoch gilt es, sich auch hier intensiv mit diesen neuen Möglichkeiten zur optimierten Auslegung von Strukturelementen zu befassen.

6.2 Leichtbau mit Kunststoffen

Kunststoffe haben ebenso wie metallische Werkstoffe ein hervorragendes Leichtbaupotential, wenn sie stoff- und beanspruchungsgerecht eingesetzt werden. Ihre Dichte liegt mit Werten zwischen 0,9 g/cm^3 und 1,9 g/cm^3 unterhalb der Dichte der meisten metallischen Werkstoffe. Da dies auch für die Zugfestigkeit und für den E-Modul gilt, sind auch für den Einsatz von Kunststoffen spezifische Werkstoffkenngrößen entscheidend.

Die Bezeichnung „Kunststoffe" umfaßt Materialien mit sehr verschiedenartigen chemischen, mechanischen und thermischen Eigenschaften. Dennoch lassen sich ohne weitere

Differenzierung einige Eigenschaften nennen, die charakteristisch für Kunststoffe sind. Dazu gehören die vielfältigen Möglichkeiten der spanlosen Formgebung, die Beeinflußbarkeit mechanischer Eigenschaften durch Zugabe von Füll- und Verstärkungsmaterialien, die Möglichkeit des Einfärbens, die Beständigkeit gegen viele Chemikalien und die Korrosionsbeständigkeit. Eigenschaften, die zur Einschränkung von Anwendungen führen können, sind unter anderem die begrenzte Warmformbeständigkeit, die im Vergleich zu Metallen bis zu achtfach größere lineare thermische Ausdehnung thermoplastischer Kunststoffe, die Schlagzähigkeit bei niedrigen Temperaturen, die UV-Beständigkeit sowie die Lackierfähigkeit in der Linie.

Als Verarbeitungsverfahren kommt nach wie vor das Spritzgießen zum Einsatz. Es erlaubt die Herstellung einbaufertiger Teile mit hoher Funktionsintegration. Bei besonderen Beanspruchungen des gesamten Bauteils oder einzelner Bereiche ist das Umspritzen von metallischen Verstärkungen seit langem Stand der Technik.

Neben den etablierten Verarbeitungsprozessen entstehen neue, vor allem für die Serienproduktion hochbeanspruchter Leichtbaukomponenten und großflächiger Sichtteile. Dazu gehören das Thermoformverfahren, das Coextrusionsverfahren sowie Techniken zum Hinterspritzen und Hinterschäumen von Folien oder Platten aus eingefärbten Thermoplasten.

6.2.1 Neue Anwendungen von Thermoplasten

Der Leichtbau von Fahrzeugen treibt auch den innovativen Einsatz thermoplastischer Kunststoffe voran. Thermoplaste stellen heute den größten Anteil der Kunststoffe im Automobil. Ende der 80er Jahre wurden in Europa durchschnittlich 4 kg thermoplastischer Kunststoffe im PKW-Motorbereich eingesetzt. Lüfterkomponenten, Laufrollen und Kühlerkästen waren typische Bauteile. Heute sind Teile für die Luftansaugung, die Motorabdeckung, die Zylinderkopfhaube, die Ölwanne und andere Komponenten hinzugekommen, so daß zum Beispiel der Polyamidanteil an neuen Motoren in nächster Zukunft bis auf das Dreifache ansteigen kann [33].

Die kostengünstige Serienfertigung von Komponenten wie dem Schaltsaugrohr (Bild 19) wurde erst durch die Entwicklung eines neuen Fertigungsverfahrens, der Schmelzkerntechnik, möglich. Schaltsaugrohre aus Kunststoff stehen im Wettbewerb mit Leichtbaulösungen aus Aluminium und aus Magnesium. Der Einsatz von Thermoplasten im Automobil beschränkt sich nicht nur auf den Motorraum. Glasfaserverstärkte Polyamide finden auch schon Anwendung für hochbeanspruchte Sicherheitsteile im Fahrwerkbereich. Ein weiteres Anwendungsfeld sind Airbaggehäuse aus Ultramid.

Die Anwendung von Kunststoffen im Außenhautbereich von Fahrzeugen hat bei mehreren Fahrzeugherstellern Eingang in die Serienfertigung gefunden [34]. In Bild 19 ist rechts eines der Produkte abgebildet, die großflächige Außenteile aus Kunststoff haben. Typische Anforderungen an derartige Teile sind fehlerfreie Oberflächen, Farbhomogenität, ausreichende Schlagzähigkeit bei niedrigen Temperaturen, hohe Steifigkeit und geringe thermische Ausdehnung.

Dynamik Leichtbau 195

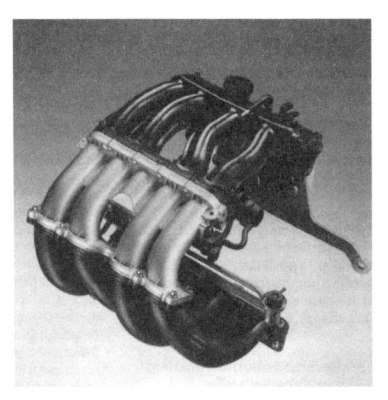

Schaltsaugrohr aus Ultramid   Durchgefärbtes Außenteil aus Xenoy XD1573

Bild 19: Anwendung verschiedener Thermoplaste im Automobilbau (Quelle: Volkswagen, Siemens, MCC)

Gewichts- und Kosteneinsparungen durch Verwendung von Kunststoffen sind für den jeweiligen Anwendungsfall zu untersuchen. Die Potentiale liegen im Extremfall bei bis zu 60% Gewichtseinsparung und bis zu 30% Kostenreduktion.

6.2.2 Leichtbau mit Faserverbundwerkstoffen

Am Beispiel der Faserverbundwerkstoffe läßt sich die Verknüpfung zwischen Werkstoffeigenschaften, Gestaltung von Bauteilen und Fertigungstechnik eindrucksvoll demonstrieren. Sind die auf das Bauteil wirkenden Kräfte nach Betrag und Richtung bekannt, so besteht die Möglichkeit, Werkstoff und Gestalt für dieses Bauteil beanspruchungsgerecht zu dimensionieren. Die Menge und die Lage von Fasern müssen beim Aufbau des Werkstückes nicht isotrop verteilt werden. Sie lassen sich entsprechend der lokalen Anforderungen im Bauteil anordnen. Dadurch ergeben sich für den Konstrukteur völlig neue Gestaltungsmöglichkeiten. Zwar sind auch an metallischen Werkstücken partielle Eigenschaftsänderungen möglich, zum Beispiel durch Oberflächenhärtung, durch partielles Legieren, durch Kugelstrahlen oder durch Glattwalzen, jedoch nicht mit derartigen Freiheitsgraden (da sie nur an der Oberfläche wirken) wie beim Aufbau von Teilen aus Faserverbundwerkstoffen.

Gestaltungsfreiheit in Verbindung mit Werkstoffen, die sich auf lokale Anforderungen hin maßschneidern lassen, ist eine Voraussetzung für innovative Lösungsansätze. Die Schale des in Bild 20 links dargestellten Sitzes aus CFK ist einteilig ausgeführt. Ein spezieller mehrschichtiger Faseraufbau ermöglicht dennoch die individuelle Einstellung der Lehnenneigung. Gegenüber einem herkömmlichen Autositz wurde durch die CFK-Bauweise eine Gewichtseinsparung von 25% erreicht.

Für lange Zeit standen nur Faserverbundwerkstoffe mit duroplastischen Matrizes zur Verfügung. Derartige Werkstoffe mit Glas- oder Kohlefaserverstärkung eignen sich, richtig eingesetzt, hervorragend für Leichtbau. Sie werden im Flugzeugbau, im Fahrzeugbau, im Schiffbau, im Maschinenbau, für Sportartikel, für Behälter sowie für verschiedenartige, großvolumige Hohlkörper verwandt. Das Gemeinsame an derartigen Bauteilen aus Faserverbundwerkstoffen ist, daß sie nicht in Großserien innerhalb der dort üblichen kurzen Taktzeiten gefertigt werden müssen. Die langen Prozeßzeiten, die für die Herstellung von Faserverbundteilen aus duroplastischen Materialien notwendig sind, stehen dem Großserieneinsatz entgegen [35].

Querlenker

Sitzschale

Bild 20: Anwendung von FVK-Bauteilen (Quelle: DaimlerChrysler, AUDI)

Um die Vorteile von Faserverbundwerkstoffen auch für Großserienteile, die in kurzen Taktzeiten produziert werden müssen, nutzbar zu machen, wurden Werkstoffe mit thermoplastischen Matrizes (T-FVK) entwickelt. Bei der Herstellung und Verarbeitung derartiger Werkstoffe kann die hohe Schmelzviskosität der Matrizes Probleme bereiten, weil sie die Benetzung der Fasern erschwert. Es lassen sich trotzdem kurze Taktzeiten und konstante Werkstoff- und damit auch Bauteileigenschaften erreichen. Notwendig dafür ist die verfahrenstechnische Entkopplung des Imprägnierens der Fasern von der Formgebung des Bauteils und der nachfolgenden Konsolidierung.

In einer Studie zur Herstellung eines PKW-Querlenkers aus T-CFK (Bild 20, rechts) wurde ein Gewichtseinsparpotential von 50% gegenüber Stahl ermittelt. Die Kunststoffvariante weist dabei eine um 30% geringere Steifigkeit auf. In diesem Fall kann die Funktionalität durch Verwendung steiferer Gummilager sichergestellt werden [35]. Vor dem „Alltagseinsatz" einer derartigen Fahrzeugkomponente sind noch Fragen außerhalb des Fertigungsbereiches zu klären. Eine der wichtigsten ist die Erkennbarkeit von Schäden in ihrem Anfangsstadium. Sie ist derzeit ohne aufwendige Messungen noch nicht sicher möglich.

Ebenso wie für die Erkennbarkeit von Schäden an FVK-Strukturen gibt es noch keine flächendeckend werkstatttauglichen Methoden zur Reparatur. Dabei spielt die Möglichkeit zur Instandsetzung beschädigter Strukturen aus Faserverbundwerkstoffen hinsichtlich eines wirtschaftlichen Einsatzes dieser Werkstoffe eine wichtige Rolle. Besonders bei Verwendung für große und für aufwendig auszutauschende Bauteile wird der zukünftige Einsatz von Faserverbundwerkstoffen auch davon abhängig sein, inwieweit eine Reparatur vor Ort oder in Kundendienstwerkstätten durchgeführt werden kann.

In ersten Untersuchungen zu Reparaturmöglichkeiten von FVK-Werkstoffen hat sich gezeigt, daß unterschiedliche Bearbeitungsverfahren zur Vorbereitung der Reparaturstelle nur geringen Einfluß auf die Reparaturqualität haben (Bild 21). Die Verwendung handgeführter Werkzeuge zum Fräsen der Anschlußstellen (Schäftungen) wirkt sich im Vergleich zum Fräsen mit Werkzeugmaschinen und mit dem Ultraschall-Schwingläppen nicht negativ auf die spätere Reparaturqualität aus. Damit ist eine gute Voraussetzung für „Vor-Ort-Reparaturen" gegeben.

Laminatdicke: 3 mm
Glasfasergewebe: 390 g/mm^2
Lagen: 10

bearbeitete Flächen

Zugfestigkeit des GFK nach unterschiedlicher Vorbereitung der Reparaturstelle

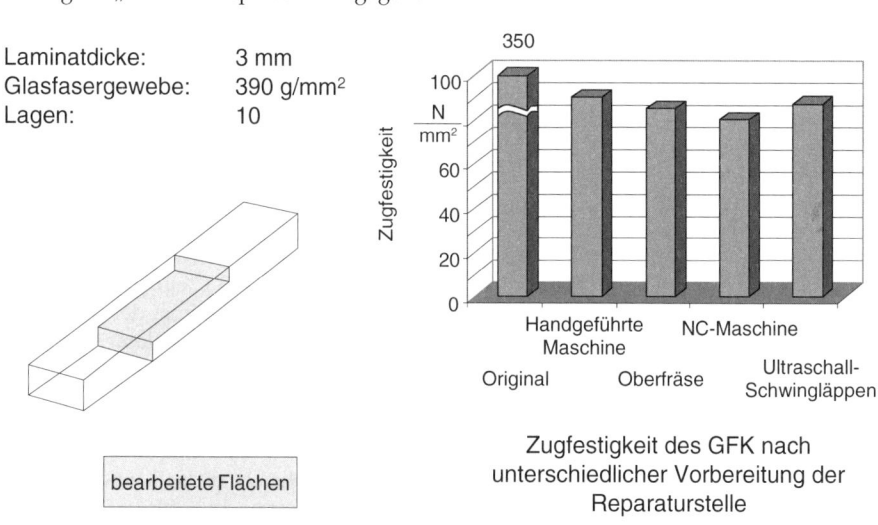

Bild 21: Reparatur von Faserverbundwerkstoffen (Quelle: FhG-IPT)

Die Werkzeuge zum Herstellen der Schäftungen unterliegen aufgrund der Eigenschaften von Glas- und Kohlenstoffasern erheblichem abrasivem Verschleißangriff. Bewährt haben sich bisher Schaftfräser mit diamantbestückten Schneiden und mit Schneiden, die mit Diamant beschichtet sind. Es kommen auch Schleifstifte mit Diamantbelag zum Einsatz.

Nach Vorbereitung der Reparaturstelle ausschließlich durch spanende Verfahren wird die Zugfestigkeit der Originalstruktur nicht mehr erreicht. Wesentliche Ursache dafür ist die Unterbrechung der Fasergelege. Sie können mit Hilfe der spanenden Bearbeitung nicht so weit freigelegt werden, daß eine größere Überdeckung mit den Fasern des Reparaturmaterials und damit eine verbesserte Anbindung an die zu reparierende Struktur möglich ist.

Ein Werkzeug, das sich zum Freilegen von Fasergelegen eignet, ist der Laserstrahl. Die Energiedichte läßt sich so steuern, daß die Matrix des Verbundwerkstoffes aufgeschmolzen und zum Beispiel mittels eines Gasstrahles ausgeblasen werden kann. Erste Versuche haben gezeigt, daß die Verbesserung der Anbindung von Fasern des Reparaturmaterials an die Fasern des Bauteiles Festigkeitssteigerungen bis zu 20% gegenüber nur spanend vorbereiteten Reparaturflächen bewirkt [37]. Durch die Verfügbarkeit von Diodenlasern, deren Platzbedarf nicht größer als das Volumen eines Pilotenkoffers ist, zeichnen sich heute schon gute Voraussetzungen für werkstoffgerechte Vor-Ort-Reparaturmöglichkeiten von Faserverbundbauteilen ab.

6.3 Keramiken

Technische Keramiken decken, wie die Kunststoffe, ein jeweils so weites Eigenschaftsspektrum ab, daß die detaillierte Darstellung der Eigenschaften verschiedener Keramikarten hier nicht möglich ist. Im gegebenen Rahmen muß aber dennoch das Leichtbaupotential von Keramiken zumindest erwähnt werden.

Der Begriff „Keramik" umfaßt oxidische, karbidische und nitridische Stoffe. Die Dichte von Keramiken liegt zwischen 2,5 und 6 g/cm^3 und damit in jedem Fall niedriger als die von Stahl. Es werden E-Moduln zwischen 170.000 und 410.000 N/mm^2 erreicht. Der E-Modul ist dabei stark abhängig von der Herstellart der Keramik und korreliert nicht mit der Dichte. Das Leichtbaupotential von Keramik muß, wie bei anderen Werkstoffen auch, für jede Keramiksorte und für jede Anwendung separat beurteilt werden.

Ein klassisches Einsatzfeld von Keramik sind Hochtemperaturanwendungen. Technische Keramiken können hier bis zu Temperaturen von etwa 1100°C eingesetzt werden. Ein weiterer Einsatzschwerpunkt sind tribologische Anwendungen, bei denen der Abrasionsverschleiß dominiert. Die geforderten Verschleißeigenschaften lassen sich oftmals mit keramischen Bauteilen erfüllen [38].

Eine Eigenschaft, die den technischen Einsatz von Keramiken einschränkt, ist die sehr geringe Duktilität. Bereits nach elastischen Dehnungen zwischen 0,08 und 0,48% tritt Bruch ohne vorhergehende plastische Verformung auf. Hier liegt auch die Schwierigkeit für den Einsatz dieser Werkstoffgruppe: Während selbst hochvergütete Stähle noch in der Lage sind, durch geringe plastische Verformung Spannungsspitzen auszugleichen, ist dies bei Keramiken nicht möglich. Für den Dauereinsatz muß deshalb so konstruiert werden, daß Zugspannungsspitzen in jedem Fall vermieden werden.

Die für bestimmte Anwendungen wünschenswerte Substitution von Stahl durch Keramik erfordert exzellentes Engineering und stoffgerechtes Fertigen. Ein Beispiel dafür sind Auslaßventile für Verbrennungsmotoren. Sie unterliegen im Betrieb einer außerordentlich hohen Komplexbeanspruchung, die sich aus mechanischen, thermischen, abrasiven und korrosiven Anteilen zusammensetzt [3]. Derartige Teile müssen präzise und reproduzierbar gefertigt werden. Besondere Bedeutung kommt dabei dem Vermeiden von Randzonenschädigungen zu.

Leichtbau unter Einbeziehung von Keramik läßt sich auch in Mischbauweise betreiben. In Bild 22 ist dargestellt, wie der Übergang von einer Graugußbremsscheibe auf eine Bremsscheibe aus Siliziumkarbid mit Stahlnabe zu einer beträchtlichen Gewichtseinsparung führt. Motivation der Werkstoffsubstitution war die höhere thermische Stabilität des keramischen Werkstoffes sowie die Verschleißfestigkeit, die die Zeit zwischen den Bremsscheibenwechseln um mehrere Wartungsintervalle erhöht. Eine Gewichtseinsparung von 85 kg, das sind 29% des ursprünglichen Gewichts, ergibt sich auch aus den thermischen Eigenschaften des Siliziumkarbids: Die Keramikbremsscheibe ist bis ca.

800°C thermisch belastbar, nimmt dabei Energien bis zu 30 MJ auf und ist damit höher beanspruchbar als eine Graugußscheibe [38]. Dementsprechend reduziert sich bei der Keramikscheibe das erforderliche Werkstoffvolumen. Dadurch entsteht ein über die Dichtedifferenz hinausgehender zusätzlicher Gewichtsvorteil zugunsten der Keramik.

- Thermomechanik
- Dichte
- Reibwert
- Oxidationsbeständigkeit

Gestaltung:
- werkstoff-
- beanspruchungs-
- fertigungs-
gerecht

Fertigung:
- Beherrschen der Werkstoffherstellung
- Serientaugliche Fertigungsprozesse

ICE- Wellenbremsscheibe aus Siliziumkarbid mit Kohlenstoff - Fasern, Durchmesser: D = 640 mm
Gewicht: 35 kg, Stahlgußscheibe: 120 kg

Quelle: DaimlerChrysler Forschungszentrum Ulm

Bild 22: ICE-Bremsscheiben aus Siliziumkarbid (Quelle: DaimlerChrysler)

6.4 Werkstoffverbunde

Wie bereits mehrfach gezeigt, ist Leichtbau am effektivsten dann zu erreichen, wenn die Werkstoffe für jedes Bauteil optimal für das jeweilige Belastungs-/Geometriekollektiv ausgewählt werden. In der Konsequenz stellt sich dann die Frage, wie die Einzelbauteile zum Gesamtprodukt gefügt werden sollen. Die DIN 8593 nennt die in Bild 23 dargestellten Fügeverfahren.

In Abhängigkeit von den zu verbindenden Werkstoffen muß ein angepaßtes Fügeverfahren erarbeitet werden, welches den Anforderungen an mechanische Langzeitstabilität, chemische (korrosive) und thermische Beständigkeit und an weitere Gebrauchseigenschaften genügt. Voraussetzung für die Anwendbarkeit jeder Fügetechnik ist die Zugänglichkeit der Fügestelle. Auch dieser Aspekt unterstreicht eindringlich die Notwendigkeit der frühzeitigen Kooperation zwischen Konstruktion und Verfahrensentwicklung. In der Serienfertigung muß das Fügen in den Fertigungsfluß integrierbar sein. Verfahren, die lange Prozeßzeiten benötigen, sind hier von vorne herein benachteiligt, auch wenn sie alle technischen Anforderungen an das Ergebnis des Fügens erfüllen könnten.

Neben den „klassischen" Verfahren, beispielsweise Schweißen oder Nieten, kommt neueren umformenden Fügeverfahren, wie sie in Bild 24 dargestellt sind, wachsende Bedeutung zu [40, 41]. Eine der Ursachen dafür ist der Anstieg von Mischbauweisen.

Beim Fügen durch Umformen können Verfahren zum Einsatz kommen, bei denen mit zusätzlichem Verbindungselement gearbeitet wird, aber auch zusatzelementfreie Varianten. Des weiteren ist eine Kombination mit anderen Fügeverfahren denkbar und im Beispiel dargestellt. Die umformenden Verfahren beruhen im wesentlichen auf einer mechanischen Verklammerung der zu verbindenden Elemente. Daraus ergibt sich, daß mechanische, thermische und chemische Stoffeigenschaften, die zum Beispiel die Anwendbarkeit und das Ergebnis von Schweiß- oder Lötprozessen beeinflussen, für mechanisch gefügte Verbindungen keine große Rolle spielen. Es entsteht auch keine thermische Veränderung der beteiligten Werkstoffe. Als Voraussetzung für die Anwendung von Durchsetzfügevorgängen muß die Kaltumformbarkeit der zu fügenden Werkstoffe gegeben sein. Werkstoffversprödung und Rißbildung infolge des Fügevorgangs dürfen nicht auftreten, weil dadurch die Dauerfestigkeit der Fügestelle beeinträchtigt wird.

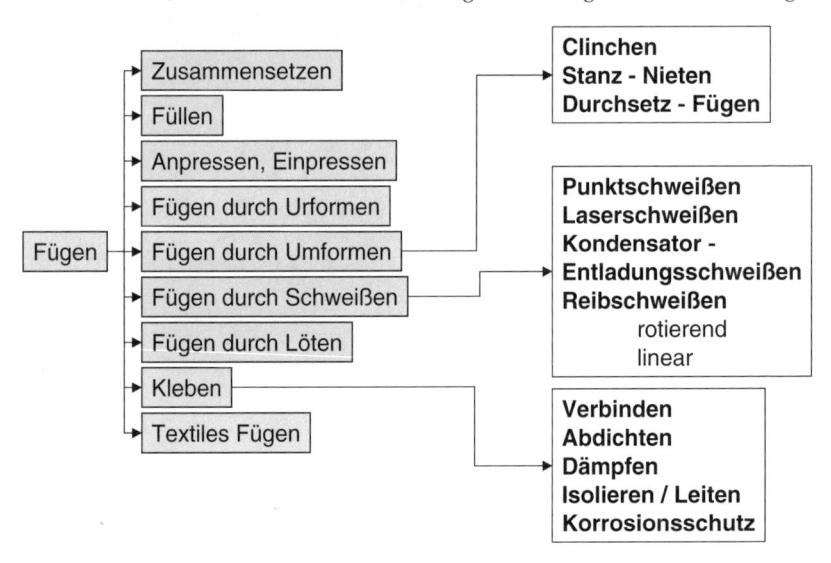

```
                    ┌─ Zusammensetzen ──┐     ┌─ Clinchen
                    ├─ Füllen            │     ├─ Stanz - Nieten
                    │                    │     └─ Durchsetz - Fügen
                    ├─ Anpressen, Einpressen
                    ├─ Fügen durch Urformen      ┌─ Punktschweißen
        Fügen ──────┤                            ├─ Laserschweißen
                    ├─ Fügen durch Umformen ─────┤  Kondensator -
                    ├─ Fügen durch Schweißen     │  Entladungsschweißen
                    ├─ Fügen durch Löten         └─ Reibschweißen
                    │                                   rotierend
                    ├─ Kleben                           linear
                    └─ Textiles Fügen            ┌─ Verbinden
                                                 ├─ Abdichten
                                                 ├─ Dämpfen
                                                 ├─ Isolieren / Leiten
                                                 └─ Korrosionsschutz
```

Bild 23: Übersicht über mögliche Fügeverfahren im Leichtbau

Bei Einsatz geeigneter Werkstoffe für die umformenden Fügeverfahren ist nachgewiesen worden, daß die Verbindungen hohe Festigkeiten besitzen und lange Standzeiten unter schwingender Belastung aufweisen. Damit können die umformenden Fügeverfahren als sichere Verbindungstechnik angesehen werden [41].

Im Hinblick auf Mischbauweisen und Stofftrennung nach Ende der Nutzungsphase von Produkten ist bei der Auswahl von Fügeverfahren auch das schnelle, vollständige und kostengünstige Trennen der gefügten Komponenten zu berücksichtigen. Mit Zunahme von Stoffkreisläufen wird dieser Aspekt an Bedeutung gewinnen.

Dynamik Leichtbau 201

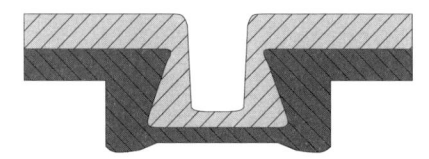

Durchsetzfügen (Clinchen) von kaltumformbaren, unterschiedlichen Werkstoffen ohne zusätzliches Verbindungselement

Fügen eines Faserverbund - Mischpaketes durch Kleben in Kombination mit Thermo - Stanznieten.

Bild 24: Ausgewählte Fügeverfahren für Mischbauweise

7 Gestalterische Möglichkeiten

7.1 Gestaltoptimierung

Die Gestaltung eines Bauteils orientiert sich an seiner Funktion: Mechanische, thermische oder andere Belastungen müssen aufgenommen werden. Das Bauteil hat eine Funktion zu erfüllen und die Bauteilgestalt muß diesen Anforderungen gerecht werden. Es ist leicht einzusehen, daß in der Regel mehrere Bauteilgeometrien den gestellten Anforderungen genügen. Die Randbedingungen, unter denen eine Geometrie entwickkelt wird, orientiert sich dabei an den Fertigungsmöglichkeiten, die letztendlich die Kosten bestimmen. Hier ist ein großes Potential für den Leichtbau zu sehen. In Bild 11 wurde schon dargestellt, wie Reengineering einer Komponente, in Kombination mit angepaßter Fertigungstechnik, zu wesentlichen Gewichtseinsparungen geführt hat. Unabhängig vom verwendeten Werkstoff lassen sich aber grundsätzliche Möglichkeiten zur Gewichtseinsparung durch belastungsgerechte Geometrieoptimierungen aufzeigen.

Bild 25 zeigt drei Möglichkeiten, wie die Makro- und die Mikrogestalt eines Bauteils unabhängig vom Werkstoff zur Gewichtseinsparung genutzt werden können. Die Auslegung des Kragarmes für Biegebelastung kann mit Hilfe elementarer Gesetze der Mechanik ausgeführt werden. Sie beruht darauf, daß im Bauteilbereich mit höchstem Biegemoment ein beanspruchungsgerechtes Widerstandsmoment durch Materialanhäufung erzeugt werden kann. Weniger belastete Bauteilbereiche bleiben entsprechend schlanker. Geometrisch komplexere Bauteile als der Kragbalken können mit Hilfe der FEM berechnet werden. Hier bietet der Markt Programmpakete an, in denen sich Geometrien parametrisch modellieren und die freien Parameter einer Optimierung unterziehen lassen. Ziel dabei ist es, einen gleichmäßigen Spannungsverlauf im Bauteil zu erreichen.

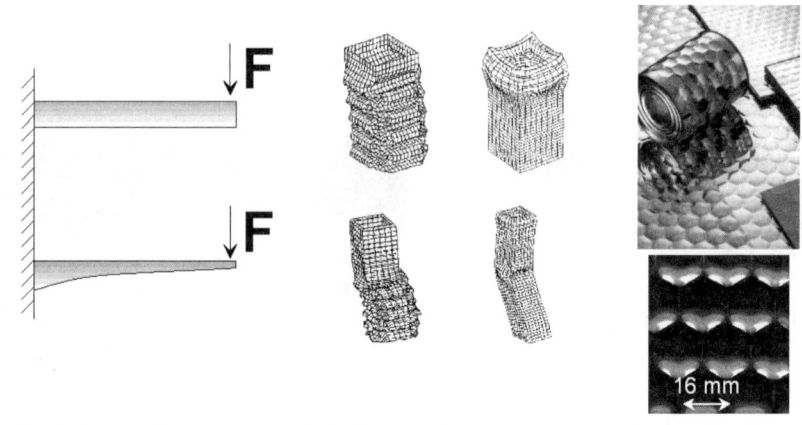

Optimierte Balkengeo-	Optimierte Rohrgeometrie	Mikrostrukturierung
metrie führt zu Masse-	erzielt höchste Crashenergie-	verbessert Bauteil-
einsparung bei gleicher	aufnahme	verhalten wesentlich
Steifigkeit		

<u>Bild 25:</u>   Möglichkeiten zur Gewichtseinsparung durch belastungsgerechte Gestaltoptimierung (Quelle: Yamazaki, Mirtsch)

Bauteile, die sowohl auf Festigkeit als auch auf Crashenergieabsorption ausgelegt sind, erfordern ein ähnliches Vorgehen. Hierbei führen analytische Rechenmethoden nicht zum Ziel, so daß die FEM für plastische Umform- bzw. Verformvorgänge herangezogen werden muß. Die besondere Schwierigkeit liegt in diesem Fall darin, daß es sich um einen höchst instationären Vorgang handelt, dessen Zwischenstufen das Endergebnis des Verformungsvorgangs bestimmen. Ziel der Auslegung muß es sein, eine möglichst große Werkstoffmenge der Verformung zu unterziehen, damit die aufzunehmende Crashenergie mit gleichbleibender Verformungskraft aufgenommen wird. Ein Ausknicken des Bauteils beendet dabei die effektive Energieaufnahme und muß dementsprechend vermieden werden [43].

Auch die Mikrogeometrie eines Bauteils, wie in Bild 25 dargestellt, kann die Bauteileigenschaften nachhaltig verbessern. Wabenartige Sicken, die sowohl am Vormaterial (Blech) als auch an fertigen Werkstücken angebracht werden können, erhöhen die Steifigkeit des Gesamtbauteils. So steigt die Festigkeit einer Dose in radialer Richtung bei Verwendung der dargestellten Mikrostruktur auf mehr als das Fünffache im Vergleich zu einer unstrukturierten Dose. Das Vibrations- und Schallverhalten wird ebenfalls verbessert [44].

7.2   Konzeptioneller Leichtbau

Noch viel entscheidender als die Bauteilgestaltung oder die Werkstoffauswahl ist die Gesamtkonzeption, wenn Leichtbau realisiert werden muß. Am Beispiel des in der Entwicklung befindlichen ICE 3 soll dieser Gedanke kurz angerissen werden.

Dynamik Leichtbau 203

Der ICE 3 wird ein neues Antriebskonzept besitzen. In der neuen Zuggeneration ersetzt ein Stromabnehmerwagen, der die Transformatoren enthält, den bisherigen Antriebswagen (Triebkopf). Neue Transformatoren sparen erheblich an Gewicht ein. Durch Weiterentwicklungen der Leistungs- und Steuerelektronik und der Motoren kann in Zukunft auf die Getriebe verzichtet werden. Damit sinkt das spezifische Antriebsgewicht von 7,2 kg/kW auf 2,5 kg/kW [45, 46]. Stromrichtertechnik und Antriebstechnik sind in Unterflur-Anordnung ausgeführt. Deshalb können die beiden Waggons, in denen diese Aggregate untergebracht sind, als vollwertige Personenwagen genutzt werden [47]. Dies führt zu einer Masseverringerung, die durch andere Maßnahmen, zum Beispiel durch Anwendung der FVK-Stahl-Mischbauweise für Drehgestelle sowie durch Einsatz von CFK und GFK für Wagenkästen, noch weiter unterstützt wird. Gegenüber dem ICE 1 sinkt die Masse je Sitzplatz um 50%. Gleichzeitig erhöht sich das Beschleunigungsvermögen des Zuges um den gleichen Prozentsatz. Die Lebenzykluskosten werden um 65% gesenkt. Für den neuen Zug ist ein Energieverbrauch prognostiziert, der umgerechnet nur 2,5 l Benzin je 100 Personenkilometer bei einer Fahrgeschwindigkeit von 350 km/h entspricht. Diese Zahlen zeigen, welche Fortschritte hinsichtlich einer Gewichtseinsparung und dem damit verbundenen effizienteren Energieeinsatz möglich sind.

8 Ausblick

Leichtbau ermöglicht höherwertigere und zusätzliche Funktionalitäten, führt zu verbessertem Kundennutzen und somit zu höherer Attraktivität von Produkten. Damit haben Unternehmen, die Leichtbauerzeugnisse anbieten können, gute Chancen im Wettbewerb. Um Leichtbau in optimaler Weise zu betreiben, müssen Werkstoff, Gestalt und Bauweise sorgfältig aufeinander abgestimmt werden. Es zeichnet sich ab, daß Mischbauweisen am ehesten zu einer optimalen Kombination von Funktionalität und Gewichtseinsparung führen (Bild 26).

Die Anwendung von Leichtbau für Großserienprodukte ist von der Verfügbarkeit neuer Fertigungtechniken abhängig. Besonderer Entwicklungsbedarf besteht bei Werkstoffen und Verfahren, die heute noch lange Taktzeiten in der Produktion benötigen. Daraus resultiert ein großer Bedarf an nichtmetallischen Halbzeugen und an serientauglichen Fügeverfahren.

Da es den Leichtbauwerkstoff per se nicht gibt, wird sich die Entwicklung von Werkstoffen für Leichtbauanwendungen in der heute schon bestehenden Breite fortsetzen. Gleiches gilt für den Trend zu Verbundwerkstoffen und Werkstoffverbunden sowie zu dichtereduzierten Halbzeugen und zu Werkstoffen mit verbesserten Festigkeitseigenschaften.

Die gesamtheitliche Analyse der Ökobilanz von Leichtbauerzeugnissen wird zu ökonomisch und ökologisch optimierten Bauweisen führen, die den Stoffkreislauf nach der Nutzungsphase der Produkte bereits berücksichtigen.

Interdisziplinarität bei der Entwicklung, Herstellung und Wiederverwertung von Leichtbauprodukten wird einen weitaus höheren Stellenwert erhalten als heute.

Werkstoff   **Gestalt**   **Fertigung**

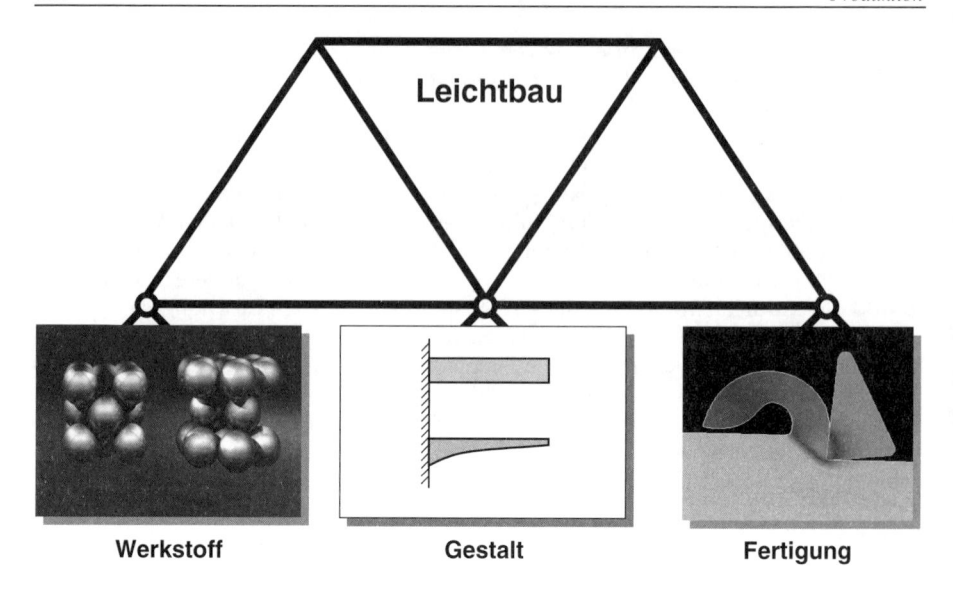

Bild 26: Effektiver Leichtbau durch Kombination der Optimierungsfelder

Literatur:

[1] Waldeyer, H.: Szenarien für langfristige Rahmenbedingungen: Gesetzliche Anforderungen (z.B. Schadstoffe, Emissionen, Geräusch, Kraftstoffe, Sicherheit etc.), Materialband BMBF/621, 55-69

[2] Waschke, T.: Entwicklungen im Umfeld des Automobils, Materialband BMBF/621, 35-53

[3] Haldenwanger, H.-G.: Werkstoffe für die Verkehrstechnik-Automobil-, Werkstoffwoche '98, Band II, 3-14, Wiley-VCH, Weinheim

[4] Wardlow, G. D., Wilks, T. E., King, J. F.: Development of a Magnesium Metal Matrix Composite - Poduct or Process?, VDI-Berichte Nr. 1235, 1995, 279-291, VDI-Verlag GmbH, Düsseldorf

[5] Mehn, R.: Leichtbaustrukturen im Automobilbau, Vortrag am FhG-IPT Aachen, 29.6.1998

[6] Vollrath, K.: VDI-Nachrichten 4. 12. 1998

[7] N.N: Richtlinie über Maßnahmen gegen Verunreinigung der Luft durch Emissionen von Kraftfahrzeugen und zur Änderung der Richtlinien 70/220/EWG und 70/156/EWG

[8] Elber, W., Gunther, Ch.: What experience gained in the aerospace industry might be helpful when using new materials in automotive industry?, VDI-Berichte Nr. 1235, 1995, 1-16, VDI-Verlag GmbH, Düsseldorf

[9] Graessel, O., Frommeyer, G.: Hochfeste FeMn-(Al, Si) TRIP/TWIP-Stähle für crashstabile Fahrzeugstrukturen, Ingenieur Werkstoffe, 4/98

[10] N. N.: Steel News, World steel industry forms new consortium to develop advanced automotive vehicle concepts, International Iron and Steel Institute, 1.2.1999

[11] N. N.: Maßgeschneiderte Kleider für schlanke Leiber, Produktion Nr. 9, 26.2.1998

[12] Keßler, L., Ufermann, P.: Umformen von Tailored Blanks-Simulation und Experiment, 13. ASK Umformtechnik, 26./27.3.1998, Aachen

[13] Schmoeckel, D., Hielscher, C., Huber, R., Prier, M., Steinheimer, R.: Leichtbau durch Innenhochdruck - Umformen, wt Werkstattstechnik, 88(1998)11/12

[14] Haack, J.: Mitnehmerscheibe SMART - ein High-Tech-Produkt für höchste Dauerbelastung, Feintooling Information 33, Feintool Technologie AG, Lyss, CH

[15] Brungs, D., Fuchs, H.: Leichtmetalle im Automobilbau - Trends und zukünftige Anwendungen, Werkstoffe im Automobilbau 98/99, Sonderausgabe von ATZ und MTZ, 50-53

[16] Schwellinger, P., Lutz, E.: Aluminiumwerkstoffe für energieabsorbierende Bauteile im Fahrzeugbau, Werkstoffe im Automobilbau 98/99, Sonderausgabe von ATZ und MTZ, 58-61

[17] Tönshoff, H. K., Karpuschewski, B., Schmidt, J., Andrae, P.: Zerspanung von Aluminium: Produktivität durch neue Verfahren, Seminar Aluminium im Maschinenbau, 5./6.11.1998, Aluminium Zentrale e. V., Düsseldorf

[18] N. N.: Premium-Feinguß, Firmenschrift, Titan-Aluminium-Feinguß GmbH, Bestwig

[19] Schäper, S., Haldenwanger, H.-G., Rink, C., Sternau, H.: Materialrecycling von aluminiumintensiven Altfahrzeugen am Beispiel des AUDI A8, VDI-Berichte Nr. 1235, 1995, 249-266, VDI-Verlag GmbH, Düsseldorf

[20] Stöffge, H.: Leichtbau- und Werkstoffstrategien in der Fahrwerksentwicklung, Materialband BMBF/621, 391-393

[21] Schily, U.: Magnesium-Werkstoffe und ihre Anwendungen, Werkstoffe im Automobilbau 98/99, Sonderausgabe von ATZ und MTZ, 96-98

[22] Willekens, Jo. M. A.: A Review of Global Developments in Magnesium Automotive Components, 6. Magnesiumguss Abnehmerseminar & Automotive Seminar, 30.9./1.10.1998, Aalen, ISBN 3-932291-16-6

[23] Clow, B. B.: Global overview of automotive magnesium requirements and supply/demand, Automotive Sourcing, Vol.I, Issue I, 11-13, ISSN 1345-4306

[24] N. N.: EDP, Firmenschrift der UNITECH AG, A-4560 Kirchdorf

[25] Magers, D. M.: Magnesium Instrument Panel Substrates, Automotive Sourcing, Vol.I, Issue I, 16-17, ISSN 1345-4306

[26] N. N.: Magnesium, Firmenschrift, Meridian Technologies INC.

[27] Klocke, F., Fritsch, R.: Fortschrittliche Magnesiumbearbeitung am Beispiel des Fräsens und der Gewindefertigung, 6. Magnesiumguss Abnehmerseminar & Automotive Seminar, 30.9./1.10.1998, Aalen, ISBN 3-932291-16-6

[28] Weinert, K., Biermann, D., Liedschulte, M., Opalla, D., Schroer, M.: Entwicklungen zur effizienten Magnesiumbearbeitung, 6. Magnesiumguss Abnehmerseminar & Automotive Seminar, 30.9./1.10.1998, Aalen, ISBN 3-932291-16-6

[29] Klocke, F., Fritsch, R.: Gewindefurchen in Magnesiumdruckguß, wt Werkstatttechnik, 88(1998)6, 285-289

[30] Tönshoff, H. K., Karpuschewski, B., Winkler, J., Gey, C.: Erzeugen von Funktionsflächen an unverstärkten und partikelverstärkten Magnesiumwerkstoffen durch Spanen und Walzen, Werkstoffwoche '98, Band II, 165-171, Wiley-VCH, Weinheim

[31] Banhart, J., Baumeister, J., Melzer, A., Seeliger, W., Weber, M.: Aluminiumschaum-Leichtbaustrukturen für den Fahrzeugbau, Werkstoffe im Automobilbau 98/99, Sonderausgabe von ATZ und MTZ, 66-70

[32] Neugebauer, R., Hipke, Th., Stoll, A., Wagner, U.: Leichtbau mit Metallschaum, Werkstoffwoche '98, Band II, Wiley-VCH, Weinheim

[33] Hauck, C.: Innovative technische Kunststoffe im Automobil, Werkstoffe im Automobilbau 98/99, Sonderausgabe von ATZ und MTZ, 18-23

[34] Sax, B., Freischläger, R.: Kunststoff als Alternative zu Stahlblech bei der Smart-Karosserie, Werkstoffe im Automobilbau 98/99, Sonderausgabe von ATZ und MTZ, 30-32

[35] Mehn, R., Seidl, F., Peis, R.: Innovative Leichtbau- und Fertigungskonzepte für Fahrzeugstrukturbauteile mit glasgewebeverstärkten Thermoplasten, VDI-Berichte Nr. 1235, 1995, 143-158, VDI-Verlag GmbH, Düsseldorf

[36] Dyckhoff, J., Haldenwanger, H.-G., Reim, H.: Lenker aus Faserverbundwerkstoff mit Thermoplastmatrix, Werkstoffe im Automobilbau 98/99, Sonderausgabe von ATZ und MTZ, 34-40

[37] Klocke, F., Wuertz, Ch. et al.: Produktionstechnik für nichtmetallische Faserverbundwerkstoffe, Teil 3, Reparatur, Ingenieurwerkstoffe, VDI Verlag GmbH, Düsseldorf, 1998

[38] Fingerle, D., Fripan, M. Dworak, U.: Technische Keramik, ZwF 82 (1987) 7

[39] Schmidberger, R.: Werkstoffkonzepte für die Bahntechnik, Werkstoffwoche '98, Band II, 525-534, Wiley-VCH, Weinheim

[40] N. N.: Verbinden organisch beschichteter Bleche aus Stahl durch Stanznieten mit Halbhohlniet (Projekt 265), Berichte aus der Anwendungsforschung, Studiengesellshaft Stahlanwendung e. V., Düsseldorf

[41] N. N.: Moderne Werstofflösungen für heute und morgen, Fraunhofer-Verbund Werkstoffe, Bauteile, FhG-IWM, Freiburg

[42] Adam, H.: Untersuchungen zur Optimierung der Vorhersagbarkeit der Energieabsorptionseigenschaften von Karosseriestrukturen, Diss. RWTH Aachen, 1995

[43] Yamazaki, K., Han, J.: Maximization of the crushing energy absorption of tubes, Structural Optimization 16, 37-46, Springer Verlag 1998

[44] Kunke, E., Mirtsch, F.: Neuartige wölbstrukturierte Bleche, Blech Rohre Profile 3/1999, 34-37

[45] Heinrich, J.: ICE der Zukunft gewinnt schon Konturen, VDI-Nachrichten 30.10.1998

[46] Heinrich, J.: Transversalflußmotor verleiht dem Bahnantrieb neuen Schwung, VDI-Nachrichten 19.3.1999

[47] N. N.: Die neuen Gesichter der ICE-Familie, ZUG, November 1998, K+S Verlagsgesellschaft im Auftrag der Deutschen Bahn

Mitarbeiter der Arbeitsgruppe für den Vortrag 3.1

Dipl.-Ing. V. Abt, Schuler Hydroforming, Wilnsdorf
Prof. Dr.-Ing. H. Flegel, DaimlerChrysler AG, Stuttgart
Dipl.-Ing. R. Fritsch, WZL, RWTH Aachen
Prof. Dr.-Ing. R. Geiger, Krupp Presta AG, Schaan (FL)
Prof. Dr.-Ing. H. G. Haldenwanger, AUDI AG, Ingolstadt
Prof. Dr.-Ing. F. Klocke, WZL, RWTH Aachen
Dipl.-Ing. D. Lung, WZL, RWTH Aachen
Dipl.-Ing. H.-W. Raedt, WZL, RWTH Aachen
Dr.-Ing. C, Schneider, Thyssen Krupp Stahl AG, Duisburg
Prof. Dr.-Ing. Dr.-Ing. E.h. mult. H. K. Tönshoff, IFW, Hannover

3.2 Einführung von Hochleistungsprozessen - Mit Technologiekooperation zum Erfolg

Gliederung:

1 Einleitung

2 Hochleistungsprozesse - Definition und Motivation für deren Einsatz

3 Über die Technologieentwicklung zum sicheren Prozeß
3.1 Vorgehensweise bei der Technologieentwicklung
3.2 Beispiele der Technologieentwicklung
3.3 Randbedingungen bei der Prozeßentwicklung und der Prozeßeinführung
3.4 Beispiele für Hochleistungsprozesse

4 Kooperation für die Zukunft

5 Zusammenfassung

Kurzfassung:

Einführung von Hochleistungsprozessen - Mit Technologiekooperation zum Erfolg
Im globalen Umfeld ist die Technologiekompetenz für die Erzielung von unternehmerischen Erfolgen von entscheidender Bedeutung. Der Einsatz von Hochleistungsprozessen ermöglicht eine Technologieführerschaft und stellt ein Mittel dar, die Marktführerschaft zu erreichen.
Unter einem Hochleistungsprozeß wird eine sprunghafte Verbesserung wesentlicher Prozeßmerkmale, unter Ausnutzung des technisch zu realisierenden Potentials definiert. Voraussetzung dafür ist die gezielte und gleichzeitige Entwicklung der einzelnen Systemkomponenten. Die dazu notwendige Kompetenz erfordert eine Technologiekooperation fähiger Partner. Zuerst wird unabhängig vom Produkt in einer vorwettbewerblichen Phase eine Technologie entwickelt. Diese ausführliche Technologieentwicklung führt zu neuem Technologiewissen und ermöglicht im weiteren eine kurze und zielgerichtete Prozeßentwicklung. Erfolgskriterien für eine Technologieentwicklung sind, neben einer quantifizierten Zieldefinition, die Bildung eines zielorientierten Entwicklungsteams. In Zukunft erweitert sich der Entwicklungsfokus. Sprunghaft steigende Produktanforderungen bedingen neue Lösungen, welche eine verstärkte interdisziplinäre Zusammenarbeit in zeitlich begrenzten Entwicklungsteams notwendig machen.

Abstract:

The introduction of high-performance processes - technology cooperation for success
Technology competence is of decisive importance for a successful enterprise in a competitive environment. Applying high performance processes is an affective mean to achieve technological leadership in technology which in turn is an approach to gain market leadership.
A high performance process is defined as a leap improvement of substantial process characteristics, exploiting the technical potentials. Therefore a goal-directed and concurrent development of system components is essential. The necessary competence requires a technology cooperation of capable partners. First a technology is developed not dependent on the product in a precompetitive phase. This detailed technology development generates new technology know-how and in the following capacitates a short and goal-directed process development. Besides a quantified target definition, the establishment of a goal oriented development team is a key to success. In the future, focus of development will be extended. Requirements on the workpiece are taking a leap, demanding for new solutions, which necessitate for an interdisciplinary cooperation in time-limited development teams.

1 Einleitung

Der Faktor Geschwindigkeit ist eine zunehmend wichtige Größe im unternehmerischen Denken und Handeln. Anfang der neunziger Jahre sind in einer Studie die Produktentwicklungszeiten in der Automobilindustrie zwischen Japan und den USA verglichen worden. Die erheblich kürzeren Entwicklungszeiten in japanischen Unternehmen haben für weltweite Aufmerksamkeit gesorgt [1]. Dies ist zum Anlaß genommen worden, weltweit in allen Produktbereichen die Entwicklungszeiten drastisch zu reduzieren. Das konsequente Weiterführen dieser Unternehmensaufgabe ist dann die Verkürzung der Entwicklungszeit von innovativen Fertigungsprozessen und deren Einführungsdauer in die Produktion.

Die Fragen nach den Faktoren für einen unternehmerischen Erfolg stellen sich im globalen Umfeld immer wieder neu. Besondere Standortfaktoren, wie sie in Deutschland vorliegen, fordern zu einem ständigen Überprüfen der Voraussetzungen für ein erfolgreiches Agieren auf. Die Feststellung, daß Deutschland ein Hochlohnland ist und auch in Zukunft in Bezug auf Arbeitskosten nicht mit anderen Nationen konkurrieren kann, ist allgemein akzeptiert. Trotzdem sind deutsche Unternehmen konkurrenzfähig. Die Erfolgsfaktoren sind dementsprechend nicht auf der Kostenseite zu suchen. Der Begriff „Made in Germany" ist auch Synonym für eine hohe Fertigungsqualität und setzt eine hohe Fertigungskompetenz voraus. Damit gelingt es immer wieder, einen Vorsprung gegenüber den Wettbewerbern zu verwirklichen, und dieses Fertigungs-Know-how stellt einen wesentlichen Schlüssel zum Erfolg dar. Die Verlagerung von Produktionsstätten in Länder mit einem niedrigeren Lohnniveau ist gestoppt, und mittlerweile kann sogar eine Umkehrung beobachten werden. Als Gründe werden vielfach Probleme bei der Beherrschung komplexer Fertigungsprozesse angegeben. Die Folgerung, daß geringere Lohnkosten allein nicht zu einer Verbesserung der Wettbewerbsposition führen, sondern daß geringere Fertigungskompetenz zu einer Verschlechterung der Marktposition führt, läßt auch den Umkehrschluß zu: Technologiekompetenz bedeutet auch Marktkompetenz (Bild 1).

Ein weiterer zu beobachtender Trend in unserer vernetzten Welt mit globalen Allianzen ist das Auftauchen von neuen Herausforderungen in immer kürzeren Zeiträumen. Um im Wettbewerb bestehen zu können, ist ein ständiges und gleichzeitig schnelles Reagieren auf sich verändernde Randbedingungen notwendig. Aber unabhängig davon, wie schnell eine Anpassung erfolgt, bleibt es immer nur beim Versuch, einen Vorsprung einzuholen. Ein Überholen kann dabei nicht erfolgen. Wer im Vergleich zu seinen Wettbewerbern deutliche Vorteile erzielen will, kann dies nur durch Agieren erzielen. Das vielleicht ausgeprägteste Beispiel für diese Feststellung ist die Produktion von Speicherchips. Einen Gewinn erzielt nur das Unternehmen, welches mit einer neuen Generation von Speicherchips als erstes auf dem Markt ist. Der zweite kann vielleicht noch die Investitionen wieder hereinholen, während sich durch den einsetzenden Preisverfall die Kosten bei weiteren Nachfolgern kaum mehr amortisieren. Dabei kommt erschwerend hinzu, daß mit jeder neuen Generation von Speicherchips die Anforderungen an die Fertigungstechnik steigen. Das Beherrschen der erforderlichen Fertigungstechnologien ist Voraussetzung für die Markteinführung. Allgemein wird konstatiert, daß sich durch Technologieführerschaft die Marktführerschaft erreichen läßt [5].

Einführung von Hochleistungsprozessen -
Mit Technologiekooperation zum Erfolg

Motivation für
den Vortrag

- Technologiekompetenz bedeutet auch Marktkompetenz
- Durch Technologieführerschaft zur Marktführerschaft
- Mit neuen Kooperationsformen zum Technologiesprung

Bild 1: Fertigungstechnologie als Erfolgsfaktor

Verschiedene Wege führen zur Technologieführerschaft. Ein Weg ist die kontinuierliche Optimierung von Fertigungsprozessen. Darüber hinaus ist die Entwicklung und der Einsatz von neuen Fertigungstechnologien und von Hochleistungsprozessen notwendig. In diesem Beitrag werden dazu mögliche Ansätze vorgestellt. Ausgehend von der Definition von Hochleistungsprozessen werden verschiedene Randbedingungen für die Technologieentwicklung und deren sichere Einführung in die Fertigung analysiert. Es werden Vorgehensweisen für die Prozeßeinführung bis hin zur Entwicklung einer neuen Technologie aufgezeigt und Formen der Zusammenarbeit diskutiert.

Es wurden in der Vergangenheit eine Vielzahl von Hochleistungsprozessen vorgestellt. Die grundsätzliche Eignung und die Voraussetzungen sind anhand von einzelnen Beispielprozessen aufgezeigt worden. Hier sind Prozesse wie das Hartdrehen mit CBN-Werkzeugen, das Hochleistungsschleifen mit CBN-Schleifscheiben oder die Trockenbearbeitung zu nennen. Die Ergebnisse sind meistens eindrucksvoll und sollen animieren, diese Fertigungstechnologie auf breiter Ebene einzusetzen. Der Euphorie bei der Vorstellung der Ergebnisse folgte häufig die Enttäuschung in der praktischen Anwendung. In den Präsentationen ist weder über die Probleme noch über die einzuhaltenden Randbedingungen auf dem Weg zu einem erfolgreichen Prozeß ausreichend detailliert berichtet worden. Eigene Erfahrungen mit der neuen Technologie fehlen noch und werden erst während der Einführungsphase der neuen Technologie gewonnen. Dabei entstehen Verzögerungen und zusätzliche Kosten. Die Probleme können sogar soweit gehen, daß die erwarteten Verbesserungen ausbleiben und statt dessen Engpässe in der Produktion auftreten. Im Extremfall kann es sogar dazu führen, daß von dieser Technologie wieder Abstand genommen wird. Für die nächsten Jahre wird dann sicherlich diese Technologie im betreffenden Betrieb keine weitere Chance mehr erfahren.

Dabei ist in vielen Fällen die Fertigungstechnologie grundsätzlich geeignet, die Fertigungsaufgabe zu lösen. Es scheitert aber häufig an den Randbedingungen, welche nicht eingehalten werden oder nicht hinreichend bekannt sind. An einem Beispiel soll dies erläutert werden: in einem Industrieunternehmen sollte durch einen Vorversuch die Eignung von Cermets als Schneidstoff für eine Drehbearbeitung ohne Kühlschmierstoffeinsatz getestet werden. Es ließen sich jedoch nur sehr kurze Standzeiten der Cermet Werkzeuge erzielen, was beinahe zur Ablehnung des Schneidstoffes führte. Allerdings lag der Grund für das frühe Erliegen nicht in der mangelnden Eignung der Werkzeuge, sondern darin, daß sich in der Werkzeugmaschine noch Rückstände von Kühlschmierstoff befanden. Dieser tropfte von der Maschinenkapselung auf das Werkzeug und führte so zu einer extremen Temperaturwechselbeanspruchung, welche dann einen frühzeitigen Ausfall der Werkzeuge zur Folge hatte.

Von einer anderen Art ist dieses Beispiel: Ein erfolgreich eingeführter Trockenbearbeitungsprozeß bei der Drehbearbeitung erreichte plötzlich nicht mehr die erwartete Standzeit, obwohl der Prozeß nicht verändert wurde. Der Grund lag in einem Wechsel des Werkzeuglieferanten. Dem Einkauf war es gelungen, bei einem anderen Werkzeughersteller günstigere Einkaufskonditionen zu erzielen. Auch wenn die neuen Werkzeuge sich auf den ersten Blick von den ursprünglichen nicht unterschieden, so zeigten sie doch ein anderes Standzeitverhalten. Die ursprünglich durchgeführten Optimierungen von Werkzeug und Fertigungsparametern mußten erneut durchgeführt werden. Diese Optimierungskosten überstiegen bei weitem die erzielten Preisvorteile.

Zugegebenermaßen sind derartige Probleme lösbar und werden auch in Zukunft auftreten. Beide Beispiele führten nicht zum Scheitern der Technologie, aber sie verursachten zusätzliche Kosten, vor allem durch die benötigte Zeit, die Ursachen zu entdecken und abzustellen. Entscheidend ist, daß diese Probleme vermeidbar gewesen wären. Im ersten Fall war das Technologiewissen zwar vorhanden, aber nicht zum richtigen Zeitpunkt an der notwendigen Stelle verfügbar. Im zweiten Beispiel hätte eine engere Kooperation zwischen Fertigung, Fertigungsentwicklung und Einkauf im Unternehmen das Problem ersparen können.

Auf dem Weg zur Technologieführerschaft ist es daher unter anderem notwendig, sich mit der Entwicklung und der Einführung von Hochleistungsprozessen zu beschäftigen und eine Diskussion über mögliche Vorgehensweisen zu initiieren. Dies, und nicht die Vorstellung neuer Fertigungstechnologien, soll Schwerpunkt dieses Beitrages sein. Als Ausblick werden neue Kooperationsformen, die einen Technologiesprung ermöglichen können, vorgestellt.

2. Hochleistungsprozesse - Definition und Motivation für deren Einsatz

Der Begriff „Hochleistungsprozeß" ist nicht eindeutig definiert. Dabei steht das Attribut „hoch" für eine im Vergleich zum Stand der Technik deutliche Steigerung von Leistungsmerkmalen. Eine Analyse vorliegender Bearbeitungsfälle und Geschäftsprozesse aus unterschiedlichen Unternehmen zeigte, daß all jene Prozesse als besonders leistungsfähig eingestuft wurden, bei denen mindestens ein oder mehrere Leistungsmerkmale sich vom Ausgangszustand um einen Faktor von etwa zwei unterscheiden.

Dies gilt zumindest für den Produktionsstandort Deutschland, also für eine bereits hohe Ausgangsbasis. Aus diesem Grunde soll deshalb der Versuch gemacht werden, Hochleistungsprozesse in Industrienationen als „Faktor 2 Prozesse" zu definieren, um so auch eine quantifizierte Meßlatte zur Innovationsbewertung zu geben. Die einen Hochleistungsprozeß beschreibenden Leistungsmerkmale sind zunächst frei wählbar. Sie bedürfen einer sorgfältigen Auswahl und erfordern ein Commitment aller, die in diesem Leistungsprozeß eingebunden sind. Im einzelnen können Leistungsmerkmale sowohl den Maschinen, den Prozessen, aber auch organisatorischen und wirtschaftlichen Fragestellungen, wie der Durchlaufzeit oder den Herstellkosten, zugeordnet werden (Bild 2).

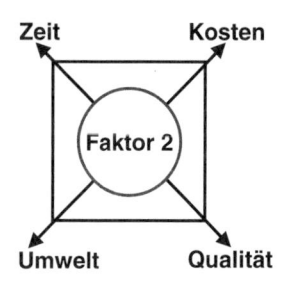

Hochleistungsprozeß:

- Sprunghafte Verbesserung wesentlicher Prozeßmerkmale um den Faktor 2
- Generelle Ausnutzung des technisch realisierbaren Potentials
- Anwendungsspezifische Abstimmung

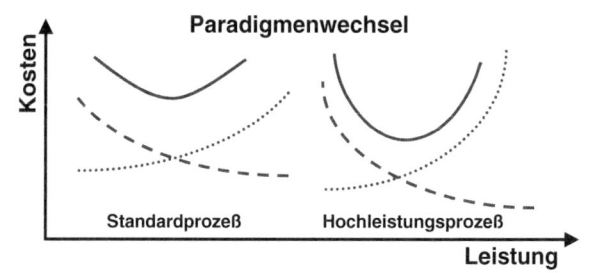

Bild 2: Definition von Hochleistungsprozessen

Voraussetzung zum Erzielen hoher Leistungen in Fertigungsprozessen oder, allgemeiner ausgedrückt, in Geschäftsprozessen, ist die Weiterentwicklung und Optimierung einzelner Systemkomponenten. In Bezug auf Fertigungsprozesse gehören hierzu die Werkzeugmaschinen mit den notwendigen Spindelleistungen und Vorschubgeschwindigkeiten. Die erzielbaren Genauigkeiten werden durch Werkzeuge mit neuen Beschichtungen, neuen Schneidengeometrien, integrierter Sensorik sowie einer entsprechend ausgelegten Fertigungsfolge erhöht. Eine schrittweise Verbesserung einzelner Komponenten führt zu einer stetigen, in kleinen Schritten verlaufenden Entwicklung. Dies ist ein kontinuierlicher Verbesserungsprozeß, er ist in hochentwickelten Ländern heute ein Standardprozeß. Wenn eine aggressive Entwicklung mit der Zielvorgabe existiert, das jeweilige technisch realisierbare Grenzpotential voll auszunutzen und gleichzeitig möglichst viele Entwicklungsschritte parallel durchzuführen, führt dies zu einem Hochleistungsprozeß (Bild 3). Es ist das Ziel, Entwicklungssprünge zu generieren. Ein solches Vorgehen ist aber auch mit einem erhöhten Risikopotential verbunden, da nicht nur die Anzahl der Entwicklungsaufgaben, sondern auch deren gegenseitige Beeinflussung zu unerwarteten Problemen führen können.

Strategie

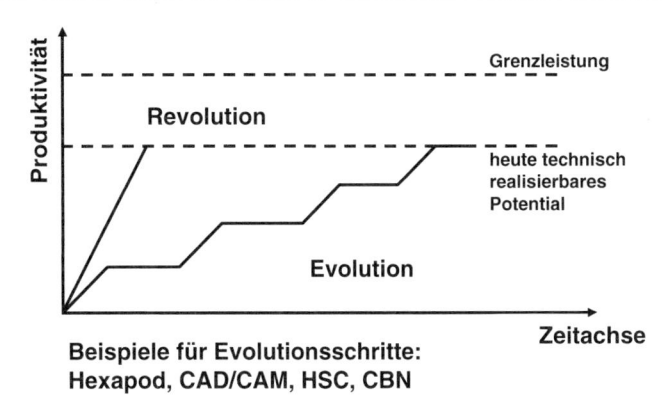

```
Produktivität ↑
           |- - - - - - - - - - - - - -  Grenzleistung
           |      Revolution
           |- - - - - - - - - -_____  heute technisch
           |                             realisierbares
           |                             Potential
           |            Evolution
           |_____→  Zeitachse
           Beispiele für Evolutionsschritte:
           Hexapod, CAD/CAM, HSC, CBN
```

Leistungs-   • Verkürzung der Innovationszyklen
steigerung   • Innovationskombination

Bild 3: Produktivitätssteigerung durch Hochleistungsprozesse

Ein Hochleistungsprozeß ist grundsätzlich in der Definition der Leistungsmerkmale frei, mit einer Ausnahme: Der Zeit. Eine Zeitkomponente muß immer im Hochleistungsprozeß enthalten sein. Das angestrebte Leistungspotential muß in einem vorgegebenen Zeitrahmen realisiert werden, sonst verkümmern Hochleistungsprozesse zu täglich notwendiger kontinuierlicher Verbesserung ohne besonderen Excellenceanspruch.

Hochleistungsprozesse bewirken einen technologischen Paradigmenwechsel, sie führen damit auch in eine vollständig neue Kostenstruktur (Bild 2). Während in Standardprozessen mit technologischer Optimierung die Werkzeugkosten oder auch die Maschinenkosten marginal verändert werden, um so ein neues Kostenoptimum zu erzeugen, basieren Hochleistungsprozesse auf einer anderen Leistungs- und damit einer grundsätzlich anderen Kostenstruktur (Bild 2 rechts).

Technologische Prozeßinnovationen werden oft auch erst durch Hochleistungsprozesse möglich. Es ist aber auch zu berücksichtigen, daß diese Prozesse im allgemeinen auf spezifische Anwendungsfälle zugeschnitten sind. Die Randbedingungen und auch die optimalen Einstellparameter müssen genau bekannt sein. Nur wenn der Hochleistungsprozeß innerhalb des technologisch optimalen Einstellfensters geführt wird, kann die volle Leistungsfähigkeit erreicht werden.

Für das Einstellen der Prozeßgrenzen ist hohes Technologiewissen erforderlich. Zur Unterstützung der Technologieplanung hat sich deshalb in den letzten Jahren die Technolgiesimulation etabliert. Insbesondere im Bereich der Blechumformung ist zur Auslegung der Stadienfolge die Umformsimulation ein fest eingeführtes Planungswerkzeug. Auch für das Spritz- und Druckgießen sind leistungsfähige Simulationswerkzeuge in der Entwicklung. Für Schmiedeprozesse und für das Kaltfließpressen können Stoffflüsse und Werkzeugbelastungen durch Prozeßsimulationen vorausbestimmt werden. Dagegen sind Technologiesimulationen für spanende Fertigungsprozesse auf ausgewählte Einzelfragen beschränkt. Hier wird es zukünftig darauf ankommen, die Simulationstechnik weiterzuentwickeln und insbesondere auch Fragen zur Funktionalität von bearbeiteten Bauteilen in die Simulationen mit einzubeziehen.

Ein weiteres Hilfsmittel zur Einhaltung der Verfahrensgrenzen und zur Kontrolle der Randbedingungen ist die Prozeßüberwachung. Zur direkten Prozeßüberwachung werden, neben optischen Verfahren, Sensoren eingesetzt, die Spindelleistung, Schallemission oder Prozeßkräfte erfassen. Grundsätzlich ist mit einem verstärkten Einsatz von Systemen zur Prozeßregelung bis hin zur Prozeßausregelung zu rechnen. Wichtig ist festzuhalten, daß insbesondere bei Hochleistungsprozessen eine hohe Prozeßsicherheit unabdingbar ist. Nur wenn die Prozeßfähigkeit gewährleistet ist, kann man von einer für die heutigen Produktionsanforderungen geeigneten Technologie sprechen. Mit dem notwendigen Prozeßwissen und der Kontrolle der einzuhaltenden Randbedingungen ist die Prozeßsicherheit jedoch ein lösbares System.

Der Standardprozeß bietet aber auch Vorteile. Er kann bei geringerem Prozeßwissen eingesetzt werden. Das Anwendungsgebiet ist universeller und auch bei Prozeßschwankungen wird ein ausreichendes Prozeßergebnis gewährleistet. Um die im Vergleich zum Hochleistungsprozeß größere Flexibilität zu erhalten, muß allerdings eine deutlich geringere Prozeßleistung in Kauf genommen werden.

Die hier verwendete Definition für Hochleistungsprozesse ist umfassend. Sie schließt dabei explizit auch Prozesse ein, bei denen nicht ausschließlich die Erhöhung der Leistung im physikalischen Sinn, sondern zusätzlich weitere Prozeßmerkmale den Schwerpunkt bilden können. Erwähnt werden soll hier die Trockenbearbeitung. Das ursprüngliche Ziel bestand dabei nicht in der Erhöhung, sondern nur in der Konstanthaltung der Zerspanleistung bei einer Verringerung der Menge an eingesetztem Kühlschmierstoff für ein Bearbeitungszentrum um 50%. Hierdurch reduzieren sich die Aufwendungen für Entsorgung und Kühlschmierstoffzuführsysteme. Notwendig ist dazu eine Technologieentwicklung, welche neben der Schnittwertoptimierung auch Werkzeug- und Maschinenentwicklungen beinhaltet. Die gleichzeitige Entwicklung mehrerer Systemkomponenten entspricht der Definition von Hochleistungsprozessen, insbesondere auch aufgrund der höheren Wirtschaftlichkeit des Fertigungsprozesses durch die Kühlschmierstoffreduzierung.

Eine Erhöhung der Wirtschaftlichkeit ist immer ein bedeutendes Motiv für eine Technologieentwicklung. Dabei ist die Reduzierung der Kühlschmierstoffkosten nur ein Aspekt. Andere Aspekte sind die Reduzierung von anteiligen Lohnkosten, Einsparung von Fertigungsschritten, Verringerung der Werkzeugkosten oder geringere Ausschußkosten. Weitere Faktoren, die zu einer Technologieentwicklung führen, ergeben sich aus dem Wettbewerb (Bild 4). Hierzu werden eine höhere Liefersicherheit durch sicherere Prozesse und durch den Abbau von Kapazitätsengpässen genauso gezählt, wie Vorteile die sich aus einer schnelleren Produktionsbereitschaft ergeben. Wenn gegenüber den Mitbewerbern ein Zeitvorsprung bei der Einführung einer neuen Technologie erzielt wird, so kann dies ein bedeutender Wettbewerbsvorteil sein.

Der Leichtbau als treibender Faktor für die Technologieentwicklung ist im vorangegangenen Beitrag vorgestellt worden. Darüber hinaus erwartet der Markt ständige Innovationen bei den Produkten. Notwendig ist es dazu, neue Materialien einzusetzen, wie es zum Beispiel im Automobilbau in den letzten Jahren verstärkt geschehen ist. Hier wurden unter anderem Gehäuse aus Magnesium und Rahmenkonstruktionen aus Aluminium hergestellt. Nachdem die konstruktiven Probleme gelöst waren, galt es vor allem, die Anforderungen der Großserienfertigung an die Fertigungstechnologien zu erfüllen. Dazu mußten neue Fertigungsverfahren entwickelt werden, bis die genannten Bauteile Eingang in das Serienprodukt Automobil fanden. Für neue Flugzeugtriebwerksgenerationen werden in Zukunft Werkstoffe wie Titanaluminide zum Einsatz kommen, für die eine Entwicklung der Fertigungstechnologie noch am Anfang steht. Ganz besondere Anforderungen an die Fertigungstechnik werden dabei von Verbundwerkstoffen gestellt.

Aus einer ganzheitlichen Betrachtung ergibt sich die Notwendigkeit zur größtmöglichen Funktionsintegration am Bauteil, was häufig eine Technologieentwicklung nach sich zieht. Auch steigende Produktanforderungen sind eine Ursache für Technologieentwicklungen. Neben gestiegenen Genauigkeiten und verbesserten Oberflächeneigenschaften zählen auch höhere Anforderungen an das Einsatzverhalten dazu. Nicht zuletzt Umweltauflagen des Gesetzgebers führen zu Weiterentwicklungen im Technologiebereich. Die Reinhaltung der Luft und des Wassers erfordern eine umweltgerechte Auslegung von Fertigungsprozessen und Anlagen. Langfristig angelegte Technologieentwicklungen werden auch durch Forschungsförderungen initiiert.

Wettbewerb	· kostengünstige Fertigung · Liefersicherheit / Kapazitätsengpässe · schnelle Produktionsbereitschaft · Zeitvorsprung	
Fortschritt	· Leichtbau · neue Materialien · Funktionsintegration · Produktanforderungen	
Gesetzgeber	· Umweltauflagen · Forschungsförderung	
Wertigkeit der Fertigung	60er 70er	- Unternehmensinterne Technologieentwicklung - Alleinstellungsmerkmal Fertigungstechnologie
	80er 90er	- Rationalisierungsdruck - Outsourcen der Technologie- und Prozeßentwicklung
	Zukunft	- Technologieführerschaft erreichen

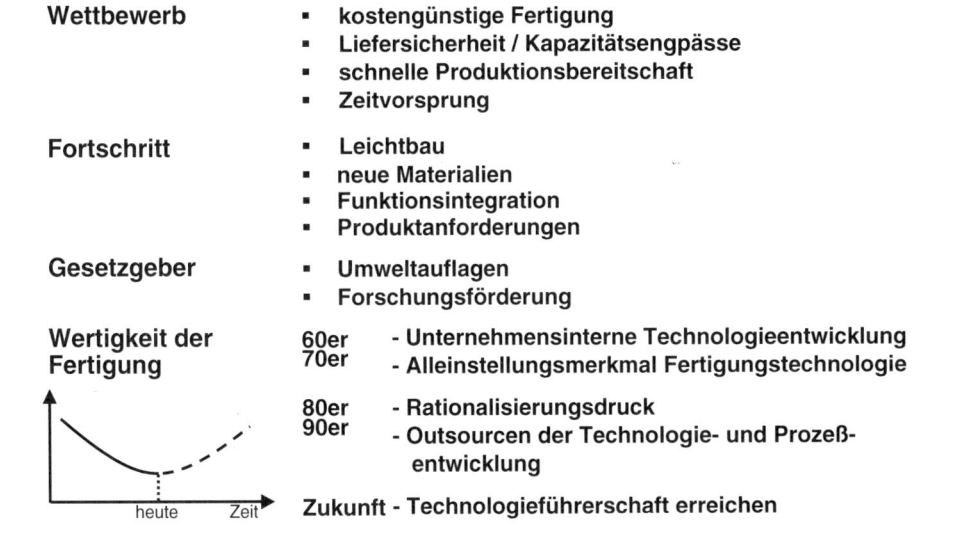

Bild 4: Treibende Faktoren für die Technologieentwicklung

In den letzten Jahren hat in der Technologieentwicklung ein Wertewandel stattgefunden. In den sechziger Jahren wurde Technologieentwicklung vorwiegend im eigenen Unternehmen betrieben. Davon ausgehend entwickelten Unternehmen in den siebziger Jahren Fertigungen, die sich durch ausgesprochene Alleinstellungsmerkmale auszeichneten. Die Technologieentwicklung fand dabei eigenständig in den Unternehmen statt und war von entscheidender Bedeutung. Der Werkzeugmaschinenhersteller und der

Werkzeuglieferant wurden in die Entwicklung selten aktiv mit einbezogen. Zunehmender Kostendruck und die Suche nach Rationalisierungspotentialen führte zum Outsourcen von Unternehmensaufgaben in den achtziger Jahren. Technologie- und Prozeßentwicklungen wurden nun auch an die Werkzeugmaschinen- und Werkzeughersteller vergeben. Der Trend, die eigene Verfahrensentwicklung zu verkleinern, hielt bis weit in die neunziger Jahre an. Erst in jüngster Zeit zeigt sich eine Trendwende. An dieser Stelle wird die Prognose gewagt, daß der Stellenwert der Fertigung und dabei auch der Verfahrensentwicklung im eigenen Unternehmen in den nächsten Jahren wieder an Bedeutung gewinnt.

Für ein Unternehmen besitzt nicht jede Technologie den gleichen Stellenwert. Aber wenn über Technologieführerschaft die Marktführerschaft angestrebt wird, ist es entscheidend, eigene Entwicklungen voranzutreiben und in diesen Feldern Technologiewissen im eigenen Unternehmen zu generieren. Daneben gibt es aber Technologien, welche für eine wirtschaftliche Fertigung erforderlich sind, aber nicht zu einem besonderen Wettbewerbsvorteil führen, weil sie einem größeren Anwenderkreis zur Verfügung stehen. Um die verschiedenen Technologien voneinander abzugrenzen, werden sie in Kern-, Hochleistungs- und Standardtechnologien unterteilt (Bild 5).

Kerntechnologie	• Alleinstellungsmerkmal
	• Produktspezifisch
	• Technologieentwicklung In-house
Hochleistungstechnologie	• Wettbewerbsvorsprung
	• Branchenübergreifend
	• Technologieentwicklung in Kooperation
Standardtechnologie	• Basistechnologie
	• Breites Anwendungsspektrum
	• Technologieeinkauf

Bild 5: Unterscheidungsmerkmale von Technologien mit unterschiedlicher Bedeutung für Unternehmen (Quelle: Bosch)

Die höchste Bedeutung hat die Kerntechnologie. Hiermit kann gegebenenfalls ein Produkt oder ein Produktmerkmal gefertigt werden, welches anders nicht herstellbar ist. Diese Technologie ist speziell für die Fertigung dieses Produktmerkmales entwickelt, oder zumindest dafür angepaßt worden. Die dabei gewonnenen Fähigkeiten und das erlernte Wissen sind als Erfolgsfaktor für ein Unternehmen anzusehen. Eine solche Technologie wird unbedingt im eigenen Unternehmen entwickelt. In Abhängigkeit von der Größe und den Ressourcen des Unternehmens wird die Entwicklung der Kerntechnologie selbständig ohne externe Partner durchgeführt. Auch die Konstruktion von Fertigungsanlagen für diese hochspezifischen Technologien im eigenen Unternehmen ist möglich. Die Herstellung kleinster Bohrungsdurchmesser für die Düsen bei der Fertigung von Einspritzpumpen kann als ein Beispiel für eine Kerntechnologie genannt werden.

Im Unterschied zur Kerntechnologie ist die Hochleistungstechnologie zu sehen. Auch hier dient die Entwicklung und der Einsatz dieser Technologie dem Ziel, einen Wettbewerbsvorsprung zu erringen. Vorteile ergeben sich aus der Möglichkeit, eine Entwicklung in Kooperation mit Anwendern aus anderen Wirtschaftszweigen mit gleichen Interessen an der Hochleistungstechnologie zu betreiben sowie der branchenübergreifenden Nutzung der Technologie. Der Aufwand im eigenen Unternehmen reduziert sich dadurch erheblich. Allerdings muß ein ausreichendes Prozeßwissen vorhanden sein, denn die Technologie ist nicht ohne Anpassung auf die einzelnen Prozesse übertragbar, und eine zielgerichtete Prozeßoptimierung ist nur bei ausreichendem Technologiewissen durchführbar. Für ein Unternehmen ist es von erheblicher Bedeutung, diese Prozesse zu beherrschen und einzusetzen. Sie gewährleisten eine Berücksichtigung und Erfüllung der unternehmerischen Randbedingungen, welche als treibende Faktoren bereits erläutert worden sind. Hochleistungstechnologien, welche hier als Beispiel genannt werden können, sind unter anderen die Trockenbearbeitung, das Hartdrehen oder das CBN-Schleifen. Diese Entwicklungen sind alle in Kooperation und branchenübergreifend durchgeführt worden und haben den beteiligten Unternehmen zu einem Wettbewerbsvorsprung verholfen.

Ein breites Anwendungsspektrum weisen Fertigungsverfahren auf, die zur Standardtechnolgie zu rechnen sind. Diese Technologie ist als Basistechnologie zu bezeichnen und kann komplett eingekauft werden. Hierzu zählen aber auch fortschrittliche Fertigungstechnologien, die eine moderne, zeitgerechte und wirtschaftliche Fertigung ermöglichen. Die Beherrschung dieser Technologie führt aber im Unternehmen nicht zu einer Generierung von Technologie Know-how, welches zum besseren Erreichen der Unternehmensziele notwendig ist. Im Zuge der gezielten Arbeitsteilung werden solche Technologien von Maschinen- oder Werkzeugherstellern zugekauft. Hierzu kann der Einsatz von Fertigungsverfahren gezählt werden, die bereits eine große Verbreitung haben. Der Einsatz von beschichteten Werkzeugen oder Schneidstoffweiterentwicklungen führen auch ohne eigene Entwicklungsbeteiligung zu einer Fertigung, welche immer auf dem Stand der Technik ist.

Die Kerntechnologie ist eine „Make" Technologie, während die Standardtechnologie eine "Buy" Technologie darstellt. Im weiteren wird das Vorgehen und die Diskussion der Randbedingungen bei der Entwicklung von Hochleistungstechnologien, auch als "Make or Buy" Technologien bezeichnet, betrachtet.

3 Über die Technologieentwicklung zum sicheren Prozeß

Ziel einer Fertigungsentwicklung ist die unbedingte, prozeßsichere Einhaltung der erforderlichen Fertigungsqualitäten. Der Kennwert Prozeßfähigkeit gewinnt hierbei eine immer größere Bedeutung. Die angestrebte Prozeßsicherheit muß auch im Hochleistungsprozeß realisiert werden. Dazu müssen die Randbedingungen der einzusetzenden Fertigungstechnologie langfristig erfüllt werden. Dies setzt eine ausreichende Kenntnis der Technologie voraus. Komplexe Fertigungstechnologien ergeben sich aus dem Zusammenwirken von unterschiedlichsten Einflußfaktoren. Neben Maschinen- und Werkzeugeinflüssen kommen auch Einflüsse der Vorbearbeitung und der Fertigungsumgebung hinzu. Eine systematische Erfassung und Analyse dieser Einflüsse ist für eine Prozeßoptimierung von großem Nutzen und bewahrt vor vermeidbaren Fehlern.

Grundsätzlich muß zwischen einer Technologieentwicklung und einer Prozeßentwicklung unterschieden werden (Bild 6). Dabei ist der Prozeß die Anwendung der Technologie. Um einen komplikationsfreien Prozeßanlauf zu realisieren, müssen bestimmte Vorbedingungen durch die Technologieentwicklung geklärt werden. Die Fragestellungen, die hier untersucht und beantwortet werden, lauten: Welchen Einfluß hat die Werkzeuggestaltung auf die Prozeßkräfte oder die Prozeßtemperatur? Welchen Einfluß haben Maschinenkomponenten, Schwingungen und Eigenfrequenzen auf die Prozeßqualität? Welche Maßnahmen führen zu einer Verbesserung der tribologischen Verhältnisse im Prozeß? Dabei gilt die Technologieentwicklung als vorwettbewerblich, weil die Ergebnisse nicht sofort in die Fertigung umgesetzt werden können.

Kurze und zielgerichtete Prozeßentwicklung durch ausführliche Technologieentwicklung im Vorfeld.

Technologieentwicklung
- vorwettbewerblich
- Synergieeffekte durch Zusammenarbeit
- Erarbeitung grundsätzlicher Zusammenhänge
- unabhängig von Produkt und Prozeß
- seriennahe Prüfung

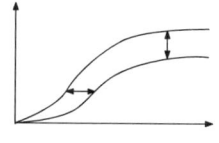

Prozeßentwicklung
- Applikation der entwickelten Technologie
- in-house Entwicklung
- auf spezielles Bauteil bezogen
- gegebenenfalls Alleinstellungsmerkmal schaffen

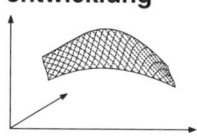

Bild 6: Unterscheidung von Technologie- und Prozeßentwicklung

Im weiteren werden während der Technologieentwicklung die notwendigen Systemkomponenten entwickelt. Im Sinne der Entwicklung zum Hochleistungsprozeß findet diese Entwicklung parallel statt. Die gegenseitigen Wechselwirkungen können idealerweise in der Diskussion zwischen den einzelnen Entwicklern im Vorfeld erkannt und berücksichtigt werden. Hier kommen Synergieeffekte durch eine effektive Zusammenarbeit zum Tragen. Erfahrungen aus anderen Bereichen fließen ein und neue Lösungen entstehen.

Zur prinzipiellen Lösungserarbeitung ist es vorteilhaft, zunächst unabhängig von einem realen Produkt oder Proze zu entwickeln. Störende Einflüsse, wie z.B. eine Kostenübergewichtung, die aus einer realen Aufgabe resultieren können, werden somit minimiert. Darüber hinaus wird eine Übertragbarkeit der Kenntnisse auf möglichst viele verschiedene Anwendungsaufgaben und Prozesse gewährleistet. Im Verlauf der Entwicklung mu aber ein repräsentativer Analogieproze herangezogen werden. Eine zu frühe Beendigung der Technologieentwicklung führt zu einer Lücke zwischen Entwicklungsergebnis und Industrieeinsatz. Das bedeutet für einen potentiellen Anwender der entwickelten Technologie, da diese Lücke durch eigene Entwicklungsarbeit zu schlieen ist. Das kann unter Umständen einen nicht unerheblichen Entwicklungsaufwand bedeuten, der sowohl zeit- wie auch kostenintensiv ist. Darüber hinaus ist der zusätzliche Aufwand vermeidbar und führt somit zu einer Unzufriedenheit mit dem Ergebnis der Technologieentwicklung auf Seiten des Anwenders. Den Abschlu der Technologieentwicklung mu dementsprechend eine seriennahe Prüfung der entwickelten Technologie bilden.

Aufbauend auf diesen Ergebnissen kann dann eine industrielle Applikation erfolgen. Die dazu noch notwendigen Adaptionsentwicklungen werden im eigenen Unternehmen durchgeführt, basierend auf den während der Technologieentwicklung gewonnenen Erkenntnissen. Dabei kann natürlich, durch die Anpassung an ein spezielles Bauteil oder die gezielte Weiterentwicklung, ein Alleinstellungsmerkmal geschaffen werden. Ziel der Prozeentwicklung ist es, innerhalb eines kurzen Zeitraumes zu einem auch in der industriellen Umgebung fähigen und sicheren Proze zu gelangen. Das Erreichen dieses Zieles ist untrennbar an eine vorher durchgeführte Technologieentwicklung gekoppelt. Die sich anschlieende Prozeentwicklung verwirklicht den sicheren und fähigen Proze in einer konzentrierten Prozeoptimierungsphase.

3.1 Vorgehensweise bei der Technologieentwicklung

Voraussetzung für die Zufriedenheit aller an einer Technologieentwicklung beteiligten Partner ist ein systematisches und zielgerichtetes Vorgehen. Dafür müssen unterschiedliche Einflufaktoren berücksichtigt werden (Bild 7). Wesentlich ist dabei eine klare Zieldefinition, die auch eine Quantifizierung der Ziele vorsieht. Der Vorteil ergibt sich hier nicht nur aus einer möglichen Erfolgskontrolle am Ende der Entwicklung, sondern vor allem während der Entwicklungsarbeit selbst. Es bietet sich die Möglichkeit abzuschätzen, wie gro die Entfernung bis zur Zielerreichung ist. Gegebenenfalls können zusätzliche Manahmen zur Zielerreichung ergriffen werden. In der Kooperation helfen die quantifizierten Ziele, den Stand der Entwicklungsarbeit darzustellen und gegebenenfalls alle Partner zur gemeinsamen Anstrengung zu motivieren. Eine wirtschaftliche Überprüfung ist mittels einer Investitionsprüfung anzustreben und unterstützt die unternehmerische Entscheidungsfindung.

Von entscheidendem Einflu ist auch die Zusammensetzung der Entwicklungspartner. Es mu ein Team gebildet werden, welches ein wirkliches Interesse hat, das gesetzte Ziel schnell zu erreichen. Für die Wahl der Partner ist es dementsprechend wichtig darauf zu achten, da nur fähige Partner in das Team aufgenommen werden. Nur die Besten aus den jeweiligen Industriesparten haben das notwendige Wissen und den Überblick, um in einer Kooperation zu neuen Lösungen zu gelangen. Für die durchzuführenden Entwicklungsarbeiten muß zwischen den Entwicklungspartnern ein hohes Maß an Vertrauen vorhanden sein, da der Erfolg einer Kooperation darauf angewiesen ist, daß jeder Partner sein komplettes Fachwissen einbringt. Dies kann nur dann erreicht werden, wenn der erwartete Nutzen der Technologiekooperation für alle Partner einen gleich hohen Stellenwert hat. Die Akkumulation des vorhandenen Wissens führt zu einer Wissensbasis, welche es erlaubt, alle gegenseitigen Einflüsse der Systemkomponenten richtig zu erfassen und zu analysieren. Nachdem die geeigneten Partner für die Erreichung des gesetzten Zieles ausgewählt wurden, kann bei einer weiteren Technologieentwicklung mit einem neuen Ziel eine andere Partnerwahl notwendig sein. Die Entwicklungskooperation ist also eine zeitlich begrenzte Zusammenarbeit und wird nach der Zielerreichung beendet.

1. Zieldefinition
   - Quantifizierung der Ziele
   - Investitionsprüfung anstreben

2. Teambildung der Entwicklungspartner
   - Know-how Elite
   - Zielerreichungsinteresse
   - zeitlich begrenzte Kooperation
   - Vertrauen

3. Entwicklungsprozeß
   - offene Technologiediskussion
   - technologiefokussiert
   - Zielorientierung

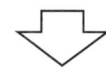

4. Dokumentation
   - Technologiehandbuch

Bild 7: Vorgehen bei der Technologieentwicklung

Die Entwicklungsarbeit soll technologieorientiert erfolgen. Hierbei ist eine offene Technologiediskussion erfolgsbestimmend. Der volle Vorteil einer Technologieentwicklung kommt nur durch die Nutzung aller Synergieeffekte zustande. Hierzu bringt jeder Entwicklungspartner sein Wissen in die Diskussion ein und beteiligt sich so aktiv an einer Lösungsfindung. Eine ständige Orientierung an den zum Projektbeginn formulierten Zielen führt zu einer fokussierten Entwicklungsarbeit und gewährleistet die Zufriedenheit aller Beteiligten.

Für den nachfolgenden Einsatz der Technologie in industriellen Prozessen ist eine Dokumentation der Ergebnisse notwendig. Dies ist um so wichtiger, wenn die Technologieentwicklung nur durch Beteiligung der Abteilung Verfahrensentwicklung an der Technologiekooperation durchgeführt wurde und die spätere Betreuung der Technologie durch die Produktion erfolgt. Die Dokumentation der Technologie muß strikt technologieorientiert organisiert werden. Vorgeschlagen wird die Erstellung eines Technologiehandbuches. Dies sollte die wichtigsten Erfahrungen aus der Entwicklungsarbeit enthalten. Dazu gehören die einzuhaltenden Randbedingungen, die zu schaffenden

Einführung von Hochleistungsprozessen

Voraussetzungen und die gemachten Erfahrungen mit weiteren geeigneten bzw. ungeeigneten Systemkomponenten. Dadurch ermöglicht das Handbuch eine reibungsfreie und zügige Umsetzung der Ergebnisse und dient bei auftretenden Problemen als erstes Hilfsmittel zur Lösung.

Bei der Bildung einer Technologiekooperation sind die verschiedenen Erwartungen der unterschiedlichen Partner zu berücksichtigen und im Vorfeld zu klären (Bild 8). Nur wenn die gegenseitigen Erwartungen in der speziellen Kooperation allen Partnern klar ist, kann es zu der notwendigen offenen, technologie- und zielorientierten, partnerschaftlichen Zusammenarbeit kommen.

Anwender
- höhere Prozeßleistung / Wirtschaftlichkeit
- Wettbewerbsvorsprung
- Alleinstellung / Geheimhaltung
- Einkauf der Komplettlösung
- Delegation der Verantwortung
- serienfähige Technologieeinführung

Werkzeughersteller
- feste Auftragszusagen
- Vermarktung der Technologie
- frühzeitige Einbindung in die Entwicklung

Werkzeugmaschinenhersteller
- Wettbewerbsvorsprung durch Maschinen- und Verfahrensentwicklung
- Deckung der Entwicklungskosten durch Steigerung des Marktanteiles
- Angebot von Komplettlösungen

Bild 8: Erwartungen an die Technologiekooperation (Quelle: Bosch, Schaudt, Tyrolit, Kennametal-Hertel, Sandvik)

In jedem Fall erwartet der Anwender eine Steigerung der Prozeßleistung und der Wirtschaftlichkeit. Genauso selbstverständlich ist die Erwartung eines Wettbewerbsvorteils. Die Frage nach der Alleinstellung und der Geheimhaltung ist im Einzelfall zu entscheiden. Sie ist davon abhängig, ob eine Kern-, Hochleistungs- oder Standardtechnologie entwickelt wird. Selbst wenn grundsätzlich die Kerntechnologie im eigenen Haus entwickelt wird, kann aufgrund der Komplexität der Aufgabe eine Kooperation in Teilbereichen notwendig sein. Falls der Einkauf einer Komplettlösung und die Delegation der Prozeßverantwortung als Ziele definiert werden, handelt es sich um eine Standardtechnologie, welche für den Anwender von zweitrangiger Bedeutung ist. Dabei ist das Engagement des Anwenders bei der Entwicklung als gering zu betrachten. Das gemeinsame Ziel bei allen Entwicklungen ist, mindestens eine serienfähige Technologie sicherzustellen.

Die Erwartungen des Werkzeugherstellers sind anderer Natur. Während der Anwender mit einem Einsparungspotential durch die entwickelte Technologie rechnen kann, muß der Werkzeughersteller andere Wege gehen, um die Entwicklungskosten zu amortisieren. Er erwartet in erster Linie feste Auftragszusagen vom Anwender. Damit sollen die erwarteten Aufwände für die Entwicklungsarbeit gedeckt werden. Dazu gehört auch die weitere, branchenübergreifende Vermarktung der Technologie. Dies kann dabei auch im Interesse des Anwenders sein, denn ein höherer Absatz der entwickelten Werkzeuge könnte die Preise für die einzelnen Werkzeuge senken. Eine weitere Möglichkeit zur Finanzierung der Entwicklungstätigkeiten ergibt sich aus der Gründung einer Entwicklungsgesellschaft. Die Entwicklungstätigkeit wird dabei vom Anwender finanziert, welcher auf diesem Weg Technologiekompetenz erwirbt. Das Technologie Know-how kann in eine gemeinsame Technologieentwicklung eingebracht werden. Für den Werkzeuglieferanten ergibt sich der Vorteil, seine Kompetenz einzubringen und im Rahmen der Technologiekooperation zu vergrößern. Die Kosten werden dabei nicht auf die Produkte umgelegt und die Wettbewerbssituation somit nicht durch höhere Preise belastet. In jedem Fall ist es für den Werkzeuglieferanten von großer Bedeutung, früh in die Entwicklung eingebunden zu werden. Dies ist ganz im Sinne der Technologiekooperation und soll bei der Diskussion der Zielvorgaben des Anwenders und des Lösungskonzeptes des Maschinenherstellers zu einer Berücksichtigung der Randbedingungen aus der Sicht des Werkzeugherstellers führen. Für den Anwender ist diese Kooperation von Vorteil, da er keine feste Lieferbindung eingehen muß, ohne die Ergebnisse der Technologieentwicklung zu kennen.

Der Maschinenhersteller profitiert von der Technologiekooperation durch einen resultierenden Wettbewerbsvorsprung. Die Entwicklungskosten werden durch eine Erhöhung des Marktanteils gedeckt. Außerdem ist für den Maschinenhersteller die Möglichkeit, die entwickelte Technologie zu vermarkten, von großer Bedeutung. Die gewonnenen Erkenntnisse werden bei der branchenübergreifenden Technologieverbreitung vorteilhaft eingesetzt. Des weiteren wird der Maschinenhersteller für den Anwender interessanter, wenn er in der Lage ist, Komplettlösungen anzubieten. Hierzu zählt zum einen die komplette Bearbeitungsfolge für ein Bauteil und zum anderen die Kompetenz, ein komplettes System aus Werkzeugmaschine, Handhabungs- und Überwachungseinrichtungen sowie das dazugehörige Werkzeug- und Technologie-Know-how, zu vertreiben.

3.2 Beispiele der Technologieentwicklung

Die Trockenbearbeitung ist eine Thematik, die in der Vergangenheit als Wettbewerbsvorteil für die Zukunft vorgestellt wurde; nicht zuletzt auf dem AWK 93 und AWK 96. Mittlerweile ist die Entwicklung einer umweltverträglichen Zerspanung weit vorangetrieben worden und wird in vielen Fertigungsprozessen eingesetzt. Diese Zielsetzung war aber nur zu erreichen, weil im Rahmen einer beispielhaften Technologiekooperation ein Verbund vieler Industrieunternehmen und Hochschulen eng zusammengearbeitet hat.

Am Anfang stand die aus heutiger Sicht bescheidene Zielsetzung, den Kühlschmierstoffeinsatz in der Fertigung um 50% zu reduzieren und damit die erwarteten Mehrkosten, beispielsweise bei den Werkzeugen, mindestens zu kompensieren. Dabei ist man davon ausgegangen, daß eine Trockenbearbeitung in einigen Prozessen möglich ist, sich aber nicht in allen Bearbeitungsaufgaben realisieren läßt. Die Gesamtaufgabe stellte sich als eine Matrix aus verschiedenen, je nach Endanwender zum Einsatz kommenden Fertigungsverfahren und Werkstoffen dar (Bild 9). Für die Lösung der Gesamtaufgabe wurden einzelne Teilaufgaben definiert und Partnerschaften für die Technologieentwicklung gebildet. In Frage kamen dabei Partner, die zum einen ein großes Interesse an der Entwicklung und dem späteren Einsatz der Trockenbearbeitung, sowie zum anderen eine notwendige Entwicklungskompetenz mitbrachten. Nicht für alle Felder der Fertigungsverfahren-Werkstoff-Matrix sind Anwendungen gefunden worden und auf eine Bearbeitung dieser Forschungsfelder wurde dann verzichtet. Es bildeten sich sechs Teilprojekte, welche jeweils aus mindestens einem Anwender, einem Werkzeughersteller und einem Forschungsinstitut bestanden. In einem Teilprojekt war darüber hinaus ein Maschinenhersteller beteiligt. Das Projekt wurde im Rahmen des Förderprogrammes Produktion 2000 durch das BMBF gefördert, wobei die Industriepartner 50% der Kosten getragen haben [2].

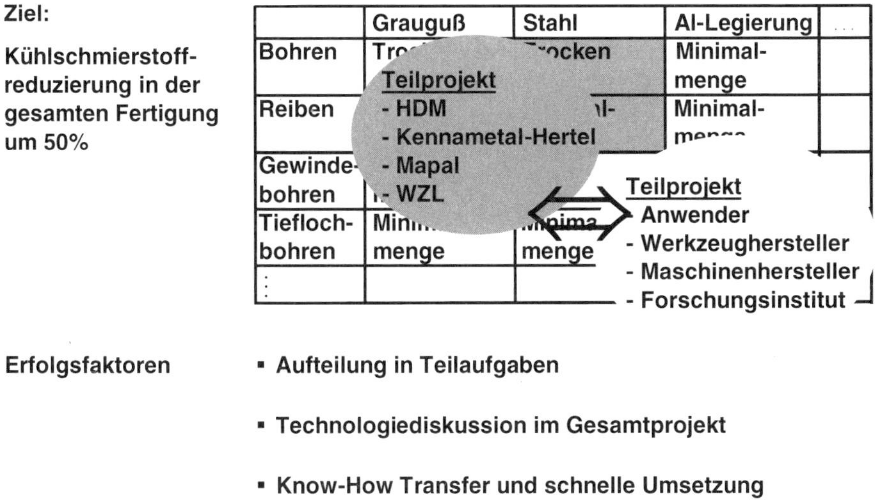

Ziel:
Kühlschmierstoffreduzierung in der gesamten Fertigung um 50%

	Grauguß	Stahl	Al-Legierung	...
Bohren	Tro...	...ocken	Minimalmenge	
	Teilprojekt			
Reiben	- HDM	...l-	Minimalmenge	
	- Kennametal-Hertel			
Gewindebohren	- Mapal			
	- WZL		Teilprojekt	
Tieflochbohren	Minim... menge	...nima... menge	- Anwender - Werkzeughersteller - Maschinenhersteller - Forschungsinstitut	
⋮				

Erfolgsfaktoren
- Aufteilung in Teilaufgaben
- Technologiediskussion im Gesamtprojekt
- Know-How Transfer und schnelle Umsetzung

Bild 9: Technologieentwicklung im Rahmen des Projektes „Trockenbearbeitung prismatischer Teile" (Quelle: HDM, Kennametal-Hertel, Mapal)

Die Durchführung der Entwicklungsarbeit geschah auf verschiedenen Ebenen zunächst unabhängig in den einzelnen Teilprojekten. Darüber hinaus fanden alle drei Monate Gesamtprojekttreffen statt. Auf diesen Treffen erfolgte eine intensive Technologiediskussion. Neue Lösungskonzepte aus den einzelnen Teilprojekten sind hier zum ersten Mal vorgestellt und diskutiert worden. Beispielsweise wurden im Rahmen dieser Technologiediskussion die Potentiale der Minimalmengenkühlschmierung (MMKS) erörtert. Hierdurch wurde auch bei kritischen Verfahren, wie dem Reiben oder dem Tieflochbohren, ein fast vollständiger Verzicht auf Kühlschmierstoffe ermöglicht. Die als Ergänzung in den Teilprojekten gesammelten Erfahrungen wurden ausgetauscht und allen Technologiepartnern zur Verfügung gestellt, so daß sie durch diese Synergieeffekte und einer raschen Umsetzbarkeit profitierten.

Ergebnis der Technologieentwicklung Trockenbearbeitung ist dabei nicht nur eine drastische Reduzierung des Kühlschmierstoffeinsatzes. Darüber hinaus ist auch eine deutliche Leistungssteigerung erzielt worden, weil durch die intensive Prozeßbetrachtung viele optimierte Werkzeuge nicht nur höhere Schnittwerte zulassen, sondern auch notwendig machen. Alle beteiligten Partner haben ihre Technologiekompetenz nachhaltig verbessert und nutzen das generierte Wissen zur Verbesserung ihrer Wettbewerbsposition. Langfristig ist darüber hinaus eine Steigerung der gesellschaftlichen Akzeptanz von Produkten und Betrieben zu erwarten.

Ein weiteres Beispiel zur Technologiekooperation ergibt sich aus dem beständigen Bestreben in der Automobilindustrie zur Reduzierung des Gewichtes einzelner Fahrzeugkomponenten. Dieses Ziel kann in den meisten Fällen nur mittels einer Substitution von traditionellen Guß- und Eisenwerkstoffen durch neue Materialien verwirklicht werden. Aufgrund des hervorragenden Dichte/Dehnungsgrenze-Verhältnisses, das mit dem von geschmiedetem Aluminium vergleichbar ist, bietet insbesondere der Werkstoff ADI (Austempered Ductile Iron) gutes Potential für derartige Materialsubstitutionen.

Die erforderlichen Eigenschaften für Fahrzeugbauteile können allerdings nicht durch ein reines Ersetzen des bisherigen Werkstoffes durch ADI bei gleichem Gießverfahren erzeugt werden. Ein durch Sandguß erzeugtes ADI-Bauteil weist meist nicht die erforderlichen Festigkeits- und Zähigkeitsanforderungen auf. Daher muß eine neue Technologie entwickelt werden, die dem Werkstoff die gewünschten Eigenschaften verleiht. Eine Möglichkeit, dies zu erreichen, ist durch den Einsatz einer druckunterstützten Sqeeze-Casting Technologie gegeben. Bei dieser Gießtechnologie erfolgt das Vergießen, die Formgebung und die Verfestigung des flüssigen Metalls in einem Gesenk bei einem Druck von 20 - 70 MPa (Bild 10). So sollen komplexe Geometrien endkonturnah hergestellt werden, bei einer gleichzeitigen Erhöhung der Bruchdehnung des Werkstoffs um ca. 70%. Darüber hinaus kann die konventionelle Wärmebehandlung durch eine in den Squeeze-Casting Prozeß integrierte in-situ Wärmebehandlung ersetzt werden. Dadurch entfallen die Energiekosten für eine Wiederaufheizung des Bauteils im Rahmen einer konventionellen Wärmebehandlung.

Die Entwicklung einer solchen Technologie bedarf der regen Zusammenarbeit unterschiedlicher Forschungs- und Industriebereiche. In dem dargestellten Beispiel besteht die Technologiekooperation aus zwei Endanwendern, einer Gießerei, einem Pressenhersteller, einem Formenbauer, einem Beschichter und zwei Forschungsinstituten. Der Endanwender muß zunächst die Ziele definieren, die durch die neue Technologie erreicht werden sollen. Ferner müssen seine Erfahrungen bei der bisherigen Fertigung sowie dem Einsatz der Bauteile einfließen. In den Forschungsinstituten werden Grundlagenforschung und erste Technologieerprobungen unter Absprache mit allen Projektpartnern durchgeführt. Formenbauer und Beschichter erstellen aus den bereitgestellten Anforderungen ein Werkzeug mit angepaßter Beschichtung, das dem sehr heißen und unter Druck stattfindenden Prozeß standhält. Hier ist auch die enge Zusammenarbeit mit dem Pressenhersteller gefragt, um die Schnittstellen zwischen Werkzeug und Maschine klar zu definieren. Außerdem werden hier Anforderungen an Maschine und Werkzeug festgelegt. Die Gießerei hat die Aufgabe, den Werkstoff an die technologischen Möglichkeiten anzupassen, um den Gesamtprozeß sowie die Bauteileigenschaften zu optimieren. Hier ist die Kooperation mit allen Projektpartnern gefragt.

Ziele	• Erhöhung der Bruchdehnung um ca. 70 %
	• Endkonturnahe Fertigung
	• Energieeinsparung durch in-situ Wärmebehandlung
Prozeß	• Werkstoff: Austempered Ductile Iron (ADI)
	• Gießdruck: 20 - 70 MPa

Gießerei — Endanwender — Formenbauer — Pressenhersteller — Beschichter — Forschungsinstitut

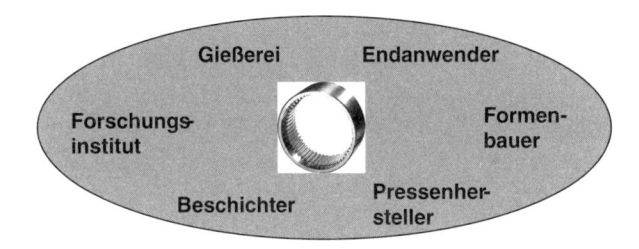

Bild 10: Entwicklung einer neuen Technologie „Squeeze Casting"

Insgesamt bleibt festzuhalten, daß für eine erfolgreiche Technologieentwicklung eine enge Zusammenarbeit zwischen allen Entwicklungspartnern stattfinden muß.

3.3 Randbedingungen bei der Prozeßentwicklung und der Prozeßeinführung

Auf dem Weg zu einem sicheren Prozeß schließt sich die Prozeßentwicklung an die Technologieentwicklung an. Aufbauend auf den Ergebnissen der Technologieentwicklung wird nun zielstrebig ein Prozeß für den industriellen Serieneinsatz entwickelt. Im Sinne einer Verkürzung der Entwicklungszeit muß auch die Einführungszeit, welche sich in die Phasen Vorphase, Beschaffungsphase und Vornutzungsphase aufteilt, reduziert werden (Bild 11). In der Vorphase wird der Bedarf einer Prozeßeinführung analysiert, und es werden die Anforderungen an den Prozeß definiert. Dabei werden die Ziele hinsichtlich Zeit und Kosten quantifiziert. Darüber hinaus werden Vorversuche durchgeführt, um unterschiedliche Technologien hinsichtlich ihrer prinzipiellen Eignung zu untersuchen. Als Ergebnis der Vorphase wird die Entscheidung für eine bestimmte Technologie und eine Investitionsentscheidung getroffen. Die sich anschließende Beschaffungszeit für die Fertigungseinrichtungen ist der vom Maschinenhersteller und weiteren Zulieferern benötigte Zeitraum zur Bereitstellung der Technologie und der notwendigen Maschinen. Nach der beim Maschinenhersteller erfolgten Maschinenabnahme wird diese beim Anwender installiert und der Prozeß eingefahren. Während dieser Vornutzungsphase wird eine in aller Regel notwendige Prozeßoptimierung durchgeführt.

Nach einer internen Untersuchung im Unternehmen DaimlerChrysler ist das Hauptrationalisierungspotential in der Vorphase und der Vornutzungsphase. Zum einen wird eine Verkürzung durch organisatorische Maßnahmen und zum anderen durch ein fundiertes Technologie Know-how erzielt. Zu den organisatorischen Maßnahmen in der Vorphase gehört eine klare Zieldefinition. Änderungen der Bearbeitungsaufgabe, z.B. hinsichtlich des Werkstoffs oder der Vorbearbeitung der Werkstücke, führen regelmäßig zu Zielanpassungen mit den sich daraus ergebenden Verzögerungen. Bei der Festlegung des Pflichtenhefts ist bereits eine Einbindung des Maschinenherstellers und des Werkzeugherstellers sinnvoll. Dadurch wird vermieden, daß unrealistische Ziele oder nicht zum Ziel führende Lösungen verfolgt werden. Ausreichendes Technologie Knowhow sichert die richtige Wahl der Fertigungstechnologie.

Die Ergebnisse der Technologieentwicklung sind die Eingangsgrößen der Prozeßentwicklung.
Das fundierte Technologie Know-How verkürzt die Prozeßeinführung.

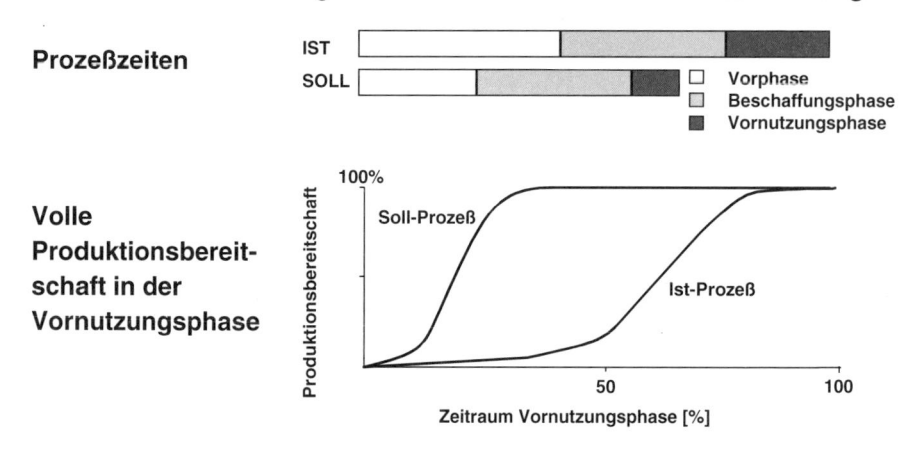

Bild 11: Notwendigkeit zur Verkürzung der Prozeßentwicklung
(Quelle: DaimlerChrysler)

Eine umfassende Maschinenabnahme beim Hersteller gewährleistet die volle Einhaltung der Anforderungen. Dabei muß auch eine Prozeßfähigkeitsuntersuchung durchgeführt werden, was die Bereitstellung einer ausreichenden Anzahl an Werkstücken und Arbeitskräften seitens des Anwenders bedingt. Optimierungen der Fertigungseinrichtungen können sofort beim Maschinenhersteller durchgeführt werden, was für beide Partner eine Zeit- und Kostenersparnis bedeutet. In der Vornutzungsphase sind die Fertigungseinrichtungen bereits beim Anwender installiert und die möglichst schnelle Nutzung ist erwünscht. Durch die bereits in der Vorphase erfolgte Einbindung des Werkzeugherstellers wird der Optimierungsaufwand in der Vornutzungsphase reduziert. Notwendige Anpassungen auf der Seite der Werkzeuge können bereits durchgeführt und getestet werden. Eine gezielte Prozeßbetreuung seitens der Fertigungsentwicklung in Zusammenarbeit mit der Produktion sichert, daß das notwendige Prozeßwissen während der kritischen Anlaufphase zur Verfügung steht. Außerdem wird es an die Produktion weitergegeben, um auch während der Serienfertigung beim Beheben kleiner Störungen nutzbar zu sein. Die während der Technologieentwicklung gemachten Erfahrungen helfen Fehler zu vermeiden und die geeigneten Randbedingungen herzustellen.

Verzögerungen bei der Herstellung der vollen Produktionsbereitschaft führen somit zu hohen Folgekosten. Dies ist vor allem dann der Fall, wenn Lieferzusagen nicht mehr eingehalten werden können.

Außerdem ist eine neue Fertigungstechnologie oft mit weiteren Umstellungsmaßnahmen verbunden, z.B. der Verlegung einer Produktion oder der Einführung eines neuen Produkts. Gerade in solchen Phasen sind zusätzlich auftretende Probleme unerwünscht. Eine Reihe von Maßnahmen können eine reibungsfreie Prozeßeinführung gewährleisten (Bild 12). Grundsätzlich muß bei der Einführung eines Hochleistungsprozesses die gesamte Prozeßkette betrachtet werden. Unter anderem sind folgende Randbedingungen zu beachten: Die Prozeßfähigkeit der Vorbearbeitung muß ausreichen, um einen hinreichend konstanten Ausgangszustand vor der Bearbeitung zu gewährleisten. Zusätzlich muß die Leistungsfähigkeit des Hochleistungsprozesses in Einklang mit den anderen Prozessen gebracht werden. Der Aufbau einer Parallelfertigung für Versuch und Einführung verhindert dabei, daß es zu Lieferengpässen kommen kann. Der neue Prozeß kann so bei großen Stückzahlen auf seine Prozeßfähigkeit getestet und optimiert werden. Das gleiche Ziel verfolgt die Maßnahme, die ursprüngliche Technologie noch verfügbar zu halten. Bei der Umstellung auf Trockenbearbeitung ist es sinnvoll, sowohl eine Möglichkeit der Kühlschmierstoffversorgung für die Einführungszeit vorzusehen, als auch die ursprünglichen Werkzeuge noch bereitzuhalten. Gegen diese Maßnahmen mag sprechen, daß keine ausreichende Stellfläche für die ursprünglichen Produktionsmittel mehr vorhanden ist. Aber die möglichen Kosten für den Fall, daß die zu erfüllenden Zielzahlen nicht erreicht werden, sind höher, als die Kosten für die genannten Absicherungsmaßnahmen. Änderungen im Prozeß erfordern in jedem Fall einen erneuten Nachweis der Prozeßfähigkeit. Bei kritischen Bauteilen erfolgt darüber hinaus ein Lebensdauertest, um durch den Fertigungsprozeß hervorgerufene negative Eigenschaften auf das Bauteilverhalten auszuschließen. Im Flugzeug- bzw. im Triebwerksbau sind solche Tests bereits zwingend vorgeschrieben. Bei hochbeanspruchten Teilen führen viele Unternehmen aus anderen Branchen diese Tests bereits durch. Das gleichzeitige Einführen mehrerer Änderungen in den Prozeß verringert den Aufwand für diese Nachweise erheblich.

Technologie Know-how ist auch für den Maschinennutzer entscheidend. Er muß die Technologierandbedingungen kennen, um auf Prozeßabweichungen reagieren zu können. Vor allem erfahrene Mitarbeiter müssen auch ausgiebig geschult werden, da sie sich im Spannungsfeld zwischen ihrem Erfahrungswissen und den Randbedingungen der neuen Technologie befinden. Beim Hartdrehen sind zum Beispiel ganz andere Schnittparameter zu wählen als bei der konventionellen Drehbearbeitung. Auch der Einsatz von Schleifscheiben mit dem verschleißfesteren Sinterkorund als Kornmaterial führt erst zum Erfolg, wenn ausreichend hohe Zerspanleistungen realisiert werden. Neben der Weiterbildung der mit der neuen Prozeßtechnologie arbeitenden Mitarbeiter hat sich auch die Einrichtung von Ansprechpartnern, oder Multiplikatoren, in der Werkstattebene als sinnvoll erwiesen. Diese Mitarbeiter werden besonders in der neuen Technologie geschult und sind somit in die Lage, bestimmte Prozeßoptimierungen und Problemanalysen selbständig durchzuführen. Hier können auch weitere Maschinennutzer die neuesten Informationen zu dieser Technologie erfragen. Darüber hinaus muß die Weitergabe von Informationen aus der Verfahrensentwicklung an die Produktion organisiert werden. In der Einführungsphase sollte dabei eine regelmäßige Betreuung durch die Verfahrensentwicklung gewährleistet werden.

Durch Bereitstellung zusätzlicher Maßnahmen wird eine reibungsfreie Prozeßeinführung gewährleistet.

Fertigung	• Einbindung des Hochleistungsprozesses in die Prozeßkette
	• KSS-Versorgung noch vorsehen
	• Parallelfertigung bei der Erprobung und Einführung
	• mehrere Prozeßentwicklungsschritte zusammenfassen
	• Absicherung: ursprüngliche Technologie noch verfügbar halten
Know-how	• Qualifikation der Mitarbeiter
	• Spannungsfeld Erfahrung - Innovation
	• Multiplikatoren in der Werkstatt
	• Betreuung durch Verfahrensentwicklung

Bild 12: Sichere Prozeßeinführung

3.4 Beispiele für Hochleistungsprozesse

Trockenwälzfräsen von Zahnrädern

Die Technologieentwicklung der Trockenbearbeitung eröffnet viele neue Anwendungsfelder. Prozesse, die vorher nur unter Einsatz von Kühlschmierstoff gelaufen sind, können heute teilweise vollkommen ohne diesen auskommen. Zusätzlich zu dem reinen Wegfall des Kühlschmierstoffs, und den damit zusammenhängenden Kosten- und Logistikvorteilen, ergeben sich vielfach noch weitere positive Synergieeffekte. Diese können sich beispielsweise in einer Verbesserung der Werkstückqualität oder auch in einer Verringerung der Bearbeitungszeit ausdrücken.

In dem vorliegenden Beispiel, dem Wälzfräsen von Zahnrädern (Bild 13), konnte im vorhinein die Schnittstrategie an den Prozeß angepaßt werden. So ist die ursprünglich aus Maschinensteifigkeitsgründen vorgeschlagene Zwei-Schnitt-Bearbeitung durch eine thermisch vorteilhafte Ein-Schnitt-Bearbeitung ersetzt worden. Sowohl Maschine als auch Werkzeuge hielten den höheren Belastungen stand. Zusätzlich zur Schnittstrategie wurde auch die Werkzeugmaschine an die Bedingungen der Trockenbearbeitung angepaßt. Aufgrund der bei der Trockenbearbeitung teilweise sehr kleinen Späne wurde die Maschine mit einer Spanabsaugung versehen, und die Führungen wurden mit Sonderabdichtungen ausgestattet.

Grundlage	• Technologieentwicklung	
Technologie	• Werkstück	- Werkstoff: 20MoCr4 - Modul: $m_n = 2{,}49$ mm - Zähnezahl: $z_2 = 51$ - Außendurchmesser: $d_{a2} = 142$ mm
	• Prozeß	früher : HSS-TiN beschichtet (naß) $v_c = 90$ m/min $f_{ax} = 3$ mm/WU $d_{a0} = 110$ mm jetzt : HM-TiN beschichtet (trocken) $v_c = 240$ m/min $f_{ax} = 2$ mm/WU $d_{a0} = 60$ mm
	• Bearbeitungszeit	früher : 2,05 min jetzt : 0,7 min
	• Serienproduktion	3 Wochen nach Maschinenlieferung

Bild 13: Trockenwälzfräsen von Zahnrädern (Quelle: DaimlerChrysler, Pfauter, Fette)

Beim Wälzfräsen von Zahnrädern konnte so neben dem reinen „Trockenlegen" des Prozesses die Schnittgeschwindigkeit von $v_c = 90$ m/min auf $v_c = 240$ m/min erhöht werden. Diese nahezu Verdreifachung der Schnittgeschwindigkeit wurde durch angepaßte Werkzeuge ermöglicht. Die bisher verwendeten TiN beschichteten HSS-Werkzeuge wurden durch beschichtete Hartmetallwerkzeuge ersetzt. Trotz einer leicht höheren Vorschubgeschwindigkeit beim konventionellen Prozeß wurde insgesamt die Bearbeitungszeit pro Bauteil mehr als gedrittelt. Dies konnte bei konstanter Werkstückqualität durch eine Verringerung des Fräserdurchmessers erreicht werden. Die resultierende Verringerung der Einlaufzeit wirkt sich positiv auf die Bearbeitungszeit aus.

Selbst bei diesem komplexen Prozeß konnte durch eine ausgereifte Technologieentwicklung die Serienproduktion drei Wochen nach der Maschinenlieferung voll anlaufen. Die zur Risikoabsicherung zusätzlich installierte Kühlschmierstoffversorgung mußte nicht in Anspruch genommen werden. Sie wäre zum Einsatz gekommen, wenn die Technologie Trockenbearbeitung für den Prozeß Wälzfräsen von Zahnrädern nicht anwendbar gewesen wäre. Für diesen Fall standen zusätzlich konventionelle Werkzeuge mit entsprechender Werkzeugaufnahme zur Verfügung.

HSC-Bearbeitung von Getriebegehäusen

Die Erhöhung von Bearbeitungsparametern ist die nächstliegende Möglichkeit, um Bearbeitungszeiten, und damit Kosten, zu senken. Mit diesem Grundgedanken ist die Hochgeschwindigkeitszerspanung entwickelt worden. Dabei umfaßt die Entwicklung aber weit mehr als nur eine reine Erhöhung der Bearbeitungsparameter. Vielmehr wird eine komplett neue Technologie mit neuen Randbedingungen ins Leben gerufen. Nach Abschluß der Technologieentwicklung erfolgt die Projektion der Technologie auf verschiedene Prozesse. Diese werden dann im Rahmen einer Prozeßentwicklung an die

Prozeßanforderungen angepaßt, um das mögliche Verbesserungspotential voll auszunutzen.

Die Umstellung der Fertigung von Getriebegehäusen von konventioneller auf die Hochgeschwindigkeitsbearbeitung spiegelt beispielhaft eine solche Prozeßentwicklung wider (Bild 14). Außerdem wird das hohe Einsparungspotential von Hochleistungsprozessen deutlich. In der Prozeßentwicklung wurde zunächst durch Vorversuche an den gleichen Bearbeitungsmaschinen, die für die Serienproduktion vorgesehen waren, das Prozeßpotential abgeschätzt. Nachdem die Technologie bei dem betrachteten Bearbeitungsprozeß erfolgversprechend schien, wurde die Maschine und der Prozeß an die Bearbeitungssituation angepaßt. Nach Abschluß aller Optimierungsmaßnahmen fand eine umfassende Maschinenabnahme am realen Bauteil beim Maschinenhersteller statt. Erst nachdem eine Woche lang ein Dreischichtbetrieb ohne Beanstandung abgeschlossen wurde, war davon auszugehen, daß sich die Technologie für den Prozeß eignete und in die Serienproduktion aufgenommen werden konnte. Mit diesem Vorgehen konnten die letzten Optimierungsschritte bereits vor der Systemanlieferung beim Hersteller durchgeführt werden. Dies verringerte die Kosten sowohl für den Maschinenhersteller als auch für den Endanwender. Zusätzlich wurde die Systemanlaufzeit drastisch verkürzt.

- **Vorversuche zur Ermittlung des Prozeßpotentials**
- **Maschinenanpassung**
- **umfassende Maschinenabnahme**

Fläche: 100% / 42%

Werkzeugplätze: 100% / 62%

Zeit pro Teil: 100% / 40%

Bearbeitungskosten: 100% / 62%

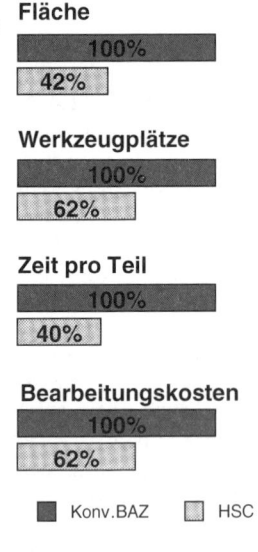

■ Konv.BAZ   ☐ HSC

Bild 14: HSC-Bearbeitung von Getriebegehäusen (Quelle: DaimlerChrysler, Heller, Gühring)

Durch das Umstellen von der konventionellen Fräsbearbeitung auf die Hochgeschwindigkeitsbearbeitung konnte durch eine geringere Anzahl an erforderlichen Bearbeitungsmaschinen der Flächenbedarf um 58% gesenkt werden. Zusätzlich wurde durch angepaßte Bearbeitungsstrategien 38% der Werkzeuge eingespart. Die Bearbeitungszeit pro Teil reduzierte sich durch die höheren Bearbeitungsparameter und die reduzierte Anzahl der erforderlichen Werkzeugwechsel um 60%. Insgesamt fielen durch die Einführung der Hochleistungstechnologie nur noch 62% der ursprünglichen Bearbeitungskosten an.

Hochgeschwindigkeitsschleifen mit keramisch gebundenem CBN

Das Hochgeschwindigkeitsschleifen mit keramisch gebundenen CBN Schleifscheiben ist eine in die industrielle Fertigung eingeführte Technologie. Das Potential des Schneidstoffes CBN wird aber mit den zur Zeit eingesetzten Prozessen nicht voll ausgenutzt. Anhand der Technologieentwicklung des Hochgeschwindigkeitsschleifens mit keramisch gebundenen CBN Scheiben sei die Entwicklung zu einem Hochleistungsprozeß dargestellt (Bild 15). Das Ziel war die Entwicklung eines Maschinensystems, der notwendigen Maschinenkomponenten einschließlich der Schleifscheiben und der Technologie für die Realisierung der Schnittgeschwindigkeit $v_c = 230$ m/s. Nach der Zieldefinition mußten geeignete Partner für eine derartige Entwicklung gefunden werden. Das Maschinenkonzept wurde in gemeinsamer Diskussion festgelegt. Neben den zu realisierenden hohen Drehzahlen, nicht nur für Schleifscheiben- und Auswuchtspindel, sondern auch für die Werkstückspindel, mußten die Sicherheitsanforderungen eingehalten werden. Um eine wirtschaftliche Fertigung zu realisieren, war es auch erforderlich, die neueste Generation von Steuerungen in das Maschinenkonzept zu integrieren.

Ziel:
Verdopplung der Schnittgeschwindigkeit auf $v_c = 230$ m/s

- Entwicklung des geeigneten Maschinenkonzeptes
- Entwicklung von keramisch gebundenen CBN-Schleifscheiben
- Entwicklung einer hydrostatischen Spindellagerung
- Integration der Auswuchteinheit und Scheibenaufnahme in die Spindel
- Entwicklung einer Technologie
- Analyse des Prozeßeinflusses auf das Bauteilverhalten

Erfolgsfaktoren

- kompetente Partner
- zielgerichtete Projektkooperation
- offener Erfahrungsaustausch

Bild 15: Technologieentwicklung Hochgeschwindigkeitsschleifen (Quelle: WZL)

Aus den Randbedingungen für die Technologie ergab sich zusätzlich die Anforderung, hochgenaue Spindeln zu entwickeln und neu entwickelte Auswuchtsysteme zu integrieren. Die Herausforderung für das Spindelsystem liegt in der Tatsache begründet, daß Spindeldrehzahlen von $n_s = 15.000$ min^{-1} bei einem Spindeldurchmesser von d = 80 mm zu realisieren waren. Dabei durfte die Erwärmung der Spindel nicht zu groß werden. Die integrierte Auswuchteinheit beinhaltete eine berührungslose Signal- und Energieübertragung, die auch bei hohen Drehzahlen eine problemlose Funktion der neu entwickelten Auswuchteinheit gewährleistet. Besonders hohe Anforderungen wurden an die Entwicklung der Schleifscheibe gestellt. Nicht nur eine neue Grundkörpergeometrie mußte entwickelt werden, sondern auch neue Materialien und Klebeverbindungen zwischen Scheibengrundkörper und der keramischen CBN Schicht wurden eingesetzt. Statt einer Zentrierbohrung für die Schleifscheibenaufnahme wurde ein Aufnahmekegel vorgesehen. Die Aufnahme für diesen Kegel ist ebenfalls in der hydrostatischen Spindel integriert. Dem Maschinennutzer sind bei Hochleistungsprozessen, wie es das Hochgeschwindigkeitsschleifen darstellt, kaum noch Möglichkeiten gegeben, in den Prozeß einzugreifen. Die Reaktionszeit des Menschen ist zu langsam, und die notwendige Maschinenkapselung verhindert die direkte Beurteilung des Prozesses. Ein System zur Prozeßüberwachung mußte somit in die Konzeption integriert werden. Neue Sensorpositionen für Acoustic Emission Sensoren auf der rotierenden Werkstückspitze ermöglichen die prozeßnahe Aufnahme von Signalen. Neben einer reinen Störungskontrolle konnten die Signale auch für eine Schleifbrandüberwachung genutzt werden. Die sich ändernden Spanbildungsphänomene beim Auftreten von Schleifbrand beim Einstechschleifen wurden dabei zusätzlich mit einer geeigneten Prozeßüberwachungsstrategie erfaßt.

Eine weitere Aufgabenstellung ergab sich aus den Anforderungen des Anwenders an die Technologie: Aus Untersuchungen zum Einfluß des Prozesses auf die Bauteileigenschaften konnten wichtige Rückschlüsse für die Bauteilauslegung gewonnen werden. Hier war die Technologiediskussion für die Bewertung der Ergebnisse, Ableitung von darauf basierenden Maßnahmen und für einen zügigen Technologietransfer in die industrielle Fertigung von großem Vorteil.

Im folgenden Beispiel hat eine gezielte Prozeßentwicklung zu einem Hochleistungsprozeß geführt (Bild 16). Der Faktor zwei ergibt sich hier aus einer Reduzierung der „Boden zu Boden" Zeit. Dies wurde durch eine Technologie erreicht, die das Schleifen von Kurbelwellen in einer Aufspannung ermöglicht. Die Aufteilung der Prozeßkette in das Hauptlager- und Hublagerschleifen entfiel. Die Komplettbearbeitung in einer Aufspannung wurde durch ein neues Maschinenkonzept ermöglicht. Die Bewegung des Schleifspindelstockes ermöglichte eine Werkstückdrehzahl zwischen 51 und 70 min^{-1}. Die in Bild 16 gezeigten Prozeßparameter gelten für die Schlichtbearbeitung. Entscheidend für die Erreichung dieses Prozeßergebnisses war auch hier das Zusammenwirken aller am Prozeß beteiligten Faktoren. Zum einen wurde die Werkzeugmaschine für diese Technologie entwickelt und ermöglichte die erforderlichen Vorschubgeschwindigkeiten und Umsteuergenauigkeiten. Zum anderen sind die Schleif- und Abrichtparameter entsprechend der Aufgabe gewählt und optimiert worden. Wichtig waren darüber hinaus die angepaßten Werkzeuge. Das Zusammenwirken der Abrichtwerkzeuge und der keramisch gebundenen Schleifscheiben führte zu einem Schleifprozeß, welcher sich als prozeßfähig erwiesen hat.

4 Kooperation für die Zukunft

Die vorgestellten Beispiele zur Technologie- und Prozeßentwicklung haben sich bewährt. Erfolgreiche und prozeßsichere Fertigungsverfahren sind entwickelt und in die industrielle Fertigung eingeführt worden. Aufbauend auf den während der Kooperation gemachten Erfahrungen lassen sich, unter Berücksichtigung der diskutierten Randbedingungen, Vorstellungen an die Kooperationsform für die Zukunft ableiten.

Ziel:
Reduktion der
Prozeßschritte
⇨ Nebenzeit-
reduktion

Prozeß

früher:	Schleifen der Hauptlager	Schleifen der Hublager
jetzt:	Schleifen der Hauptlager und Hublager	

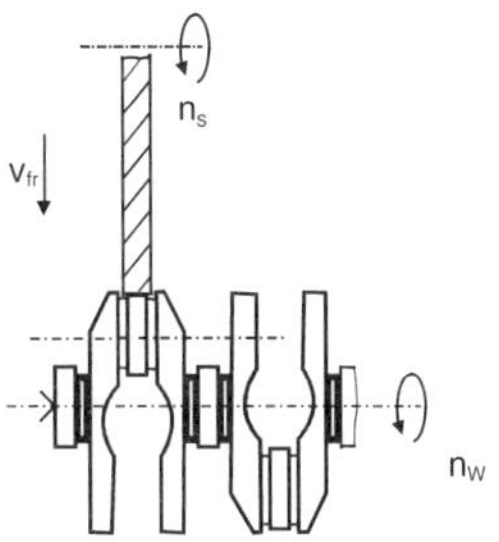

Werkstück	: 4 Zylinder Kurbelwelle
Werkstoff	: GGG-70HJ, Härte 58HRC
Schleifscheibe	: B 126 Keramikbindung
Schnittgeschwindigkeit	: v_c = 80 m/s
Schleifzugabe	: z = 0,6 mm/D
bez. Zeitspanungsvolumen	: Q'_w = 10,6 mm³/mms
Werkstückdrehzahl	: n_w = 51-70 min⁻¹
Schleifzeit pro Hublager	: t_{Hub} = 18 s
Kühlschmierstoff	: Emulsion
„Boden zu Boden" Zeit	: t_{ges} = 114 s

Bild 16:   Fertigschleifen von Kurbelwellen in einer Aufspannung (Quelle: Schaudt, Winter)

An einem Beispiel wird zunächst das grundsätzliche Vorgehen dargestellt. Ausgehend von dem Ziel einer drastischen Fertigungskostenreduzierung unter Vermeidung von großen Neuinvestitionen wird eine Technologiekooperation angeboten. Das quantifizierte Ziel lautet: „Reduktion der Fertigungskosten um bis zu 40% durch investitionsarme Technologieentwicklungen im Bereich der Zerspanung kubischer Bauteile." [3]. Dabei soll der Kostenvorteil nicht über Investitionen in neue Maschinen, sondern über die Werkzeuge erreicht werden. Durch eine seriennahe Prozeßstabilisierung ist die Hochleistungsbearbeitung in einem breiten industriellen Spektrum umsetzbar. Trotz jahrzehntelanger Verbesserungen werden auch heute noch Technologiesprünge auf dem Gebiet der Zerspanungsprozesse erzielt. Damit diese Hochleistungsprozesse möglich werden, wird in einem ersten Schritt eine Potentialanalyse durchgeführt. Hierzu sind in einem Unternehmen alle zu bearbeitenden prismatischen Bauteile erfaßt und hinsichtlich der Fertigungsverfahren analysiert worden (Bild 17). Das Ergebnis zeigt, daß 69% der Vorschubwege und 59% des Hauptnutzungszeitanteils im Verlauf der Fräsbearbeitung durchgeführt werden. Dem steht gegenüber, daß für diese Bearbeitungen nur 28% der eingesetzten Werkzeuge verwendet werden. Daraus resultiert ein besonderes Optimierungspotential im Bereich der Fräsbearbeitung. Hier kann davon ausgegangen werden, daß mit der Optimierung weniger Werkzeuge der größte Rationalisierungseffekt zu erzielen ist. Als ein weiteres Ergebnis einer Analyse der Bearbeitungsoperationen ergibt sich die Erkenntnis, daß die angestrebte prozentuale Hauptzeitreduzierung nicht im gleichen Anteil zu einer Erhöhung der Wirtschaftlichkeit führt. Dies zeigt bereits weitere Optimierungspotentiale für die Zukunft.

Zuerst erfolgt eine Konzentration auf die Technologieziele. Aufbauend auf dem vorhandenen Technologiewissen und den Erkenntnissen aus der Vergangenheit werden Zielwerte formuliert. Im Gegensatz zur reinen Hochgeschwindigkeitsbearbeitung liegt bei der Hochleistungsbearbeitung der Fokus auf einer Erhöhung des Zeitspanvolumens. In Bild 17 werden Zielparameter für verschiedene Verfahren gezeigt. Die wesentlichen Verfahren sollen in die Technologieentwicklung aufgenommen und eine Entwicklung sowohl für die Schrupp- als auch die Schlichtbearbeitung durchgeführt werden. Neben der Optimierung von Werkzeugkomponenten soll die Entwicklung von neuen beschichteten Werkzeugen mit optimierten multifunktionalen Schichtsystemen und angepaßter Schneidengeometrie im Vordergrund stehen [3].

Ausgangszustand

☐ Fräsen
▨ Bohren + Reiben

Basis: Anzahl der Werkstücke

69%	31%	Vorschubweg
59%	41%	Hauptnutzungszeitanteil
28%	72%	Anzahl der Werkzeuge

⇨ **Optimierungspotential: Fräsen**

Optimierungsziel

| 60% | 40% | Zeitanteil IST |
| 25% | 75% | Zeitanteil HPC |

☐ Hauptnutzungszeit   ▨ Nebennutzungszeit

⇨ Hauptzeitreduzierung 78%   Effektivratio 47%

Technologieziel

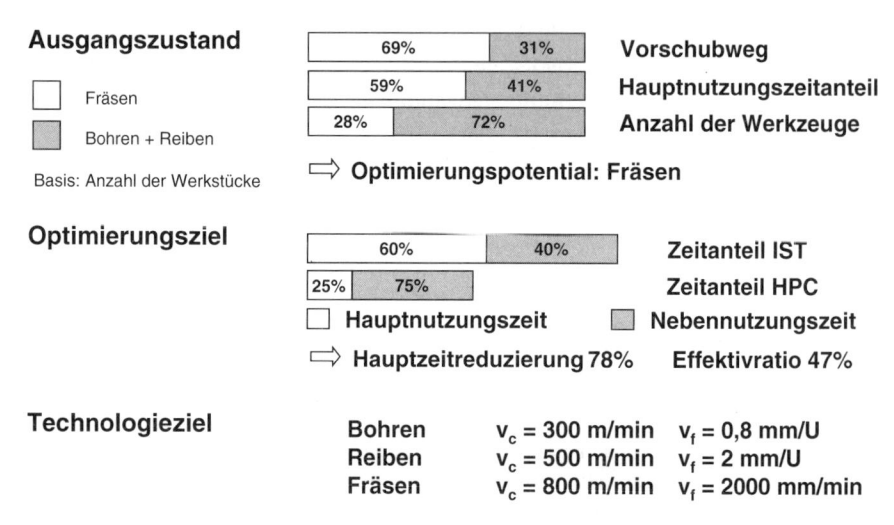

Bohren	v_c = 300 m/min	v_f = 0,8 mm/U
Reiben	v_c = 500 m/min	v_f = 2 mm/U
Fräsen	v_c = 800 m/min	v_f = 2000 mm/min

<u>Bild 17</u>: Hochleistungsbearbeitung auf Serienmaschinen (Quelle: HDM)

Ein Anwenderforum hat die Ziele der Hochleistungsbearbeitung auf Serienmaschinen definiert. Aus der Kenntnis der sich wandelnden Produktanforderungen und Produktionsbedingungen werden die Ziele produkt- und verfahrensspezifisch quantifiziert. Dieses Anwenderforum ist vorwettbewerblich und bildet den Aktivierungskeim für die Technologieentwicklung. Eine Technologiepartnerschaft der an einer Zielerreichung interessierten Werkzeughersteller, Werkzeugmaschinenhersteller und Forschungsinstitute wird angestrebt. Zusätzliche Partner werden entsprechend der erforderlichen Kompetenz in die Kooperation eingebunden. Die sich daran anschließende Diskussion dient der Zielfokussierung und Lösungsfindung.

Zur Zielerreichung erfolgt eine aktive Zusammenarbeit mit den Entwicklungspartnern. Ein ständiger Abgleich mit der bestehenden Prozeßtechnologie gewährleistet einen schnellen Technologietransfer zu den beteiligten Partnern. Dabei soll eine wissenschaftliche Tiefe der Arbeiten erhalten bleiben. Das parallele Forschen und Untersuchen erfolgt im engen Austausch mit den empirischen Beobachtungen und Ergebnissen der Industriepartner.

Für eine neue Kultur in der Zusammenarbeit sorgen die Motivationsgründe der Partner (<u>Bild 18</u>). Ziel einer derartigen Zusammenarbeit muß es sein, eine Technologieführerschaft anzustreben. Die Ergebnisse aus der partnerschaftlichen Zusammenarbeit müssen als Gewinn und als lohnenswertes Ziel gesehen werden. Das generierte Wissen führt zu einer höheren Kompetenz und damit zu einem höheren Potential gegenüber den Wettbewerbern.

Aktivierungskeim	• Vorwettbewerbliches Anwenderforum mit gleichen Zielen • Anwender definieren Ziele aus der Kenntnis der Produktanforderungen • Kooperationsangebot an kompetente Partner aus Industrie und Wirtschaft
Motivationsgrund für Partner	• Technologieführerschaft • Potentialdifferenz zu Wettbewerbern • keine finanziellen Zusagen • Finanzierung über Erfolg
Form der Kooperation	• Definition von Teilprojekten • zielbezogene Zusammenarbeit • intensive Entwicklungsarbeit in Workshops • Technologieplattform für Know-how Transfer
	⇒ zeitlich begrenzte Entwicklungskooperation

Bild 18: Neue Kultur der Zusammenarbeit

Ein finanzieller Anreiz dieser Entwicklungstätigkeit kann nicht Motivation sein. Dabei gibt es Modelle, die eine Bezahlung mit Erreichung des Zieles und andere, welche eine Bezahlung in prozentualer Abhängigkeit von der erzielten Rationalisierungserfolgen vorsehen.

Unabhängig vom Umfang der Technologiekooperation ist eine Definition von Teilprojekten sinnvoll. Dabei werden die Aufgaben entsprechend der Kompetenz und der Ziele der Projektpartner formuliert. Zwischen den Teilprojekten erfolgt eine zielbezogene Zusammenarbeit. Für den Erfolg ist neben der Qualität der Kooperation auch das Engagement entscheidend. Für alle Partner ist eine forcierte Entwicklungstätigkeit vorteilhaft, denn sie ermöglicht eine schnelle Umsetzung der gewonnenen Erkenntnisse. Für das Ergebnis ist darüber hinaus auch eine möglichst praxisnahe Entwicklungstätigkeit entscheidend. Neben der Vorstellung und Diskussion der Ergebnisse im Seminar bietet sich auch eine intensive Entwicklungsarbeit in Workshops an. Dabei sollte auch eine gemeinsame Versuchsdurchführung und der Austausch von Erfahrungen im Versuchsfeld stattfinden. Ein weiterer Erfolgsfaktor ist die gelebte Zusammenarbeit der an der Entwicklungsarbeit beteiligten Mitarbeiter. Die gemeinsamen Workshops sollen zu einer Atmosphäre der aktiven Zusammenarbeit führen. Hierfür ist die Durchführung der Workshops in kurzen Abständen notwendig, in Abhängigkeit von weiteren Randbedingungen der Entwicklungsarbeit auch wöchentlich. Die Ergebnisse müssen allen Partnern im Rahmen einer Technologiediskussion zugänglich gemacht werden, um somit einen Technologietransfer zu ermöglichen.

Eine entscheidende Neuerung ist die zeitlich begrenzte Kooperation. Nach der Zielerreichung fällt die Kooperation auseinander. Für das nächste Entwicklungsprojekt werden in der Regel andere Kompetenzen benötigt und daher bieten sich auch andere

Partner an. Hier ist ein Umdenken erforderlich. Die in der Vergangenheit praktizierte jahrelange Zusammenarbeit wird sich zugunsten zeitlich beschränkter Kooperationsformen öffnen. Dabei wandelt sich das Bewußtsein vom Wettbewerbsdenken zum Denken in Partnerschaften.

Bei der Entwicklung von Hochleistungstechnologien werden trotz eines strukturierten Vorgehens nicht vorhersehbare Probleme technologischer Art auftauchen. Dies gehört zur Natur dieser Entwicklungen und muß von Anfang an mit einkalkuliert werden. Nach der Formulierung einer Idee muß vor dem Beginn eines Projektes das Innovationspotential abgeschätzt werden. Hierzu werden Vorversuche durchgeführt und die Erfahrungen aus anderen Bereichen auf die neue Aufgabe übertragen. Üblicherweise wird diese Betrachtung für einen überschaubaren Sonderfall durchgeführt und verstärkt das Vertrauen in die Idee. Nach den ersten Entwicklungsschritten stellen sich neben den ersten Erfolgen auch die ersten Mißerfolge und Fehleinschätzungen ein (Bild 19). Eine Flexibilität bei der Zielerreichung muß hier möglich sein. Dazu gehört kreatives Denken und die Bereitschaft, unkonventionelle Lösungswege zu akzeptieren. Dem Entwicklungsteam muß dabei ein Freiraum eingeräumt werden, um zu einer pragmatischen Zielkorrektur zu gelangen. Daran schließt sich eine erfolgreiche Entwicklungsoptimierung an.

Idee	⇨	Innovations-potential	⇨	Pragmatische Zielkorrektur	⇨	Entwicklungs-optimierung

Voraussetzung
- gemeinsames Interesse aller Partner
- vorwettbewerbliche Phase
- **Nutzung von Innovationspotential durch Überwindung der Kreativitätsbarrieren**
- **Freiraum für das Entwicklungsteam**
- **Strategien zur Risikominimierung**

Vorgehen
- **Teambildung der** ⇨ virtuelle Entwicklungsfirma
  Technologen ⇨ Entwicklungsarbeit im Workshop
- **Zieldefinition**
- **Machbarkeitsstudie:** Validierung
- **Pilotanwendungen**

Bild 19: Entwicklung von Hochleistungstechnologien

Die Erweiterung der Idee der konzentrierten Entwicklungsarbeit in Workshops ist die virtuelle Entwicklungsfirma. Hier gelten die gleichen Voraussetzungen für eine erfolgreiche Zusammenarbeit wie bei der konzentrierten Entwicklungsarbeit. Begonnen wird mit der Zieldefinition und der Partnerwahl. Abschließend wird das Entwicklungsergebnis durch eine Pilotanwendung verifiziert.

Die Entwicklungsaufgaben werden in der Zukunft aufgrund neuer Produktanforderungen wachsen (Bild 20). Der Entwicklungsfokus liegt heute auf einer Optimierung der Fertigung hinsichtlich der Kosten, der Zeit, der Qualität und der Umwelt. In Zukunft werden sich die Anforderungen wandeln. Eine sprunghafte Steigerung der Produktanforderungen bedingt neue Fertigungsverfahren. Beispiele für die gestiegenen Anforderungen sind hochgenaue Oberflächen, die Einbringung einer Oberflächenstruktur mittels Laser, die Hartstoffbeschichtung bestimmter Werkstücke oder Anforderungen aus dem Leichtbau. Die Erfüllung dieser Anforderungen kann nur durch eine Zusammenarbeit zwischen Konstruktion und Fertigung erzielt werden. Ein Austausch der Information ist notwendig. Wenn die Bauteilanforderungen nicht nur hinsichtlich Toleranzen, sondern auch hinsichtlich der Einsatzanforderungen, dem Fertigungsentwickler bekannt sind, lassen sich Ziele für die Technologieentwicklung definieren. Die neuen Ziele lassen sich nicht mehr mit einer Optimierung der derzeitigen Fertigungsprozesse erreichen, sondern führen zu der Notwendigkeit neue Lösungen zu erarbeiten. Bei dieser Entwicklung sind die vorhandenen Kompetenzen nicht mehr ausreichend und neue Fähigkeiten sind erforderlich. Neue Lösungskonzepte werden in einer interdisziplinären Zusammenarbeit entwickelt. Dabei können Unternehmen, welche sich höchste Kenntnisse in einer spezifischen Technologie erarbeitet haben, einen entscheidenden Beitrag zur Zielerreichung leisten. Mit der Unterstützung dieser neuen Kooperationsformen wird ein Technologiesprung erreicht.

Der Entwicklungsfokus wird sich aufgrund neuer Produktanforderungen erweitern.

	Produktanforderung	Fertigung
heute		
Fokus		▪ Prozeßoptimierung - Zeit, Kosten, Qualität, Umwelt
Zukunft **Paradigmen-** **wechsel**	Produktanforderung	Fertigung
	sprunghafte Steigerung - hochgenaue Oberflächen - Oberflächenstruktur - Hartstoffbeschichtung - Leichtbau - ...	Defizite beim Erfüllen der Anforderungen ▪ Technologieentwicklung ▪ Hochleistungsprozesse
Zielerreichung	▪ Neue Lösungen durch interdisziplinäre Zusammenarbeit ▪ Kooperation mit High-end Unternehmen	

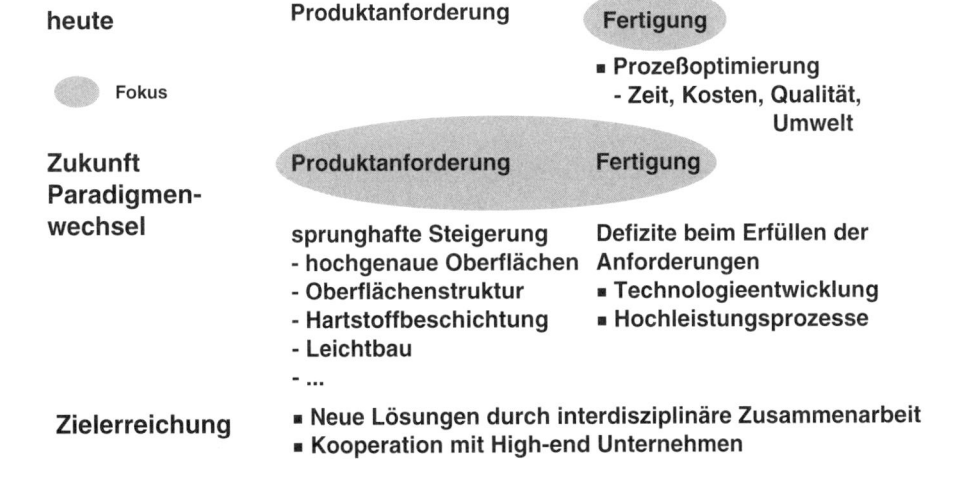

Bild 20: Entwicklungsfokus in der Fertigung

Das Thema Kooperation war auch in der Delphi-Studie '98 von Interesse, welche Antworten auf die Frage nach den technisch-wissenschaftlichen Möglichkeiten der Zukunftsgestaltung liefern soll [4]. Fast 2000 Personen aus Industrie, Hochschulen sowie Forschungsinstitutionen, Verbänden und dem öffentlichen Dienst nahmen an der Befragung teil. Eingeschätzt werden sollte nicht nur, wann eine Zukunftsthese Realität werden kann. Auch nach der Wichtigkeit der Lösungsbeiträge, dem Stand der Forschung und Entwicklung, den Rahmenbedingungen und danach, welche Maßnahmen zur Verbesserung der Situation angebracht seien, wurde gefragt. Zwölf Themenfelder wurden im Vorfeld für so wichtig erachtet, daß ein Blick in ihre Zukunft lohnt. Aus dem Themenfeld „Management & Produktion" sind 71 Thesen zur Bewertung und Gewichtung vorgelegt worden. Des weiteren wurde nach dem Zeitraum der Realisierung und nach dem derzeit realisierten F&E Stand in den Wirtschaftsregionen gefragt. Als drittwichtigste These für die wirtschaftliche Entwicklung wurde folgende genannt [4]:

„Unternehmenskooperationen in Forschung und Entwicklung unter Einbezug von Kunden und Instituten sind angesichts der zunehmenden Zeit- und Kostenintensität von F&E-Projekten in vielen Unternehmen gepflegte Praxis (Wichtigkeit für wirtschaftliche Entwicklung 98%, der höchste F&E-Stand wird angegeben mit USA 86%, Japan und Deutschland jeweils 63%)."

Darüber hinaus wurde auch für die Aussage „Die Fähigkeit, komplexe Projekte in Kooperation mit vielen Unternehmen effizient abwickeln zu können, zur Kernkompetenz" eine Wichtigkeit für die wirtschaftliche Entwicklung von 95% ermittelt. Die Erwartung, daß die Bedeutung von Kooperationen in Zukunft wächst, wird auch durch die sechs zur Wahl stehenden Maßnahmen dokumentiert: bessere Ausbildung, Personalaustausch zwischen Wirtschaft und Wissenschaft, internationale Kooperation, F&E-Infrastruktur, Förderung durch Dritte und Regulationsänderung. In der Gesamtheit wurde die internationale Kooperation mit knapp 45% als wichtigste Maßnahme eingestuft.

5 Zusammenfassung

Die Erreichung der Technologieführerschaft ist ein Weg zur Erreichung der Marktführerschaft. Ein Technologievorsprung läßt sich mittels Einsatz von Hochleistungsprozessen erzielen. Sie verbessern sprunghaft wesentliche Prozeßmerkmale mindestens um den Faktor zwei und führen zu einer generellen Ausnutzung des technisch realisierbaren Potentials.

Bei der Technologieentwicklung wird zwischen einer Kerntechnologie, welche ein Alleinstellungsmerkmal darstellt und ohne Partnerschaft entwickelt wird, einer Hochleistungstechnologie, welche in einer Kooperation entwickelt werden kann und einer käuflichen Standardtechnologie unterschieden. Die Entwicklung von Hochleistungsprozessen verlangt eine Optimierung aller Systemparameter und erfordert eine Kooperation. Zuerst wird in einer vorwettbewerblichen Phase, unabhängig vom Produkt, eine Technologie entwickelt. Dabei werden auch grundsätzliche Zusammenhänge erarbeitet. Diese ausführliche Technologieentwicklung führt zu neuem Technologiewissen und ermöglicht eine kurze und zielgerichtete Prozeßentwicklung. Wenn das Know-how vorhanden ist, werden die Prozesse im eigenen Unternehmen bauteilbezogen optimiert.

Erfolgskriterien für eine Technologieentwicklung sind neben einer quantifizierten Zieldefinition, die Bildung eines zielorientierten Entwicklungsteams mit fähigen Partnern. Die offene, vertrauensvolle Zusammenarbeit und eine schnelle Umsetzung der gewonnenen Ergebnisse gehören ebenfalls dazu. Die Kooperationspartner profitieren durch eine offene Technologiediskussion und erweitern ihr Wissen. Ihre Zusammenarbeit ist dabei projektbezogen und zeitlich beschränkt. Organisatorische und technische Maßnahmen sichern eine erfolgreiche Prozeßeinführung.

In Zukunft erweitert sich der Entwicklungsfokus. Sprunghaft steigende Produktanforderungen bedingen neue Lösungen, welche eine verstärkte interdisziplinäre Zusammenarbeit notwendig machen. Die Technologiekooperation führt zu Technologiekompetenz, welche für die Zukunft auch Marktkompetenz bedeutet.

Literatur:

[1] Womack, J.P. ; Jones, D.T.; Roos, D.: The machine that changed the world; New York, Rawson, 1990

[2] Bartl, R.: Darstellung der Verbundvorhaben „Trockenbearbeitung prismatischer Teile", Abschlußpräsentation der BMBF/PFT-Projektes, Tagung 30.-31. März 1998 in Aachen, VDI Berichte 1375

[3] Bartl, R.: „Hochleistungsbearbeitung auf Serienmaschinen", CIRP/VDI Tagung Hochleistungswerkzeuge am 3.-4. November 1998 in Düsseldorf, VDI Berichte 1399

[4] Cuhls, Kerstin; et. al.: DELPHI '98 Umfrage. Studie zur globalen Entwicklung von Wissenschaft und Technik, Fraunhofer-Institut für Systemtechnik und Innovationsforschung, 1998

[5] Klocke, F. et al.: Produktionk 2000 plus. Visionen und Forschungsfelder für die Produktion in Deutschland. Untersuchungsbericht zur Definition neuer Forschungsfelder für die Produktion nach dem Jahr 1999, 1998

Mitarbeiter der Arbeitsgruppe für den Vortrag 3.2

Dr.-Ing. J. Arlt, DaimlerChrysler, Gaggenau
Dr.-Ing. R. Bartl, Heidelberger Druckmaschinen AG, Wiesloch
Dr.-Ing. K. Christoffel, Sandvik GmbH, Düsseldorf
Dr.-Ing. J. Fabry, Kennametal Hertel AG, Fürth
Dr.-Ing. H. Hübsch, Schaudt Maschinenbau GmbH, Stuttgart
Prof. Dr.-Ing. F. Klocke, WZL, RWTH Aachen
Dipl.-Ing. D. Lung, WZL, RWTH Aachen
Dr.-Ing. H.-R. Meyer, Ernst Winter & Sohn GmbH & Co., Norderstedt
Dipl.-Ing. J. Muckli, WZL, RWTH Aachen
Dipl.-Ing. K. Röttger, WZL, RWTH Aachen
Dr.-Ing. K. Yegenoglu, Tyrolit Schleifmittelwerke, Schwaz (A)
Dr.-Ing. R. Zeller, Robert Bosch GmbH, Stuttgart

3.3 Hybride Prozesse - Neue Wege zu anspruchsvollen Produkten

Gliederung:

1 Einleitung

2 Anspruchsvolle Produkte erfordern fortschrittliche Bearbeitungsverfahren
2.1 Bearbeitung schwerzerspanbarer Legierungen am Beispiel eines Flugzeugtriebwerks
2.2 Keramische Wälzlager für extreme Bedingungen
2.3 Mikroturbinen und Bremsscheiben: Hochleistungskeramiken für anspruchsvolle Aufgaben

3 Anspruchsvolle Produkte und ihre Anforderungen
3.1 Von der Aufgabenstellung zur optimierten Fertigung
3.2 Überwindung technologischer Grenzen
3.3 Was sind „hybride Prozesse"?
3.4 Beispiele hybrider Verfahren

4 Herausforderungen bei der Entwicklung und Umsetzung hybrider Prozesse
4.1 Herausforderungen bei der Umsetzung von innovativen Podukten, Prozessen und Abläufen
4.2 Voraussetzungen für die Umsetzung hybrider Prozesse
4.3 Gewährleistung der Reproduzierbarkeit hybrider Prozesse
4.4 Möglichkeiten und Wege zur Beherrschung und Umsetzung hybrider Prozesse

5 Anlagenbeispiele für hybride Verfahren
5.1 Anlagentechnische Umsetzung des Laserstrahl-Brennabtragens
5.2 Anlagentechnische Umsetzung der laserunterstützten Drehbearbeitung
5.3 Anlagentechnische Umsetzung des ultraschallunterstützten Schleifens

6 Zusammenfassung und Fazit

Kurzfassung:

Hybride Prozesse - Neue Wege zu anspruchsvollen Produkten

Die Situation in produzierenden Unternehmen ist gekennzeichnet durch einen ständigen Innovationsdruck in bezug auf die Produkte und deren Fertigungsverfahren. Eine erfolgreiche Markteinführung neuer Produkte kann aus wirtschaftlicher Sicht nur dann realisiert werden, wenn frühzeitig sämtliche Optimierungspotentiale erkannt und in der jeweiligen Fertigung umgesetzt werden. Die aus den klassischen Ansätzen zur Prozeßoptimierung resultierenden technischen Möglichkeiten sind jedoch in vielen Fällen unzureichend, vor allem dann, wenn die betrachteten Produkte durch schlechte Bearbeitbarkeit gekennzeichnet bzw. mit den derzeit bekannten Verfahren nicht herstellbar sind.

Der folgende Beitrag zeigt neue Ansätze zur Überwindung dieser technologischen Grenzen auf. Mit der Einbringung zusätzlicher Energieformen in bereits bestehende Prozeßabläufe lassen sich in sogenannten „hybriden Prozessen" Verbesserungen in der Zerspanbarkeit von Werkstoffen bzw. in den Prozeßabläufen erreichen, die in einer Vielzahl von Anwendungen zu einer maßgeblichen Leistungssteigerung der Verfahren führen. Explizit werden anhand von drei Verfahrensvarianten der hybriden Prozesse die noch ungenutzten Potentiale auf dem Weg zu anspruchsvollen Produkten dargestellt. Darüber hinaus werden die Maschinenkonzepte vorgestellt, die eine Umsetzung der jeweiligen Verfahrensvarianten ermöglichen.

Abstract:

Hybrid processes - New paths to sophisticated products

The environment in manufacturing companies is characterized by constant pressure to develop innovative products and manufacturing techniques. New products can be launched effectively and economically on the market, only when all potential for optimization is recognized and exploited at an early stage. The technical options which emerge from the classical approaches to process optimization are, however, frequently inadequate, particularly when the products in question are difficult to machine or cannot be manufactured using techniques currently applied in industry.

The following contribution outlines new approaches now being pursued in the drive to overcome these technological limitations. The addition of extra energy sources to existent process sequences, creates so-called "hybrid processes", which enhance process sequences and make materials easier to machine. This results in a significant increase in the efficiency of many machining techniques. The development from unused potential to high quality products is described in detail, on the basis of three hybrid processes. The machine concepts, which permit the implementation of each of these hybrid processes, are also presented.

1 Einleitung

Vordringliches Ziel produzierender Unternehmen wird auch in Zukunft der Erhalt ihrer Wettbewerbsfähigkeit sein. Neben der kontinuierlichen Verbesserung bereits vorhandener Produktionsabläufe kann die Fokussierung auf neuartige Produkte einen entscheidenden Beitrag dazu leisten, sich von konkurrierenden Unternehmen abzugrenzen und einen Wettbewerbsvorteil zu erlangen. Die Tatsache, daß mit der Einführung solcher Produkte auch der Einsatz leistungsfähiger Materialien einher geht, führt letztendlich zu einem hohen Bedarf an neuen, leistungsfähigeren Fertigungsverfahren und Produktionsmaschinen. Oft reicht hierbei eine Optimierung bereits bestehender Produktionsabläufe nicht aus, vielmehr müssen neue Ansätze in der Fertigungstechnologie konsequent umgesetzt werden. Möglichkeiten bieten sich hierbei mit der Einführung der sogenannten hybriden Prozesse. Dabei wird auf der Basis bereits existierender und optimierter Verfahren durch die Unterstützung anderer Energieformen eine weitere maßgebliche Leistungssteigerung der Prozesse erzielt.

Die Potentiale, die sich mit der Einführung dieser neuartigen Prozesse ergeben, werden nachfolgend sowohl prinzipiell als auch anhand konkreter Beispiele dargestellt. Im Vordergrund stehen dabei Produkte und Bauteile, deren fertigungstechnische Umsetzung besonders anspruchsvoll ist. Die Beschreibung der werkstoff- und geometrieseitigen Besonderheiten sowie der damit verbundenen fertigungstechnischen Problemstellungen werden den neuen Lösungsansätzen, den hybriden Prozessen, gegenübergestellt. Hieraus lassen sich möglichst praxisnah die Leistungspotentiale hybrider Prozesse ableiten.

2 Anspruchsvolle Produkte erfordern fortschrittliche Bearbeitungsverfahren

2.1 Bearbeitung schwerzerspanbarer Legierungen am Beispiel eines Flugzeugtriebwerks

Moderne Flugzeuge müssen sich nicht nur durch hohen Passagierkomfort, sondern auch durch niedrige Schadstoff- und Lärmemissionen, geringen Brennstoffverbrauch sowie lange Lebensdauer auszeichnen. Schwerpunkte bei der Entwicklung von Flugzeugtriebwerken liegen dabei in der Erzielung optimaler spezifischer Brennstoffverbräuche sowie im intelligenten Leichtbau. Dadurch haben insbesondere Hochleistungswerkstoffe, die sich u.a. durch extrem günstige Verhältnisse von Leistung und Gewicht, hohe Temperatur- und Korrosionsbeständigkeit sowie hervorragende mechanische Eigenschaften auszeichnen, einen hohen Stellenwert im Triebwerksbau. Moderne Werkstoffe, die heute den steigenden Anforderungen an extreme Einsatz- und Funktionsbedingungen gerecht werden, müssen oft mit Nachteilen erkauft werden. Einer davon ist die Bearbeitbarkeit, die sich mit zunehmender Leistungsfähigkeit in der Regel erheblich verschlechtert (Bild 1).

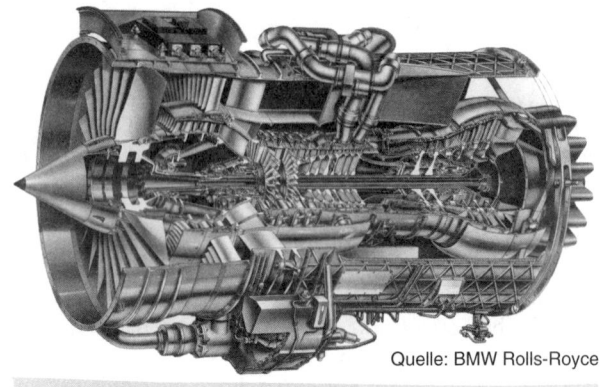

Problemfelder:
- Werkzeugverschleiß
- Zerspanleistungen
- Kosten

Ziele:
- Abtragraten steigern
- Verschleiß senken

Quelle: Pratt & Whitney
Quelle: BMW Rolls-Royce

Bild 1: Problemfelder und Zielsetzungen der Materialbearbeitung am Beispiel eines Flugzeugtriebwerks

In diesem Zusammenhang ist Titan zu nennen, ein Material, dessen Einsatz sich in den vergangenen drei Jahrzehnten als Konstruktionswerkstoff in der Luft- und Raumfahrt, dem chemischen Apparatebau sowie in der Medizintechnik immer stärker verbreitet hat. Diese Entwicklung hängt maßgeblich mit den besonderen Eigenschaften von Titan und Titanlegierungen, wie niedriger Dichte, hoher Warmfestigkeit und -härte, guter Temperaturwechsel- und Korrosionsbeständigkeit zusammen. Titanlegierungen besitzen eine ähnliche Dichte wie Aluminiumlegierungen, haben jedoch doppelte bis dreifache Festigkeiten. Dies führt zu einem sehr günstigen Verhältnis von Festigkeit und Dichte. Aus diesem Grunde bestehen Flugzeuge bis zu 39% aus Titanwerkstoffen, wobei für Strukturbauteile Zerspanungsanteile von bis zu 95% anfallen [1, 2, 3, 4]. Ähnliche Größenordnungen finden sich auch bei Triebwerkskomponenten, die neben Titan aus besonders schwer zu zerspanenden Nickelbasis- und Sonderlegierungen bestehen. Aus fertigungstechnischer Sicht führen die hohen Zerspanleistungen im Verbund mit den Materialeigenschaften somit zu neuen Herausforderungen bei der spanenden Bearbeitung. Lange Fertigungszeiten durch prozeßbedingte niedrige Vorschübe und Schnittgeschwindigkeiten sowie kurze Standzeiten infolge hoher thermischer und mechanischer Werkzeugbelastung gestalten die spanende Formgebung sehr zeit- und kostenintensiv. Eine prägnante Verbesserung der Bearbeitbarkeit, auch über den Bereich des Triebwerkbaus hinaus, stellt somit ein wichtiges fertigungstechnisches Ziel dar. Dabei kommt neben dem Einsatz moderner Schneidstoffe und der Optimierung bestehender Herstellungsprozesse der Entwicklung von neuen Fertigungsverfahren eine große Bedeutung zu.

2.2 Keramische Wälzlager für extreme Bedingungen

Seit etwa einem Jahrhundert sind Wälzlager stetig entwickelt worden und heute in praktisch allen Bereichen der Technik und des täglichen Lebens zu finden. Das Wälzlager stellt dabei ein qualitativ hochwertiges Massenprodukt dar, das jährlich in Milliardenstückzahlen produziert wird.

Aber nicht nur als Massenprodukt, sondern auch als Sonderbauteil mit speziellen technischen Anforderungen ist das Wälzlager auf dem Vormarsch. Hier hat sich eine neue Produktgruppe auf dem Markt etablieren können, deren Akzeptanz erst mit der Bereitstellung einer ausgereiften Fertigungstechnik geschaffen wurde. So befinden sich in den hochdrehenden HF-Spindeln für die Hochgeschwindigkeitsbearbeitung wegen der guten Gleit- und Notlaufeigenschaften in der Regel Sonderlager in Hybridbauweise.

Obwohl mit der konventionellen Wälzlagertechnik fast jedem Lagerungsproblem begegnet werden kann, darf nicht vernachlässigt werden, daß dies nur solange möglich ist, wie die Komponenten der Stahlwälzlager mit Schmierstoffen auf Basis von Mineralölen versorgt sind. Damit wird das wichtigste Kriterium für die Einsatzgrenzen der konventionellen Wälzlagertechnik offenkundig. Hohe Temperaturen und aggressive Umgebungen beschränken die Verwendbarkeit von Schmierstoffen, wenn diese nicht ohnehin aus Gründen der Umwelt- oder Produktverträglichkeit ausgeschlossen werden sollen oder müssen. Damit bleiben konventionelle Wälzlager in aller Regel auf Anwendungen beschränkt, bei denen eine ausreichende Schmierung realisierbar ist.

Erst durch die intensive Weiterentwicklung und die Einführung moderner Hochleistungskeramiken sind diese Einschränkungen mit innovativen Wälzlagerkonzepten und -werkstoffen überwunden worden. So findet sich bereits eine besonders anspruchsvolle Anwendung in der Stahlindustrie (Bild 2). Dort werden große Mengen von Stahlblechen in Durchlaufanlagen für die Automobil-, Bau- und Haushaltsgeräteindustrie verzinkt. Die Produktqualität hängt in entscheidendem Maße von der exakten Führung des Bleches ab, das über große Umlenkrollen durch die Zinkschmelze geleitet wird. Die Problematik besteht darin, daß eine Lagerung unter extremen Bedingungen betrieben werden muß: es herrschen Umgebungstemperaturen von bis zu 500°C; die Zinkschmelze ist je nach Zusammensetzung ein sehr aggressives Medium, das zusätzlich mit abrasiven Partikeln durchsetzt sein kann. Stand der Technik sind heute mediengeschmierte Gleitlager oder auch Gleitschuhe aus Oxidkeramik in Kombination mit Laufbuchsen aus einer hitzebeständigen Kobalt-Basis-Legierung. Nachteile dieser Lagerungen sind ihr relativ hohes Reibmoment, die eingeschränkte Laufgenauigkeit und die kurze Lebensdauer von rund 2-6 Wochen im kontinuierlichen Betrieb [5].

Große Keramikrollenlager sollen diese Nachteile überwinden und eine leichtgängige und präzise Lagerung der Umlenkrollen gewährleisten. Die ersten Praxiserfahrungen bestätigen bereits, daß die Lager im Medium beständiger sind und ein deutlich besseres Laufverhalten aufweisen als bestehende Lösungen.

Als Werkstoffe für solche Wälzkörper und Lagerringe kommen nur ganz bestimmte Hochleistungskeramiken in Betracht. Derzeit sind dies homogene, heißisostatisch gepreßte sowie gasdrucksinterte Siliziumnitrid-Keramiken. Sie bilden werkstoffseitig die Grundvoraussetzung für solche höchst anspruchsvollen Produkte, schränken jedoch aufgrund der schlechten Bearbeitbarkeit das Spektrum möglicher Fertigungstechnologien stark ein.

Anforderungsprofil
- Temperaturen bis 500°C
- abrasive Zinkschmelze
- keine Öl-Schmierung
- hohe Laufgenauigkeit

Material
Siliziumnitrid-Keramik
- Verschleißfestigkeit
- Warmfestigkeit
- Korrosionsbeständigk.

Bauteil
- Oberflächengüten
- Formgenauigkeit
- Maßhaltigkeit
- Randzonenschädigung

Fertigungsverfahren
- Schleifen
- Polieren
- Läppen

Verfahrensmerkmale für das Schleifen
- geringe Abtragraten
- hoher Einrichtaufwand
- geringe Flexibilität
- Kühlschmierstoffeinsatz

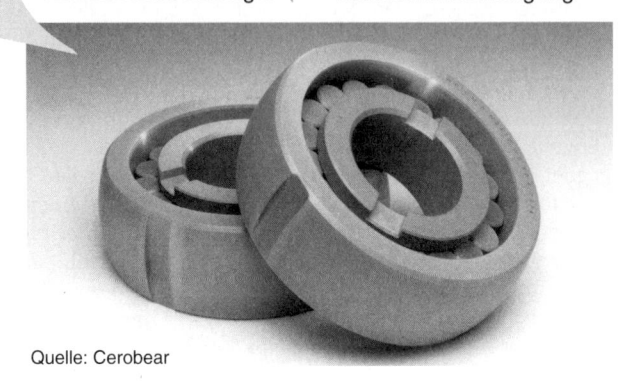

Quelle: Cerobear

Bild 2: Wälzrollenlager von Umlenkrollen für die Blechverzinkung

Die Bereitstellung geeigneter Fertigungsverfahren stellt somit eine zweite Voraussetzung für derartige Produkte dar. Hier erfüllt derzeit nur das Schleifen die gestellten Anforderungen. Andere Verfahren scheiden schon allein aus Gründen der schlechten Zerspanbarkeit des Materials aus. Hinzu kommen die hohen Genauigkeitsanforderungen an die Komponenten der Lager, die dazu führen, daß eine Herstellung dieser Bauteile stets mit hohem fertigungstechnischem Aufwand verbunden ist. Dies resultiert nicht nur aus den geringen erzielbaren Abtragraten, sondern vor allem aus den aufwendigen Einrichtarbeiten, die sich bei engtolerierten Bauteilkonturen, wie den Laufbahnen oder den Wälzrollen, ergeben. Somit sind wesentliche Aspekte bei der Bewertung des Fertigungsverfahrens die Genauigkeit sowie die Flexibilität bzw. die erzielbare Durchlaufzeit von der Rohteilgeometrie bis hin zum montagefertigen Endteil.

Ein weiterer Gesichtspunkt, der bei der Keramikbearbeitung sowie bei allen thermisch und mechanisch hochbeanspruchten Bauteilen von großer Bedeutung ist, ist die Ausbildung der verfahrensbedingten Randzone. Sie kann neben anderen werkstoffseitigen Faktoren das Einsatzverhalten stark negativ beeinflussen und muß daher stets kontrollierbar sein.

2.3 Mikroturbinen und Bremsscheiben: Hochleistungskeramiken für anspruchsvolle Aufgaben

Mikrotechnische Bauteile werden nach Expertenmeinungen in den kommenden Jahrzehnten in hohem Maße den Maschinenbau und insbesondere die Fertigungstechnik beeinflussen. In einigen Bereichen werden Wachstumsraten, die denen der Mikroelektronik gleichen, erwartet. Neben den klassischen mikrotechnischen Fertigungsverfahren, den Batch-Prozessen, wie dem LIGA-Verfahren oder der Si-Mikromechanik, werden zur Herstellung mikrotechnischer Produkte auch weiterentwickelte klassische

Verfahren eingesetzt. Beispiele sind die Mikrozerspanung oder Ultrapräzisionsbearbeitung von Mikrooptiken mit geometrisch bestimmter oder unbestimmter Schneide.

Mikrotechnische Produkte sind durch ihre charakteristischen geometrischen Abmessungen und die daraus resultierenden Anforderungen an Konstruktion, Werkstoffauswahl und insbesondere an die Fertigungstechnologie gekennzeichnet. Der Konstrukteur ist hier gefordert, schon in Frühphasen der Produktentwicklung Merkmale mikrotechnischer Problemstellungen bei Konzeption und Entwurf zu beachten. Wesentlich enger als bei makroskopischen Bauteilen miteinander verstrickt sind außerdem die Auswahl geeigneter Werkstoffe mit der Wahl einer geeigneten Fertigungstechnologie.

Ein interessantes Beispiel eines hinsichtlich des Herstellungsprozesses anspruchsvollen Produktes sind keramische Mikro- oder Kleinstturbinen aus hochreinen Zirkonoxid-Keramiken (Bild 3). Diese bieten bei verschiedenen Applikationen, z.B. im Bereich der Medizintechnik oder der Meß- und Analysetechnik, im Vergleich zu Mikromotoren entscheidende Vorteile. Dies sind z.B. Sicherheitsaspekte in gefährlicher Arbeitsumgebung sowie vor allem die Möglichkeit, relativ große Drehmomente bei hohen Drehzahlen direkt, d.h. ohne weitere Übersetzung, zu erzeugen. Trotz mancher Einschränkungen im Vergleich zum makroskopischen Turbinenbau scheint sich mit den hydrodynamischen Mikroturbinen eine leistungsstarke Alternative zu den bisher vorliegenden, meist elektrischen Mikroantrieben zu etablieren [6].

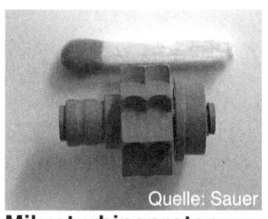

Mikroturbinenrotor
Quelle: Sauer

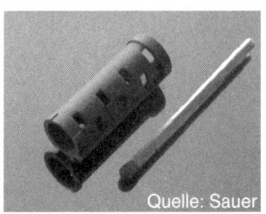

Mikroturbinengehäuse
Quelle: Sauer

Anwendungsbereiche
- Medizintechnik
- Verfahrenstechnik
- Analysetechnik

Lösung
- Einsatz von hochreinen Keramikwerkstoffen

Werkstoff
- Siliziumnitrid-Keramik

Anforderungsprofil
- chemische Beständigkeit
- mechanische Festigkeit
- Verschleißfestigkeit
- hohe Form- und Maßgenauigkeiten
- hohe Oberflächengüten

Problematik
- Wirtschaftlichkeit der Bearbeitungsverfahren
- Bauteilqualität

Arbeitsoperationen
- Außenrundschleifen
- Innenrundschleifen
- Fräsen und Bohren

Bild 3: Präzisionsbauteile aus Hochleistungskeramik am Beispiel einer Mikroturbine

In vielen Fällen, bei denen die mechanischen sowie thermischen Anforderungen von minderer Bedeutung sind, wird Kunststoff als Werkstoff für die Mikroturbine eingesetzt, welcher mit den etablierten mikrotechnischen Herstellverfahren bearbeitbar ist. Eine besondere Herausforderung an die Mikrotechnik stellt dagegen die Herstellung von Mikroturbinen aus spröden Werkstoffen wie Glas oder Hochleistungskeramik mit ihren besonderen physikalischen Eigenschaften dar. Für diese Werkstoffgruppe kommt bis heute aufgrund der hohen abrasiven Wirkung auf das Werkzeug nahezu ausnahmslos die Zerspanung mit geometrisch unbestimmter Schneide in Frage. Derartige

Bauteile sind hochempfindlich und ihre Bearbeitung daher höchst anspruchsvoll. Schon geringfügige Materialschädigungen können durch die Fortpflanzung von Rissen zum Bauteilbruch führen. Gerade komplexe Geometrien mit feinen Strukturen wie Bohrungen, Nuten oder Aussparungen, stellen daher hohe Anforderungen an die Weiterentwicklung der klassischen Fertigungsverfahren.

Ein weiteres Beispiel für die große Bedeutung der Fertigungstechnik bei der erfolgreichen Entwicklung neuer Produkte bis zur Serienreife ist das innovative Bremsscheibenkonzept eines großen deutschen Automobilherstellers. Die Bremsscheibe wird dabei aus einer speziell für diesen Anwendungsfall entwickelten Hochleistungskeramik mit besonders hoher mechanischer Festigkeit sowie hoher thermischer Beständigkeit hergestellt. Darüber hinaus ist sie durch eine sehr hohe Abriebfestigkeit gekennzeichnet und ist somit hervorragend für die Extrembeanspruchungen beim Bremsvorgang geeignet. Es ist geplant, die konventionellen Bremsscheiben gehobener Fahrzeugklassen zukünftig durch das neue Konzept zu ersetzen.

Neben Plan- und Außenrundschleifoperationen müssen 12 Mitnehmerbohrungen hergestellt werden. Diese Bohrungen bedürfen einer sehr hohen Form- und Lagegenauigkeit (ca. 10 µm). Außerdem werden höchste Forderungen an die Qualität der Oberflächen gestellt, um einen optimalen Traganteil der einzelnen Bolzen zu erzielen, da diese beim Bremsvorgang vollständig im Kraftfluß liegen. Ziel ist es, die wirkende Bremskraft homogen auf sämtliche Mitnehmerbolzen zu verteilen.

Während die Planschleif- sowie die Außenrundschleifoperationen mit Diamantschleifscheiben in bekannten Anordnungen umsetzbar sind, werden die Bohrungen ähnlich der Glasbearbeitung mit Hohlschleifscheiben erzeugt. Hohe Bearbeitungsdauern sowie unzureichende Bauteilqualitäten verhinderten bisher die Serieneinführung dieses innovativen Produktes.

3 Anspruchsvolle Produkte und ihre Anforderungen

3.1 Von der Aufgabenstellung zur optimierten Fertigung

Anspruchsvolle Produkte sind im wesentlichen durch die hohen technischen Anforderungen, die an sie gestellt werden, gekennzeichnet. Die sich daraus ergebenden fertigungstechnischen Aufgabenstellungen erfordern für ihre Lösung in der Regel sowohl umfangreiches technologisches Know-how als auch ein entscheidendes Maß an Ideenreichtum und Innovationsbereitschaft der Hersteller. Die drei aufgeführten Produktbeispiele zeigten bereits die Vielfalt der fertigungstechnischen Problemstellungen, die sich aufgrund der verwendeten Werkstoffe, der Komplexität der Bauteile, der hohen Qualitätsanforderungen, aber auch der hohen geforderten Zerspanleistungen ergeben. Dabei steht für die Umsetzung eines betrachteten Bauteils zunächst die Identifizierung geeigneter Technologien im Vordergrund, die ausschließlich der Erfüllung der Aufgabenstellung dienen (Bild 4).

Bauteil / Qualität
- Oberfläche
- Genauigkeit (Maß, Form)
- Komplexität
- Filigranität

Aufgabenstellung

Materialeigenschaften
- mechanisch
- thermisch
- tribologisch
- chemisch

Know-how

Abtragmechanismen
- Verformen, Trennen
- Schmelzen
- Auflösen

- Identifikation geeigneter Fertigungsverfahren
- Prozeßoptimierung

Technische Grenzen?

Umsetzung einer »optimierten Fertigung«
- Ökonomie (Kosten, Zeit)
- Qualität
- Ökologie (Hilfsstoffe)

Know-how

Bearbeitbarkeit durch
- Abtragen (therm., ...)
- Zerspanen (definiert)
- Zerspanen (undefiniert)

Bild 4: Von der Aufgabenstellung zur optimierten Fertigung

Die nachfolgende Optimierung der Prozesse und Prozeßabläufe kann dann nur noch bis zu den jeweiligen technologischen Grenzen vollzogen werden. Diese Grenzen ergeben sich häufig aus einer ungünstigen Kombination aus Werkstoffeigenschaften und Bearbeitungsaufgabe. So lassen sich beispielsweise Titanlegierungen, aufgrund der ohnehin schlechten Zerspanbarkeit, nur mit geringen Abtragraten durch Drehen oder Fräsen bearbeiten. Die starke Neigung zur Kaltverfestigung und zur Adhäsion auf der Werkzeugschneide bestimmen hierbei vor allem bei der Schruppbearbeitung die Grenze der Leistungsfähigkeit. Im Falle der Siliziumnitrid-Keramik ist es die extrem hohe Härte und unzureichende Duktilität, die den Einsatz der klassischen Dreh- und Fräsbearbeitung unmöglich macht. Das letzte Beispiel, die Mikroturbine, läßt aufgrund der Empfindlichkeit des spröden Werkstoffs nur spanende Verfahren mit extrem geringen Prozeßkräften zu, um eine Schädigung des Bauteils zu vermeiden. Diese Bedingungen sind ausschlaggebend bei der Auswahl geeigneter Fertigungsverfahren und bei der Ermittlung ihrer Grenzen. Sie bilden die Ausgangssituation für die Herstellung der betrachteten Produkte und dienen zudem als Grundlage für eine Prozeßbewertung unter Berücksichtigung ökonomischer und ökologischer Gesichtspunkte sowie der erzielbaren Qualitäten.

3.2 Überwindung technologischer Grenzen

Eine Bewertung der Prozeßfähigkeit eines Verfahrens und somit seiner Leistungsfähigkeit kann nur unter Berücksichtigung der jeweiligen Bearbeitungsaufgabe bzw. der Bearbeitbarkeit des Materials vollzogen werden. Bild 5 veranschaulicht diese Zusammenhänge und stellt ferner qualitativ den technologischen Grenzbereich dar, in dem die Anwendung eines bestimmten Prozesses nicht sinnvoll oder nicht möglich ist.

Strategie 1

Veränderung der Werkstoffeigenschaften in der Wirkzone des Prozesses durch Zusatzenergien

Strategie 2

Veränderung der Wirkmechanismen des Prozesses durch Zusatzenergien

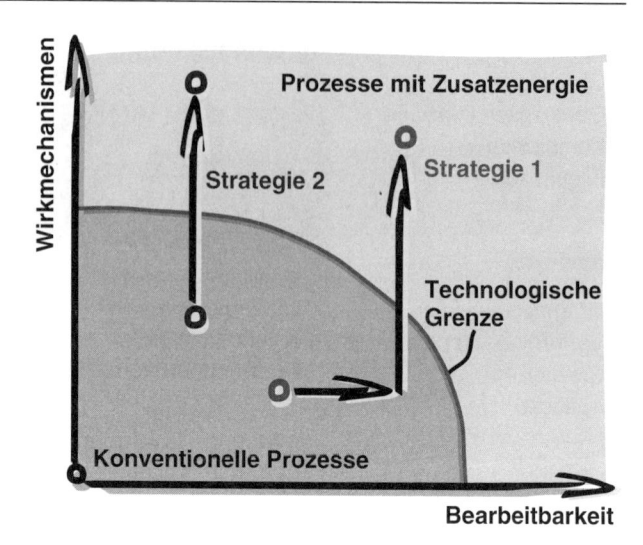

Hybrider Prozeß

Bild 5: Strategien zur Überwindung derzeitiger technologischer Grenzen

Um nach Prüfung und Umsetzung aller klassischen Optimierungsansätze eine weitere Effizienzsteigerung im Herstellungsprozeß zu erreichen, müssen „neue Wege" eingeschlagen werden, die einen maßgeblichen Sprung über diese technologischen Grenzen hinaus erlauben. Die Erfahrungen haben gezeigt, daß weitere Optimierungsmaßnahmen vor allem in dem durch Herstellungs- oder Produktfehler gekennzeichneten Grenzbereich eines Verfahrens hinsichtlich Aufwand und späterem Nutzen nicht zu rechtfertigen sind.

Neue Perspektiven ergeben sich jedoch über einen neuen Lösungsansatz, bei dem bestehende, optimierte Verfahren durch gezielte Einbringung zusätzlicher Energieformen wirkungsvoll unterstützt werden. Hierbei wird auf die eigentliche Ursache für die technologischen Grenzen eingewirkt, nämlich die Bearbeitbarkeit der Werkstoffe und die Prozeßvorgänge. Beide Aspekte werden durch spezifische Strategien bestimmt:

Mit der in Bild 5 dargestellten Strategie 1 wird eine gezielte Veränderung der Werkstoffeigenschaften im Wirkbereich des Prozesses, mit Strategie 2 eine Veränderung der vorherrschenden Wirkmechanismen des Prozesses hervorgerufen.

Charakteristisch für die Strategie 1 ist die zeitlich begrenzte, auf die Wirkzone des Prozesses beschränkte Verbesserung der Bearbeitbarkeit eines Werkstoffs, woraus sich, je nach Anwendungsfall, eine deutliche Steigerung der Prozeßfähigkeit ergibt. In Einzelfällen wird der Einsatz einer bestimmten Technologie durch eine derartige Vorgehensweise erst möglich.

Bei der Strategie 2 findet eine direkte Beeinflussung der Materialtrenn- bzw. –abtragvorgänge statt, was eine Steigerung der Prozeßfähigkeit bewirkt, ohne dabei den Werkstoff in seinen Eigenschaften zu verändern.

3.3 Was sind „hybride Prozesse"?

Die für die Umsetzung dieser Ansätze prinzipiell notwendige Maßnahme ist die Einkopplung einer oder mehrerer zusätzlicher Energieformen in den bestehenden Prozeß. Man spricht in diesem Fall von einem „Hybriden Prozeß". Hinsichtlich der Energieformen sind hierbei unterschiedlichste Kombinationsmöglichkeiten denkbar, jedoch ist der technologische Nutzen stets zu überprüfen (Bild 6).

Verfahrensbeispiele:
- Laserstrahl-Brennabtragen
- Warmzerspanung
- Ultraschallgestützte Zerspanung
- Weitere Möglichkeiten, wie z.B.
  - Induktionsunterstütztes Laserstrahlschweißen
  - Ultraschallunterstützte Funkenerosion

Kombinationsmöglichkeiten

Haupt-energieform	Zusatzenergieform		
	mechanisch	thermisch	chemisch
mechanisch	X	X	X
thermisch	X	X	X
chemisch	X	X	X

Definition

Bei „hybriden Prozessen" werden unterschiedliche oder auf unterschiedliche Weise erzeugte Energieformen zeitgleich, d.h. in einem Produktionsschritt, in eine Wirkzone eingekoppelt

Bild 6: Definition und Beschreibung „Hybrider Prozesse"

Eine klare Abgrenzung zwischen einem hybriden und einem konventionellen Prozeß ist in vielen Fällen schwierig, da häufig verfahrensbedingt weitere Energieformen auftreten, die jedoch nicht über eine externe Quelle eingebracht werden. Ein Beispiel hierfür ist die selbstinduzierte Warmzerspanung, in der die prozeßbedingte Erwärmung das Material in der Zerspanzone entfestigt und somit besser zerspanbar macht. Die Energie stammt in diesem Fall aus dem Zerspan- bzw. Umformprozeß und wird nicht über zusätzliche Wärmequellen eingebracht.

Im folgenden werden in Anlehnung an die bereits betrachteten Bauteile und Werkstoffe verschiedene hybride Verfahrensvarianten in ihrer Wirkungsweise beschrieben und deren technologische Merkmale herausgestellt. Hierbei handelt es sich um das Laserstrahl-Brennabtragen, die laserunterstützte Warmzerspanung sowie die ultraschallunterstützte Zerspanung.

3.4 Beispiele hybrider Verfahren

3.4.1 Laserstrahl-Brennabtragen: Beispiel einer thermisch-chemischen Energiekopplung

Ein Ziel der Luft- und Raumfahrtindustrie ist es, die Bearbeitbarkeit von schwerzerspanbaren Materialien mit neuen Verfahren zu verbessern. Insbesondere bei großen, stabilen Bauteilen mit zum Teil komplexen Geometrien sind hohe Zerspanleistungen bis zu 40 kg pro Stunde Bearbeitungszeit erstrebenswert. Ein neuartiges Verfahren, das sich im Prinzip an das Abtragen mit Laserstrahlung anlehnt, stellt eine Alternative zur spanabhebenden Schruppbearbeitung dar. Zur Zeit wird dieses Verfahren bei der Firma Pratt & Whitney für die Bearbeitung von Triebwerksgehäusen aus Titan qualifiziert, und es ist davon auszugehen, daß nicht zuletzt aufgrund der hohen Abtragraten bei gleichzeitigem Wegfall des Werkzeugverschleißes die Voraussetzungen für den wirtschaftlichen Einsatz in der Produktion geschaffen werden können. Dabei ist zu berücksichtigen, daß das Verfahren, welches in diesem Beitrag beschrieben wird, ausschließlich zur Schruppbearbeitung herangezogen wird. Die anschließende Finishbearbeitung erfolgt mit konventionellen Prozessen, wie dem Drehen, Bohren oder Fräsen, um neben der geforderten Geometrie die Randzoneneigenschaften gezielt einstellen zu können.

Nachfolgend wird das Prinzip des Laserstrahl-Abtragens beschrieben und aufgezeigt, inwieweit es zur Schruppbearbeitung von Titan geeignet ist (Bild 7).

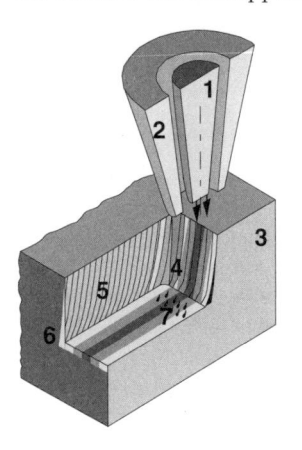

1: Laserstrahl
2: Prozeßgas
3: Werkstück
4: Schmelzzone
5: Riefenbildung
6: Wärmeeinflußzone
7: ausgeblasener Fugenwerkstoff

Schmelzabtragen
- Erschmelzen des Werkstoffes
- Ausblasen der Schmelze mit Inertgas

Sublimierabtragen
- Verdampfen des Werkstoffes
- Ausblasen mit Inertgas

Brennabtragen
- Werkstofferwärmung auf Zündtemperatur
- Verbrennen unter O_2

Bild 7: Prinzip des Laserstrahl-Brennabtragens

Aufgrund ihrer guten Fokussierbarkeit und der dadurch erreichbaren hohen Leistungsdichte ermöglichen Laserstrahlen eine lokale und schnelle Erwärmung eines Oberflächenbereichs bis zur Schmelz- bzw. Verdampfungstemperatur des Werkstoffs. Hierdurch sind sie zum Abtragen von keramischen oder metallischen Materialien gut geeignet. Der Volumenanteil der entstehenden Schmelze bzw. des Dampfes ist von materialspezifischen Eigenschaften und den gewählten Prozeßparametern, wie z.B. Laserstrahlintensität, Wellenlänge, Pulszeit oder Prozeßgasdruck und -volumenstrom abhängig.

Unter Zugrundelegen einer Einordnung nach DIN 8590 kann das Laserstrahl-Abtragen wie folgt definiert werden:
Thermisches Abtragen mit Laserstrahlung ist Abtragen, bei dem die an der Wirkstelle erforderliche Wärme durch Energieumsetzung beim Auftreffen eines Laserstrahls am Werkstück entsteht. Der Materialabtrag selbst erfolgt mit Hilfe eines Gasstroms, der das Material im Bereich der Wechselwirkungszone als Plasma oder Schmelze austreibt [7].

In bezug auf das Laserstrahl-Abtragen läßt sich zwischen den drei Verfahrensvarianten Schmelz-, Sublimier- und Brennabtragen unterscheiden. Im Falle des *Schmelzabtragens* wird der Werkstoff durch den Laserstrahl im Abtragbereich zunächst in einen schmelzförmigen Zustand überführt und die Schmelze mit Hilfe eines Gasstrahls ausgetrieben. Hierzu werden in der Regel inerte oder reaktionsträge Gase, wie Stickstoff oder Argon, verwendet.

Wird die Laserstrahlintensität deutlich erhöht, verdampft das Metall und es bildet sich eine Kapillare aus. Der dabei entstehende Ablationsdruck treibt den nicht verdampfenden Teil der Schmelze um den Laserstrahl herum. Dadurch wird ein wesentlich größerer Massentransport möglich, wobei hinter dem Laserstrahl ein gleichzeitig wirkender Gasstrom die Schmelze mit hoher Geschwindigkeit austreibt. Man spricht von *Sublimierabtragen*. Da bei diesem Prozeß relativ wenig Schmelze entsteht, ergeben sich glatte Bearbeitungskanten ohne ausgeprägte Riefenstruktur wie beim Schmelz- oder Brennabtragen. Die Wärmebelastung des Werkstücks ist gering und es bildet sich eine minimale Wärmeeinflußzone aus.

Beim *Laserstrahl-Brennabtragen* ähnelt der Schmelzaustrieb dem des Schmelzabtragens mit dem Unterschied, daß die Erwärmung an der Wirkzone durch eine chemisch exotherme Reaktion unterstützt wird. Das Laserstrahl-Brennabtragen wird fast ausschließlich in der Metallbearbeitung eingesetzt. Wie beim Schmelzabtragen wird das Werkstück im Bereich der Abtragzone erhitzt und die Schmelze mit einem Gasstrahl ausgetrieben. Dabei wird Sauerstoff verwendet, wobei durch die während des Prozesses entstehende exotherme Reaktion des Sauerstoffs mit dem schmelz- und teilweise dampfförmigen Metall eine zusätzliche Energiezufuhr in den Wechselwirkungsbereich von Laserstrahl und Werkstück erfolgt. Der durch die Verbrennung des Materials zusätzlich eingebrachte Wärmestrom kann dabei ein Mehrfaches der Laserleistung erreichen. Hierdurch werden gegenüber dem Schmelzabtragen bis zu achtfach höhere Abtragsgeschwindigkeiten erreicht. Hinzu kommt, daß dickere Materialschichten abgetragen werden können, so daß sehr hohe Abtragraten erzielbar sind. Im Unterschied zum Sublimier- oder Schmelzabtragen werden die bearbeiteten Flächen jedoch oxidiert und haben eine größere Wärmeeinflußzone. Damit kann es beim Abtrag von Konturen oder spitzwinkligen Geometrien zur Überhitzung oder gar zum Abbrennen von Konturelementen kommen. Eine entsprechende Steuerung und Regelung der Laserleistung ist daher erforderlich. Auch wird durch die Ausbildung von Riefen infolge der Überlagerung von Schmelzbaddynamik und Abbrand im Zuge der stark exothermen Reaktion eine Nachbearbeitung der bearbeiteten Zonen häufig notwendig [7].

Laserunterstütztes Brennabtragen zur Schruppbearbeitung von Flugzeugtriebwerksgehäusen

Aufgrund der guten Absorption, der geringen Wärmeleitfähigkeit und der Wärmekapazität ist Titan ein Werkstoff, der sich mittels Laserstrahl-Brennabtragen bearbeiten läßt. Dabei zeigt die Praxis, daß nur unter Berücksichtigung bestimmter Eigenschaften eine gute Laserstrahlbearbeitung möglich ist. Aufgrund der stark exothermen Reaktion mit Sauerstoff ist die Bearbeitungsqualität beim Brennabtragen stark vom Gasdruck und der Vorschubgeschwindigkeit abhängig. Ein zu großes Sauerstoffangebot führt zur Bildung von Kolkungen und Auswaschungen der Bearbeitungsflächen. Um ein unkontrolliertes Abbrennen der Bearbeitungsfront durch den Sauerstoff zu verhindern, muß der Druck so gewählt werden, daß er nur unterstützend auf die laserbedingte Materialaufschmelzung wirkt. Das Laserstrahl-Brennabtragen findet zur Zeit seinen Einzug in die industrielle Fertigung von Flugzeugtriebwerksgehäusen aus Titan- und Nickellegierungen. Ziel ist es hier, den großen Anteil des Schruppdrehens bei der spanenden Bearbeitung durch das Laserstrahl-Brennabtragen zu substituieren. Auch kann der extrem hohe Werkzeugverschleiß bei der Drehbearbeitung im unterbrochenen Schnitt vermindert werden. In einer neuartigen Fertigungskette Brennabtragen-Schlichtdrehen können somit durch die Verwendung des verschleißfreien Werkzeugs Laserstrahl die Werkzeugkosten drastisch gesenkt und andererseits durch Vervielfachung der Abtragraten bei der Schruppbearbeitung die Fertigungszeiten deutlich verringert werden. Das Laserstrahl-Brennabtragen ermöglicht so Abtragsleistungen von ca. 40 kg/h, was einer bis zu fünffach höheren Rate gegenüber der spanenden Bearbeitung entspricht. Gleichzeitig wird ein Oberflächenzustand, der die sich anschließende Schlichtbearbeitung unmittelbar zuläßt, erzielt (Bild 8).

Brennabtragen mit CO_2-Laserstrahlung

Anwendung
Bauteil: Triebwerksgehäuse
Werkstoff: Ti- und Ni-Legierungen

Prozeßparameter
Laserleistung: P_L >15 kW
Brennfleck: ø 1-3 mm
Prozeßgas: Sauerstoff
Gasdruck: p = 25 bar

Ergebnisgrößen
Abtragrate: > 40 kg/h
Oberfläche: Schruppzustand

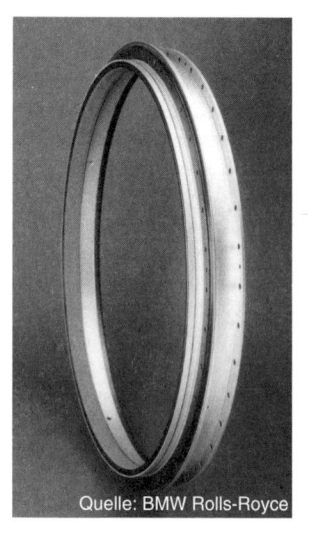

Bild 8: Bearbeitung eines Triebwerksgehäuses durch Laserstrahl-Brennabtragen

Derzeit werden Untersuchungen durchgeführt, die Reproduzierbarkeit des Prozesses zu verbessern. Dabei liegen die Schwerpunkte auf einer Steigerung der Genauigkeit des Materialabtrags sowie auf der Prozeßkontrolle. Die Firma Pratt & Whitney überprüft daneben die wirtschaftliche Eignung des Verfahrens für die Serienfertigung von Turbinengehäusen und erwartet den produktionstechnischen Einsatz für Ende 1999.

3.4.2 Laserunterstützte Zerspanung: Beispiel einer thermisch-mechanischen Energiekopplung

Prinzipiell zählt das laserunterstützte Zerspanen zu der Gruppe der Warmzerspanungsverfahren und entspricht in der Terminologie der hybriden Verfahren einem mechanisch-thermisch gekoppelten Prozeß. Durch eine Wärmeeinbringung mittels Laser unmittelbar vor der Zerspanzone wird eine lokale Veränderung der Werkstoffeigenschaften hervorgerufen (Bild 9). Sinnvoll anwendbar ist diese Verfahrensvariante nur, wenn die werkstoffseitige Veränderung auch eine Verbesserung der Zerspanbarkeit bewirkt. Erst dann lassen sich diese Materialien besser durch Werkzeuge mit definierter Schneidengeometrie zerspanen. Im Fokus stehen die klassischen Zerspanverfahren, wie das Fräsen und Drehen, welche bei einer Vielzahl von Werkstoffen nur bedingt oder gar nicht einsetzbar sind.

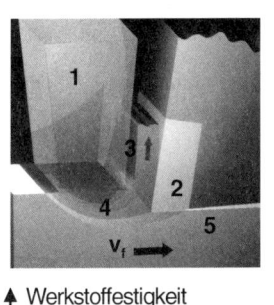

1: Laserstrahl
2: Werkzeugschneide
3: Span
4: Temperaturprofil
5: Werkstück

Prozeßmerkmale
Abstimmung von Laser- und Schnittparametern für optimales Temperaturprofil
- Verbesserte Zerspanbarkeit
- Reduzierter Verschleiß
- Erhöhte Abtragraten

Anwendung
Werkstoffe mit temperaturabhängiger Festigkeit

Laserunterstütztes Drehen von Siliziumnitrid-Keramik

Laserunterstütztes Fräsen von Ti- und Ni-Legierungen

Festigkeitsverhalten einer Siliziumnitrid-Keramik 1000 ... 1300 °C

Bild 9: Prinzip der laserunterstützten Warmzerspanung

Die Festigkeitskurven bei unterschiedlichen Einsatztemperaturen haben bestätigt, daß sowohl bei metallischen Werkstoffen, wie zum Beispiel Titan- und Nickelbasislegierungen, als auch bei nichtmetallischen Sinterwerkstoffen, wie die Siliziumnitrid-Keramik, nach Überschreiten einer bestimmten Mindesttemperatur eine maßgebliche Entfestigung eintritt. Ähnliches gilt auch für hochfeste Werkzeugstähle oder Hartbeschichtungen, wie Stellite 6.

Der Laser als Wärmequelle bei den Warmzerspanungsverfahren hat im Vergleich zu anderen Wärmequellen, wie Plasma oder Induktion, einen entscheidenden Vorteil. Die beim Laser sowohl über die Laserleistung als auch über die Form und Lage des Brennflecks kontrollierbare Wärmeeinbringung ermöglicht die genaue Einhaltung der geforderten Prozeßbedingungen, was eine wichtige Voraussetzung für den Einsatz dieser Technologie darstellt.

Als problematisch erweist sich jedoch das komplexe Temperaturprofil, welches sich aufgrund der Relativbewegung zwischen der Werkstückoberfläche und dem Brennfleck ausbildet. Letztendlich muß sichergestellt werden, daß die thermischen Voraussetzungen innerhalb der Zerspanzone eine verbesserte Bearbeitung gewährleisten bzw. diese überhaupt erst ermöglichen. So muß beispielsweise für die Zerspanung der Siliziumnitrid-Keramik im Spanungsquerschnitt eine Temperatur von ca. 1000°C bis 1200°C erreicht werden, da erst dann eine ausreichende Entfestigung der sogenannten amorphen Glasphase der Keramik sichergestellt wird.

Zusätzlich sind die Auswirkungen der Wärmeeinbringung auf die Werkstückrandzone zu berücksichtigen, was vor allem die metallischen Werkstoffe betrifft. Über die Einstellung der Prozeßparameter muß sichergestellt werden, daß nur der Bereich im Werkstück entfestigt wird, der anschließend zerspant wird. Dadurch lassen sich unerwünschte Anlaßeffekte und Härteverluste im Bereich der bearbeiteten Oberfläche vermeiden und die ursprünglichen Werkstückeigenschaften bleiben erhalten.

Ermöglicht wird dies durch eine, an die jeweilige Bearbeitungsaufgabe angepaßte Abstimmung der Schnitt- und Laserparameter. Die Schnittparameter bestimmen, wie bei den konventionellen Verfahren Fräsen und Drehen, die Eingriffsbedingungen der Schneide, während die Laserparameter die Temperatur auf der Oberfläche festlegen. Die resultierende Geschwindigkeit der Bauteiloberfläche ist dabei eine bestimmende Größe, da durch sie sowohl das Temperaturniveau als auch die Wärmeeindringtiefe in der eigentlichen Zerspanzone beeinflußt wird. Wird beispielsweise bei einer konstanten Oberflächentemperatur die Schnittgeschwindigkeit reduziert, so führt dies zu einem Absinken des Temperaturniveaus im Zerspanungsquerschnitt, da infolge der geringeren Oberflächengeschwindigkeit das Material zwischen Erwärmungsstelle (Laserbrennfleck) und Schneide einer längeren Abkühlungsdauer ausgesetzt wird [8].

Laserunterstütztes Drehen von Lagerkomponenten aus Siliziumnitrid-Keramik

Die Übertragung der Erkenntnisse zur laserunterstützten Warmzerspanung auf die Bearbeitung von Siliziumnitrid-Keramik zeigt das Leistungspotential dieses hybriden Prozesses. Im wesentlichen beruht die Möglichkeit der Warmzerspanung bei dieser Keramik auf der Existenz der amorphen Glasphase, die die stabförmigen Siliziumnitrid-Kristalle umgibt und ihre ursprüngliche Festigkeit bereits oberhalb von ca. 1000 °C verliert. Die mit der Erwärmung der Glasphase einhergehende Reduzierung des Verformungswiderstands erlaubt letztendlich die Zerspanung mit definierter Schneide, wie z.B. beim laserunterstützten Drehen (Bild 10) [8].

Über den Nachweis der prinzipiellen Machbarkeit hinaus wurden für diese spezielle Anwendung bereits umfangreiche Untersuchungen zur Ermittlung einer optimierten

Prozeßauslegung abgeschlossen, so daß Aussagen über den fertigungstechnischen Aufwand und die erzielbaren Qualitäten gemacht werden können.

Werkstoff
Siliziumnitrid-Keramik

Werkzeug
Polykristalliner Diamant

Bauteilkontur
- Umlaufende Nut (Tiefe 1,5 mm)
- Laufbahn
- Fasen: 1 mm x 45°

Prozeßparameter
- Schnittgeschw. = 30 m/min
- Vorschub = 0,015 mm
- max. Schnittiefe = 2 mm
- Brennflecktemp. = 1300 °C

Bearbeitungsergebnis
- Oberflächenrauheit R_a < 0,3 µm
- Bearbeitungszeit = 8 min
- Werkzeugverschleiß = 80 µm
- Werkzeugstandzeit > 3h

Bearbeitungsmerkmale
- CNC-Bearbeitung in einem Schnitt
- Kein Kühlschmierstoff

Bild 10: Vorteile des laserunterstützten Drehens: Konturbearbeitung von Siliziumnitrid-Keramik

Bei der Ermittlung geeigneter Werkzeuge hat sich gezeigt, daß die Kombination aus hoher Härte und ausreichender Warmfestigkeit die Grundvoraussetzung für eine verschleißminimale Bearbeitung darstellt. Erfüllt werden diese Forderungen derzeit am besten durch den polykristallinen Diamant (PKD). Hierbei handelt es sich um kommerziell erhältliche Sorten.

Hinsichtlich der Schnittparameter Schnittgeschwindigkeit, Vorschub und Schnittiefe sowie der Laserparameter wurden auch für das laserunterstützte Drehen von Siliziumnitrid-Keramik die grundlegenden Zusammenhänge zur Sicherstellung der notwendigen thermischen Voraussetzungen in der Zerspanzone berücksichtigt. Die daraus resultierenden Schnittparameter erlauben zum einen eine prozeßsichere Schrupp- bzw. Konturbearbeitung mit Schnittiefen von bis zu 2 mm. Zum anderen lassen sich unter Schlichtbedingungen (Aufmaß kleiner 0,5 mm) Oberflächen mit Schleifqualität (R_a < 0,3 µm) bei Standzeiten oberhalb von 3 Stunden erzielen.

Die aus diesen Randbedingungen abgeleiteten Verfahrensmerkmale lassen sich wie folgt zusammenfassen:

- Der Einsatz einer definierten Schneidengeometrie läßt eine CNC-gesteuerte Bearbeitung im Sinne einer klassischen Drehbearbeitung zu. Vor allem auf eine Änderung der Bauteilgeometrie kann über eine einfache Anpassung der NC-Programme sehr schnell und flexibel reagiert werden. Die Zeit, die beim Schleifen für aufwendige Einrichtarbeiten der Profilscheiben benötigt wird, entfällt beim laserunterstützten Drehen.

- Durch einen automatischen Werkzeugwechsel lassen sich unterschiedlichste Bearbeitungsoperationen, wie das Plandrehen, das Fasen, das Umfangsdrehen etc. in nur einer Bauteilaufspannung durchführen.
- Große Schnittiefen erlauben bei der Konturbearbeitung und beim Schruppen hohe Abtragraten und in Einzelfällen eine Komplettbearbeitung in einem Schnitt. Die Schnittaufteilung zur Konturerzeugung kann somit minimiert werden.
- Die erzielbaren Oberflächengüten entsprechen mit Werten unterhalb von $R_a = 0{,}3$ µm einer typischen Schleifqualität. Diese Werte lassen sich unter Schlichtbedingungen auch nach langen Bearbeitungszeiten erzielen.
- Einbußen in den Bauteileigenschaften nach einer laserunterstützten Bearbeitung wurden bislang nicht festgestellt.
- Auf Kühlschmierstoffe wird vollständig verzichtet.

Der hybride Prozeß „laserunterstütztes Drehen" bietet die Möglichkeit, die verfahrensbedingten Vorteile einer typischen CNC-gesteuerten Drehbearbeitung konsequent zu nutzen und stellt somit ein komplementäres, in Einzelfällen aber auch alternatives Verfahren zum konventionellen Schleifen dar. Welche Voraussetzungen für die Umsetzung des Verfahrens in ein produzierendes Umfeld bereits geschaffen wurden bzw. noch geschaffen werden müssen, wird später detailliert dargestellt (vgl. Kapitel 4) [9, 10].

3.4.3 Ultraschallunterstützte Bearbeitung: Beispiel einer mechanisch-mechanischen Energiekopplung

Schleifen ist mit Abstand das am weitesten verbreitete Bearbeitungsverfahren für Hochleistungskeramiken. Es ist in der Regel durch hohe Bearbeitungskräfte und einen instationären Prozeßverlauf gekennzeichnet. Hieraus resultieren hohe Nebenzeiten und die Notwendigkeit einer angepaßten Systemtechnik. Heutige Tendenzen der industriellen Anforderungen an keramische Bauteile sind zudem hohe Geometriekomplexität sowie vor allem Geometrieminiaturisierung. Beide Forderungen bringen die konventionelle Schleiftechnologie aufgrund der beschriebenen Charakteristika an ihre technologischen Grenzen. Hohe Bearbeitungskräfte resultieren in spröden Materialschädigungen in der Werkstückoberfläche, die vor allem bei feinen Strukturgrößen schnell zur Zerstörung des Bauteils führen. Häufig stellen Bearbeitungsverfahren mit losem Korn, wie beispielsweise das Läppen, die einzige Fertigungsalternative dar, wobei in der Regel Einbußen hinsichtlich Wirtschaftlichkeit und Prozeßreproduzierbarkeit entstehen.

Die besonderen physikalischen und mechanischen Eigenschaften der technischen Keramiken wie hohe Härte und Verschleißfestigkeit, hohe thermische und chemische Stabilität und geringe Dichte eröffnen ihr in vielen industriellen Bereichen potentielle Anwendungsgebiete. Hohe Endbearbeitungskosten haben jedoch entgegen ursprünglichen Voraussagen dazu beigetragen, daß sich Hochleistungskeramiken bislang in vielen dieser Bereiche noch nicht entscheidend durchsetzen konnten. Ein Forschungsschwerpunkt liegt daher in der Entwicklung optimierter Fertigungsverfahren und -strategien mit dem Ziel, höhere Zerspanleistungen sowie verbesserte Qualitäten zu erzielen [11].

Eine Verschiebung bestehender technologischer Grenzen der Schleifbearbeitung von Hochleistungswerkstoffen kann durch die Überlagerung der konventionellen Schleifkinematik mit einer zusätzlichen, hochfrequent oszillierenden Wirkbewegung erreicht werden, dem „ultraschallunterstützten Schleifen" (Bild 11). Unterschiedlichste Anforderungen hinsichtlich Bauteilgeometrie, Bauteilqualität oder Bearbeitungsdauer motivieren die Entwicklung einer Vielzahl von Verfahrensvarianten mit dementsprechend unterschiedlichen Zielsetzungen. Die Varianten unterscheiden sich zum einen durch das eingesetzte Schleifverfahren. Überlagerte Ultraschallschwingungen werden heute beim Quer-Seitenschleifen, beim Quer-Umfangsschleifen, beim Längs-Umfangsschleifen und auch beim Außenrundschleifen eingesetzt, wobei die größten Vorteile bei Prozessen zu erwarten sind, bei denen große Kontaktlängen zwischen Werkzeug und Werkstück vorliegen. Hochinteressant sind in diesem Zusammenhang die Erzeugung von Bohrungen, Nuten, sphärischen Flächen oder Freiformflächen. Hinsichtlich der Ultraschalleinkopplung ist es grundsätzlich möglich, die hochfrequente Schwingung über das Werkstück oder das Werkzeug in die Kontaktzone einzubringen. Auch die Richtung der Schwingung relativ zur Schnittrichtung ist variabel und kann gänzlich unterschiedliche Effekte hervorrufen. Schließlich können Schwingungsamplitude und -frequenzen je nach Anwendungsfall in weiten Bereichen verändert werden.

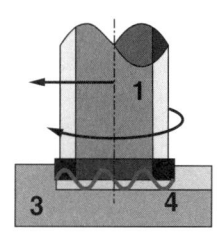

1: Stiftwerkzeug
2: Schleifscheibe
3: Werkstück
4: Ultraschallschwingung

Verfahrensvarianten
- Quer-Umfangs-Schleifen
- Längs-Umfangs-Schleifen

Wirkprinzip
Überlagerung von Schleifkinematiken mit oszillierender Wirkbewegung

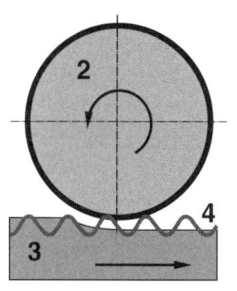

Verfahrensvorteile
- Reduzierung der Bearbeitungskräfte
- Verbesserte Kühlschmierstoffversorgung
- Günstigere Reibungsverhältnisse
- Hohe Zeitspanvolumina
- Verbesserte Bauteilqualitäten
- Filigranere Strukturen
- Verschleißreduzierung am Werkzeug

Bild 11: Verfahrensalternativen des ultraschallunterstützten Planschleifens

Bei der ultraschallunterstützten Schleifbearbeitung von sprödharten Werkstoffen wie Ingenieurkeramik oder Glas liegt der entscheidende Vorteil radialer Ultraschallüberlagerungen in einer deutlichen Reduzierung der wirkenden Bearbeitungskräfte. Diese verringerten Bearbeitungskräfte ermöglichen entweder die Realisierung höherer Vorschubgeschwindigkeiten und damit die Erzielung höherer Zeitspanvolumina oder erlauben aufgrund der reduzierten Materialschädigung im mikroskopischen und makroskopischen Bereich die Erzeugung wesentlich feinerer Strukturgrößen. Ein weiterer Vorteil liegt neben reduzierten Reibungseffekten in einer verbesserten Zu- und Abfuhr des Kühlschmierstoffs sowie einem oszillierenden und damit verringerten Werkzeug-Werkstückkontakt. Dieser wirkt sich positiv auf das thermische Verschleißverhalten der Schleifwerkzeuge aus.

Beim ultraschallunterstützten Quer-Seitenschleifen, welches häufig in Bohroperationen zum Einsatz kommt, sowie beim Quer-Umfangs-Schleifen (Ultraschallfräsen oder Stiftschleifen) werden Stiftwerkzeuge in axialer Richtung mit einer Frequenz zwischen 18 und 28 kHz beaufschlagt. Bei der Mikrobearbeitung werden in aller Regel noch höhere Frequenzen in Bereichen von 30 bis 46 kHz eingesetzt. Werkzeugmaschinen mit modernen Ultraschallspindeln, welche Drehzahlen von bis zu 12.000 min^{-1} zulassen, ermöglichen Schnittgeschwindigkeiten ähnlich denen des konventionellen Schleifens. Bei einer vergleichbaren Bearbeitung ohne Ultraschallüberlagerung stehen die wirksamen Diamantkörner der Werkzeugstirnfläche in ständigem Kontakt zum Werkstück. Ein schnelles Abflachen der Diamanten führt zu einer reduzierten Schneidfähigkeit und folglich zu einem Ansteigen der Bearbeitungskräfte. Durch das oszillierende Abheben des Schleifbelags von der Werkstückoberfläche bei der ultraschallunterstützten Bearbeitung wird dieser Effekt in Verbindung mit einem minimierten Zusetzen des Schleifbelags vermieden. Auf diese Weise ist es möglich, einen nahezu stationären Verlauf der Bearbeitungskräfte über dem Zerspanvolumen zu erzielen [12]. Potentialstudien ergeben für die Schleifbearbeitung von Aluminiumoxid-Keramiken (Al_2O_3) eine Erhöhung des realisierbaren Zeitspanvolumens um ca. 300%. Gleichzeitig können deutlich kleinere Diamantkorngrößen eingesetzt werden, die zu deutlich verbesserten Oberflächengüten führen. Ähnlich vielversprechend sind die Ergebnisse bei der Bohrbearbeitung von Siliziumnitrid-Keramik. Hier wird trotz höherer Abtraggeschwindigkeiten die Notwendigkeit von Nachschärfeoperationen gegenüber der Bearbeitung ohne überlagerter Ultraschallenergie drastisch reduziert.

Ein neuer Ansatz ist die Entwicklung des ultraschallunterstützten Längs-Umfangsschleifens mit angeregtem Werkzeug. Diese macht es möglich, eine umlaufende Ultraschallwelle auf dem Umfang von Diamantschleifscheiben zu erzeugen. Die Schleifscheibe führt am Umfang radial oszillierende Dehnbewegungen von max. 5 µm aus. Auf diese Weise wird die konventionelle, kreissegmentartige Bahn durch die überlagerte Ultraschallschwingung in eine sinusförmige Relativbewegung umgewandelt. Der permanente Kornkontakt zur Werkstückoberfläche wird aufgehoben und durch ein oszillierendes Eintauchen der Einzelschneiden ersetzt. Die Konsequenz sind grundlegend veränderte Verschleiß- und Spanbildungseigenschaften. Das Abflachen der Diamantkörner sowie auch der Anteil an Kornausbrüchen wird deutlich verringert, wobei die Anzahl an Kornsplitterungen zunimmt. Dies führt zu einer größeren Anzahl Einzelschneiden. Die Schärfe des Schleifbelags bleibt dadurch über einen sehr langen Zeitraum erhalten und Schärfezyklen können deutlich verlängert werden [13].

Einsatz des ultraschallunterstützten Schleifens bei der Herstellung von hochpräzisen Keramikbauteilen

Der Herstellungsproßeß von keramischen Mikroturbinen besteht aus konventionellen Fräs- und Bohr- sowie Innen- und Außenrundschleifoperationen. Er ist technologisch beherrscht, konnte bisher jedoch die Anforderungen an kurze Durchlaufzeiten nicht erfüllen.

Sämtliche Einzelprozesse lassen sich durch die Überlagerung von Ultraschallschwingungen hinsichtlich ihrer Materialabtragsgeschwindigkeiten erheblich verbessern. Auf diese Weise wird eine Verkürzung der Bearbeitungsdauer von Mikroturbinen aus Zirkonoxid-Keramik um ca.0 70% erreicht. Alle Bearbeitungsschritte werden mit einem einzigen Werkzeug, einem dickwandigen Röhrenbohrer, durchgeführt. Durch den Einsatz feiner Diamantkorngrößen werden zudem hervorragende Oberflächengüten erzielt. Jüngste Bearbeitungsversuche lassen sogar die Herstellung einer derartigen Mikroturbine aus schleiftechnisch noch anspruchsvolleren Siliziumnitrid-Keramiken versprechen. Dies war bislang aufgrund der ungünstigen Zerspaneigenschaften dieses Werkstoffs gänzlich unmöglich. Mikroturbinen aus Siliziumnitrid-Keramik würden sich durch ein verbessertes Langzeitverhalten auszeichnen (Bild 12).

Werkstoff
- Siliziumnitrid-Keramik

Prozeßparameter
- Drehzahl 8700 min^{-1}
- Zustellung 0,75 mm
- Frequenz ca. 35 kHz
- Amplitude 4 - 7 µm

Werkzeug
- Röhrenbohrer
- Durchmesser 1,4 mm
- axial ultraschallerregt
- Diamant in Ni-Co-Bindung
- Korngröße D 35
- Konzentration C 125
- Spülung außen und innen

Bearbeitungsergebnis
- Reduzierung der Gesamtbearbeitungsdauer um ca. 30 %
- verbesserte Oberflächengüte

Bild 12: Anwendung des ultraschallunterstützten Schleifens 0bei der Herstellung einer Mikroturbine aus Siliziumnitrid-Keramik

Bei der hochpräzisen Bohrbearbeitung von Bremsscheiben aus Hochleistungskeramik könnte demnächst das ultraschallunterstützte Schleifen seinen erfolgreichen Einsatz finden. Galt bisher die mangelnde Wirtschaftlichkeit konventioneller Fertigungsverfahren als eines der Hindernisse für die Serieneinführung dieses neuen Produktes in der Automobilindustrie, verspricht heute der Einsatz des ultraschallunterstützten Schleifens die Erzeugung der Bohrungen mit verbesserten Ergebnissen. Durch die Überlagerung axialer Ultraschallschwingungen erhofft man sich eine Steigerung des Bohrvorschubs, eine Verbesserung der Bohrungsqualitäten sowie eine Erhöhung der Werkzeugstandzeiten.

4 Herausforderungen bei der Entwicklung und Umsetzung hybrider Prozesse

4.1 Herausforderungen bei der Umsetzung von innovativen Produkten, Prozessen und Abläufen

Welche Faktoren halten Unternehmen häufig davon ab, trotz steigenden Wettbewerbsdrucks und erhöhten Anforderungen des Kunden an Preis und Qualität der Erzeugnisse, innovative Technologien einzusetzen? Häufige Antwort auf diese Frage sind Beispiele fehlgeschlagener Produktinnovationen, wobei neben externen Gründen, wie die häufig durch Kreativität und Glück geprägte Marktakzeptanz bzw. -vorbereitung durch Kundeninformationen, auch interne Aspekte, wie die Wahl der angemessenen Methodik des Innovationsmanagements oder die nicht funktionierende Kommunikation beteiligter Gruppen eine entscheidende Rolle spielt. Berücksichtigt man bei der Beantwortung dieser Frage rein technologische Gründe, also Teilaspekte der internen Ursachen, werden häufig Beispiele, wie fehlendes Prozeßwissen und mangelnde Beherrschung des Verfahrens genannt. Diese bilden, insbesondere unter der Maßgabe, eine möglichst hohe Reproduzierbarkeit der Verfahren zur Erzielung qualitäts- und kostenoptimierter Produkte zu erreichen, einen Schwerpunkt, wenn firmeninterne Überlegungen zur Einführung neuer Technologien angestellt werden (Bild 13).

Technische Grenzen der »Herstellbarkeit anspruchsvoller Produkte«:
- Prozeßwissen/-beherrschung
- Verfahrensführung
- Reproduzierbarkeit der Prozeßergebnisse
- Anlagentechnik
    - Bearbeitungsmaschine
    - Nebenaggregate/Peripheriesysteme
- Sensorik/Regelungssysteme
- Sicherheitseinrichtungen

aber auch:
- Investitionen
- Verfügbarkeit der Anlagen/Maschinentechnik
- Erfahrung/Know-how
- Mitarbeitereinstellung

Bild 13: Herausforderungen bei der Umsetzung von Innovationen

Auch die Notwendigkeit, im Bedarfsfall aufwendige Sensor- und Sicherheitssysteme zu installieren ist ein nicht unwesentlicher Teilaspekt, den es hier mit zu berücksichtigen gilt. Ein weiterer wesentlicher Faktor ist die unzureichende oder nicht auf dem Markt verfügbare Anlagentechnik. Da die Entwicklung von Maschinen häufig an neue Prozeßtechnologien gekoppelt ist, stehen für diese nicht in jedem Fall sofort marktfähige und -gängige Systeme zur Verfügung. Der innovationsbereite Unternehmer geht somit neben dem Risiko eines neuen Prozesses auch die Gefahr ein, ein unzulänglich ausgereiftes Produktionssystem integrieren zu müssen.

Gemeinsam haben die hier aufgezeigten Aspekte, daß in jedem Fall ein hohes finanzielles Risiko vorliegt. Neben der Notwendigkeit, in neue Anlagen unter Einbezug von Strategien zur Prozeßkontrolle und -sicherung zu investieren, müssen Teile der konventionellen Produktionsstrukturen aufgebrochen und verändert werden. Diese sowie die Mitarbeitermotivation bzw. die Schaffung eines weitverbreiteten Bewußtseins, innovativen Techniken offen gegenüber eingestellt zu sein, sind weitere Herausforderungen bei der Einführung und Umsetzung von Innovationen.

4.2 Voraussetzungen für die Umsetzung hybrider Prozesse

Auch in bezug auf hybride Verfahren kann ein Großteil der oben genannten Gesichtspunkte als Voraussetzungen für eine erfolgreiche Umsetzung von Entwicklungstätigkeiten in die industrielle Praxis herangezogen werden. Zusätzlich soll daher im folgenden auf spezifische, für hybride Verfahren charakteristische Punkte eingegangen werden. Stellt man die Frage, warum hybride Verfahren, wie die oben vorgestellten, bisher lediglich an der Schwelle zur industriellen Fertigung stehen oder diese sogar mittelfristig noch nicht erreichen werden, sind drei wesentlichen Ursachen zu nennen. Angefangen bei der Verfügbarkeit der Produktionsanlagen, die sich in der Regel durch eine vielfach höhere Komplexität auszeichnen, über die Beherrschung der vielschichtigen Mechanismen der Prozesse und ihrer Wechselwirkungen bis hin zu maßgeschneiderten, produktionstauglichen Sensorsystemen zur Erzielung hinlänglicher Kenntnisse über die Einflüsse der unterschiedlichen Energieströme (Bild 14).

Bisherige Grenzen des Einsatzes hybrider Verfahren:
- Maschinen- und Anlagentechnik
- Wechselwirkungseinflüsse
- Sensortechnik

Chancen für hybride Verfahren durch:
- Leistungsfähigere Anlagen
- Prozeß Know-how
- Innovationsbereitschaft
- Risikobereitschaft
- Standortvorteile
- Wettbewerbsvorteile durch „bessere" Produkte

<u>Bild 14:</u> Bisherige Grenzen und zukünftige Chancen hybrider Verfahren

Insbesondere die Anlagenverfügbarkeit bildet einen kritischen Punkt bei der Etablierung hybrider Prozesse in der industriellen Technik. Nur in bestimmten Ausnahmefällen führt eine einfache Verknüpfung von Teilsystemen zu einer Gesamtkonfiguration, die der Erfüllung von Verfahrenskombinationen mit u.U. extrem unterschiedlichen Wirkenergien genügt. Da letztendlich neben der Kopplung von Einrichtungen zur Handhabung der Energieströme auch eine steuerungs- und regelungstechnische Einbindung der unterschiedlichen Quellen erforderlich ist, ist dem Aufbau von Prototypen bereits in einem sehr frühen Entwicklungsstadium große Bedeutung beizumessen. Die Prozeßentwicklung hybrider Verfahren steht damit in einem sehr engen Zusammenhang mit der Entwicklung der erforderlichen Maschinentechnik. Damit verbunden ist die Tatsache, daß für hybride Prozesse entwickelte Anlagenkonzepte nur eingeschränkt für weitere Anwendungen genutzt werden können. Nicht zuletzt durch die Komplexität ihrer Steuerungen, aber auch der Bewegungseinrichtungen und die vielfältigen peripheren Einrichtungen ist eine Anlagennutzung über den hybriden Prozeß hinaus technisch und wirtschaftlich zu hinterfragen.

Weitere, hybride Prozesse charakterisierende Aufgabenstellungen stellen die Einflüsse und Wechselwirkungen der teilweise stark unterschiedlichen Energieströme dar. Da in vielen Fällen das grundlagenorientierte Verständnis der physikalischen Wirk- und Wechselwirkungszusammenhänge fehlt, begründen sich die Konzepte zur Sicherung der Prozesse allein auf phänomenologischen Erkenntnissen. Aus diesem Grund erscheinen gerade im Hinblick auf die industrielle Einführung einzelner Verfahren noch eine Reihe von Grundlagenuntersuchungen notwendig. Auch in Hinblick darauf, daß die Leistungsgrenzen der Fertigungsprozesse noch nicht ausgeschöpft sein könnten, erscheinen derartige Untersuchungen notwendig. Letztendlich jedoch ist mit der rasch fortschreitenden Weiterentwicklung der verwendeten Energiequellen auf lange Sicht eine rein empirische Ermittlung der Bearbeitungsparameter nicht ausreichend, vor allem hinsichtlich der Zusammenhänge zwischen den Auswirkungen gekoppelter Energiefelder und der Bauteilfunktionalität.

Der dritte entscheidende Faktor in bezug auf die Hindernisse bei der Einführung hybrider Prozesse ist die Sensor- und Überwachungstechnik. Hybride Prozesse unterliegen einer komplexeren Struktur, die zur Eignung im „industriellen Alltag" beherrschbar sein muß. In engem Zusammenhang damit stehen geeignete, sog. intelligente Überwachungssysteme, die dem Prozeß, aber auch seinen Umgebungseinflüssen entsprechend konzipiert sein müssen. Auf der Grundlage moderner CNC-Technik sind Sensoren und Regelalgorithmen zu nutzen, die den Prozeß aktiv beeinflussen und eine laufende Kontrolle der Werkzeuge, der Bauteile und des Prozesses selbst gewährleisten. Beispiele für derartige Systeme werden weiter unten gegeben. Dabei darf nicht außer acht gelassen werden, daß der Einsatz derartiger Überwachungssysteme in der industriellen Produktion einer ständigen qualifizierten Betreuung bedarf. Eine Erhöhung der Zuverlässigkeit der Sensoreinheiten führt dabei zu einer stärkeren Automatisierbarkeit und einer deutlichen Reduzierung des laufenden Aufwands, wie Inbetriebnahme, Funktionskontrolle, Signalüberprüfung oder Instandhaltung.

Gegenüber den zu einem Teil noch heute bestehenden Grenzen bei der Etablierung hybrider Prozesse in der industriellen Produktion wurden in den letzten Jahren eine ganze Reihe wesentlicher Bedingungen erfüllt, die hybride Verfahren heute in vielfältigen Bereichen ermöglichen. An vorderster Stelle ist hier die Verbesserung der Anlagentechnik zu nennen, die zu immer leistungsfähigeren Energiequellen, Handhabungssystemen und Steuerungen geführt hat. Ein gutes Beispiel stellen die Fortschritte in der Lasertechnik dar, die nicht zuletzt aufgrund des Standortes in Deutschland zu ausgezeichneten und vielfach einsetzbaren Laserquellen geführt haben. Die Entwicklungstätigkeiten insbesondere auf dem Gebiet der Diodenlaser haben in den letzten Jahren zu Geräten geführt, die aufgrund ihrer Kompaktheit, ihres Wirkungsgrads sowie der leichten Handhabung und Steuerung auch „Nicht-Laserfachleuten" ein einfaches

Werkzeug in die Hand geben. Damit wurden die Grundvoraussetzungen für den Lasereinsatz in Werkzeugmaschinen geschaffen.

Auch moderne CNC-Steuerungen stellen immer höhere Rechnerleistungen und äußerst kurze Reaktionszeiten zur Verfügung. Damit wird es möglich, daß die vorgegebene Prozeßauslegung mittels der von Sensoren erfaßten Signale durch steuerungsinterne Zyklen und Algorithmen den aktuellen Prozeßbedingungen anpaßbar ist. Somit lassen sich auftretende Störeinflüsse noch im aktuellen Berabeitungszyklus anforderungsgerecht kompensieren.

Einer der wichtigsten Gesichtspunkte bei der Einführung innovativer Hybridverfahren ist die Tatsache, daß die Prozesse nicht nur die Herstellung von einer Vielzahl von Produkten unter kostenoptimierten Bedingungen ermöglichen, sondern die „Herstellbarkeit" selbst gewährleisten. Beispiele sind hier zum einen das Laserstrahl-Brennabtragen an Triebwerksgehäusen, bei dem im Vergleich zur spanenden Bearbeitung der Werkzeugverschleiß bei der Schruppbearbeitung eliminiert wird und hohe Abtragraten, damit also kurze Bearbeitungszeiten, ermöglicht werden. Zum anderen können mit dem laserunterstützten Drehen von Keramiken, aufgrund der gegenüber dem Schleifen höheren Flexibilität, Geometrien erzeugt werden, die mit einem konventionellen Verfahren nicht oder nur mit einem hohen fertigungstechnischen Aufwand möglich sind. Diese Beispiele belegen, daß hybride Verfahren nicht nur die Bearbeitbarkeit verbessern, sondern darüber hinaus die Herstellung vollkommen neuartiger und anspruchsvoller Produkte ermöglichen.

In einem Zwischenfazit läßt sich somit feststellen, daß hybride Prozesse in vielen Bereichen auf empirischer Basis entwickelt werden. Dies erfolgt in den meisten Fällen vor dem Hintergrund, schwer zu bearbeitende Werkstoffe zu bearbeiten und/oder schwer herstellbare Geometrien zu erzeugen. Parallel zur Entwicklung der Prozeßtechnologie vollzieht sich die Erarbeitung von Grundlagen für adäquate Bearbeitungsanlagen. Diese Arbeiten verfolgen das Ziel, den Laborstatus in den Produktionsalltag umzusetzen und so der Industrie ein geeignetes Werkzeug zur Herstellung anspruchsvoller Produkte zu liefern. Dabei ist zu beachten, daß über die allgemeingültigen Herausforderungen bei der Umsetzung innovativer Techniken spezifische, allein die hybriden Verfahren betreffende Bedingungen gelten. Hier sind insbesondere die erhöhte Anlagenkomplexität und Prozeßsicherung mittels Sensorsystemen zu nennen. Auf der anderen Seite werden infolge der Erweiterung der fertigungstechnischen Grenzen durch Kopplung von Energien in der Wirkzone neue Dimensionen der Bearbeitbarkeit von Hochleistungswerkstoffen erreicht.

4.3 Gewährleistung der Reproduzierbarkeit hybrider Prozesse

Im folgenden werden nach einer Einführung in allgemeine Kriterien zur Prozeßsicherung und -reproduzierbarkeit anhand eines konkreten Beispiels die Schritte aufgezeigt, mit denen innovative Hybridverfahren in die produktionstechnische Praxis überführt werden. Wie bereits erwähnt, ist eine der Hauptforderungen an einen sicheren Prozeß die Gewährleistung der Reproduzierbarkeit seiner Ergebnisse, die sich in Abhängigkeit von Geometrie, Werkstoff, -zustand oder Funktionseigenschaften des Bauteils mittels verschiedener Größen beschreiben lassen (Bild 15).

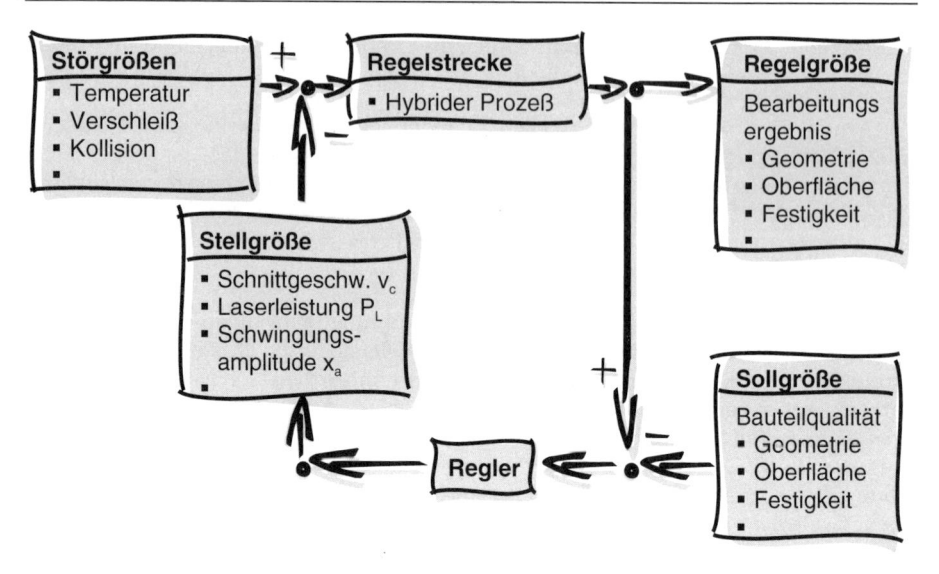

```
┌─────────────────────┐    +   ┌─────────────────────┐         ┌─────────────────────┐
│ Störgrößen          │──▶●───▶│ Regelstrecke        │───▶●───▶│ Regelgröße          │
│ • Temperatur        │    ▲ − │ • Hybrider Prozeß   │         │ Bearbeitungs-       │
│ • Verschleiß        │    │   └─────────────────────┘         │ ergebnis            │
│ • Kollision         │    │                                   │ • Geometrie         │
│ •                   │    │                                   │ • Oberfläche        │
└─────────────────────┘    │                                   │ • Festigkeit        │
                  ┌────────┴────────────┐                      │ •                   │
                  │ Stellgröße          │                      └─────────────────────┘
                  │ • Schnittgeschw. v_c│                  +
                  │ • Laserleistung P_L │                  ▼   ┌─────────────────────┐
                  │ • Schwingungs-      │                      │ Sollgröße           │
                  │   amplitude x_a     │                  −   │ Bauteilqualität     │
                  │ •                   │                      │ • Geometrie         │
                  └─────────────────────┘      ┌────────┐      │ • Oberfläche        │
                            ●◀─────────────────│ Regler │◀──●──│ • Festigkeit        │
                                               └────────┘      │ •                   │
                                                               └─────────────────────┘
```

Bild 15: Sicherung der Reproduzierbarkeit hybrider Verfahren

Die Parameter zur Einstellung dieser Bauteileigenschaften sollten während des Fertigungsprozesses einfach einzustellen und von hoher Transparenz sein: dem Maschinenbediener sollten die Auswirkungen der Änderung eines oder mehrerer Parameter auf den Prozeß und das Werkstück bekannt sein, so daß er in jedem Falle gezielt auf die Bauteilqualität Einfluß nehmen kann. Da darüber hinaus die automatische Fertigung von Bauteilen auch in hohen Stückzahlen an Bedeutung gewinnt, sind Fertigungsstrategien und Bearbeitungsoperationen so einzustellen, daß sie selbständig und mittels Unterstützung von Sensorsystemen die geforderte Bauteilqualität sichern. Hierzu sind den Fertigungsablauf beeinflussende Störgrößen zu detektieren und kontrollieren. Dabei ist sowohl auf plötzliche Eingriffe in den Ablauf, wie Kollision oder Not-Aus, als auch auf langsam fortschreitende Prozeßänderungen, wie Werkzeugverschleiß oder langsame Temperaturänderungen, intelligent zu reagieren. Unterstützt durch rechnerische Simulationen der Prozeßbedingungen und dem grundlegenden Verständnis für die physikalischen Zusammenhänge in der Wirkzone lassen sich in empirischen Versuchsreihen Störgrößen qualifizieren und quantifizieren. Durch die Wahl einer adäquaten, möglichst auch unter industriellen Fertigungsbedingungen einsetzbaren Sensorik, die z.B. durch Erfassung von Kräften, Temperaturen- oder durch Körperschallmessungen den Prozeß überwacht, lassen sich die Einflüsse der Störgrößen wissensbasiert unterdrücken oder ganz eliminieren. Ziel ist die rechnergestützte Prozeßauslegung auf Basis von Expertensystemen, die als Verknüpfung aus Datenbank, Regelwerk und Prozeßmodellen angesehen werden können. Erste Ansätze solcher Expertensysteme für hybride Prozesse werden später am Beispiel des laserunterstützten Drehens aufgezeigt.

4.4 Möglichkeiten und Wege zur Beherrschung und Umsetzung hybrider Prozesse

Da hybride Prozesse nicht gänzlich eine Verfahrensneuentwicklung, wie z.B. das Innenhochdruckumformen oder Rapid Prototyping, darstellen, basieren die grundlegenden Innovationen ganz oder in Teilen auf bestehendem Technologiewissen. Vielmehr stellt die Erweiterung der Grenzen durch Energiekopplungen den Schwerpunkt hybrider Verfahren dar. Die Umsetzung dieser Verfahren beruht daher auf der Erfassung bestehenden Technologiewissens konventioneller Verfahren. Dabei sind konkrete Bearbeitungsparameter ebenso von Interesse, wie Problemstellungen und Verfahrensgrenzen nebst ihren Gründen. Häufig liegen auch bereits Teilaspekte möglicher Hybridtechniken wissenschaftlich aufbereitet vor, so daß man auf diese ebenfalls bei der Technologierecherche zurückgreifen kann (Bild 16).

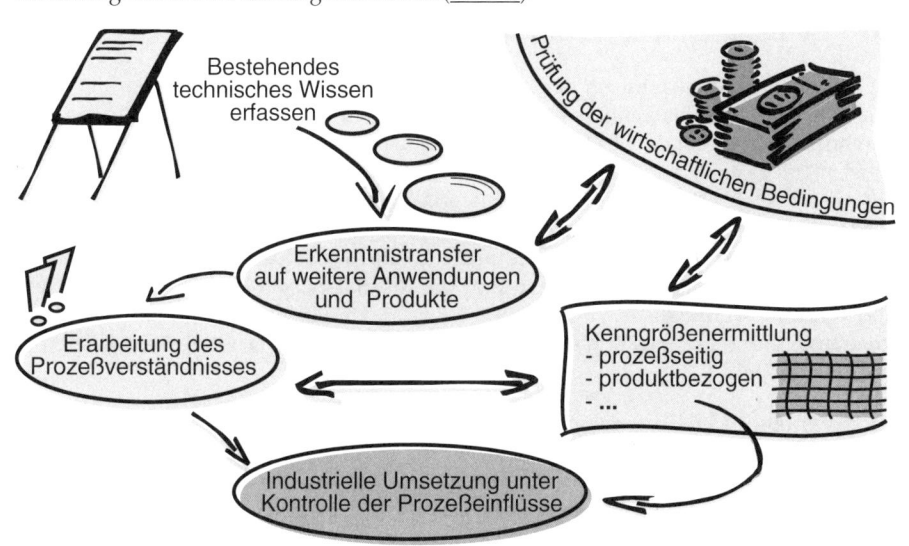

Bild 16: Wege zur industriellen Umsetzung hybrider Verfahren

Die auf diese Weise ermittelten Verfahren und ihre Potentiale sind nun auf die eigenen, firmenspezifischen Anforderungen und Aufgabenstellungen zu transferieren. Dabei ist sowohl eine prozeß-, wie eine produkt- bzw. werkstoffbezogene Überprüfung notwendig. Auch können bereits in diesem frühen Stadium wirtschaftliche Rahmenbedingungen einfließen. Im nachfolgenden ist nun das konkretisierte Prozeßverständnis auf Basis des gegenwärtigen Wissensstands und unter Hinzuziehung von Erfahrungen auf ähnlichen Gebieten zu schaffen. Ein wesentlicher Gesichtspunkt ist jedoch die Erarbeitung neuer, prozeß- und produktspezifischer Kennwerte, die eine alternative, wirtschaftliche Fertigung ermöglichen. Ziel dieser Entwicklungsstufe ist es, den neuen, hybriden Prozeß so zu gestalten, daß die mit seiner Hilfe gefertigten Produkte in Qualität oder/und Fertigungskosten das konventionell gefertigte Produkt übertreffen. Erst, wenn die fertigungstechnischen und betriebswirtschaftlichen Daten für den industriellen Einsatz der Technologie sprechen, sollte der abschließende Schritt der eigentlichen Umsetzung eingeleitet werden. Da auch in dieser letzten Einführungsphase davon auszugehen ist, daß eine Optimierung der Prozeßkenngrößen erforderlich ist, sollte auch in dieser die Prozeßweiterentwicklung eine wesentliche Rolle spielen.

Die Dauer dieses Umsetzungsvorgangs richtet sich dabei nach der Komplexität der Aufgabenstellung einerseits und nach dem Umfang des Erkenntnisstandes bzw. der notwendigen zusätzlichen Forschungstätigkeiten andererseits. Eine enge Zusammenarbeit von industrieller und institutioneller Forschung kann hier eine breite Basis zur effektiven und erfolgreichen Entwicklung und Einführung hybrider Technologien in die Produktionstechnik bilden.

5 Anlagenbeispiele für hybride Verfahren

5.1 Anlagentechnische Umsetzung des Laserstrahl-Brennabtragens

Das Laserstrahl-Brennabtragen der in der Regel rotationssymmetrischen Turbinenbauteile kann auf einer konventionellen Arbeitsstation zur dreidimensionalen Bearbeitung durchgeführt werden. Hohe Anforderungen an die Genauigkeit des Systems werden dabei nicht gestellt, auch die Schnelligkeit der Antriebe und Steuerungen sind von untergeordneter Bedeutung. Da zur Materialbearbeitung ein CO_2-Laser verwendet wird, ist ein Strahlführungssystem zu installieren, über das der Laserstrahl zur Bearbeitungsoptik mit integrierter Sauerstoffdüse geführt wird. Diese sind in die fünfachsige Handhabungsstation integriert, so daß die Relativbewegung zwischen Laserstrahl und Werkstück ermöglicht wird. Dabei ist eine exakte Positionierung von Strahl- und Sauerstoffzufuhr zu gewährleisten, um den gezielten Materialabtrag reproduzierbar einzustellen (Bild 17).

Da die Triebwerksgehäuseringe sowohl einer Innen- als auch einer Außenbearbeitung unterliegen, ist bei der Dimensionierung und Konstruktion des Bearbeitungskopfes auf schlanke Bauweise und ausreichende Kühlung zu achten. Auch der Schutz von Düse, Optik und Bewegungssystem gegen abspritzende Schmelze ist zu gewährleisten.

Die Bearbeitungsanlage verfügt über zwei Steuerungen: eine NC-Systemsteuerung und eine ihr untergeordnete Laserquellensteuerung. Hauptaufgabe der Lasersteuerung ist dabei die Anpassung der Leistungsabgabe an die abzutragende Geometrie. Auf diese Weise können z.B. unterschiedliche Materialdicken abgetragen oder auch Konturen eingebracht werden. Daneben ist die Lasersteuerung mit einer Fehlerdiagnostik ausgestattet, die Teile der Anlage ständig überwacht und mit voreingestellten Sollwerten vergleicht. Hierzu gehören z.B. Kühlwassertemperaturen, Optikzustände oder Gasdruck. Die CNC-Steuerung steuert, regelt und überwacht den eigentlichen Bearbeitungsprozeß und erfüllt die bekannten Aufgaben, wie die Programmerstellung, das Speichern von Bearbeitungsprogrammen und die kontrollierte Relativbewegung zwischen Laserstrahl und Werkstück.

1: Laserstrahl mit
   Strahlführungssystem
2: Bearbeitungskopf mit
   Sauerstoffzufuhr
3: Werkstück
4: Bearbeitungstisch,
   dreiachsig
5: Rundtisch,
   zweiachsig

Quelle: Pratt & Whitney

Bild 17:   Anlage zum Laserstrahl-Brennabtragen von Turbinengehäusen

Neben den zentralen maschinellen Einrichtungen wie Laserquelle, Handhabungseinheit und Steuerung gehören Peripheriegeräte wie Kühlsysteme und eine Absaugung zur Aufnahme anfallender Schlacke zur Anlage. Insbesondere bei der Bearbeitung von Nickelbasis- und Sonderlegierungen ist die Emission gesundheitsgefährdender Stoffe zu berücksichtigen. Aufgrund des damit verbundenen Risikos für den Maschinenbediener ist eine Erfassung und Filterung freiwerdender Partikel unablässig. Darüber hinaus sind weitere sicherheitstechnische Einrichtungen zur Erfüllung der Arbeitssicherheits- und Laserschutzauflagen, wie Not-Aus-Ketten, Strahlenschutzeinrichtungen und Maschinenkapselungen vorzusehen.

Zusammenfassend läßt sich feststellen, daß eine Bearbeitungsstation zum Laserstrahl-Abtragen im wesentlichen auf konventionellen, verfügbaren Anlagenteilen beruht. Diese stellen einen, von der CO_2-Laserquelle abgesehen, überschaubaren Investitionsumfang dar.

5.2   Anlagentechnische Umsetzung der laserunterstützten Drehbearbeitung

Eine Grundvoraussetzung, die Vorteile der hybriden Prozesse industriell nutzbar zu machen, ist die Bereitstellung einer Produktionsmaschine, deren wesentliche technische Komponenten der Erzeugung der jeweiligen Energieform dienen. Im Falle der laserunterstützten Drehbearbeitung ist es zum einen das Zerspanwerkzeug, zum anderen der Laser. Beide Komponenten in einer Produktionsmaschine technisch zu verknüpfen ist der Schlüssel für die praxisnahe Umsetzung der Technologie.

Hinsichtlich der Laserquelle waren mit CO_2- und Nd:YAG-Lasern bisher nur Systeme mit sehr großem Bauvolumen für den Einsatz in der Materialbearbeitung verfügbar. Hinzu kommt eine Entwicklung aus der Halbleitertechnik: Hochleistungsdiodenlaser in der Größe eines Schuhkartons machen mittlerweile Strahlleistungen im Kilowattbereich verfügbar. Das geringe Gewicht und der kleine notwendige Bauraum sind ausschlaggebend bei der Auswahl der Laserquelle zur Realisierung einer ersten kommerziell verfügbaren Präzisionsdrehmaschine mit Laserunterstützung. Mit einem Wirkungsgrad von über 30 Prozent liefert dieser Lasertyp eine Gesamtleistung von 1,2 kW, was für das hierfür vorgesehene Bauteilspektrum ausreichend ist.

Die Unterbringung des Lasers gelingt durch die koaxiale, drehbare Anordnung auf einem Flachrevolver. Mit insgesamt vier Linearachsen und zwei rotatorischen Achsen können Werkzeug und Laser flexibel zueinander verfahren werden, so daß unterschiedliche Drehoperationen laserunterstützt durchführbar sind. Die Ermittlung der Laserstrahlfokuslage, vergleichbar mit der Werkzeugeinmessung, geschieht innerhalb der Maschine automatisch. Dies ist vor allem vor dem Hintergrund einer automatischen CNC-Bearbeitung zwingend erforderlich, da aufwendige Einrichtarbeiten entfallen und die genaue Lage des Brennflecks maschinenseitig bekannt ist. Hieraus leitet sich bereits ein wesentlicher Vorteil gegenüber dem konventionellen Schleifen ab. Hier nehmen die Nebenzeiten einen erheblichen Anteil an der Gesamtbearbeitungszeit ein, was sich vor allem bei kleinen Losgrößen bzw. bei komplexen Konturen niederschlägt.

Betrachtet man beispielsweise die Außenkontur eines Innenrings für ein Vollkeramik-Kugellager, so müssen für die Vorbearbeitung der Fasen, der zylindrischen Flächen sowie der Laufbahn eine Vielzahl von Schleifscheiben aufwendig eingerichtet werden. Für diese Geometrie würde sich bei der laserunterstützten Drehbearbeitung eine Komplettbearbeitung in einem Schnitt anbieten. Aufgrund der großen zulässigen Schnittiefe ist eine Aufteilung selbst bei der 1,5 mm tiefen Laufbahn nicht zwingend erforderlich (Bild 18).

Bauteil
- Lager-Innenring Si_3N_4-Keramik
- max. Durchm. 55 mm
- Fasen 1 mm x 45°
- Radius 3,5 mm
- max. Aufmaß 1,5 mm
- Breite 13 mm
- Sinterzustand
- Losgröße < 50 Stück

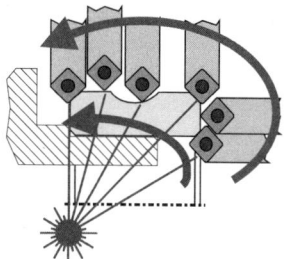

Vergleich zum konventionellen Schleifen
- Bearbeitungszeit pro Ring ca. 10 min (ca. 30 min konventionell Schleifen)
- Standard-PKD-Werkzeug
- nahezu kein Einrichtaufwand (NC-Programm)
- NC-Programm parametrisierbar (Geometrievielfalt)
- kein Kühlschmiermittel

Bild 18: Laserunterstütztes Drehen keramischer Wälzlagerringe

Selbst bei einer Abschätzung der jeweiligen Hauptzeiten zugunsten der Schleifbearbeitung würden 30 min für das Schleifen und nur 10 min für das laserunterstützte Drehen benötigt, um die Außenkontur vorzubearbeiten. Das Verhältnis der Bearbeitungszeiten für die anschließende Endbearbeitung der Kontur (ohne Laufbahn) fällt annähernd gleich aus, jedoch stellt die Einhaltung der Formgenauigkeit bei der laserunterstützten Drehbearbeitung noch eine Herausforderung dar. Zurückzuführen ist dies zum einen auf die sehr eng tolerierten Abmessungen von Lagerkomponenten, zum anderen auf die - wenn auch extrem geringe - Wärmedehnung des Bauteils.

Aus Gründen der negativen Temperatureinflüsse nicht nur auf das Bauteil sondern auch auf die unmittelbar betroffenen Maschinenkomponenten, wie Spannfutter, Spindel und Werkzeughalter, wurden gezielte Lösungskonzepte zur Vermeidung instationärer Erwärmungsvorgänge erarbeitet. Hierzu zählen der Einsatz spezieller Werkstoffe sowie besondere Kühlsysteme für Werkzeug und Spannfutter (Bild 19).

Maschine
- komplett gekapselt
- Lasersicherheit
- Steuereinheit mit Regelung und Prozeßüberwachung
- Not-Aus-Kette
- Kommunikation Laser / Maschine
- kompakte Bauweise

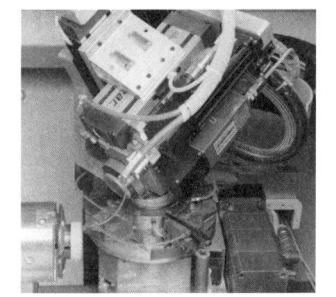

Bearbeitungsraum
- Vier Linear- und zwei Rotationsachsen
- 1,2 kW - Hochleistungsdiodenlaser
- Flachrevolver mit gekühlten Werkzeugplätzen
- Druckgesteuertes, gekühltes Vierbackenfutter
- Staubabsaugung
- Laserstrahl- und Werkzeugvermessung

Bild 19:   Maschine für die laserunterstützte Drehbearbeitung

Hinsichtlich der Betriebssicherheit erfordert der Lasereinsatz besondere Aufmerksamkeit. Gekoppelte Not-Aus-Kreise, Abschirmungen gegen Laserstrahlung, Absaugvorrichtungen sowie die Implementierung prozeßbegleitender Überwachungskreise bilden geeignete Maßnahmen zum Schutz von Mensch und Umgebung. Spezielle, sensorgestützte Abbruchkriterien und Sicherheitsroutinen gewährleisten ein hohes Maß an Prozeßsicherheit.

Die Berücksichtigung aller genannten Maßnahmen erlaubt letztendlich eine praxisnahe Umsetzung der Technologie des laserunterstützten Drehens von Siliziumnitrid-Keramik, einschließlich der verfahrensseitigen Vorteile gegenüber dem Schleifen.

5.3 Anlagentechnische Umsetzung des ultraschallunterstützten Schleifens

Für eine effiziente Bearbeitung von Hochleistungswerkstoffen durch ultraschallunterstütztes Schleifen sind angepaßte Maschinensysteme erforderlich. Beim werkstückunabhängigen Schleifprozeß mit ultraschallerregtem Werkzeug liegt das Know-how vor allem in der konstruktiven Gestaltung der Werkzeugspindel. Diese muß zum einen die Anforderungen einer konventionellen Schleifspindel hinsichtlich Steifigkeit und dynamischer Genauigkeit erfüllen, zum anderen die Übertragung der Ultraschallschwingung in das Werkzeug ermöglichen. Moderne Ultraschallspindeln lassen heute Drehzahlen zwischen 6000 min^{-1} und 25000 min^{-1} zu. Derartige Drehzahlen ermöglichen Schnittgeschwindigkeiten, die mit denen der konventionellen Schleifbearbeitung vergleichbar sind.

Eine sehr flexible Einsatzmöglichkeit bietet die Adaptierung eines Ultraschallspindelsystems über eine Steilkegelverbindung an konventionelle CNC-Fräsmaschinen. Bei diesem Konzept werden bis zu 80% der gesamten Schwingungsenergie noch im entkoppelten Spindelapparat abgebaut und damit nicht an die Maschine weitergegeben. Bei diesen Integrationen in bestehende Werkzeugmaschinen sind dennoch Grenzen hinsichtlich der realisierbaren Ultraschalleistung gegeben (ca. 600 - 800 W), da bei größeren Leistungen wichtige Komponenten der Werkzeugmaschine durch die unzureichend abgebaute Schwingung geschädigt werden können. Höhere Leistungen sind auf eigens zur ultraschallunterstützten Schleifbearbeitung konzipierten und schwingunstechnisch entsprechend angepaßten Maschinen erzielbar.

Eine weitere wichtige Komponente einer Anlage zur ultraschallunterstützten Schleifbearbeitung ist der Ultraschallgenerator. Erst die Entwicklung moderner, leistungsstarker Generatoren ermöglichte die Überlagerung von Längs-Umfangsschleifprozessen mit Ultraschallschwingungen. In diesem Fall wird das gesamte Schwingungssystem nicht im Resonanzbereich betrieben, sondern es werden definierte Druckwellen erzeugt und durch das Schwingungssystem geführt. Eine neue Generation von Schallwandlern, die aus vielen einzelnen Piezokeramik-Arrays bestehen sowie ein besonderes Schalleinkopplungs- und -umleitungsprinzip ermöglichen darüber hinaus, die sinusförmige Welle gezielt zu steuern. Damit kann z.B. die Wellengeschwindigkeit an die Drehzahl der Schleifscheibe angepaßt werden. Die Flexibilität sowie die gute Steuerbarkeit dieser Technik eröffnet weitreichende Potentiale hinsichtlich gänzlich neuer Materialabtragmechanismen und könnte in Zukunft bei vielen Umfangsschleifprozessen eine Anwendung finden.

<u>Bild 20</u> zeigt eine 3-Achs-CNC-Bearbeitungseinheit, die speziell für die ultraschallunterstützte Schleifbearbeitung konstruiert und ausgelegt wurde. Sie verfügt über eine PC-basierte Maschinensteuerung und ist CAD/CAM-geeignet. Die auf dem Markt verfügbare Maschine ist für ultraschallunterstützte Quer-Seiten- sowie Quer-Umfangsschleifprozesse mit einer Positioniergenauigkeit von ca. 1 µm geeignet.

Maschine
- x-Achse: 350 mm
- y-Achse: 250 mm
- z-Achse: 300 mm
- Genauigkeit 0,001 mm
- Adaptiv-Regelung

Ultraschallspindel
Antrieb: n = 12000 min^{-1}
$P_{n\text{-max}}$ = 1,2 kW
US: f_{nenn} = 20 kHz
$P_{US\text{-max}}$ = 800 W

Steuerung
Typ: DIN-CNC, PC-Basis,
CAD/CAM-gekoppelt

Kühlmittelversorgung
Druck- bzw. Saugspülung
p_{max} > 6 bar

IWF - Institut für Werkzeugmaschinen und Fabrikplanung

Bild 20: Anlage zum ultraschallunterstützten Schleifen

6 Zusammenfassung und Fazit

Eine ausgeprägte Innovationsbereitschaft ist bei vielen produzierenden Unternehmen oftmals der Schlüssel zum Erhalt ihrer Wettbewerbsfähigkeit und zum wirtschaftlichen Erfolg. Dabei kann die Bandbreite der Produkte sehr weit gesteckt sein, so lange sich diese aufgrund technischer Besonderheiten von anderen auf dem Markt befindlichen Produkten abgrenzen. Aber nicht die Produktidee alleine ist hierbei entscheidend, sondern vielmehr das Vermögen, diese fertigungstechnisch optimal umzusetzen. Dabei ist ein umfassendes technologisches Know-how die Basis, um Verfahren bis an die technologischen Grenzen zu führen. Deutlich wird diese Situation bei der Betrachtung der in diesem Beitrag aufgeführten Bauteilbeispiele, die durch ihre ungünstige Kombination aus schwerzerspanbarem Werkstoff und komplexer Bearbeitungsaufgabe gekennzeichnet sind. Zwar sind die derzeitigen Verfahren für die Herstellung der Bauteile geeignet, jedoch sind auf der Grundlage klassischer Optimierungsansätze keine Quantensprünge mehr zu erwarten.

Einen neuen Weg stellt die Anwendung hybrider Prozesse dar, bei der über eine gezielte Energieeinbringung die Leistungsfähigkeit konventioneller Verfahren erhöht wird. Dabei beruht das Prinzip auf zwei Ansätzen. Über die Zufuhr einer bestimmten Energieform in die Wirkzone des Prozesses wird zum einen eine lokale Veränderung der Bearbeitbarkeit des Werkstoffs hervorgerufen, zum anderen werden die Prozeßabläufe selbst verbessert. Am Beispiel der chemisch, thermisch und mechanisch unterstützten Prozesse werden diese Potentiale deutlich. So lassen sich beispielsweise die Zeitspanvolumina bei der Bearbeitung von schwer zerspanbaren Bauteilen für den Triebwerksbau deutlich erhöhen. Des weiteren ist durch die Laserunterstützung bei der Herstellung von Lagerringen aus Siliziumnitrid-Keramik der Einsatz der Drehtechnologie mit all ihren verfahrensbedingten Vorteilen möglich. Schließlich bietet die Ultraschallunterstützung beim Schleifen unterschiedlichster Keramiksorten erhebliche Steigerungen in den Abtragraten, ohne dabei die Bauteilqualität zu beeinträchtigen.

Die Voraussetzungen, die notwendig sind, um diese technologischen Vorteile industriell nutzbar zu machen, umfassen neben dem technologischen Verständnis für die hybriden Prozesse auch die Bereitstellung einer darauf abgestimmten Produktionsmaschine, die eine störungsfreie Prozeßführung ermöglicht. Hier waren es vor allem die technischen Weiterentwicklungen zur Erzeugung der jeweiligen Energieformen, aber auch die Regelungstechnik, die diese Verfahrensvariante an die Schwelle der industriellen Umsetzung gebracht hat. So ist mit der ersten von einem deutschen Maschinenhersteller erhältlichen Drehmaschine mit integriertem Hochleistungsdiodenlaser die Bearbeitung von Keramikbauteilen im automatischen CNC-Betrieb möglich.

Um die Potentiale, die sich mit dieser Technik ergeben, als Wettbewerbsvorteil nutzbar zu machen, muß neben der kurzfristigen Umsetzung der bereits vorhandenen Erkenntnisse in die Produktion, die Identifizierung weiterer Anwendungsgebiete vorangetrieben werden. Hierbei ist eine intensive Zusammenarbeit zwischen der Industrie und den Forschungseinrichtungen zwingend erforderlich, da nur durch eine rechtzeitige Einbindung der Betriebe ein frühzeitiges Vertrauen zu den hybriden Prozessen geschaffen werden kann.

Fortschritt
liegt in der Einführung neuer Technologien

Innovationen
bedürfen der Entschiedenheit und eines richtigen Konzepts

Neue Technologien
erfordern die Offenheit und Risikobereitschaft aller Beteiligten

Verfahren mit kombinierten Wirkenergien
stehen am Beginn eines großen Feldes weiterer Anwendungen und Produkte

Hybride Prozesse
ermöglichen die Fertigung von Produkten, die bislang gar nicht oder nur sehr schwer herstellbar waren

Bild 21: Hybride Prozesse: Neue Impulse für die Produktionstechnik

Literatur:

[1]   N.N.: Firmenmitteilungen BMW Rolls-Royce, 1998

[2]   N. N.: Informationen zu Titan, Titanium Industries, Inc., Web-Seite: http://www.titanium.com

[3]   Schwarz, K.: F-22 Raptor - Born in the USA, Flug Revue Juni 1997

[4] Peters, M.; Leyens, C.; Kumpfert, J.: Titanlegierungen in der Luft- und Raumfahrt, Fortbildungsseminar Titan und Titanlegierungen, DGM Informationsgesellschaft mbH, 1996

[5] Sternagel, R.; Popp, M.; Hermann, M.; Rombach, M.; Konrath, G.; Wötting, G.: Neue Entwicklungen bei Wälzlagern aus Hochleistungskeramik, Vortrag auf der Werkstoffwoche 98, München 12.-15.10.1998

[6] Wallrabe, U.: Mikroturbinen als hydrodynamischer Kleinstantrieb, Mikrotechnik, F & M, Carl Hanser Verlag, München, 1998

[7] Herziger, G.; Loosen, P.: Lasertechnik 2, Vorlesungsskript, 2. Auflage, RWTH Aachen, 1994

[8] Zaboklicki, A.: Laserunterstütztes Drehen dichtgesinterter Siliziumnitrid-Keramik, Berichte aus der Produktionstechnik. Bd. 16, Shaker Verlag GmbH, 1998, ISBN 3-8265-3934-6, 1998

[9] Klocke, F.; Bergs, T.: Laserunterstütztes Drehen von Bauteilen aus Siliziumnitrid-Keramik; Werkstoffwoche'98, München, 1998

[10] Klocke, F.; König, W.; Zaboklicki, A.: Einfluß der laserunterstützten Drehbearbeitung auf die Eigenschaften der Bauteile aus Siliziumnitridkeramik, Werkstoffwoche'96, Stuttgart, 1996

[11] Klocke, F.; Hilleke, M.; Sinhoff, V.: Hochleistungskeramik im Automobilbau - nur eine Vision?, VDI-Z Special Ingenieur-Werkstoffe II, 1995

[12] Spur, G.; Holl, S.-E.; Sathyanarayanan, G.: Ultrasonic Assisted Grinding of Ceramics, SME, Conference Readings, 1995

[13] Uhlmann, E.; Holl, S.-E.: Schwer zerspanbare Werkstoffe ultraschallunterstützt schleifen, Maschinenmarkt, Nr. 48, 1998

Mitarbeiter der Arbeitsgruppe für den Vortrag 3.3

Dr. F. Bachmann, ROFIN-SINAR Laser GmbH, Mainz
Dipl.-Ing. M. Boll, BMW Rolls-Royce GmbH, Oberursel
Dipl.-Ing. T. Bergs, Fraunhofer IPT, Aachen
Dipl.-Ing. B. Bresseler, Fraunhofer IPT, Aachen
Dipl.-Ing. A. Demmer, Fraunhofer IPT, Aachen
Dr.-Ing. H. J. Hümbs, SIEMENS AG, Mülheim/Ruhr
Dr.-Ing. E.h. H. Klingel, TRUMPF GmbH & Co. Maschinenfabrik, Ditzingen
Prof. Dr.-Ing. F. Klocke, Fraunhofer IPT, Aachen
Dr.-Ing. K.-F. Koch, BMW Rolls-Royce GmbH, Oberursel
Dr.-Ing. M. Nagel, Thyssen Laser-Technik GmbH, Aachen
Dr.-Ing. S. Nöken, Fraunhofer IPT, Aachen
Dipl.-Ing. M. Popp, CEROBEAR GmbH, Herzogenrath
H. Sauer, Hermann Sauer GmbH & Co. KG, Stipshausen
Dr.-Ing. A. R. Werner, Pratt & Whitney, Hartford, Connecticut, USA

3.4 Werkzeugbau mit Zukunft - Vom Dienstleister der Produktion zum Partner in der Prozeßkette

Gliederung:

1 Einleitung
1.1 Die Branche Werkzeugbau
1.2 Produkte und Kunden des Werkzeugbaus

2 Die Entwicklung der Branche Werkzeugbau
2.1 Aktuelle Handlungsfelder im Werkzeugbau
2.2 Zukünftige Trends für den Werkzeugbau

3 Die neue Rolle des Werkzeugbaus

4 Der Werkzeugbau als Systemlieferant

5 Win-Win-Situation durch Partnerschaft
5.1 Merkmale einer Partnerschaft
5.2 Partnerschaftskette Werkzeugbau
5.3 Partnersuche
5.4 Erfolgsfaktoren einer Partnerschaft

6 Handlungsbedarf für den Werkzeugbau
6.1 Anpassung der Betriebsstruktur
6.2 Auswirkungen der Veränderungen

7 Vision
8 Fazit

Kurzfassung:

Werkzeugbau mit Zukunft - Vom Dienstleister der Produktion zum Partner in der Prozeßkette

Neben dem starken Kostendruck, dem nahezu alle Betriebe des produzierenden Gewerbes vor allem in Hochlohnländern wie Deutschland ausgesetzt sind, stehen Werkzeugbaubetriebe unter einem extremen Zeitdruck. Durch die Fertigstellung der Werkzeuge wird maßgeblich der Produktionsstart und damit die Time to Market mitbestimmt. Die Fortführung der Optimierung der Einzelprozesse allein genügt nicht mehr. Es muß zu einer Veränderung der Rolle des Werkzeugbaus kommen, verbunden mit der Anpassung der Leistungen sowie der Form der Zusammenarbeit mit anderen Werkzeugbaubetrieben und mit den Kunden.

Quantensprünge können nur durch eine frühere Einbeziehung des Werkzeugbaus in die Entwicklung des Kunden erreicht werden. Hierzu ist eine Veränderung des Leistungsspektrums des Werkzeugbaus erforderlich. Es sind erweiterte Kompetenzen vorzuhalten, die eine Zusammenarbeit mit den Kunden in einer frühen Phase der Produktentwicklung ermöglichen. Ein weiteres Potential liegt in der optimierten Zusammenarbeit verschiedener Werkzeugbaubetriebe. Hier wird sich eine Struktur der Zusammenarbeit etablieren, in der Werkzeugbaubetriebe einen Teil der Koordinationstätigkeiten vom Kunden übernehmen. Es werden einzelne Werkzeugbaubetriebe als „Systemlieferant" auftreten und neben der Entwicklung und Herstellung eigener Werkzeuge die der anderen Betriebe koordinieren.

Beide Veränderungen - sowohl die frühzeitige Einbindung in die Prozeßkette wie auch die Schnittstellenminimierung durch den Werkzeugbau als Systemlieferanten - können nur durch eine partnerschaftliche Form der Zusammenarbeit realisiert werden, die beidseitigen Know-how Austausch statt einer reinen Informationsweitergabe erfordert.

Abstract:

Tool and Die Making for the future - From serving part production to cooperating within the entire process chain

Beside the cost reduction shortening the lead time is the key issue for production companies. Especially tool and die shops have to consider this because tool completion determines the start of part production and so time to market. Continuing to optimize the individual processes in tool and die making will not be sufficient in future. The contribution of tool shops to the entire process chain has to be changed by offering new services and products as well as improving the way of cooperation with other tool shops and customers.

Outstanding improvements can only be achieved by involving tool shops in the early phases of product design. To fulfill this task new competencies are required in the tool shops. Additional to that tool shops will establish a new kind of cooperation where coordination tasks will be taken over from the customer. This will lead to a situation where single tool shops will appear as a kind of system supplier including tool production and coordination tasks.

Both changes - the early integration into product development and the tool shop as a system supplier - can only be realized by a partnership that substitutes information exchange by a common know-how development.

1 Einleitung

Der Werkzeugbau gilt als eine Schlüsselbranche, die sich durch ihre hochwertigen Erzeugnisse auszeichnet [1]. Je nach Art der Produktion können die Kosten für die Werkzeuge bis zu 30% der Gesamtkosten einer Produktion ausmachen [2].

1.1 Branche Werkzeugbau

Betrachtet man die Stellung des deutschen Werkzeugbaus im Vergleich zu seinen Konkurrenten aus anderen Ländern, stellt man fest, daß erhebliche Wettbewerbsnachteile bestehen (Bild 1). Die Wertschöpfung je Mitarbeiter liegt hinter den größten Konkurrenten aus Japan, den Vereinigten Staaten und Italien zurück. Der Gewinn vor Steuern beträgt mit etwa 1% des Umsatzes nur ca. ein Fünftel des Gewinns in diesen Ländern. Auch die anderen in der ISTMA organisierten Länder schneiden in diesem Punkt deutlich besser ab [3].

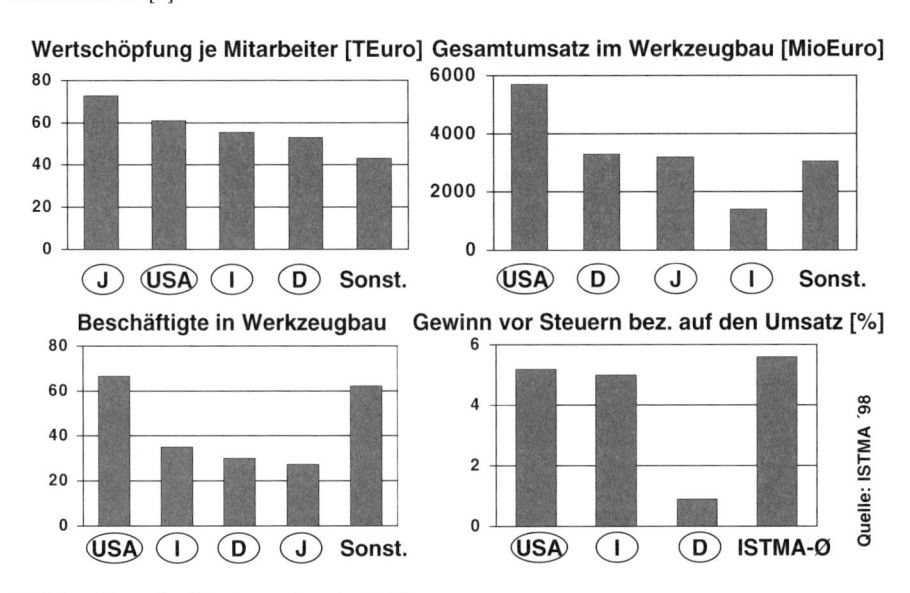

Bild 1: Branche Werkzeugbau in Zahlen

Eine Umfrage unter mehr als 300 Betrieben des Werkzeug- und Formenbaus in Deutschland, den USA und Japan hat ergeben, daß ein Großteil der Betriebe dem Mittelstand zuzuordnen ist [4]. Auch bei Werkzeugbaubetrieben, die nicht selbständig sind, sondern Teil eines größeren Produktionsbetriebs, sind in der Regel alle Funktionen einer eigenständigen Firma vorhanden. Man spricht daher auch von einer „Fabrik in der Fabrik".

Typischerweise umfaßt der Werkzeugbau eine vollständige Wertschöpfungskette von der Konstruktion und Methodenplanung bis zur Werkzeugmontage und der Erprobung. Er stellt damit das Bindeglied zwischen der Produktkonstruktion und der Serienproduktion dar. Die in der Produktkonstruktion erzeugten Informationen werden zur

Auslegung des Werkzeugs und damit des gesamten Produktionsprozesses genutzt. Die Realisierung des Produktionsprozesses durch die Bereitstellung prozeßsicherer Werkzeuge schließt die klassische Tätigkeitsfolge des Werkzeugbaus ab. In Einzelfällen werden auch Dienstleistungen für die Zeit des Einsatzes von Werkzeugen durch den Werkzeugbau angeboten, zum Beispiel bei der Instandhaltung oder der Werkzeugreparatur [5].

1.2 Produkte und Kunden des Werkzeugbaus

Unter dem Begriff „Werkzeug" werden nach der VDI-Norm 2815 [6] Fertigungsmittel zusammengefaßt, die auf ein Werkstück mit dem Ziel der Form- oder Substanzveränderung mechanisch oder physisch-chemisch einwirken. Auch unter diese Definition fallende Standardwerkzeuge, wie zum Beispiel Drehmeißel, Fräser oder Bohrer, sind jedoch im Gegensatz zu Hohlformwerkzeugen keine klassischen Erzeugnisse von Werkzeugbaubetrieben [2].

Hohlformwerkzeuge werden sowohl zum Urformen als auch zum Umformen eingesetzt. Beim Urformen metallischer Werkstoffe werden beispielsweise Kokillenwerkzeuge oder Druckgußformen eingesetzt, zum Urformen von Kunststoffen kommen Spritzgießwerkzeuge zum Einsatz. Beim Umformen unterscheidet man zwischen dem Massivumformen, zum Beispiel unter Einsatz von Schmiedegesenken, und dem Blechumformen, für das Preßwerkzeuge verwendet werden. Gemeinsam ist jedoch allen Hohlformwerkzeugen, daß durch ihre Geometrie teilweise oder vollständig die Werkstückform abgebildet wird [1, 2, 7].

Die Werkzeuge zur Kunststoffverarbeitung und die Werkzeuge zur Blechumformung stellen ca. zwei Drittel des Gesamtwerts aller Produkte der Branche Werkzeugbau dar (Bild 2). Neben der großen Anzahl dieser Werkzeuge ist für dieses Ergebnis auch der höhere Wert eines einzelnen Kunststoffspritzgieß- oder Preßwerkzeugs gegenüber einem Kokillenwerkzeug oder einem Schmiedegesenk verantwortlich. Er resultiert aus dem komplexeren Aufbau der erstgenannten Werkzeuge.

Der größte Kunde der Branche Werkzeugbau ist die Automobilbranche. In einer weltweiten Umfrage unter Werkzeugbaubetrieben gaben ca. 70% an, die Automobilindustrie zu beliefern. Etwa die Hälfte der Firmen hat die Elektroindustrie als Kunden und ca. 30% liefern an Unternehmen, die Haushaltsgerät herstellen [4].

2 Die Entwicklung der Branche Werkzeugbau

Zu einer Betrachtung der Entwicklung im Bereich Werkzeugbau sind einerseits die derzeitigen Schwerpunkte der Optimierungsaktivitäten zu analysieren, andererseits ist zu ermitteln, welche Trends in Zukunft von Bedeutung sein werden. Hierzu sind insbesondere die Entwicklungen der Kunden des Werkzeugbaus zu betrachten und Konsequenzen daraus abzuleiten.

Produktmix

Werkzeuge Kunststoffverarbeitung 34 %

Werkzeuge Blechumformung 35 %

Metallgußwerkzeuge 26 %

Sonstige Werkzeuge 5 %

Quelle: Gehring et al. '90

Kundenstruktur

[% der Betriebe liefern an ...., Mehrfachnennungen möglich]

Automobilindustrie

Elektroindustrie

Haushaltsgeräte

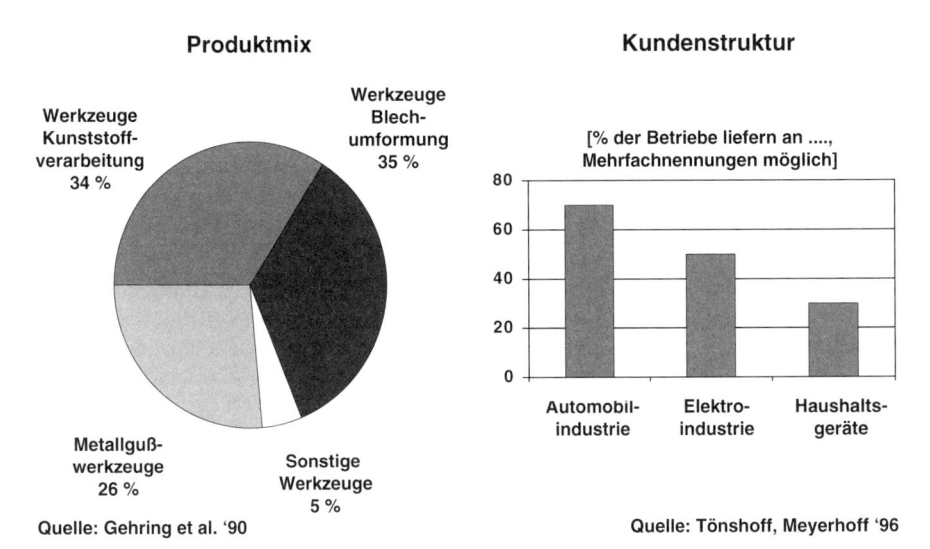

Quelle: Tönshoff, Meyerhoff '96

Bild 2: Produkte und Kunden des Werkzeugbaus

2.1 Aktuelle Handlungsfelder im Werkzeugbau

Der Zwang zu einem ständigen Überdenken der Strukturen und zu einer kontinuierlichen Optimierung aller Prozesse im Werkzeugbau ist nicht neu. Es wurden und werden vielfältige Projekte zur Rationalisierung von Einzelprozessen durchgeführt, die sich vier Schwerpunkten zuordnen lassen. Sie werden im folgenden kurz beschrieben.

Der CAX-Kette kommt im Werkzeugbau eine besondere Bedeutung zu. Zum einen sind aufgrund der komplexen Werkzeuge mit einem hohen Anteil an Freiformflächen die CAD-Konstruktion und die NC-Bearbeitung Prozesse, die entscheidend die Wirtschaftlichkeit des Werkzeugbaus beeinflussen. Zum anderen werden die Informationen über das Produktionsteil vom Kunden häufig in der Form eines CAD-Files weitergegeben. Insbesondere bei nachträglichen technischen Änderungen sind in kurzen Abständen neue CAD-Files einzulesen und zu bearbeiten. Brüche in der CAD/CAM-Kette führen daher zu einem Zusatzaufwand auf der einen Seite und zu zusätzlichen Fehlerquellen auf der anderen Seite.

Erfahrungen haben gezeigt, daß bei einer systematische Einführung eines CAD/CAM-Systems, das auf die zu unterstützenden Prozesse in Konstruktion und Fertigung optimal abgestimmt ist, erhebliche Potentiale erschlossen werden können. Hierzu zählen z.B. die Qualitätssteigerung durch Wiederverwendung von Teilumfängen bereits abgeschlossener Konstruktionsaufträge oder die Automatisierung immer wiederkehrender Prozeßschritte [8].

Durch Simulation ist es im Werkzeugbau möglich, eventuelle Schwachstellen einer Werkzeugkonstruktion bereits vor Erstellung des Werkzeugs aufzudecken und die Werkzeuge zu optimieren. So können Probleme vermieden werden, die ansonsten erst in der Erprobungsphase, also nach Fertigstellung des kompletten Werkzeugs, erkannt worden wären. Dies führt neben einer Verminderung der Try-Out- und Nachbearbeitungsaufwände und damit neben einer Kostensenkung auch zu einer Verkürzung der Gesamtdurchlaufzeit.

Programme zur Durchführung einer Simulation existieren für die unterschiedlichen Anwendungsfälle im Werkzeugbau. So werden bei Sprizgießwerkzeugen für Kunststoffformteile, z.B. Füllsimulationen, durchgeführt, bei denen der Verlauf der Kunststoffschmelze bei der Werkzeugfüllung analysiert wird. Auch zur Auslegung von Werkzeugen für die Blechumformung werden Simulationstechniken genutzt. Sie erlauben die Beurteilung der Spannungsverläufe im Werkstück ebenso wie die Abschätzung des Rücksprungverhaltens. Für die Auslegung von Schmiedewerkzeugen existieren Simulationsprogramme, mit denen die Materialverteilung und die Spannungsverläufe im Werkstück für die einzelnen Stadien der Umformung nachvollzogen werden können. Die Potentiale einer solchen Umformsimulation können an einem Beispiel verdeutlicht werden. Bild 3 zeigt beispielhaft die Potentiale, die durch Nutzung der Simulationsergebnisse eines Schmiedeteils erschlossen werden. Bei der Simulation wurden Belastungsspitzen identifiziert und durch Variation des Obergesenks abgebaut. So konnte eine Steigerung der Standmenge um mehr als 50% realisiert werden.

CAX-Kette, Simulation

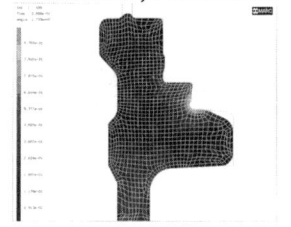

- Simulation eines komplexen Schmiedevorgangs
- Optimierung des Schmiedegesenks auf Basis der Simulationsergebnisse
- Resultat: Steigerung der Standmenge um mehr als 50 %

Quelle: Thyssen Umformtechnik

Fertigungstechnologie: Kombination Fräsen + Erodieren

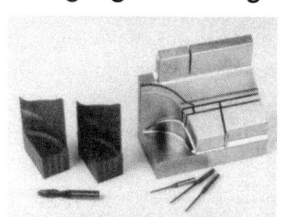

- HSC-Fräsen der Nuten bis maximal 30 mm Tiefe
- Erodieren der tieferen Nuten
- Resultat: Senkung von Kosten und Durchlaufzeit um je 50 %

Quelle: IPT

Bild 3: Beispiele für die Optimierung der Einzelprozesse

In der maschinellen Fertigung von Werkzeugbaubetrieben wird ca. ein Drittel ihrer Gesamtkosten verursacht. Dies zeigt, daß hier Maßnahmen zur Rationalisierung einen hohen Beitrag zur Senkung der Gesamtkosten erwarten lassen. Neben der auftragsbezogenen Festlegung der optimalen Fertigungsverfahren für bestimmte Bearbeitungsaufgaben ist auch die langfristige Technologieplanung in Verbindung mit der Auswahl der Bearbeitungsmaschinen eine Kernaufgabe für den Werkzeugbau.

Eine typische Fragestellung bei der auftragsbezogenen Festlegung der Fertigungsverfahren sind z.B. die Abgrenzung von Fräsen und Erodieren. Nach dieser Festlegung sind die jeweils optimalen Prozeßparameter zu bestimmen. Werkstoff, Oberflächenqualität und Randzoneneigenschaften sind Faktoren, die bei diesen Entscheidungen zu berücksichtigen sind [9]. Im Rahmen der langfristigen Technologieplanung wird über Investitionen in neue Maschinen entschieden.

Neben der Optimierung der bestehenden Fertigungsprozesse ist die Planung und Einführung neuer Technologien ein wichtiger Beitrag zur Steigerung der Wettbewerbsfähigkeit des Werkzeugbaus. Ein typisches Beispiel für die Einführung einer neuen Technologie, die nicht nur die bereits vorhandenen Bearbeitungsaufgaben effektiver macht, sondern die Erweiterung des Leistungsspektrums vieler Werkzeugbaubetriebe ermöglicht hat, ist das Rapid Prototyping. Es ist Voraussetzung für eine Entwicklung des Werkzeugbaus hin zu einem Dienstleistungsunternehmen, das „Problemlösungen in Sachen Teilefertigung" anbietet [13].

2.2 Zukünftige Trends für den Werkzeugbau

Wie bereits in Kapitel 1 beschrieben, liefert der Werkzeugbau seine Produkte überwiegend an Kunden aus der Automobilindustrie. Dies bedeutet, daß sich Veränderungen in dieser Branche stark auf den Werkzeugbau auswirken. Derzeit können hier zwei Trends identifiziert werden, die die Entwicklung der Branche Werkzeugbau stark beeinflussen werden (Bild 4).

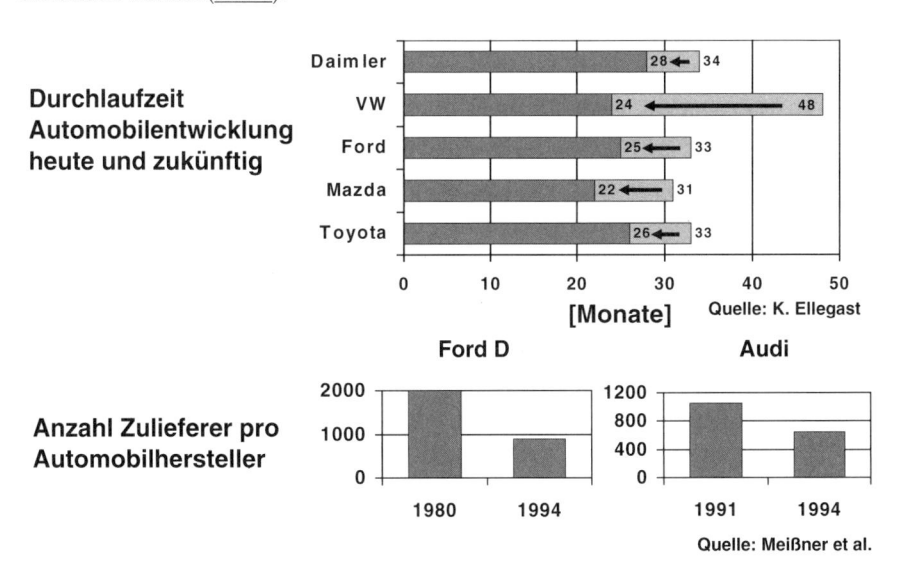

Bild 4: Trends bei den Werkzeugbau-Kunden

Zum einen wird die Verkürzung der Durchlaufzeit in der Automobilentwicklung weiter fortschreiten. Trotz der in den vergangenen Jahren bereits erzielten Erfolge planen die Automobilhersteller, die Entwicklungszeiten weiter auf einen Wert von ca. zwei

Jahren zu senken. Dies betrifft den Werkzeugbau im besonderen, da er sich mit seiner Stellung als Bindeglied zwischen der Produktentwicklung und der Serienproduktion auf dem kritischen Pfad der Produktentwicklung befindet und den Zeitpunkt des Produktionsanlaufs maßgeblich mitbestimmt. Dabei hat die Gesamtdurchlaufzeit jetzt eine Größenordnung erreicht, die eine weitere deutliche Verkürzung mit den bereits angewandten Maßnahmen der Optimierung der Einzelprozesse bzw. Teilprozeßketten und der frühzeitigen Weitergabe von Informationen alleine nicht mehr ermöglicht.

Ein weiterer wichtiger Trend in der Automobilindustrie ist die Reduzierung der Zulieferer auf wenige Systemlieferanten, die beispielsweise bei Audi innerhalb von 4 Jahren zu einer Halbierung der Anzahl der direkten Zulieferer geführt hat. Diejenigen, die nach der Konzentration noch zu den direkten Zulieferern zählen, können unter Umständen mit einem erhöhten Auftragsvolumen kalkulieren und stehen damit vor der Entscheidung, die eigenen Kapazitäten und Kompetenzen auszubauen oder verstärkt auf Unterlieferanten zurückzugreifen. Die andere Gruppe, für die eine direkte Belieferung der Automobilhersteller nun nicht mehr möglich ist, muß auf andere Märkte ausweichen oder den Kontakt zu den direkten Zulieferern suchen, um dort als Unterauftragnehmer tätig zu werden.

Im weiteren Verlauf dieses Beitrags wird ein Szenario beschrieben, das die Veränderungen innerhalb der Branche Werkzeugbau aufzeigt, die durch die geschilderten Trends auf der Kundenseite ausgelöst werden. Es wird bestimmt durch zwei grundlegende Tendenzen, die statt der Optimierung von Einzelprozessen oder Teilprozeßketten im Werkzeugbau das Streben nach einem Gesamtoptimum der Prozeßkette Produktentwicklung fokussieren (Bild 5).

Um den geforderten erneuten Quantensprung bei der Verkürzung der Durchlaufzeit in der Produktentwicklung zu erreichen, ist die Einbindung des Werkzeugbaus in die Gesamtprozeßkette neu zu definieren. An die Stelle einer mittels Informationsaustausch geregelten Zusammenarbeit muß die gemeinsame Wertschöpfung treten. Die Beschreibung der hieraus resultierenden neuen Rolle des Werkzeugbaus ist Gegenstand des Kapitels 3. Die Bildung von wenigen direkten Zulieferern und Unterlieferanten erfordert eine neue Form der Zusammenarbeit unter Werkzeugbaubetrieben. Die sich daraus ergebende Veränderung der Struktur innerhalb der Branche Werkzeugbau wird in Kapitel 4 beschrieben.

Beide Veränderungen - die frühzeitige Einbindung in die Prozeßkette des Kunden ebenso wie die Kooperation unter Werkzeugbaubetrieben - ist nur mit einer partnerschaftlichen Zusammenarbeit möglich. Die Kriterien, die eine partnerschaftliche Zusammenarbeit von einer konventionellen unterscheiden, werden in Kapitel 5 diskutiert.

3   Die neue Rolle des Werkzeugbaus

Die neue Rolle des Werkzeugbaus als Partner in der gesamten Prozeßkette erfordert sowohl auf Seiten der Werkzeugbaubetriebe als auch auf Seiten der Kunden ein neues Verständnis der Form der Zusammenarbeit. Die unterschiedlichen Formen einer Zusammenarbeit sind in Bild 6 dargestellt. In der sequentiellen Auftragsbearbeitung wurden früher nach Abschluß der Produktentwicklung die fertig ausgearbeiteten Konstruktionsunterlagen an einen internen oder externen Lieferanten für Werkzeuge weitergegeben. Dieser hatte dann die Aufgabe, ein Betriebsmittel zur Herstellung zu konstruieren und zu bauen, ohne echten Einfluß auf die werkzeuggerechte Gestaltung des Produkts nehmen zu können. Dem Vorteil der klar getrennten und wenig vernetzten Prozesse stehen dabei gravierende Nachteile gegenüber.

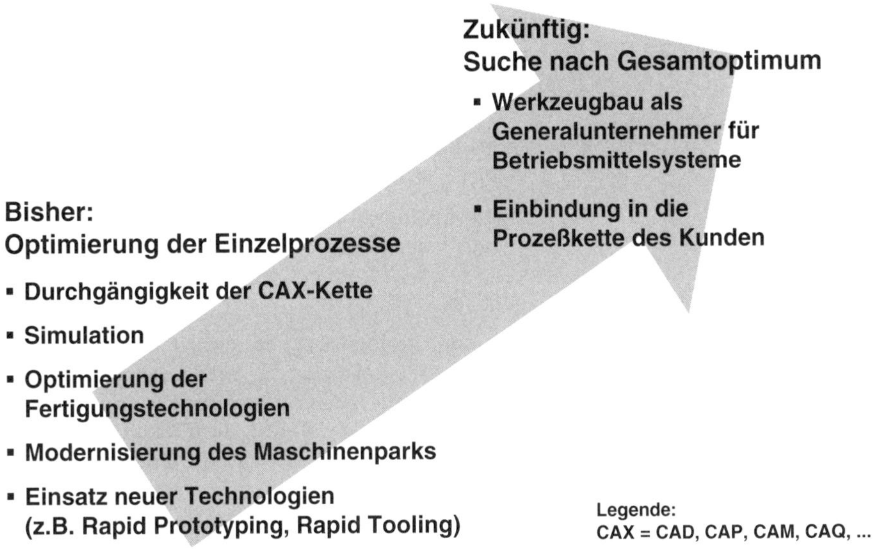

Bisher:
Optimierung der Einzelprozesse

- **Durchgängigkeit der CAX-Kette**
- **Simulation**
- **Optimierung der Fertigungstechnologien**
- **Modernisierung des Maschinenparks**
- **Einsatz neuer Technologien**
  (z.B. Rapid Prototyping, Rapid Tooling)

Zukünftig:
Suche nach Gesamtoptimum

- **Werkzeugbau als Generalunternehmer für Betriebsmittelsysteme**
- **Einbindung in die Prozeßkette des Kunden**

Legende:
CAX = CAD, CAP, CAM, CAQ, ...

Bild 5: Konsequenzen für den Werkzeugbau

Wenn mit der Werkzeugkonstruktion erst nach Abschluß der Produktkonstruktion begonnen werden kann, nimmt die Durchlaufzeit des Gesamtprozesses der Produktentwicklung bis zum Produktionsstart in einer Größenordnung zu, die die Anwendung dieser Vorgehensweise vor dem Hintergrund der beschriebenen Trends nicht mehr erlaubt. Aber auch von Seiten der Kosten birgt die sequentielle Auftragsbearbeitung Nachteile. Dadurch, daß bei der Produktentwicklung das Know-how des Werkzeugbaus nicht in die Teilegestaltung einfließen kann, muß mit erhöhten Produktionskosten gerechnet werden. Diese Kostenerhöhung kann auf drei Gründe zurückgeführt werden. So ist mit einer nicht optimalen Zykluszeit zu rechnen, da das Produkt nicht hinsichtlich seiner Ur- bzw. Umformbarkeit optimiert wurde. Weiterhin kann durch die Nichtbeachtung von Fertigungsrestriktionen ein zusätzlicher Fertigungsschritt in Form einer zusätzlichen Ur- oder Umformoperation erforderlich werden. Schließlich ist mit einem erhöhten Wartungs- oder Reparaturaufwand zu rechnen, wenn bei der Produktgestaltung Belastungsspitzen am Werkzeug nicht erkannt und damit auch nicht vermieden werden können.

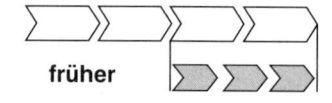

früher
- Informationsweitergabe nach Ende der Produktentwicklung
- Klassisch sequentielle Auftragsabwicklung
- Werkzeugbau als Betriebsmittellieferant

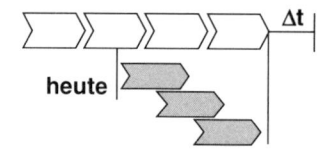

heute Δt
- Frühzeitige Informationsweitergabe
- Simultaneous Engineering im Werkzeugbau
- Werkzeugbau als Betriebsmittellieferant

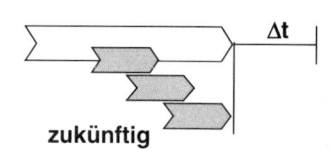

zukünftig Δt
- Frühzeitige Einbindung in die Prozeßkette des Kunden
- Werkzeugbau als gestaltender Partner in der Prozeßkette

Bild 6:   Die neue Rolle des Werkzeugbaus

Das Methodengerüst des Simultaneous Engineering wurde entwickelt, um eine Parallelisierung der Produkt- und Fertigungsprozeßgestaltung zu realisieren [10, 11, 12]. Durch diese Parallelisierung kann einerseits die Gesamtdurchlaufzeit bis zum Produktionsstart erheblich gegenüber der sequentiellen Auftragsbearbeitung verringert werden, andererseits erhalten Werkzeugbaubetriebe durch eine frühzeitige Informationsweitergabe noch unvollständiger oder mit Unsicherheit behafteter Informationen frühzeitig die Möglichkeit, im Sinne einer fertigungsgerechten Produktgestaltung in den Prozeß einzugreifen. Den Vorteilen dieses Ansatzes steht jedoch der Nachteil stark vernetzter und damit schwerer zu beherrschender Abläufe gegenüber.

Die Potentiale des Simultaneous Engineering werden in der Praxis in vielen Fällen nur unzureichend ausgeschöpft. Der Grund hierfür liegt in der Gestaltung der Schnittstelle zwischen Werkzeugbaubetrieb und Produkthersteller. Sie ist oftmals von einem unterschwelligen gegenseitigen Mißtrauen geprägt, das die angestrebte frühzeitige Zusammenarbeit zu einem bloßen Informationsaustausch verkommen läßt. Eine solche Zusammenarbeit beginnt oftmals mit einer ausschließlich kostenorientierten Auswahl eines Werkzeugbaulieferanten, der zum Bestehen dieser Auswahl mit einem (zu) niedrigen Einstandspreis in das Projekt involviert wird. Dafür wird er in einer späteren Projektphase bei zwangsläufig auftretenden Änderungen seine Stellung als Quasi-Monopolist für überhöhte Forderungen nutzen, um die Nachteile des niedrigen Einstandspreises zu kompensieren. Es kann festgestellt werden, daß der Werkzeugbau trotz einer frühzeitigen Informationsweitergabe und einer Parallelisierung der Abläufe im wesentlichen in der Rolle des Betriebsmittellieferanten bleibt.

Zur Erschließung neuer Potentiale ist daher eine neue Form der Zusammenarbeit zu etablieren. Die reine Weitergabe von Informationen ist durch eine gemeinsame Erarbeitung von Inhalten abzulösen. Damit wird der Werkzeugbau von einem Lieferanten für Betriebsmittel zu einem gestaltenden Partner in der gesamten Prozeßkette der Produktentwicklung. Er wird durch aufbau- oder ablauforganisatorische Maßnahmen in die inhaltliche Produktentwicklung von Beginn an einbezogen und kann so seinen Einfluß im Sinne einer fertigungsgerechten Produktgestaltung geltend machen. Diese frühzeitige Einbeziehung in die Prozeßkette führt jedoch nicht nur zu einer Vorverlagerung der bereits bekannten Tätigkeiten des Werkzeugbaus, es wird eine Verschiebung der Schwerpunkte der Tätigkeiten erfolgen. Die zukünftig verstärkt geforderten Leistungen des Werkzeugbaus sind in Bild 7 dargestellt.

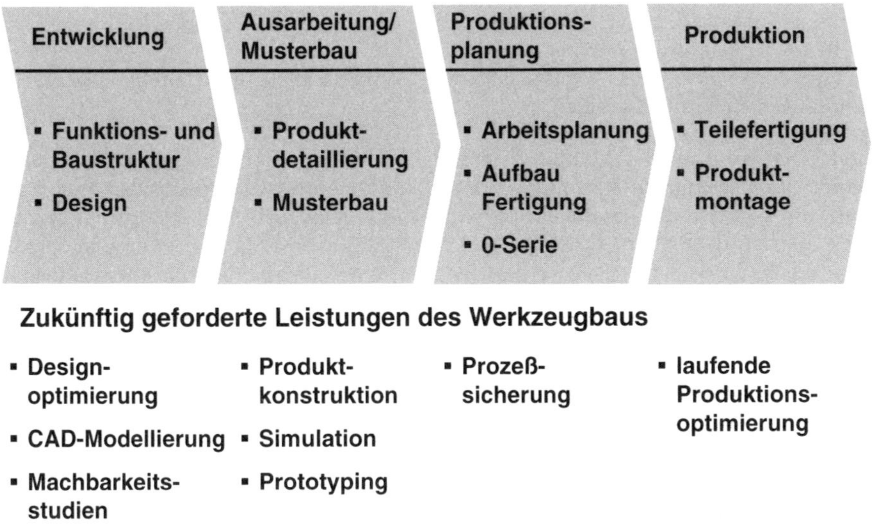

Entwicklung	Ausarbeitung/ Musterbau	Produktionsplanung	Produktion
• Funktions- und Baustruktur • Design	• Produktdetaillierung • Musterbau	• Arbeitsplanung • Aufbau Fertigung • 0-Serie	• Teilefertigung • Produktmontage

Zukünftig geforderte Leistungen des Werkzeugbaus

• Designoptimierung • CAD-Modellierung • Machbarkeitsstudien	• Produktkonstruktion • Simulation • Prototyping	• Prozeßsicherung	• laufende Produktionsoptimierung

Bild 7:   Wandel der Tätigkeiten des Werkzeugbaus

Bereits in der Phase der Entwicklung, bei der die Funktions- und Baustruktur des zu entwickelnden Produkts erarbeitet und das Design festgelegt wird, hat der Werkzeugbau als kompetenter Partner zum späteren Erfolg beizutragen. Schon in dieser frühen Phase wird in Zukunft durch den Werkzeugbau das Produktdesign beurteilt und optimiert werden. Weiterhin wird durch den Werkzeugbau die Produktmodellierung im CAD-System so unterstützt werden, daß bei der Übernahme der Daten für die Werkzeugkonstruktion eine aufwendige Aufbereitung entfällt. Außerdem können Machbarkeitsstudien bereits auf Basis von Entwürfen des Produkts durchgeführt werden und so eventuelle spätere Problemfelder der Produktion identifiziert und vermieden werden.

Nach der Verabschiedung des Produktkonzepts werden die Einzelteile detailliert, und es werden erste Muster erstellt. In dieser Phase, in der die Details, wie bspw. exakte Abmaße, Oberflächen und Passungen, festgelegt werden, hat der Werkzeugbau mit Simulationen und der Bereitstellung von Prototypen zu einer Bewertung und Optimierung der Produkteigenschaften und der Produktionsbedingungen beizutragen. Hier wird in Zukunft auch verstärkt die aktive Mitarbeit des Werkzeugbaus an der Produktkonstruktion gefordert werden. Dies gilt insbesondere für Strukturteile, die nicht zum Design des Produkts beitragen, da an solchen Teilen, die für den Kunden unsichtbar sind, eher Änderungen der Gestalt toleriert werden.

Auch in der Phase der Produktionsplanung, in der die Hauptaufgaben des Werkzeugbaus zu bewältigen sind, werden sich Veränderungen der geforderten Leistungen ergeben. Hier wird sich das Tätigkeitsfeld von der reinen Konstruktion und Herstellung von Werkzeugen zu einer Sicherstellung der Prozeßfähigkeit der Produktionsmittel wandeln. Das heißt, neben dem Produkt Werkzeug werden auch flankierende Dienstleistungen gefordert werden, die zu einem für die Produktion optimierten Werkzeug führen. Die Aufgabe der Prozeßsicherung ist nicht mit dem Start der Serienproduktion abgeschlossen, da hier Maßnahmen zu einer laufenden Produktionsoptimierung zu erbringen sein werden. Die Erkenntnisse, die sich aus der Wartung und Instandhaltung sowie aus Reparaturmaßnahmen ergeben, sind durch den Werkzeugbau auszuwerten und bei der Optimierung der Prozeßparameter oder bei der Herstellung von Ersatzwerkzeugen zu berücksichtigen.

Die hier beschriebenen zukünftig verstärkt geforderten Leistungen des Werkzeugbaus führen zu einer engeren Verzahnung der Prozeßkette des Kunden mit der des Werkzeugbaus während des gesamten Produktlebenszyklusses. Sie sind aber nicht einseitig durch den Werkzeugbau realisierbar, auch auf Seiten des Kunden ist ein Umdenken erforderlich. So ist beispielsweise der Gedanke, die Ausgestaltung eines Einzelteils in fremde Hände, nämlich die des Werkzeugbaus, zu geben, für viele Betriebe eine eher befremdliche Vorstellung, die ein großes Vertrauen voraussetzt. Dies gilt insbesondere für den Fall, daß der Werkzeugbau ein externer Dienstleister und keine Abteilung des eigenen Unternehmens ist. Der Prozeß des Umdenkens ist dabei um so größer, je früher in der Prozeßkette die Einbindung des Werkzeugbaus realisiert werden soll. Während eine größere Autonomie bei der Sicherung der Prozeßfähigkeit von den meisten Unternehmen noch ohne größere Bedenken unterstützt werden wird, stellt der Eingriff in die Produktgestaltung für viele Firmen eine kleine Revolution dar. Dennoch kann an bereits in Einzelfällen realisierten Beispielen das Potential einer solchen Einbindung des Werkzeugbaus aufgezeigt werden. Diese Beispiele werden im folgenden beschrieben, sie sind dabei in der Reihenfolge zunehmender Einflußmöglichkeiten des Werkzeugbaus geordnet. Das heißt, nach der Produktionsoptimierung durch den Werkzeugbau bei unveränderten Produkten werden Beispiele für eine Optimierung bestehender Produkte und die Übernahme einer gesamten Produktkonstruktion durch den Werkzeugbau beschrieben.

Ein wesentlicher Parameter zur Beurteilung der Wirtschaftlichkeit der Produktion von Kunststofformteilen ist die Zykluszeit, mit der diese Teile gefertigt werden können. Sie wird wiederum wesentlich von der Temperaturverteilung im Spritzgießwerkzeug bestimmt. Temperaturspitzen in einzelnen Bereichen des Werkzeugs können zu einer Verlängerung der Zykluszeit führen, da hier die Aushärtung des eingespritzten Kunststoffs länger dauert als in den anderen Bereichen. Eine Analyse der Temperaturverteilung im Werkzeug und der gezielte Einsatz von Kühlkernen ist eine typische Dienstleistung von Werkzeugbaubetrieben und Unterlieferanten, mit der eine Reduzierung der Zykluszeit und damit eine Produktivitätssteigerung bei der Produktion von Kunststoffteilen erreicht werden kann. Für eine aus Kunststoff hergestellte Staubsaugerdüse zum Beispiel konnte auf diesem Weg die Zykluszeit von 40 auf 31 Sekunden reduziert werden, was einer Steigerung der Produktivität um über 20% entspricht (Bild 8).

Spritzgießteil Staubsaugerdüse

- Untersuchung der Temperaturen bei der Fertigung
- Optimierung des Kühlsystems in Zusammenarbeit mit dem Unterlieferanten
- Resultat: Reduzierung der Zykluszeit von 40 auf 31 sec.

Quelle: Vorwerk, Innova Engineering

Schmiedeteil

- Untersuchung verschlissener Abgratschnitte durch den Betriebsmittelbau
- Vorschlag: Panzerung der Verschleißflächen und Wechsel des Werkstoffs
- Resultat: Steigerung der Standmenge von 7.500 Stk. auf 30.000 Stk.

Quelle: Thyssen Umformtechnik

Bild 8: Produktionsoptimierung des Werkzeugbaus

Ein weiteres Beispiel für die Optimierung der Produktion auf Anregung des Werkzeugbaus kann für die Massivumformung von Metall beschrieben werden. Durch die hohen Kräfte und die thermischen Belastungen, die beim Schmieden auftreten, wird die Standmenge der Gesenke zu einer entscheidenden Größe für die Wirtschaftlichkeit der Produktion. Dies gilt insbesondere für Schnellschmiedemaschinen, für die sich aufgrund der hohen Stundensätze und der hohen Ausbringung häufige Stillstandszeiten für den Wechsel verschlissener oder gebrochener Gesenke auf die Wirtschaftlichkeit stark negativ auswirken. Am Beispiel eines Abgratschnitts kann aufgezeigt werden, welche Verbesserungen durch die Einbeziehung der Kompetenz des Werkzeugbaus zu erzielen sind. Auf Basis einer Analyse gebrochener und verschlissener Gesenke wurden im Werkzeugbau die gefährdeten Verschleißflächen untersucht, und es wurde ein Panzerung vorgeschlagen. Ebenfalls wurde ein Wechsel des Materials angeregt. Durch die Umsetzung dieser Maßnahmen konnte die Standmenge um 300% gesteigert werden.

Größere Freiheitsgrade bestehen, wenn nicht erst nach dem Start der Serienproduktion optimierend eingegriffen wird, sondern bereits in der Phase der Produktkonstruktion (Bild 9). In einem solchen Fall kann durch „unbedeutende" Änderungen am Produkt ein erheblicher Kostenvorteil erzielt werden, wenn durch eine solche Änderung kritische Schwellen unterschritten werden.

Ein Beispiel einer kritischen Schwelle ist eine standardisierte Werkzeugbreite, bei deren Überschreitung auf eine größere Maschine mit entsprechend höheren Betriebskosten ausgewichen werden muß. Welche Potentiale durch die Optimierung der Produktgestalt durch den Werkzeugbau oder auf Anregung des Werkzeugbaus erschlossen werden können, zeigen Blechteile für die Innenbeleuchtung eines Autos, für deren Herstellung ein Stanz-Biegewerkzeug erforderlich ist. Dadurch, daß der Werkzeugbau frühzeitig in die Produktkonstruktion involviert wurde, und durch die frühzeitige

Festlegung auf einen einzigen Werkzeugbau für alle Produktionsteile, konnte die Produktion produktübergreifend optimiert werden. Das heißt, die Gestalt der Teile konnte so angelegt werden, daß sie alle mit einem Werkzeug aus einem Streifen gestanzt und gebogen werden können. Hierdurch wurde die Anfertigung mehrerer Werkzeuge überflüssig, und es konnte der Verschnitt minimiert werden. Obwohl das eine Werkzeug zur Herstellung von drei Teilen im Aufbau komplexer wurde, als separate Werkzeuge für jeweils ein Produktionsteil, konnten die Werkzeugkosten insgesamt um 25% reduziert werden. Durch den geringeren Verschnitt konnte der Materialbedarf um 20% gesenkt werden.

Stanzereiteil

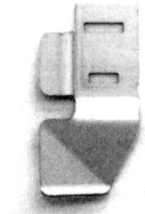

- Beratung und Mitarbeit bei der Produktentwicklung
- Fertigungsgerechte Teilegestaltung
- Resultat der Zusammenarbeit:
  - Werkzeugkosten -25%
  - Materialbedarf -20%

Quelle: Hella KG Hueck & Co

Karosserieteil

- Bauteilkonstruktion durch den Werkzeugbau
- Direkte Berücksichtigung entwicklungstechnischer und fertigungstechnischer Anforderungen
- Resultat der Zusammenarbeit:
  - Werkzeugkosten -30%
  - Bauteilkosten   -52%   Quelle: BMW

<u>Bild 9:</u>   Designoptimierung durch den Werkzeugbau

In einem anderen Fall wurde der Werkzeugbau in die Entwicklung eines Bodenblechs für ein Automobil frühzeitig einbezogen. Da es sich um ein für den Kunden unsichtbares Bauteil handelt, konnten die hierdurch bestehenden Freiheitsgrade bei der Gestaltung des Designs genutzt werden, um das Bauteil nach fertigungstechnischen Gesichtspunkten zu optimieren. Als Ergebnis dieser Kooperation der Produktkonstruktion mit dem Werkzeugbau konnte eine Werkzeugkostenreduktion von ca. 30% und eine Halbierung des Teilepreises erreicht werden.

Eine noch stärkere Integration der Prozeßketten der Produktentwicklung und des Werkzeugbaus wird erzielt, wenn der Werkzeugbau eigenverantwortlich und selbständig Teilaufgaben der Konstruktion durchführt. Hier sind nicht nur Kostenvorteile zu erzielen, auch die Gesamtdurchlaufzeit kann dadurch verringert werden, daß bei einer Trennung der Prozesse notwendige Zusatzaufwände durch eine Integration vermieden werden. Ein typischer vermeidbarer Zusatzaufwand besteht in der werkzeuggerechten Aufbereitung des CAD-Modells des Produkts. Diese Aufbereitung wird immer dann erforderlich, wenn bei der Produktkonstruktion Flächen im Modell nicht geschlossen werden, die für die Werkzeugkonstruktion benötigt werden. Diese werkzeuggerechte Aufbereitung des CAD-Modells kann im Werkzeugbau Durchlaufzeiten von mehreren

Tagen verursachen, die den Beginn der inhaltlichen Arbeit an der Werkzeugkonstruktion verzögern (Bild 10). Für ein Stanzereiteil zum Beispiel konnte durch die Übernahme der Produktkonstruktion durch den Werkzeugbau das CAD-Modell von Beginn an werkzeuggerecht gestaltet werden, so daß der Aufwand für die Aufbereitung entfallen konnte. Dies führte zu einer Reduzierung der Gesamtdurchlaufzeit von etwa einer Woche. Außerdem konnte in einem stärkeren Maße auf Standardkomponenten zurückgegriffen werden.

Stanzereiteil

- **Ersatz eines Druckguß- durch ein Spritzgießteil**
- **Konstruktion im Werkzeugbau**
- **Resultat:**
  - **Integration zusätzlicher Funktionen**
  - **Erwartete Reduktion der Herstellkosten bei großen Stückzahlen um 20%**

Quelle: Vorwerk

- **Produktkonstruktion als werkzeuggerechtes CAD-Modell durch die Werkzeugkonstruktion**
- **Resultate:**
  - **Zunahme der Standardisierung**
  - **Durchlaufzeitreduzierung: eine Woche**

Quelle: Hella KG Hueck & Co

Bild 10: Produktkonstruktion durch den Werkzeugbau

In einem anderen Beispiel wurde auf Anregung des Werkzeugbaus der bisher als Druckgußteil gestaltete Getriebekasten eines Staubsaugers als Spritzgießteil gestaltet. Die Konstruktion dieses Spritzgießteils wurde vollständig durch den Werkzeugbau vorgenommen. Dabei wurden die größeren Freiheiten der Formgestaltung von Spritzgieß- gegenüber Druckgußteilen zur Integration weiterer Funktionen ausgenutzt. Es konnte beispielsweise eine Labyrinthdichtung in den Getriebekasten integriert werden, die zu dem Entfall eines Montagevorgangs bei der Produktmontage führte. Trotz eines aufwendigeren Handlings bei der Herstellung des Getriebekastens aus Kunststoff kann bei hohen Stückzahlen von einer Herstellkostensenkung von ca. 20% ausgegangen werden.

Die hier dargestellten Beispiele zeigen, daß im Einzelfall erhebliche Potentiale durch eine engere Einbindung des Werkzeugbaus in die Prozeßkette des Kunden erzielt werden können. Weiterhin wird deutlich, daß für die Erbringung der Integrationsleistungen vor allem in den frühen Phasen der Produktentstehung andere Kompetenzen benötigt werden als für die klassische Werkzeugkonstruktion und -herstellung. Nicht alle Werkzeugbaubetriebe werden in der Lage sein, diese Kompetenzen im eigenen Haus aufzubauen, insbesondere für kleine Werkzeugbaubetriebe wird dies ein Problem darstellen. Aus diesem Grund wird es zu einer neuen Form der Zusammenarbeit von

Werkzeugbaubetrieben untereinander und mit den Kunden kommen. Diese neue Form der Zusammenarbeit wird im folgenden Kapitel beschrieben.

4 Der Werkzeugbau als Systemlieferant

Die Schnittstelle zwischen dem Produkthersteller als Kunden und dem Werkzeugbau als Lieferanten ist heute überwiegend durch eine 1:n - Beziehung gekennzeichnet (Bild 11). Im einzelnen bedeutet dies, daß der Produkthersteller nach der Produktentwicklung den Werkzeugbedarf ableitet, der für die Herstellung des Produkts erforderlich ist und anschließend für die einzelnen Werkzeuge Lieferanten auswählt und entsprechende Werkzeugaufträge vergibt.

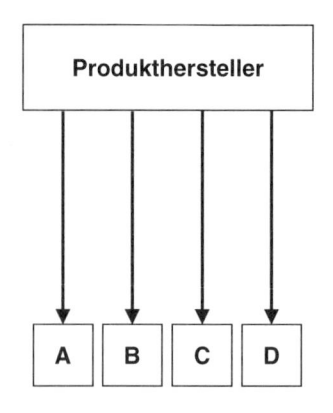

Organisatorische Abstimmung
- Ablaufplanung
- Termin- und Kapazitätsplanung
- Budgetplanung
- Änderungsmanagement
- Logistik

Technische Abstimmung
- Übergabe CAD-Daten
- Gestaltung der Produktschnittstellen
- Gestaltung der Schnittstellen der Poduktionsmittel

A,B,C,D: Werkzeugbaubetriebe

Bild 11: Heutige Schnittstelle Kunde - Werkzeugbau

Die gesamte Verantwortung und Durchführung der technischen und organisatorischen Koordination liegt damit beim Produkthersteller. Jedes einzelne Werkzeug muß ausgeschrieben werden, der richtige Lieferant muß bestimmt werden und für jedes Werkzeug muß die Terminschiene verfolgt werden. Besonders großen Aufwand stellen Änderungen dar, insbesondere, wenn sie mehrere Werkzeuge parallel betreffen. Insgesamt führt die heutige Praxis dazu, daß der Produkthersteller eine große Kapazität zur Verfügung stellen muß, um die Versorgung mit Werkzeugen im vorgegebenen Zeit- und Kostenrahmen zu gewährleisten. Der Aufwand steigt dabei direkt mit der Anzahl der Werkzeugbaubetriebe, zu denen eine direkte Schnittstelle besteht.

Vor diesem Hintergrund streben die Produkthersteller an, die Anzahl der Werkzeugbauer, von denen sie Werkzeuge beziehen, zu verringern und dadurch den eigenen Aufwand bei der Koordination der Werkzeugbeschaffung zu senken. Zeitlich verzögert überträgt sich damit die Entwicklung, die in den letzten Jahren z.B. zwischen den Automobilherstellern und ihren Zulieferern stattgefunden hat, auf die Schnittstelle zwischen den Produktherstellern und dem Werkzeugbau: Aus einer 1:n - Beziehung wird eine 1:m:n - Beziehung, in der wenige (m) Werkzeugbaubetriebe eine direkte Verbindung zum Produkthersteller haben und viele (n) nicht mehr direkt mit dem Produkthersteller, sondern mit einem „zwischengeschalteten" Werkzeugbaubetrieb kommunizieren.

Diese Entwicklung bringt zwei wesentliche Veränderungen der Beziehung zwischen Produkthersteller und Werkzeugbaubetrieb mit sich: Der Produkthersteller kauft keine einzelnen Werkzeuge mehr zu, sondern komplette Werkzeugsysteme. Eine wesentliche Leistung, nämlich die Koordination der Werkzeugerstellung, wird vom Produkthersteller an den Werkzeugbau verlagert. Für den Werkzeugbau bedeutet dies eine Erweiterung des Leistungsspektrums. Neben den klassischen Kernkompetenzen im Bereich der Werkzeugauslegung, der Fertigungsverfahren und des handwerklichen Geschicks bei der Werkzeugmontage treten als neue Anforderung Aufgaben des Projektmanagements, der Koordination von Lieferanten und der Logistik.

Die genannten Veränderungen gelten allerdings nur für den Teil der Werkzeugbaubetriebe, die weiterhin in direktem Kontakt mit dem Kunden „Produkthersteller" stehen. Die große Mehrheit der Betriebe sieht sich mit der Situation konfrontiert, einen Werkzeugbaubetrieb als Kunden zu haben. Für die Branche ergibt sich somit eine Zweiteilung in „Systemlieferanten" und „Komponentenlieferanten". Ein einzelner Betrieb ist jedoch nicht zwangsläufig einer Rolle eindeutig zugeordnet. Vielmehr ist es durchaus wahrscheinlich, daß ein Betrieb in einem Projekt Systemlieferant ist und in einem anderen als Komponentenlieferant einen anderen Systemlieferanten als Kunden hat. Zusätzlich ist zu berücksichtigen, daß nicht alle Produkte mehrere Einzelwerkzeuge erfordern, was zwingende Voraussetzung für den Systemgedanken ist. Auf einfachere Produkte ist der Systemgedanke nicht übertragbar.

Versucht man Systemlieferanten und Komponentenlieferanten zu unterscheiden, werden einige Differenzierungsmerkmale deutlich. Systemlieferanten müssen eine gewisse Minimalgröße aufweisen, um sich die erforderlichen Kapazitäten im Bereich der Koordination leisten zu können. Ferner ist eine eindeutige strategische Ausrichtung auf eine geringe Anzahl von Systemen erforderlich, da für jedes System sowohl das Know-how bezüglich des Zusammenwirkens der einzelnen Systemelemente als auch das für die selbst gefertigte Komponente vorhanden sein muß. Betrachtet man die Aufteilung der Komponenten eines Systems zwischen Systemlieferant und Komponentenlieferant, sollte die Kernkomponente des Systems vom Systemlieferanten hergestellt werden. Durch diese Aufgabenverteilung wird der Rolle des Systemlieferanten sowohl gegenüber dem Produkthersteller als auch gegenüber den Komponentenlieferanten entsprochen. Es ist sozusagen die natürliche Verteilung. Insgesamt liegen die Kernkompetenzen eines Systemlieferanten damit sowohl im organisatorischen Bereich der Projektabwicklung als auch im technischen Bereich der Werkzeugherstellung.

Der Komponentenlieferant konzentriert sich wesentlich stärker auf den technischen Bereich der Werkzeugherstellung. Diese Ausrichtung ist mit einem deutlich geringeren Anteil an indirekten Bereichen zu realisieren und damit unabhängig von der Betriebsgröße. Auch hier ist jedoch eine Spezialisierung auf gewisse Einzelwerkzeuge bzw. Komponenten erforderlich, die dem Know-how des Betriebes entsprechen. Einzelwerkzeuge und Komponenten können unter diesen Randbedingungen tendenziell kostengünstiger produzieren werden als bei einem Systemlieferanten.

Ein typisches Beispiel für die Zusammenarbeit mehrerer Werkzeugbaubetriebe bei der Herstellung eines Werkzeugsystems sind Werkzeugsätze für PKW-Außenhautteile (Bild 12). Der Systemlieferant hat sich strategisch auf die Herstellung von großen Werkzeugen für Außenhaut-Blechteile ausgerichtet. Diese Werkzeuge sind die Kernelemente des o.g. Werkzeugumfangs. Bei der Auftragsabwicklung erhält der Systemlieferant den Auftrag für den kompletten Werkzeugumfang und übernimmt damit die Verantwortung für Termin, Kosten und Qualität. Werkzeuge für Innenteile und Strukturelemente, die nicht zum Kerngeschäft gehören, werden an Komponentenlieferanten vergeben.

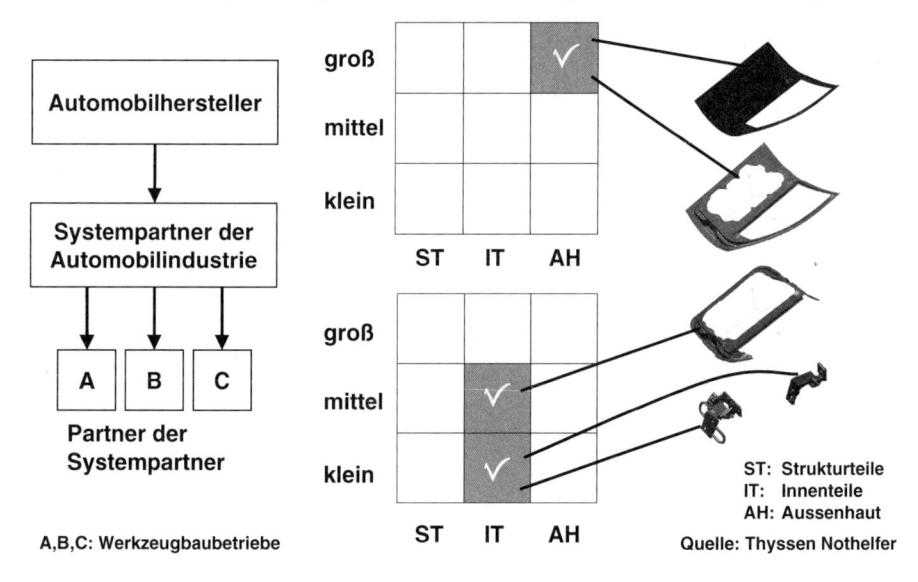

Bild 12: Zukünftige Schnittstelle Kunde-Werkzeugbau

Ergebnis dieser Zusammenarbeit ist eine deutliche Entlastung für den Produkthersteller, der nur noch mit dem Systemlieferanten in direktem Kontakt steht. Der Austausch aller technischen und organisatorischen Daten erfolgt anschließend über diese Schnittstelle. Die „Versorgung" der Komponentenlieferanten mit diesen Informationen übernimmt der Systemlieferant, ebenso die komplette Abwicklung.

5 Win-Win-Situation durch Partnerschaft

Die bereits beschriebenen Entwicklungen - Integration der Prozeßketten Werkzeugbau und Produkthersteller sowie Tendenz zu Systemlieferanten - führen dazu, daß die herkömmliche Form der Zusammenarbeit zwischen Kunden und Lieferanten nicht mehr tragfähig ist. Vielmehr ist es erforderlich, eine neue Form der Zusammenarbeit zu finden, die in einem partnerschaftlichen Verhältnis mündet (Bild 13).

Werkzeugbau mit Zukunft 297

Kunden-Lieferanten-Verhältnis **Partnerschaft**

Austausch von (Zwischen-)ergebnissen	◆▶	Gemeinsames Erarbeiten von Ergebnissen, Kombination von Kernkompetenzen
Einseitige Gewinnmaximierung	◆▶	Faire Leistungsverrechnung
Auftragsbezogene Zusammenarbeit	◆▶	Langfristige Partnerschaft
Austausch von Informationen	◆▶	Austausch von Know-how

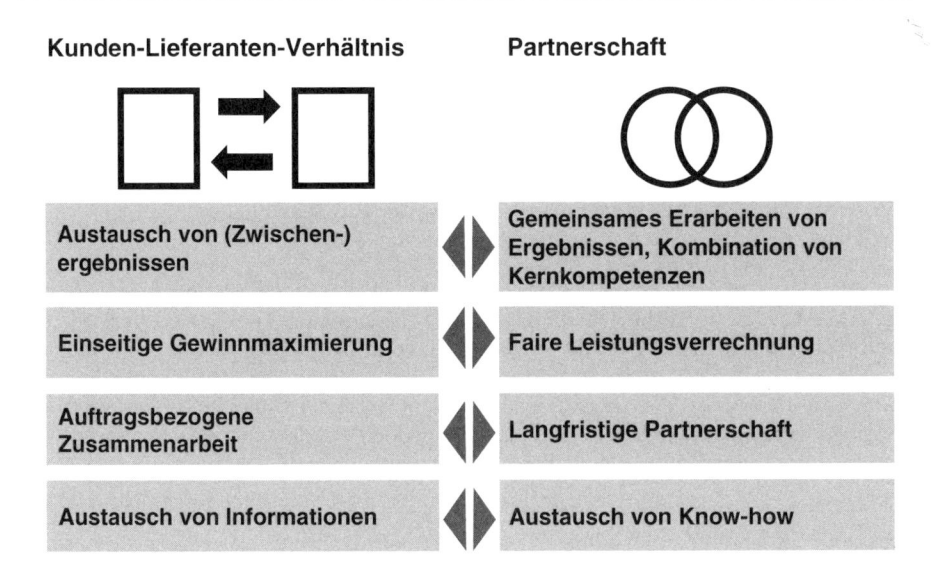

Bild 13: Neue Formen der Zusammenarbeit

5.1 Merkmale einer Partnerschaft

Betrachtet man die herkömmliche Form der Kunden-Lieferanten-Beziehung im Werkzeugbau, stellt man fest, daß es sich um eine auf den eigenen Vorteil ausgerichtete Mißtrauensbeziehung handelt. Als Merkmale dieser Beziehung lassen sich die in Bild 13 genannten Punkte herausstellen.

Der Austausch zwischen den Parteien ist auf Ergebnisse und Zwischenergebnisse beschränkt. Beispiel hierfür ist die Übergabe der Produktspezifikation an den Werkzeugbau. Der Werkzeugbau verarbeitet diese Information in einem Werkzeugkonzept, das der Produkthersteller ggf. zur Prüfung und Freigabe erhält. Die Situation ist gekennzeichnet durch eine bildliche Mauer zwischen zwei Einheiten, die außer dem Austausch von Unterlagen keine weitere Kommunikation untereinander haben. Diese Art der Zusammenarbeit führt zu vielen Schleifen, Mißverständnissen und letztendlich zu unnötig hohem Aufwand.

In einer Partnerschaft steht dagegen das gemeinsame Erarbeiten von Ergebnissen im Vordergrund. Jeder Partner bringt seine Kernkompetenzen ein, und es wird direkt ein von beiden Seiten akzeptiertes Resultat erreicht.

Besonders problematisch in allen Geschäftsbeziehungen sind die monetären Fragestellungen. Dies gilt besonders für den Werkzeugbau, wo sich dieses Thema bei einem Kunden-Lieferanten-Verhältnis in zwei Phasen aufteilen läßt. Die erste Phase ist die Werkzeugausschreibung bzw. Angebotsphase. In dieser Phase liegt die „Macht" beim Kunden des Werkzeugbaus, dem Produkthersteller. Verschiedene Werkzeugbaubetriebe, die ein Angebot abgegeben haben, werden mit dem Ziel der Preisreduzierung gegeneinander ausgespielt, bis ein den Wünschen des Produktherstellers entsprechender Preis erreicht ist. Die zweite Phase beginnt mit der Werkzeugherstellung. Je weiter die

Auftragsbearbeitung fortschreitet, desto stärker wird die Position des Werkzeugbaus. Ausgespielt wird dieses Position bei Änderungswünschen des Produktherstellers, die bei fast jedem Werkzeugauftrag auftreten. Der Kunde ist zu diesem Zeitpunkt aufgrund des Auftragsfortschritts an den Werkzeugbau gebunden, muß diesen auch mit der Änderung beauftragen und nahezu jeden Preis bezahlen. Auf diese Weise holt sich der Werkzeugbau den anfangs akzeptierten Preisnachlaß wieder zurück. Unvermeidbar bei dieser Art der Leistungsverrechnung sind langwierige Preisverhandlungen, bei denen der jeweils schwächere Part wissentlich benachteiligt wird.

Grundvoraussetzung für eine Partnerschaft ist dagegen eine faire Leistungsverrechnung, die bei der Vergütung von Engineering-Leistungen im Vorfeld der Werkzeugerstellung beginnt und sich über die Akzeptanz vernünftiger Preise für ein Werkzeug bis hin zur aufwandsproportionalen Verrechnung von Änderungen zieht. Randbedingung dafür, daß diese faire Leistungsverrechnung funktioniert, ist, daß beide Partner offen miteinander umgehen, faire Gewinnmargen akzeptiert werden und Abweichungen von den ursprünglichen Kalkulationen gerecht aufgeteilt werden.

Ein weiteres Differenzierungsmerkmal zwischen Kunden-Lieferantenverhältnis und Partnerschaft ist die Fristigkeit der Zusammenarbeit. Während bei ersterer die Zusammenarbeit auf einen konkreten Auftrag beschränkt ist, aus dem beide Seiten jeweils das Optimum herausholen wollen, ist die Partnerschaft nicht auf einen bestimmten Zeitraum begrenzt. Auch in Zeiten ohne auftragsbezogene Zusammenarbeit bleibt das partnerschaftliche Verhältnis aktiv.

Als kritisch in der Zusammenarbeit zwischen Werkzeugbau und Produkthersteller erweist sich der Umgang mit sensiblen Informationen. Das Kunden-Lieferanten-Verhältnis ist von beiden Seiten dadurch geprägt, möglichst kein Know-how preiszugeben, da eine Weitergabe an Konkurrenten befürchtet wird. Eine Partnerschaft dagegen funktioniert nur, wenn auch kritische Daten mit dem Ziel, ein optimales gemeinsames Ergebnis zu erreichen, ausgetauscht werden. Basis hierfür ist beiderseitiges Vertrauen.

5.2 Partnerschaftskette Werkzeugbau

Ein partnerschaftliches Verhältnis ist nicht nur zwischen Produkthersteller und Werkzeugbau, sondern auch zwischen Systemlieferanten und Komponentenlieferanten erforderlich. Daraus resultiert die in <u>Bild 14</u> dargestellte „Partnerschaftskette Werkzeugbau".

Eine Partnerschaft kann nicht von heute auf morgen verordnet werden. Vielmehr muß sich eine Partnerschaft über einen längeren Zeitraum entwickeln. Dabei stehen zwei Aspekte im Vordergrund. Einerseits müssen sich die Partner gegenseitig von ihrer Leistungsfähigkeit überzeugen, andererseits ist das Vertrauensverhältnis vorsichtig aufzubauen. Typisch für die „Aufbauphase" ist, zunächst nur kleine Aufträge aneinander zu vergeben und so die Verläßlichkeit des Partners bezüglich Termin und Arbeitsergebnis zu testen. Mit der Zeit werden dann größere Aufträge vergeben und das „Testen und Überprüfen" weicht einem Vertrauen in die Zusagen des Partners.

Leitsätze zur Partnerschaft:

```
┌─────────────────────┐
│  Produkthersteller  │
└─────────────────────┘
      Betriebsmittelsysteme
┌─────────────────────┐
│  Systemlieferant    │
│  Werkzeugbau        │
└─────────────────────┘
      einzelne Betriebsmittel
┌─────────────────────┐
│ Komponentenlieferant│
│ Werkzeugbau         │
└─────────────────────┘
```

- Eine Partnerschaft muß sich entwickeln
- Was Du nicht willst, das man Dir tut, das füg auch keinem anderen zu
- Partnerschaft kann sich nur entwickeln, wenn Partner füreinander attraktiv sind
- Partnerschaft ist ein aktiver Prozeß

Bild 14:   Partnerschaftskette Werkzeugbau

Zu Beginn einer Partnerschaft steht jedoch fast immer die Attraktivität der Partner füreinander. Hilfreich, oft sogar notwendig, ist zunächst, daß die „Chemie" zwischen den Hauptakteuren stimmt. Von einer konsequenten Abneigung auf persönlicher Ebene kann fast unmittelbar auf das Scheitern einer Partnerschaft geschlossen werden. Neben die persönliche Ebene tritt die sachliche Ebene. Hier muß sichergestellt werden, daß die Kompetenzen, die ein Partner bietet, genau den Bedarf des anderen decken. Ideal ist z.B. eine Partner mit gutem Marktzugang und ein anderer mit Kernkompetenzen im technischen Bereich. Dieses Beispiel zeigt, daß Attraktivität kein absoluter Wert ist, sondern nur zwischen den Partnern Bedeutung hat.

Hat sich eine Partnerschaft zwischen zwei Betrieben etabliert, muß diese auch gelebt werden. Ein guter Grundsatz ist dabei die Regel, den Partner nur so zu behandeln, wie man selbst auch behandelt werden will. Diese Regel läßt sich auf alle Aspekte der Partnerschaft anwenden, angefangen vom Ausspielen einer Machtposition bei Preisverhandlungen über die Weitergabe von Know-how bis hin zum Aufzwingen unhaltbarer Termine.

Eine Partnerschaft zu leben, heißt jedoch nicht nur, gewisse Regeln einzuhalten, sondern auch, die Partnerschaft aktiv zu gestalten. Hierunter fallen regelmäßige Informationen des Partners über aktuelle Entwicklungen, Beratung des Partners auch außerhalb konkreter Aufträge und eine immer bessere Abstimmung der Unternehmensprozesse aufeinander.

5.3   Partnersuche

Die Attraktivität der Partner ist, wie oben erwähnt, Voraussetzung für eine Partnerschaft. Üblicherweise läßt sich „Attraktivität" jedoch nicht durch ein Telefonat oder das Durchblättern von Prospekten erkennen, sondern bedeutet im Werkzeugbau auf der sachlichen „Attraktivitätsebene" die Überprüfung eindeutiger Fakten. Um einen attraktiven Partner zu suchen, muß man sich deshalb zunächst Klarheit darüber verschaffen, welche Anforderungen erfüllt sein sollen. Um diese systematisch zu sammeln und entsprechend ihrer Bedeutung zu gewichten, bietet sich eine Checkliste an (Bild 15).

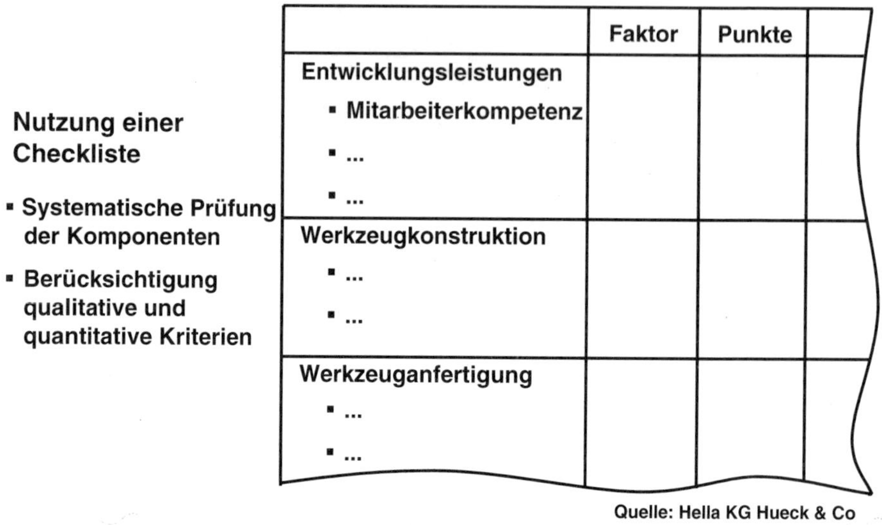

Nutzung einer Checkliste

- Systematische Prüfung der Komponenten
- Berücksichtigung qualitative und quantitative Kriterien

	Faktor	Punkte
Entwicklungsleistungen		
• Mitarbeiterkompetenz		
• ...		
• ...		
Werkzeugkonstruktion		
• ...		
• ...		
Werkzeuganfertigung		
• ...		
• ...		

Quelle: Hella KG Hueck & Co

Bild 15: Partnersuche

Die Kriterien bei der Partnersuche im Werkzeugbau lassen sich in technische Anforderungen entlang der Prozeßkette Entwicklung, Konstruktion, mechanische Fertigung, Bankarbeit/Try-Out/Werkzeugoptimierung und sonstige Kriterien unterteilen. Unter Sonstiges fallen dabei Aspekte wie Kosten, Qualität oder allgemeiner Eindruck. Insgesamt kann man feststellen, daß es bei der Partnersuche sowohl Allgemeinanforderungen gibt, die jeder an seinen Partner stellen würde, und spezifische, nur für den einzelnen Betrieb relevante. Zu den allgemeinen Anforderungen zählen ein ordentliches Qualitätsmanagement, ggf. eine Zertifizierung sowie Sauberkeit und Ordnung im Betrieb. Zu den spezifischen Anforderungen gehören dagegen die Fähigkeit, CAD-Daten eines gewissen Formats zu übernehmen, Erfahrungen bei der Bearbeitung von Sondermaterial aufzuweisen oder spezielle Kenntnisse im Simulationsbereich.

5.4 Erfolgsfaktoren einer Partnerschaft

Obwohl die Vorteile einer partnerschaftlichen Zusammenarbeit klar erkennbar sind, ist sie doch eher die Ausnahme. Oft bedarf es erst einer gewissen Initialzündung, einer Situation, in der Werkzeugbau und Produkthersteller erkennen, daß eine partnerschaftliche Zusammenarbeit für beide deutliche Vorteile bringt. Eine solche Situation ist gegeben, wenn der Produkthersteller einen strategischen Vorteil durch Nutzung des Werkzeugbau-Know-hows erkennt, z.B. bei der Einführung einer neuen Technologie und der Werkzeugbau dieses Know-how nur in Form einer Partnerschaft einbringt.

Wenn man die beschriebene Situation weiterführt, ist zunächst der richtige Partner auszuwählen. Im Sinne einer partnerschaftlichen Zusammenarbeit heißt das, einen Partner primär nach seinem Know-how und seiner Leistungsfähigkeit zu beurteilen, also Partnerwahl nach Auditierung. Ist der Partner gefunden, wird ein definierter Leistungsumfang vergeben. Es findet kein Preiswettbewerb zwischen verschiedenen Werkzeugbaubetrieben statt, sondern der Produkthersteller verhandelt diesen Leistungsumfang nur mit dem vorher ausgewählten Partner. Der Leistungsumfang besteht dabei aus der Engineering-Leistung und der späteren Werkzeugherstellung, d.h. es ist sichergestellt, daß der Werkzeugbau nicht nur sein Know-how bei der Produktentwicklung einbringt, sondern auch den Auftrag für das Werkzeug erhält. Da die Partnerwahl bereits in einer frühen Phase stattfindet, können konkrete Kosten noch nicht festgelegt werden. Man einigt sich deshalb auf Zielbudgets und Verfahrensweisen, wie mit Abweichungen umgegangen wird. Die anschließende Projektbearbeitung erfolgt im interdisziplinären Team gemeinsam mit dem Produkthersteller.

Die Ziele, die mit dieser Vorgehensweise verfolgt werden, sind in Bild 16 dargestellt. Ein wesentliches Ziel ist eine faire Leistungsverrechnung. Ausspielen verschiedener Werkzeugbaubetriebe gegeneinander und überzogene Preisforderungen bei Änderungen werden vermieden. Satt dessen wird der entstandene Aufwand offengelegt und fair vergütet.

Vorgehen

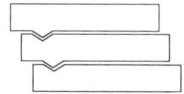

- Auditierung potentieller Partner nach ihrer technischen Leistungsfähigkeit
- Vergabe definierter Leistungen an ausgewählte Partner
- Gemeinsame Entwicklung in interdisziplinärem Team

Ziele

- Faire Leistungsverrechnung, Honorierung auch von Vorleistung
- Offener Know-how Austausch in beide Richtungen, Vermeidung redundanten Kompetenzaufbaus
- Produkthersteller: Aufwertung des eigenen Produkts durch neue Technologien
- Werkzeugbau: Bezahlte Erarbeitung neuer Technologien

Bild 16: Erfolgsfaktoren einer partnerschaftlichen Zusammenarbeit

Weiteres Ziel ist der offene Austausch von Know-how. Jeder Partner bringt seine Kernkompetenzen ein, der Aufbau redundanter Kompetenzen wird vermieden. Werden nicht vorhandene Kompetenzen benötigt, wird jeweils auf den Partner zugegriffen. Diese offene Zusammenarbeit führt für beide Partner zu weiteren Vorteilen. Der Produkthersteller wertet sein Produkt durch das Know-how des Werkzeugbaus auf, das ihm ermöglicht, innovative Technologien einzusetzen. Der Werkzeugbau kann sein bereits vorhandenes Wissen auf diesem Gebiet fair bezahlt weiter ausbauen und stärkt damit seine Wettbewerbssituation. Das Resultat ist die angestrebte Win-Win-Situation.

6 Handlungsbedarf für den Werkzeugbau

Wie beschrieben, verändert sich das Umfeld des Werkzeugbaus und damit auch die Anforderungen an den Werkzeugbau. Diese Veränderungen verlangen nach einer internen Optimierung der Werkzeugbaubetriebe.

6.1 Anpassung der Betriebsstruktur

Die erste Phase besteht zunächst darin, eine Strategie zu entwickeln, die vorgibt, welche Rolle der Betrieb in Zukunft einnehmen soll, d.h. eine grundsätzliche Entscheidung für die Rolle als Systemlieferanten, als Komponentenhersteller oder eine Mischform zu treffen (Bild 17).

Systemlieferant	Strategieentwicklung	Komponentenhersteller
Systeme / Komponenten Eigenleistung / Komponenten Zukauf	Festlegen des Leistungsspektrums (Betriebsmittel/Dienstleistungen)	Komponenten, Einzelwerkzeuge
Projektkoordination Engineering Fertigung Bankarbeit	Bestimmung des Leistungsumfangs (Prozesse)	Engineering Fertigung Bankarbeit
Koordination von Großprojekten	Ausrichtung der internen Betriebsstruktur auf	Effiziente Produktion von Einzelwerkzeugen und Komponenten

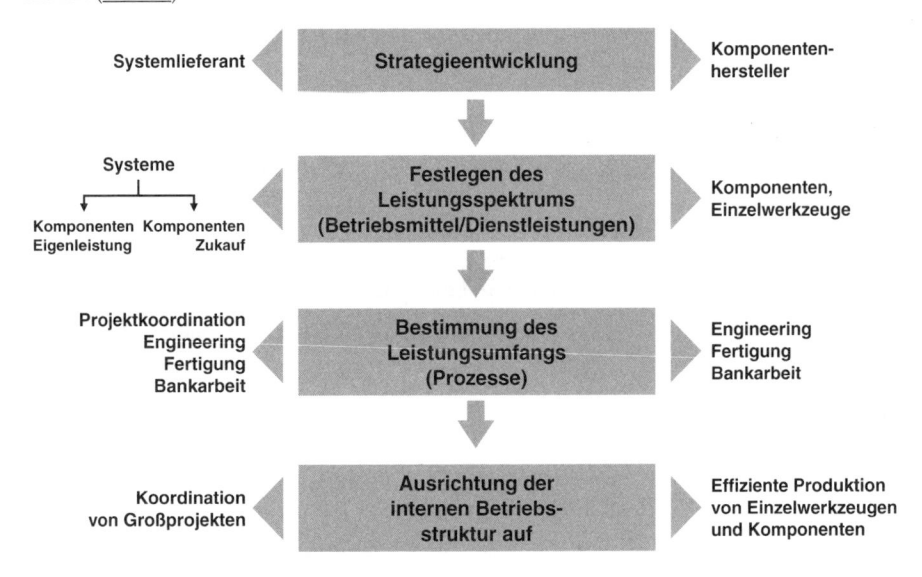

Bild 17: Optimierung des Werkzeugbaubetriebs

Ausgehend von der Strategie ist das Leistungsspektrum festzulegen. Ziel dieses Schritts ist, das eigene Kerngeschäft zu identifizieren und sich darauf zu konzentrieren. Das Kerngeschäft beinhaltet dabei neben den eigentlichen Werkzeugen auch Dienstleistungen, d.h. Engineering und Projektkoordination. Welche Bedeutung die Dienstleistungen haben, wird in großem Maße vom Kunden beeinflußt. Während im Bereich der Automobilindustrie eine sehr starke Nachfrage nach Dienstleistungen und früher Einbindung in die Prozeßkette zu verzeichnen ist, sind in anderen Branchen bisher nur die ersten Anzeichen dieser Entwicklung erkennbar.

Für einen Systemlieferanten hat die Festlegung des Leistungsspektrums eine weitere Dimension. Einmal muß er sich, wie der Komponenten- und Einzelwerkzeughersteller auch, entscheiden, was er auf dem Markt anbietet. Zusätzlich muß jedoch noch bestimmt werden, welche Komponenten des Systems selbst hergestellt und welche bei Partnern (Komponentenlieferanten) zugekauft werden. Nach diesem Schritt liegt für

Systemlieferant und Komponentenhersteller fest, welche Leistungen angeboten werden, für den Systemlieferanten zusätzlich, welche Systemkomponenten er extern bezieht.

Der nächste Schritt ist die Ermittlung des intern erforderlichen Leistungsumfangs. Dieser Schritt besteht aus zwei Phasen. Zunächst werden die erforderlichen Prozeßketten identifiziert, und anschließend wird festgelegt, welche Prozesse intern durchgeführt werden und welche Prozesse zugekauft werden. Kriterien für diese Entscheidung sind hauptsächlich das vorhandene Know-how, d.h. die Möglichkeit, sich über einzelne Prozesse vom Wettbewerber zu differenzieren, und Kostenaspekte. Daneben sind noch logistische Randbedingungen zu beachten, um einen Teiletourismus zu vermeiden. Bei der Kostenbetrachtung ist zu berücksichtigen, daß auf die externen Kosten ein Aufschlag für die Abwicklung der Fremdvergabe addiert wird, um eine realistische Vergleichbarkeit zu erreichen.

Mit den vorhandenen Ergebnissen kann dann die Betriebsstruktur auf die jeweiligen Erfordernisse ausgerichtet werden. Für sehr kleine Betriebe mit unter 30 Mitarbeitern ist dieser Schritt trivial, da solche Betriebe üblicherweise funktional organisiert sind und eine Abweichung von diesem Prinzip aufgrund der geringen Größe nicht möglich ist. Für die Mehrheit der größeren Betriebe sind jedoch eine Vielzahl verschiedener Organisationsformen denkbar, die entsprechend der individuellen Strategie eines Betriebes und der individuellen Randbedingungen zum Einsatz kommen. In Bild 18 sind zwei mögliche Organisationsstrukturen dargestellt. Im folgenden wird am Beispiel dreier Werkzeugbaubetriebe aufgezeigt, wie unterschiedliche Randbedingungen die Wahl der Organisationsstruktur beeinflussen.

Funktionale Struktur

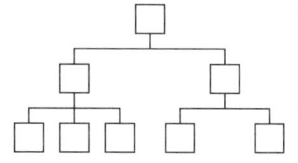

- **Randbedingungen:**
  - Hoher Reparatur- und Änderungsanteil
  - Räumlich integriert
- **Vorteile:**
  - Schnelle Abwicklung durch direkten Zugriff auf funktionale Einheiten
  - Gute Kapazitätsnutzung

Matrix-Team Struktur

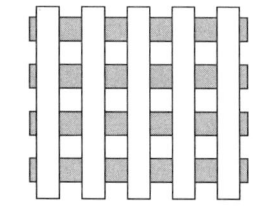

- **Randbedingungen:**
  - Hauptsächlich Neuanfertigung
  - Räumlich getrennt
- **Vorteile:**
  - Intensive Kundenbetreuung durch Teams
  - Hohe Mitarbeitermotivation

Bild 18: Erfolgreiche Organisationskonzepte 1

Die Werkzeugbaubetriebe befinden sich an drei verschiedenen Standorten. An allen drei Standorten werden Blechumformwerkzeuge und Vorrichtungen für den Karosserie-Rohbau hergestellt. Standort eins gehört als interner Werkzeugbau zu einem Hauptwerk, liegt jedoch nicht auf dem Werksgelände. Der Auftragsmix besteht zu 76%

aus Neuwerkzeugen, der Rest sind Änderungen und Reparaturen. Die Organisationsstruktur besteht aus einem Mix aus funktionalen Einheiten und produktorientierten Einheiten, die in einer Matrix/Teamstruktur zusammenwirken. Produktorientierte Einheiten sind die Bereiche Umformtechnik und Fügetechnik, die ihrerseits weiter in einzelne auftragsbezogene Teams untergliedert sind. Die Teams decken im operativen Bereich die Bankarbeit ab und übernehmen im indirekten Bereich die Auftragsabwicklung mit Terminplanung und Prozeßplanung. Die Kundenbetreuung erfolgt ebenfalls durch die Teams.

Die in den Teams nicht vorhandenen Prozesse - Konstruktion/CA-Techniken und mechanische Bearbeitung - sind jeweils in einer funktionalen Einheit zusammengefaßt. Auf diese Kapazitäten greifen die Teams im Sinne einer Matrix-Organisation zu. Vorteile dieser Organisation sind, daß durch die Teamstruktur dem Kunden immer ein kompetenter Ansprechpartner zur Verfügung steht und damit eine intensive Kundenbetreuung gewährleistet ist. Die funktionale Organisation in den kapitalintensiven Bereichen Konstruktion und mechanische Bearbeitung führt dagegen zu einer guten Auslastung. Nachteilig an dieser Struktur sind Konflikte, die auftreten, wenn verschiedene Teams auf die gleichen funktionalen Ressourcen zugreifen.

Der Werkzeugbau an Standort zwei ist eine eigenständige GmbH und stellt ausschließlich neue Werkzeuge her. Diese Randbedingungen begünstigen eine Teamstruktur mit ihren Vorteilen bei der Kundenbetreuung. Da ausschließlich Neuwerkzeuge hergestellt werden, können alle Aufträge im Rahmen der Teamstruktur abgewickelt werden. Abweichend von den übrigen Standorten, die als interne Werkzeugbauten auf die Allgemeinfunktionen Einkauf, Vertrieb und Personal des Hauptwerkes zugreifen, müssen diese Funktionen innerhalb der Werkzeugbaus vorhanden sein.

Der Standort drei ist wie Standort eins ein interner Werkzeugbau, jedoch im Gegensatz dazu direkt im Werksgelände integriert. Der Auftragsmix besteht fast zur Hälfte aus Reparaturen und Änderungen. Durch diesen hohen Anteil an Reparaturen und Änderungen ist eine Teamstruktur nicht zweckmäßig. Deshalb ist dieser Standort rein funktional organisiert. Diese Struktur hat zwar durch die vielen Schnittstellen zwischen den funktionalen Einheiten Nachteile bei der Abwicklung von Aufträgen für Neuwerkzeuge, birgt aber Vorteile bei schnellen Reparaturen, die nur eine oder wenige Funktionen benötigen. Hier kann auch die Kundenbetreuung direkt durch die funktionalen Einheiten erfolgen.

Ein weiteres Beispiel für effiziente Strukturen im Werkzeugbau ist in Bild 19 dargestellt. Der Beispielbetrieb ist Systemlieferant für die Automobilindustrie. Daraus resultiert eine starke Bedeutung des Engineerings in den frühen Phasen sowie der Projektkoordination großer Aufträge. Diese Situation spiegelt sich in einer zweigeteilten Organisationsstruktur wieder.

Alle Aufgaben der Projektkoordination und des Engineerings in frühen Phasen inklusive Prototypenbau sind in einer separaten GmbH zusammengefaßt. Entsprechend der funktionalen Teilung in zwei GmbHs ist auch diese GmbH funktional strukturiert. Im Gegensatz dazu ist der eigentliche Werkzeugbau weitgehend produktorientiert strukturiert. Abweichend von dieser Grundstruktur sind die mechanische Bearbeitung und der After Sales Service jeweils als funktionale Einheit realisiert. Erstere mit dem Ziel, die

Auslastung sicherzustellen, und letztere, um eine vom Tagesgeschäft ungestörte Kundenbetreuung zu gewährleisten.

Sparten- und funktionsorientierte Organisation

- Stärkung des Engineering durch eingene Organisationseinheiten

- Zentrale Koordinationsabteilung für Auftragsabwicklung von Betriebsmittelsystemen

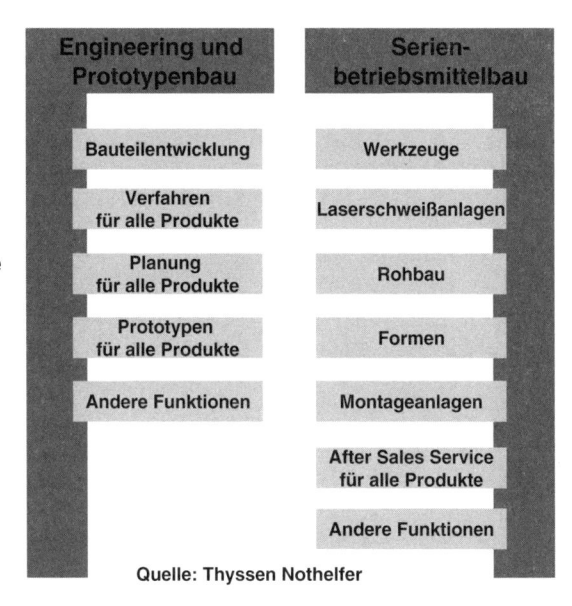

Engineering und Prototypenbau	Serienbetriebsmittelbau
Bauteilentwicklung	Werkzeuge
Verfahren für alle Produkte	Laserschweißanlagen
Planung für alle Produkte	Rohbau
Prototypen für alle Produkte	Formen
Andere Funktionen	Montageanlagen
	After Sales Service für alle Produkte
	Andere Funktionen

Quelle: Thyssen Nothelfer

Bild 19: Erfolgreiche Organisationskonzepte 2

6.2 Auswirkungen der Veränderungen

Neben der Veränderung der Strukturen führen die Entwicklungen im Werkzeugbau auch zu einer Verschiebung des Kapazitätsbedarfs in den einzelnen Bereichen eines Betriebes. Hier kommen verschiedene Trends zusammen. Einerseits muß der erhöhte Kundenbedarf nach Engineering-Leistungen zu einer Kapazitätserweiterung in diesem Bereich führen. Andererseits wird durch moderne Maschinen auch beim Einzelfertiger Werkzeugbau eine Automatisierung wirtschaftlich, so daß der Bereich der NC-Programmierung an Bedeutung gewinnt. Einhergehend mit wirtschaftlicheren Maschinen steigt auch die Bearbeitungsqualität, so daß aufwendige manuelle Nacharbeit reduziert wird. Dieser Trend wird noch verstärkt durch immer bessere Simulationsprogramme, die zu guten Startergebnissen führen und den Aufwand in der Try-Out-Phase deutlich verringern.

Deutlich dargestellt wird diese Veränderung in Bild 20. Während in der Vergangenheit nahezu die Hälfte des Aufwands bei der Werkzeugherstellung im Bereich Bankarbeit/Try-Out anfiel, hat sich dieser Anteil heute auf wenig mehr als ein Drittel reduziert. Im Gegensatz dazu stieg der Anteil des Bereichs Konstruktion/Messen von 14% auf über 20%. Der Modellbau wurde komplett durch die NC-Programmierung abgelöst. Die Kostenstrukturen haben sich jedoch nicht nur verändert, wesentliches Ergebnis dieses Veränderungsprozesses ist vielmehr eine Kostensenkung von fast 40%. Die Veränderung der Kostenstrukturen und Senkung des gesamten Kostenumfangs spiegelt sich auch in der Personalbewegung wieder. Mitarbeiter aus den herkömmlichen Werkzeugmacherbereichen, wo überwiegend handwerkliches Geschick und Können verlangt ist, haben in die Bereiche NC-Bearbeitung, Konstruktion und Projektmanagement gewechselt. Diese Mitarbeiterwanderung muß durch umfangreiche Schulungsmaßnahmen begleitet werden.

Personalbewegung

- Materialvorbereitung
- Modellbau
- Bankarbeit
- Try-Out

Kostenstrukturen

Maschinelle Bearbeitung 34 %
Bankarbeit/Try-out 46 %
Modellbau 6 %
Konstruktion/Messen 14 %

Aufwand -39%

- Projektmanagement
- Engineering, CAD/CAM
- NC-Bearbeitung

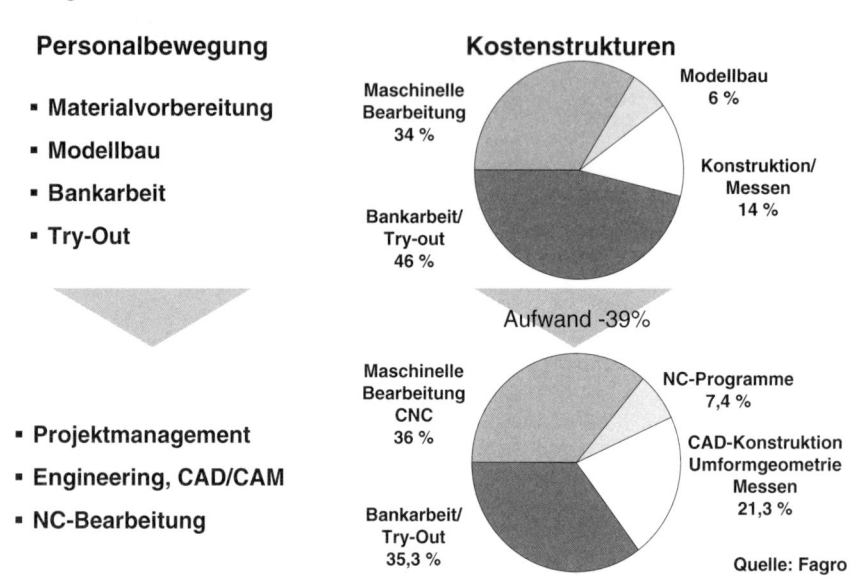

Maschinelle Bearbeitung CNC 36 %
Bankarbeit/Try-Out 35,3 %
NC-Programme 7,4 %
CAD-Konstruktion Umformgeometrie Messen 21,3 %

Quelle: Fagro

Bild 20: Veränderte Strukturen eines Werkzeugbaubetriebs

7 Vision

Die bisherigen Betrachtungen haben die aktuellen Trends in der Branche Werkzeugbau erläutert und ihre Auswirkungen auf die Betriebe dargestellt. Verfolgt man die heute erkennbaren Trends weiter, läßt sich die Vision vom Werkzeugbau als virtuellem Unternehmen formulieren (Bild 21). Die Umsetzung dieser Vision würde bedeuten, daß alle Werkzeugbaubetriebe jeweils mindestens einem Beziehungsnetzwerk angehören. Dieses Beziehungsnetzwerk ist ein loser Verbund unabhängiger Partner, der langfristig mit festen Mitgliedern besteht. Charakteristisch für diesen Verbund ist ferner, daß alle Mitglieder ihre Kompetenzen offenlegen und für konkrete Projekte anbieten. Dieser Punkt bedeutet gleichzeitig ein großes Hindernis, das für die Realisierung der Vision überwunden werden muß: Die Offenlegung der Kompetenzen verlangt nach einer von allen Partnern akzeptierten Vorgehensweise zur Beschreibung der Kompetenzen. Hier existiert bis heute keine allgemein anwendbare Lösung.

Ziel des beschriebenen Beziehungsnetzwerks ist es, in einer projektspezifischen Zusammenarbeit immer die beste Konfiguration zur Bearbeitung eines Auftrags zu bilden. Befristet für einen konkreten Auftrag wird dann ein Projektteam zusammengestellt. Die Partnerwahl erfolgt dabei kompetenzabhängig. Voraussetzung dafür, daß ein solches Netzwerk funktioniert, ist Einigkeit darüber, wer den direkten Kontakt zum Kunden hält bzw. Aufträge acquiriert, und in der Phase der Auftragsbearbeitung das Projektmanagement übernimmt. Für den Fall einer klaren Differenzierung der Netzwerkmitglieder in Systemspezialisten und Komponentenspezialisten fällt diese Rolle eindeutig dem Systemspezialisten zu.

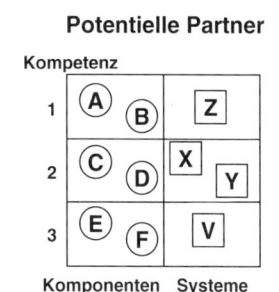

Potentielle Partner

Kompetenz

1	Ⓐ Ⓑ	Z
2	Ⓒ Ⓓ	X Y
3	Ⓔ Ⓕ	V

Komponenten Systeme

Produkthersteller
↓
X
↓ ↓ ↓
Ⓒ Ⓓ Ⓐ

Beziehungsnetzwerk

- Loser Verbund unabhängiger Partner
- Langfristige Partnerschaft in einem stabilen Verbund

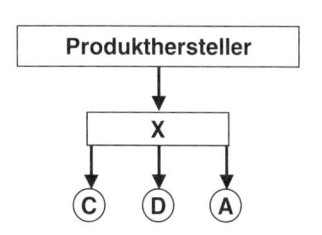

▼

Projektspezifische Zusammenarbeit

- Befristet für konkrete Aufträge
- Flexible auftragsabhängige Partnerwahl auf Kompetenzbasis

Bild 21: Vision Werkzeugbau als virtuelles Unternehmen

8 Fazit

Faßt man die wesentlichen Entwicklungen und Tendenzen im Werkzeugbau zusammen, kristallisieren sich die in Bild 22 dargestellten Kernaussagen heraus. Deutlich wurde die Aufteilung in Systemanbieter und Komponentenlieferanten. Es muß jedoch klar herausgestellt werden, daß dies keine Trennung in die Sieger und Verlierer eines Veränderungsprozesses ist, sondern der eine ohne den anderen nicht existieren kann und beide Seiten ihre Kernkompetenzen erfolgreich und gewinnbringend vermarkten können.

Als weitere Kernaussage läßt sich festhalten, daß die „Partnerschaftskette Werkzeugbau" nur erfolgreich ist, wenn alle Elemente optimal besetzt sind. Daraus folgt, daß die Gewinner der Veränderung diejenigen Betriebe sind, die ihre Strukturen und Prozesse optimal auf die Zusammenarbeit in einer solchen Partnerschaft ausrichten. Der Marktanteil, in dem weiterhin herkömmliche Kunden-Lieferantenbeziehungen bestehen, wird in Zukunft deutlich abnehmen.

Großen Einfluß auf die Branche hat die frühzeitige Einbindung in die Prozeßkette des Kunden. Diese Anforderung bedeutet nicht nur eine Verschiebung des Zeitpunkts, zu dem man einzelne Tätigkeiten beginnt, sondern vielmehr eine Veränderung der Leistungen. Werkzeugbaubetriebe müssen sich mit neuen, bisher nicht benötigten, Aufgaben beschäftigen. Dies bedeutet eine deutliche Änderung der vorzuhaltenden Kompetenzen.

> **Die Aufteilung in Systemanbieter und Komponentenlieferant ist keine Aufteilung in Sieger und Verlierer**

> **Die Partnerschaftskette Produkthersteller-Systemanbieter-Komponentenlieferant funktioniert nur, wenn alle Glieder der Kette optimal besetzt sind**

> **Frühzeitige Einbindung in die Prozeßkette heißt nicht, das gleiche früher zu tun - Die geforderten Leistungen ändern sich**

Bild 22: Fazit

Literatur:

[1] Brunkhorst, U.: Integrierte Angebots- und Auftragsplanung im Werkzeug- und Formenbau, Dissertation, Universität Hannover 1995

[2] Eversheim, W., Klocke, F.: Werkzeugbau mit Zukunft, Springer Verlag, Berlin, Heidelberg, New York 1998

[3] Berutti, G.: Tool and Die Making in Europe, Vortag im Rahmen des Kolloquiums Werkzeugbau mit Zukunft, Aachen 1998

[4] Tönshoff, H.K., Meyerhoff, M.: Werkzeug- und Formenbau im internationalen Vergleich, Bleche Rohre Profile 43 (1996) 9, S. 424-428

[5] Pollack, A.: Entwicklung eines Informationssystems zur strategischen Planung des Werkzeugbaus -Ein Beitrag zur Strategiefindung auf Basis von Benchmarkingergebnissen, Dissertation, RWTH Aachen 1995

[6] N.N. VDI Norm 2815

[7] Menges, G., Mohren, P.: Anleitung zum Bau von Spritzgießwerkzeugen, 3. Auflage, Carl Hanser Verlag, München, Wien 1991

[8] Corten, F., Eversheim, W., Kölscheid, W., Schenke, F.-B.: Prozeßorientierte CAD/CAM-Auswahl - Basis für eine erfolgreiche Systemmigration, VDI-Z 138 (1996), Nr. 10 - Oktober, S. 34-39

[9] Klocke, F.: Prozesse und Prozeßketten für den Werkzeugbau, Vortag im Rahmen des Kolloquiums Werkzeugbau mit Zukunft, Aachen 1998

[10] Eversheim, W., Bochtler, W., Laufenberg, L.: Simultaneous Engineering - von der Strategie zur Realisierung, Springer Verlag, Berlin, Heidelberg, New York 1995

[11] Eversheim, W., Bochtler, W., Gräßler, R., Laufenberg, L.: Simultaneous Engineering auf der Basis prozeßorienterter Strukturmodelle, m&c Management & Computer 2 (1994), S. 165-173

[12] Eversheim, W.: Organisation in der Produktionstechnik - Band 1 Grundlagen, 3. Auflagen, VDI-Verlag, Düsseldorf 1996

[13] Nöken, S., Wagner, C.: Rapid Prototyping & Rapid Tooling, Vortag im Rahmen des Kolloquiums Werkzeugbau mit Zukunft, Aachen 1998

Mitarbeiter der Arbeitsgruppe für den Vortrag 3.4

Prof. Dr.-Ing. Dr. h.c. Dipl.-Wirt. Ing. W. Eversheim, WZL, RWTH Aachen
Dr.-Ing. F. Feyerabend, Hella, Lippstadt
Dr.-Ing. G. Friedrich, Fagro, Groß-Gerau
Dipl.-Ing. Dipl.-Wirt. Ing. P. Ritz, WZL, RWTH Aachen
Dr.-Ing. C. Schmitz-Justen, BMW, München
Dipl.-Ing. F. Spennemann, WZL, RWTH Aachen
Dipl.-Ing. P.-U. Uibel, Vorwerk, Wuppertal
Dr. S. Witt, Thyssen Umformtechnik, Remscheid
Dr.-Ing. P. Zeller, Thyssen Nothelfer, Lockweiler

4.1 Trends im Werkzeugmaschinenbau - Schnell und zuverlässig

Gliederung:

1 Einleitung

2 Kartesische und parallele Maschinenkinematiken - Hohe Dynamik setzt Strukturoptimierung voraus

3 Zuverlässige Maschinenelemente zur Steigerung der Leistungsfähigkeit
3.1 Hauptspindeln und ihre Lagerung
3.2 Werkzeugschnittstelle Hohlschaftkegel (HSK)
3.3 Gedämpfte Werkzeugsysteme
3.4 Optimale Auslegung von Vorschubantrieben
3.5 Maschineneinrichtungen für die Trockenbearbeitung

4 Maschinendiagnose und -überwachung

5 Zusammenfassung

Kurzfassung:

Trends im Werkzeugmaschinenbau - Schnell und zuverlässig
Anwender und Hersteller von Werkzeugmaschinen sind sich einig, daß die Produktionsanlagen der Zukunft hochdynamische Systeme sein müssen, welche schnell und gleichsam zuverlässig arbeiten. Nur so können die Forderungen nach kürzeren Produktionszeiten für die Komplettbearbeitung bei hoher Maschinenverfügbarkeit sowie gleichbleibend hoher Fertigungsqualität erfüllt werden.
Neben der Strukturoptimierung kartesisch aufgebauter Maschinen ist die Entwicklung paralleler und hybrider Maschinenkinematiken weiterhin Gegenstand aktueller Forschungsaktivitäten, um hochdynamische Maschinen realisieren zu können.
Sowohl die Entwicklung neuer Maschinen mit parallelen Kinematiken als auch die Weiterentwicklung existierender kartesischer Konzepte setzt den Einsatz optimierter Einzelkomponenten und Funktionsbaugruppen voraus, um die Forderung nach Schnelligkeit und Zuverlässigkeit erfüllen zu können.
Neue Möglichkeiten der Maschinenzustandsüberwachung ergeben sich durch den Einsatz offener Maschinensteuerungen. Eine intelligente Auswertung existierender steuerungsinterner Signale gibt Auskunft über den Prozeßzustand und über den Verschleißzustand einzelner Maschinenkomponenten. Auf Basis dieser Daten kann eine frühzeitige Instandhaltungsmaßnahme veranlaßt werden, um störungsbedingten Ausfällen vorzubeugen.

Abstract:

Trends in Machine Tool Building - Fast and Reliable
Customer and manufacturer agree that the machine tool of the future has to be a highly dynamic system to work fast and reliably as well. The requests for high machine availability and shorter process time at the same level of manufacturing quality can be met only this way.
In addition to the structure optimization of cartesian machine tools the further design of machine tools with parallel and hybrid kinematics is subject of ongoing developments.
Both, for the development of parallel kinematics as well as the optimization of cartesian machine tools optimized components and pre-assembled modules are necessary.
New possibilities of machine condition monitoring are given by the open NC architecture. The operating conditions (e.g. wear) of several machine components can be determined by the analysis of control internal signals. Based on this data the machine tool maintenance can be planned in order to detect down time.

1 Einleitung

Der allgemeine Trend zum „Höher", „Schneller" und „Weiter" spiegelt sich auch im Werkzeugmaschinenbau nun schon seit Jahren wieder. Worte wie „High Speed Cutting" oder „High Speed Machining" sind in aller Munde. Hersteller, die ihre Maschinen neu auf dem Markt plazieren, beschreiben ihre Maschinen mit neuen Superlativen wie „Ultra High Speed Machining Center", so beispielsweise unlängst ein Japanischer Anbieter.

Sicherlich ist die Leistungsfähigkeit einer Maschine eine der Grundvoraussetzungen für die erfolgreiche Plazierung auf dem internationalen Markt. Höchste Hauptspindeldrehzahlen sowie noch vor wenigen Jahren undenkbare Verfahrgeschwindigkeiten und Beschleunigungswerte der Vorschubachsen sind heute der weit verbreitete Stand der Technik.

Doch der enorme Kostendruck, unter dem das produzierende Gewerbe mehr denn je am Standort Deutschland steht, stellt weitere Beurteilungskriterien beim Investitionsentscheid in den Vordergrund. Der Kaufpreis einer Maschine ist dabei sicherlich von besonderer Bedeutung, da er für den Kunden ein direktes Kriterium zur Bewertung unterschiedlicher Angebote darstellt. Noch entscheidender, beim Neukauf einer Maschine jedoch nur schwer bis überhaupt nicht zu beurteilen, ist die Wirtschaftlichkeit, mit der eine Maschine betrieben werden kann. Hier steht die Verfügbarkeit und somit die Zuverlässigkeit der Maschine im Vordergrund. Störungsbedingte Produktionsunterbrechungen verursachen neben den direkten Instandsetzungskosten vor allem in verketteten Anlangen durch den Produktionsstillstand erhebliche Folgekosten, so daß ein schneller Service mit einer umgehenden Reparatur erforderlich ist. Hierfür sind geeignete Hilfsmittel zur schnellen Fehlersuche und -behebung erforderlich, um in kürzester Zeit die Maschine wieder in den Produktionszustand zu bringen (siehe hierzu auch Beitrag 4.2: „Internet-Technologie für die Produktion").

Neben der Realisierung einer hohen Maschinenleistungsfähigkeit muß die Steigerung der Zuverlässigkeit der Produktionssysteme vorrangiges Ziel der Forschungs- und Entwicklungsarbeiten sein.

Die Leistungssteigerung, z.B. einer Vorschubeinheit, besteht in der Erhöhung ihrer Dynamik ohne die Genauigkeit zu verschlechtern. Dies kann zum einen durch eine Erhöhung der Antriebsleistung realisiert werden. Zum anderen bietet die Strukturoptimierung die Möglichkeit, bei gleichzeitig hoher Steifigkeit eine Massereduzierung der bewegten Strukturbauteile zu erzielen und so eine Überdimensionierung der Vorschubantriebe zu vermeiden. Neben der Strukturoptimierung kartesisch aufgebauter Maschinen ist die Entwicklung paralleler und hybrider Maschinenkinematiken weiter Gegenstand aktueller Forschungsaktivitäten. Neben einer Vielzahl von Studien, die erstellt worden sind und zum Großteil noch auf ihre Umsetzung warten, existieren erste Werkzeugmaschinen mit parallelen Kinematiken, die sich zur Zerspanung komplexer metallischer Werkstücke eignen.

Sowohl die Entwicklung neuer Maschinen mit parallelen Kinematiken als auch die Weiterentwicklung existierender kartesischer Konzepte setzt den Einsatz optimierter Einzelkomponenten und Funktionsbaugruppen voraus, um die Forderung nach

Schnelligkeit und gleichzeitig hoher Zuverlässigkeit erfüllen zu können. Neben umfangreichen Untersuchung am WZL der RWTH Aachen an Führungen und Spindel-Lagersystemen liegen auch vergleichende Ergebnisse von elektromechanischen und linearen Direktantrieben für den Einsatz in hochdynamischen Vorschubachsen vor. Ein Betrieb dieser Vorschubsysteme ist nur dann störungsfrei möglich, wenn eine angepaßte Geschwindigkeitsführung vorliegt und optimierte Reglereinstellungen gefunden werden.

Neue Möglichkeiten der Maschinenüberwachung ergeben sich durch den Einsatz moderner Maschinensteuerungen. Eine intelligente Auswertung existierender steuerungsinterner Signale, wie zum Beispiel des Motorstroms digitaler Vorschubantriebe, gibt Auskunft über den Verschleißzustand einzelner Maschinenkomponenten. Auf Basis dieser Daten kann frühzeitig eine Instandhaltungsmaßnahme veranlaßt werden, so daß ein störungsbedingter Ausfall der Maschine vermieden wird.

2 Kartesische und parallele Maschinenkinematiken - Hohe Dynamik setzt Strukturoptimierung voraus

Um hochdynamische Werkzeugmaschinen realisieren zu können, müssen zunächst die Strukturbauteile für die gestiegenen Anforderungen optimal ausgelegt werden. Neben dem bisher vorherrschenden Auslegungskriterium der statischen Steifigkeit gewinnt die Bewertung der Strukturnachgiebigkeit unter Vorschubbeschleunigungen zunehmend an Bedeutung. Sie ist ein Maß für die Abweichung des Bearbeitungspunktes von der vorgegebenen Sollposition bei gegebener Beschleunigungsbelastung. Maschinen, speziell ihre Vorschubantriebe, werden immer mehr nur nach den auftretenden Massenkräften ausgelegt, weil diese bei den heute üblichen Beschleunigungen erheblich höher als die eigentlichen Prozeßkräfte sind.

Die Forderungen nach Erhöhung der Steifigkeit unter Prozeß- und Beschleunigungsbelastungen stellen dabei i.a. einen Zielkonflikt dar. Eine Erhöhung der statischen Steifigkeit der Gestellkomponenten wird in der Praxis meist durch größere Wandstärken oder durch zusätzliche Verrippungen und somit durch mehr Material erreicht [1]. Die zusätzliche Masse bewirkt bei hohen Beschleunigungen aufgrund der vergrößerten Trägheit jedoch eine unerwünschte Steigerung der Bahnabweichungen und erfordert möglicherweise sogar eine deutlich größere Antriebsleistung.

Eine exakte Berechnung der Strukturnachgiebigkeit der Werkzeugmaschinen im Entwicklungsstadium ist aus wirtschaftlichen und technischen Gründen unumgänglich. Sie wird aufgrund der Komplexität der Maschinen mit Hilfe der Finite-Elemente-Methode (FEM) durchgeführt [2]. Neben der reinen Nachrechnung der mechanischen Eigenschaften lassen sich die Gestellkomponenten darüber hinaus mit Hilfe der Finite-Elemente-Methode wirkungsvoll optimieren [3]. Querschnitte und Wandstärken werden beispielsweise vom Optimierungsprogramm derart zugeschnitten, daß die vom Konstrukteur vorgegebene Steifigkeit mit einem Minimum an Komponentengewicht erreicht wird (Bild 1).

Die in Bild 2 dargestellte Portalfräsmaschine ist mit Hilfe der Strukturoptimierung bezüglich der Maximierung der statischen Steifigkeit gegenüber Prozeßkräften und der

Minimierung der Nachgiebigkeit durch die Achsbeschleunigung bei möglichst geringem Gewicht optimiert worden.

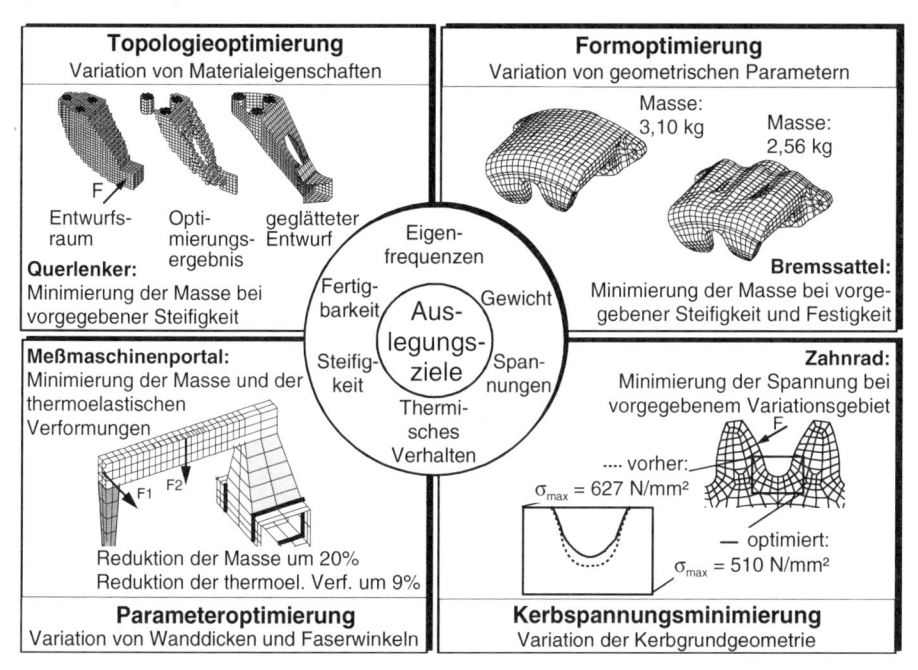

Bild 1: Optimierung von Bauteilen mit Hilfe von Strukturoptimierungsverfahren

Dabei konnten deutliche Verbesserungen der Kennwerte erzielt werden. Neben einer Optimierung der Antriebs- und Führungssteifigkeiten ist in allen Gestellbauteilen eine optimale Verrippung und Wanddickenverteilung gefunden worden, die bei Beschleunigung in Y-Richtung eine Verbesserung der kinematischen Nachgiebigkeit um 63% erbracht hat.

Bearbeitungszentren in Gantrybauweise, wie beispielsweise die in Bild 2 dargestellte Maschine, können häufig durch den Einsatz eines 2-Achs-Vorsatzkopfes modular für die 5-Achs-Bearbeitung erweitert werden. Für eine hochdynamische Bearbeitungsabfolge müssen bei konventionellen Köpfen aufgrund der seriellen Anordnung der beiden Dreh- bzw. Schwenkachsen große translatorische Ausgleichsbewegungen der X- und Y-Achse ausgeführt werden. Die Ausgleichsbewegungen sind abhängig von der Änderung der Lage der Schwenkachse des Fräsers. Bei der Realisierung der Schwenkbewegung mit parallelen Antrieben können diese Nachteile vermieden werden. Hier nutzt man räumliche Koppelgetriebe, bei denen mehrere Antriebe parallel zwischen Gestellkomponente und Werkzeugträger angeordnet sind.

Ein Beispiel für einen solchen Vorsatzkopf stellt der von der Fa. DS-Technologie für die Aircraft-Industrie entwickelte Tripod dar (Bild 3). Mit dieser Kinematik können die beiden Schwenkachsen sowie der Z-Hub des Werkzeuges gesteuert werden. Hierzu wirken auf die Plattform, welche die Bearbeitungsspindel trägt, drei Koppeln, die mit dieser über Kugelgelenke sowie über einfache Drehgelenke mit ihrem jeweiligen

Schlitten verbunden sind. Mit dieser Anordnung sind hohe Schwenkgeschwindigkeiten und Verdrehsteifigkeiten erreichbar. Die Schwenkwinkel der Spindeleinheit sind auf ±40° begrenzt, was für den Einsatz im Flugzeugbau i.d.R. ausreichend ist. Durch die Koppelkinematik lassen sich die beiden Schwenkachsen direkt ansteuern. Ausgleichsbewegungen werden weitestgehend unterdrückt. Das Gewicht des Vorsatzkopfes liegt 60% unter dem eines konventionell aufgebauten Dreh-/Schwenkkopfes.

Statische Steifigkeit			
k_{xx}	25,4 N/µm	56,8 N/µm	124%
k_{yy}	23,2 N/µm	58,7 N/µm	153%
k_{zz}	138,6 N/µm	255 N/µm	84%
vorher ➡	nachher		+
Nachgiebigkeit bei Achsbeschleunigung			
$G_{kin, xx}$	34 µm/m/s²	23 µm/m/s²	32%
$G_{kin, yy}$	64 µm/m/s²	24 µm/m/s²	63%
$G_{kin, zz}$	38 µm/m/s²	16 µm/m/s²	58%

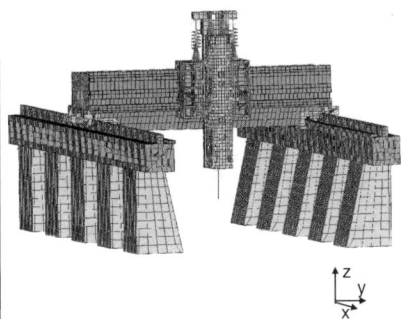

Arbeitsraum (X,Y,Z) : 7,25 x 3,5 x 1,5 m³
Hauptspindelleistung : 30 kW
max. Verfahrgeschw. : 40 m/min
max. Verfahrbeschl. : 3 m/s²

Quelle: Hermann Kolb Werkzeugmaschinen GmbH, Köln

Bild 2: Berechnung und Optimierung des Maschinenverhaltens

Maschinendaten:
X = 4 m - 30 m
Y = 1000-2000 mm
Z = 500 mm
v_{max} = 50 m/min
a_{max} = 10 m/s²

Vorsatzkopf:

Schwenkwinkel
A_{max} = +/- 40°
B_{max} = +/- 40°

max. Verfahrwerte
ω_{max} = 15 U/min
α_{max} = 12 rad/s²

Quelle: DS-Technologie, M'gladbach

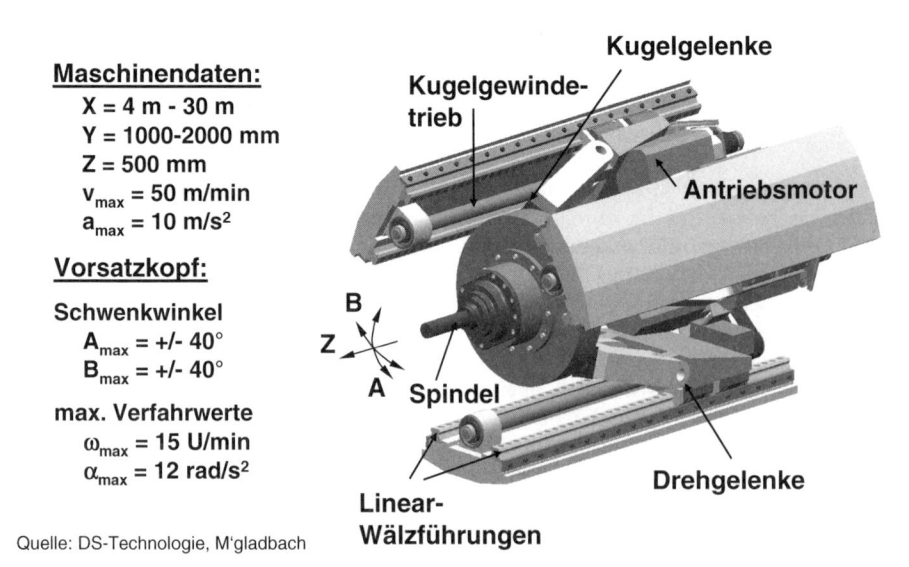

Bild 3: 3-Achs-Vorsatzkopf mit Parallelkinematik

Die Wahl des Antriebssystems für die Vorschubachsen ist von zentraler Bedeutung für die Leistungsfähigkeit einer Maschine. Dabei ist neben der mechanischen Umsetzung und Leistungsauslegung der Antriebe auch die Art der Bewegungsübertragung auf den TCP von entscheidender Bedeutung. In den vergangenen Jahren sind in der Industrie und an den Hochschulen verstärkt Forschungs- und Entwicklungsarbeiten für neuartige Maschinenkinematiken durchgeführt worden [4]. Das Ergebnis ist eine Vielzahl von unterschiedlichen Lösungen für hybride und parallele Kinematiken, die zukünftig eine Ergänzung zu den heute üblicherweise im Werkzeugmaschinenbau eingesetzten kartesischen Maschinen in serieller Bauweise darstellen können (<u>Bild 4</u>) [5, 6]. Für verschiedene Anwendungsfelder haben sich hier unterschiedliche Antriebssysteme als vorteilhaft erwiesen, wobei sich zwei Antriebssysteme durchgesetzt haben.

Serielle Kinematiken

Kartesisch

Fahrständer -BAZ

nicht kartesisch

Industrieroboter

Hybride Kinematiken

eben
Dyna-M

räumlich
Tricept

Parallele Kinematiken

Längenveränderliche Streben

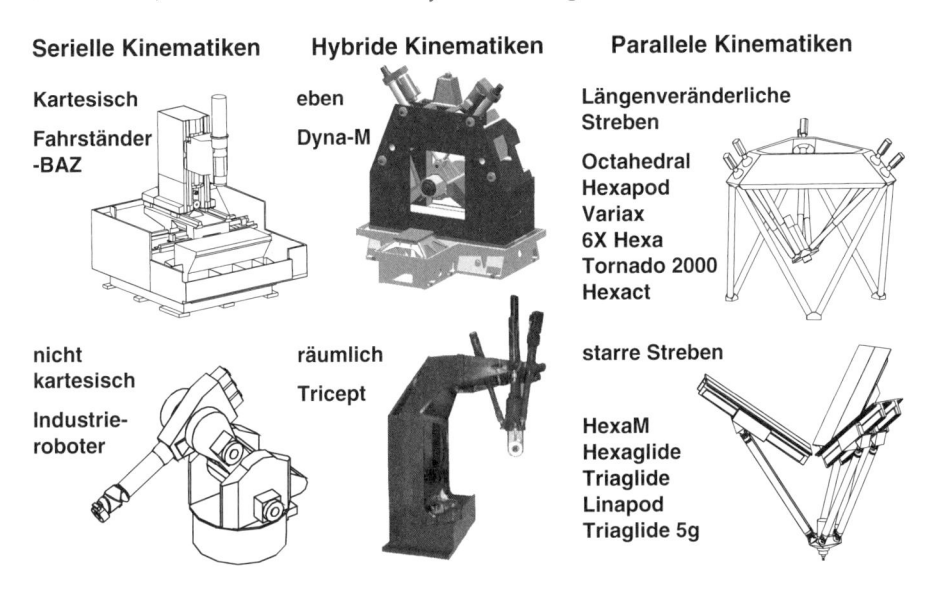

Octahedral
Hexapod
Variax
6X Hexa
Tornado 2000
Hexact

starre Streben

HexaM
Hexaglide
Triaglide
Linapod
Triaglide 5g

Bild 4: Maschinenbauformen

Neben der Bauform der starren Streben mit verschiebbaren Auflagern findet im Werkzeugmaschinenbau im Bereich der parallelen und hybriden Kinematiken besonders die Bauform der längenveränderlichen Streben Anwendung. Günstig ist hierbei, daß auf Führungen am Rahmen verzichtet werden kann und somit eine kompakte Bauweise des Gesamtsystems ermöglicht wird. Das Prinzip der verschiebbaren Auflager und konstanter Strebenlänge, wie es bei dem in Bild 3 dargestellten Vorsatzkopf zum Einsatz kommt, zeichnet sich durch höhere Dynamik aus, da hier auch lineare Direktantriebe eingesetzt werden können. Jedoch sind die Maschinenstrukturen schwerer und aufwendiger, da auf die linearen Führungsstrukturen Biegebeanspruchungen mit veränderlicher Lage der Krafteinleitung einwirken. Demgegenüber hat das Prinzip mit veränderlicher Strebenlänge und Anbindung an die Maschinenstruktur über Drehgelenke eindeutige Gewichts- und Steifigkeitsvorteile. Hier ist es möglich, bei entsprechender Gestaltung des Maschinengestells die Strukturbauteile der Maschine so anzuordnen, daß sich für die einzelnen Elemente ausschließlich Zug-/Druckbelastungen ergeben. In dieser Art ist der Horizontal Octahedral Hexapod HOH 600 der Fa. Ingersoll mit horizontal angeordneter Bearbeitungsspindel aufgebaut (Bild 5), der dem WZL für verschiedene Untersuchungen zur Verfügung steht.

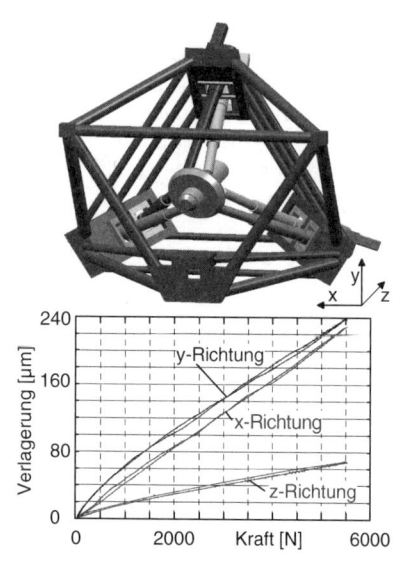

	statisch N/(µm m)*			dynamisch N/(µm m)*		
	k_x	k_y	k_z	k_x	k_y	k_z
HOH 600 Messaufbau ohne Spindel	93	83	238	23	31	60
HOH 600 Messaufbau mit Spindel	40	39	139	17	24	55
Durchschnitt untersuchter Fräsmaschinen mit Spindel	49	55	111	15	22	34

* Relative Steifigkeiten [N/(µm m)] bezogen auf die mittlere Zerspanraumlänge $L = \sqrt{y_{max} \cdot z_{max}}$

Bild 5: Steifigkeitsverhalten der Hexapodmaschine HOH 600, Fa. Ingersoll

Bei der meßtechnischen Untersuchung des Nachgiebigkeitsverhaltens dieser Maschine wurde festgestellt, daß dieses über dem Bearbeitungsraum weitestgehend positionsunabhängig ist. Die meßtechnisch ermittelten Steifigkeitswerte sind in Bild 5 aufgeführt.

Durch den Bezug der statischen Steifigkeiten auf die mittlere Zerspanraumlänge ist ein Vergleich der Steifigkeitswerte des HOH 600 mit dem Durchschnitt der vom WZL untersuchten 3-Achs Fräsmaschinen möglich. Die bezogenen statischen Steifigkeiten aus den Messungen ohne Hauptspindel liegen aufgrund der hohen Steifigkeit der parallelen Struktur sehr hoch. Da die Hauptspindel in der Regel das schwächste Element darstellt, liegen die Werte der Gesamtmaschine nur auf durchschnittlichem Niveau. Es ist jedoch zu berücksichtigen, daß der Hexapod eigentlich mit einer wesentlich nachgiebigeren 5-Achs Maschine verglichen werden müßte, wohingegen die als Vergleich aufgeführten Werte von kartesischen 3-Achs Maschinen stammen.

Vergleicht man das dynamische Nachgiebigkeitsverhalten des HOH 600 mit dem seriell aufgebauter kartesischer Maschinen, so zeigen sich prinzipielle Unterschiede im Verlauf der Nachgiebigkeitsfrequenzgänge. Bei Maschinen mit seriellen Kinematiken treten meist wenige ausgeprägte Resonanzstellen im Nachgiebigkeitsfrequenzgang auf, die einzelnen Bauteilen der Maschinen zugeordnet werden können. Demgegenüber zeigen die Amplitudengänge der Hexapodmaschine eine große Zahl von Resonanzstellen jedoch mit nur geringer Resonanzüberhöhung. Dies ist auf die vielen Biegeeigenschwingungen der Antriebsbeine und der Fachwerksstreben der Maschinenstruktur zurückzuführen, da die Kräfte nicht vollständig momentenfrei in die Strukturknoten eingeleitet werden. Diese Biegeschwingungen wirken sich aber nur in geringer Weise am Arbeitspunkt der Maschine aus. Die ausgezeichneten dynamischen Eigenschaften des HOH 600 belegen Bearbeitungstests. Die Maschine konnte bei der Messerkopfbearbeitung von Stahl nicht zum Rattern gebracht werden, wobei die volle Antriebsleistung von 37 kW umgesetzt wurde.

Neben vollparallelen Maschinenkinematiken mit 6-Freiheitsgraden, wie dem gezeigten Hexapoden, wurde in dem BMBF-Verbundprojekt DYNAMIL ein 3-Achs-Bearbeitungszentrum mit hybrider Antriebsstruktur entwickelt und realisiert (Bild 6). X- und Y-Achse sind parallel angeordnet und die Z-Achse hierzu seriell. Die Führung in der X-/Y-Ebene sowie die Aufnahme der Z-Pinole wurde mit Hilfe eines ebenen Koppelgelenksystems gelöst. Die beiden Aktoren für die X-/Y-Ebene sind teleskopierbare Kugelrollspindelantriebe mit integrierten, direkten Wegmeßsystemen. Die gesamte Anordnung wird hydraulisch gewichtsentlastet. Die Antriebe sind für max. Verfahrgeschwindigkeiten von 90 m/min sowie Beschleunigungen von 1,5 g ausgelegt worden. Die einzelnen Komponenten wurden für eine Gesamtmaschinensteifigkeit in X- und Y-Richtung von ca. 35 N/µm sowie 45 N/µm in Z-Richtung optimiert.

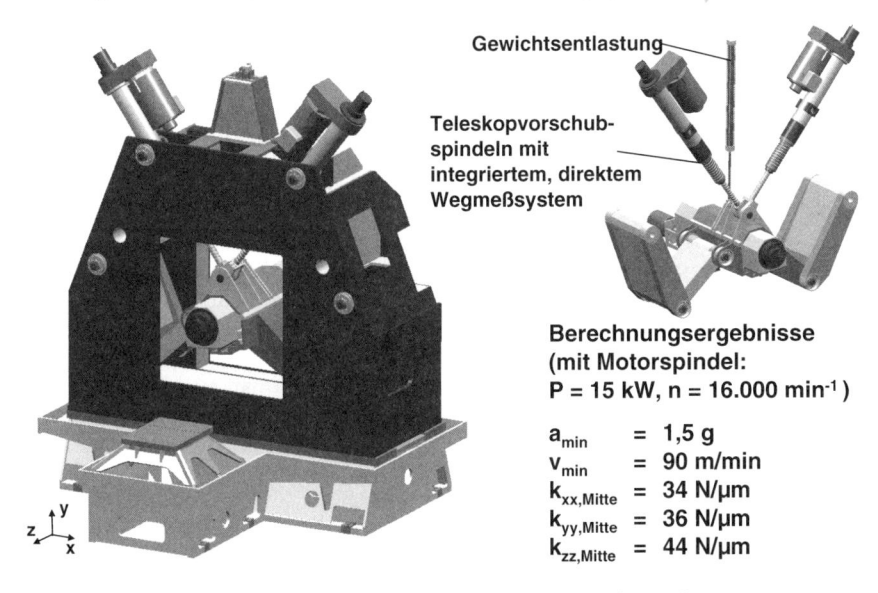

Bild 6: Dyna-M - 3-Achs-Bearbeitungszentrum mit Koppelgetriebe

Bild 7 zeigt den Verlauf der Übersetzung der notwendigen Aktorengeschwindigkeit bzw. -beschleunigung in Bezug auf die kartesischen Geschwindigkeiten bzw. Beschleunigungen am TCP des Dyna-M [7]. Der große Übersetzungsbereich ist mit den relativ großen Schwenkbereichen der Aktoren zu erklären. Dieses Merkmal ist kennzeichnend für alle ebenen, parallelen Kinematiken und fordert eine adaptierbare Regelungstechnik für die einzelnen Vorschubachsen [8, 9].

Wichtig für eine erfolgreiche Umsetzung dieser Art von Maschinenkonzepten sind steife und spielfreie Gelenke und Antriebe sowie eine Regelung und Geschwindigkeitsführung durch die Steuerung, die sich den ändernden Übersetzungen und Masseneinflüssen anpaßt. Das heute noch ungelöste Problem ist die Bereitstellung von wirksamen

Kalibrier- und Kompensationsstrategien zur Gewährleistung der erforderlichen geometrischen Genauigkeit.

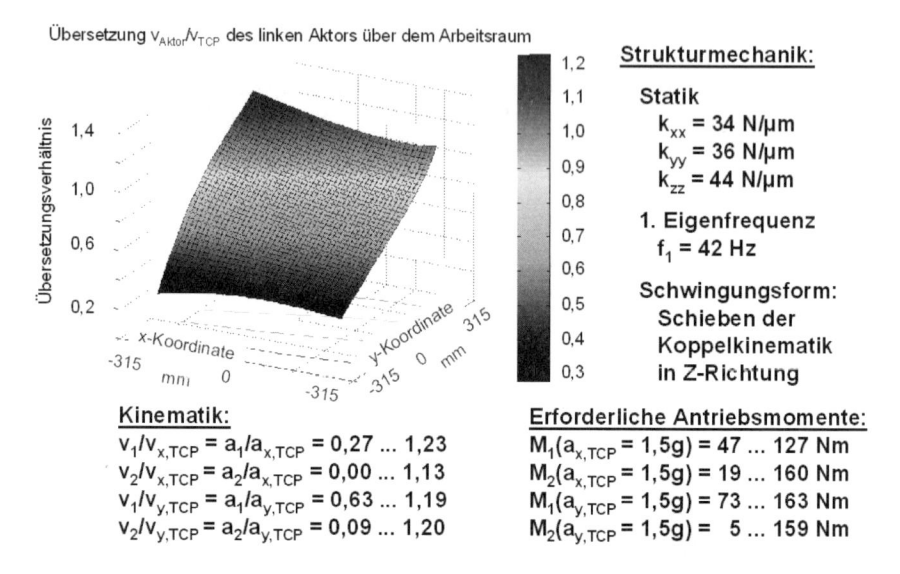

Übersetzung v_{Aktor}/v_{TCP} des linken Aktors über dem Arbeitsraum

Strukturmechanik:

Statik
$k_{xx} = 34$ N/µm
$k_{yy} = 36$ N/µm
$k_{zz} = 44$ N/µm

1. Eigenfrequenz
$f_1 = 42$ Hz

Schwingungsform:
Schieben der
Koppelkinematik
in Z-Richtung

Kinematik:
$v_1/v_{x,TCP} = a_1/a_{x,TCP} = 0{,}27 \dots 1{,}23$
$v_2/v_{x,TCP} = a_2/a_{x,TCP} = 0{,}00 \dots 1{,}13$
$v_1/v_{y,TCP} = a_1/a_{y,TCP} = 0{,}63 \dots 1{,}19$
$v_2/v_{y,TCP} = a_2/a_{y,TCP} = 0{,}09 \dots 1{,}20$

Erforderliche Antriebsmomente:
$M_1(a_{x,TCP} = 1{,}5g) = 47 \dots 127$ Nm
$M_2(a_{x,TCP} = 1{,}5g) = 19 \dots 160$ Nm
$M_1(a_{y,TCP} = 1{,}5g) = 73 \dots 163$ Nm
$M_2(a_{y,TCP} = 1{,}5g) = 5 \dots 159$ Nm

Bild 7: Übersetzungsverhältnisse beim Dyna-M

Allen parallelen Kinematiken sind die nichtlinearen Übertragungsgesetze der Aktorbewegungen auf die kartesischen Achsbewegungen des Werkzeuges gemeinsam. Im Gegensatz zu seriellen Kinematiken entzieht sich die Wirkung einzelner Aktoren der dem Menschen naheliegenderen kartesisch-orientierten Anschauung. Eine intuitive Benutzung der Maschine durch das Verfahren der einzelnen Achsen ist ohne Kollisionsgefahr nicht möglich. Erst eine aufwendige Achstransformation in der Steuerung schafft mit den heute verfügbaren leistungsfähigen Rechnern die Voraussetzungen für die praktische Umsetzbarkeit dieser neuen Maschinenkonzepte [10]. Bild 8 gibt Aufschluß über das umfangreiche Aufgabenfeld der Steuerung.

Die Grundanforderung an die Steuerungssoftware von Werkzeugmaschinen mit Parallelkinematiken ist es, eine transparente Benutzung zu ermöglichen. Die Benutzung und Programmierung der Maschine erfolgt in der gewohnten Weise, d.h. in kartesischen Achsen wie bei konventionellen seriellen Werkzeugmaschinen. Hierzu gehört beispielsweise auch der Handbetrieb der Maschine in kartesischen Werkstückachsen.

Eine weitere Forderung betrifft die Sicherheit an der Maschine. Die den Soft- und Hardwareendschaltern bei konventionellen Maschinen entsprechenden Grenzen des Bewegungsraumes von Parallelkinematiken erfordern weitaus aufwendigere Überwachungsmechanismen. Ein sicheres Freifahren aus kollisionsgefährdeten Stellungen ist nur durch softwaremäßige Unterstützung möglich.

Transformation kartesischer Koordinaten in Maschinenkoordinaten:
Teileprogramme in Werkstückkoordinaten, Jog-Modus in kartesischen Koordinaten

Kollisionsüberprüfungen:
Gelenkwinkelüberwachung
Kollisionsüberwachung
(Strut - Strut, Strut - Spindel)
Freifahrunterstützung

Flexibilität:
Konfiguration über Maschinendaten
Werkzeuglängenkorrektur

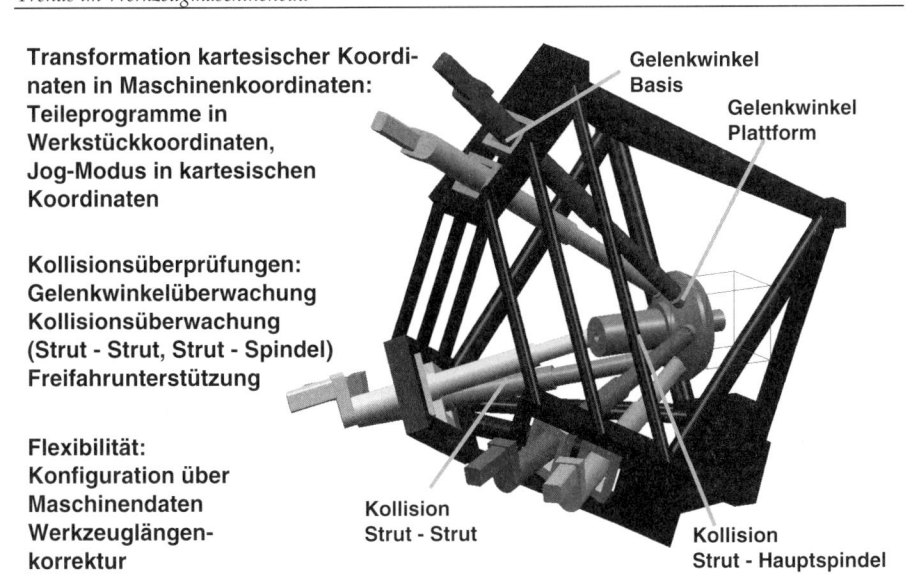

Gelenkwinkel Basis
Gelenkwinkel Plattform
Kollision Strut - Strut
Kollision Strut - Hauptspindel

Bild 8: Aufgaben der Steuerung bei Parallelkinematiken

Weitergehende Anforderungen betreffen die Flexibilität bei der NC-Programmerstellung. Werkzeuglängen- und -radiuskorrekturen sowie weitestgehende Flexibilität zur Berücksichtigung des Werkstücklage-Offsets müssen von der Steuerungssoftware online geleistet werden.

Um die Vorteile der Parallelkinematiken auszuschöpfen, müssen außerdem moderne Ansätze der Steuerungstechnik wie Splineverarbeitung und optimierte, ruckbegrenzte Bewegungsführung konsequent genutzt werden.

Die Vorwärts- und Rückwärtstransformation von Koordinaten wurde bereits bei einer Vielzahl von Prototypen mit Parallelkinematik gelöst und steuerungstechnisch realisiert. Die heute zur Verfügung stehenden Steuerungen bieten hierzu die notwendige Offenheit und stellen ausreichende Rechenkapazität für diese Operationen zur Verfügung. Die Steuerung des Hexapods HOH 600, eine Siemens 840D, verfügt zudem über umfangreiche Kollisionsüberwachungsalgorithmen zur sicheren Bedienung der Maschine.

Ein großes Problem bei der Erfüllung der Arbeitsgenauigkeit dieser Maschinenart stellt die nur ungenaue Kenntnis der geometrischen Orte der meist weit auseinanderliegenden Drehgelenke und Führungen dar. Eine exakte Messung ist in der Regel nicht möglich. Daher bildet derzeit die Entwicklung einfacher und genauer Verfahren zur Kalibrierung paralleler Kinematiken einen Schwerpunkt der Forschungsarbeiten. Ziel ist es, das kinematische Modell in der Steuerung an das reale Maschinenverhalten anzugleichen und somit die volumetrische Maschinengenauigkeit zu steigern. Ein weitgehend automatisiertes Kalibrierverfahren, das derzeit am WZL untersucht wird, ist in Bild 9 dargestellt. Für den Einmeßvorgang wird temporär ein eindimensionales Meßbein über Kugelgelenke zwischen der HSK-Schnittstelle der Spindel und dem Werkstücktisch montiert. Durch die Auswertung der Längenmeßwerte dieses Meßstabes und der Längenänderung der sechs Aktoren des Hexapoden, die zeitgleich durch die maschineneigenen Meßsysteme erfaßt werden, können bei Betrachtung hinreichend vieler Positionen im gesamten Arbeitsraum die kinematischen Parameter der realen Maschine errechnet werden. Weitere Verbesserungen der Arbeitsgenauigkeit sind durch die steuerungstechnische Kompensation der thermoelastischen Verlagerungen sowie der Verformungen unter Gewichts- und Beschleunigungskräften zu erwarten.

Voraussetzung für eine hinreichende Maschinengenauigkeit ist der genaue Abgleich des mathematischen Modells in der Steuerung mit dem realen geometrischen Maschinenverhalten.

Modellparameter:
- **Lage der Gelenkdrehpunkte**
- **Offset der Wegmeßsysteme**
- **Parameter für Kompensationsstrategien, z.B. Gewichtskraftkompensation**
- **Temperatur der Strukturelemente**

Parameteridentifikation:
- **Vermessung eines Referenzkörpers (Probing)**
- **Auswertung zusätzlicher Informationen (z.B. redundantes Meßbein)**
- **...**

Bild 9: Kalibrierung und Kompensationsansätze paralleler Kinematiken

Die ersten Prototypen von Werkzeugmaschinen mit neuartigen Kinematiken zeigen, daß für bestimmte Anwendungsbereiche ein Lösen von der klassischen Maschinenbauweise zu interessanten und erfolgversprechenden Maschinenkonzepten führt. Um jedoch auf dem Markt gegenüber hochentwickelten kartesischen Konzepten bestehen zu können, müssen die strukturbedingten Potentiale neuer Kinematiken konsequent ausgenutzt werden.

In diesem Zusammenhang ist der geometrischen Konfiguration von parallelen und hybriden Mechanismen besondere Beachtung zu schenken, da sowohl die kinematischen Eigenschaften bezüglich Geschwindigkeits-, Beschleunigungs- und Kraftübersetzung als auch der erzielbare Arbeitsraum in hohem Maße von der Lage der Gelenke zueinander abhängen. Dieses Optimierungsproblem ist aufgrund der nichtlinearen funktionalen Zusammenhänge und der großen Anzahl von Entwurfsvariablen nur mit Hilfe leistungsfähiger rechnerunterstützter Auslegungswerkzeuge möglich (Bild 10).

Heute kann schon folgende Aussage über die Eigenschaften und Anwendungsbereiche gemacht werden:

- Durch die Einfachheit der Maschinenstruktur und durch die Gleichheit der Antriebselemente sind Maschinen mit Parallelkinematik kostengünstiger herzustellen als konventionelle Maschinen. Dies gilt insbesondere für Hybridsysteme.

- Ein Hauptanwendungsfeld wird dort liegen, wo aus technologischen Gründen die Werkzeugvoreil- und -anstellwinkel in Abhängigkeit der räumlichen Bearbeitungsaufgabe schnell angepaßt werden müssen. Hierzu zählen unter anderem der Werkzeugbau (Gesenke, Tiefziehwerkzeuge) und der Flugzeugbau.

- Einsatzbereiche von Parallelkinematiken
  - Werkzeug- und Formenbau
  - Großwerkzeugmaschinen, Aircraft-Industrie (Hexaglide, Vorsatzköpfe mit Parallelkinematik)
  - Bohr-, Montage-, Niet- und Entgratarbeiten
  - Handhabungsaufgaben
- Forschungs- und Entwicklungsbedarf bei Parallelkinematiken
  - Untersuchungen zur Zuverlässigkeit
  - Entwicklung rechnerunterstützter Konfigurierungstools für Mechanik, Kinematik und Regelungstechnik
  - Entwicklung angepaßter CAM-Systeme zur Ausnutzung der strukturbedingten Potentiale
  - Genauigkeitssteigerung durch Entwicklung leistungsfähiger Kalibrier- und Kompensationsstrategien

<u>Bild 10</u>: Zukünftiger Forschungs- und Entwicklungsbedarf für den erfolgreichen Einsatz paralleler Kinematiken

Die Simulationsergebnisse der im Entwicklungsstadium befindlichen neuen Maschinenkonzepte sowie erste meßtechnische Untersuchungen bereits realisierter Maschinen mit paralleler Kinematik zeigen, daß sie zur Realisierung hochdynamischer Produktionsmaschinen geeignet sind. Eine Voraussetzung hierfür ist jedoch, daß bereits bei der Auslegung der Strukturbauteile auf hohe Steifigkeit und gleichzeitige Reduzierung der bewegten Massen geachtet wird. Hierfür stehen leistungsfähige Softwaretools zur Verfügung, die den Konstrukteur bei seiner Tätigkeit unterstützen. Im Rahmen verschiedener Industrieprojekte konnte auch gezeigt werden, daß durch die systematische Anwendung dieser Hilfsmittel auch bei kartesischen Werkzeugmaschinen in serieller Bauweise weiteres Optimierungspotential erschlossen werden kann.

3 Zuverlässige Maschinenelemente zur Steigerung der Leistungsfähigkeit

Unabhängig von der eingesetzten Maschinenbauform ist zu berücksichtigen, daß für die Realisierung hochdynamischer Werkzeugmaschinen der Zielkonflikt „Schnell" und gleichzeitig „Genau" und „Zuverlässig" zu lösen ist. Um die genannten Zielvorgaben erfüllen zu können, muß gewährleistet sein, daß jedes eingesetzte Maschinenelement bzw. die Funktionsbaugruppen diese Anforderungen erfüllen.

3.1 Hauptspindeln und ihre Lagerung

Die Hauptspindel mit ihrer Lagerung gehört zu den Kernbaugruppen einer Werkzeugmaschine, die die Leistung und die Wirtschaftlichkeit einer Maschine deutlich mitbestimmt. Verkürzte Nebenzeiten und vor allem die Steigerung der Zerspanungsraten durch die Hochgeschwindigkeits- oder Hochleistungszerspanung haben dazu geführt, daß den Spindeln höhere Maximaldrehzahlen bei gesteigerter oder gleichgebliebener Leistung, schnellere Beschleunigungen und ein größerer Laufzeitanteil abverlangt werden [11].

Die gewachsenen Anforderungen haben gerade in jüngster Zeit zu einer Verkürzung der Spindellebensdauern und damit auch zu einer verringerten Zuverlässigkeit der Spindeln geführt. Dabei kann gerade ein unvorhergesehener Maschinenstillstand durch das Versagen der Hauptspindel aufgrund der erforderlichen Instandsetzungszeit in einer verketteten Fertigung hohe Kosten verursachen.

Ursache für Spindelausfälle ist in der Regel ein Versagen der Spindellager, die vor allem durch die gestiegenen Drehzahlen immer höher beansprucht und an die Grenzen ihrer Belastbarkeit herangeführt werden (Bild 11). Unter den extremen Betriebsbedingungen können bereits relativ kleine Störungen oder Abweichungen vom Soll-Betriebszustand dazu führen, daß die Lager in einen kritischen Betriebszustand geraten, der oft mit einer völligen Zerstörung der Lagerung und teilweise auch der Spindel endet. Voraussetzung für eine betriebssichere Auslegung der Spindellagerung und die Vermeidung verfrühter Spindelausfälle ist damit die genaue Analyse der Kinematik der Spindellager.

Situation und Forschungsschwerpunkte bei Hauptspindel-Einheiten

Gestiegene Spindeldrehzahlen bei höheren oder gleichgebliebenen Leistungen
V.a. die Spindellager werden durch gestiegene Drehzahlen zunehmend an den Grenzen ihrer Belastbarkeit betrieben.

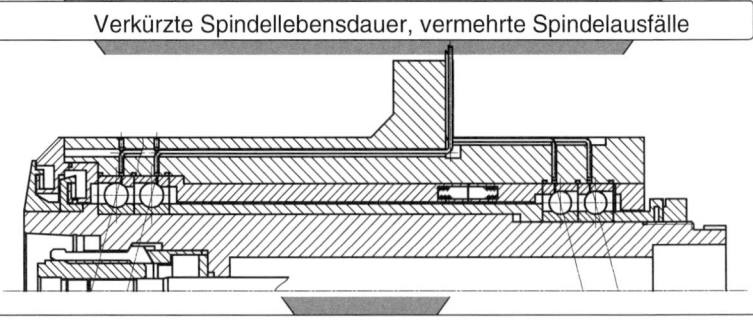

Verkürzte Spindellebensdauer, vermehrte Spindelausfälle

Lösungsansätze Optimierung der Lagerschmierung (z.B. Fettraumgestaltung)
Optimierung der Lageranordnung und -anstellung
Kontrollierte Lagervorspannung
Einsatz von Beschichtungen, Keramikkugeln

Bild 11: Situation von Spindellagersystemen

Der weitaus größte Anteil der WZM-Hauptspindeln wird wälzgelagert ausgeführt, wobei sich insbesondere das Schrägkugellager durchgesetzt hat, da es eine verhältnismäßig geringe Reibung entwickelt und somit gut zur Erreichung hoher Drehzahlen geeignet ist. Die Vorspannung des Lagers, die wesentliche Gebrauchseigenschaften wie Drehzahleignung und Steifigkeit festlegt, wird durch das axiale Verschieben von Lagerinnen- und -außenringen relativ zueinander eingestellt und ist damit verhältnismäßig einfach bestimmbar. Der Druckwinkel ermöglicht es dem Schrägkugellager, gleichzeitig axiale und radiale Lasten aufzunehmen. Er wird bei der Fertigung der Lager erzeugt und bestimmt die Lastaufnahme und die Abrolleigenschaften der Lager.

Die Druckwinkel an den Lagerringen und damit die Kinematik in einem Schrägkugellager sind aber keine festen Größen, sondern last-, drehzahl- und temperaturabhängig. Die Veränderung der Lagerkinematik wird dabei vor allem durch drei Effekte dominiert (Bild 12):

- Die Wirkungen der an den Kugeln des Lagers angreifenden Fliehkräfte F_f. Diese führen zu einer erhöhten Belastung des Kugelkontaktes am Außenring. Zur Abstützung der vergrößerten Normalkraft muß der Druckwinkel in diesem Wälzkontakt abnehmen, während er sich demgegenüber im Innenringkontakt vergrößern wird. An beiden Lagerringen stellen sich im Betrieb also unterschiedliche Druckwinkel ein. Dadurch wird zum einen die Steifigkeit sowohl in axialer als auch in radialer Richtung verschlechtert. Zum anderen wird die stets vorhandene, bohrende Bewegung der Kugel in den Wälzkontakten verstärkt [12, 13].
- Durch die Erwärmung des Lagers im Betrieb verändert sich dessen Geometrie. Da der Innenring die in den Innenkontakten entstehende Reibungswärme schlechter abführen kann als der Außenring, entsteht an diesem Lagerring eine höhere Temperatur. Zusammen mit der Wärmedehnung der Spindel und der Wälzkörper ergibt sich dadurch eine Reduzierung der in der Fertigung genau eingestellten Scheitelradialluft des Lagers. Eine Verringerung dieser auch bei axial vorgespannten Lagern zwischen Kugeln und Rillengrund der Laufbahn vorhandenen Lagerluft führt aber zu einer Verringerung der Druckwinkel im Lager.
- Eine ganz ähnliche Wirkung hat auch die am Innenring des Lagers angreifende Fliehkraft: Auch sie führt zu einer Verringerung des radialen Abstandes zwischen Innen- und Außenring und damit zu einer Reduzierung der im Lager vorhandenen Lagerluft und der Druckwinkel.

Die Druckwinkel verknüpfen radiale und axiale Relativverschiebungen der Lagerringe wie in einem rotationssymmetrischen Keilgetriebe. Eine Veränderung des radialen Relativabstandes zwischen Innen- und Außenring führt bei einer aufgebrachten konstanten Vorspannung zu einer Veränderung der relativen axialen Lage der Lagerringe, wie es in Bild 12 links dargestellt ist [14, 15]. Eine Reduzierung der Lagerluft durch Fliehkrafteffekte und durch eine Übertemperatur des Lagerinnenringes relativ zum Außenring hat dabei eine axiale Verlagerung des Innenringes in Richtung der Druckkegelspitze zur Folge. In der rechten Bildhälfte von Bild 12 sind die rechnerisch ermittelten Verlagerungswerte den gemessenen Werten gegenübergestellt. Für ein 7020-Stahlkugellager mit 100 mm Bohrung und 15° Druckwinkel beträgt die gemessene Verlagerung, deren Verlauf sich gut mit den Rechenwerten deckt, bei 20.000 1/min mehr als 120 µm - bei einem Maschinenelement, dessen größtes Toleranzfeld 10 µm Breite hat.

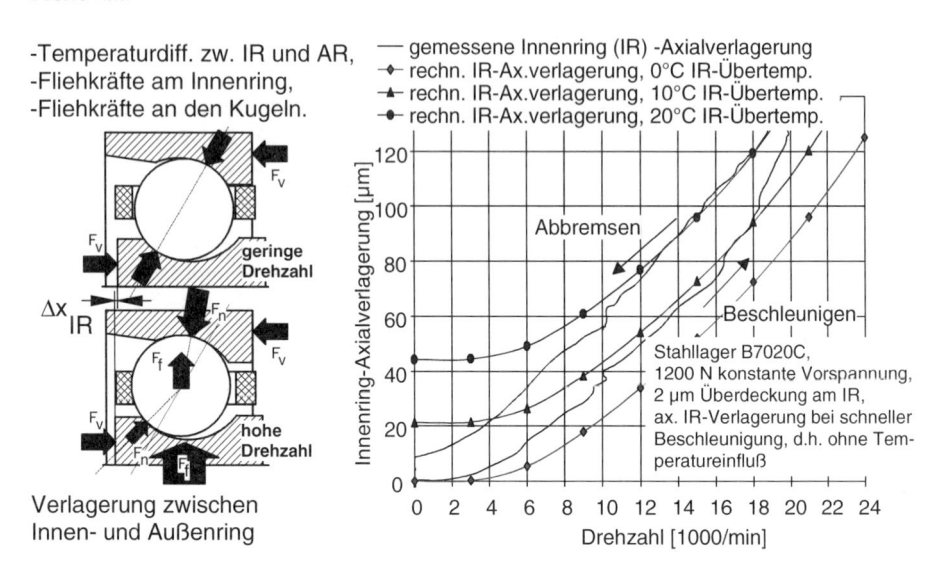

Bild 12: Kinematik schnelldrehender Spindellager

Die Vergrößerung des Innenring-Durchmessers gegenüber dem Außenring infolge der Fliehkraft kann dabei durchaus die Größenordnung der Fertigungslagerluft erreichen. In diesem Fall läuft das Lager mit zunehmend kleinen Druckwinkeln an beiden Lagerringen und zunehmend großen Normalkräften in den Wälzkontakten: Ein radiales Klemmen setzt ein; die Drehzahl kann nicht weiter gesteigert werden. Für ein 7020C-Stahlkugellager (15,875 mm Kugeldurchmesser, 5% Schmiegung) erreicht die Fliehkraftaufweitung des Innenringes bei 21.000 1/min (n x dm = 2,6 x 106 mm/min) die Größe der Lagerluft. Bei zusätzlicher Berücksichtigung einer Übertemperatur des Innenringes gegenüber dem Außenring von 20°C wird diese Grenze bereits bei 13.500 1/min erreicht (n x dm = 1,7 x 106 mm/min).

Damit arbeiten bereits nach dem Stand der Technik sehr viele Lager in der Nähe einer Leistungsgrenze, die nicht überschritten werden kann. Lager für höhere Drehzahlen müssen also u.a. mit einer größeren Fertigungslagerluft ausgestattet werden, die weder durch die Montage auf der Spindel noch durch die Reduzierung im Betrieb so stark eingeschränkt wird, daß das Lager klemmen kann.

Zur Aufbringung der axialen Vorspannung müssen stets mehrere Lager gegensinnig gegeneinander verspannt werden. Werden die Lagerringe dabei durch starre Distanzhülsen positioniert, wird die axiale Relativverlagerung der Lagerringe durch das jeweils entgegengestellte Lager unterbunden. Zwangsläufige Folge ist eine Erhöhung der Verformung in den Wälzkontakten - d.h. die Vorspannung im Lagersatz wächst an.

In Bild 13 ist die gemessene Vorspannkraft eines starr angestellten O-Paketes über der Drehzahl dargestellt. Zur Trennung von Temperatur- und Drehzahleffekten wurde zum einen ein Versuch durchgeführt, bei dem die Drehzahl schnell erhöht wurde, so daß sich kein nennenswerter Temperatureinfluß ergab. Im zweiten Versuch wurde hingegen bei jeder Drehzahl die Temperaturbeharrung abgewartet, so daß in diesen Ergebnissen nicht nur die Zentrifugalkrafteffekte, sondern auch die Temperatureffekte enthalten sind. Man erkennt, daß die Vorspannung durch eine Erhöhung der Drehzahl auf 18.000 1/min vom in der Montage eingestellten Wert (500 N) auf fast 9.000 N anwächst. Berücksichtigt man zusätzlich noch die Temperatureffekte, wird schon bei 9.000 1/min eine Vorspannung von 5.000 N erreicht.

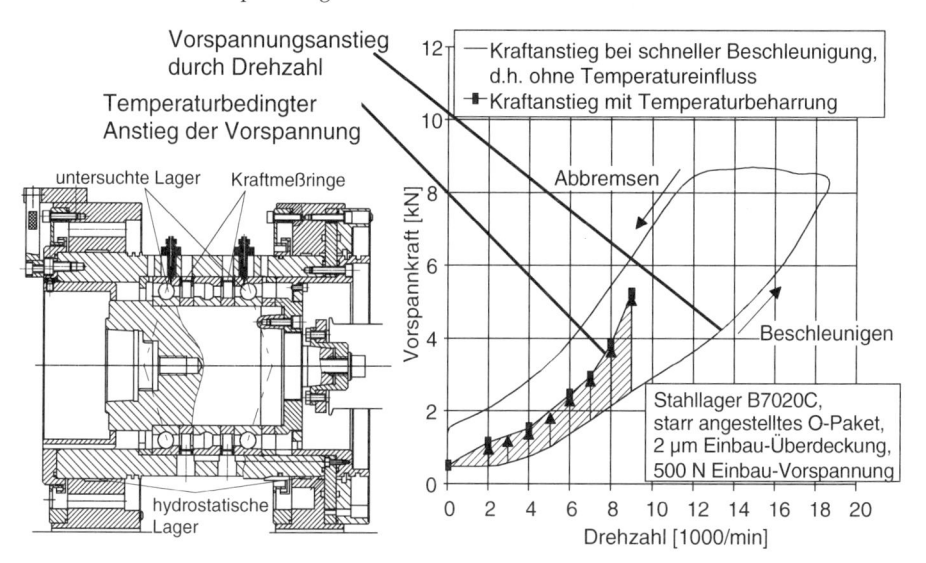

Bild 13: Vorspannkraftanstieg im starr angestellten Lagerpaket

Für starr angestellte Lagerpakete bildet das Anwachsen der Vorspannung durch Zentrifugalkraft- und Temperatureffekte also die eigentliche Leistungsgrenze. Die überhöhten Vorspannungen, die sich im Lagerpaket entwickeln können, sind die eigentliche Ursache für die drastisch reduzierte Lebensdauer der Spindellager und die erhöhte Anzahl an Spindellagerausfällen.

Durch die Anordnung von federnden Elementen zwischen den Außenringen der Lager versucht man in der Praxis eine axiale Verlagerung der Lagerringe gegen den Widerstand der Federn zu ermöglichen. Die Vorspannung bleibt theoretisch nahezu konstant.

Allerdings zeigen Versuchsergebnisse, daß die durch die Temperaturerhöhung und Zentrifugalkräfte gegenüber dem Gehäuse aufgeweiteten Außenringe im Gehäuse festklemmen. Dann verhält sich ein elastisch angestelltes Lagerpaket, dessen Vorspannung eigentlich konstant bleiben sollte, wie ein starr angestelltes.

Die durch rechnerische und experimentelle Analyse gewonnenen Erkenntnisse lassen sich dahingehend interpretieren, daß

- die Aufweitung des Innenringes durch Temperatur und Zentrifugalkräfte für schnelldrehende Lagerungen in die Größenordnung der Lagerluft kommen kann und die Lager damit sehr nahe an einer prinzipiellen Leistungsgrenze betrieben werden.

- die Vorspannung in vielen Spindellagerungen eine Größenordnung höhere Werte annimmt als die in der Montage eingestellte Vorspannkraft. Dies gilt nicht nur für starr angestellte Spindellager-Pakete, sondern infolge von Reibungseffekten auch für elastisch vorgespannte Pakete. Angesichts der Höhe der sich entwickelnden Kräfte kann nicht bezweifelt werden, daß hier eine potentielle Ausfallursache für schnelldrehende Spindellagerungen liegt.

Die Konstanthaltung der Vorspannung auf dem in der Montage eingestellten Wert wird damit vorrangiges Ziel bei der Konstruktion einer betriebssicheren, schnelldrehenden Spindellagerung.

Besonders wichtig ist es, die Reibung zwischen den Außenringen und dem Gehäuse zu reduzieren oder auszuschließen. In der Praxis versucht man dies durch hydrostatisch oder kugelgeführte Axialbuchsen zu erreichen. Dies kann z.B. auch durch die Aufhängung der Außenringe in vorspannenden Membranfederelementen geschehen. Die Relativverschiebung der Außenringe, die zum Erhalt der Vorspannung erforderlich ist, kann dann reibungsfrei durch die elastische Verformung der Federelemente stattfinden. Der axiale Abstand der Elemente verhindert ein für die Lager besonders schädliches Verkippen der Außen- gegenüber den Innenringen. Bild 14 zeigt hier einen konstruktiven Vorschlag für ein solches Lagerpaket, dessen Vorspannung durch die eingesetzten Membranfedern betriebssicher konstant gehalten wird [16].

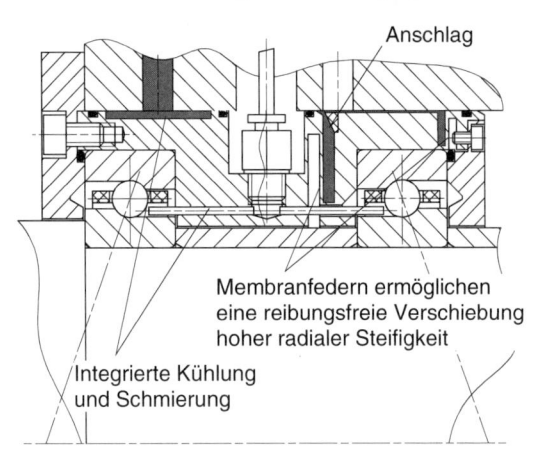

Bild 14: Konstruktive Lösung zur Konstanthaltung der Lagervorspannkraft

Ein solches Lagerpaket könnte vom Lagerhersteller als Komplettprodukt mit integrierten Funktionen z.B. zur Schmierung oder Lagerüberwachung angeboten werden. Dadurch würden die Fehlerquellen, die sich daraus ergeben, daß das Lager in eine möglicherweise ungünstig gestaltete Umgebung hinein konstruiert und schon bei der Montage beschädigt oder verschmutzt wird, verringert werden.

Denkbar sind auch Vorspannungsregler, die sich den Anstieg der Temperatur am Schrägkugellager zunutze machen, der sich nicht nur als Folge der Drehzahl, sondern auch der Belastung ergibt: Zwischen den Außenringen eines starr verspannten Lagerpaketes wird eine Distanzhülse integriert, die ihre Länge mit wachsender Temperatur der Lagerung gegenüber den Gehäuse- und Spindelbauteilen verkürzt. Sowohl eine Drehzahlerhöhung als auch eine Lasterhöhung erzeugt dann eine Verkürzung der Hülse und eine Minderung der Vorspannung. Die erforderlichen Längenänderungen können dabei durch den Einsatz z.B. von Eisen-Nickel-Legierungen durchaus innerhalb der Stützlänge einer Spindellagerung erzielt werden.

Neben den angesprochenen Lösungen müssen weitere Wege gesucht werden, die Vorspannung der Lager auch im Betrieb konstant zu halten. Hier muß auch über den Einsatz wegstellender Elemente nachgedacht werden, die nicht ihre Länge zwischen den Außenringen verkürzen, sondern diese aktiv positionieren. Die Vorspannung wird dann in Abhängigkeit von Drehzahl und Temperatur eingestellt, indem die Außenringe in die gewünschte Position verschoben werden.

Das Einsatzgebiet ölgeschmierter Spindellager wird im wesentlichen durch die oben beschriebenen Veränderungen der Lagerkinematik begrenzt, solange sichergestellt ist, daß der Schmierstoff tatsächlich in das Lager gelangt.

Für fettgeschmierte Spindellager ergibt sich jedoch durch die begrenzte Einsatzdauer des Fettes eine weitere Restriktion für den Lagereinsatz [12].

Die Fettschmierung stellt ein besonders wirtschaftliches und daher gern eingesetztes Schmierverfahren dar: In ein Seifen-Grundgerüst, das nur 5 - 20% des Fettgewichtes ausmacht, wird das sogenannte Grundöl als eigentliches Schmiermittel eingelagert. Dieses wird im Laufe der Betriebsdauer durch Diffusionsvorgänge in das Lager abgegeben, wobei sowohl thermische als auch mechanische Belastungen die Abgabegeschwindigkeit erhöhen. Damit stellt auch die Fettschmierung eine Variante der Minimalmengenschmierung dar, bei der allerdings der Dosierapparat durch den Seifenspeicher ersetzt wurde. Die maximale Einsatzdauer des Fettes und damit auch des Lagers wird erreicht, wenn das Fett soviel Grundöl abgegeben hat, daß das Lager nicht mehr versorgt werden kann.

Die Gebrauchsdauer eines fettgeschmierten Lagers hängt aber auch extrem stark von dem gefahrenen Drehzahlspektrum ab. Das wird durch Bild 15 belegt, in dem die Laufzeit, die mit einem fettgeschmierten Lager erreicht werden kann, über der im Dauerlauf gefahrenen Drehzahl aufgetragen ist.

Als Laufzeit wird hier der Zeitraum definiert, nach dem das Lager durch eine starke Temperaturerhöhung über 60°C hinaus ausfällt. Ursache für die Temperaturerhöhung ist in aller Regel ein Trockenlauf des Lagers, der mit entsprechendem Verschleiß verbunden ist. Anders ausgedrückt ist also die Laufzeit die Zeit, nach deren Ablauf die Schmierstoffversorgung der Wälzkontakte aus dem Fett heraus nicht mehr gewährleistet werden kann.

Man erkennt, daß die Laufzeit unter den gewählten Versuchsbedingungen stark mit der Dauerlaufdrehzahl abfällt. Die in das Diagramm eingetragenen Punkte sind dabei das Ergebnis vieler Einzelversuche, die z.T. auch mit unterschiedlichen Fetten gefahren wurden.

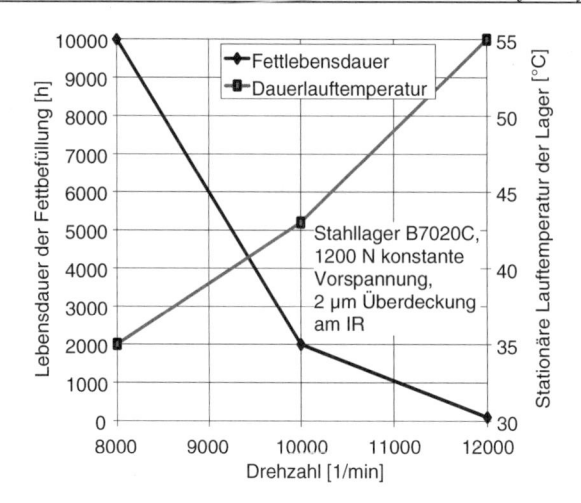

Bild 15: Fettlebensdauer über der Dauerlaufdrehzahl

Anschließende Untersuchungen des Fettes ergaben, daß sich im Versuchszeitraum die Fettkonsistenz nicht nennenswert verändert hat. Ursache für den Lagerausfall ist damit nicht etwa die Ausölung des Fettes, sondern ein Mangelschmierzustand, der sich nach längeren Laufzeiten im schnelldrehenden Lager einstellt, da das Fett den Schmierstoff nicht schnell nachliefern kann, um die mit der Drehzahl stark ansteigenden Ölverluste aus dem Lager heraus zu decken. Diese Aussage wird dadurch bestätigt, daß sich in einem Dauerlauf, der in regelmäßigen Abständen durch Ruhezeiten unterbrochen wird, teilweise 10fach höhere Laufzeiten erzielen lassen.

Damit ist insbesondere die Aufrechterhaltung hoher Drehzahlen über einen langen Zeitraum mit Fettschmierung kritisch, während die kurzzeitige Erreichung von Drehzahlen, die auch weitaus höher liegen können, als die in Bild 15 aufgeführten, durchaus möglich ist. Die Fettgebrauchsdauer und damit die Lagereinsatzdauer wird also besonders stark durch das gefahrene Drehzahl-Lastkollektiv beeinflußt und kann bei ungünstiger Belastung sehr niedrige Werte annehmen.

An schnelldrehenden Spindeln bilden sich vor allem an den Lagerinnenringen sehr dünne Schmierfilme zwischen den relativ bewegten Oberflächen aus. Damit besteht die Gefahr, daß die Lager im Mischreibungsgebiet betrieben werden. Hier berühren sich die Rauhigkeitsspitzen der Lagerringe und Wälzkörper teilweise direkt und ungeschmiert. Diese Berührungen verursachen einen Verschleiß der hochbelasteten Oberflächen im Wälzlager. Dadurch erhöht sich das Reibmoment und die Temperatur des Lagers, die Viskosität des Schmierstoffes sinkt, wodurch der Verschleiß wiederum zunimmt.

Der Verschleiß der Oberflächen durch Adhäsion und Abrasion und nicht die der Lebensdauertheorie zugrundeliegende Werkstoffermüdung begrenzen also die Einsatzdauer vieler schnelldrehender Wälzlager. Eine Verbesserung der Verschleißeigenschaften der Oberflächen kann damit die Einsatzdauer schnelldrehender Wälzlager erhöhen.

Ein erster Schritt in diese Richtung wurde bereits mit der Entwicklung der Hybridlager gemacht, mit denen insbesondere bei Hochgeschwindigkeitsanwendungen bis zu 5fach höhere Einsatzdauern realisiert werden können. Hier nutzt man die in vielen Untersuchungen nachgewiesenen, günstigen tribologischen Eigenschaften der Reibpaarung Stahl / Keramik aus [17], indem die Lager mit Kugeln aus Si_3N_4-Keramik ausgestattet werden.

Eine darüber hinaus gehende Verbesserungsmöglichkeit bietet der Einsatz von Hartstoffschichten auf den Lagerringen. Um die Oberfläche vor den genannten Verschleißmechanismen zu schützen, wurden zunächst die aus der Beschichtung von Zerspanwerkzeugen bekannten Hartstoffschichten, allen voran WC, TiAlN und TiN auf die Lagerringe aufgebracht. Voraussetzung dafür ist, daß während des Beschichtungsprozesses die Anlaßtemperatur des Wälzlagerstahls, ca. 170°C, nicht überschritten wird. Weiter ist zu beachten, daß die Kontaktgeometrie durch den Auftrag einer Schicht nicht wesentlich verändert wird, die Stärke der Schicht bleibt also schon aus diesem Grund auf wenige Mikrometer beschränkt. Aus der Hertz´schen Theorie, die auch für den Wälzkontakt im Lager anwendbar ist, läßt sich ableiten, daß das Maximum der die Lebensdauer begrenzenden Spannungen in ca. 40 µm Tiefe im Stahl auftritt. Eine Schicht von nur wenig mehr als 1 µm Stärke kann an dieser absoluten Höhe der Spannungen im Substrat nichts ändern. Ihre positiven Wirkungen auf das Laufverhalten eines Spindellagers müssen also von den tribologischen Eigenschaften der Oberfläche ausgehen.

Durch das gewählte PVD-Beschichtungsverfahren (Physikal Vapour Deposition = Abscheidung aus der Gasphase) ist es möglich, mehrere metallische und nichtmetallische Elemente in das Schichtmaterial einzubauen und so die physikalischen Eigenschaften der Schicht in weiten Bereichen zu beeinflussen (Bild 16). So können sogenannte Multilayer-Schichten erzeugt werden, bei denen verschiedene sehr dünne Schichten übereinander liegen, oder aber es können gradierte Schichten abgeschieden werden, bei denen die Schichten ineinander übergehen. Weiteres Unterscheidungsmerkmal ist der innere Aufbau der Schicht: Möglich ist sowohl eine deutliche kristalline Struktur als auch ein amorpher, also strukturloser Aufbau; dazwischen rangiert eine kollumnare (stängelartige, weiche) Ausrichtung. Alle diese Oberflächen weisen ein unterschiedliches Verschleißverhalten auf und sind darüber hinaus in Interaktion mit dem immer noch nötigen Schmierstoff zu sehen. Eine wichtige Fragestellung, der momentan im WZL nachgegangen wird, ist, inwieweit Schmierstoff und Schichtsystem gemeinsam optimiert werden können. Gerade vor dem umweltpolitischen Hintergrund eröffnen beschichtete Lager ein vielversprechendes Anwendungsfeld (Bild 17). Hier ist zu klären, ob auf einfach strukturierte Schmierstoffe ohne Additive zurückgegriffen werden kann (gerade sie stellen das Hauptproblem bei der Entsorgung dar), weil zum Beispiel die Verschleißschutzfunktion nicht mehr aus Reaktionsprodukten von Additiven und Oberfläche, sondern aus der Schicht selbst kommt.

Darüber hinaus weisen mit Hartstoffen beschichtete Lager ein deutlich anderes Verhalten zu Lebensdauerende auf: Während ein unbeschichtetes Lager, wenn es nicht zum Käfigbruch kommt, ein stetig steigendes Temperaturniveau zeigt, so daß der Ausfall abschätzbar wird, kommt es im beschichteten Lager bisher zu einem abrupten Ausfall. Grund hierfür sind losgelöste Partikel aus der Schicht, die durch den Wälzspalt gezogen werden und dort immensen Schaden anrichten. Hier muß also besonderes

Augenmerk auf die Haft- und Tragfähigkeit der Schichtsysteme gerichtet werden. FEM-Untersuchungen zeigen [18], daß durch die unterschiedlichen E-Moduln der Schichten der Ort der maximalen Vergleichsspannungen im Werkstoffverbund variiert werden kann, d.h. die Spannungsbelastung im Grundwerkstoff bleibt nahezu unverändert. Die Spannungsspitze jedoch kann in der Schicht selbst, im Grundwerkstoff oder im sogenannten Interface liegen, wo sie den größten Schaden anrichten.

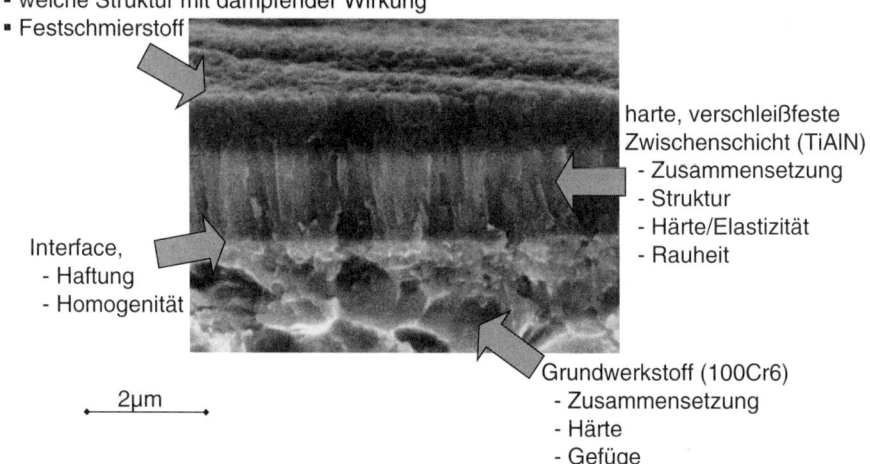

Deckschicht aus amorphem Kohlenstoff (a-C), gradierter Übergang
- weiche Struktur mit dämpfender Wirkung
- Festschmierstoff

harte, verschleißfeste
Zwischenschicht (TiAlN)
 - Zusammensetzung
 - Struktur
 - Härte/Elastizität
 - Rauheit

Interface,
 - Haftung
 - Homogenität

2µm

Grundwerkstoff (100Cr6)
 - Zusammensetzung
 - Härte
 - Gefüge

Bild 16: Multilayer PVD-Schicht (TiAlN\a-C) - Einflußgrößen

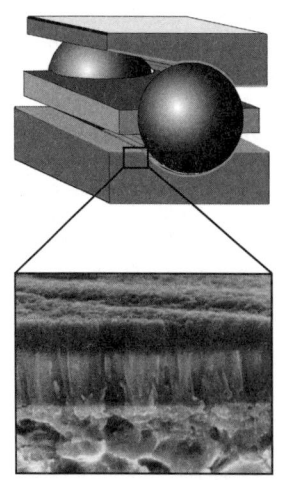

ZIEL: Steigerung der Leistungsfähigkeit durch Übertragung der tribologischen Funktionen der Schmierstoffe in den Werkstoffverbund.
„Additive in die Schicht"

WEG: Erstellung eines Anforderungskataloges, aus Geometrie, Kinematik, Verschleißverhalten und Schmierstoffeigenschaften .

GRENZEN: Temperaturempfindlichkeit des Wälzlagerstahls , Limitierung der Schichtdicke, Verhalten der Schicht im Schmierstoff...

CHANCEN: Belastungsgerechte Anpassung der Schichtsysteme bezüglich Zusammensetzung, Aufbau und Struktur.

TiAlN/a-C
amorphe C-Deckschicht

Bild 17: Systematische Schichtentwicklung, Beispiel Spindellager

Vor diesem Hintergrund konzentrieren sich die Arbeiten auf die Optimierung der Schichtsysteme, nachdem die grundsätzliche Eignung gezeigt worden ist. Bild 18 zeigt die Auswirkung der drei ausgewählten Schichtsysteme CrN, TiAlN und TiN+C auf das Reibmoment. Durch eine Beschichtung mit CrN konnte das Reibmoment gegenüber dem unbeschichteten Lager um 30% verringert werden. Dies entspricht bei 16.000 1/min einer Reduzierung der Verlustleistung um ca. 200 W.

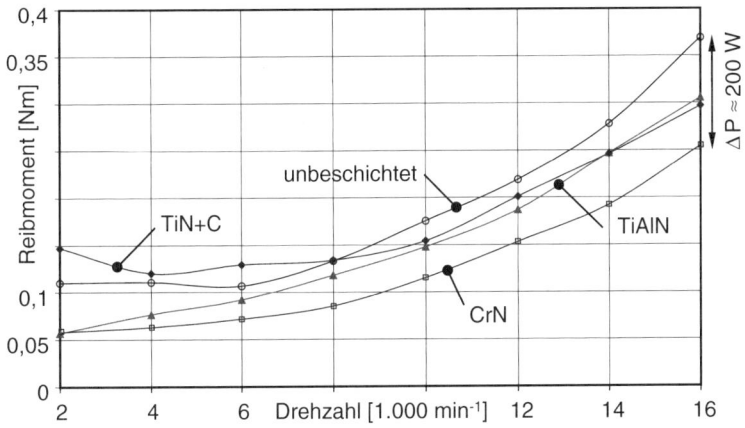

Bild 18: Einfluß von Laufbahnbeschichtungen auf das Lagerreibmoment

Weitere Entwicklungen stehen an: So werden Schichtsysteme untersucht, die auf Zirkonium oder Hafnium basieren. Diese Elemente gehören der gleichen Nebengruppe wie Titan an und erlauben, einen sehr hohen Anteil von Kohlenstoff in die Schicht einzubauen. Auf diese Weise wird versucht, die reibungs- und verschleißmindernden Eigenschaften von Kohlenstoff für die Anwendung in Wälzlagern nutzbar zu machen.

3.2 Werkzeugschnittstelle Hohlschaftkegel (HSK)

Der in den letzten Jahren allgemein anhaltende Trend zu einer Reduzierung der Bearbeitungszeiten bei gleichzeitig höchsten Anforderungen an die Fertigungsgenauigkeit führte unter anderem zu den geschilderten Steigerungen der Hauptspindeldrehzahlen. Zur erfolgreichen Anwendung der HSC-Technik stellte sich jedoch die bis dahin verwendete Steilkegelaufnahme als zum Teil ungeeignete Werkzeugschnittstelle heraus, da sie nur geringe Steifigkeiten und eine schlechte Wiederholgenauigkeit der axialen Werkzeugposition aufweist. Auch weitet sich die Spindel bei hohen Drehzahlen gegenüber dem Steilkegel so stark auf, daß die Aufnahme aufgrund der konstanten Einzugskraft und gleichzeitig fehlender Plananlage weiter in die Spindel eingezogen und somit axial beweglich wird.

Nach einigen herstellerspezifischen Lösungen wurde unter Mitwirkung des WZL eine einheitliche HSC-taugliche Schnittstelle entwickelt, der Hohlschaftkegel (HSK) [19]. Er bietet eine große statische und dynamische Steifigkeit sowie hohe axiale und radiale

Wiederholgenauigkeiten durch seine Plananlagefläche [20]. Außerdem qualifizieren ihn die elastische Vorspannung in radialer Richtung, die kleine Masse und die geringe Länge für Anwendungen im Hochgeschwindigkeitsbereich.

Mittlerweile hat die HSK-Schnittstelle im Bereich der spanenden Bearbeitung weite Verbreitung gefunden. Als Folge vereinzelter Ausfälle von HSK-Schnittstellen, die vom Einsatz der Steilkegelaufnahme nicht bekannt sind, treten von Anwenderseite verstärkt Fragen hinsichtlich der Einsatzgrenzen der unterschiedlichen Größen und Bauformen auf. Diese Angaben werden von den Anwendern für den sicheren und störungsfreien und somit zuverlässigen Einsatz der HSK-Schnittstelle benötigt [21]. Die DIN bzw. ISO-Normen legen lediglich die geometrischen Größen des HSK fest. Über Werkstoffe, Härteverfahren und Grenzlasten wird keine Aussage gemacht.

Einflußgrößen für die Grenzbelastbarkeit der Schnittstelle sind der gewählte Werkstoff, seine Wärmebehandlung und Bearbeitung (Bild 19). So hat für kleine Nenngrößen insbesondere der verwendete Werkstoff einen großen Einfluß. Die im kegeligen Schaft vorliegenden geringen Wandstärken erhöhen bei der Verwendung von Einsatzstählen die Gefahr der Durchhärtung, was zu einer reduzierten Belastbarkeit und damit zu Rißbildung führen kann. Ebenso kann ein Überschreiten der maximal zulässigen Biege- und Torsionsmomente zu einem Versagen der Schnittstelle führen. Zu hohe Biegebelastungen, die bei starken Auskraglängen auch von kleinen Bearbeitungskräften erzeugt werden können, hebeln das Werkzeug aus seinem Sitz, so daß die axiale Anlage der Planfläche nicht mehr gegeben ist. Dies führt zu Rissen im Bereich der radialen Durchgangsbohrung für die Handspannung. Die typischen Auswirkungen einer Torsionsüberlastung hingegen sind Risse im oder um den Mitnehmernutradius.

Überschreitung des maximal zulässigen Biegemomentes

⇒ Riß an der Bohrung

Durchhärtung im Schaftbereich

⇒ Gefahr der Rißbildung

Überschreitung des maximal zulässigen Torsionsmomentes

⇒ Risse im Radius der Mitnehmernut

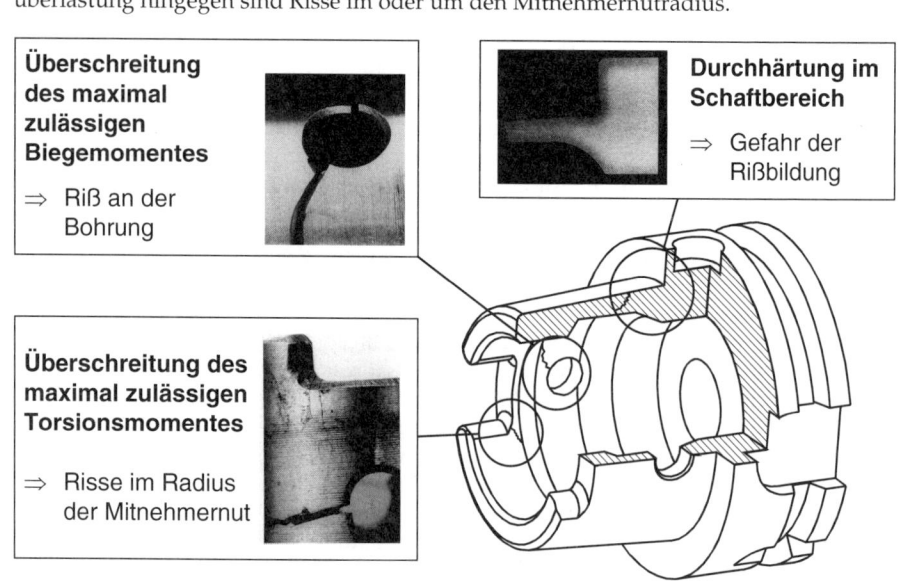

Bild 19: Versagensursachen am HSK - Schaft

Neben der Überlastung kann es auch vereinzelt zu vorzeitigem Schnittstellenversagen unterhalb der zulässigen Grenzbelastbarkeit kommen. Die Ursachen hierfür sind dabei meist auf mangelhafte Herstellung (z.B. Oberflächengüte) oder auf ungünstige Werkstoffauswahl zurückzuführen [22].

Zur Definition der Belastungsgrenzen für alle HSK-Nenngrößen erscheint der Aufbau einer technischen Richtlinie sinnvoll, die den Anwendern konkrete Richtgrößen für den betrieblichen Einsatz an die Hand gibt. Zu diesem Zweck hat sich am WZL ein Arbeitskreis gegründet. Durch gezielte Untersuchungen sollen in den nächsten zwei Jahren die Einflußgrößen auf die Schnittstellenbauswahl, z.B. Material und Belastungsgrenzen bei verschiedenen Nenngrößen, festgelegt werden (Bild 20).

Erstellung einer anwenderorientierten Richtlinie

- praxisnahe Messungen von
  - Maximallasten
  - Drehzahlen
  - Werkstoffeinfluß
  - Einfluß des Spannsystems

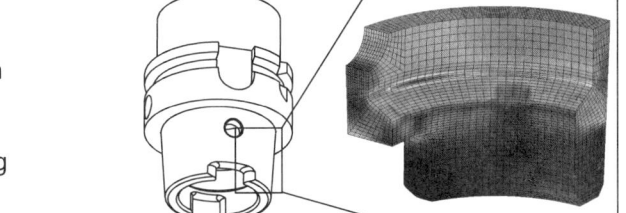

- FEM-Untersuchungen
  - Spannungen
  - Verlagerungen
  - Drehzahlaufweitung

Bild 20: Untersuchung des Betriebsverhaltens der HSK - Schnittstelle

In diesem Rahmen werden auch über die reine Grenzbelastbarkeit hinausgehende Untersuchungen durchgeführt, die sich insbesondere mit der Abhängigkeit der Biegesteifigkeit vom verwendeten Spannsystem und der aufgebrachten Einzugskraft beschäftigen. Zur Verifikation der versuchstechnisch gewonnenen Ergebnisse dienen FEM-Rechnungen, die neben Werkzeug und Spindel auch eine Modellierung der Spannzangen und damit eine reale Abbildung der Spannkraft beinhalten.

3.3 Gedämpfte Werkzeugsysteme

Zur Fertigung komplexer Formen im Werkzeug- und Formenbau sowie beim Ausspindeln von Bohrungen werden häufig schlanke und besonders langauskragende Werkzeuge eingesetzt. Ebenso erfordert die Bearbeitung von Integralbauteilen aus dem Flug- und Fahrzeugbau häufig die Verwendung von Werkzeugen mit einem großen Länge zu Durchmesser Verhältnis. Die geringe statische Steifigkeit und die für metallische Werkstoffe charakteristische geringe Werkstoffdämpfung bewirken eine hohe dynamische Nachgiebigkeit dieser Werkzeuge, die zur Instabilität des Zerspanprozesses in Form von Ratterschwingungen führen. Das Auftreten der Schwingungen führt zu schlechten

Bearbeitungsergebnissen, zum Schneidenbruch und zur Beschädigung des Werkstückes. Eine sichere Beherrschung des Bearbeitungsprozesses und eine zuverlässige Prozeßstabilität kann häufig nur durch eine Reduzierung der Zustellung und damit der Zerspanleistung erreicht werden.

Eine Leistungssteigerung bei der Zerspanung mit langauskragenden Werkzeugen kann bei gleichzeitig hoher Prozeßstabilität nur durch eine Erhöhung der statischen und dynamischen Steifigkeit erzielt werden. Gegenwärtige Forschungsaktivitäten zeigen, daß Potentiale zur Verbesserung dieser Werkzeuge sowohl in den Werkzeugträgern, als auch in den verwendeten Werkzeugaufnahmen zu sehen sind.

Das statische und dynamische Verhalten langauskragender Werkzeuge wird durch die Steifigkeit, die Masse und die Dämpfung des Systems bestimmt. Ziel einer Werkzeugoptimierung ist es, die schwingende Masse bei möglichst großer statischer Steifigkeit zu reduzieren. Hierdurch wird eine Erhöhung der Eigenfrequenz bzw. Reduktion der Resonanzüberhöhung erreicht [23]. Nimmt man die Außenkontur und die Länge langauskragender Werkzeuge als feste Größen an, die i.a. durch die Bearbeitungsaufgabe vorgegeben sind, so beschränkt sich eine Optimierung des dynamischen Verhaltens auf die Gestaltung der Innenkontur des Werkzeugschaftes sowie auf die Wahl des verwendeten Werkstoffes.

Mit der Methode der Finite-Elemente kann die Eigenfrequenz eines Kragbalkens, den das langauskragende Werkzeug darstellt, berechnet werden. Optimierungssysteme ermöglichen die rechnergestütze Maximierung der Eigenfrequenz durch systematische Variation verschiedener Systemparameter innerhalb vorgegebener Grenzen [24]. Als zu optimierender Parameter bietet sich bei vorgegebener Außenkontur die Innengeometrie des Werkzeugschaftes an. Hier sind sinnvolle Parametergrenzen, wie zum Beispiel eine Reduktion der Steifigkeit nicht unter einen Mindestwert, vorzugeben. Auch der Werkstoff kann als Optimierungsparameter gewählt werden. Bei Faserverbundwerkstoffen ist hierbei beispielsweise neben den geometrischen Größen wie der Wandstärke auch der Faserorientierungswinkel jeder einzelnen Lage und die Abfolge der Lagen im Bauteil als Optimierungsparameter zu wählen. Zusätzliche Randbedingungen, die sich aus dem Herstellungsverfahren gewickelter Körper ergeben, sind hier zu berücksichtigen.

Die Werkzeugoptimierung soll am Beispiel einer Bohrstange mit einem konstanten Außendurchmesser von 63 mm und einer Länge von 315 mm gezeigt werden (Bild 21). Die Masse des Bohrkopfes am Ende der Bohrstange wurde mit 0,5 kg angenommen.

Die gemessenen Nachgiebigkeitsfrequenzgänge einer optimierten Stahl- und CFK-Bohrstange sind in Bild 21 einer massiven Bohrstange gegenübergestellt. Die Querschnitte der drei beschriebenen Bohrstangen sind in Bild 21 rechts abgebildet. Durch die Optimierung der Schaftinnengeometrie hat sich das dynamische Verhalten des Stahlschaftes deutlich verbessert. Die Verwendung von CFK hat zu einer weiteren Abnahme der dynamischen Nachgiebigkeitsüberhöhung geführt. Hier wird neben der günstigen E-Modul/Dichte - Relation des Materials zusätzlich die höhere Materialdämpfung wirksam.

Eine weitere Möglichkeit zur Optimierung des dynamischen Nachgiebigkeitsverhaltens langauskragender Werkzeuge bietet die Realisierung einer gedämpften Werkzeugeinspannung. Hierbei wird in den Kraftfluß zwischen Werkzeug und Werkzeugaufnahme ein statisch nachgiebiges Element eingefügt, das eine gezielt hohe Dämpfung besitzt. Die statische Nachgiebigkeit am TCP reduziert sich durch das zusätzlich in Serie geschaltete Federelement der gedämpften Werkzeugaufnahme. Häufig wird jedoch in den verschiedenen Anwendungen eine erhöhte statische Nachgiebigkeit zugelassen, wenn dadurch die dynamische Stabilität deutlich erhöht wird, was bei entsprechender Gestaltung und Auslegung des Dämpfungselements in der Werkzeugaufnahme erreicht werden kann. Zur Erzeugung der Dämpfung bietet sich der Squeezefilm Effekt an [1].

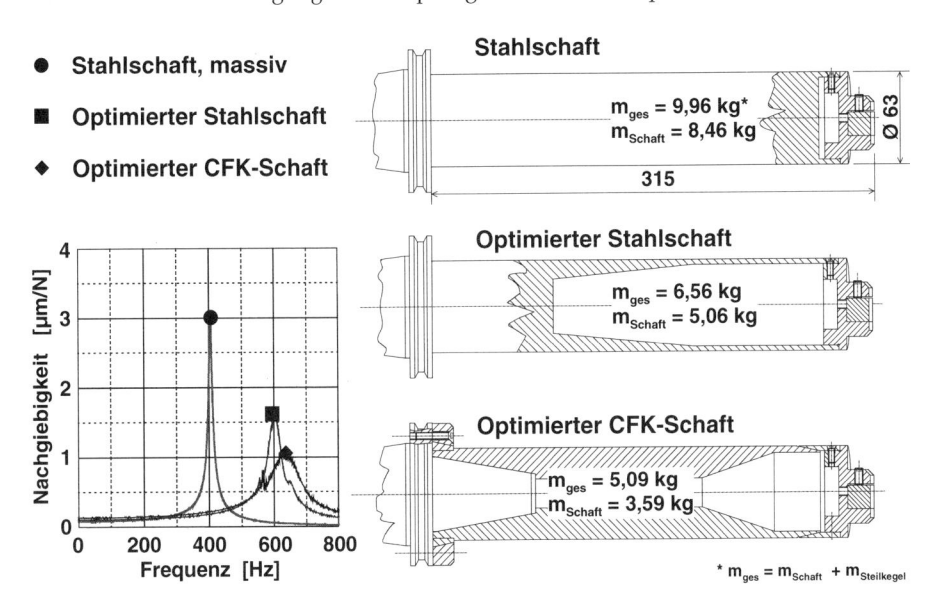

Bild 21: Geometrie- und Materialoptimierung von Bohrstangen

Der prinzipielle Aufbau der realisierten Werkzeugaufnahme mit erhöhter Dämpfung ist in Bild 22 dargestellt. Das Werkzeug ist über eine Membrane, die als Federelement wirkt, an die Werkzeugaufnahme angebunden. Im hinteren Bereich der Aufnahme befindet sich zwischen dem verlängerten Werkzeugschaft und der Werkzeugaufnahme eine Ölkammer. Bei einer aufkommenden Schwingung wird das Öl zwischen Schaft und Bohrung verdrängt, was zur Dämpfungserhöhung beiträgt. Umfangsnuten dienen als Ölreservoir, aus dem das verdrängte Öl in den Spalt zurückströmt. Bei entsprechender Auslegung der Steifigkeit und Dämpfung der Werkzeugaufnahme kann das dynamische Nachgiebigkeitsverhalten erheblich verbessert werden. In Bild 22 rechts ist ein Vergleich der Nachgiebigkeitsfrequenzgänge für einen Fräser mit Durchmesser D = 32 mm und einem Länge/Durchmesser Verhältnis von 6, gemessen am TCP, abgebildet. Dargestellt ist jeweils die Nachgiebigkeit für die Einspannung des Werkzeugs in einem Hydrodehnspannfutter, in der gedämpften Werkzeugaufnahme ohne und mit Squeezefilm-Flüssigkeit.

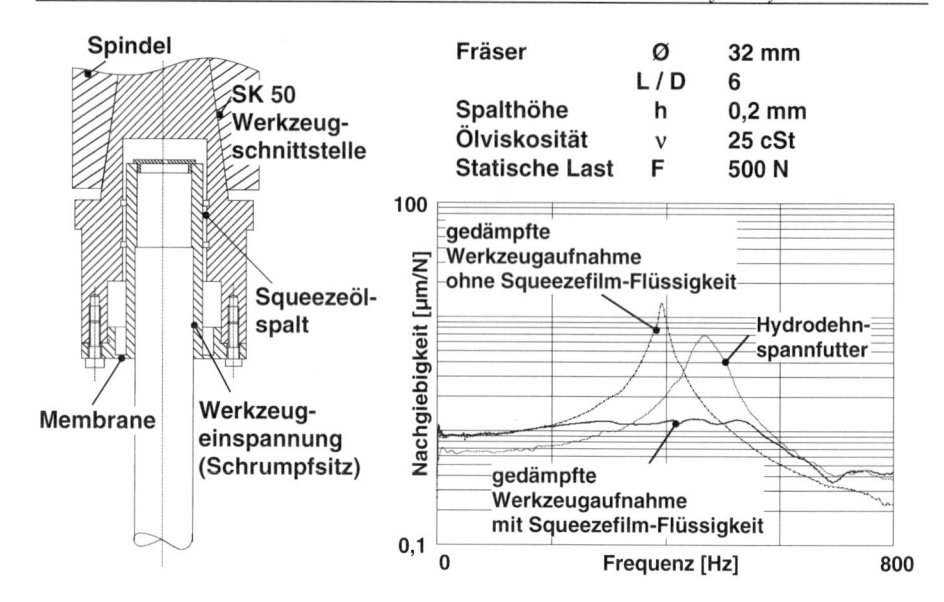

Bild 22: Gedämpfte Werkzeugaufnahme langauskragender Fräser

Durch die Verwendung der gedämpften Werkzeugaufnahme erhöht sich die statische Nachgiebigkeit von 0,65 µm/N auf 0,9 µm/N. Das dynamische Verhalten wird derart verbessert, daß sich keine Resonanzstelle mehr ausbildet. Die Untersuchungsergebnisse zeigen, daß das dynamische Nachgiebigkeitsverhalten langauskragender Werkzeuge durch den Einsatz der stark dämpfend wirkenden Werkzeugaufnahme deutlich verbessert werden kann. Die statische Nachgiebigkeit des Systems erhöht sich hierdurch zwar um ca. 40%, in vielen Anwendungsfällen werden Einbußen in der Statik zugunsten einer dynamischen Stabilitätserhöhung und somit einer zuverlässigen Prozesssicherheit des Zerspanprozesses in Kauf genommen.

Der Vorteil der vorgestellten gedämpften Werkzeugaufnahme ergibt sich besonders daraus, daß Standardwerkzeuge eingesetzt werden können. Eine Veränderung der Werkzeuge, wie zum Beispiel Schaftfräser und Bohrstangen, ist nicht erforderlich.

3.4 Optimale Auslegung von Vorschubantrieben

Hochgeschwindigkeitstaugliche Maschinenkonzepte erfordern hochdynamische Vorschubantriebe. Hierbei ist das gesamte Antriebssystem bestehend aus dem Motor, den evtl. vorhandenen mechanischen Übertragungselementen und der Regelung zu betrachten. Die konventionellen Antriebssysteme, wie z.B. der Antrieb mit Kugelgewindetrieb, müssen zur Erfüllung des heutigen Anforderungsprofils dynamisch optimiert werden. Neben den konventionellen Antriebssystemen findet in jüngster Zeit auch der lineare Direktantrieb Anwendung bei Vorschubachsen in Werkzeugmaschinen. Als wesentlicher Vorteil wird hierbei das Fehlen der mechanischen Übertragungselemente im Kraftfluß des Antriebes gesehen. Der direkte Vergleich heutiger Vorschubantriebe eröffnet die Chance, die optimalen Einsatzbereiche beider Lösungen zu bestimmen.

Der Gewindespindelantrieb ist derzeit das im Werkzeugmaschinenbau am häufigsten eingesetzte Antriebssystem. Bei der Auslegung von Kugelgewindetrieben als Vorschubsystem in einer Werkzeugmaschine wird die effiziente Ausnutzung von maximaler Geschwindigkeit und Beschleunigung von einer Vielzahl von Parametern bestimmt. Um eine maximale Beschleunigung einer linear zu bewegenden Masse zu erhalten, muß das Antriebssystem ausgehend vom Motor über ein evtl. vorhandenes Zwischengetriebe bis hin zur Gewindespindel möglichst optimal ausgelegt werden. Mögliche Variationsparameter sind neben dem Einsatz verschiedener Motoren die Spindelsteigung sowie das Übersetzungsverhältnis zwischen Motor- und Spindelachse. Die Spindellänge ist i.a. durch den erforderlichen Verfahrweg vorgegeben, der Spindeldurchmesser durch die verlangte Steifigkeit des Systems.

Aus Bild 23 läßt sich für die Auslegung nach maximaler Beschleunigung die notwendige Kombination aus Spindelsteigung und Motorübersetzung erkennen. Eine Beschleunigung von ca. 1,2 g bei einer bewegten Masse von 935 kg läßt sich bei den angegebenen Randbedingungen mit einer 30 mm Steigung sowie einer Getriebeübersetzung von $i_{Getriebe} = 1,8$ erreichen.

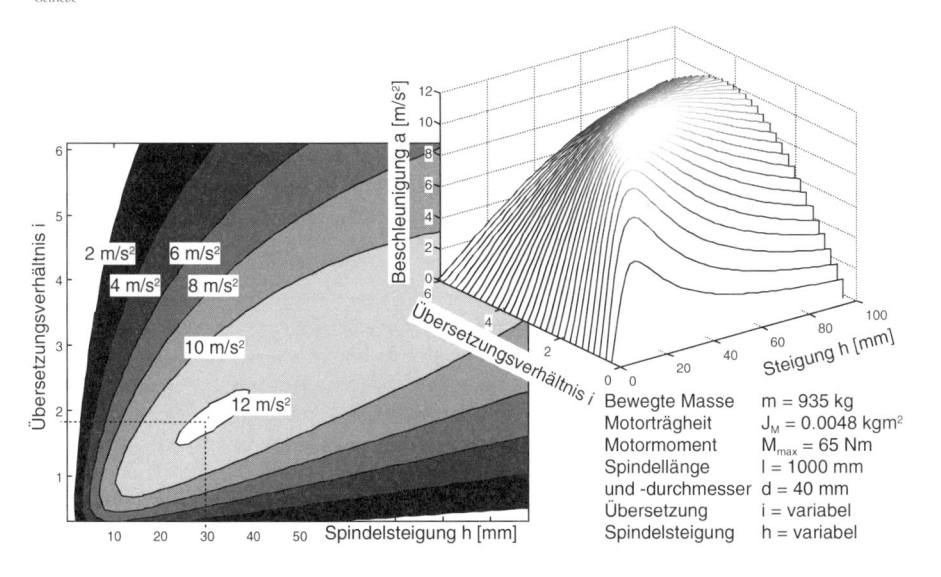

Bild 23: Variation der Übersetzungsverhältnisse bei Gewindetrieben

Liegt für eine Antriebsaufgabe bereits die Spindelsteigung fest, so kann nach bekannten Berechnungsverfahren eine optimale Getriebeübersetzung ermittelt werden (Minimierung des Gesamtträgheitsmoments).

Gleichermaßen kann auch bei feststehender Getriebeübersetzung die optimale Steigung für max. Beschleunigungsfähigkeit berechnet werden [25].

Weitere Kenndaten zur optimalen Auslegung von Gewindespindelantrieben beziehen sich auf die erreichbare Steifigkeit, die in erster Linie vom verwendeten Spindeltrieb, dem Spindeldurchmesser sowie der Lagerungsart abhängt, die erreichbare Geschwindigkeit sowie die zu erreichenden Eigenfrequenzen. Besonders die maximalen Geschwindigkeiten konnten in jüngster Zeit durch eine drastische Erhöhung der Drehzahlkennwerte der Spindeln ($n_{Spindel} \times d_{Spindel}$ > 150.000 mm/min) erheblich gesteigert werden. Somit ist es auch mit einem Spindelantrieb möglich, Lineargeschwindigkeiten von bis zu 100 m/min zu erreichen.

Bei elektromechanischen Antrieben wurde bislang das dynamische Systemverhalten primär durch die mechanischen Eigenschaften beschrieben. Untersuchungen an Kugelgewindespindelantrieben haben allerdings gezeigt, daß das regelungstechnische System, bestehend aus der Ansteuerung sowie dem Motor selbst, ebenfalls entscheidend auf das dynamische Systemverhalten einwirkt. In Bild 24 ist das Störverhalten eines Spindelantriebs, d.h. die Reaktion des Antriebes auf einen Kraftsprung, in Abhängigkeit der Verstärkung im Lageregelkreis sowie der Verstärkung im Drehzahlregelkreis dargestellt. Die dargestellten Ergebnisse sind entsprechend den Wirkzusammenhängen einer Simulation entnommen. Sie konnten durch meßtechnische Versuche an einem Spindelprüfstand nachgewiesen werden. Die Erhöhung der Verstärkung im Drehzahlregelkreis K_p zeigt eindeutig eine drastische Abnahme der Störamplitude als Reaktion einer aufgebrachten Störkraft. Zusätzlich bewirkt dies eine Erhöhung der Dämpfung im gesamten Antriebsstrang. Für die Verstärkung im Lageregelkreis ergibt sich anhand der Simulationsergebnisse ein optimaler Einstellbereich. Eine weitere Erhöhung des K_v-Faktors bewirkt eine deutliche Dämpfungsabnahme. Während durch den K_p-Faktor sowohl die Amplitude der Auslenkung als auch das Ausschwingverhalten, also die Dämpfung des Systems, stark beeinflußt werden kann, kann mit Hilfe von K_v primär nur die Dämpfung beeinflußt werden [26]. Gleiches gilt auch für die Nachstellzeit T_p des Drehzahlreglers, auch hier kann primär nur die Dämpfung des Systems beeinflußt werden.

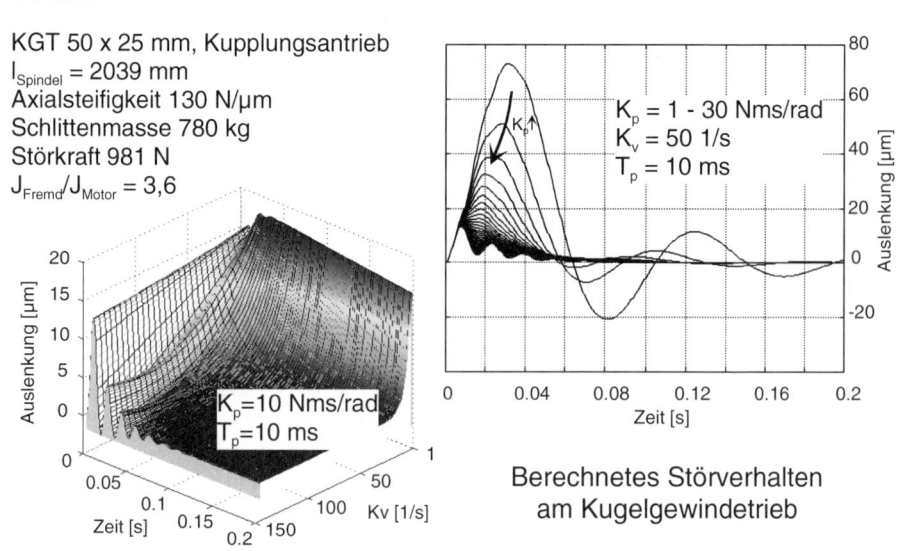

Bild 24: Einfluß der Regelung bei Kugelgewindetrieben

Bei der Betrachtung von Vorschubsystemen mit elektrischen Lineardirektantrieben wurde die Anschlußkonstruktion bisher als ideal steif angenommen [27]. Dies ist jedoch nicht zulässig, da auch hier die mechanischen Resonanzstellen die Reglerfaktoren begrenzen. Auch hohe Eigenfrequenzen können im Zusammenspiel mit der breitbandigen Regelung aufgrund der steifen Anbindung der Motoren an die Struktur angeregt werden [28].

Berechnungen und Versuche zeigen, daß die mechanische Anschlußkonstruktion bei linearen Direktantrieben nicht als ideal steif betrachtet werden kann, wenn die Stabilität von Reglereinstellungen untersucht werden soll. Vielmehr begrenzen Schwingungen der Mechanik, die durch das Regelungssystem angefacht werden, den Einstellbereich der Parameter [29]. Die gilt insbesondere dann, wenn die Eigenschwingungen über das Wegmeßsystem zurückwirken.

Wenn die schwingungsfähige mechanische Struktur bekannt ist (Eigenfrequenz, Dämpfung), läßt sich ein Parameterraum berechnen, in dem die Einstellungen des Lage- und Geschwindigkeitsreglers (Verstärkungsfaktoren K_V und K_P sowie Nachstellzeit T_P) ein stabiles Systemverhalten zeigen, <u>Bild 25</u>. Zwei verschiedene Ursachen für die beginnende Instabilität können unterschieden werden. Dies ist zum einen die Instabilität des Geschwindigkeitsregelkreises. Sie begrenzt den stabilen Bereich hin zu niedrigen Nachstellzeiten T_P und hohen Verstärkungsfaktoren K_P. Zum anderen wird der Lageregelkreis instabil, wenn zu hohe K_V-Faktoren mit zu geringen Einstellungen des Geschwindigkeitsreglers kombiniert werden. Diese Berechnungen wurden mit Experimenten hinterlegt, es konnte eine gute Übereinstimmung festgestellt werden [29].

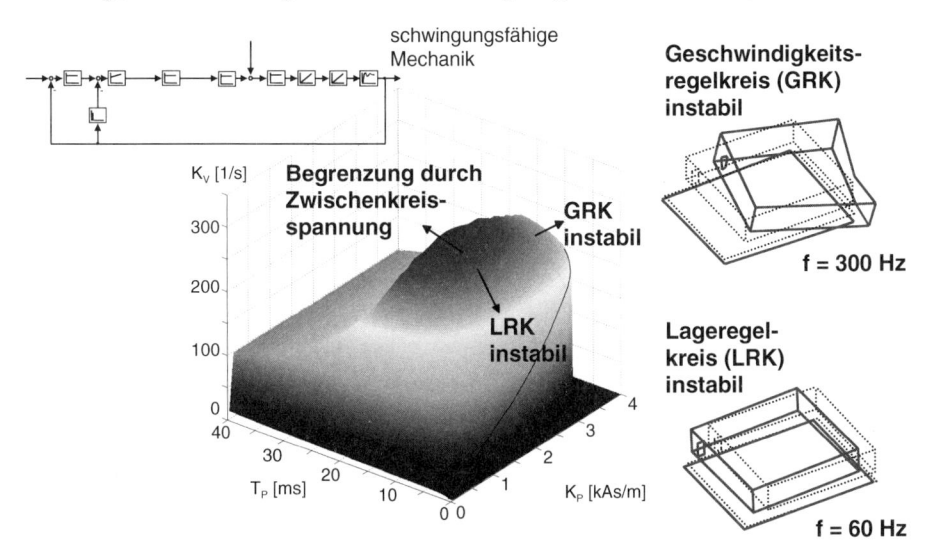

<u>Bild 25:</u> Einstellbereich der Regelfaktoren bei Lineardirektantrieben

Das Verhalten von Linearmotoren ist fast nur von der Regelung abhängig. Während viele Verfahren angewendet werden können, um das Führungsverhalten auf der Basis der Sollgrößen zu verbessern [30], ist dies beim Störverhalten wesentlich schwieriger, da die Störkräfte, die zum Beispiel während der Bearbeitung durch die Prozeßkräfte entstehen, in der Regel nicht im voraus bekannt sind. In diesem Zusammenhang ist die dynamische Steifigkeit, hier insbesondere die Störsteifigkeit k_{dyn}, von Interesse. Bei Linearmotoren kann die dynamische Steifigkeit mit Hilfe der angegebenen Formel (1) aus den Reglerparametern berechnet werden [31].

$$k_{dyn} = \frac{F_{Stör}}{x_a} = \frac{K_p K_F (1+K_V T_p)}{T_p \left(1+\frac{e^{-D\frac{\pi}{\sqrt{1-D^2}}}}{\sqrt{1-D^2}}\right)} , \quad \text{mit} \quad D = \frac{1}{2}\sqrt{\frac{K_p K_F T_p}{m(1+K_V T_p)}} \qquad (1)$$

Die Ergebnisse der Rechnung stellen in einem weiten Bereich der Reglerparameter eine gute Näherung dar.

Zur experimentellen Ermittlung der Störsteifigkeit wird eine Masse (100 kg) über eine Umlenkrolle am Tisch befestigt, so daß ihre Gewichtskraft in Vorschubrichtung wirkt. Diese Masse wird abgeschnitten und die sich auf Grund des Vorschubkraftsprungs ergebende Verlagerung wird gemessen (Bild 26) [31].

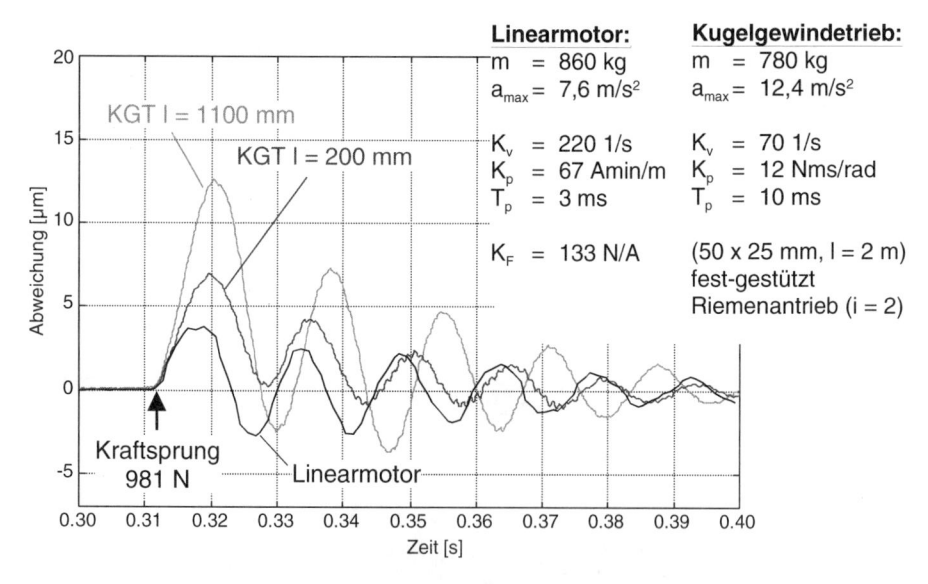

Bild 26: Störverhalten bei Linearmotor und Kugelgewindetrieb

Um die beiden Systeme Linearmotor und Kugelgewindetrieb miteinander vergleichen zu können, sind zunächst die Reglerparameter separat optimiert und möglichst hoch eingestellt worden. Dies führt zu einer sehr geringen Dämpfung der Systeme, die in einer Maschine sicherlich nicht zu vertreten ist. Der Kugelgewindetrieb arbeitet im Drehzahlregelkreis mit dem motorinternen Encoder und im Lageregelkreis mit dem direkten Meßsystem. Der Linearmotor ist für beide Regelkreise auf das direkte Meßsystem angewiesen.

Erwartungsgemäß hängt die Steifigkeit des Kugelrollspindelsystems von der freien Spindellänge ab, ist also positionsabhängig über der Verfahrstrecke. Die dynamische Steifigkeit des Kugelgewindetriebs liegt zwischen 140 N/µm bei kurzer Spindel (200 mm) und 78 N/µm bei langer Spindel (1.100 mm). Der Linearmotor besitzt eine positionsunabhängige Steifigkeit von etwa 250 N/µm. Das Ausschwingverhalten der beiden Antriebssysteme ist nahezu gleich.

Im Rahmen der am WZL durchgeführten Untersuchungen wurde u.a. auch ein Rollengewindetrieb mit einem Kugelgewindetrieb verglichen. Aufgrund der Linienberührung verspricht man sich vom Rollengewindetrieb eine erhöhte Steifigkeit im Spindel-Mutter-Kontakt. Bild 27 zeigt das Ausregelverhalten der beiden Systeme bei gleichen Reglerparametern. Die dynamische Steifigkeit des Rollengewindetriebs ist höher. Man erkennt jedoch, daß die Zeit bis zum Ausregeln der Störung wesentlich länger ist (hier: 5 s). Dies liegt in der hohen Reibung begründet, die der Rollengewindetrieb aufgrund der hohen Vorspannung in der Mutter entwickelt. Letztere ist notwendig, um das Spiel des Systems gering zu halten.

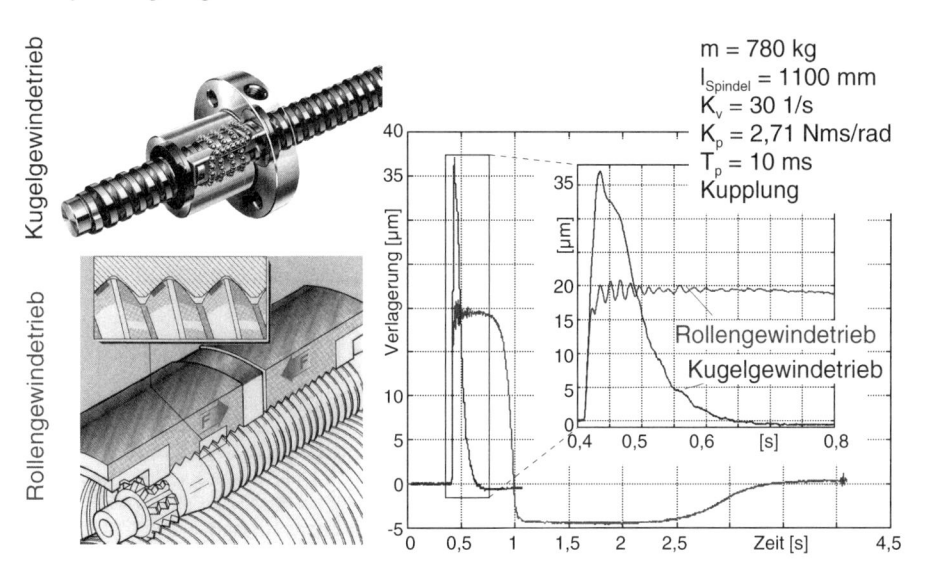

Bild 27: Störverhalten bei Rollen- und Kugelgewindetrieb

Aufgrund der hohen Reibung hat die Mechanik eine hohe Dämpfung. Daher können die Reglerparameter beim Rollengewindetrieb wesentlich höher eingestellt werden, wodurch sich wiederum die Ausregelzeit reduziert.

Auf der anderen Seite bewirkt die hohe Reibung auch eine starke Erwärmung der Spindel und der Mutter. Es ist zwar möglich, 75 m/min mit einem Rollengewindetrieb zu erreichen, jedoch nur mit einer geringen E_D. Bei Versuchen zeigte sich, daß der Rollengewindetrieb sehr schnell kritische Temperaturen erreicht, wenn er längere Zeit mit hohen Geschwindigkeiten bewegt wird. Aufgrund des mit der Reibung verbundenen Abriebs wird auch die Vorspannung innerhalb der Mutter abgebaut, und das Spiel im

Vorschubsystem steigt an. Hieraus kann gefolgert werden, daß der Rollengewindetrieb für den Einsatz in hochdynamischen Werkzeugmaschinen eher ungeeignet ist.

Die Geräuschentwicklung einer Maschine wird in Zukunft einen immer größeren Einfluß haben. Gerade bei steigenden Geschwindigkeiten sind die Laufgeräusche der Mechanik nicht mehr zu vernachlässigen. Die Untersuchungen am WZL wurden zunächst ohne Abdeckungen und Kapselungen durchgeführt, um deren Einfluß auf die Antriebsdynamik zu eliminieren. Es zeigt sich, daß der Rollengewindetrieb bei größeren Geschwindigkeiten einen sehr hohen Geräuschpegel entwickelt (Bild 28). Bei geringen Geschwindigkeiten ist er leiser als der Kugelgewindetrieb, weil die Umlenkung der Kugeln entfällt.

Bei den beiden elektromechanischen Antriebssysteme wurden die Motoren über eine Kupplung direkt mit der Spindel verbunden. Eine der Hauptgeräuschquellen bei elektromechanischen Antrieben ist allerdings die häufig eingesetzte Zahnriemenstufe. Dies ist gerade bei einer hohen Vorspannung der Fall, die für die Spielarmut notwendig ist. Eine Kapselung des Zahnriemens mit schalldämpfendem Material ist daher für Hochgeschwindigkeitsmaschinen unbedingt zu empfehlen.

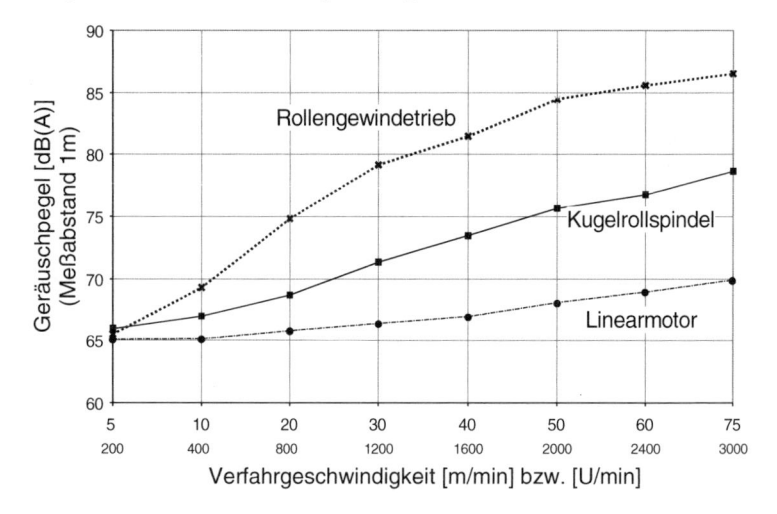

Bild 28: Geräuschverhalten von Linearmotor, Rollen- und Kugelgewindetrieb

Äußerst erfreuliche Ergebnisse liefert diesbezüglich der Linearmotor. Ein Motorengeräusch kann hier nur während der Beschleunigungs- und Bremsvorgänge festgestellt werden. Der mit zunehmender Geschwindigkeit ansteigende Geräuschpegel ist im wesentlichen auf das Wälzführungssystem zurückzuführen.

Bezogen auf die Geräuschentwicklung stellt der Linearmotor das ideale Antriebssystem für eine Hochgeschwindigkeitsmaschine dar. Der Effekt verstärkt sich noch dadurch, daß sich die Schallpegel bei dem Einsatz mehrerer Achsen addieren. Bereits eine gleichzeitig wirkende zweite Achse erhöht den Gesamtpegel um 3 dB(A).

Zusätzlich zu der Geräuschentwicklung der eigentlichen Antriebssysteme ist beim Einsatz in der Werkzeugmaschine auch das Verhalten der Führungsbahnabdeckungen mit zu berücksichtigen. Neben den Möglichkeiten einer Reduzierung der Geräuschentwicklung von Abdeckungen bei hohen Verfahrgeschwindigkeiten und Beschleunigungen ist zunächst die generelle Eignung der Systeme unter diesen Einsatzbedingungen zu untersuchen.

Die üblicherweise in spanenden Werkzeugmaschinen eingesetzten Teleskopabdeckungen können in diesen Geschwindigkeitsbereichen nicht mehr eingesetzt werden. Der zulässige Geschwindigkeitsbereich für diese Abdeckungen wird von Herstellerseite normalerweise bis 30 m/min angegeben. Teleskopabdeckungen weisen zwar vergleichsweise gute Schutzeigenschaften gegen Späne und Kühlschmierstoff auf, sie haben aber andererseits auch eine hohe Reibung und Masse und verursachen beim Eingriff der einzelnen Teleskopkästen Kraftstöße auf die Achse, die sich negativ auf die Bewegungsgenauigkeit auswirken können. Die starke Reibung der Teleskopabdeckungen wirkt sich zudem nachteilig auf die Positioniergenauigkeit der Antriebe aus.

Als Alternative zu Teleskopabdeckungen werden für höhere Geschwindigkeiten von den Herstellerfirmen Faltenbälge, Gliederschürzen und Rolloabdeckungen angeboten; diese bieten aber einen schlechteren Schutz gegen Späne und Kühlschmierstoff und sind nicht begehbar.

Am WZL wurden Untersuchungen an zwei speziell für hohe Geschwindigkeiten ausgelegten Teleskopabdeckungen durchgeführt. Bei der einen Abdeckung waren zwischen den Kästen jeweils Dämpfer scherenförmig angeordnet (vgl. Bild 29). Bei der anderen Abdeckung wurden die Kästen mit Hilfe eines Kettentriebs zwangsgeführt. Bei dieser Abdeckung bewegten sich daher immer alle Kästen der Abdeckung gleichzeitig. Dadurch entfallen bei diesem Typ die Kraftstöße, die bei nicht zwangsgeführten Abdeckungen durch das Erreichen der Endanschläge der Teleskopkästen verursacht werden. Zudem wurde bei dieser Abdeckung in allen Geschwindigkeitsbereichen ein vergleichsweise niedriger Schalldruckpegel gemessen. Andererseits führt die Tatsache, daß die Dichtungen aller Kästen gleichzeitig in Bewegung sind, zu einer höheren Stick-Slip-Neigung der Antriebe bei geringen Verfahrgeschwindigkeiten.

Bei der Teleskopabdeckung mit den scherenförmig angeordneten Dämpfern war das Verhalten stark geschwindigkeitsabhängig. Bei geringen Geschwindigkeiten verhielt sie sich wie eine herkömmliche Abdeckung. Optimal arbeitete diese Abdeckung in einem Bereich um 30 m/min. In diesem Bereich wurden alle Kästen gleichmäßig ausgezogen, was sich auch in einer niedrigen Schallemission widerspiegelte. Bei höheren Geschwindigkeiten wurde das Verhalten wieder deutlich schlechter und die einzelnen Kästen verursachten kurze Kraftstöße bis zu 2.000 N beim Erreichen ihrer Endanschläge. Eine herkömmliche Teleskopabdeckung ohne Dämpfungselemente verursacht bei diesen Geschwindigkeiten Kraftstöße von über 4000 N und eine deutlich höhere Geräuschemission.

Die gezeigten Vergleiche der heute konkurrierenden Antriebssysteme, der Linearmotor und der Kugelgewindetrieb, machen deutlich, daß der Linearmotor in vielen Bereichen der konventionellen Technik überlegen ist. Besonders bei sehr langen Verfahrwegen, wie sie bei großen Portalmaschinen vorzufinden sind, und geringen bewegten Massen besitzt der Linearmotor hinsichtlich der erreichbaren Dynamik sowie Beschleunigungswerte deutliche Vorteile. Nachteilig wirkt sich beim Linearmotor die hohe Verlustleistung und somit die hohe erforderliche Kühlleistung aus, die benötigt wird, um die an die Maschinenstruktur abgegebene Wärme in akzeptablem Rahmen zu halten. Jüngste Entwicklungen auf dem konventionellen Sektor zeigen, daß auch diese Systeme, besonders der Kugelgewindetrieb wie auch der Ritzel-Zahnstangentrieb, ernstzunehmende Konkurrenten bleiben. Ein breiterer Einsatz der Linearmotortechnik setzt vor allem eine höhere Akzeptanz dieser neuen Technik voraus, die durch eine deutliche Steigerung seiner Kraftdichte sowie angemessenem Preis in Zukunft erreicht werden kann.

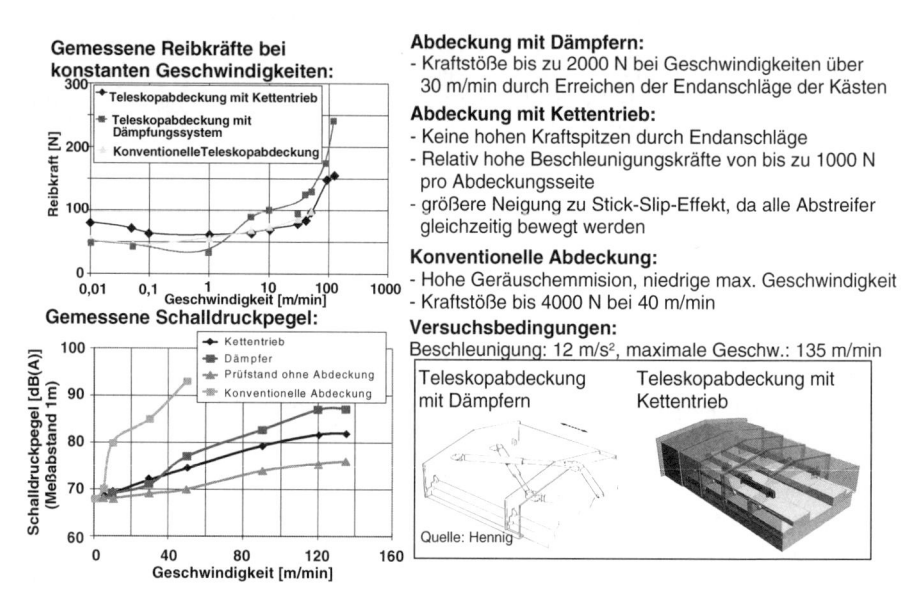

Bild 29: Teleskopabdeckungen für hohe Geschwindigkeiten

3.5 Maschineneinrichtungen für die Trockenbearbeitung

Aus wirtschaftlichen und umweltpolitischen Gründen wird heute vielfach die Umsetzung einer Trockenzerspanung angestrebt. Durch den Wegfall eines Kühlschmiermittels oder die Reduzierung auf eine Minimalmengenkühlschmierung ergeben sich neben den Auswirkungen auf den Zerspanungsprozeß neue Anforderungen an die Werkzeugmaschine und deren Peripherie. Um eine Verstopfung des Arbeitsraumes und eine thermische Verformung der Maschinenstruktur durch Ablagerung warmer Späne zu verhindern, muß bei Maschinen zur Trockenbearbeitung eine schnelle und vollständige Entsorgung der Späne gewährleistet sein. Die Reinigungs- und Transportwirkung des Kühlschmierstoffs muß durch pneumatische oder mechanische Fördereinrichtungen für Späne substituiert werden. Der Einsatz von Minimalmengenschmiermittel kann im Arbeitsraum zu Anbackungen und Verklebungen durch feuchten Staub führen und macht dann zusätzliche Reinigungsarbeiten erforderlich.

Durch Maßnahmen zur Arbeitsraumbegrenzung wird zum einen ein unkontrollierter Späneflug vermindert, zum anderen verringert sich die benötigte Absaugleistung. Bei der in Bild 30 dargestellten Maschine wird das Arbeitsraumvolumen durch eine senkrechte Faltenwand mit integrierter Kopfabdeckung begrenzt. Die Faltenwand ist im Servicefall leicht wegzuschieben und schützt die gesamte Mechanik, d.h. Führungen, Kugelgewindetriebe etc. vor Spänen.

- Steile Flanken im Maschinenbett
- Glatte, senkrechte Kabinenwände
- Angepaßte Späneförderung
- Arbeitsraumabdichtung
- Verkleidete Vorrichtungen
- Minimalmengenschmierung
- High-Speed-Cutting / Machining

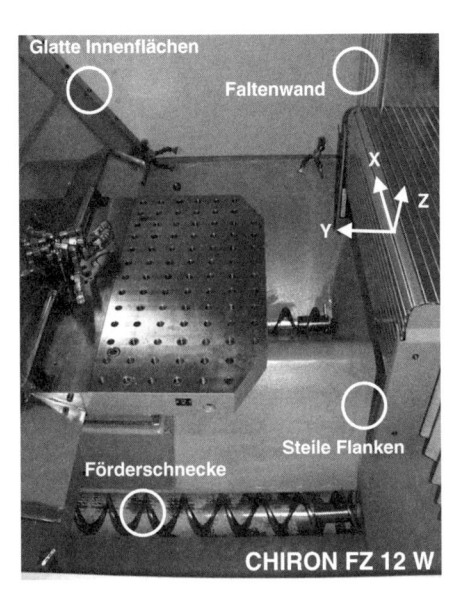

Bild 30: Maßnahmen für die Trockenbearbeitung

Glatte, senkrechte Kabinenwände sowie steile Flanken im Maschinenbett begünstigen den Spänefall direkt in den Erfassungsbereich einer Absaugung bzw. einer Förderschnecke, so daß sich keine Spänenester bilden können. Die Y-Schürze als horizontale Fläche wird durch die Achsbewegung freigeräumt. Verkleidete Vorrichtungen zur Aufnahme des Werkstückes unterstützen den Spanabtransport.

Sind Bearbeitungsoperationen wie Gewindeschneiden und Reiben nicht gänzlich ohne Schmierung realisierbar, so kommt Minimalmengenschmiertechnik mit äußerer oder innerer Zufuhr zum Einsatz. Bei innerer Zufuhr wird das Schmierstoffaerosol mit werkzeugspezifisch programmierbarer Dichte bzw. Druck durch die Spindel bis direkt an die Werkzeugschneiden geführt. Durch eine optimierte Innenkontur der Spindel wird ein Entmischen des Aerosols bei hohen Spindeldrehzahlen verhindert.

Die eingangs beschriebenen Anforderungen erlangen bei der Magnesiumbearbeitung zusätzliche Bedeutung. Die leichte Entzündlichkeit und hohe Reaktivität kleiner Magnesiumspäne erfordert Maschinenkonzepte mit zuverlässiger Spanabfuhr, um die Brandlast im Bereich der Maschine gering zu halten.

Bild 31 veranschaulicht ein Konzept zur sicheren Handhabung trockener Magnesiumspäne, nachdem sie die Maschine verlassen haben. Der Absaugvolumenstrom wird durch einen Partikelabscheider von den trockenen Spänen gereinigt. Durch eine nachgeschaltete Brikettierung läßt sich das Volumen loser Späne und ihre Entzündungsgefahr minimieren. Der Einsatz eines Fliehkraftabscheiders (Zyklon) ermöglicht den Verzicht auf Filterhilfsstoffe, welche erfahrungsgemäß beim Einsatz von Minimalmengenschmierstoff mit Staubanbackungen verkleben können und erlaubt die kontinuierliche Abscheidung von Magnesiumspänen, ohne daß es zu einer Anreicherung explosionsgefährlicher Staubanteile kommt. Die trockenen Späne können dann dem Stoffkreislauf zugeführt werden. Lassen sich zündfähige Staubkonzentrationen in Verbindung mit Zündquellen nicht ausschließen, müssen die jeweiligen Anlagenteile durch konstruktive Explosionsschutzmaßnahmen geschützt bzw. entkoppelt werden. Abhängig vom Reststaubgehalt in der Absaugluft kann eine zusätzliche Reinigungsstufe durch Naßabscheidung notwendig werden.

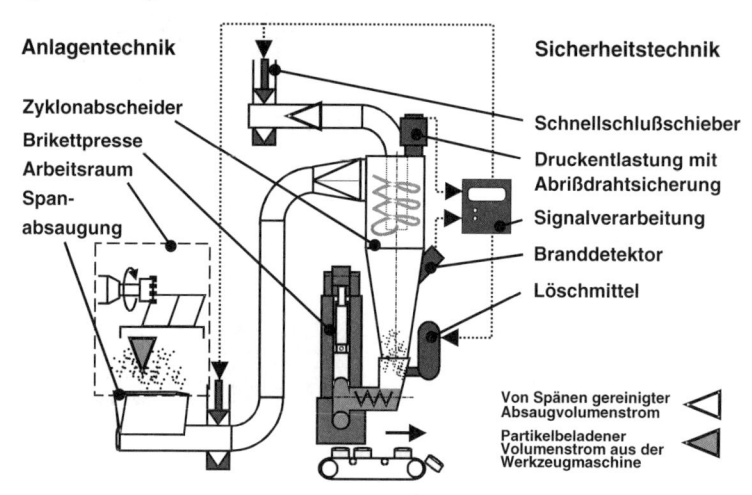

Bild 31: Spänehandling bei der Magnesium-Trockenbearbeitung

Die beschriebenen Einrichtungen für die Trockenzerspanung bzw. Magnesiumbearbeitung zeigen, daß Maschinensysteme für diese Bearbeitungsaufgaben speziell angepaßt werden müssen. Häufig kann hierbei auf Standardmaschinen aufgebaut werden. Es sind jedoch in jedem Fall umfangreiche und zum Teil kostenintensive Umbaumaßnahmen erforderlich, um die Maschine den gesteigerten Anforderungen anzupassen.

4 Maschinendiagnose und -überwachung

Hochdynamische Werkzeugmaschinen stellen aufgrund ihrer komplexen Technik sowie der damit verbundenen Kosten mehr denn je hohe Anforderungen an die Verfügbarkeit und Zuverlässigkeit ihrer Funktionseinheiten und Maschinenelemente.

Zum einen ist die zunehmende technische Komplexität der Maschinen sowie deren zunehmende Automatisierung immer schwerer zu beherrschen. Dies wird unter anderem hervorgerufen durch vielfältige, innovative Entwicklungen in technologischem Neuland. Dabei sind die gestiegenen Belastungen der Maschinenkomponenten aus dem Prozeß sowie die Prozeßbedingungen, unter denen sie genutzt werden, oft nicht bekannt.

Zum anderen lassen sich diese neuen technischen Merkmale nur dann effektiv ausnutzen, wenn der Maschinenbenutzer durch die Automatisierung entsprechend unterstützt, entlastet und informiert wird. Dabei läßt sich die höhere Automatisierung insbesondere für eine umfassende Informationsbasis für den Maschinenanwender nutzen, beispielsweise für die Prozeß- und Maschinenüberwachung.

Ziel der Prozeßüberwachung ist es, eine Überlastung des Werkzeuges und Produktionsausfälle durch Werkzeugbruch zu vermeiden. Dadurch lassen sich auch Folgefehler, beispielsweise in nachfolgenden Bearbeitungsschritten, verhindern. Charakteristisch für solche Störungen ist, daß sie im allgemeinen sehr plötzlich und während des Bearbeitungsprozesses auftreten. Dahingegen dient die Maschinenüberwachung dazu, Ausfälle des Investitionsgutes Werkzeugmaschine zu erkennen oder gar zu vermeiden. Dabei treten solche Ausfälle häufig auch durch Verschleiß einzelner mechanischer Komponenten wie Führungen und Lager auf [32]. Diese Ausfälle entwickeln sich jedoch im Gegensatz zu Prozeßstörungen im allgemeinen über einen längeren Zeitraum und bieten damit die Möglichkeit, frühzeitig erkannt zu werden.

In den vergangenen Jahrzehnten hat man versucht, Prozeß- und Maschinenstörungen mittels geeigneter Diagnosesysteme zu erkennen. Solche Systeme waren geprägt durch den Einsatz von geeigneten Sensoren, die von extern mit der Maschinensteuerung verbunden wurden. Leider haben sich diese Systeme in der industriellen Praxis selten als zuverlässig erwiesen. Durch ihre Anbindung an die Werkzeugmaschinen wirkten sich Fehler im Überwachungssystem auch auf die Verfügbarkeit der Maschine aus. Zwar wurde die Qualität der Systeme mit dem Einsatz teurer Sensorik besser. Jedoch zeigte dieser Lösungsansatz, daß die Forderung nach einer hohen Maschinenzuverlässigkeit und einem niedrigen Preis scheinbar gegenläufig ist.

Einen neuen Ansatz, der dieser Forderung nach hoher Maschinenzuverlässigkeit und geringem Preis nachkommt, stellt der Einsatz offener NC-Steuerungen mit digitalen Antrieben dar. Solche Steuerungen drängen in den letzten Jahren verstärkt auf den Markt [33, 34]. Zum einen ermöglichen diese Steuerungen, auf steuerungsinterne Informationen und Signale zuzugreifen. Zum anderen kann der Anwender eigene Anwendungen direkt in die Steuerung integrieren und somit vorhandene technische Systeme für seine Anwendung nutzen. Durch die Integration der Maschinenüberwachung in die Steuerung ergeben sich drei wesentliche Vorteile für Überwachungssysteme:

- Durch den rein softwarebasierten Zugriff auf die Steuerungsinformationen und Antriebssignale stehen zuverlässige und kostengünstige Signalquellen zur Verfügung;
- durch die Integration der Überwachung in die Steuerung wird eine aufwendige Anbindung zusätzlicher externer Systeme vermieden;
- durch die durchgehende softwaretechnische Realisierung eines Überwachungssystems wird auch die Anbindung an weitere Softwarekomponenten wie Teleservice und Instandhaltungssysteme unterstützt (vgl. Beitrag 4.2: „Internet-Technologie für die Produktion").

Außerdem stehen Steuerungssignale beim Betrieb der Maschinen immer zur Verfügung. Sie haben somit im Vergleich zu externen Sensorsystemen eine 100%-ige Verfügbarkeit.

Mit dem Ziel der Prozeßüberwachung wurde diese Technik bereits erfolgreich eingesetzt [35]. Auf Basis der Antriebsströme können hier steuerungsintern Prozeßstörungen wie Werkzeugbruch und Überlastung des Werkzeuges erkannt und unmittelbare Reaktionen auf diese Störungen eingeleitet werden.

Wie nachfolgend noch dargestellt wird, haben erste Untersuchungen gezeigt, daß sich dieser Ansatz auch dazu eignet, den Zustand einzelner Komponenten einer Werkzeugmaschine zu überwachen. Durch eine solche Überwachung können Instandhaltungsmaßnahmen frühzeitig eingeplant werden, so daß störungsbedingte Ausfälle vermieden werden. Außerdem läßt sich die Ersatzteilbeschaffung und Lagerhaltung entsprechend des Bedarfs optimieren.

Für ein steuerungsintegriertes System zur Maschinenzustandsüberwachung stehen grundsätzlich die steuerungsinternen Antriebssignale:

- Lage,
- Geschwindigkeit bzw. Drehzahl und
- Strom als kraftproportionale Größe

zur Verfügung. Darüber hinaus lassen sich weitere reglerinterne Größen wie Wirkleistung, Drehmoment u.ä. erfassen. Neben diesen Antriebssignalen stehen noch Informationen aus der Verarbeitungskette der NC zur Verfügung, aus denen sich beispielsweise ableiten läßt, ob sich die Maschine gerade im Prozeßeingriff befindet, im Eilgang oder ähnliches steht. Für bestimmte Überwachungsaufgaben sind jedoch auch Signale erforderlich, die nicht direkt in der Steuerung verfügbar sind. Ein Beispiel hierfür können Temperatursignale sein, die einen Rückschluß auf den Verschleiß von Komponenten wie Lagern und Führungen erlauben. Solche einfachen Sensoren lassen sich bei Bedarf zusätzlich direkt an offene Steuerungen anbinden und können in der Steuerung ausgewertet werden.

Auf diesen Signalen aufbauend lassen sich zwei verschieden Analysemethoden realisieren (Bild 32): Zum einen kann der aktuelle Zustand einzelner Komponenten direkt durch die Analyse der Antriebssignale überwacht werden. Wie nachfolgend noch am Beispiel des Verschleißes von Profilschienenwälzführungen gezeigt wird, wirken sich Änderungen des Betriebszustandes von Antriebskomponenten wie Führungen, Kugelrollspindeln und Antriebsriemen direkt auf die Signalamplitude sowie das Frequenzspektrum des Stromsignals aus. Die genaue Eignung der Antriebssignale zur Überwachung komponentenspezifischer Betriebsbedingungen ist dabei aktueller Gegenstand der Forschung. Ziel ist es, vier verschiedene Störungsarten auf Basis der antriebsinternen Signale zu erkennen:

- Regelmäßig wiederkehrende Störungen, beispielsweise das Überrollen von Ausbrüchen in Lagern und Führungen etc.;
- transiente Störungen, beispielsweise Brüche von Lagerkäfigen, Festfressen von Führungen etc.;
- Verschleißerscheinungen, die auch als lokale Abnutzungen auftreten können. Hierzu zählen auch Setzerscheinungen, wie sie beispielsweise bei Antriebsriemen auftreten können;

- Unwuchten und ähnliches, die nur mittelbar Störungen in Lagern nach sich ziehen.

Vorteile der Maschinenzustandsüberwachung durch Einsatz offener Steuerungen:

- Zuverlässige und kostengünstige Signalquellen durch direkten Zugriff auf Antriebssignale

- Integration in die Steuerung unterstützt die Anbindung von Teleservice- und Instandhaltungssystemen

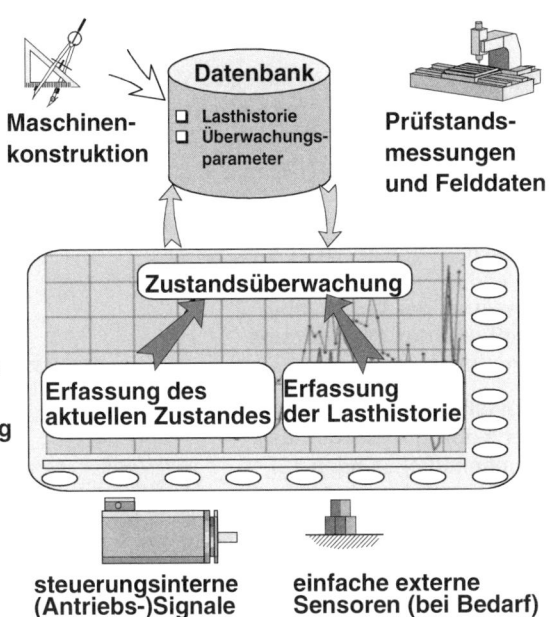

Bild 32: Steuerungsintegrierte Maschinenüberwachung

Zum anderen lassen sich nach dem Prinzip des Fahrtenschreibers steuerungsintern die Belastungen über die Lebenszeit der Maschine aufzeichnen (Lasthistorie). Aus dieser Belastungshistorie läßt sich dann erkennen, ob die Maschine in bestimmten Achsbereichen besonders häufig oder mit hoher Last bewegt wurde, so daß es beispielsweise zu lokalen Abnutzungen und Ungenauigkeiten kommen kann. Typische Kenngrößen sind beispielsweise die Bewegungsstrecke je Achsabschnitt oder die Häufigkeit von Verfahrgeschwindigkeiten und Prozeßlasten. Vergleicht man diese Belastungshistorie mit den Kennwerten, die bei der konstruktiven Auslegung der Komponenten verwendet wurden oder aus Prüfstandsversuchen stammen, so kann man daraus ableiten, wie weit die Lebenszeiterwartung bereits ausgenutzt wurde.

Einschränkungen bei der Nutzung der steuerungsinternen Signale für eine Maschinenüberwachung sind dahingehend zu machen, daß diese Signale ursprünglich im Rahmen der Regelung der Achsbewegung entstehen. Somit unterliegen sie technischen Grenzen wie beispielsweise der Abtastrate, die sich aus dem Regleraufbau ergeben und nicht ohne weiteres an die Überwachungsaufgabe anpaßbar sind. Außerdem stellen die Stromsignale der Antriebe ein Summensignal dar, in dem die Einflüsse aller Komponenten im Antriebsstrang enthalten sind. Im Gegensatz zu Sensoren kann hier nicht durch die geschickte Plazierung ein möglichst aussagekräftiges Signal erfaßt werden, sondern die gewünschte Nutzinformation muß rein durch entsprechende Signalverarbeitungsverfahren extrahiert werden.

Dennoch hat bereits die steuerungsintegrierte Prozeßüberwachung verdeutlicht, daß die Überwachung auf Basis von Antriebssignalen ein breites Anwendungsspektrum abdecken kann und nur bei speziellen Anforderungen durch zusätzliche Sensorik ergänzt werden muß.

Die praktische Auswirkung von Verschleißerscheinungen in Führungssystemen auf Antriebssignale wurde am WZL in Langzeitversuchen untersucht. Die Ergebnisse solcher Prüfstandsuntersuchung unter industriellen Bedingungen zeigt Bild 33. Als Prüfstand diente ein Vertikalbearbeitungszentrum in Fahrständerbauweise, bei dem an dem horizontal angeordneten wälzgelagerten Führungssystem der X-Vorschubachse die Verschiebekräfte an den Führungswagen sowie die Stromaufnahme des Vorschubmotors gemessen wurden.

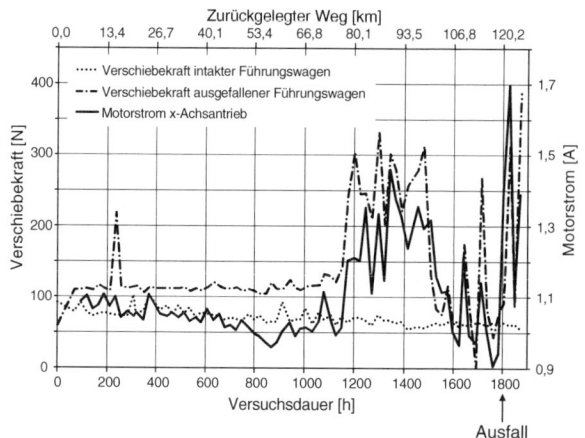

Bild 33: Zustandsüberwachung von Führungssystemen

Eine der zwischen den Führungswagen und Maschinenschlitten angeordneten Meßplatten zur Messung der Verschiebekräfte mittels Dehnungsmeßstreifen ist im unteren linken Bildteil dargestellt. Zur Gewährleistung praxisnaher Umgebungsbedingungen während des Dauerversuchs ist eine Führungsschiene mit GG-Spänen und die andere mit GG-Spänen und Kühlschmierstoff (KSS) kontaminiert worden. Die Durchführung des Dauerversuchs erfolgte mit einem aus der Praxis stammenden NC-Programm, so daß die statischen und dynamischen Belastungsänderungen der Führungswagen durch die Bewegung des Fahrständers sowie des Spindelkastens (inkl. Zusatzmasse zur Simulation der Massen der Hauptspindel, Werkzeuge, Werkzeugwechsler und Werkzeugmagazin) real nachgebildet werden konnten.

Das im rechten Bildteil dargestellte Diagramm zeigt die Auswertung der während des 1.900-stündigen Dauerversuchs einmal täglich ermittelten Meßergebnisse. Während bei dem Verlauf der Verschiebekraft des intakten mit GG-Spänen und KSS kontaminierten Führungswagens aufgrund des Einlaufvorganges eine lineare Abnahme festzustellen ist, zeigt der Graph der Verschiebekraft des nur mit GG-Spänen beaufschlagten Führungswagens nach 1.150 Std. einen starken Anstieg. Die starken Schwankungen dieser Verschiebekraft bis zum Versuchsabbruch sind auf die aufgrund der Spänekontamination in die Führungswagen eingedrungenen Späne zurückzuführen. Diese verursachten gegenseitig abwechselnde Verklemmungen und Lockerungen der Wälzkörper zwischen den Laufbahnen der Führungsschiene und dem Führungswagen. Der Versuchsabbruch nach 127 km Laufleistung erfolgte aufgrund des Austritts von Wälzkörpern aus einem mit trockenen GG-Spänen beaufschlagten Führungswagen, verursacht durch den Ausbruch eines Umlenkstücks.

Neben den Verschiebekräften ist in dem Diagramm der Verlauf des Motorstroms des Vorschubmotors dargestellt. Wie ersichtlich, kann eine gute Korrelation des Verlaufes der Verschiebekraft des ausgefallenen Führungswagens mit dem des Motorstroms festgestellt werden. Dieses Ergebnis deutet auf die Möglichkeit einer sensorlosen, auf der Basis des Motorstroms des Vorschubantriebs, realisierbaren Zustandsüberwachung von Führungssystemen hin.

Durch die Realisierung der Maschinenzustandsüberwachung auf Basis steuerungsinterner Signale lassen sich somit verschiedene Vorteile für eine hohe Maschinenverfügbarkeit zusammenfassen:

- Probleme mechanischer Komponenten und daraus folgende Störungen lassen sich frühzeitig erkennen;
- die Instandsetzung von Maschinen wird planbar;
- durch die richtige Integration der gewonnen Informationen in die Organisationsstruktur des Maschinenherstellers läßt sich ein Mehrwert für den Kunden erzeugen;
- durch den Einsatz offener Steuerungen läßt sich eine weitgehend sensorlose Überwachung von Maschinen realisieren.

5 Zusammenfassung

Der enorme Kostendruck, unter dem das produzierende Gewerbe mehr denn je am Standort Deutschland steht, stellt neben der Leistungsfähigkeit einer Maschine weitere Beurteilungskriterien beim Investitionsentscheid in den Vordergrund. Der Kaufpreis der Maschine ist dabei sicherlich von besonderer Bedeutung. Noch entscheidender ist jedoch die Wirtschaftlichkeit mit der eine Maschine betrieben werden kann. Diese wird in entscheidendem Maße von der Verfügbarkeit und somit der Zuverlässigkeit der Maschine bestimmt. Störungsbedingte Produktionsunterbrechungen verursachen neben den direkten Instandsetzungskosten vor allem in verketteten Anlangen durch den Produktionsstillstand erhebliche Folgekosten.

Bei der Entwicklung von Werkzeugmaschinen ist somit der Zielkonflikt „Schnell" und gleichsam „Genau" und „Zuverlässig" zu lösen. Masse- und steifigkeitsoptimierte Strukturbauteile kartesischer Maschinen sowie der Einsatz hybrider oder paralleler Kinematiken schaffen die Voraussetzung für die Realisierung hochdynamischer Produktionssysteme. Zur Sicherung der Zuverlässigkeit der Maschinen ist die Verwendung von optimierten Maschinenelementen und Funktionsbaugruppen erforderlich, deren Leistungsfähigkeit und Einsatzgrenzen bekannt sind. Nur mit dieser Kenntnis können sie zuverlässig an ihren Leistungsgrenzen betrieben werden.

Literatur:

[1] Weck, M.: Werkzeugmaschinen, Fertigungssysteme, Bd.2 Konstruktion und Berechnung, 6. überarbeitete Auflage - 1997, Springer-Verlag Berlin Heidelberg 1997

[2] Weck, M., Dammer, M.: Die virtuelle Werkzeugmaschine - Simulation als Hilfsmittel zur effizienten Produktgestaltung, Konstruktion 49 (1997) 3, S. 21-25

[3] Asbeck, J.: Automatisierter Entwurf mechanisch optimaler Bauteile durch Integration von CAD und Strukturoptimierung, Dissertation RWTH Aachen 1996, Eigendruck

[4] N.N.: Schnell, hochpräzise und trotzdem aus dem Baukasten - Projekt Dynamil: Konzertierte Aktion mit Zukunftswert, Industrieanzeiger 13-14/98

[5] Heisel, U., Maier, V., Ziegler, F., Gringel, M.: Simulator, Werkzeugmaschine, Meßzeug und Roboter - eine Bestandsaufnahme Hexapod, wt Werkstattechnik 87 (1997), S. 428-432

[6] Pritschow, G., Wurst, K.-H.: Zur Gestaltungs- und Konstruktionssystematik von Maschinen mit Stabkinematiken, wt-Produktion und Management 87 (1997), S. 46-51

[7] Patent N° DE 196 23 511 A1

[8] Weck, M., Giesler, M.: Auslegung von Werkzeugmaschinen auf Basis paralleler Kinematiken am Beispiel Hexapod und Dyna-M, ADITEC-Seminar „Hexapod, Linapod, Dyna-M", Aachen 1998

[9] Weck, M., Giesler, M.: Dyna-M - Ein neues Werkzeugmaschinenkonzept auf Basis ebener Koppelkinematiken, Chemnitzer Parallelstrukturseminar 28./29. April 1998

[10] Weck, M., Meylahn, A.: Moderne Steuerungstechnik für Hexapod und Dyna-M, Vortrag ADITEC-Seminar „Hexapod, Linapod, Dyna-M", Aachen 1998

[11] Voll, H.: Leistungsvermögen wälzgelagerter HSC-Spindeleinheiten, Präzise bearbeiten mit hohen Geschwindigkeiten, 9. Darmstädter Fertigungstechnisches Symposium, TH Darmstadt, 27.-28. Februar, 1996, Vortrag 16, S. 1-12

[12] Weck, M., Steinert, T., Tüllmann, U.: Schnelldrehende Wälzlager in Werkzeugmaschinen, Antriebstechnik, Band 35 (1996) Heft 6, S. 61-66

[13] Brändlein, W., Klühspies: Die Lastverhältnisse in schnellaufenden Kugellagern, FAG Publ.-Nr. 40118 (Sonderdruck aus 'Werkstatt und Betrieb, 105 (1972), Heft 9)

[14] Weck, M., Tüllmann, U.: Schrägkugellager - ein Maschinenelement zur Lagerung schnelldrehender Spindeln, Beitrag zum Seminar „Gestaltung von Spindel-Lagersystemen für die Hochgeschwindigkeitsbearbeitung", WZL der RWTH Aachen, 1997, Vortrag 4

[15] Oswald, Bayer: Spindellagerungen richtig dimensionieren, Werkstatt und Betrieb, Band 130 (1997) Heft 4, S. 222-226

[16] Deutsche Patentanmeldung 198 18 633.9-12 „Hülse zur Aufnahme von Außenringen eines axial verspannten Lagerpaketes", Anmelder M. Weck, Erfinder U. Tüllmann, 1998

[17] Igartua, A., Laucirica, J., Aranzabe, A., Leyendecker, T., Lemmer, O., Erkens, G., Weck, M., Hanrath, G.: Application of low temperature PVD coatings in rolling bearings - Tribological tests and experiences with spindle bearing systems, International Conference on Metallurgical Coatings and Thin Films, San Diego, 1996

[18] Bouzakis, K.-D., Vidakis, N.: An evaluation method of thin PVD films adhesion using the impact test and a FEM simulation of the contact response, Tribology in Industry, Vol.3, 1995, pp.69-75

[19] Lembke, D.: Untersuchung der Gestaltungsmöglichkeiten für die Schnittstelle Maschine/Werkzeug, Dissertation RWTH-Aachen, Aachen 1993

[20] Schubert. I.: Grenzlastverhalten von Schnittstellen zwischen Maschine und Werkzeug, Dissertation RWTH-Aachen, Verlag Shaker, Aachen 1994

[21] Schulz, H., Weck, M., Huerkamp, W., Swoboda, M., Wege zu sicheren Werkzeugen; In: Vollmer, T. (Hrsg.): Innovation bei HSC-Technologie und Arbeitsschutz. Informationstagung des Forschungsverbundes ARGUS, Tagungsband, Kassel: Institut für Arbeitswissenschaften 1997, S. 95-118

[22] Weck, M., Swoboda, M.: Hohlschaftkegel HSK - Wege zur sicheren Anwendung; Werkstattstechnik 88 (1998) 6, S. 282-284

[23] Weck, M., Büßenschütt, A.: Bauteiloptimierung zur Gewichtsminderung Energie- und Rohstoffeinsparung, Methoden für ausgewählte Fertigungsprozesse, Deutsche Forschungsgemeinschaft (DFG), VDI Verlag Düsseldorf 1996, S. 257-293

[24] Weck, M., Asbeck, J., Büßenschütt, A.: Potentials of Structural Optimization Systems in Product Development, Annals of CIRP, Vol. 45/1, S. 165-168

[25] Brecher, C., Weck, M.: Vergleich und Optimierung mechanisch-elektrischer Vorschubantriebe, Mechanisch-Elektrische Antriebstechnik '97, Wiesloch, VDI Verlag, Düsseldorf, S. 299-318

[26] Weck, M., Krüger, P., Brecher, C., Wahner, U.: Components of the HSC-Machine, 2nd International German and French Conference on High Speed Machining, Darmstadt 1999

[27] Philipp, W.: Regelung mechanisch steifer linearer Direktantriebe für Werkzeugmaschinen, Springer Verlag Berlin, 1992

[28] Heinemann, G., Papiernick, W.: Lineare Direktantriebe als Vorschubantriebe für Werkzeugmaschinen, Tagungsband DRIVES 97, Hüthig-Verlag, Heidelberg 1997

[29] Weck, M., Krüger, P., Brecher, C.: Grenzen für die Reglereinstellung bei elektrischen Lineardirektantrieben, antriebstechnik 38, Nr. 2,3/1999

[30] Ye, G.: Erhöhung der Bahngenauigkeit NC-gesteuerter Vorschubachsen mit Hilfe eines Kompensationsfilters, Fortschritt-Berichte VDI Reihe 2 Nr. 255, Düsseldorf 1992

[31] Weck, M., Krüger, P., Brecher, C., Remy, F.: Statische und dynamische Störsteifigkeit von linearen Direktantrieben, antriebstechnik 36, Nr. 12/1997

[32] Milberg, J., Ebner, C.: Verfügbarkeit von Werkzeugmaschinen, VDW Forschungsbericht AiF 8649, Eigendruck VDW, Frankfurt 1994

[33] Autorenkollekiv: Wie offen hätten Sie's denn gern? - Offene System in der Fertigung, VDI-Verlag, Düsseldorf 1996

[34] Wagner, M.: Steuerungsintegrierte Fehlerbehandlung für maschinennahe Abläufe, Springer-Verlag, Berlin Heidelberg 1997

[35] Weck, M., Klocke, F., Kaever, M., Wenk, Ch., Rehse, M., Gose, H.: Steuerungsintegrierte Überwachung von Fertigungsprozessen, VDI-Z 140 (1998) 6

Mitarbeiter der Arbeitsgruppe für den Vortrag 4.1

Dipl.-Ing. C. Brecher, WZL, RWTH Aachen
Dipl.-Ing. W. Friedrich, Deckel Maho GmbH, Pfronten
Dipl.-Ing. W. Haferkorn, Waldrich Siegen GmbH, Burbach
Dr.-Ing. G. Heinemann, Siemens AG, Erlangen
Dr.-Ing. N. Hennes, DS Technologie GmbH, Mönchengladbach
Dipl.-Ing. H.-U. Jaissle, Hüller Hille GmbH, Ludwigsburg
Dipl.-Ing. M. Krell, WZL, RWTH Aachen
Dr.-Ing. B. Möller, GMN Paul Müller GmbH, Nürnberg
Dr.-Ing. L. Ophey, Ex-Cell-O GmbH, Eislingen
Dr.-Ing. Schmidt, DS Technologie GmbH, Mönchengladbach
Prof. Dr.-Ing. Dr.-Ing. E.h. M. Weck, WZL, RWTH Aachen
Dr.-Ing. H.-H. Winkler, Chiron Werke GmbH, Tuttlingen

4.2 Internet-Technologie für die Produktion - Neue Arbeitswelt in Werkstatt und Betrieb

Gliederung:

1 Einleitung

2 Grundlagen der Internet-Technologie
2.1 Verbreitung des Internet
2.2 Technische Grundlagen und Dienste
2.3 Sicherheitstechnik

3 Industrielle Anwendungsbeispiele
3.1 Anwendungsbeispiel eines Steuerungsherstellers
3.2 Anwendungsbeispiel eines Werkzeugherstellers
3.3 Anwendungsbeispiel eines Verzahnmaschinenherstellers

4 Zukünftige Anwendungen in Werkstatt und Betrieb
4.1 Auftragsplanung
4.2 Verwaltung von Auftragsunterlagen
4.3 Vorrichtungsmontage
4.4 Rückmeldemechanismen
4.5 Kommunikation in der Werkstatt
4.6 Störungsbehebung
4.7 Auswirkungen auf den zukünftigen Arbeitsplatz in der Werkstatt

5 Migrationspfade

6 Zusammenfassung und Ausblick

Kurzfassung:

Internet-Technologie in der Produktion -
Neue Arbeitswelt in Werkstatt und Betrieb

Internet-Technologie ist ein Faktum der Gegenwart und eine Schlüsseltechnologie für die Zukunft, gerade auch für eine leistungsfähige Produktion. Entscheidend ist dabei die Möglichkeit, Informationen bedarfsgerecht dort bereitzustellen, wo sie benötigt werden. Dieser Beitrag will aufzeigen, wie sich die Arbeitswelt in Werkstatt und Betrieb durch den gezielten Einsatz von Internet-Technologien wandeln wird. Anhand heutiger Beispiele für den Einsatz von Internet-Technologie werden Kernaspekte wie Sicherheitstechnik, E-Commerce, Netzwerk- und Softwarebasis diskutiert. Grundlage der weiteren Betrachtungen ist ein Szenario, welches den zukünftigen, internetbasierten Arbeitsplatz und die Arbeitsumgebung eines Facharbeiters in 5 bis 10 Jahren beschreibt. Auf Basis der im Vortrag erarbeiteten Thesen wird der erwartete Wandel mit seinen Nutzen und Risiken abgeleitet. Zum Abschluß werden Migrationspfade für den Einsatz von Internet-Technologie in der Produktion beschrieben sowie Handlungsbedarf für Steuerungshersteller, Maschinenhersteller, Anwender und Dienstleistungsunternehmen aufgezeigt.

Abstract:

Internet Technology for Manufacturing -
New ways of working on shop floors and in enterprises

Internet technology is a fact of the present, a key technology of the future and an aid to supplying information according to the specific demands of the operation task at the location where it is needed. This paper will attempt to point out how ways of working on the shop floor and in the enterprise will change by the use of Internet technology. The basis of the vision is a scenario which describes the future working situation of a skilled worker in 5 to 10 years. Key aspects such as security systems, e-commerce, network and software basics are discussed. On the basis of today's examples of the use of Internet technology and with the help of the presented theses, the expected change with its use and risks is derived. Finally, the migration paths for the use of Internet technology in manufacturing are described, and the necessary actions for control manufacturers, machine manufacturers, users and service enterprises are pointed out.

1 Einleitung

Der Trend zur Dezentralisierung und Globalisierung in der Fertigung stellt steigende Anforderungen an die Informationsflüsse in produzierenden Unternehmen. Zusätzlich wird die Verfügbarkeit von Informationen durch kürzere Produktzyklen, steigende Produktvielfalt und kürzere Produktentwicklungszeiten zum entscheidenden Wettbewerbsfaktor. Daher ist für es einen reibungslosen Fertigungsablauf entscheidend, die richtige Information zum richtigen Zeitpunkt dem richtigen Partner vor Ort zur Verfügung zu stellen [1].

Unter diesen Bedingungen ist die herkömmliche Bereitstellung der Informationen in papierorientierter Form nicht mehr wirtschaftlich, da die Informationen über diese Kommunikationskanäle niemals schnell und aktuell zur Verfügung gestellt werden können. Einen Lösungsansatz bietet die Ablösung der herkömmlichen Informationswege und -strukturen durch die Informationsbereitstellung mit Hilfe von elektronischen Medien und Netzwerken.

Mit dem Internet und seinen dedizierten Diensten steht ein globales Informations- und Kommunikationssystem zur Verfügung, um Informationen benutzungsgerecht zu präsentieren und bedarfsgerecht dort bereitzustellen, wo sie benötigt werden [2]. Durch Nutzung der Internet-Technologie kann nahezu jede netzwerkfähige Komponente im Produktionsbereich in den betrieblichen Informationsfluß eingebunden werden. Dabei ermöglichen Internet-Komponenten den Zugriff auf dieselben Informationen in gleicher Weise an verschiedenen Stellen in der Werkstatt, der Produktion oder im restlichen Unternehmen. Durch den Zugang zu Internet-Diensten direkt an der Produktionsmaschine kann der Facharbeiter transparenten und homogenen Zugriff auf alle benötigten Informationen in der Werkstatt, z.B. über Produkt- und Produktionsdaten bis hin zur Instandhaltungsanleitung erhalten.

Nur in Einzelfällen findet man heute jedoch in der produktionstechnischen Praxis die technischen Voraussetzungen, um einen solchen durchgängigen Informationsfluß bis auf Werkstattebene realisieren zu können. Meist werden Produktionssysteme ausschließlich nach prozeßtechnologischen Erwägungen gebaut und aufgestellt, nicht aber als Baustein im betrieblichen Informationsfluß betrachtet. Selbst dort, wo Steuerungen über Vernetzung und Kommunikation verfügen, kommen häufig proprietäre Lösungen zum Einsatz. Sie ermöglichen zwar größere Verbünde, aber schaffen letztlich nur neue Inseln.

Globalisierung, so scheint es, findet heute nur im Büro statt. In der Produktion überwiegen Skepsis und abwartende Haltung. Deshalb will dieser Aufsatz einen klärenden Beitrag in der Diskussion um die Möglichkeiten der Internet-Technologie leisten, die Nachhaltigkeit des bevorstehenden Wandels verdeutlichen und die Herausforderungen für die Produktionstechnik aufzeigen.

Am Beginn dieses Beitrags stehen Informationen über die derzeitige Verbreitung des Internets im allgemeinen und speziell in der Produktionstechnik. Es werden einige wichtige technische Grundlagen und Basisdienste des Internets bzw. des Kommunikationsprotokolls TCP/IP vorgestellt. Dabei nimmt die Darstellung der Sicherheitstechnik in vernetzten Systemen einen besonderen Stellenwert ein.

Aufbauend auf heutigen Praxisbeispielen für den Einsatz von Internet-Technologien wird ein Szenario für den zukünftigen Arbeitsplatz und die Arbeitsumgebung eines Facharbeiters in 5 bis 10 Jahren skizziert. Dabei wird sowohl von einer stärkeren Integration des einzelnen Werkers in die Organisationsabläufe der Produktion als auch von einer verstärkten Dienstleistungsorientierung im Unternehmen ausgegangen. Anhand dieses Szenarios werden Nutzen und Risiken des bevorstehenden Wandels abgeleitet.

Zum Abschluß werden Migrationspfade für den Einsatz von Internet-Technologie in der Produktion aufgezeigt. Ein Glossar zur Erklärung der benutzten Fachbegriffe rundet diesen Beitrag ab.

2 Grundlagen der Internet-Technologie

Internet, Intranet und World Wide Web (WWW) sind Begriffe, die zur Zeit in aller Munde sind. In jüngster Zeit ist die Nutzung des Internets geradezu explosionsartig gestiegen. Neue Informationssysteme wie WWW und komfortable graphische Oberflächen erlauben den bequemen, direkten Zugriff auf angebotene Informationen in der ganzen Welt. Texte und Bilder, aber auch Ton und Filme können abgerufen werden. Vereinzelt bieten Restaurants schon Speisekarten samt Bilder der angebotenen Menüs über das Internet an, per Knopfdruck kann man einen Platz reservieren und das Essen vorbestellen. Über das Internet ist es möglich Enzyklopädien abzufragen, weltweit auf die Suche nach Informationen und Menschen zu gehen und bei Bedarf gleich auch noch den passenden Flug an das Ziel seiner Träume zu buchen - binnen wenigen Minuten von seinem Schreibtisch aus. Was sich für viele noch wie Science-Fiction anhört, ist für Internet-Nutzer schon Realität.

2.1 Verbreitung des Internet

Die Zahl der Internetanschlüsse bewegt sich momentan weltweit im zweistelligen Millionenbereich und steigt ständig. Prognosen (z.B. von General Magic [4]) zeigen, daß im Jahre 2001 über 200 Mio. Computer das Internet und dessen Technologie nutzen werden. Damit ist in absehbarer Zeit das Internet für uns bald so alltäglich wie das Telefon und wird somit von jedem bedient und genutzt werden. Der Anwender wird schon vor seiner Berufsausbildung über ein grundlegendes Know-how im Umgang mit Computern und der Internet-Technologie verfügen. Durch die damit verbundene große Anzahl von Anwendern des Internets werden die Kosten für dessen Nutzung drastisch sinken. Die flächendeckende Verfügbarkeit des Internets wird auch das Einkaufsverhalten der Bevölkerung verändern. Praktisch alle großen Handelsorganisationen rund um den Globus haben inzwischen Direktverkaufsangebote in ihren Internet-Auftritten integriert und sich damit einen Multimilliarden-Markt eröffnet. So werden derzeit weltweit ca. 60 Mrd. US$ mit dem internetbasierten Direktverkauf (E-Commerce) umgesetzt. Im Jahre 2002 wird der Umsatz laut „International Communication" bei ca. 425 Mrd. US$ liegen [5] (Bild 1).

Das Internet und speziell das WWW werden für Marktstrategien der Unternehmen immer wichtiger. Viele Unternehmen nutzen schon heute das WWW als Informations-, Marketing- und Vertriebsmedium. Unternehmen werden immer stärker dazu übergehen, die gesamten Einkaufsprozesse über das Internet abzuwickeln. Business-to-business ist damit die treibende Kraft im internetbasierten Handel (E-Commerce).

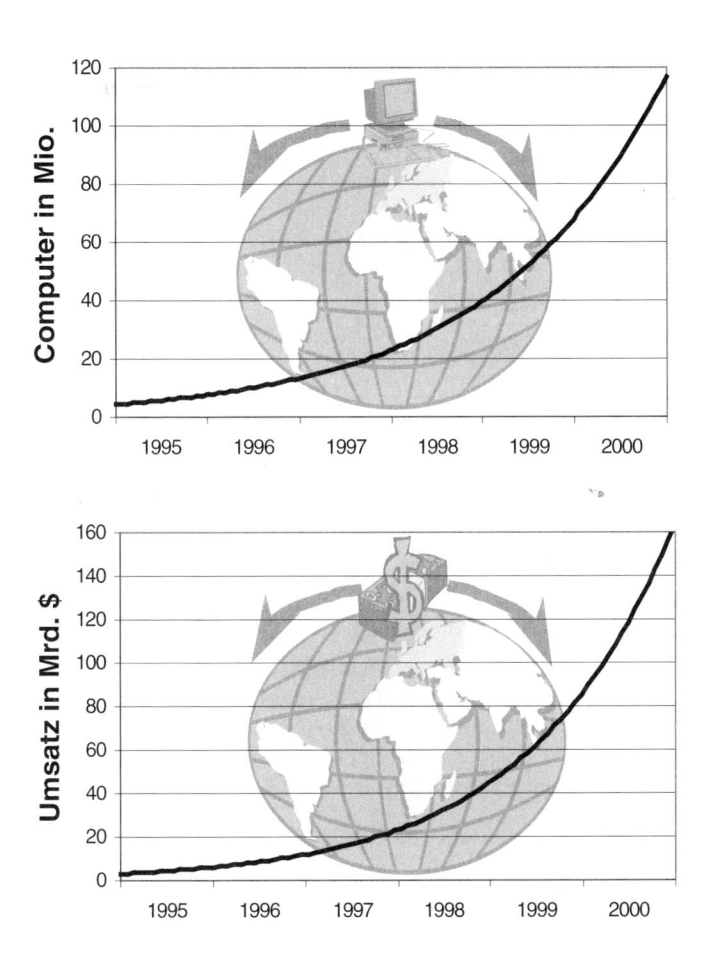

Bild 1: Verbreitung der Internet-Technologie weltweit

Die bisherigen EDI-Konzepte, die nur einen reinen Informationsaustausch erlauben, werden zu umfassenden Supply Chains erweitert. Das heißt, daß vom Lieferanten bis zum Kunden Verkaufs- und Bestellprozesse einschließlich der dazu gehörenden Planungsaktivitäten durchgängig und unternehmensübergreifend absolviert werden. Dadurch kann eine Zeitersparnis und eine höhere Flexibilität erreicht werden.

Auch der Maschinen- und Anlagenbau bemüht sich um Präsenz im Internet, wenngleich oft mehr im Sinne eines Werbemediums. Nach einer Studie des VDMA zur Nutzung des Internet sind gut 20% der Verbandsunternehmen mit einem eigenen Angebot im World Wide Web vertreten, wovon wiederum 91% eine eigene WWW-Adresse verwenden (Bild 2) [5].

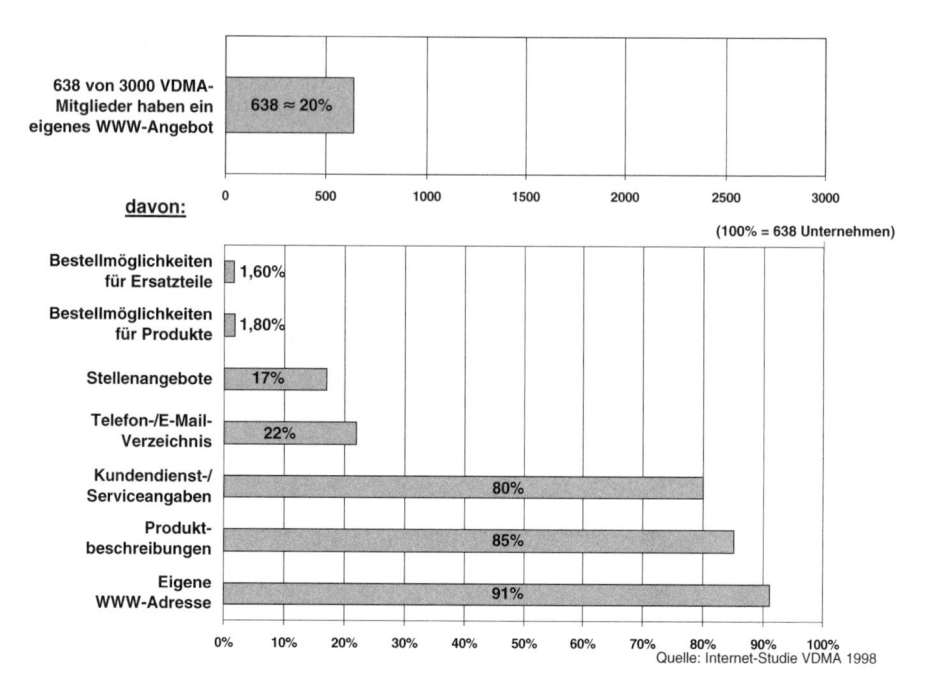

Bild 2: Nutzung des WWW im Maschinenbau [5]

638 von 3000 VDMA-Mitglieder haben ein eigenes WWW-Angebot: 638 ≈ 20%

davon (100% = 638 Unternehmen):

- Bestellmöglichkeiten für Ersatzteile: 1,60%
- Bestellmöglichkeiten für Produkte: 1,80%
- Stellenangebote: 17%
- Telefon-/E-Mail-Verzeichnis: 22%
- Kundendienst-/Serviceangaben: 80%
- Produktbeschreibungen: 85%
- Eigene WWW-Adresse: 91%

Quelle: Internet-Studie VDMA 1998

Laut einer Umfrage des Fraunhofer-Instituts für Systemtechnik und Innovationsforschung planen 25% aller Unternehmen der Investitionsgüterbranche den Einstieg ins Internet bis zur Jahrhundertwende [6]. Nachholbedarf besteht in den Bereichen der Interaktion auf den Web-Seiten, was sich an den Zahlen der Bestellmöglichkeiten von Produkten und Ersatzteilen widerspiegelt.

Internet-Technologien kommen aber auch für die firmeninterne Kommunikation in Frage. Vor allem Email, aber auch Intranet-Angebot auf WWW-Basis haben in betriebsinternen Bereichen schon dazu beigetragen, daß sich Kommunikationswege und Hierarchien verändern. Direkter Zugriff auf Original-Informationen macht Abläufe für die Mitarbeiter transparent und schafft zuverlässige Planungsgrundlagen. Im Zuge der Zertifizierung nach DIN/ISO 9000ff. werden Informationen über betriebliche Abläufe häufig intranetgestützt angeboten.

2.2 Technische Grundlagen und Dienste

In diesem Abschnitt geht es darum, häufig allgemein und unscharf benutzte Begriffe etwas genauer zu beleuchten und die verschiedenen technischen Aspekte des Internets zu betrachten.

Das Internet ist ein komplexes globales Netzwerk, welches aus vielen unabhängigen Netzwerken besteht, die von Firmen, Behörden sowie Forschungs- und Bildungseinrichtungen betrieben werden. Die Standards und Protokolle des Internets ermöglichen einen Datenaustausch zwischen diesen Netzwerken. Eine wichtige Rolle spielt dabei das standardisierte Kommunikationsprotokoll TCP/IP. Es ermöglicht aufgrund seiner Plattformunabhängigkeit die Kommunikation zwischen unterschiedlichen Betriebssystemen über eine Vielzahl verschiedener Übertragungsmedien wie Telefonleitungen, herkömmliche Netzwerkleitungen, Glasfaserkabel, Kabelfernsehleitungen und drahtlose Systeme.

Entwickelt hat sich das heutige Internet in einem fünfundzwanzigjährigen Prozeß aus einem militärisches Netzwerk in den USA (ARPANET), welches sich insbesondere durch eine dezentrale Kommunikationstechnologie auszeichnete. 1973 wurde erstmalig der Versuch unternommen, unterschiedliche Implementierungen von paketorientierten Übertragungsmechanismen miteinander zu koppeln, indem sie über ein sogenanntes „Internet" mit Hilfe des dafür entwickelten TCP/IP Protokolls verbunden wurden. Während das Internet in der Anfangszeit nur als Kommunikationsplattform, z.B. für den Dienst der Datenübertragung oder die Fernbedienung von Rechnern, eingesetzt wurde, eröffnete die Einführung des World Wide Web zu Beginn der neunziger Jahre dem Internet eine neuen weitreichenden Anwendungsbereich.

Wichtigstes Werkzeug des World Wide Web ist neben Mechanismen zur Informationsverknüpfung der WWW-Browser. Dieser stellt erstmals eine einfache, graphische Benutzungsoberfläche zur Verfügung, um die auf einem Rechner gespeicherten Dokumente zu betrachten. Das am CERN-Labor in Genf konzipierte World Wide Web basiert dabei auf der Strukturierung von Informationen unter Verwendung von Hypertext. Mit Hypertext wird ein Textdokument bezeichnet, welches über besonders hervorgehobene Schlüsselwörter Verzweigungen (Hyperlinks) in andere Textdokumente ermöglicht, welche sich auch auf fremden, weit entfernten Rechnern befinden können. Im Internet wird damit durch das World Wide Web die Möglichkeit geschaffen, auf zusammenhängende Informationen zuzugreifen, ohne daß diese zwangsweise auf einem einzelnen Rechner vorhanden sein müssen. Dem Benutzer bleibt die Vernetzung der Informationen verborgen.

Damit bietet das WWW die einzigartige Möglichkeit, auf Original-Informationen am Ort ihrer Entstehung zuzugreifen. Statt Informationen auf Papier vielfach zu reproduzieren, können sie in stets aktualisierter Form bei Bedarf auf der gesamten Welt abgefragt werden. Darüber hinaus bietet das WWW heute Möglichkeiten zur Interaktion, z.B. zur Eingabe von Daten in entfernte Suchmaschinen.

Das World Wide Web basiert im wesentlichen auf den drei plattformunabhängigen Standards HTTP, URL und HTML. HTTP stellt das Protokoll zur Übertragung von Dokumenten im Internet dar. URL definiert das Adressierungsschema für World Wide Web-Objekte im Internet. Die vom Browser angezeigten Dokumente (HTML-Seiten) werden mit Hilfe der standardisierten Seitenbeschreibungssprache HTML erstellt. HTML definiert u.a. die Syntax, um die o.g. Hyperlinks zu verwenden. Der Browser interpretiert die HTML-Anweisungen beim Laden des Dokumentes und stellt den Seiteninhalt entsprechend dar. Elemente in Dokumenten, die einen Verweis auf weitere Informationen darstellen, werden automatisch formatiert und somit dem Benutzer als anwählbar kenntlich gemacht. Als World Wide Web-Objekte kommen neben den klassischen Text-Objekten auch Grafik-, Ton-, Video-, Datei- und spezielle andere Objekte zum Einsatz.

Internet-Dienste

Im Sprachgebrauch werden Internet und WWW heute oft synonym verwendet, weil erst die WWW-Dienste dem Internet zu seiner großen öffentlichen Aufmerksamkeit verholfen haben. Tatsächlich gibt es im Internet aber noch viele weitere Dienste, die im folgenden kurz beleuchtet werden sollen.

Zuvor soll zum besseren Verständnis versucht werden, die Begriffe Internet-Technologie, World Wide Web und Internet-Dienst zu differenzieren. Spricht man von Internet-Technologie, so stehen hierbei in erster Linie Aspekte der Standardisierung und Plattformunabhängigkeit bei der Datenübertragung im Vordergrund. Mit dem World Wide Web verbindet man vorwiegend die plattformunabhängige Informationsbereitstellung und die graphische Benutzungsschnittstelle des Browsers. Als Internet-Dienst werden im weiteren Funktionen oder Programme bezeichnet, die unter Verwendung von Internet-Technologie eine bestimmte Aufgabe erfüllen und somit einen Dienst zur Verfügung stellen, wie z.B. den Dienst der Dateiübertragung.

Zur Zeit werden diese Dienste meist noch mit Hilfe eigener, unabhängiger Programme genutzt. Aktuelle Entwicklungen zielen darauf ab, die Funktionalitäten unter einer einheitlichen Benutzungsoberfläche, z.B. einem Browser zu integrieren. Das folgende Bild zeigt eine Auswahl aktueller Internet-Dienste (Bild 3).

Ziel:
Integration von Internet-Diensten in einheitliche Benutzungsoberfläche und Nutzung vor Ort

- World Wide Web (WWW)
- Nachrichtenaustausch (E-Mail)
- Informationsverteilung (Mailinglisten)
- Informationsforum (News)
- Online-Kommunikation (Chat)
- Informationssuche (Suchmaschinen)
- Dateiübertragung (FTP)
- Datenbankzugriffe

Bild 3: Internet-Dienste

Im folgenden werden die neben dem WWW wichtigsten Internet-Dienste kurz charakterisiert:

- Der **Email-Dienst** (Electronic Mail) dient zur Übertragung von gerichteten Nachrichten. Mit dem Email-Dienst können Nachrichten und Dokumente zielgerichtet und ohne Zeitverlust versendet werden. Das Versenden und Lesen der Nachrichten kann nach eigener Zeiteinteilung durchgeführt werden und ist im Gegensatz zum Telefonieren nicht davon abhängig, ob ein potentieller Telefonpartner gerade an seinem Arbeitsplatz ist. Der Email-Dienst ist mittlerweile in gängigen Browsern sowie in Programmen aus dem Office-Bereich integriert. Mit diesem Dienst lassen sich aber auch steuerungsintegrierte Softwaremodule zur Nachrichtenübermittlung an vor- und nachgelagerte Produktionsbereiche realisieren.
- **Mailinglisten** basieren auf dem Prinzip von Verteilerdiensten und stellen eine Möglichkeit dar, unter Verwendung des Email-Dienstes Informationen zielgerichtet an einen definierten Teilnehmerkreis zu verteilen. Mailinglisten sind themengebunden. Jeder Teilnehmer, der sich für eine Mailingliste angemeldet hat, wird in den betreffenden Email-Verteiler aufgenommen und bekommt ab diesem Zeitpunkt die Beiträge aller anderen Teilnehmer automatisch zugestellt. Die eigenen Beiträge werden nach dem gleichen Prinzip an alle anderen Teilnehmer verteilt.
- **Newsgroups** bieten themenspezifische Sammelstellen für Nachrichten und elektronische Textbeiträge. Ein Benutzer kann in einem entsprechenden Anwendungsprogramm (Newsreader) gezielt die Themengebiete auswählen, über die er sich informieren will oder zu denen er einen eigenen Beitrag leisten will. Er kann selber festlegen, wann er sich informieren will und wann er eigene Beiträge leisten will. Er kann z.B. ein technisches Problem in die passende Newsgroup schreiben und dann die eingehenden Hinweise anderer Teilnehmer nutzen. Der wesentliche Unterschied zu Mailinglisten besteht in der Tatsache, daß in Newsgroups keine Informationen an Teilnehmer versendet, sondern nur zum Abruf bereitgehalten werden.
- **Chat** oder auch IRC (Inter-Relay-Chat) bezeichnet ein Online-Kommunikationsforum im Internet. Die Tastatureingaben der Benutzer in das Chatfenster auf dem Bildschirm sind für alle am Chat beteiligten Benutzer gleichzeitig zu sehen. Die Technik entspricht dem Verfahren einer Telefonkonferenz.
- **Suchmaschinen** sind Programme, die über den Browser eine Informationssuche im WWW ermöglichen. Die im World Wide Web vorhandenen Dokumente können nach Worten oder Textpassagen durchsucht werden. Suchbegriffe können logisch miteinander verknüpft werden. Suchmaschinen sind auch in der Lage, Email-Archive oder Newsgroups zu durchsuchen.
- Der **FTP-Dienst** wird zur Übertragung von Dateien im Internet benutzt. Ein Benutzer kann sich bei einem anderen Computer anmelden und Dateien zu diesem Rechner übertragen oder Dateien von diesem Rechner abrufen. Die Zugriffsrechte werden von dem Rechner bestimmt, zu dem eine Verbindung aufgebaut wird und sind flexibel konfigurierbar.
- Über einen WWW-Browser können auch **Datenbankzugriffe** erfolgen. Hierbei verarbeitet ein Programm auf dem Server, der die Daten verwaltet, die Angaben, die der Benutzer an seinem Browser in das entsprechende HTML-Formular eingegeben hat. Viele Datenbanken bieten heute schon Internet-Schnittstellen an. Nach diesem Prinzip wird z.B. der Zugriff auf Produktkataloge über das Internet ermöglicht.

Internet - Intranet

Anders als der Name vermuten läßt, kommen Internet-Dienste und Internet-Kommunikation nicht nur in der globalen Kommunikation, sondern ebenso in lokalen Netzwerken zum Einsatz. Dies ist eine weitere Unschärfe des Internet-Begriffs. Es lassen sich zwei wesentliche Bereiche unterscheiden, in denen Internet-Technologie eingesetzt wird (Bild 4). Diese sind das Internet und das Intranet.

Internet:
Zugriff für jeden, keine Kontrolle über den Informationsfluß.

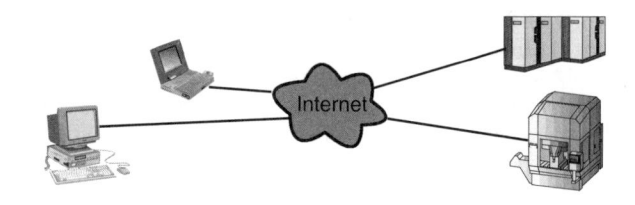

Intranet:
Geschlossenes Netz, Kontrolle über den Informationsfluß möglich.

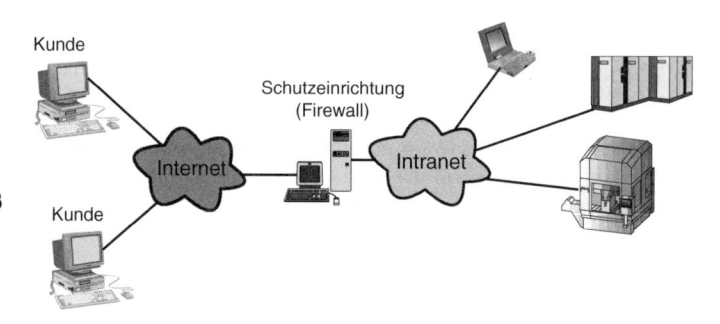

Bild 4: Internet und Intranet

Im Internet hat jeder Benutzer Zugriff auf alle zur Verfügung stehenden Daten und Informationen. Es erfolgt keine Kontrolle, über welche Wege oder welche Stationen die Informationen fließen, oder welche Informationen überhaupt fließen.

Unter dem Begriff „Intranet" versteht man ein abgeschlossenes Netz mit definierten Teilnehmern, in dem Internet-Technologien bzw. Internet-Dienste eingesetzt werden. In einem Intranet profitiert man von der standardisierten Technologie vorhandener Internet-Dienste ohne das Risiko einer nicht überwachten oder von Dritten zugänglichen Internet-Kommunikation. Die Kommunikation in einem Intranet erfolgt z.B. durch gemietete, garantiert sichere oder über firmeninterne Leitungen. Falls erforderlich, kann ein Intranet jedoch über entsprechende Schutzmechanismen zur hardware- und softwaretechnischen Trennung von Inter- und Intranet ausgewählten externen Nutzern des Internet zugänglich gemacht werden. Diese werden nach entsprechender Authentifizierung dann zu Mitgliedern des Intranets.

2.3 Sicherheitstechnik

Die Anbindung des firmeneigenen Intranets an das öffentlich zugängliche Internet kann den Informationsaustausch mit Kunden, Außendienstmitarbeitern und Filialen deutlich verbessern. Um die Vertraulichkeit dieses Informationsaustausches zu sichern und die Firmenrechner vor unbefugter Nutzung zu schützen, sollte jedoch bereits vor der Internetanbindung (Bild 5) ein unternehmensweites Sicherheitskonzept definiert werden [7].

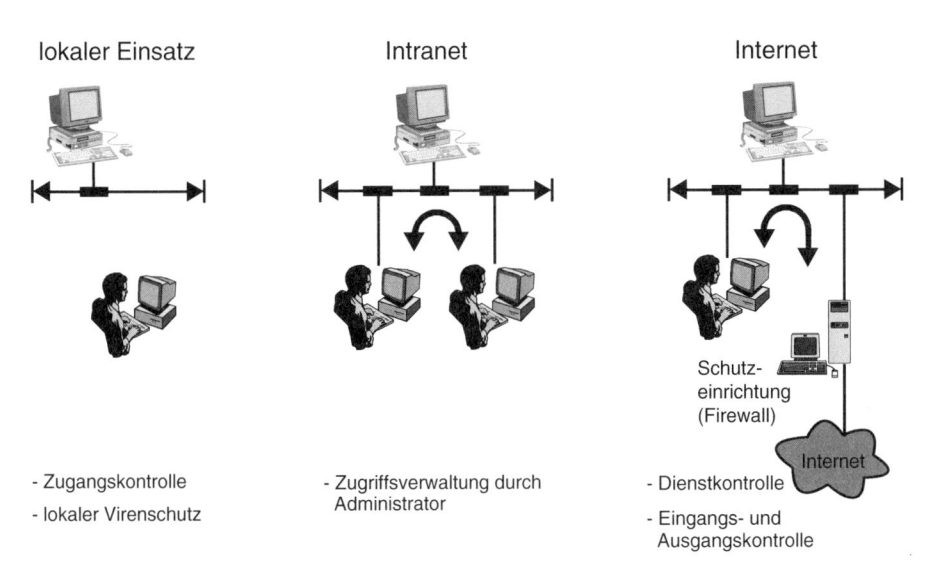

lokaler Einsatz	Intranet	Internet
- Zugangskontrolle - lokaler Virenschutz	- Zugriffsverwaltung durch Administrator	- Dienstkontrolle - Eingangs- und Ausgangskontrolle

Schutz-
einrichtung
(Firewall)

Bild 5:   Risikomanagement bei Internetanbindung

Ein unternehmensweites Sicherheitskonzept spiegelt die Sicherheitspolitik des Unternehmens wieder und ermöglicht ein firmenindividuelles Risikomanagement bei der Nutzung der Internettechnologie [8]. Im Rahmen eines Sicherheitskonzepts werden neben den technologischen Maßnahmen insbesondere auch die personellen und organisatorischen Maßnahmen zur Gewährleistung der Netzsicherheit festgeschrieben. Denn nur wenn alle Sicherheitsmaßnahmen aufeinander abgestimmt und in einem konsistenten Sicherheitskonzept integriert zum Einsatz kommen, kann ein dem Sicherheitsbedarf entsprechender Schutz der unternehmenseigenen Rechnersysteme gewährleistet werden. Bei umsichtiger Planung läßt sich die sichere Internetanbindung auch für klein- und mittelständische Unternehmen realisieren. Hierzu stehen den Unternehmen u.a. folgende technischen Maßnahmen zur Verfügung (Bild 6):

- Schutz durch Virenschutzprogramme
- Schutz durch Authentifikation und Autorisierung
- Schutz durch mehrstufige Firewallsysteme
- Schutz durch Verschlüsselung

Diese Schutzmechanismen bieten in alleiniger Anwendung jedoch keine hinreichende Systemsicherheit, da sie jeweils unterschiedliche Schutzfunktionen bei der Sicherung der Internetanbindung wahrnehmen [9]. Erst durch eine Kombination dieser Schutzmechanismen und ein entsprechendes Sicherheitsbewußtsein der Anwender können Sicherheitslücken bereits im Vorfeld der Internetanbindung wirkungsvoll vermieden werden. Deshalb beinhalten marktgängige Komplettlösungen üblicherweise mehrere dieser Schutzmechanismen in einem Produkt [10].

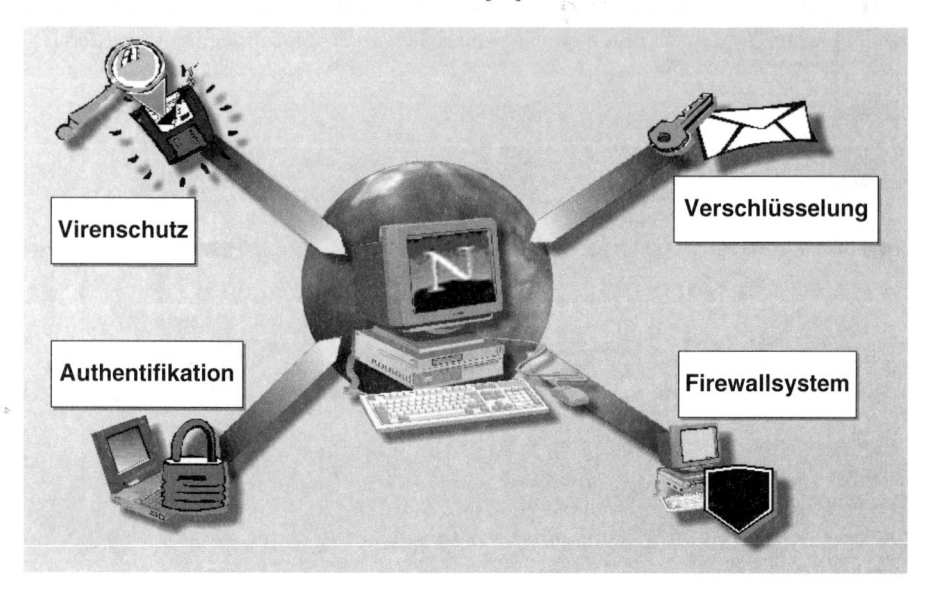

Bild 6: Schutzmöglichkeiten bei der Internetanbindung

Das grundlegende Funktionsprinzip dieser Schutzmechanismen wird im folgenden erläutert.

Schutz durch Virenschutzsoftware

Bereits bei unvernetzten Rechnern stellen Computerviren eine Gefahr für Daten und Programme dar [9]. Der durch die Vernetzung zunehmende Datenaustausch erhöht jedoch die Wahrscheinlichkeit eines Virenbefalls, so daß geeignete Vorsichtsmaßnahmen Bestandteil eines Sicherheitskonzepts sein sollten. Computerviren „vermehren" sich, indem sie ein gewöhnliches Programm „infizieren" und derart modifizieren, daß dieses infizierte Programm in Zukunft den Computervirus reproduziert. Computerviren beinhalten üblicherweise neben einer Vermehrungsfunktion auch eine Schadensfunktion (z.B. Löschen von Dateien). Sowohl durch die Vermehrungsfunktion als auch durch die Schadensfunktion können Dateien und Daten beschädigt werden.

Den besten Schutz gegen eine Zerstörung von Dateien und Daten durch Computerviren bietet eine zuverlässige Strategie zur Datensicherung. Darüber hinaus existiert eine Vielzahl von wirksamen Antiviren-Programmen. Virenscanner erkennen bekannte Viren anhand bestimmter Merkmale. Daneben können sogenannte Virenschilde das laufende System auf verdächtige Vorfälle überwachen und einen guten Schutz gegen Makroviren bieten.

Schutz durch Authentifikation und Autorisierung

Damit der Zugriff auf Dienste des Intranets nur befugten Anwendern erlaubt wird, ist eine Zugangskontrolle erforderlich. Diese Zugangskontrolle sollte eine leistungsfähige Authentifikation und eine differenzierte Autorisierung der Benutzer umfassen [10]. Die Authentifikation stellt hierbei sicher, daß nur befugten Anwendern der Zutritt zum Unternehmens-Intranet erlaubt wird. Die Authentifikation regelt jedoch nicht den Zugriff auf Informationen verschiedener Sicherheitsstufen. Der Zugriff auf Informationen und Dateien unterschiedlicher Sicherheitsstufen erfordert darüber hinaus eine differenzierte Verwaltung von Benutzerrechten. Für die Überprüfung der Benutzeridentität bieten spezielle Authentifizierungs-Server - wie beispielsweise RADIUS (Remote Authentication Dial-in User Server) oder TACACS (Terminal Access Controler Access Control System) - wirkungsvolle Lösungen an.

Schutz durch ein mehrstufiges Firewallsystem

Neben den Authentifikationsservern stellt das Firewallsystem einen weiteren wichtigen Bestandteil des Sicherheitskonzeptes beim Zugriff auf das firmeninterne Intranet über das Internet dar. Das Firewallsystem befindet sich an der Schnittstelle zwischen Internet und Intranet und kontrolliert alle Datenpakete, die zwischen diesen beiden Netzen ausgetauscht werden [11].

Firewallsysteme bieten zum Schutz des Intranets folgende Funktionen:

- Rechnerkennungen (von Sender und Empfänger) werden protokolliert und gegebenenfalls gesperrt,
- der Zugriff auf Netzwerkprotokolle und Internetdienst wird kontrolliert,
- die Inhalte der Datenpakete werden überprüft (z.B. Abweisung von Email-Attachments),
- die Struktur des Firmenintranets wird verborgen (wodurch Angriffe auf das Intranet erschwert werden),
- sicherheitsrelevante Vorfällen werden protokolliert.

Zur Bewältigung dieser Aufgabenfülle besteht ein Firewall-System im allgemeinen nicht aus einem Element, sondern aus einer Kombination von mehreren Grundelementen. Diese Grundelemente realisieren jeweils Teilfunktionen des Firewallsystems. Durch die Trennung in unabhängige Teilsysteme wird die Manipulation der Firewall wesentlich erschwert.

Darüber hinaus sollte ein Sicherheitskonzept mit einem mehrstufigen Firewallsystem die Einrichtung von „demilitarisierten Zonen" (DMZ) vorsehen. In einer DMZ befinden sich neben der Firewall-Systeme auch die öffentlich zugänglichen Server (wie Web- und FTP-Server) des Unternehmens. Für die Öffentlichkeit bestimmte Informationen sollten im Sicherheitskonzept klar identifiziert werden und außerhalb des sensiblen Teils des Intranets in der DMZ plaziert werden.

Schutz durch Verschlüsselung

Die sichere Anbindung von Kunden und Außendienstmitarbeitern an das Intranet über das öffentliche Internet erfordert darüber hinaus weitere Schutzvorkehrungen. Da der Transport der Daten über ein öffentliches Netz erfolgt, könnten die Daten abgehört oder verfälscht werden [8]. Schutz gegen diese Sicherheitsrisiken können Verschlüsselung und Signatur der Daten mittels kryptographischer Methoden bieten. Eine elektronische Verschlüsselung verhindert unbefugten Zugriff auf die übertragenen Daten während digitale Signaturen unbemerkte Veränderungen der Daten verhindern und die Identität des Absenders garantieren. Neben den technischen Voraussetzung sind für den Einsatz der Verschlüsselungstechnik auch personelle und organisatorische Maßnahmen zu ergreifen. So erfordert die Verschlüsselungstechnologie eine vertrauenswürdige Verwaltung der elektronischen Schlüssel, die beispielsweise sicherstellt, daß nur befugtes Personal Zugriff auf Informationen einer bestimmten Sicherheitsstufe erhält.

Bei den Verschlüsselungsverfahren können symmetrische und unsymmetrische Verschlüsselungsverfahren unterschieden werden. Diese stellen unterschiedliche Anforderungen an die Schlüsselverwaltung. Symmetrische Verschlüsselungen arbeiten für die Ver- und Entschlüsselung mit dem gleichen Schlüssel und sind nur in einem kleinen Personenkreis praktikabel.

Für die Kommunikation in einem größeren Teilnehmerkreis (z.B. für die konzernweite Email-Kommunikation) sind dagegen unsymmetrische Verschlüsselungsverfahren besser geeignet. Die unsymmetrische Verschlüsselung benötigt pro Teilnehmer einen öffentlichen und einen privaten Schlüssel. Diese Schlüssel sind voneinander abhängig und werden gemeinsam erzeugt. Der öffentliche Schlüssel ist allen Teilnehmern zugänglich und kann an einem öffentlichen Schlüssel-Server abgefragt werden. Eine vertrauliche Nachricht an einen bestimmten Empfänger wird mit dessen öffentlichem Schlüssel vom Absender verschlüsselt. Danach erfolgt der Versand der Nachricht über das Internet. Selbst wenn die verschlüsselte Nachricht beim Transport über das Internet abgehört wird, ist sie praktisch für den Lauscher wertlos. Denn nur der berechtigte Empfänger kann diese verschlüsselte Nachricht mit seinem privaten Schlüssel wieder entschlüsseln.

Während sich diese Form der Verschlüsselung besonders für den Nachrichtenverkehr per Email eignet, existieren auch andere Schlüsselverfahren für die sichere Anbindung von Kunden und Außendienstmitarbeitern über WWW-Browser oder andere Internetdienste. Solche Verfahren sind für den interaktiven Austausch vertraulicher Daten während einer Verbindung zum Intranet über das Internet erforderlich, da hierdurch das Abhören der Verbindung unterbunden werden kann. Zur Verschlüsselung des Datentransfers über das Internet stehen mit SSL (Secure Socket Layer) und SHTTP (Secure Hypertext Transfer Protocol) zwei geeignete Protokolle zur Verfügung.

Eine weitere Möglichkeit zur sicheren Kommunikation mit Kunden und Außendienstmitarbeitern über das öffentliche Internet stellen Virtuelle Private Netzwerke (VPN) dar [12]. In einem VPN wird mittels einer Tunneling-Technik eine abhörsichere Verbindung über das Internet aufgebaut. Hierbei bedeutet Tunneling, daß die Ursprungsdaten mit einem zusätzlichen Protokollkopf versehen und verpackt werden. Dieser Verpackung wirkt wie ein Schutzumschlag für die Datenpakete [13]. Aufgrund der unkomplizierten

Nutzung sowie der Kostenersparnisse bei gleichzeitig guter Sicherheitsleistung werden VPN-Lösungen zunehmend zur Anbindung von Außendienstmitarbeitern über das Internet verwendet. Ein Standard für die VPN-Technik konnte bisher nicht etabliert werden, so daß Lösungen verschiedener Anbieter in der Regel nicht miteinander kombiniert werden können.

Sicherheitsbewußtsein der Anwender

Neben den rein technischen Maßnahmen muß ein Sicherheitskonzept auch personelle und organisatorische Maßnahmen zur Aufrechterhaltung der Sicherheit beinhalten. Denn von allen sicherheitsrelevanten Vorfällen gehen ca. 60% auf Irrtum und Nachlässigkeiten zurück [10]. Lediglich ein sechstel der Vorfälle ist auf aktive Angriffe zurückzuführen. Häufig verkennen die Nutzer von Internet-Diensten beispielsweise die Bedeutung der Zugangskennungen und Paßwörtern. Deshalb muß ein Unternehmen im Rahmen von Schulungsmaßnahmen das Sicherheitsbewußtsein der Mitarbeitern schärfen, um eine Aushöhlung der Systemsicherheit durch die Unkenntnis der Anwender zu verhindern.

Fazit

Eine hundertprozentige Sicherheit kann bei der Internetanbindung, wie bei jeder Art von EDV-Systemen, nicht gewährleistet werden. Ein Intranet kann mit den beschriebenen Schutzmechanismen gegen alle realen Bedrohungen aus Internet zuverlässig gesichert werden. Hierzu muß zunächst im Rahmen des firmenindividuellen Riskomanagements der Aufwand und Nutzen der Schutzmaßnahmen kritisch analysiert und an den Sicherheitsbedarf des Unternehmens gespiegelt werden. Hierbei ist zu beachten, daß auch Firewallsysteme, Virenschutzsoftware und andere Schutzmechanismen nur dann ausreichend Schutz bieten, wenn sie kontinuierlich von qualifizierten Fachpersonal gepflegt werden. Ohne fortdauernde Überwachung aller sicherheitsrelevanten Vorfälle und einer Wartung sämtlicher Softwaresysteme bleibt nach kurzer Zeit nur ein Bruchteil der Schutzwirkung übrig. Da ein IT-System ständigen Veränderungen unterliegt, muß das Sicherheitskonzept regelmäßig an geänderte Anforderungen des Unternehmens sowie neue Bedrohungen und verbesserte Schutzmöglichkeiten angepaßt werden, um langfristig eine nachhaltige Schutzwirkung zu erhalten und somit einen sicheren Informationsaustausch zu gewährleisten.

3 Industrielle Anwendungsbeispiele

In einer weitentwickelten Dienstleistungsgesellschaft wird ein schneller und sicherer Informationsaustausch für produzierende Unternehmen immer mehr zum Schlüsselkriterium für den unternehmerischen Erfolg. Kostensenkung durch die Optimierung der unternehmensinternen Prozesse und der Einsatz der richtigen Kommunikationssysteme zur Gewinnung strategischer Wettbewerbsvorteile stehen im Mittelpunkt. Die Internet-Technologie kann als universelles Informations- und Kommunikationssystem einen wichtigen Beitrag zur Organisation des Informationsangebot und der Geschäftsprozesse innerhalb und außerhalb des Unternehmens leisten.

Schon heute versuchen einige Unternehmen, die vorhandene Technologie zu nutzen und neue Anwendungen auf dieser Basis zu entwickeln. Im folgenden werden drei bestehende Anwendungsbeispiele für den Einsatz der Internet-Technologie erläutert. Sie sollen Denkanstöße für die weitere Entwicklung geben.

3.1 Anwendungsbeispiel eines Steuerungsherstellers

Immer mehr Unternehmen erkennen und nutzen die Vorteile von verteilten Automatisierungsstrukturen zur Lösung ihrer Automatisierungsaufgaben. Ein fundamentaler Baustein innerhalb dieser Strukturen ist die industrielle Kommunikation. Sie leistet die Kopplung einfachster Sensoren und Aktoren an eine Steuerung ebenso wie die Verbindung dieser Steuerung mit Leitrechnern bzw. anderen Steuerungen. Sie sorgt dafür, daß Informationen schnell und zuverlässig zwischen Prozeß und Automatisierungssystemen fließen. Die industrielle Kommunikation bewegt sich jedoch längst auch über den Bereich der eigentlichen Automatisierungsebene hinaus. Die vertikale Durchgängigkeit der Kommunikation zwischen der Automation und der Informations-Technologie des Unternehmens ist heute eine selbstverständliche Anforderung.

Entsprechende Komponenten sind heute bereits am Markt verfügbar. So bietet Siemens als Hersteller von Automatisierungssystemen Basiskomponenten an, mit denen es möglich ist, Automatisierungssysteme an das Internet anzuschließen (Bild 7). Mit dem Kommunikationsprozessor CP 443-1 IT kann z.B. ein S7-400 Steuerungssystem direkt mit dem Internet verbunden werden, d.h. über den integrierten WWW-Server ist das System direkt über jeden Web-Browser erreichbar. Über ein JAVA-Applet kann sich der Benutzer kennwortgeschützt in die Anlage einloggen, Detailinformationen abrufen und steuernd eingreifen. Darüber hinaus kann das Steuerungssystem eigenständig Emails mit Informationen über Produktions- und Anlagenzuständen, z.B. Stückzahlen, Temperaturen oder gar Störungen, versenden. Größere Datenmengen können mit Hilfe von FTP transferiert werden.

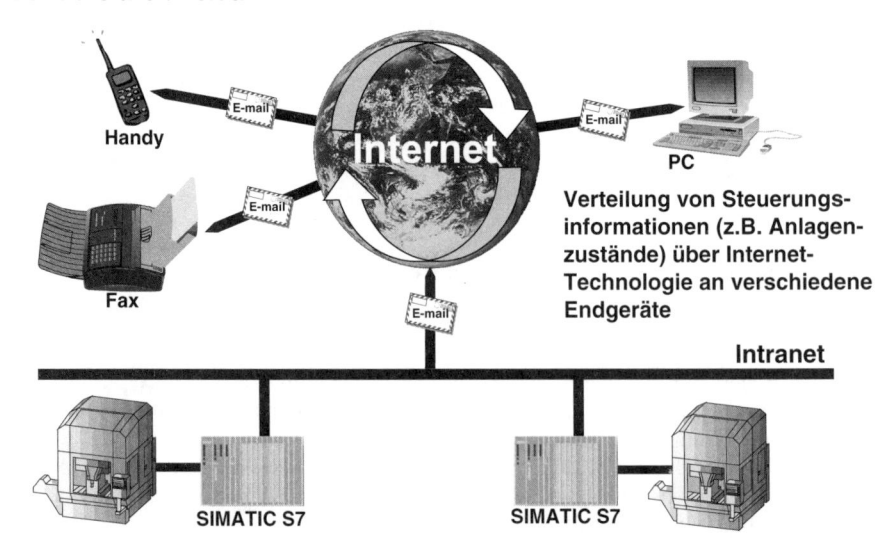

Bild 7: Internet-Integration von SIMATIC-Systemen (nach: Siemens)

Bedien- und Beobachtungssysteme als zentrale Datensammelstelle eines Automatisierungssystems stellen eine prädestinierte Anwendung zur Einbindung von Internet-Technologie dar. Das Siemens System WinCC, mit seiner Strukturierung in eine Client-Server-Architektur, setzt noch weitere Möglichkeiten der Internet-Technologie um. Clients mit entsprechenden Zugangsberechtigungen können Anlageninformationen, wie z.B. Produktionsfortschritte, abrufen. Über einen Web-Client wird die Server-Anbindung des Systems über HTTP realisiert. Über diese Anbindung läßt sich das System ohne Probleme direkt an das Internet anschließen.

Die Nutzung dieser Systemleistungen ist anwendungsspezifisch und wird derzeit in einigen Pilotprojekten mit prototypischem Charakter erprobt. Bild 8 zeigt ein solches Pilotprojekt mit der Firma Varta zur Batteriefertigung. Bei der Fertigung handelt es sich um eine vollautomatische Anlage, die in einer menschenunverträglichen Umgebung angesiedelt ist. Dadurch ergibt sich die Notwendigkeit, Steuerungsinformationen dezentral bereitzustellen und entfernt steuernd einzugreifen. Dies wurde hier mit Hilfe der Internet-Technologie realisiert.

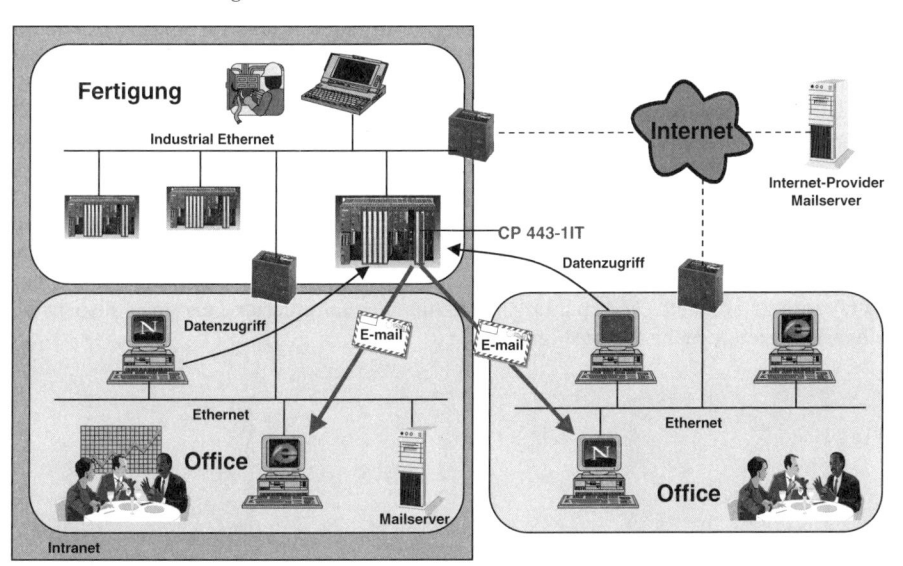

Bild 8: Beispiel einer Integration ins Internet

Bei diesem Anwendungsbeispiel können Anlageninformationen über den Email Dienst an jeden beliebigen Ort geliefert werden. Im Falle einer Störung der Anlage wird eine entsprechende Nachricht abgesetzt und der Mitarbeiter kann über einen herkömmlichen Browser weitere Informationen der Anlage abfragen. Dadurch kann im Vorfeld einer Störungsbehebung der Verursacher lokalisiert und damit die Dauer der Wartungsarbeiten verkürzt werden.

Der Benutzer hat damit den Vorteil, vor einem Serviceeinsatz schon detaillierte Informationen über den Anlagenzustand zu erhalten. Der Betreiber der Anlage hat dabei die Kontrolle über den Zugang zu den Ressourcen, d.h. nur zu dem vom Betreiber erlaubten Zeitpunkten, wie z.B. zur Inbetriebnahme oder zu Wartungsarbeiten, ist der Zugriff erlaubt. Um diesen Vorteil zu nutzen, bedarf es keiner zusätzlichen Software. Mit den Möglichkeiten eines handelsüblichen Computers ist dies bereits möglich.

3.2 Anwendungsbeispiel eines Werkzeugherstellers

Nicht nur Automatisierungssysteme profitieren von der Anwendung der Internet-Technologie. Für Zulieferer ergeben sich ganz neue Möglichkeiten. Der Kunde verlangt immer mehr nach umfassenden Dienstleistungen rund um das Produkt, wie z.B. dem im folgenden vorgestellten neuen Konzept eines Tool Management Systems.

Die direkten Werkzeugkosten werden durch unterschiedliche und unabhängige Berechnungen von mehreren Autoherstellern mit ca. 4% der Produktionskosten ermittelt [14]. Die Kosten für Lagerung, Vorbereitung, Einsatz, Nach- und Aufbereitung und Logistik liegen mit ca. 12% wesentlich höher. Aus diesem Grund tendieren immer mehr Anwender dazu, das Werkzeugmanagement an externe Unternehmen zu vergeben. Kleine, unabhängige und flexible Unternehmen können diese Aufgabe oft effektiver und kostengünstiger ausführen als die bisher zuständigen Abteilungen des Werkzeugwesens in den großen Autokonzernen. Dies gilt besonders dann, wenn hinter diesen kleinen Tool-Management-Unternehmen kompetente Werkzeughersteller mit Erfahrung für Werkzeugherstellung, -aufbereitung, Nachschleifen, Nachbeschichten usw. stehen.

Eine sinnvolle Schnittstelle zur Auslagerung ist für die produzierenden Unternehmen ein halbautomatischer Werkzeugschrank in der Nähe der Produktionsmaschinen (Bild 9). Der Anbieter (Tool Manager) sorgt technisch und logistisch dafür, daß die notwendigen Werkzeuge im Schrank immer bevorratet sind und stellt dem Anwender „Zerspanungsfähigkeit" (Zerspanungskapazität mit garantierter Leistung), also keine reinen Werkzeuge mehr zur Verfügung.

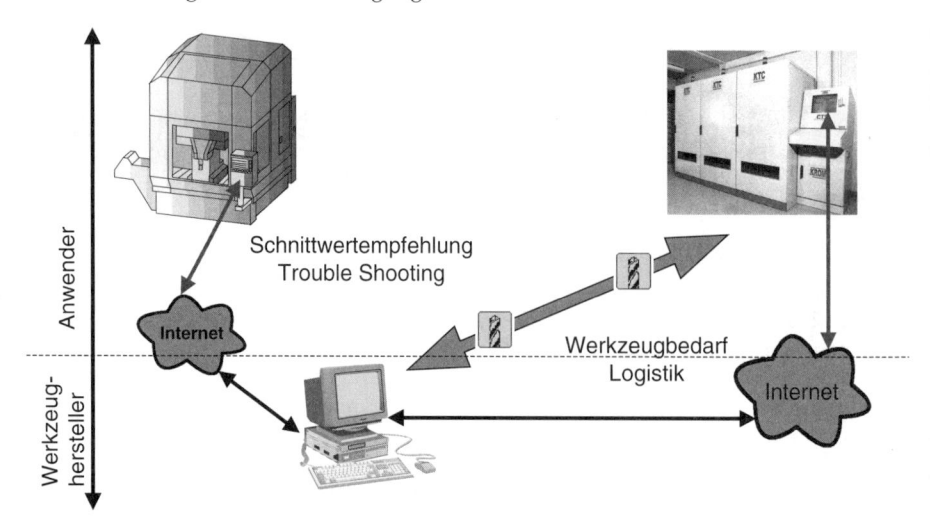

Bild 9: Tool-Management System der Firma Gühring

Die höchste logistische Effektivität und Produktivität sind beim Tool Management dann erreichbar, wenn sich die Tool Manager auf die Versorgung einzelner, gut abgegrenzter Fertigungsabschnitte konzentrieren können. Für eine Integration des Tool Management Systems bietet sich die Anwendung der Internet-Technologie zum Austausch der notwendigen Informationen (z.B. Standzeitinformationen, Austausch eines Werkzeugs) zwischen dem Anwender und dem Tool Manager geradezu an.

Derzeit nutzt die Werkzeugindustrie das Internet in erster Linie zur Selbstdarstellung und zur Werbung für eigene Produkte. On-line-Kataloge sind selten verfügbar und der Verkauf von Werkzeugen mit Hilfe der Internet-Technologie steht erst am Anfang der Entwicklung.

On-line Kataloge werden insbesondere von Großkunden gefordert, da CD-Prospekte die gedruckten Kataloge bisher nicht ablösen konnten. Die Ursachen liegen darin, daß die CD-Kataloge ebenso wie die gedruckten Exemplare nie den aktuellen Stand der Produkte wiedergeben. Oft dürfen die CD-basierten Kataloge wegen Sicherheitsbedenken nicht im lokalen Netz (Intranet) der Großunternehmen gespeichert werden. Vorteil des internet-basierten On-line Katalogs ist die ständige Verfügbarkeit benötigter Informationen vor Ort.

Die Nutzung der Internet-Technologie wird nicht nur den Arbeitsplatz des Einkäufers und Werkzeugsplaners beeinflussen. In absehbarer Zukunft wird der Werker an der Maschine z.B. optimierte Schnittdaten über die Steuerung aus dem Internet abrufen können. Weiterhin wird er bei Problemen ohne die Hilfe von Außendienstler mit Expertensystemen ein einfaches Trouble Shooting durchführen können. Ca. 80% der Probleme können durch einfache und vorprogrammierte Algorithmen lokalisiert werden. Durch entsprechende internet-basierte Anwendungen läßt sich das Know-how zur Behebung dieser Störungen oder Probleme rund um die Uhr und rund um den Globus abrufen.

3.3 Anwendungsbeispiel eines Verzahnmaschinenherstellers

Durch die voranschreitende Verbreitung der Internet-Technologie und die damit verbundenen Möglichkeiten ergeben sich neue Anwendungen für Hersteller von Werkzeugmaschinen. Die Firma Liebherr als Hersteller von Verzahnmaschinen setzt die Internet-Technologie zur Zeit vorwiegend im Bereich des Service ein. Bei einer Anfrage eines Kunden benötigt der Service-Mitarbeiter konkrete Informationen über die Kundenanlage. Bisher mußte der Mitarbeiter sich diese Informationen erst sehr umständlich, zum Teil aus anderen Abteilungen, zusammensuchen. Hier kann ein internetbasiertes Dokumentenmanagementsystem den Mitarbeiter mit allen notwendigen Informationen versorgen. Durch die Eingabe z.B. der Auftragsnummer erhält der Mitarbeiter sofort Zugriff auf alle benötigten Unterlagen dieser Anlage und kann dem Kunden schneller Problemlösungen bieten. Über dieses System hat der Benutzer ebenfalls Zugriff auf ein integriertes Stücklistenwesen, so daß eine Beschaffung schneller abgewickelt werden kann.

Entscheidend für die Akzeptanz solcher Systeme ist die Benutzerschnittstelle, die ein intuitives und schnelles Auffinden der benötigten Informationen ermöglichen soll. Probleme ergeben sich durch die großen Datenmengen (z.B. bei CAD-Zeichnungen), die zum Teil zur Verfügung gestellt werden. Hier muß die Netzwerkkapazität entsprechend angepaßt werden.

Um nicht Informationen redundant zu speichern, müssen die Informationen dort bereitgestellt werden, wo diese entstehen (z.B. auf dem CAD-Server der Konstruktion). Der transparente Zugriff auf Informationen wird bei der Firma Liebherr über sogenannte Business Objects geregelt, die eine Anfrage bearbeiten und die entsprechenden Informationen bedarfsgerecht darstellen. Dadurch wird eine Vereinheitlichung der im Unternehmen verwendeten Systemwelten erreicht. Für den Zugriff wird nur noch ein Browser benötigt, der alle Informationen darstellen kann.

Für die Entwicklung neuer Produkte sind im Service gesammelten Erfahrungen von entscheidender Bedeutung. Sie sollen deshalb anderen Abteilungen zur Verfügung gestellt werden. Diese Aufgabe übernehmen für den Benutzer nicht sichtbar die Business Objects. Um einen Service-Mitarbeiter internet-basiert zu unterstützen, müssen die bisher im Service-Bereich verwendeten heterogenen Systeme, wie z.B. CAD, E-CAD, Baan etc., analysiert und auf ihre Internettauglichkeit untersucht werden.

Diese vorerst als Intranet-Anwendungen angedachte Realisierung soll künftig auch über das Internet den Service-Mitarbeitern vor Ort oder auch Kunden den Zugang zu technischen Informationen rund um die Uhr bieten (Bild 10). Dabei muß berücksichtigt werden, daß nicht jeder Nutzer in gleicher Weise auf das System zugreifen darf. Entsprechende Zugriffsmechanismen wie Authentifikation und Autorisierung (vgl. Kap. 2.3) spielen dabei eine entscheidende Rolle.

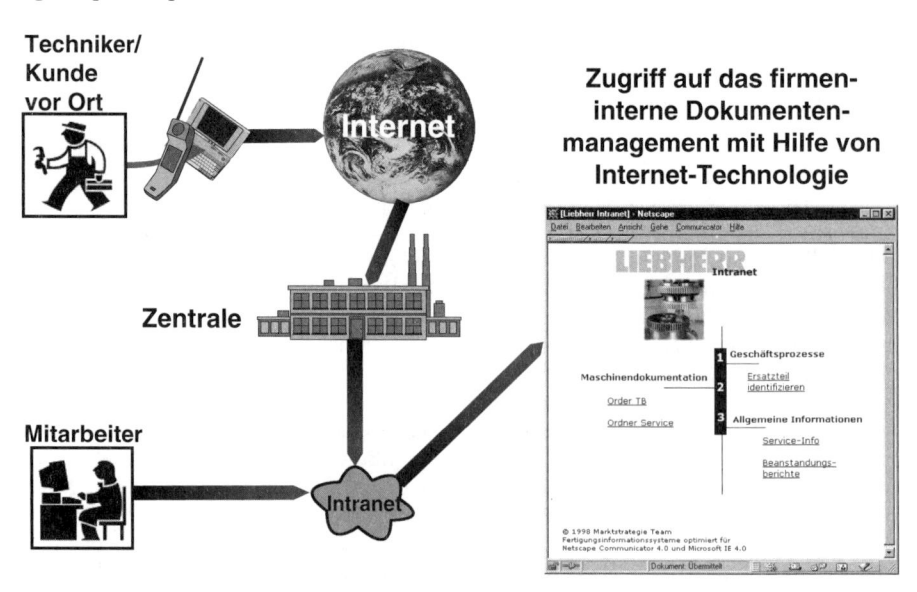

Bild 10: Prozeßunterstützende Informationsbereitstellung der Firma Liebherr durch einheitlichen Zugriff auf Softwaresysteme

Die zwischenzeitlich durchgeführten Untersuchungen haben gezeigt, daß durch die intranet-basierte Unterstützung der Mitarbeiter im Service-Bereich eine Verkürzung bei der Bearbeitung von Anfragen zu erwarten ist. Dies wird zu einer Erhöhung der Zufriedenheit der Mitarbeiter und nicht zuletzt der Kunden beitragen.

4 Zukünftige Anwendungen in Werkstatt und Betrieb

Nachdem im vorangegangenen Kapitel heutige Anwendungen aus dem industriellen Bereich geschildert wurden, soll nun ein Szenario über den in einigen Jahren vorstellbaren Einsatz von Internet-Technologie in der Werkstatt entwickelt werden.

Dazu wollen wir einen fiktiven Arbeitsplatz besuchen und dem Werker einmal „über die Schulter sehen", wie er künftig typische Abläufe in der Fertigung bewältigt. Dabei sollen insbesondere die in Bild 11 gezeigten Tätigkeiten betrachtet werden. Als Ergebnis wollen wir das Potential der neuen Technik nachweisen und die erwarteten betrieblichen Veränderungen, insbesondere auch deren Auswirkungen auf den arbeitenden Menschen, untersuchen.

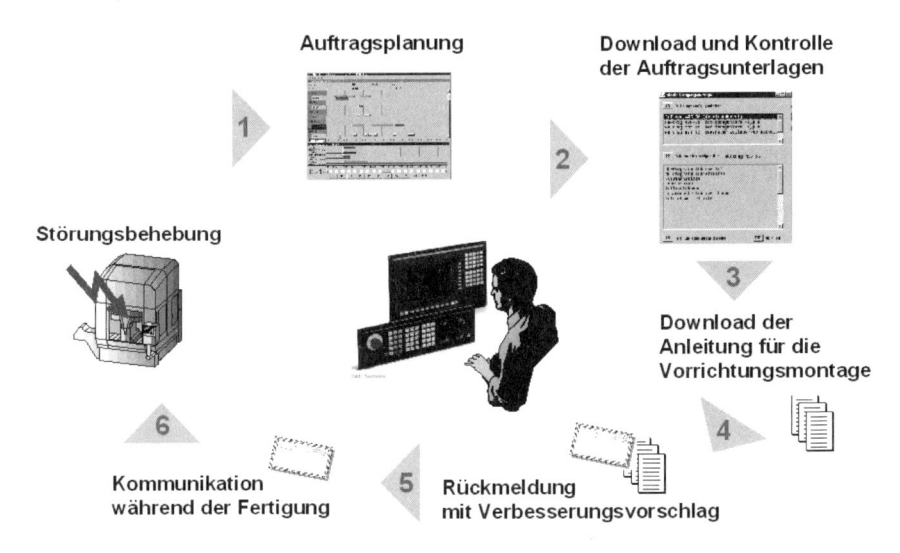

Bild 11: Szenario für einen zukünftigen Arbeitsablauf in der Werkstatt unter Einsatz von Internet-Technologie

Der Einsatz von Internet-Technologie ermöglicht die Informations- und Funktionsbündelung unter einer einheitlichen Benutzungsoberfläche (Bild 12). Insbesondere wird der Werker einen transparenten Zugriff auf alle zur Produktion benötigten Informationen und Unterlagen in elektronischer Form haben. Hierfür eignen sich z.B. Konstruktionsunterlagen, Auftragsinformationen, Arbeitspläne, Werkzeugdaten, NC-Programme, Teilezeichnungen oder auch Montageanleitungen für Betriebsmittel oder Prüfpläne. Die Benutzungsoberfläche einer Maschinensteuerung wird hierbei die Nutzung der Internet-Technologie sowie den Ablageort von Informationen verbergen. Der Einsatz von Internet-Technologie ermöglicht weiterhin z.B. eine dezentrale Auftragsplanung und Auftragsumplanung sowie die vereinfachte Auftragsverfolgung, wie gleich im einzelnen noch gezeigt werden wird.

Bild 12: Werker mit internet-fähiger Benutzungsoberfläche (Fotomontage: WZL)

In unserer fiktiven Modellwerkstatt verfügt der Werker über eine entsprechende ausgerüstete Maschinensteuerung. Auf Basis einer offenen Steuerung mit OSACA-Architektur wurde eine Benutzungsoberfläche unter der Internet-Sprache Java installiert. Zur Verbesserung des Bedienkomforts hat die Steuerung einen Touchscreen zur direkte Interaktion mit angezeigten Daten.

4.1 Auftragsplanung

Unser Werker beginnt seine Arbeitswoche mit einem Blick in die Planung der Termine seiner Schicht. Über einen internetbasierten Organizer (Bild 13) auf der Steuerungssoberfläche können die anstehenden Arbeiten und die wichtigen Termine im Kalender überprüft werden. Über das internet-basierte Personalzeiterfassungssystem erhält der Werker einen Überblick über sein Arbeitszeitkonto und kann die aktuelle Auftragslage in der Gruppe und damit den aktuellen Personalbedarf erfragen. Mit diesen Informationen kann der Werker selbständig die eigene Arbeitskraft verplanen.

Das Abfeiern von Überstunden oder einen Urlaubsantrag reicht er mit Hilfe eines elektronischen Formulars direkt von seinem Arbeitsplatz an der Steuerung aus ein. Eine Bestätigung erfolgt nach einer Prüfung durch das Personalbüro über eine Nachricht zurück zum steuerungsintegrierten Organizer. Dies vermeidet nicht nur papier-basierte Formulare und zusätzliche Lauferei, sondern stellt auch sicher, daß innerhalb der Gruppe jederzeit aktuelle und konsistente Informationen über die Verfügbarkeit der Mitarbeiter vorliegen.

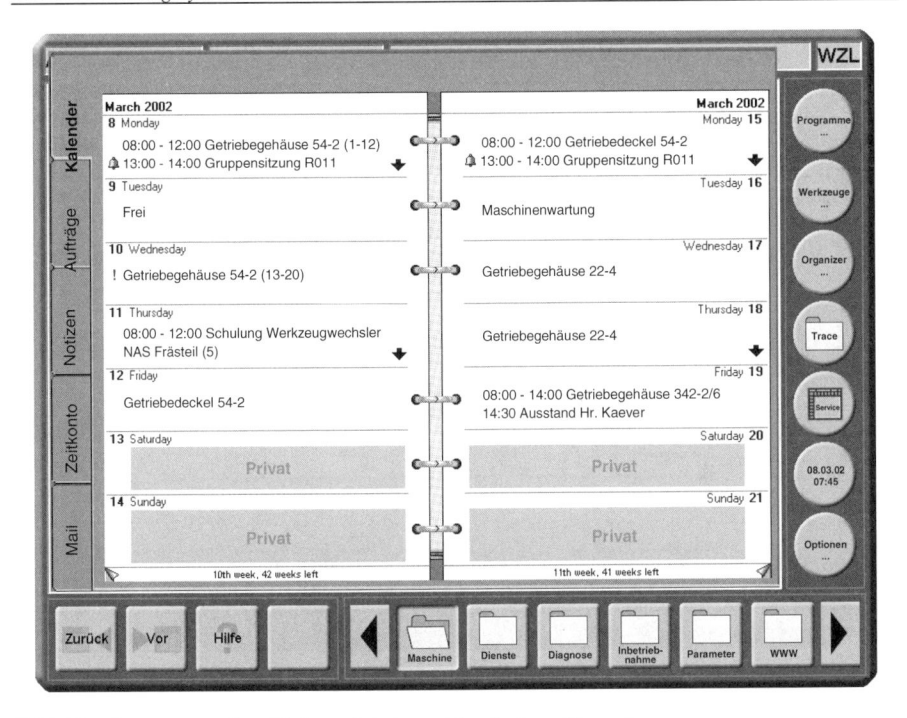

Bild 13: Steuerungsoberfläche mit internet-basiertem Organizer

Ein Organizer kann diese Daten, sofern vom Mitarbeiter freigegeben, im Unternehmen zur Verfügung stellen, so daß entsprechende Dienstprogramme einen Abgleich unter den Daten einzelner Mitarbeiter durchführen können. Ein Organizer steht dem Mitarbeiter auch an anderen Arbeitsplatzrechnern oder an anderen Maschinen sowie außer Haus, z.B. bei einem Serviceeinsatz, zur Verfügung. Persönliche Daten können dabei geschützt werden. Durch den Einsatz von Internet-Technologie wird hierbei der Datenaustausch und die Datenpflege vereinfacht.

4.2 Verwaltung von Auftragsunterlagen

Nachdem der Werker diese Daten kontrolliert hat, ruft er über den Organizer eine Liste der aktuellen, vom dezentralen Planungswerkzeug verwalteten, Aufträge ab (Bild 14). Das System zur dezentralen Steuerung unterstützt die Online-Einplanung der Aufträge und zeigt die aktuelle Planungssituation in der Gruppe oder in der Abteilung an. Der steuerungsintegrierte, internet-basierte Leitstand versetzt den Werker in die Lage, die Aufträge entweder manuell einzuplanen oder sich automatisch den nächsten Auftrag auswählen zu lassen.

Der Werker wählt jetzt den Auftrag „Fräsen eines Getriebegehäuses" und erhält umgehend die zugehörigen Auftragsunterlagen, auf die on-line zugegriffen werden kann (Bild 15).

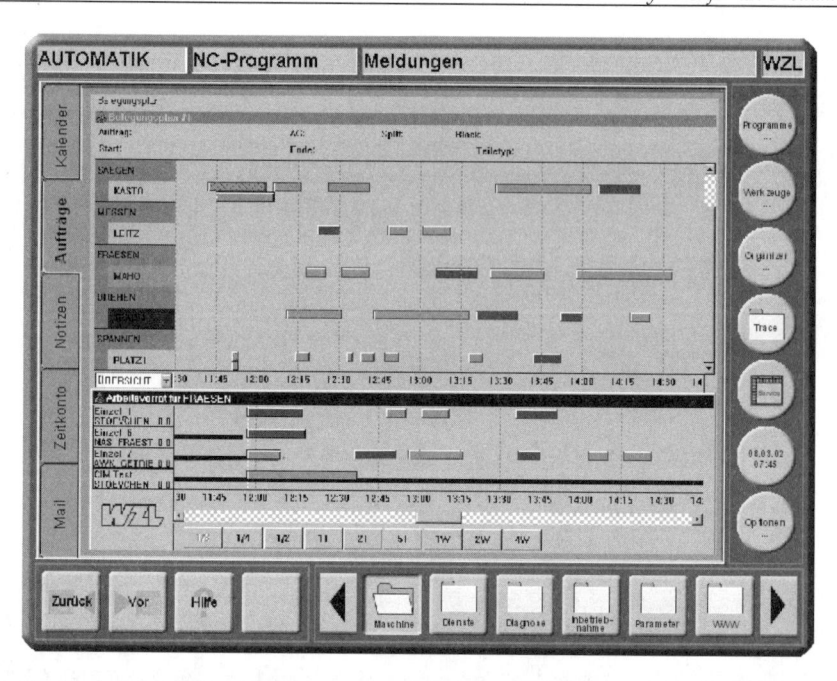

Bild 14: Maschinenbelegung über internetbasierten Leitstand

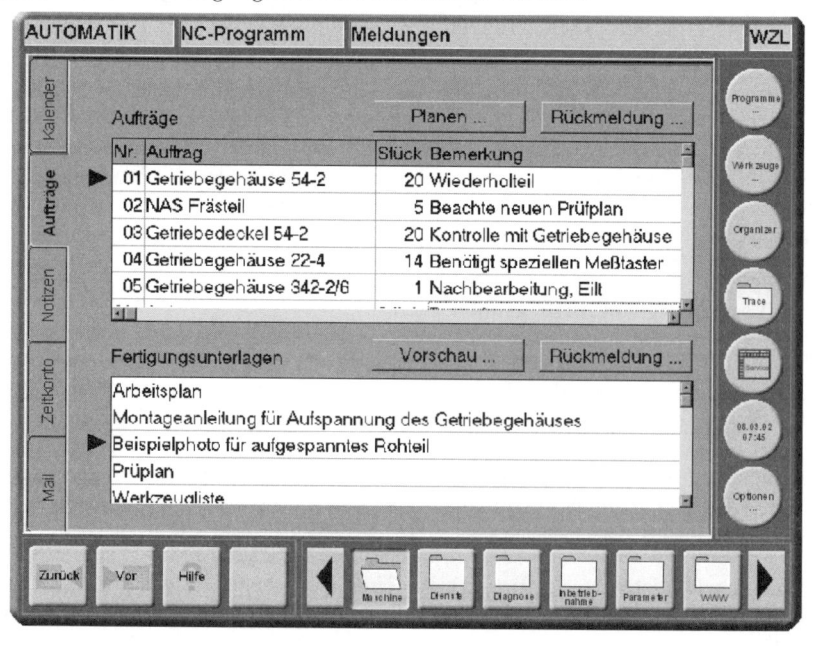

Bild 15: Internet-basierter Zugriff auf elektronische Fertigungsunterlagen

Hier handelt es sich um einen Wiederholungsauftrag, für den eine 3D-Ansicht aus der Konstruktion und ein Bild des Fertigteils zur Verfügung steht. Um sich einen ersten Eindruck zu verschaffen kann das Bild des Fertigteils geladen und angezeigt werden (Bild 16). Die Internet-Technologie verbirgt hier mit der Hilfe von Hyperlinks den tatsächlichen Ablageort der Bilddatei auf einem anderen Rechner im Intranet. Auch das Verfahren, mit der die Bilddatei auf die Steuerung geladen wird, ist für den Anwender nicht erkennbar. Ob die Datei über FTP, über HTTP oder sogar direkt aus einer Datenbank abgerufen wird, stellt für den Benutzer keine wichtige Information dar. Entscheidend ist, daß die internet-basierte Benutzungsschnittstelle standardisierte Mechanismen zum Laden der Daten einsetzt. Die Datenspeicher im Intranet müssen standardisierte Schnittstellen zum Abrufen der Daten implementieren und dem Benutzer muß gezielt die Informationen zur Verfügung gestellt werden, die für die Arbeitsaufgabe von Bedeutung sind.

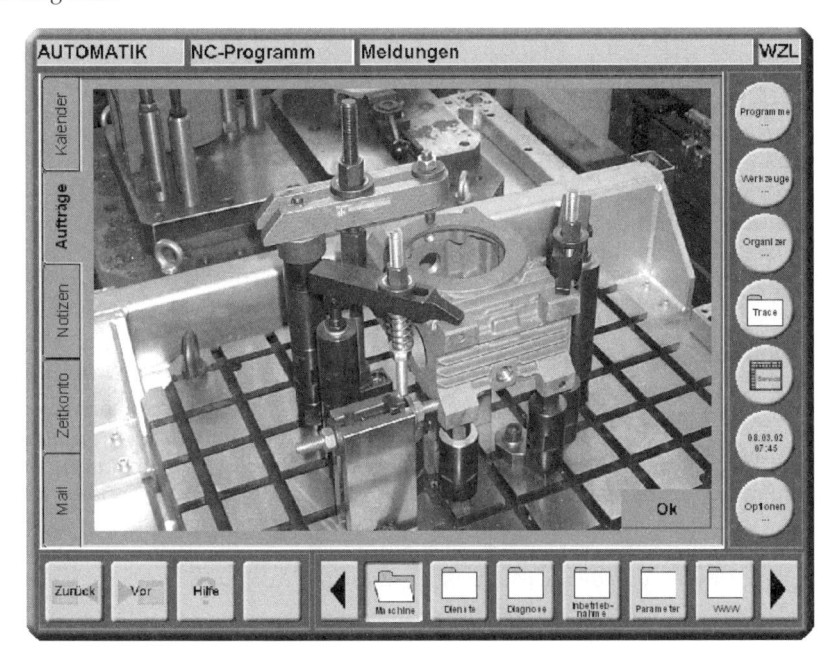

Bild 16: Aufspannsituation, über Internet-Dienst geladen

Bei der elektronischen Bereitstellung von Produktionsunterlagen profitiert man von den internetbasierten Zugriffsmöglichkeiten, da man benötigte Informationen nicht mehr redundant an unterschiedlichen Orten halten muß, sondern direkten Zugriff auf den Ort ihrer Entstehung hat. Konstruktionsunterlagen werden z.B. von der Konstruktion auf einem bestimmten Rechner im Intranet zur Verfügung gestellt. Die Arbeitsvorbereitung stellt ihrerseits die Arbeitsunterlagen auf eigenen Rechner im Intranet zur Verfügung. Das Zusammenstellen von Auftragsunterlagen läßt sich dann beschleunigen, indem z.B. in einer elektronischen Arbeitsmappe im HTML-Format nur noch die entsprechenden Hyperlinks angegeben werden. Es muß also nur eine Bestand von Unterlagen und Daten gepflegt werden, die aktuellen Versionen stehen immer allen gleichzeitig zur Verfügung. Versionskonflikte und hohe Aufwände für Datenverwaltung können somit vermieden werden.

Dabei ist es keineswegs erforderlich, daß auf der NC-Steuerung leistungsfähige CAD-Programme oder ähnliches betrieben werden. Entsprechende Viewer ermöglichen netzwerkgestützt den Zugriff auf die erforderlichen Daten und verschaffen den Zugang zu Anwendungsprogrammen, die auf weit entfernten Rechnern ablaufen.

4.3 Vorrichtungsmontage

In unserem Beispiel zeigt die Übersicht der Fertigungsunterlagen im Organizer dem Werker, daß zum Einrichten der Maschine eine spezielle Spannvorrichtung für das Rohteil benötigt wird. Um sich diesen Aufspannvorgang demonstrieren zu lassen, öffnet der Werker eine entsprechende HTML-basierte Montageanleitung. Der Verweis zu dieser Anleitung ist in der elektronischen Liste der Auftragsunterlagen als Hyperlink vorhanden.

Leider ist es trotz unterstützender Grafiken noch immer etwas umständlich, die Montageanleitung vom Bildschirm abzulesen. In der Nachbargruppe werden deshalb testweise bereits Brillen mit eingebautem Display eingesetzt, sogenannte Head-mounted Displays. Mit ihrer Hilfe können dem Werker die nötigen Arbeitsschritte grafisch in sein Sichtfeld eingeblendet werden (Augmented Reality), so daß er den Blick nicht mehr zwischen Werkstück und Steuertafel wenden muß.

4.4 Rückmeldemechanismen

Während der Werker versucht, das Rohteil nach der geladenen Aufspannanleitung aufzuspannen, stellt er fest, daß die Spannvorrichtung das Planfräsen der Stirnfläche blockiert. Mit Hilfe seines Erfahrungswissens entschließt er sich zu einer abweichenden Anordnung der Spannbacken mit der sich das Werkstück trotzdem ausreichend spannen läßt. Anschließend kann er das vorbereitete NC-Programm auswählen und starten. Über das integrierte, internet-basierte BDE-Modul setzt die Steuerung dabei automatisch eine Meldung über den Start der Bearbeitung ab. Auch im dezentralen Leitstand wird diese Information sofort nachgeführt.

Eine Grundvoraussetzung für den Einsatz von Internet-Technologie am Werkstattarbeitsplatz ist die Anbindung der Steuerung an ein Netzwerk. Funktionen wie Maschinen- oder Betriebsdatenerfassung, die bisher meist unter Verwendung eigener Hardware und einer eigenen Benutzungsoberfläche realisiert wurden, können nun auch steuerungsintegriert ausgeführt werden. Benötigt wird nur noch die Softwareintelligenz; Schnittstellen und Netzwerk stehen durch den Einsatz von Internet-Technologie in standardisierter Form zur Verfügung. Neben Meldungen über den Bearbeitungsbeginn können auch andere Meldungen zu vor- und nachgelagerten Bereichen verschickt werden, wie z.B. Teilfertigmeldungen, Maschinenausfallzeiten, Werkstückqualität oder online ausgefüllte Prüfprotokolle.

Für das Versenden und Empfangen von Meldungen eignet sich in diesem Zusammenhang der Internet-Dienst „Email" besonders gut. Für diesen Dienst stehen eine Reihe von Client- und Serverprogrammen zum Teil kostenlos zur Verfügung. Das Format der zugrundeliegenden Standards läßt sich auf einfache Weise in eigene Programme und Benutzungsoberflächen integrieren. Dabei muß man sich Email nicht unbedingt als ein eigenständiges Programm vorstellen; vielmehr werden dem Benutzer die auf die jeweilige Aufgabe und den Kontext zugeschnittene Kommunikationsmöglichkeiten gegeben.

Unser Werker nutzt die Möglichkeit der steuerungsintegrierten Rückmeldung, um die durchgeführten Modifikation an der Aufspannung zu dokumentieren. Der Einsatz der Internet-Technologie motiviert hierbei, in dem es ermöglicht wird, die Aufgabe schnell, einfach und insbesondere papierlos durchzuführen. Mit einer digitalen Kamera wird ein Photo von der neuen Aufspannung gemacht und drahtlos zum Organizer auf der Steuerungsoberfläche übertragen. Parallel zur laufenden Bearbeitung wird in der Auftragsliste die ungenaue Aufspannanleitung angewählt und der Button „Rückmeldung" betätigt. Der Organizer wechselt automatisch in das Nachrichtenmodul und zeigt ein Formular für elektronische Rückmeldungen an (Bild 17). Die Netzadresse der Abteilung, die das fehlerhafte Dokument pflegt, sowie die benötigten Daten zur Identifikation von Auftrag und Dokument hat der Organizer automatisch aus den elektronischen Auftragsunterlagen ermittelt. Vor dem Abschicken wird dem Formular noch ein getippter oder gesprochener Hinweis sowie das Photo hinzugefügt.

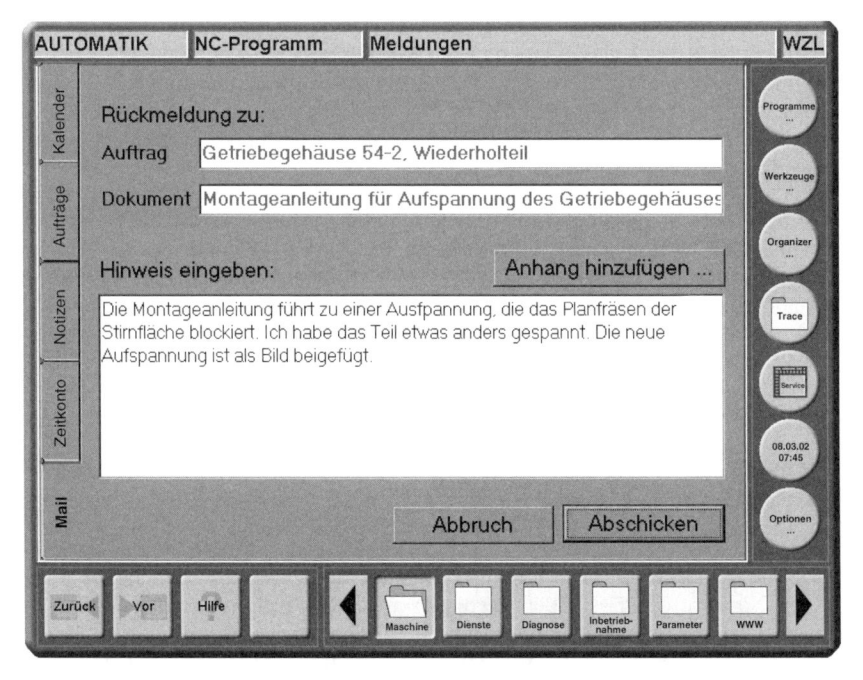

Bild 17: Internet-basierte Rückmeldungen zu Fertigungsunterlagen über den steuerungsintegrierten Organizer

Inzwischen ist auch der Ablauf des NC-Programms ein gutes Stück vorangeschritten. Die Abarbeitung dieses bereits getesteten Programms läuft problemlos. Früher war die Verwaltung von NC-Programmen, ihr Abgleich mit den Konstruktionsdaten und das

Herunterladen auf die Steuerung noch sehr aufwendig und fehleranfällig. Seit der Verwendung des neuen, STEP-kompatiblen NC-Standards ISO 14649 ist dies weitgehend vorbei. Die NC greift direkt auf die unternehmensweite Produktdatenbank zu. Die Reihenfolge der Bearbeitung wird durch ein Java-Programm, das die erforderlichen Bearbeitungsschritte abruft, festgelegt. Dadurch müssen auch keine großen Datenmengen mehr an der Steuerung gehalten werden und die ständige Platznot auf der Festplatte gehört der Vergangenheit an.

Natürlich können im Notfall auch die ISO 14649-Programme als normale Datei auf Diskette angeliefert werden, etwa bei Netzwerkausfall. Für den Benutzer an der Maschine ändert sich dadurch nichts, da die Benutzungsoberfläche die konkrete Datenquelle ohnehin verbirgt. Die Anwahl eines entsprechenden Hyperlinks im Organizer führt so oder so zum richtigen Ziel und ersetzt die umständliche Arbeit mit einem Dateimanager, verschiedenen Verzeichnissen und speziellen DNC-Modulen.

4.5 Kommunikation in der Werkstatt

Kurz nachdem die Maschine das zweite Werkzeug eingewechselt hat, wird ein Icon auf dem Bildschirm der Steuerungsoberfläche angezeigt, das auf eine neue Nachricht hinweist. Im Nachrichtenmodul des Organizers wird angezeigt, daß ein Kollege aus der Nachbargruppe, der seinerseits einen neuen Auftrag in Angriff nehmen will, kurzfristig ein bestimmtes Werkzeug sucht. Der Werker überprüft daraufhin die nächsten Aufträge in seinem Pool und stellt fest, daß er das Werkzeug für die von seinem Kollegen geforderte Zeit entbehren kann. Das integrierte Nachrichtenmodul ermöglicht es, diese Anfrage direkt zu beantworten.

Gerade durch die Steigerung von Aufgabenumfängen und Verantwortung hat solche informelle, direkte Kommunikation stark an Bedeutung gewonnen. Die Mitarbeiter wissen zu schätzen, daß sie ihre Kollegen mittels Email jederzeit erreichen können, ohne dabei aber unmittelbar deren oder die eigenen Arbeitsabläufe unterbrechen zu müssen.

4.6 Störungsbehebung

Nachdem die Hälfte der Bearbeitung durchgeführt wurde, bleibt die Maschine beim Einwechseln des dritten Werkzeugs stehen. Bei dieser für Bearbeitungszentren durchaus typischen Störung [15] erscheint in der Steuerung die Fehlermeldung „Werkzeugwechsel nicht erfolgreich beendet". Da eine eingetretene Störung immer eine ungeplante Situation darstellt, erfordert ihre Diagnose und Behebung ein hohes Maß an Fach- und Erfahrungswissen. Bei Störungen an einer Produktionsanlage selbst stellt schon die Diagnose der Störungsursache entsprechende Anforderungen an Kenntnis und Erfahrung des Werkers. Er muß in dieser Situation alle Umstände erkennen und einordnen können, um die Störungsursache zu identifizieren und die richtigen Behebungsmaßnahmen einzuleiten.

Im vorliegenden Fall erkennt der Werker, daß der Fehler nicht unmittelbar behoben werden kann und setzt über das internet-basierte BDE-Modul der Steuerung eine Meldung über eine noch nicht spezifizierbare Maschinenausfallzeit ab.

Bei der Diagnose und Behebung der Störung greift er wieder auf Internet-Technologien zurück. Das können dabei schon einfache Punkt-zu-Punkt-Verbindungen sein, wie sie heute im Bereich des Teleservice verwendet werden. Durch den Zugriff auf den weltweit vernetzten Rechnerverbund bietet sich für der Werker an der Maschine der Vorteil, auf die hausintern oder weltweit bei verschiedenen Herstellern und Service-Anbietern vorliegenden Informationen zugreifen zu können. Dabei ist er dank standardisierter Internet-Technologien nicht an einen Service-Anbieter gebunden, sondern kann sich an Spezialisten seiner Wahl wenden, die beispielsweise speziell für den Werkzeugwechsler an seiner Maschine umfangreiche Informationen oder Service-Programme bieten. Dadurch entsteht ein virtuelles Service-Netzwerk, wie es von den Kunden der Maschinenhersteller immer wieder gefordert wird [16]. Weiterhin wird auf eine bereits verfügbare Infrastruktur des Intra- bzw. Internets zugegriffen, was zusätzliche Kosten durch spezielle Punkt-zu-Punkt-Verbindungen via Telefon spart.

Der Einsatz von Internet-Technologien und standardisierten Schnittstellen ermöglicht zudem die softwaretechnische Integration der Service-Abteilung in den betrieblichen Datenfluß [17]. Statt stets mit Instandhaltern vor Ort präsent zu sein, kann nun ein abgestuftes Service-Konzept umgesetzt werden. Es setzt ganz wesentlich darauf, den Maschinenbenutzer vor Ort zur Eigenhilfe zu befähigen.

Um die Ursache für die aufgetretene Störung zu diagnostizieren und mögliche Behebungsmaßnahmen einzuleiten, kann der Werker über den Diagnosebereich seiner Steuerungsoberfläche verschiedene internet-basierte Werkzeuge verwenden. Diese unterscheiden sich im wesentlichen durch die Art der Informationsbeschaffung und durch den Grad, in dem externe Service-Anbieter in die Diagnose eingebunden werden können (Bild 18). Dies reicht von der einfachen Beschaffung von Informationen über den Daten- und Informationsaustausch mit einem entfernten Service-Fachmann bis zum vollständigen, interaktiven Zugriff des Servicefachmanns über das Internet auf die Maschine.

In der ersten Stufe führt der Werker an der Maschine die Störungsdiagnose und -behebung selbst durch. Zunächst ist er auf den Störungstext der Maschinensteuerung angewiesen, der jedoch häufig, wie hier im Fall des Werkzeugwechslers, zu ungenau ist. Dies liegt zum einen an dem zu geringen Informationsgehalt der Störungsmeldung selbst und zum anderen an dem Umstand, daß Fehlermeldungen bei Werkzeugmaschinen immer eine Summenmeldung darstellen. Wie im Beispiel des Werkzeugwechslers wird von der überwachenden PLC nur erkannt, daß das Werkzeug sich nicht in seiner Endposition befindet. Jedoch ist nicht erkennbar, bei welchem Zwischenschritt dieses umfangreichen Vorgangs die Störung aufgetreten ist.

Um in dieser Situation die richtige Störungsursache zu finden, benötigt der Werker alle relevanten Informationen direkt an der Maschine. Dazu lädt er sich zunächst via Intranet von einem hauseigenen Server die erforderlichen Handbücher auf die Steuerungsoberfläche. Sind spezielle Handbücher erforderlich, die hausintern nicht vorliegen, so kann der Werker sich diese im Internet sowohl beim Maschinenhersteller als auch beim Komponentenlieferanten herunterladen. Für den Werkzeugwechsler können dies beispielsweise eine ausführliche textuelle Beschreibung der Einzelschritte des Werkzeugwechsels sowie Fotos davon sein.

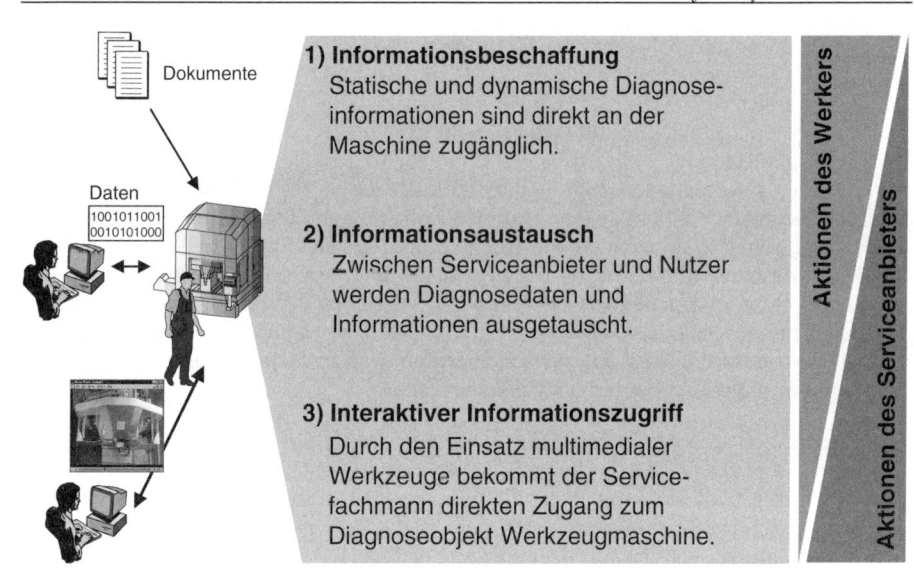

Bild 18: Stufen der Nutzerunterstützung bei Service-Tätigkeiten via Intra- und Internet

Neben solchen statischen Informationen kann der Werker vorhandenes Expertenwissen nutzen. Dabei kann der Werker sich mit Hilfe einer WWW-Suchmaschine individuelle Hinweise zu seiner spezifischen Störung zusammenstellen lassen. Bei dem Service-Anbieter wird das Expertenwissen automatisch aus einer Datenbank zusammengestellt und dem Werker auf seiner internetbasierten Steuerungsoberfläche angezeigt. Basierend auf seiner Diagnose kann er dann spezifische Behebungsanleitungen erhalten. Das hierfür erforderliche Erfahrungswissen kann seitens des Service-Anbieters in Datenbanken hinterlegt sein, aber es kann auch aus der Sammlung von Erfahrungen in der eigenen Werkstatt kommen (Bild 19).

Ein entscheidender Vorteil des Interneteinsatzes liegt darin, daß die Informationen - bei entsprechender Pflege - immer aktuell sind und daß der Werker dabei nicht auf eine einzelne Informationsquelle angewiesen ist, sondern durch den Zugriff auf verschiedene Quellen die nach seinen Entscheidungskriterien für ihn besten und hilfreichsten Informationen aussuchen kann. Zur Suche nach solchen Informationsquellen und Serviceanbietern kann er durch Suchwerkzeuge, beispielsweise auf Basis von Agentensystemen, unterstützt werden. Diese können dann mit Hilfe von Konfigurationsinformationen der Maschinen entsprechende Quellen im Internet ausfindig machen und deren Inhalt für den Nutzer grob qualifizieren.

Sind im Störungsfall Ersatzteile zu beschaffen, beispielsweise ein neuer Greifer für den Werkzeugwechsler, so kann diese Bestellung bei einem Zulieferer direkt aus dem Diagnosebereich der internet-fähigen Steuerungsoberfläche erfolgen und die erforderlichen Vorgänge in der Einkaufsabteilung angestoßen werden. Die direkte softwaretechnische Weiterverarbeitung dieser Bestelldaten erspart zum einen Papieraufwand. Zum anderen wird dadurch der Bestellvorgang deutlich beschleunigt und somit die Maschinenausfallzeit reduziert.

Internet-Technologie für die Produktion   387

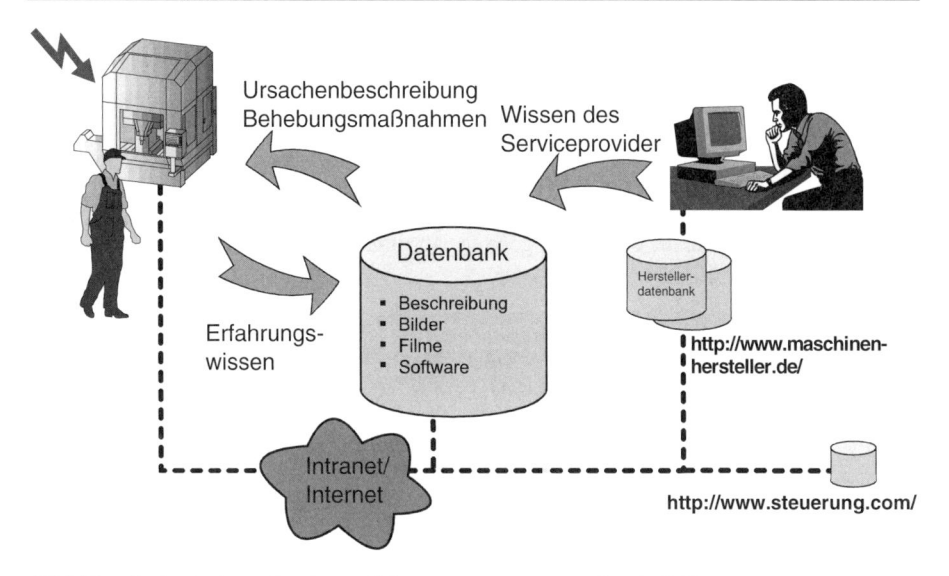

Bild 19: Facharbeiterorientiertes Störungsmanagement (nach [18])

Gelingt es dem Werker an der Maschine nicht, unter Zuhilfenahme der internetbasierten Informationsbeschaffung die Störung des Werkzeugwechslers zu beheben, so muß er den direkten Rat von Serviceexperten einholen. In dieser zweiten Stufe der Störungsdiagnose findet via Internet ein Informationsaustausch zwischen dem Werker vor Ort und dem Serviceexperten in seiner örtlich getrennten Zentrale statt. Dies kann entweder über Email geschehen - wobei automatisch zusammengestellte Steuerungsdaten wie Betriebsmodus usw. beigefügt werden können - oder in einem interaktiven Verfahren.

Dazu verbindet sich der Werker über seinen Organizer mit dem Serviceanbieter. So können Konferenzschaltungen zur Besprechung in einem Kreis von mehreren Experten einfach mittels Internet Telefonie oder, falls ein Protokoll der Sitzung gewünscht ist, mittels Internet Relay Chat (IRC) durchgeführt werden. Der Servicedienstleister kann direkt für die Diagnose wichtige Dateien (z.B. Log-Protokolle) via FTP aus der Steuerung auslesen und sich somit ein Bild vom Zustand der Steuerung und Maschine machen. Dies kann auch durch Bilder unterstützt werden, die der Werker vor Ort mit digitaler Photographie aufnimmt.

Da der Werker sich bei der Diagnose an der Maschine frei bewegen können muß, um beispielsweise den Werkzeugwechsler genauer untersuchen zu können, ist eine mobile Einsatzstation bei der Diagnose, z.B. auf Basis eines Handheld-PCs, von entscheidender Bedeutung. Damit steht ihm einen entsprechende Kommunikationsplattform immer direkt vor Ort zur Verfügung. Somit kann ein Zeitverlust durch vielfaches Hin- und Herlaufen zwischen Diagnoseort und Steuerung vermieden werden.

Um die Informationsdarstellung beim Werker zu verbessern und die Kommunikation zwischen Werker und Servicefachmann zu unterstützen, wird der Datenaustausch durch multimediale Werkzeuge unterstützt, die sich zusammen mit dem Internet entwickelt haben bzw. als reine Internetanwendung entwickelt wurden. So können beispielsweise mittels sogenannter Whiteboards einfache Skizzen erstellt werden und damit die textuelle Beschreibung verdeutlicht werden. Ebenso bietet der Einsatz von Werkzeugen der Virtual Reality, wie sie im Internet durch den Standard VRML Verbreitung fanden, eine anschauliche graphische Unterstützung bei der Störungsdiagnose und -behebung. Weiterhin können der Werker und der Serviceanbieter direkt gemeinsam durch Document Sharing Systeme (CSCW) auf denselben Dokumenten arbeiten. Damit können der Werker und der Servicefachmann beispielsweise online auf einem Photo Orte markieren, an denen die genaue Störungsursache des Werkzeugwechslers erkennbar ist (Bild 20).

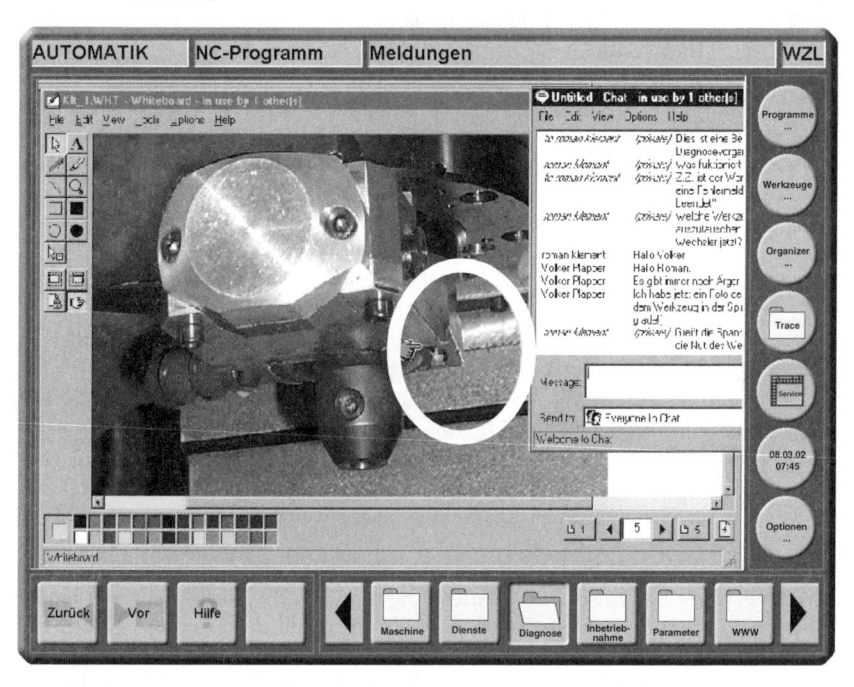

Bild 20: Informationsaustausch via Internet (z.B. Whiteboards)

Wenn alle diese Möglichkeiten nicht ausreichen, muß sich der Servicefachmann in der dritten Stufe direkten Zugang zu seinem Diagnoseobjekt, der Werkzeugmaschine, verschaffen. Er kann sich über das Internet als zweites Terminal an die Steuerung anschließen und damit alle Funktionen ausführen, die auch der Benutzer vor Ort durchführen kann. Durch dieses bereits heute vielfach eingesetzte Vorgehen lassen sich z.B. Programmfehler einfach erkennen oder der Systemzustand analysieren. Ebenso ermöglichen diese Dienste dem Serviceanbieter, entsprechende Parametrierungen und Anpassungen an der Maschine vor Ort durchzuführen und dadurch Softwarefehler zu beseitigen.

Aber nicht nur Daten, sondern multimodale, alle Sinne ansprechende Informationen wie Kamerabilder, haptische Informationen etc. können dem Servicefachmann übermittelt werden (Bild 21). Damit kann er bestimmte Funktionen wie Einzelschritte des Werkzeugwechsels oder Verfahrbewegungen selbst ausführen. Somit stehen ihm alle erforderlichen Informationen des realen Diagnoseobjektes über die Entfernung zur Verfügung. Dennoch ist es auch in dieser Situation erforderlich, manuelle Eingriffe direkt an der Maschine vor Ort durchzuführen. Dies kann von rein mechanischen Tests („Läßt sich die Schraube noch weiter drehen?") bis hin zur Bewegung der Sensoren wie Kamera und Mikrophon gehen.

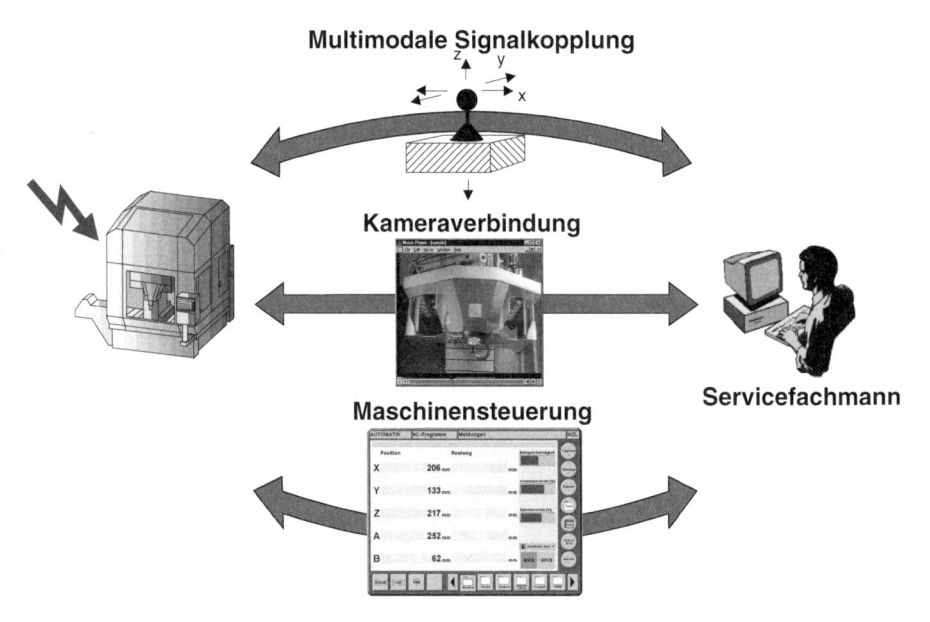

Bild 21: Interaktiver Informationszugriff auf die Maschine via Internet

Für den Nutzer solcher internetbasierten Diagnoseunterstützungen ergibt sich dabei der Vorteil, zum einen Zeit für die Instandsetzung zu sparen und zum anderen die Servicekosten zu reduzieren, da viele Einsätze dadurch entfallen können [17, 19]. Weiterhin bietet die Vernetzung der Maschinen die Möglichkeit, sich Rat und Unterstützung nach Wunsch bei verschiedenen Serviceanbietern zu holen oder auch mehrere Experten gleichzeitig zu Rate zu ziehen.

Für den Maschinenhersteller bietet der Einsatz von internetbasierten Servicedienstleistungen einen Mehrwert für die verkaufte Maschine, durch die er dem Kunden eine höhere Verfügbarkeit ermöglichen kann [17]. Dabei liegt der Vorteil der Verwendung von Internet-Technologie insbesondere in der preiswert verfügbaren und standardisierten Basistechnologie sowie in der homogenen Integration der internetbasierten Werkzeuge in den innerbetrieblichen Informationsfluß.

4.7 Auswirkungen auf den zukünftigen Arbeitsplatz in der Werkstatt

In einer zukünftigen Arbeitswelt unter Einsatz von Internet-Technologie profitiert der Werker in erster Linie von einer Informations- und Funktionsbündelung unter einer einheitlichen, WWW-basierten Benutzungsoberfläche. Der Mitarbeiter kann besser in den Informationsfluß in Werkstatt und Betrieb integriert werden. Insbesondere wird der Werker einen transparenten Zugriff auf alle zur Produktion benötigten Informationen und Unterlagen in elektronischer Form haben und somit eine schnellere und papierlose Auftragsbearbeitung bei verkürzten Informationswegen durchführen können. Hierbei bleiben dem Mitarbeiter Datenquelle sowie Zugriffsverfahren durch den Einsatz der Internet-Technologie verborgen.

Eine Grundvoraussetzung für den Einsatz von Internet-Technologie am Werkstattarbeitsplatz ist die Anbindung der Steuerung oder des Arbeitsplatzrechners an das Intranet oder das Internet. Funktionen wie Maschinen- oder Betriebsdatenerfassung, die bisher meist unter Verwendung eigener Hardware und einer eigenen Benutzungsoberfläche genutzt wurden, können nun auch steuerungsintegriert ausgeführt werden. Die beispielhafte Ausführung eines zukünftigen Maschinenarbeitsplatzes zeigt Bild 22. Der vergrößerte Bildschirmbereich ist insbesondere für das Nutzen elektronischer Fertigungsunterlagen hilfreich, indem der Werker sich weniger auf die Steuerungsbedienung konzentrieren muß und die Aufgabenerfüllung in den Vordergrund rückt. Das Bedienpanel mit dem Touchscreen ist herausnehmbar; seine Mobilität vereinfacht vor allem Tätigkeiten für Service und Diagnose. Die multimedialen Schnittstellen erleichtern die Benutzung des Systems.

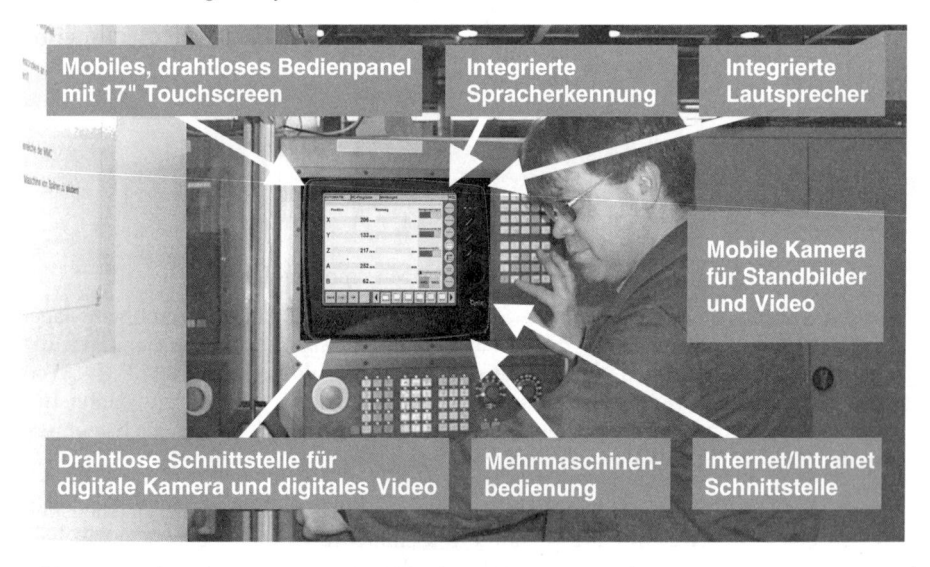

Bild 22: Funktionsintegration am zukünftigen Maschinenarbeitsplatz

Diese Technologie wird für den Facharbeiter künftig kein Hindernis mehr darstellen. Computer und Internet werden selbstverständlich Teil unserer Kultur werden und den Menschen schon von der Schule her vertraut sein. Der Einsatz interessanter und vertrauter Technologien wird den Ausbildungsberuf des Facharbeiters eher attraktiver machen. Dabei darf nicht verkannt werden, daß für den Erfolg in der Produktion noch immer das Wissen des Mitarbeiters über den Bearbeitungsprozeß und seine darauf bezogene Erfahrung im Vordergrund steht. Dieses Potential zu fördern und zu erschließen, muß das Ziel einer verbesserten Interaktionstechnik bleiben.

Zugleich wird sich durch die Verfügbarkeit von Information der Arbeitsbereich des Facharbeiters erweitern und seine Verantwortung steigen. Direkter Zugang zu externen Dienstleistungen etwa erfordern einen mündigen Mitarbeiter, der umsichtige und verantwortungsbewußte Entscheidungen trifft [17]. Unternehmen werden den Mut haben müssen, ihre Mitarbeiter dafür nicht nur zu qualifizieren, sondern auch die nötigen Freiräume zu schaffen.

Auch die verbesserten Möglichkeiten zur direkten Kommunikation zwischen Mitarbeitern und die Möglichkeiten autonomer Entscheidungsfindung auf Basis umfassend verfügbarer Informationen werden zu neuen Strukturen führen, die an vielen Stellen heute übliche Aufgabenteilung und Hierarchien aufweichen werden. In der Summe aber werden durch erhöhte Qualifikation, Arbeitsqualität und steigendes Ansehen die Motivation der Mitarbeiter und die Attraktivität des Berufs gefördert. Deshalb ist es eine berechtigte Erwartung, daß der gezielte Einsatz der Internet-Technologie und das Ausnutzen der Potentiale für die Steuerungstechnik zu effizienteren Produktionsabläufen in Werkstatt und Betrieb führen werden.

5 Migrationspfade

Wie weit sind wir heute auf dem Weg zum hier beschriebenen Idealzustand? Tatsache ist, daß viele hier beschriebenen Technologien heute im Bürobereich verfügbar sind oder sich gerade entwickeln. In erster Linie wird es also darauf ankommen, die Strukturen von Produktionsanlagen und Steuerungen auf die Integration solcher Techniken und die resultierenden neuen Arbeitsmöglichkeiten auszurichten. Das gilt schon deshalb, um nicht in der Werkstatt einen „Low-tech"-Bereich zu schaffen, der von den betrieblichen Abläufen im restlichen Unternehmen abgekoppelt wird.

Die Internet-Technologie kann nahezu jede netzwerkfähige Komponente im Produktionsbereich in den betrieblichen Informationsfluß einbinden. Der Einsatz von Internet-Technologie führt hierbei zu offenen Lösungen und zu einer erhöhten Anzahl wettbewerbsorientierter und modularer Lösungen. Viele Hersteller fügen ihren Produkten zur Zeit Internet-Schnittstellen hinzu, so daß in Zukunft mit einer vollständigen Durchdringung der Internet-Technologie in allen relevanten Bereichen der Produktionstechnik zu rechnen ist.

Die sinnvolle Nutzung der Möglichkeiten des Internets erfordert jedoch die Erfüllung der software- und hardwaretechnischen Anforderungen durch den Anbieter von Steuerungssystemen und die Integration in bestehende Organisationsabläufe beim Anwender.

Der Anbieter von Steuerungssystemen muß die Nutzung von Internetanwendungen wenigstens im Bereich der Benutzungsschnittstelle vorsehen. Mit der fortschreitenden Verwendung von Desktop-Systemen (z.B. Windows CE/95/NT) in den Steuerungen, die standardmäßig bereits Internetanwendungen unterstützen, ist dies kein prinzipielles Problem mehr. Es fehlt jedoch die durchgängige Bereitstellung aller notwendigen Informationen im Internetstandard. Hierzu müssen Schnittstellen zur Bereitstellung der entsprechenden Daten auf allen Steuerungsebenen - vom Sensor über den Steuerungskern bis zu den externen Anwendersystemen - realisiert werden. Der konsequente Einsatz von Standardarchitekturen wie OSACA wird dabei eine wichtige Rolle spielen.

Sicherlich ist noch viel zu tun, was das Angebot an produktionstechnisch orientierten Software-Lösungen angeht, die die Internet-Technologie nutzbar machen. Integrierte Lösungen, sei es zur Bereitstellung unscharfen Erfahrungswissens, sei es zur Ankopplung von Teleservice, fehlen noch weitgehend. Dennoch sollten sich die produzierenden Unternehmen nicht scheuen, bereits verfügbare, generische Lösungen wie Email, Newsgroups oder eine Anbindung an das firmeninterne Intranet am Werkstattarbeitsplatz verfügbar zu machen. Nur schrittweise können die heute vielleicht noch vorhandenen Vorbehalte abgebaut werden. Dazu muß der Nutzen dieser Technologie für die Mitarbeiter selbst erfahrbar werden.

Eine notwendige hardwaretechnische Voraussetzungen für den Einsatz von Internet-Technologie ist die durchgängige Ausstattung der Endgeräte mit Netzwerk-Schnittstellen. Da die Vernetzung der Maschinen heute bereits für den Programmaustausch immer häufiger eingesetzt wird und der Trend zu einer durchgängigen Vernetzung im Bürobereich sich mittlerweile im Produktionsbereich fortsetzt, dürfte diese Voraussetzung in Zukunft erfüllt werden. Der Anwender sollte bei der Auswahl eines Steuerungssystems die leichte Netzwerkintegration als ein Entscheidungskriterium heranziehen. Überhaupt sollte dem Einsatz von Standard-Komponenten bzw. Standard-Schnittstellen stets der Vorzug über proprietäre Lösungen gegeben werden.

Natürlich darf auch der Aufwand nicht unterschätzt werden, die Produktionsbereiche flächendeckend mit einem EDV-Netzwerk zu versorgen. Bei der Planung neuer Produktionsstätten eine Selbstverständlichkeit, muß dies auch im alten Bestand nachgerüstet werden. Eine sorgfältige Beratung hinsichtlich Netzwerktechnik und -topologie ist dabei unerläßlich, denn diese Hardware sollte über viele Jahre nutzbar und erweiterbar sein und möglichst auch vorhandene IT-Lösungen anbinden können. Die größte Hürde für eine sinnvolle Nutzung des Internets an der Maschinensteuerung stellt die Umstellung der Produktionsabläufe auf eine dezentrale Entscheidungsstruktur dar. Der Werker an der Maschine muß die Freiheit haben Entscheidungen eigenverantwortlich zu treffen. Hierzu kann er die Informationen aus den vorgelagerten Bereichen der Produktion nutzen. Wichtig für die sinnvolle Nutzung der Informationen ist hierbei die Qualifizierung des Benutzers für den Einsatz der neuen Technologie in Verbindung mit den veränderten Anforderungen. Neben einer Schulung müssen auch Fragen nach der Motivation oder der Entlohnung des Werkers beantwortet werden.

6 Zusammenfassung und Ausblick

Internet-Technologie ist ein Faktum der Gegenwart, eine Schlüsseltechnologie für die Zukunft und ein Hilfsmittel um Informationen bedarfsgerecht dort bereitzustellen, wo sie benötigt werden (Bild 23). Das Internet wird zukünftig flächendeckend, preiswert und jederzeit verfügbar sein. Der Einsatz von Internet-Technologie ist eng verknüpft mit Fragen der Informationsbeherrschung und der situationsbezogenen Informationsbereitstellung am richtigen Ort zur richtigen Zeit. Die Internet-Technologie löst hierbei räumliche Grenzen auf.

Internet-Technologie für die Produktion
- Faktum der Gegenwart
- Potential für die Zukunft

- Internettechnologie wird den industriellen Arbeitsplatz der Zukunft verändern
- Die Internettechnologie ist Chance und Anstoß zur Reorganisation des betrieblichen Informationsverarbeitung
- Die Nutzung von Internettechnologie ist Voraussetzung für das Bestehen in der Branche und im Wettbewerb

Bild 23: Internet-Technologie für die Produktion

Sicherheitsaspekte sind integraler Bestandteil der Internet-Technologie. Diese gilt es mit den richtigen technischen Konzepten anzuwenden und mit entsprechendem Risikomanagement zu kalkulieren. Lösungen sind vorhanden und für große sowie kleinere Anwendungsfälle skalierbar.

Dieser Beitrag hat aufgezeigt, wie sich die Arbeitswelt in Werkstatt und Betrieb durch den Einsatz von Internet-Technologien wandeln könnte. Der Einsatz von Internet-Technologie wird normaler Bestandteil von Arbeit und Freizeit werden. Hiermit werden Hemmschwellen bei der Nutzung entsprechender Applikationen im Produktionsbereich gesenkt und die Attraktivität der Facharbeit gesteigert.

Die Internet-Technologie und deren Anwendung für neue softwaretechnische Lösungen entwickelt sich sehr dynamisch und mit hohem Innovationsgrad. Internetanwendungen in der Produktion stehen jedoch erst am Anfang ihrer Entwicklung. Internet-Technologie forciert die Standardisierung von Schnittstellen und ist somit eine Chance, die Reaktionsfähigkeit und Flexibilität von Unternehmen zu erhöhen. Die Beherrschung von Internet-Technologie im Office- sowie im Produktionsbereich ist Voraussetzung für das Bestehen im Wettbewerb.

Literatur:

[1] Fecht, N.: Computer Integrated Manufacturing (CIM) und die Folgen - eine Bestandsaufnahme, Industrieanzeiger 7/1998, Seite 32-35

[2] Weck, M.: Internet Technologien in der Produktionstechnik, wt Werkstatttechnik 89 (1999) H.3

[3] International Communication: www.headcount.com/globalsource/ecommerce

[4] Utkowski T.: General Magic, www.genmagic.com/Internet/Trends

[5] Kamenz, U.: Internet-Studie VDMA 1998, ProfNet Praxis-Studien zum Internet, 1998

[6] Lay, G.; Wengel, J.: Techniktrends in der Produktionsmodernisierung - Rechnerintegration auf leisen Sohlen, Mittelung aus der Produktionsinnovationserhebung, ISI, 12/1998

[7] Stiel, H.: Die Bausteine eines Security-Konzepts, Datacom Nr.2 / 1998, CMP-WEKA Verlag, 1999

[8] Hafner, U.: Grundlagen der Datensicherheit, Gateway Januar 1997, Heise-Verlag

[9] Drecker, N.: Vier Pfeiler für mehr Sicherheit, Datacom Nr. 1/1999, CMP-WEKA Verlag, 1999

[10] Metzer, J.: Die Säulen der Sicherheit, Datacom Nr. 1/1999, CMP-WEKA Verlag, 1999

[11] Pohlmann, N.: Die Zukunft von Firewall-Systemen, Datacom Nr. 1/1999, CMP-WEKA Verlag, 1999

[12] Stiel, H.: VPNs gehört die Zukunft, Datacom Nr. 1/1999, CMP-WEKA Verlag, 1999

[13] N.N.: Im Tunnel durchs Internet, Computer Zeitung ‚Nr.4 /Januar 1999

[14] Cselle, T.: Das Wichtige vom Dringenden unterscheiden - Wichtige Entwicklungsrichtungen der Werkzeugtechnik um 2000, Sigmaringen, 1998

[15] Milberg, J.; Ebner, C.: Verfügbarkeit von Werkzeugmaschinen; Verein Deutscher Werkzeugmaschinenfabriken VDW, Forschungsbericht Nr. 208, 1994

[16] N.N.: Teleservice aus Anwendersicht; Elektronik 8/1998, S. 48-49

[17] Hudetz, W.; Harnischfeger, M.: Teleservice für die Industrielle Produktion. Leituntersuchung innerhalb des Rahmenkonzeptes „Produktion 2000"; Karlsruhe: 1997

[18] Plapper, V.: Facharbeiterunterstützung bei der Störungsdiagnose. In: Innovative Wege zur Handlungsunterstützung des Facharbeiters an Werkzeugmaschinen - InnovatiF; Herausgeber: Klaus Henning, Manfred Weck. Aachener Reihe Mensch und Technik (Band 29), Aachen: Verlag Mainz, 1998

[19] Etspüler, M.: Erfahrungsaustausch rund um den Erdball. Industrieanzeiger 45/97, S. 26-28

Glossar:

Application Gateway: Kontrolliert den Zugang bei Verbindungen zwischen *Inter-* und *Intranet* auf der Applikationsebene (Bestandteil eines *Firewall*-Systems).

Augmented Reality (AR): Überlagerung der Sicht auf die reale Welt mit computergenerierten Bildern oder Animationen dieser Bilder abhängig von der Betrachtersicht.

Authentifizierung: Ermittlung der Identität einer Person oder eines Programms für den Zugriff auf die Rechnerressourcen.

Autorisierung: Rechteverwaltung für Zugriff auf Daten und Programme für eine Person oder ein Programm; erfordert Authentifizierung.

Browser: Ein Programm, mit dem man Zugang zu *World Wide Web* erhält und die dort vorhandenen Dokumente nutzen kann. Ein Browser läßt sich auch in einem Intranet oder auf einem einzelnen PC einsetzten, um plattformunabhängige *HTML*-Dokumente anzuzeigen.

Chat: Online-Dialog in Echtzeit zwischen zwei oder mehreren Benutzern über Tastatureingaben an einem Rechner.

CSCW: Computer-Supported Cooperative Work. Methoden zur Unterstützung von räumlich und zeitlich verteiltem Arbeiten am Computer. Siehe auch *Document Sharing*.

DMZ: „Demilitarisierte Zone". Öffentlich zugänglicher Teil des *Intranets*, welcher nicht besonders gesichert werden muß.

Document sharing: Die gleichzeitige Bearbeitung eines Dokumentes einer spezifischen Anwendung von zwei oder mehreren Computern aus.

EDI: Electronic Data Interchange ist eine Vereinbarung für die elektronische Übermittlung von Geschäftsvorgängen.

E-Mail: Electronic Mail. Eine Methode zum Austausch von Textnachrichten zwischen Computerbenutzern. Die Nachrichten werden an eine definierte Adresse geschickt und in der Mailbox des Empänger gespeichert, der sie zu einem beliebigen Zeitpunkt lesen kann. Es ist auch möglich einer E-Mail einen Anhang beizufügen, z.B. eine Bilddatei oder ein Dokument.

Firewall: Hard- und Software, die den Datenfluß zwischen einem privaten und einem ungeschützten Netzwerk kontrolliert. Ein Firewall kann ein Intranet vor Angriffen aus dem *Internet* schützt, indem der Zugriff auf die *Intranet*-Dienste kontrolliert wird.

FTP: File Transfer Protocol. Standardisierter *Internet*-Dienst zur Übertragung von Dateien über ein Netzwerk.

Haptik: Alle Wahrnehmungen des Tastsinns. Unterteilt sich in kinästetische (mit Kraft) und taktile (mit Berührung) Kontakte.

HTML: Hypertext Markup Language. Standardisierte und plattformunabhängige Programmiersprache für die Dokumente, die von den *Browsern* geladen und angezeigt werden. Sie erlauben die systematische Formatierung von Texten und Bildern und die Einbringung von Hyperlinks.

HTTP: Hypertext Transport Protocol. Standardisiertes Protokoll zur Datenübertragung im Rahmen des *WWW*.

Hypertext: Textdokument, welches über besonders hervorgehobene Schlüsselwörter (Hyperlinks) Verweise auf andere Textdokumente ermöglicht.

Internet: Weltweiter Verbund von Computernetzwerken, basierend auf dem Kommunikationsprotokoll *TCP/IP*.

Intranet: Firmennetzwerk, das auf den Standards der Internet-Technologie basiert und keinen oder nur einen kontrollierten Zugang aus dem *Internet* zuläßt.

IRC: Inter Relay Chat. → *Chat*.

Java: Plattformunabhängige, objektorientierte Programmiersprache, die von Sun Microsystems speziell für *Internet* Applikationen entwickelt wurde. Java ist im wesentlichen eine Vereinfachung von C++ mit zusätzlichen *Internet* Funktionen.

Java-Applet: Ein in ein *HTML*-Dokument eingebettetes *Java*-Programm, das beim Übertragen des *HTML*-Dokumentes automatisch in den *Browser* geladen und ausgeführt wird.

Newsgroup: Diskussionsforum. Elektronisches Anschlagbrett im *Internet*, das auf ein bestimmtes Thema spezialisiert ist. Jeder kann dort öffentlich - für alle Teilnehmer sichtbar - Fragen hinterlassen, die von anderen Teilnehmern gelesen und kommentiert werden können.

Packet Filter: Kontrolliert den Zugang von Datenpaketen an der Verbindung zwischen *Inter-* und *Intranet*. Bestandteil eines *Firewall*-Systems.

SHTTP: Secure Hypertext Transport Protocol. Methode bzw. Verfahren zur sicheren Datenübertragung im *Internet*. Einsatz zur *Authentifizierung* und Datenverschlüsselung zwischen Web-Server und *Browser*.

SSL: Secure Socket Layer. Methode bzw. Verfahren zur sicheren Datenübertragung Technik, mittels der ein *Browser* den Server authentifizieren kann, um den folgenden Datenverkehr zu verschlüsseln.

Supply Chain: optimiert firmen- und standortübergreifend den gesamten Herstellprozeß eines Produktes mit allen Schnittstellen zwischen den beteiligten Geschäftspartner.

TCP/IP: Transmission Control Protocol. Datenübertragungsprotokoll, welches Daten im Rahmen einer virtuellen Verbindung garantiert überträgt. Internet Protocol. Basis-Kommunikationsprotokoll im *Internet*, welches die Daten paketorientiert, verbindungslos und nicht garantiert überträgt. Im *Internet* werden TCP und IP in der Regel als Kombination verwendet.

Telnet: Programm, welches über Datennetze interaktiven Zugriff auf entfernte Computersysteme ermöglicht.

Trojanisches Pferd: Ein Programm, welches unbefugte Operationen durchführt und diesen Vorgang vor dem Anwender verschleiert.

URL: Uniform Ressource Locator. Adressierungsform für Objekte im *Internet*, die vor allem innerhalb des *WWW* zur Anwendung kommt.

Virtual Reality: Computererzeugte Simulation einer 3D-Umgebung, bei der der Anwender die Inhalte manipulieren kann.

VPN: Virtuelles Privates Netzwerk. Ein Verfahren, welches eine sichere Anbindung von Außendienstmitarbeitern oder Firmenfilialen unter Nutzung der öffentlichen *Internets* ermöglicht.

VRML: Virtual Reality Markup Language. Beschreibungssprache für VR-Objekte im *WWW*.

Whiteboard: Eine Anwendung, bei der von mehreren Computern aus auf eine Arbeitsfläche (im Prinzip ein Skizzenblock) zugegriffen werden kann.

WWW (World Wide Web): Teil des *Internet*, der Multimedia- und Hyperlinktechnik miteinander kombiniert. Das WWW hat wesentlich zum Erfolg des *Internet* in den vergangenen Jahren beigetragen. In der Literatur wird es immer häufiger (fälschlich) als Synonym für das *Internet* benutzt. Adressen im World Wide Web beginnen in der Regel mit: http://www...

Mitarbeiter der Arbeitsgruppe für den Vortrag 4.2

Dr. T. Cselle, Gühring, Sigmaringen
Dr.-Ing. H.-J. Hammer, Siemens, Nürnberg
Dipl.-Ing. D. Jahn, WZL, RWTH Aachen
C. S. Ramakrishnan, Siemens, München
Dipl.-Ing. H. Schulze-Lauen, WZL, RWTH Aachen
Dipl.-Ing. J. Schuon, Liebherr, Kempten
Dipl.-Ing. R. Siegler, Gebr. Heller, Nürtingen
Prof. Dr.-Ing. Dr.-Ing. E.h. M. Weck, WZL, RWTH Aachen
Prof. Dr.-Ing. Dr. h.c. E. Westkämper, IPA, Stuttgart
Dipl.-Ing. C. Wenk, WZL, RWTH Aachen
Prof. Dr.-Ing. H. Wörn, IPR, Universität Karlsruhe (TH)
Dr.-Ing. K. Wucherer, Siemens, Nürnberg

4.3 Mikrotechnik - Von der Idee bis zum Produkt

Gliederung:

1 Einleitung

2 Verfahren und Maschinen zur Herstellung mikrotechnischer Produkte

3 Produkte der Mikrotechnik in Gegenwart und Zukunft

4 Potentiale für den Maschinenbau

5 Zusammenfassung

Kurzfassung:

Mikrotechnik - Von der Idee bis zum Produkt
In den vergangenen Jahren wurden in der Mikrotechnik große Fortschritte erzielt. Zahlreiche mikrotechnische Entwicklungen haben ihren Weg vom Labormuster zum marktfähigen Produkt gefunden. Eine wesentliche Erkenntnis dabei ist, daß letztlich nur die Kombination unterschiedlicher Fertigungsverfahren sowie die Etablierung von geeigneten Replikationstechniken zu einer technisch und wirtschaftlich erfolgreichen Produktion führen. Auch der Maschinenbau ist hier gefordert, da die Herstellung von Komponenten der Mikrotechnik zum Großteil auf der Weiterentwicklung von bereits etablierten, klassischen Verfahren basiert.
Im Bereich der mikrotechnischen Forschung und Entwicklung gehört Deutschland zur Weltspitze. Eine enge Zusammenarbeit zwischen Forschungseinrichtungen und Unternehmen ist daher unbedingt erforderlich, um das vorhandene Know-how zügig in die Praxis überführen zu können. Beide Punkte - das Engagement des deutschen Maschinenbaus in der Mikrotechnik sowie die verstärkte Zusammenarbeit mit Forschungseinrichtungen - sind wesentliche Voraussetzungen für die Nutzbarmachung des großen wirtschaftlichen Potentials, das die Mikrotechnik bietet. Es ist daher das Ziel dieses Artikels, anhand von konkreten Beispielen die große Bedeutung der Mikrotechnik als Schlüsseltechnologie zu beschreiben, zukünftige Entwicklungen darzustellen und Perspektiven für den Maschinenbau aufzuzeigen.

Abstract:

Micro Technology - From Idea to Product
In recent years an immense progress has been achieved in the field of micro technology. Numerous micro technical developments evolved from a prototype state into products available on the market. A substantial reason for this technical and economical success in micro production is to be seen in the combination of different manufacturing processes and in the integration of suitable replication technologies. Mechanical engineering contributes significantly to this development, since the production of micro components is based to a large degree on advanced classical processes.
German research and development in the field of the micro technology belongs to the most successful in the world. In order to be able to transfer the available know-how into practice, a close co-operation between research institutes and enterprises is absolutely necessary. Both - the commitment of the German mechanical engineering industry as well as intensified co-operation with research institutes - are substantial prerequisites for the utilization of the economical potential of micro technology. It is the aim of this article to describe the great importance of micro technology as a key technology, to show future developments and to point out perspectives for the mechanical engineering industry. This is done on the basis of several concrete examples.

1. Einleitung

Die Mikrotechnik ist bereits heute eine Schlüsseltechnologie, deren Produkte in zahlreichen Bereichen des menschlichen Lebens und Wirkens eingesetzt werden. Von vielen unbemerkt oder als selbstverständlich hingenommen, haben sie in den letzten Jahren Einzug in unser Alltagsleben gefunden und sind häufig nicht mehr wegzudenken. Täglich kommen wir - bewußt oder unbewußt - mehrfach mit mikrotechnischen Produkten in Berührung und nutzen ihre vielfältigen funktionellen Vorteile.

In modernen Fahrzeugen sorgen eine Vielzahl mikrotechnischer Sensoren für Sicherheit. So zum Beispiel der sogenannte Drehratesensor zur Stabilisierung der Fahrdynamik, der im Zusammenhang mit der Einführung der A-Klasse von Mercedes-Benz einer großen Öffentlichkeit bekannt geworden ist. Dieses Produkt ermöglicht die Detektion starker Drehbeschleunigungen um die Hochachse eines Fahrzeugs, die unter Umständen zum Schleudern oder sogar zum Kippen führen können. Über eine geeignete Elektronik kann so rechtzeitig auf kritische Fahrsituationen reagiert werden. Das Beispiel in Bild 1 zeigt im Größenvergleich zu einem Streichholz links eine mit konventioneller Technik gefertigte und rechts eine mikrotechnische Variante des Drehratesensors. Darüber hinaus findet heute eine ganze Reihe weiterer mikrotechnischer Produkte in Kraftfahrzeugen Anwendung. Beispiele hierfür sind Beschleunigungssensoren zur Auslösung des Airbags oder Sensoren zur Messung des Luftmassendurchsatzes im Verbrennungsmotor [1].

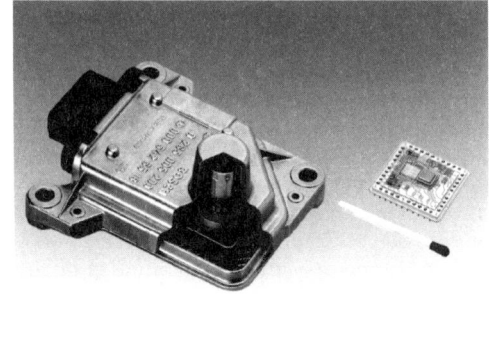

Bild 1: Drehratesensor zur Stabilisierung der Fahrdynamik (Quelle: Mercedes Benz, Bosch)

Auch in der Luftfahrt werden mikrotechnische Produkte eingesetzt. Ein Beispiel hierfür sind Folien mit einer mikrostrukturierten Oberfläche, die auf die Tragflächen und den Rumpf von Verkehrsflugzeugen geklebt werden (Bild 2). Sie sind der Haut von Haifischen nachempfunden und sorgen für eine Verringerung der Strömungsverluste. Auf einem Airbus A340 angebracht, ergibt sich dadurch auf Langstreckenflügen eine Treibstoffeinsparung von bis zu 3% [2].

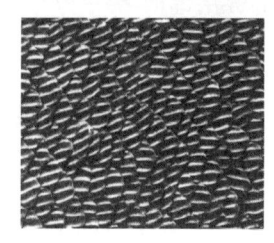

Bild 2: „Haifischhaut"-Mikrostruktur auf Flugzeugen (Quelle: Geologisches Institut Tübingen, Siemens, Daimler Benz Aerospace Airbus)

Folien mit winzigen Pyramiden- oder Würfelecken-Strukturen werden als Reflektoren, etwa für Verkehrszeichen oder Lichtleitsysteme, eingesetzt (Bild 3). Verkehrsteilnehmer erkennen Beschilderungen, die mit diesen Folien ausgestattet sind, aufgrund ihrer hohen Leuchtdichte selbst bei Dämmerung und Dunkelheit auf große Distanz und können frühzeitig darauf reagieren. Ähnlich strukturierte Folien setzt man seit den 80er Jahren als sogenannte „Lichtverstärkerfolien" in tragbaren Computern, Armaturen oder Lichtschranken ein. Bringt man diese Folie vor eine diffuse Lichtquelle, so erscheint diese für den Betrachter, wenn er senkrecht davorsteht, heller als ohne diese Folie. Dies erschien zunächst als Gegensatz zu der Lehre der Optik, daß eine Lichtquelle beim Zwischenschalten eines Filters an Leuchtkraft verliert. Diese „Lichtverstärkerfolien" sind jedoch optisch so ausgelegt, daß sie nur die senkrecht einfallenden Lichtstrahlen hindurchlassen, alle schräg einfallenden Strahlen jedoch solange reflektieren, bis auch sie senkrecht auf die Folie auftreffen. Wird diese Folie von der Seite her betrachtet, so ist die Lichtquelle nicht mehr sichtbar. Heute finden derartige Folien Anwendung in nahezu allen tragbaren Computern, wodurch die lichtverstärkende Wirkung eine Energieersparnis von ca. 25% erzielt wird. [3].

Kommunikation fast ohne örtliche Beschränkungen wird durch den Einsatz von Mikrotechnik in Mobiltelefonen möglich. Das Display zur Anzeige der Telefonfunktionen sowie die Beleuchtungsscheibe werden beispielsweise mittels mikrotechnischer Verfahren hergestellt. Der Trend zur Miniaturisierung bei gleichzeitig wachsender Funktionalität wird an diesem Produkt besonders deutlich. Grundlage hierfür ist der zunehmende Einsatz von Komponenten der Feinwerk- und Mikrotechnik.

Nicht nur bei vergleichsweise kleinen Displays, wie in Mobiltelefonen oder zukünftig auch auf Scheckkarten, basieren wesentliche Funktionselemente dieser Anzeigen auf Produkten der Mikrotechnik. Moderne Fernseher mit Flachbildschirmen können ähnlich wie ein Gemälde an einer Wand des Wohnraumes aufgehängt werden, da sie - anders als konventionelle Modelle - sehr flach sind. Der sogenannte „Fernseher an der Wand" überzeugt außerdem durch seine Farbbrillanz sowie durch die Schärfe und die

Flimmerfreiheit des Bildes. Das Funktionsprinzip beruht auf Gasentladungen in winzigen Nuten, die durch mikrotechnische Verfahren eingebracht werden. Die hierzu bislang eingesetzten Strukturierungsverfahren sind vergleichsweise aufwendig, so daß heute erhältliche Plasma-Fernseher noch recht teuer sind. Es wird jedoch erwartet, daß sich durch die Weiterentwicklung der Verfahren in Zukunft deutliche Preissenkungen ergeben werden.

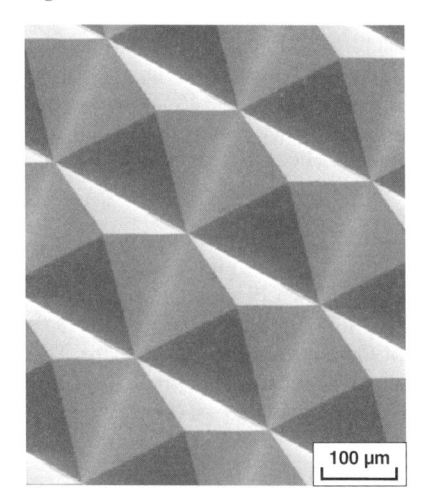

Bild 3: Retroreflektoren in der Verkehrstechnik (Quelle: IPT, NiCa)

Auch im Bereich der Bürotechnik werden verstärkt Produkte der Mikrotechnik eingesetzt. Als Beispiel sei hier der Tintenstrahldrucker genannt, dessen wesentliche Funktionselemente den Einsatz von mikrotechnischen Fertigungsverfahren erfordern. Der Druckkopf weist unter anderem mehrere Düsen auf, die mit Hilfe mikrotechnischer Verfahren eingebracht werden. Durch diese Düsen und weitere fluidische Strukturen werden winzige Tintentröpfchen so auf das Papier gespritzt, daß sich das gewünschte Schriftbild ergibt. Um eine gleichbleibende Druckqualität zu gewährleisten, wird beim Austausch der leeren Tintenpatronen in der Regel auch der Druckkopf gewechselt. Dies ist bei über 90% der heutigen Tintenstrahldrucker der Fall. Das Beispiel zeigt, daß der mikrotechnisch hergestellte Druckkopf über die gesamte Lebensdauer des Druckers betrachtet ein deutlich größeres Marktvolumen aufweist als das Druckgerät selber [4].

Ein weiteres wichtiges Anwendungsgebiet der Mikrotechnik ist sicherlich auch die Medizintechnik. Im Bereich der minimalinvasiven Chirurgie werden neue Operationstechniken ermöglicht. Durch eine oftmals nur knopflochgroße Öffnung operiert der Chirurg mit Hilfe endoskopischer Werkzeuge im Innern des Körpers. Solche minimalinvasiven Operationen sind besonders patientenschonend und verkürzen die notwendige Aufenthaltsdauer im Krankenhaus. Die endoskopischen Werkzeuge, wie Scheren oder Faßzangen, werden durch mikrotechnische Verfahren hergestellt. Auch in anderen Bereichen der Medizin werden mikrotechnische Produkte angewendet, so zum Beispiel in der Prothetik. Hier werden Implantate bestimmte Organe ersetzen und werden über sogenannte „Nervenstecker" mit den körpereigenen Nervensträngen verbunden [5].

Diese Beispiele zeigen, wie selbstverständlich die Mikrotechnik bereits heute erfolgreich in unserem Alltag genutzt wird und welch immenses wirtschaftliches Potential sie bietet. Ihre Einsatzbereiche sind vielfältig und erstrecken sich von der Sensor- und Sicherheitstechnik über die Kommunikations- und Informationstechnik bis hin zur Medizintechnik und in den Konsumentenbereich. Überwogen dabei früher vor allem mikrotechnische Produkte, die aus Halbleiterwerkstoffen wie Silizium hergestellt waren, so reicht die Palette der verwendeten Werkstoffe heute von Metallen über Kunststoffe bis hin zu Glas und Keramiken. Entsprechend vielfältig sind auch die Verfahren und Maschinen, die zu ihrer Produktion eingesetzt werden. Die Beispiele zeigen außerdem, daß mikrotechnische Komponenten nicht unbedingt sehr kleine Gesamtabmessungen aufweisen müssen. Es können durchaus auch größere Bauteile sein, bei denen beispielsweise nur die Oberfläche mikrostrukturiert wurde. Hier wird zwischen Mikrosystemen und Mikrostrukturprodukten unterschieden [6].

Das hohe Marktpotential von mikrotechnischen Produkten wird durch eine umfangreiche Marktstudie der NEXUS Task Force bestätigt. Die Grafik in <u>Bild 4</u> zeigt den von NEXUS ermittelten weltweiten Umsatz von mikrotechnischen Produkten im Jahr 1996 und eine weiterführende Prognose bis zum Jahr 2002 [6]. Lag der Gesamtumsatz 1996 noch bei 14 Mrd. US$, so wird für 2002 bereits ein Gesamtvolumen von 38 Mrd. US$ prognostiziert. Gerade kleinen und mittelständischen Unternehmen öffnen sich hier neue Marktchancen, da sie in der Lage sind, flexibel auf innovative Technologien und neue Anforderungen zu reagieren.

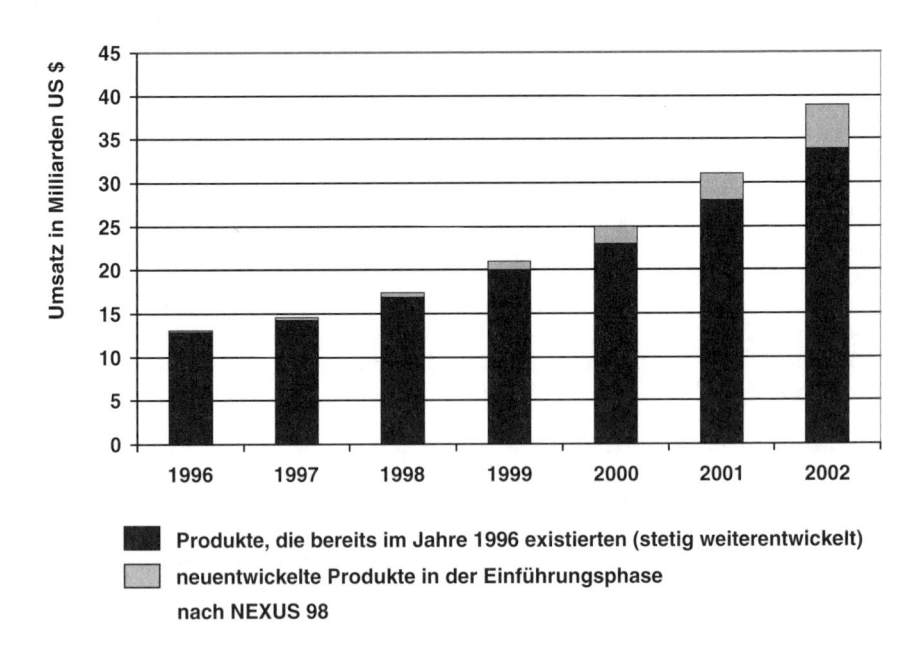

■ Produkte, die bereits im Jahre 1996 existierten (stetig weiterentwickelt)
□ neuentwickelte Produkte in der Einführungsphase
nach NEXUS 98

Bild 4: Marktpotential für Produkte der Mikrotechnik (Quelle: NEXUS)

Obwohl die NEXUS-Studie allgemein als die umfassendste Untersuchung zur Marktentwicklung der Mikrosystemtechnik gilt, sind dennoch nicht alle Produkte der Mikrotechnik in der Studie enthalten. So sind beispielsweise die Umsätze im Bereich der Displaytechnik nicht mit in die Studie eingeflossen. Bild 5 zeigt zum Vergleich das Marktpotential für Displays. Allein für 1996 sind hier fast 12 Mrd. US$ aufgeführt, die der Vollständigkeit halber zu den von NEXUS genannten 14 Mrd. US$ hinzuaddiert werden müßten. Es zeigt sich schon jetzt, daß die Markterwartungen der NEXUS-Studie noch übertroffen werden.

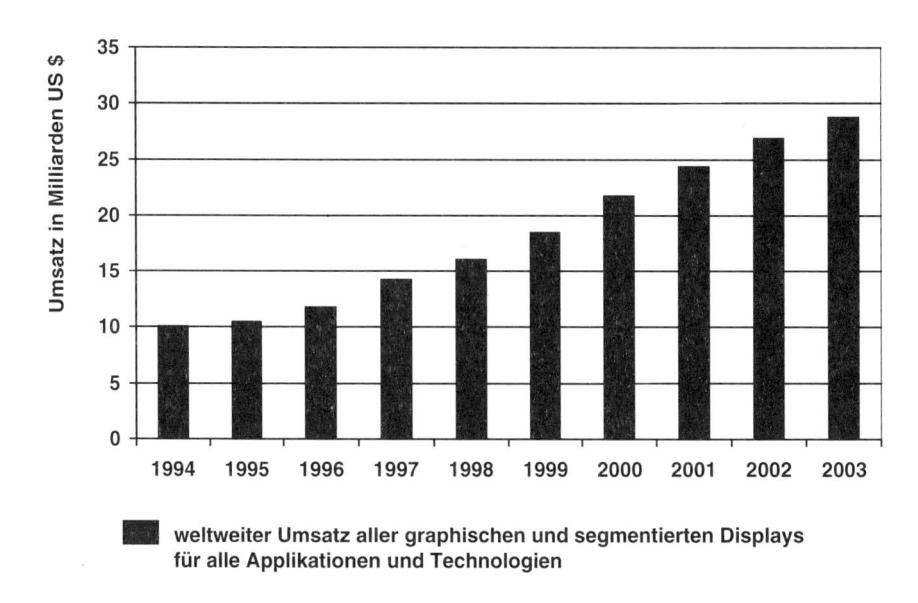

■ weltweiter Umsatz aller graphischen und segmentierten Displays für alle Applikationen und Technologien

Bild 5: Marktpotential für Displays (Quelle: Stanford Resources)

2 Verfahren und Maschinen zur Herstellung mikrotechnischer Produkte

In der Vergangenheit wurden mikrotechnische Produkte vor allem aus Halbleiterwerkstoffen (Silizium) hergestellt. Auch heute ist dies bei sehr großen Stückzahlen noch der Fall, wie der im vorigen Kapitel beschriebene Drehratesensor zeigt. In der Massenfertigung weisen Verfahren, wie beispielsweise die Siliziumtechniken oder die LIGA-Technik (Lithographie, Galvanik, Abformung) deutliche Kostenvorteile gegenüber den konventionellen Verfahren auf.

Mehr und mehr hat sich in den letzten Jahren aber die Erkenntnis durchgesetzt, daß aus technischen und wirtschaftlichen Gründen Verfahrenskombinationen zur Herstellung von mikrotechnischen Produkten unbedingt erforderlich sind. Einzelne Verfahren können mit ihren spezifischen Vor- und Nachteilen in der Regel nur Teillösungen in einer vollständigen Prozeßkette darstellen. In diesem Zusammenhang spielen vor allem die Weiterentwicklungen der sogenannten klassischen Verfahren eine bedeutende Rolle. Sie sind zum Großteil bereits fest in der Mikrotechnik etabliert und sollen im folgenden kurz vorgestellt werden. Eine Übersicht der bedeutendsten in der Mikrotechnik eingesetzten Herstellungsverfahren ist in Bild 6 abgebildet.

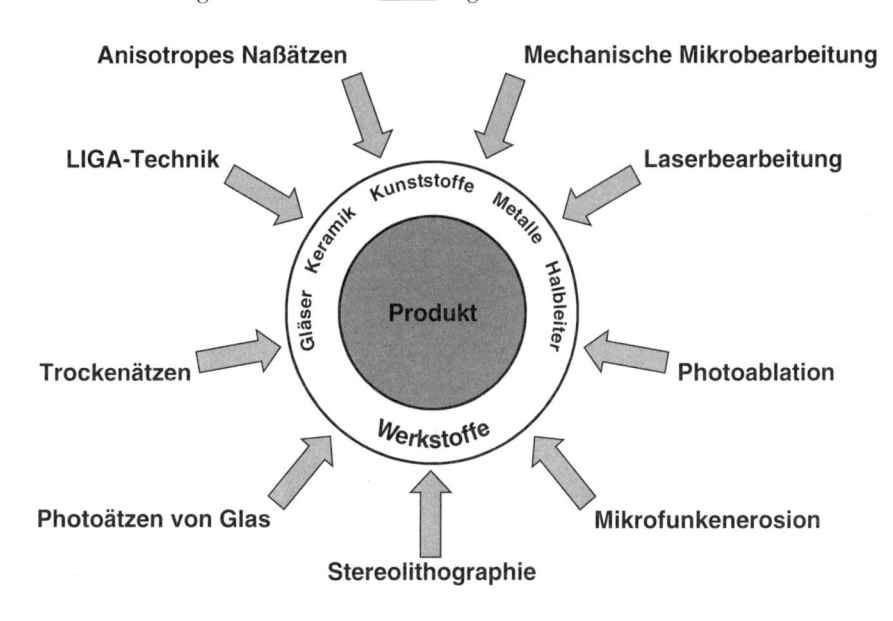

Bild 6: Herstellungsverfahren der Mikrotechnik

In Bild 7 sind Bearbeitungsmaschinen zur mechanischen Fräsbearbeitung sowie zum Erodieren dargestellt. Da im Bereich der Mikrotechnik engste Fertigungstoleranzen eingehalten werden müssen, werden hochgenaue Werkzeugmaschinen, sogenannte Ultrapräzisions-Maschinen eingesetzt. Konventionelle Maschinen eignen sich aufgrund ihrer Arbeitsgenauigkeiten nicht für diese Feinstbearbeitungstechnologie [7]. Die besten Bearbeitungsergebnisse werden mit Werkzeugen aus monokristallinem Diamant erzielt. Diese Werkzeuge weisen eine exakte Scheidengeometrie bei gleichzeitig hoher Härte und Verschleißfestigkeit auf. Allerdings können mit Diamantwerkzeugen aufgrund der Kohlenstoffaffinität des Diamanten (Diamant = reiner Kohlenstoff), keine Stahlwerkstoffe bearbeitet werden. Bei dem abgebildeten Beispielbauteil handelt es sich um eine mikrostrukturierte Laseroptik, die durch Diamantfräsen hergestellt wurde.

Das Erodieren erlangt für Anwendungen in der Mikrotechnik immer größere Bedeutung. Dies gilt sowohl für die Draht- als auch für die Senkerosion. Produkte mit feinsten Bohrungen, wie etwa der abgebildete Katalysator, lassen sich mit diesem Verfahren noch fertigen. Auch Stahlwerkstoffe oder Hartmetalle können auf Erodiermaschinen mit hoher Genauigkeit bearbeitet werden. Allerdings werden aufgrund der verfahrensbedingten Rauheitswerte keine hochwertigen optischen Oberflächen erzeugt.

Zur wirtschaftlichen Herstellung von mikrotechnischen Produkten in großen Stückzahlen besitzen Replikationstechniken eine große Bedeutung. Bild 8 zeigt eine Heißprägemaschine sowie eine Spritzgußmaschine, die beide für Anwendungen in der Mikrotechnik entwickelt wurden. Beim Heißprägen wird ein Prägestempel in das Halbzeug abgeformt, wobei eine definierte Temperatur eingehalten werden muß. Um Lufteinschlüsse und damit Qualitätsverluste zu vermeiden, wird der Arbeitsraum evakuiert. Weiterhin muß das Prägewerkzeug sehr präzise und mit definierter Vorschubgeschwindigkeit geführt werden. Als Beispielbauteil ist ein Zellcontainer zur Aufnahme von Zellkulturen in der Biotechnologie abgebildet.

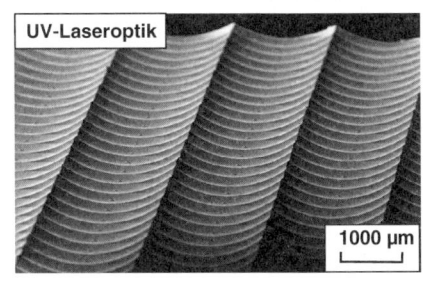

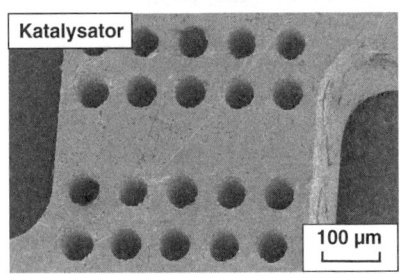

Bild 7: Mikro-Fräsmaschine und Erodieranlage (Quellen: IPT, AGIE, IMM)

Beim Mikrospritzgießen muß gegenüber dem konventionellen Spritzgießen mit erhöhten Werkzeugtemperaturen gearbeitet werden, um eine gute Formfüllung durch die Schmelze zu gewährleisten. Außerdem wird gleichfalls die Werkzeugkavität evakuiert, um eine gleichbleibend gute Qualität einhalten zu können. Von großer Bedeutung ist weiterhin eine hohe Gesamtsteifigkeit der Spritzgußanlage, um Formfehler aufgrund von Maschinenverlagerungen zu minimieren. Ein Gehäuse zur Aufnahme eines optischen Sensors ist beispielhaft für ein Spritzgußbauteil abgebildet.

Der Hauptvorteil des Heißprägens gegenüber dem Spritzgießen liegt vor allem darin, daß innere Spannungen bei den abgeformten Bauteilen weitgehend vermieden werden, da beim Heißprägen kleinere Fließgeschwindigkeiten und kürzere Fließlängen auftreten. Demgegenüber sind jedoch die Zykluszeiten beim Spritzgießen deutlich geringer, so daß hier eine höhere Produktivität erreichbar ist.

Der Laser ist in der Mikrotechnik ein sehr universelles Werkzeug. Mit dem Laserstrahl läßt sich auch im Mikrometerbereich schweißen, löten, bohren, schneiden, beschichten oder abtragen. Zwar sind auch mit dem Laser in der Regel keine optische Oberflächengüten erzielbar, die Laserbearbeitung ist jedoch ein geeignetes Verfahren zur Bearbeitung von schwer zerspanbaren Materialien wie Keramiken, hochlegierten Stahlwerkstoffen oder Hartmetallen. Bei der in Bild 9 abgebildeten Anlage handelt es sich um einen gepulsten Excimer-Laser, der zur Mikrostrukturierung verwendet wird. Als Produktbeispiel ist ein Prägewerkzeug abgebildet.

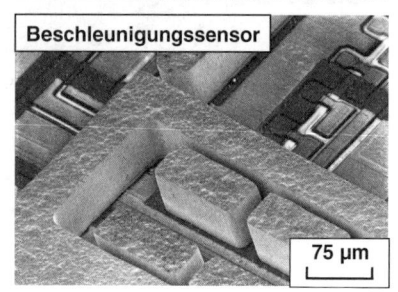

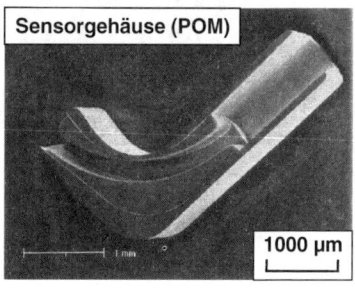

Mikroheißprägemaschine **Mikrospritzgußmaschine**

Beschleunigungssensor   Sensorgehäuse (POM)

75 µm   1000 µm

Bild 8: Heißpräge- und Spritzgußmaschine (Quellen: Jenoptik Mikrotechnik, FZK, FH Wien, IFWT, Battenfeld)

Die Montage von Mikrokosytemen ist ein weiterer wichtiger und anspruchsvoller Arbeitsschritt innerhalb der Fertigungskette. Hier müssen in Geometrie und Werkstoff unterschiedliche Bauteile mit hoher Genauigkeit zueinander positioniert und gefügt werden. Neben der hohen Positioniergenauigkeit des Handhabungs- oder Montagesystems ist oftmals die Entwicklung von speziellen, auf die Montageaufgabe abgestimmten Greifersystemen erforderlich.

Neben den eigentlichen Fertigungsverfahren und Maschinen sind auch in der Entwicklung und Konstruktion mikrotechnischer Produkte neue Ansätze notwendig. Die im herkömmlichen Maschinenbau bekannten Techniken lassen sich häufig nicht ohne weiteres auf die Dimensionen der Mikrotechnik übertragen. So sind mit abnehmender Größe beispielsweise veränderte Bauteileigenschaften zu beobachten. Aufgrund der geringen Größe der Objekte ist deren Oberfläche im Verhältnis zum Volumen sehr groß. Dadurch nimmt auch die Bedeutung oberflächenwirksamer Kräfte zu, was die Adhäsionsneigung erhöht. Auch weitere physikalische Effekte, wie Reibung und Verschleiß, können im Mikrobereich andere Auswirkungen haben als aus dem Makroskopischen bekannt. Aus diesen Gründen sind existierende CAD- und FEM-Werkzeuge auf ihre Eignung zu überprüfen und gegebenenfalls anzupassen.

Excimer-Laser

Mikromontageroboter

Prägewerkzeug 1000 µm

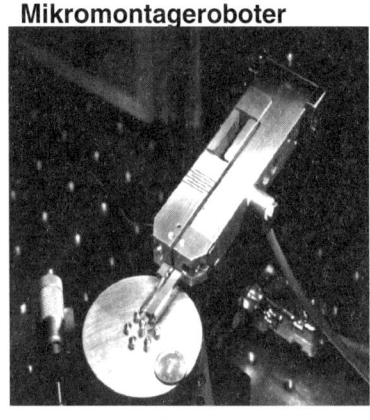

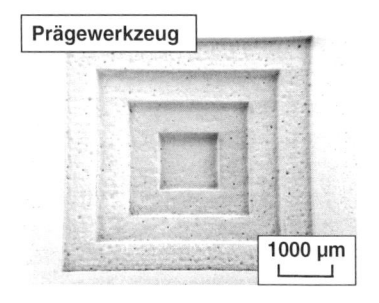

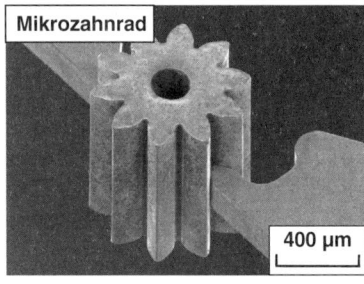

Mikrozahnrad 400 µm

Bild 9: Excimer-Laser und Mikromontagesystem (Quellen: IMM, ILT)

Auch im Bereich der Meßtechnik stellen sich neue Anforderungen. Dies betrifft sowohl Meßgeräte für die Mikrotechnik als auch miniaturisierte Sensoren. Beispielsweise wird die Qualität mikrostrukturierter Oberflächen in der Regel mit Hilfe optischer Verfahren (z.B. Weißlichtinterferometrie) überprüft. Ist die Oberfläche jedoch stark reflektierend, so versagt das Meßprinzip. Neue Entwicklungen in diesem Bereich sind daher notwendig.

3 Produkte der Mikrotechnik in Gegenwart und Zukunft

Als Beispiel für ein erfolgreich am Markt eingeführtes mikrotechnisches Produkt soll an dieser Stelle das Mikrospektrometer näher betrachtet werden (Bild 10). Es handelt sich hierbei um ein Gerät, dessen Funktionsprinzip identisch mit dem konventioneller Spektrometer ist. Die wesentliche Neuerung besteht zum einen in der Verwendung eines mikrotechnisch hergestellten Reflexionsgitters, das eine deutliche Miniaturisierung ermöglicht. Zum anderen ist eine aufwendige Justage der optischen Komponenten (z.B. Strahlteiler, Spiegel, Gitter) nicht notwendig. Sie werden in einem Abformvorgang gleichzeitig hergestellt und sind damit auch optimal zueinander ausgerichtet.

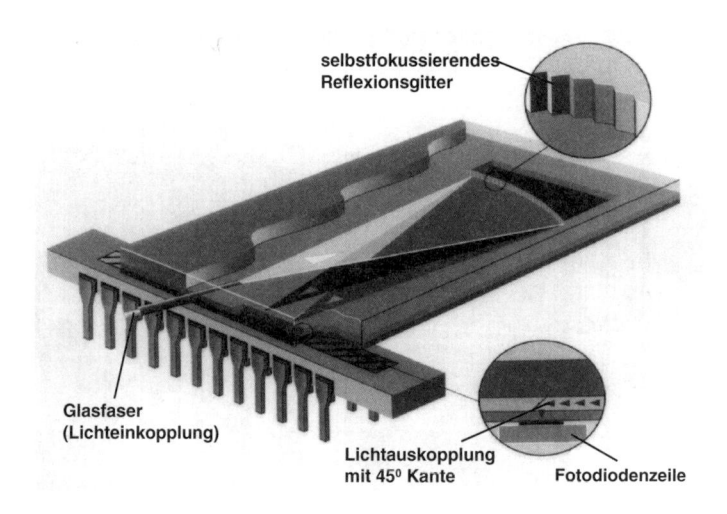

Bild 10: Produktbeispiel der Mikrotechnik: Spektrometer (Quelle: microParts, FZK)

Die Funktionsweise läßt sich wie folgt beschreiben: Über eine Quarzglasfaser wird Licht in die Kernschicht des aus drei Schichten aufgebauten Mikrospektrometers eingekoppelt. Durch Totalreflexion an den beiden Deckschichten breitet sich das Licht in der Kernschicht aus, wobei die fächerförmige Aufweitung des Lichtstrahls durch die numerische Apertur (NA) der Einkoppelfaser vorgegeben wird. Diese ist so ausgelegt, daß das selbstfokussierende Reflexionsgitter optimal ausgeleuchtet wird. Am Reflexionsgitter wird das Licht spektral zerlegt und zurückgeworfen. Über eine 45°-Auskopplung gelangt es dann auf eine Fotodiodenzeile, die als Detektor dient. Die Abmessungen des Dreischichtelements betragen dabei nur $29 \times 31{,}6 \times 1 \text{ mm}^3$, die Stufenhöhe des Reflexionsgitters liegt bei 0,2 µm [8, 9].

Die Vorteile des Mikrospektrometers sind, neben der geringen Baugröße und dem geringen Gewicht, die hohe thermische Stabilität, die hohe Flexibilität im Einsatz, das Fehlen beweglicher Teile sowie die große Robustheit und Langzeitstabilität. Damit ist es prädestiniert für Anwendungen in mobilen Handgeräten. Darüber hinaus ist es durch die Verwendung von Abformtechniken kostengünstig herstellbar. Der Produktpreis liegt bei etwa 450,- DM.

Das Mikrospektrometer wird heute in der Farbmeßtechnik, der Qualitätssicherung, der Medizintechnik und der Umwelttechnik verwendet. In Bild 11 sind hierzu vier Beispiele abgebildet. Eine Applikation des Spektrometers zeigt die Messung der Farbe von Zähnen. Bei der Anfertigung von Zahnprothesen ist es das Ziel, möglichst exakt den natürlichen Farbton zu treffen. Die Farbmessung mit dem Spektrometer leistet hierbei wertvolle Hilfe für den Zahntechniker. Eine weitere Anwendung, die ebenfalls auf der Farberkennung basiert, ist die Gelbsucht-Diagnose bei Säuglingen. Dazu wird bei der Bilirubinmessung die Gelbfärbung der Säuglingshaut bestimmt und somit eine Aussage über den Erkrankungsgrad ermöglicht.

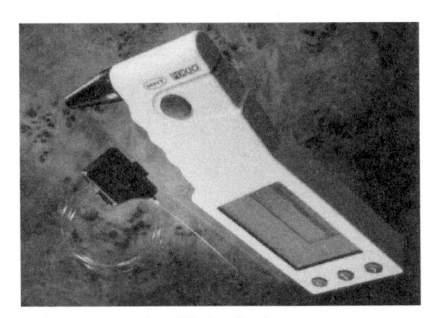

Mikrotechnik 411

Messung der Zahnfarbe  **Bilirubinmessung bei Säuglingen**

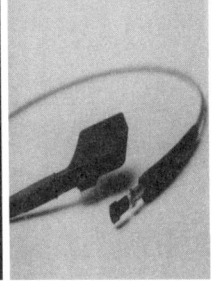

Abwasseranalyse 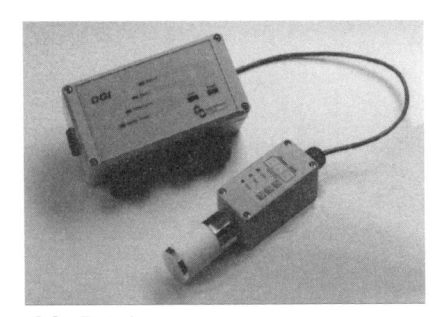 **CO_2 Detektor**

Bild 11: Anwendungsbeispiele für das Mikrospektrometer (Quelle: MHT Optic Research AG, SpectRx, Siepmann & Teutscher GmbH, DGI)

Wird anstelle von sichtbarem Licht Infrarotlicht eingekoppelt, so läßt sich das Mikrospektrometer auch als Gassensor verwenden. Das zu untersuchende Gas wird hierzu in die Spektrometerzelle eingeleitet. Ein Infrarot-Lichtstrahl durchläuft das Gas und wird am Reflexionsgitter spektral zerlegt. Durch Infrarot-Absorption bei bestimmten Wellenlängen und die sich dadurch ergebende Änderung der Strahlungsintensität kann dann auf das Vorhandensein eines bestimmten Gases zurückgeschlossen werden. So wird beispielsweise Kohlendioxid (CO_2) detektiert, aber auch andere Gase, wie Kohlenwasserstoffe oder Kohlenmonoxid, lassen sich nach einer Anpassung des Gerätes bestimmen [10].

In den 80er Jahren hatte Herr Professor Ehrfeld, der zu dieser Zeit am Forschungszentrum Karlsruhe (FZK) beschäftigt war, die Idee zum Aufbau eines miniaturisierten Spektrometers [11]. Ursprünglich war eine Verwendung des Spektrometers als Wellenlängen-Demultiplexer vorgesehen, was jedoch später geändert wurde. Als Produktidee wurde es vom FZK 1986 zum Patent angemeldet. Das erste Labormuster nach diesem Patent wurde vier Jahre später ebenfalls am FZK in Direktlithographie hergestellt, also ohne Replikation. Da aber Replikationstechniken für eine kostengünstige Produktion größerer Stückzahlen unbedingt erforderlich sind, folgte 1993 die erste Musterserie, die in Kunststoff über Abformtechniken (Heißprägen) hergestellt wurde. Die Abformwerkzeuge wurden dabei weiterhin mit Hilfe der Röntgenlithographie gefertigt. Ab dem Jahr 1995 produzierte das FZK eine Kleinserie, die ein Jahr später 6000 Stück erreichte.

Die Überführung des Mikrospektrometers in die Serienreife inklusive des Aufbaus der vollautomatischen Fertigung erfolgte von 1996 bis 1998 durch die Dortmunder Firma microParts. In Zusammenarbeit mit dem Forschungszentrum Karlsruhe, den Firmen microParts und Jenoptik Mikrotechnik, Jena, wurde das Heißprägen für das Mikrospektrometer erprobt und weiter qualifiziert [12].

Von den ersten Ideen bis zur Serieneinführung des Mikrospektrometers vergingen also insgesamt mehr als 10 Jahre (Bild 12). Dieser lange Zeitraum erklärt sich vor allem durch die fehlende Produktionstechnik, die neben der eigentlichen Produktentwicklung parallel entwickelt werden mußte. Die Maschinen und Verfahren wurden zum großen Teil erst für die anstehenden mikrotechnischen Aufgaben konzipiert und qualifiziert. Hier wird deutlich, daß sich auch in der Mikrotechnik Produktidee und Verfahrensentwicklung gegenseitig vorantreiben und daß letztlich nur die produktspezifische Kombination unterschiedlicher Fertigungsverfahren in einer serientauglichen Prozeßkette zum Erfolg führt.

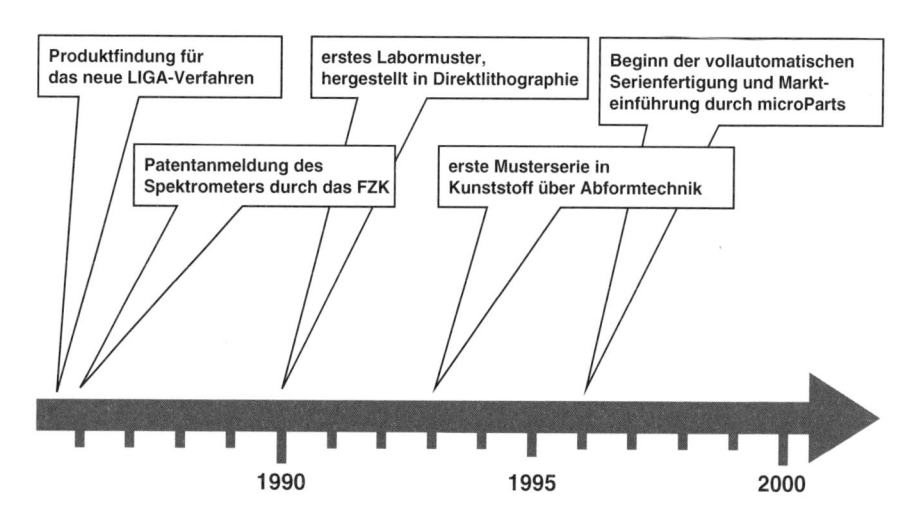

Bild 12: Historische Entwicklung des Mikrospektrometers

Die historische Entwicklung der Produktentstehung des Mikrospektrometers zeigt außerdem, daß eine enge Zusammenarbeit zwischen Forschungseinrichtungen und Unternehmen von großer Bedeutung ist. Bei vielen Forschungseinrichtungen ist das Wissen um innovative Fertigungsverfahren und deren Potential vorhanden. Die Anforderungen der Serienfertigung und das Wissen über die Bedürfnisse des Marktes kann jedoch verstärkt von den Industrieunternehmen in die Produktentwicklung mit eingebracht werden. Ein gemeinsames Vorgehen und ein aufeinander Eingehen sind damit ganz wesentliche Faktoren bei der erfolgreichen Entwicklung von Produkten der Mikrotechnik.

Die Entwicklung der vergangenen Jahre deutet darauf hin, daß Mikrotechnik zukünftig in vier wachstumsstarken Bereichen verstärkt Anwendung finden wird: Dies sind die Kommunikationstechnik, mobile Systeme, Medizin- und Haustechnik sowie die chemische und molekularbiologische Verfahrenstechnik. Im folgenden sollen einige Beispiele für mögliche Produkte die Bedeutung der genannten Bereiche unterstreichen. Gleichzeitig machen sie die Vielfalt mikrotechnischer Entwicklungen deutlich.

Die Kommunikationstechnik gilt als eine der wachstumsstärksten Branchen, in der wichtige Impulse durch den Einsatz von Mikrotechnik gegeben werden. Weltweite Vernetzung über das Internet, Videokonferenzen und Bildtelefone sind hier nur einige Applikationsbeispiele. Immer größere Datenmengen müssen in immer kürzerer Zeit zwischen immer mehr Nutzern übermittelt werden. Dies ist nur mit Hilfe leistungsfähiger Komponenten zur optischen Datenübertragung möglich, die bei geringer Baugröße Signale weitgehend verlustfrei übertragen können. Als Beispiel für eine solche Komponente ist in Bild 13 ein Sternkoppler dargestellt, der zur Verzweigung optischer Signale in Lichtwellenleitern dient. Dieses Bauteil ist ein Produkt, das erst durch Verfahren der Mikrotechnik, in diesem Fall handelt es sich um eine Kombination von LIGA- und Fügetechnik, kostengünstig hergestellt werden konnte. [13]. Von der Produktidee bis zu einer Kleinserie von 300 Stück vergingen etwa drei Jahre, inklusive der Gehäuseentwicklung und der Realisierung von Montagekonzepten durch das IMM.

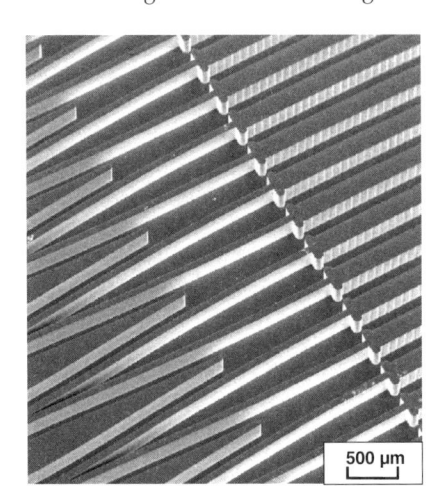

Bild 13: Sternkoppler 4x4 für die optische Datenkommunikation (Quelle: IMM)

Mit den Anwendungen der Kommunikation und Datenverarbeitung häufig eng verbunden ist die Forderung nach einer größeren Mobilität. Besonders deutlich wird dieser Trend an der nach wie vor steigenden Zahl der Handy-Nutzer. Aber auch Camcorder, tragbare Computer oder elektronische Terminkalender gehören in diese Kategorie. Begrenzt wird die Nutzung solcher mobilen Geräte jedoch häufig durch deren limitierte Energieversorgung mittels Batterien oder Akkus. Eine Verbesserung können hier miniaturisierte Brennstoffzellen bieten, die bereits als erste Funktionsmuster vorliegen (Bild 14). Sie sollen zukünftig kleiner, leichter und leistungsfähiger als bisherige mobile Energiequellen sein. Als Wasserstoffspeicher wird dabei ein Metallhydrid-Element genutzt, das bei Bedarf einfach ausgewechselt oder aufgeladen werden kann. Weitere Vorteile der Brennstoffzelle sind ihre hohe Lebensdauer sowie die Tatsache, daß keine Selbstentladung stattfindet. Die miniaturisierte Brennstoffzelle ist nur ein Beispiel für eine ganze Reihe mikrotechnischer Produkte, die in Zukunft mobile Anwendungen ermöglichen werden [14].

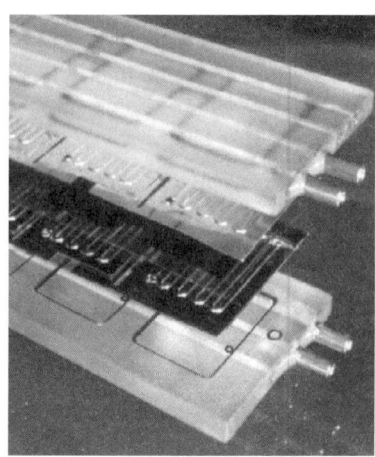

Bild 14: Brennstoffzelle für mobile Systeme (Quelle: Toshiba, ISE)

Auch in der Medizin- und der Haustechnik (Domotik) wird in der Zukunft ein verstärkter Einsatz von mikrotechnischen Produkten erwartet. In der Medizintechnik werden neben endoskopischen Instrumenten für die minimalinvasive Chirurgie und implantierbaren Dosiersystemen zur Medikamentenabgabe vor allem Prothesen unterschiedlichster Art Anwendung finden. Bild 15 zeigt hierzu als Beispiel das sogenannte Cochlea-Implantat, welches in das menschliche Innenohr implantiert wird. Bei bestimmten Fällen von Taubheit kann durch dieses Mikrosystem eine Gehörhilfe geschaffen werden. Ein weiteres Beispiel aus der Medizintechnik sind Retina-Impantate, die es erblindeten Menschen ermöglichen, im bestimmten Umfang wieder zu sehen. In aktuellen Forschungsarbeiten wird die Kontaktierung dieser Implantate mit dem körpereigenen Nervensystem über sogenannte „Nervenstecker" untersucht [15].

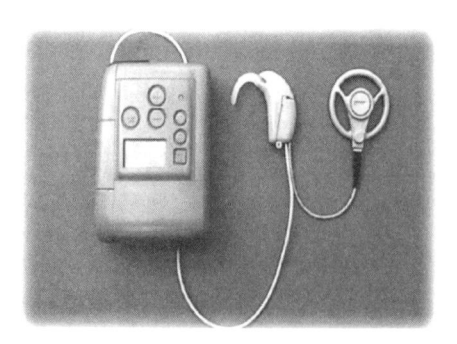

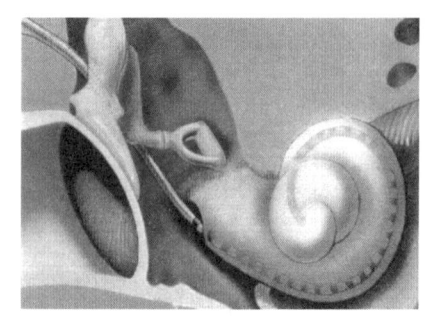

Bild 15: Gehörhilfesystem für Cochlea-Implantat (Quelle: Cochlear GmbH)

Im Bereich der Haustechnik werden in Zukunft vor allem Sensoren und andere mikrotechnische Komponenten zum Überwachen und Steuern verstärkt eingesetzt werden.

Mikrotechnik 415

So gibt es Forschungsprojekte, in denen Geruchssensoren entwickelt werden, die den Ablauf der Haltbarkeit von Lebensmitteln in Kühlschränken erkennen oder den Garzustand von Speisen in Backöfen überwachen [16].

Große Wachstumsraten werden auch der chemischen und der molekularbiologischen Verfahrenstechnik prognostiziert. Mikromischer und Mikroreaktoren wie in Bild 16 beispielsweise im Größenvergleich zu einem Fingerhut gezeigt, oder auch Elektrophorese-Chips wie in Bild 17 dargestellt, sind typische Komponenten aus diesen Bereichen. Ein häufig genannter Begriff ist hierbei das sogenannte „Lab-on-a-chip", das Labor auf dem Mikrochip. Damit wird die Integration von chemischen oder molekularbiologischen Prozessen in einem miniaturisierten System bezeichnet. So lassen sich beispielsweise Geräte zur Blutanalyse in der Größe eines Kugelschreibers herstellen. Anstelle einer langwierigen Untersuchung im Labor kann die Analyse, beispielsweise von Blutzuckerwerten, mit diesen Mikrosystemen in kürzester Zeit direkt vor Ort durchgeführt werden.

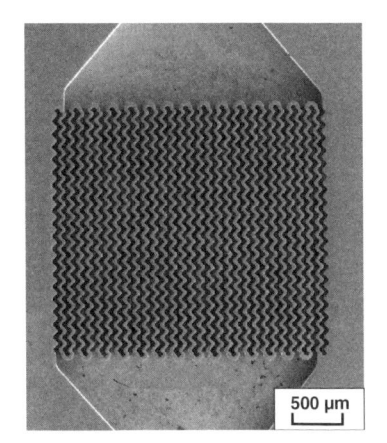

Bild 16: Mikromischer für die chemische Verfahrenstechnik (Quelle: IMM)

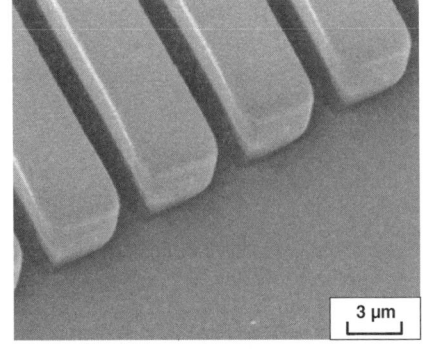

Bild 17: Zellcontainer und Elektrophorese-Chip für die molekularbiologische Verfahrenstechnik (Quelle: IMM, Imperial College London)

In der Molekularbiologie werden sogenannte Elektrophorese-Chips zukünftig eine große Rolle spielen. Mit ihnen können zum Beispiel in wenigen Minuten DNS-Proben untersucht und so Erbkrankheiten erkannt werden. Gerade in diesem Bereich ist die Zahl der erwarteten zukünftigen Anwendungen besonders groß [17].

4 Potentiale für den Maschinenbau

Das große wirtschaftliche Potential der Mikrotechnik wird derzeit von den Unternehmen des Maschinenbaus noch nicht voll ausgeschöpft. Ansatzpunkte für ein Engagement im Bereich der Mikrotechnik liegen vor allem in der Integration von Mikrokomponenten in Produktionsmaschinen, in der Entwicklung und Qualifizierung von serientauglichen Fertigungsverfahren und -maschinen für Mikrokomponenten sowie in der Fertigung von Produkten der Mikrotechnik.

In Bild 18 sind mögliche Betätigungsfelder für den Maschinenbau am Beispiel des bereits erwähnten Plasmafernsehers schematisch aufgezeigt. Ganz wesentlich für die Funktion dieser Art der Fernsehgeräte sind rechteckförmige Nuten, in denen im Betrieb ein Plasma erzeugt wird. Die bislang eingesetzten Verfahren zur Strukturierung sind aus wirtschaftlicher und technischer Sicht nicht vollkommen zufriedenstellend, so daß sich hier drei Aufgaben ergeben: Entwicklung bzw. Qualifizierung geeigneter Verfahren und der zugehörigen Maschinen sowie schließlich die Fertigung der benötigten Bauteile. Ziel ist vor allem eine kostengünstigere Fertigung, um einen breiten Kundenkreis erschließen zu können. Ähnliche Aufgaben lassen sich auch für andere Produkte der Mikrotechnik nennen.

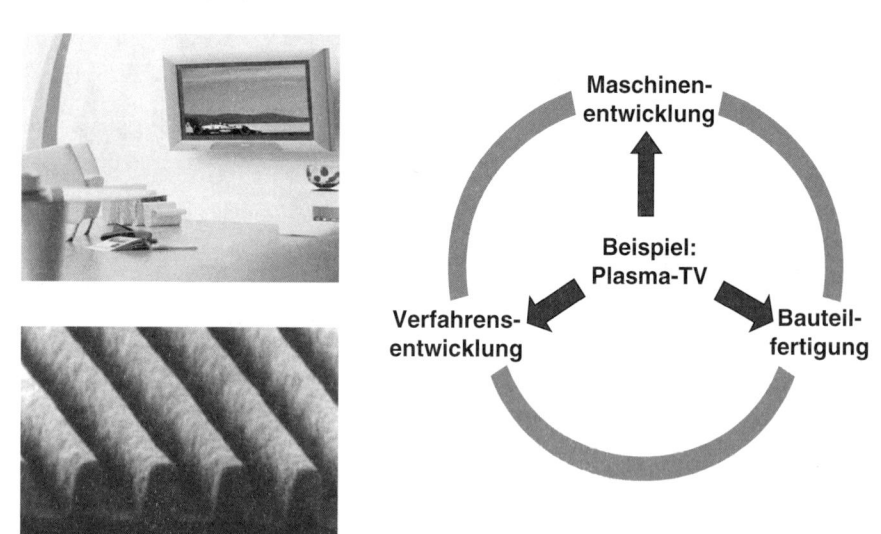

Bild 18: Potentiale der Mikrotechnik für den Maschinenbau (Quelle: Philips, Holtronic Technologies)

Die Spitzenstellung des deutschen Werkzeugmaschinenbaus ist auf Dauer nur durch innovative und qualitativ hochwertige Produkte zu sichern. Hier bietet die Mikrotechnik eine Reihe von Möglichkeiten, die Leistungsfähigkeit und Zuverlässigkeit von Produktionsmaschinen zu steigern. Der Einsatz von Mikrokomponenten wird in den kommenden Jahren in immer stärkerem Maße die Marktfähigkeit von Maschinen mitbestimmen.

Durch die Integration von miniaturisierten Sensoren beispielsweise kann der aktuelle Zustand einer Bearbeitungsmaschine umfassend überwacht werden. Bei einer zusätzlichen Anbindung der Maschine an eine Telediagnose können Störquellen schnell und zuverlässig detektiert und übermittelt werden. Sensoren und Aktoren werden weiterhin in sogenannte „intelligente Werkzeuge" integriert. Der Verschleißzustand der Schneide wird hierbei permanent erfaßt und über entsprechende Aktoren können Fehlerkompensationen durchgeführt werden.

Die Entwicklung von serientauglichen Fertigungsverfahren und Produktionsanlagen für Mikrokomponenten ist nach wie vor eine wichtige Aufgabe, auch für den Maschinenbau. Vielfach sind in Forschungseinrichtungen bereits grundlegende Arbeiten zur Qualifizierung der Verfahren oder zur Entwicklung von Maschinenprototypen durchgeführt worden, doch die Überführung dieser Arbeiten in den Industrieeinsatz ist häufig noch nicht erfolgt.

Eine besondere Problematik der Mikrotechnik stellt die große Vielfalt der Komponenten in Geometrie und Werkstoff dar. Die Palette reicht dabei von winzigen Zahnrädern aus Metall über Kunststoffmembranen bis hin zu Linsen aus Glas. Eine Standardisierung oder gar Normung existiert bislang nicht, wenngleich einige jüngere Bestrebungen in diese Richtung zielen. So ist beispielsweise in einer Zusammenarbeit zwischen dem VDMA und den Fraunhofer-Instituten IZM, Berlin, und IPA, Stuttgart, ein Konzept eines Baukastensystems für mikrotechnische Produkte entwickelt worden (Bild 19). Ziel dieses Vorhabens ist es, mikrotechnische Produkte soweit möglich zu modularisieren und zu standardisieren. Aus Elementen des Baukastens werden dabei zunächst einzelne mikrotechnische Bausteine gefertigt, die in der Lage sind, definierte Aufgaben zu erfüllen. Durch Kombination mehrerer Bausteine entsteht dann ein vollständig modular aufgebautes Mikroprodukt. Als ein Beispiel hierfür zeigt Bild 19 einen mikrotechnischen Drucksensor, der mit Hilfe des Baukastens entwickelt und aufgebaut wurde. Durch diesen Ansatz könnte es gelingen, nicht nur die Fertigung und die Montage durch Vereinheitlichung zu vereinfachen und kostengünstiger zu gestalten, sondern auch die Mikrotechnik für eine breite Basis von Dienstleistern deutlich attraktiver zu machen [18].

5 Zusammenfassung

Mikrotechnische Produkte werden heute in vielen Bereichen des täglichen Lebens erfolgreich eingesetzt. Sie ersetzen oder verbessern bisherige Lösungen, da sie oftmals funktionale oder wirtschaftliche Vorteile bieten. Zudem werden mit der Mikrotechnik völlig neue und innovative Produkte möglich. Damit sind sie bereits heute aus unserem Alltag vielfach nicht mehr wegzudenken. Darüber hinaus ist ihr wirtschaftliches Potential - gerade auch für den Mittelstand - erheblich und wird in Zukunft weiter wachsen.

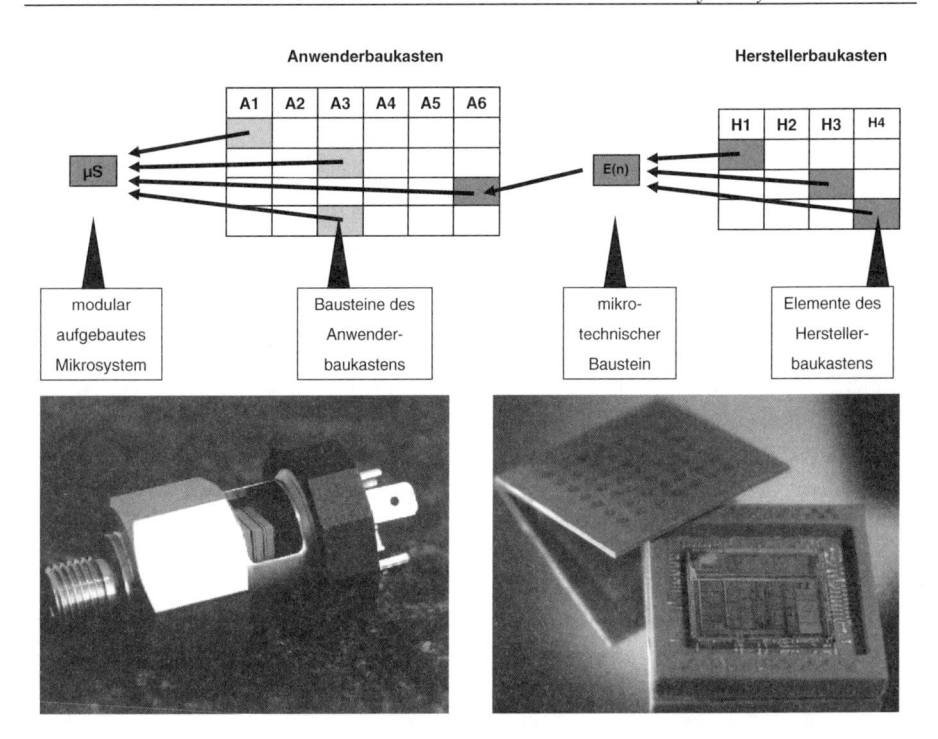

Bild 19: Prinzip des Baukastensystems für mikrotechnische Produkte und modular aufgebauter Drucksensor (Quelle: VDMA, IZM)

Wurden in der Vergangenheit vor allem die Verfahren der Halbleitertechnik zur Herstellung mikrotechnischer Produkte in Silizium genutzt, so werden heute mehr und mehr Kombinationen von unterschiedlichen Fertigungstechniken eingesetzt. Es zeigt sich, daß eine technisch und wirtschaftlich erfolgreiche Produktion in der Regel nur durch Verfahrenskombinationen aufgebaut werden kann. Dies ergibt sich unter anderem aus der Vielzahl der eingesetzten Werkstoffe und Bauteilgeometrien für die Produkte der Mikrotechnik.

Zukünftig werden mikrotechnische Produkte vor allem in den Wachstumsmärkten Kommunikation, mobile Systeme, Medizin- und Haustechnik sowie chemische und molekularbiologische Verfahrenstechnik eingesetzt werden. Für den Maschinenbau ergeben sich hier vielfältige Aufgaben. So sind Verfahren und Maschinen weiter für die Mikro-Produktionstechnik zu qualifizieren. Außerdem lassen sich bestehende Maschinen durch die Integration von mikrotechnischen Produkten optimieren.

Die Mikrotechnik weist ein hohes Marktpotential auf und eröffnet damit auch dem Maschinenbau eine Reihe von neuen Produktfeldern. Deutschland nimmt in der Forschung und Entwicklung von Mikrokomponenten weltweit eine Spitzenstellung ein. Um dies auch wirtschaftlich nutzen zu können, ist eine intensive Zusammenarbeit zwischen Forschungseinrichtungen und der Industrie notwendig. Noch fehlt eine breite Basis an kleinen und mittelständischen Firmen, die sich der Mikrotechnik verstärkt zuwenden. Eine solche Infrastruktur, wie sie der Maschinenbau hat, ist aber unbedingt notwendig, wenn die Schlüsseltechnologie Mikrotechnik zukünftig in Deutschland fest verwurzelt bleiben soll. Das Engagement des Maschinenbaus ist hier gefragt.

Literatur:

[1] Haas, J.: Montage mikromechanischer Sensorapplikationen: Seitenairbag und Fahrdynamikregelung, Kongreß PROMIKRO am Fraunhofer IPA, Stuttgart 1998; S. Buch, A. Zeppenfeld: Mikrosensoren im Kraftfahrzeug, F&M 106 (1998)

[2] M. Meister: Haihaut hilft Sprit sparen, Philip Morris Forschungspreis, Philip Morris Stiftung, München 1998

[3] N.N.: Microreplication - Oberflächentechnologie der Zukunft, Informationsschrift der 3M Deutschland GmbH

[4] N. Ünal, R. Wechsung: Reality of MST-Market on the Example of Ink-Jet Print-Head, mst news 1 (1998)

[5] N.N.: Augenimplantat soll Seheindrücke vermitteln, Blick durch die Wirtschaft, 15.7.1998; N.N.: Implantierbarer Blutdruckmesser, Blick durch die Wirtschaft, 22.5.1998

[6] Th. Schaller, W. Bier, G. Lindner, K. Schubert: Mechanische Mikrostrukturierung metallischer Oberflächen, F&M 102 (1994)

[7] N.N.: Market Analysis for Microsystems 1996-2002, NEXUS Task Force 1998

[8] N.N.: VIS Spektrometer, Informationsschrift der Firma microParts, 1998; R. Wechsung: Microstructure Components in Polymers - First Industrial Applications, mst news 14 (1995)

[9] C. Müller, J. Mohr: Microspectromer fabricated by the LIGA Process, Interdisciplinary Science Review, volume 18, numer 3 (1993)

[10] N.N.: IR Spektrometer, Informationsschrift der Firma microParts, 1998; N.N.: Absorptionsspektroskopie im Taschenformat, inno 7 (1998)

[11] W. Ehrfeld et al.: Fabrication of Microstructures using the LIGA Process, Micro Robots and Teleoperators Workshop, Hynnis, Cap Cod, MA, USA (1987)

[12] M. Heckele, W. Bacher, H. Blum, L. Müller, N. Ünal: Heißprägen von Mikrostrukturen als Fertigungsprozeß, F&M 105 (1997)

[13] W. Ehrfeld, H.-D. Bauer, Mikrotechnik für die optische Datenkommunikation, Design&Elektronik 5 (1996); N.N.: Optische Datenübertragung in Hochleistungsrechnern, inno 8 (1998)

[14] F. Miller: Boom der Brennstoffzellen, Fraunhofer Magazin 4 (1998)

[15] N.N.: Augenimplantat soll Seheindrücke vermitteln, Blick durch die Wirtschaft, 15.7.1998

[16] J. Goschnick, S. Ehrmann: Erkennung und Quantifizierung von Gasen mit der Karlsruher Mikronase, 3. Statuskolloquium des Projektes Mikrosystemtechnik, Forschungszentrum Karlsruhe 1998

[17] S. Marshall: Banff µTAS conference possibly an industry-defining moment, Micromachine Devices, November 1998

[18] N.N.: Modulare Mikrosystemtechnik - Bericht für den Anwender, Frankfurt: VDMA Verlag, 1998

Mitarbeiter der Arbeitsgruppe für den Vortrag 4.3

Dr. I. Beltrami, AGIE, Losone (CH)
Dr.-Ing. Dipl.-Phys. P. Bley, FZK, Karlsruhe
Dr.-Ing. R. Dahlbeck, IVAM NRW, Dortmund
Prof. Dr.-Ing. W. Ehrfeld, IMM, Mainz
Dipl.-Ing. S. Fischer, Fraunhofer IPT, Aachen
Dr. U. Heim, JENOPTIK Mikrotechnik, Jena
Dipl.-Ing. B. Petersen, Fraunhofer IPT, Aachen
Dr. R. Wechsung, microParts, Dortmund
Prof. Dr.-Ing. Dr.-Ing. E.h. M. Weck, Fraunhofer IPT, Aachen
PD Ph.D. Dipl.-Ing. G. Willeke, Universität Konstanz, Konstanz
Dipl.-Math. B. Wybranski, VDI/VDE-IT, Teltow
Dipl.-Ing. P. Zimmerschitt, Fraunhofer IPT, Aachen

4.4 Komplexe Produktionsprozesse sicher beherrschen - Eine Herausforderung für die Fertigungsmeßtechnik

Gliederung:

1 Umfeld im Wandel - die treibenden Faktoren
1.1 Produkte
1.2 Prozesse

2 Herausforderung für die Fertigungsmeßtechnik
2.1 Meßgeräte
2.2 Informations- und Kommunikationstechnik
2.3 Planung und Organisation

3 Heutige Lösungsansätze
3.1 Werkstatttaugliche Meßmittel
3.2 Softwaretools
3.3 Fertigungsnahe Qualitätsprüfung - Fallbeispiele
3.4 Zwischenfazit

4 Szenarien, Potential und Umsetzung
4.1 Meßplätze in der Produktion
4.2 Informationstechnik zur Meßdatenrückführung
4.3 Meßtechnik in frühen Planungsphasen

5 Zusammenfassung und Ausblick

Kurzfassung:

**Komplexe Produktionsprozesse sicher beherrschen -
Eine Herausforderung für die Fertigungsmeßtechnik**

Gestiegener Zeit- und Kostendruck sowie ein hoher Anspruch an die Qualität fordert von der Produktion, ihre gesamten Prozesse sicher und wirtschaftlich zu beherrschen. Bei einer erhöhten Komplexität von Bauteilen und Fertigungsverfahren wird diese Aufgabe zunehmend schwerer und stellt eine aktuelle Herausforderung für die Fertigungsmeßtechnik dar.

Der Fertigungsmeßtechnik muß es gelingen, komplexe Merkmale schnell und sicher am Ort der Entstehung zu erfassen und Ergebnisse sofort in einer Art verfügbar machen, aus der sich Maßnahmen zur Prozeßoptimierung ableiten lassen. Des weiteren muß sie optimal in Produktionsabläufe eingebunden sein.

Um diesen Anforderungen gerecht zu werden, ist ein integrativer Ansatz notwendig. Er muß neben der Gerätetechnik insbesondere auch die Informations- und Kommunikationstechnik sowie planerische Aufgaben einschließen.

Im Vortrag werden derzeitige Lösungsansätze vorgestellt und weitergehende Szenarien entwickelt, die sich bereits mittelfristig für ein Unternehmen realisieren lassen. Notwendige Schritte zur Umsetzung werden aufgezeigt, sowie bestehender Handlungsbedarf sowohl auf seiten des Unternehmens als auch in Forschung und Entwicklung.

Abstract:

**Control and optimization of complex manufactruing processes -
a challenge for manufacturing metrology**

With respect to increased demands both towards improved workpiece quality and reduced manufacturing times, there is a need for an economic, effective and reliable control of manufacturing processes. Since workpiece geometries and features become more and more complex, this is a very demanding challenge for today's manufacturing metrology.

As a consequence, manufacturing metrology must enable the inspection even of complex features as close to the manufacturing process as possible and to provide the obtained information immediately to subsequent control units, which will initiate the appropriate measures for optimizing the manufacturing process. For this, manufacturing metrology has to be integrated into the manufacturing processes as close as possible.

In order to meet these requirements, an integrated approach is necessary. Besides the technological aspects of measurement devices suitable for shop-floor use, also information- /communication technology and work flow planning has to be considered thoroughly.

Within this paper, a survey upon different solutions already introduced into industrial practice will be given, but also more sophisticated approaches will be presented, which can be introduced into a shop-floor environment already within a medium-term basis. The essential elements of such an approach will be discussed and an outlook towards further developments both for industry and research will be given.

1 Umfeld im Wandel - die treibenden Faktoren

Aufgrund einer sich verschärfenden Wettbewerbssitutation steigt der Kostendruck in allen Bereichen eines Unternehmens, insbesondere auch in der Produktion. Diese sieht sich der Anforderung ausgesetzt, unter sich schnell ändernden, zunehmend schweren Bedingungen immer komplexere Produkte herzustellen, in kurzer Zeit zur Serienreife zu bringen und dabei gestiegenen Qualitätsansprüchen zu genügen.

Besonders kritisch wirken sich vor diesem Hintergrund instabile oder störungsträchtige Prozesse aus, da diese unweigerlich zu Qualitätsproblemen oder Produktionsausfällen führen und somit die Wettbewerbsfähigkeit im Bereich der Produktion erheblich schwächen.

Ein produzierendes Unternehmen ist somit gezwungen, all seine Prozesse sicher und wirtschaftlich zu beherrschen, um sich auch in Zukunft am Markt behaupten zu können.

1.1 Produkte

Allein die Funktionalität eines Produktes oder seine technischen Daten sind in der heutigen Zeit keine ausreichenden Mittel mehr, mit denen die Emotionen des Kunden angesprochen und seine Erwartungen an das Produkt zufrieden gestellt werden können. Hinzu kommen spezifische Qualitätsmerkmale, deren Ausprägungen die Exzellenz eines Produktes ausdrücken und im Wettbewerb eine wichtige Rolle spielen.

Ein aktuelles Beispiel dafür sind aus dem Bereich der Automobilindustrie die Spaltbreiten bei der Außenhaut von Fahrzeugen. Während sie vor nicht allzu langer Zeit kaum Beachtung fanden, werben Hersteller in jüngster Zeit mit besonders engen Maßen, die einerseits niedrigere Fahrgeräusche versprechen, andererseits aber auch eine gewisse Eleganz ausstrahlen. Daneben existieren weiterhin die klassischen aber gestiegenen Erwartungen des Kunden. In diese Kategorie fallen beispielsweise ein niedriger Kraftstoffverbrauch eines Verbrennungsmotors oder eine hohe Farbqualität sowie die Schärfe von Druckerzeugnissen..

Diese Beispiele, die aus unterschiedlichen Bereichen kommen, zeigen einen Zusammenhang, der auch in vielen anderen Produktionen Gültigkeit hat:

Die durch den Kunden gestellten Ansprüche an Produktmerkmale spiegeln sich in erhöhten Anforderungen an Teilefertigung und Montage in der Produktion wider. Minimale Spaltbreiten in der Fahrzeugkarosserie erfordern die Einhaltung engerer Toleranzen bei der Blechverarbeitung und im Rohbau. Bei Druckerzeugnissen sind schon kleine Druckpunktversatze mit bloßem Auge zu erkennen, so daß höchste Anforderungen an die Präzision der Bauteile in den mechanischen Steuerungen gestellt werden. Um in Verbrennungsmotoren den Kraftstoffverbrauch zu minimieren, sind kompliziertere und höchstpräzise Bauteile zu fertigen. So nehmen Kolben und Zylinder unrundere und komplexere Formen an, Ventilsitze erhalten präzisere und kompliziertere Konturen und Düsen sowie Einströmkanäle werden immer kleiner.

Die Produktion sieht sich somit der Anforderung ausgesetzt, zunehmend komplexe Bauteile mit geringeren Toleranzen zu fertigen (Bild 1).

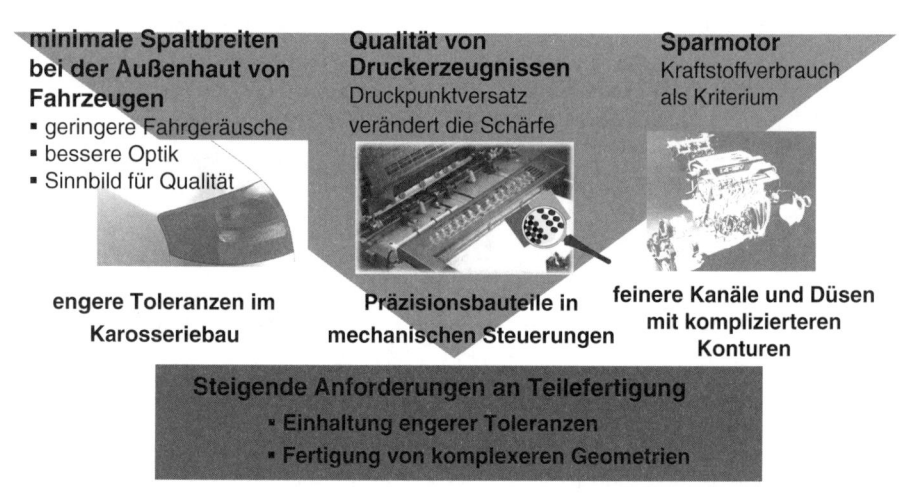

Bild 1: Produktmerkmale als Treiber

1.2 Prozesse

Neben erhöhten Anforderungen an Komplexität und Präzision von Bauteilen befinden sich Produktionsprozesse in einem Spannungsfeld teilweise schwer zu vereinbarender Zielgrößen.

Die Forderung nach hoher Produktqualität und Prozeßstabilität ist nicht neu. Doch unter einem zunehmenden Kosten- und Zeitdruck, der sich gerade in den letzten Jahren entwickelt hat, fällt es immer schwerer, diesen Forderungen gerecht zu werden. Einerseits muß ein Prozeß ausgereift und stabil sein, andererseits erzwingt die Forderung nach einem kurzen Time to Market-Intervall immer kürzere Produktionsanlaufzeiten und Durchlaufzeiten. So betrug beispielsweise unter den Mitgliedsfirmen des VDMA die durchschnittliche Gesamtdurchlaufzeit für einen Kundenauftrag - angefangen von der Auftragserteilung bis hin zur Auslieferung - im Jahr 1991 28 Wochen, im Jahr 1996 nur noch knapp 23 Wochen [1].

Geringe Durchlaufzeiten und die Reduktion von Nebenzeiten lassen wenig Zeit für Tätigkeiten, die nicht direkt an der Wertschöpfung beteiligt sind.

Dieses Spannungsfeld erfordert eine Qualitätsprüfung, die in der Lage ist, nahezu alle Prozesse, insbesondere auch die zunehmend komplexen Fertigungsverfahren, wirtschaftlich und effizient zu beherrschen (Bild 2). Sie muß einerseits die hohe Fertigungsqualität garantieren - darf andererseits jedoch auch nicht den genannten ehrgeizigen Zielen im Wege stehen.

Mit Neuentwicklungen im Bereich der Meßgerätetechnik, der Informations- und Kommunikationstechnik kann diesen gestiegenen Anforderungen begegnet werden. Dennoch sind auch auf seiten des Unternehmens Aktivitäten erforderlich, die eine abteilungsübergreifende Zusammenarbeit erfordern und nur in einer geeigneten Unternehmenskultur erfolgreich sein können.

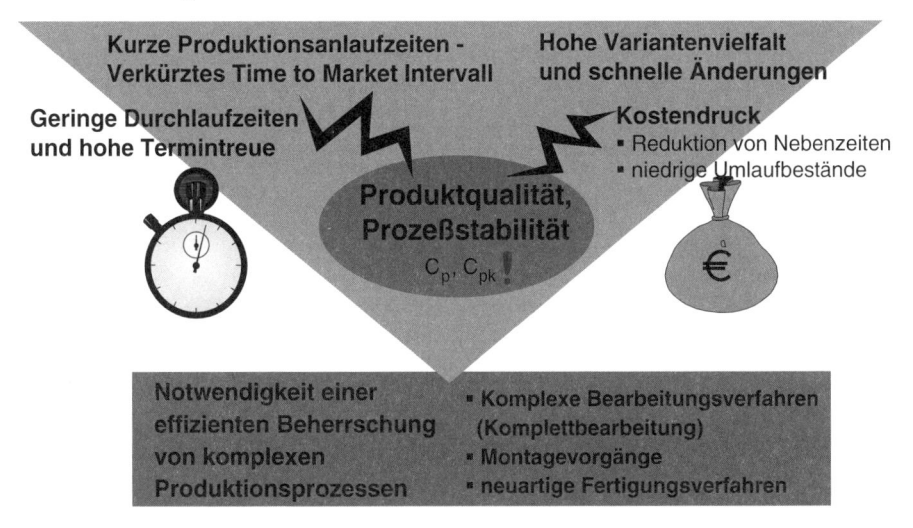

Bild 2: Prozesse als Treiber

2 Herausforderung für die Fertigungsmeßtechnik

Die beschriebene Situation stellt neue Aufgaben und Herausforderungen an die Fertigungsmeßtechnik (Bild 3). Die höhere Komplexität von Prozessen und Produktmerkmalen zieht dementsprechend komplexere Meßaufgaben nach sich, die - erzwungen durch eine engere Tolerierung - mit einer geringeren Meßunsicherheit gemessen werden müssen.

Um die aus der Messung gewonnene Information schnell für eine Prozeßregelung verfügbar zu machen, muß eine möglichst kleine zeitliche und örtliche Distanz realisiert werden [2]. Die Qualitätsinformation über ein Bauteil, gewonnen aus dem Meßprozeß, muß quasi am Ort seiner Entstehung, also im Umfeld der Produktion, aufgenommen werden. Größere Distanzen zwischen Fertigung und Messung führen zu langen Totzeiten im Qualitätsregelkreis, was gerade in Produktionen mit hohen Taktzeiten zu erheblichen Kosten für Ausschuß und Nacharbeit führen kann.

Die Forderungen nach hohen Maschinenauslastungen und geringen Durchlaufzeiten erzwingen, daß die Tätigkeiten und Prozesse optimal in den Produktionsablauf integriert sein müssen. Prüftätigkeiten dürfen keinen Flaschenhals in der Produktion darstellen oder zu starken Verlängerungen der Nebenzeiten der Bearbeitungsmaschinen führen.

Dies führt zu einer Situation, in der die Bereiche Produktion und Qualitätssicherung sehr eng mit einander verzahnt sind. Die Fertigungsmeßtechnik kann sich somit nicht mehr als isolierter Bereich neben der Prozeßkette betrachten, sondern wird zum integralen Bestandteil und Informationslieferanten für die Produktion. Die Auslegung und Integration von Meßverfahren geht somit weit über die reine Gerätetechnik hinaus und wird zu einer interdisziplinären Aufgabe (Bild 4). Insbesondere Aspekte der Informations- und Kommunikationstechnik sowie der Organisation gewinnen an Bedeutung.

Berücksichtigung von Rahmenbedingungen durch Produktion
- geringe Durchlaufzeit
- hohe Verfügbarkeit
- keine Überforderung der Mitarbeiter

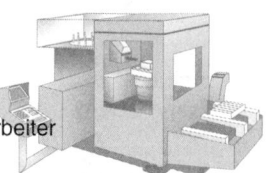

Prüfung komplexer Merkmale in Fertigungsnähe
- geeignete Meßmittel
- angemessene Meßunsicherheit
- geringe Kosten und Prüfzeiten
- optimale Integration in den Produktionsablauf

Schnelle Verfügbarkeit der Ergebnisse zur Prozeßregelung
- Ableitung von Kennzahlen zur Prozeßoptimierung
- angemessene Visualisierung von Meßergebnissen
- Prozeßregelung und Ableitung von Maßnahmen

Bild 3: Herausforderung für die Fertigungsmeßtechnik

Meßgeräte
- Benutzungsschnittstellen und Ergebnisvisualisierung
- Meßunsicherheit und Umgebungseinflüsse
- Flexibilität der Meßmittel
- Wirtschaftlichkeit
- Meßmittelanbindung
- Beherrschung von komplexen Produktionsprozessen
- Mitarbeiterqualifikation
- Informationsverdichtung und -aufbereitung
- Prozeßregelung
- Prüf- und Arbeitsplanung

Informations- und Kommunikationstechnik

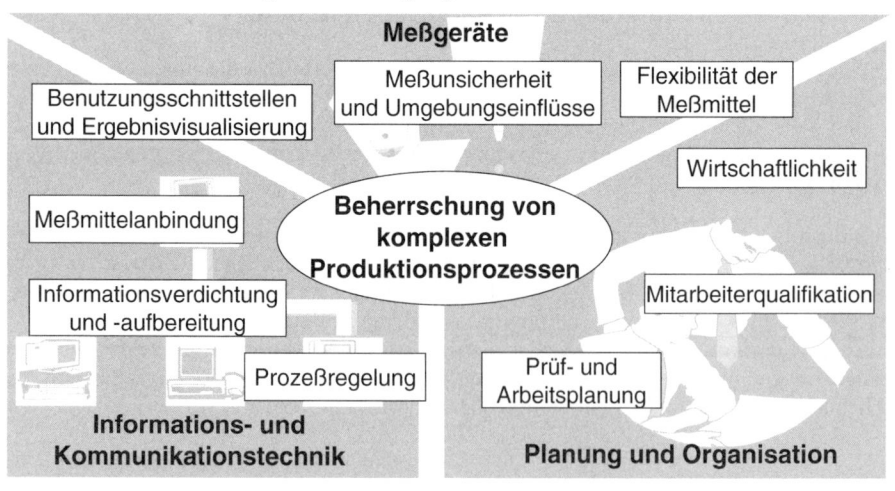

Planung und Organisation

Bild 4: Die Aufgabe und ihre Teilaspekte

Somit muß in der Entwicklung und beim Einsatz von Meßtechnik der Schritt vom Meßgerät zum Meß*system* vollzogen werden.

Dabei stellen sich - im Gegensatz zu früher - heute und in Zukunft wesentlich umfassendere Fragen:

Komplexe Produktionsprozesse sicher beherrschen 427

- Welche Meßtechnologie ist die bestgeeignete für die gestellte Aufgabe?
- Wie können Meßergebnisse für eine weitere Nutzung aufbereitet und verfügbar gemacht werden?
- Wie können Prüfprozesse mit einer hohen Auslastung aller Betriebsmittel in die Produktion eingebunden werden, ohne Abläufe zu beeinträchtigen oder die Mitarbeiter zu überfordern?

2.1 Meßgeräte

Lag früher der Schwerpunkt der Gerätetechnik meist auf der technologischen Seite, betraf also die meßtechnische Beherrschung des Problems an sich, so stellt die Benutzerfreundlichkeit und Integrationsfähigkeit des Meßsystems mittlerweile ein ebenso ausschlaggebendes Bewertungskriterium dar (Bild 5).

Flexibilität	• an den Prozeß angepaßte Meßtechnik • Regelung des Prüfumfanges • modulare, einfache Aufspannvorrichtungen
Robustheit	gegenüber • Umgebung: Temperatur, Schmutz, mechanische Einwirkung • Fehlbedienung
Benutzergerechtheit	• einfache Handhabung • aufgabenangemessene Benutzungsschnittstellen • geeignete Ergebnisvisualisierung
angemessene Meßunsicherheit	• niedrige Streuung von Meßergebnissen • Normenkonformität (Meßmittelfähigkeit, Lehrenfähigkeit)
niedrige Kosten und Aufwände	• niedrige Anschaffungskosten • geringer Wartungsaufwand

Bild 5: Anforderungen an Meßgeräte

Mit der zunehmend geforderten schnellen Reaktionsfähigkeit auf eine von kleinen Losgrößen und vielen Varianten gekennzeichnete Fertigung, muß sich die Meßgerätetechnik an ihrer Flexibilität hinsichtlich der Erledigung einer Vielzahl von Prüfaufgaben messen lassen. Die Herausforderung besteht nun in der Überwindung der hierbei entstehenden Zielkonflikte.

Um beispielsweise eine möglichst große Vielfalt an Meßaufgaben mit einem bestimmten Meßgerät durchführen zu können, sollte dem Gerät ein möglichst universelles Meßprinzip zugrundegelegt werden. So besticht beispielsweise das taktile Messen auf Koordinatenmeßgeräten oder die Durchführung von Meß- und Prüfaufgaben mittels Bildverarbeitung durch das prinzipiell große Spektrum an Einsatzfeldern. Allerdings fordert der konkrete und daher in gewissem Sinne immer wieder „spezifische" Anwendungsfall seinen Tribut, weil das anwendungsspezifische Element nun durch das Know-How des Bedieners kompensiert werden muß.

Die geeignete Auslegung von Benutzungsschnittstellen, welche den Benutzer beim Umgang mit dem Gerät optimal unterstützen, die Implementierung von Softwaremodulen zur Eigendiagnose des Meßsystems und der Meßergebnisse zur Sicherstellung weitgehend benutzerunabhängiger Meß- und Prüfergebnisse sind ein wesentlicher Teil der zur erfolgreichen Einführung und Anwendung der Geräte notwendigen Ansätze.

High-Tech Meßgeräte mit ihren Innovationsfeatures erzeugen zwar Erstaunen und Beachtung, wenn sie auf Messen vorgestellt werden, führen jedoch bei ihrer Einführung und ihrem Einsatz im Anwendungsumfeld bei weniger qualifiziertem Personal oft auch zu erheblichen Akzeptanzschwierigkeiten. Daher müssen diese durch entsprechend auf die Geräte abgestimmte Schulungskonzepte eingeführt und Vertrauen im Umgang mit den Geräten hergestellt werden. Diese Aufgabe wird dann besonders anspruchsvoll, wenn der Meßprozeß nicht nur zur Protokollierung der aktuellen Prozeßlage dienen soll, sondern auf Basis der ermittelten und geeignet visualisierten Kennwerte eine Regelung des Bearbeitungsprozesses fertigungsnah durch die Werker durchgeführt werden soll.

Neben diesen neueren immer mehr an Bedeutung gewinnenden Schwerpunktthemen, bleiben die klassischen Anforderungen an Meßgeräte nicht nur bestehen, sondern verschärfen sich noch zusätzlich.

Infolge der sinkenden Fertigungstoleranzen besteht die Forderung nach einer immer geringeren Meßunsicherheit - und das bei gleichzeitiger Zunahme an möglichen äußeren Störeinflüssen, die im Fertigungsumfeld auf den Meßprozeß einwirken, wie etwa Temperaturschwankungen, Erschütterungen und Vibrationen etc.

Es muß berücksichtigt werden, daß es grundsätzlich nicht ausreichend ist, bei einer Messung nur ein Meßergebnis anzugeben. Sowohl im Verhältnis Meßgerätehersteller zu Anwender, als auch im Verhältnis Lieferant zu Kunde wird der Aspekt der Konformität zu Normen und Richtlinien, wie etwa dem Guide-for-the-expression-of-Uncertainty (GUM), von immer größerer Bedeutung. Solche Nachweise müssen häufig für die spezielle Meßaufgabe erbracht werden, obwohl das Meßgerät eben aufgrund seiner wünschenswerten Einsatzflexibilität zukünftig in Anwendungen zum Einsatz kommt, die nicht vorhergesagt werden können.

Bei der Vielzahl der sich zum Teil einander widersprechenden Forderungen, hat sich auf dem Gebiet der fertigungsintegrierten Meßtechnik sehr viel getan. Sowohl die technologische Fortentwicklung in unterschiedlichen Bereichen wie der Informationstechnik und Datenverarbeitung, der Werkstoffe, der Sensor- und Aktorsysteme als auch die Erkenntnis, bei der Neuentwicklung interdisziplinär vorzugehen, hat wesentliche Impulse geliefert. Für den Anwender, der mehr denn je den Kostenfaktor berücksichtigen muß, ist die Zielrichtung des fertigungsintegrierten, flexiblen Messens ein geeigneter Weg. Schnelle Reaktionsfähigkeit kann in den Fertigungsbereichen durch die Investition in einige wenige, aber dafür flexibel einsetzbare Meßgeräte erreicht werden, welche die Anschaffung, Wartung und aufwendige Umkonfigurierung aufgabenspezifischer Meßanordnungen ersetzen.

2.2 Informations- und Kommunikationstechnik

Nicht minder wichtig als die Meßwertaufnahme ist die sich anschließende geeignete Aufbereitung der aus Messungen gewonnenen Informationen, um darauf aufbauend gezielte Maßnahmen für die Optimierung und Stabilisierung von Fertigungsprozessen ableiten zu können. Erst hierdurch wir der eigentliche Nutzen aus der fertigungsintegrierten Meßtechnik wirksam.

Prozeßregelung	• Ableitung von aussagekräftigen Kennzahlen • Möglichkeit der gezielten Optimierung von Teilprozessen • schnelle Verfügbarkeit
Informationsverdichtung und -aufbereitung	• Abbildung sämtlicher notwendiger Information unter Vermeidung von Datenredundanzen • Durchgängige Nutzung eines einheitlichen standardisierten Datenmodells • Schnittstellen zu betrieblichen Informationsflüssen • Nutzung standardisierter Systeme für Datenbanken
Meßmittelanbindung und Schnittstellen	• Nutzung standardisierter Kommunikationssysteme: TCP/IP, Internet / Intranet-Dienste für Rechnervernetzung • Nutzung von Feld- und Sensor-/Aktorbussystemen für die Felddatenerfassung • Flexibilität bei Anlagenerweiterung

Bild 6: Anforderungen an Informations- und Kommunikationstechnik

Der Informationsaustausch hat per se den primären Zweck, verschiedene Einheiten mit ihren jeweiligen Eigenheiten und Spezifika einander zugänglich zu machen, seien es in diesem Fall die Meßgeräte, die Ebene der Prozeßregelung oder auch die Arbeitsvorbereitung. Betrachtet man die Prozeßregelung, so müssen Daten unter anderem derart aufbereitet werden, daß sie nicht nur die Ermittlung der Prozeßlage erlauben, sondern daß sie auch Rückschlüsse auf die möglichen Ursachen von Prozeßänderungen zulassen. Somit müssen sich die Daten, Kennwerte und Meßstrategien auch an der jeweiligen Prozeßtechnologie orientieren. Die gemessenen Abweichungen an Werkstückmerkmalen stellen jedoch nur das kumulierte Ergebnis unterschiedlicher Fehlereinflüsse dar, welche daher um gemessene Prozeßsignale - übertragen durch Feldbusse und geeignete Schnittstellen - ergänzt werden müssen, um auf Basis einer Korrelation unter Berücksichtigung von Prozeßwissen die Fehlerursache einzukreisen. Hier gilt es, die Komplexität des Fertigungsprozesses und der möglichen Fehlereinflüsse auf die wesentlichen Einflußfaktoren zu begrenzen und diese derart aufzubereiten, daß der Benutzer im Fertigungsbereich einen plausiblen Zusammenhang aus ermittelter Abweichung und Korrekturstrategie erkennen kann. Insofern erscheint es sinnvoll, den Werker nur mit soviel Information zu konfrontieren, wie er in seinem Umfeld sinnvoll verwerten kann.

Auf der Ebene der technischen Schnittstellenspezifikation haben sich mittlerweile klare Trends und Standards durchgesetzt, sei es das Kommunikationsmodell in der Fertigung, das sich vom Feldbereich, über die Zellenebene bis zu den übergeordneten betrieblichen Kommunikationsstrukturen durchzieht und geprägt ist von Standards wie

TCP/IP, Ethernet, firmeninternen Intranets oder genormten Feldbussystemen. Insofern sind die technischen Möglichkeiten prinzipiell gegeben und werden auch immer mehr wahrgenommen. Diese Tendenz wird sogar noch weiter vorangetrieben, indem Standards, die sich ursprünglich in der Bürokommunikation entwickelt haben, wie etwa PC-basierte Systeme, Betriebssysteme wie Windows NT oder Windows CE immer mehr mit den Kommunikationsstrukturen in den Produktionsbereichen verschmelzen, was die zumindest auf technischer Ebene zu realisierende Austauschbarkeit der Daten und deren Analyse mit Standardsoftwaresystemen erleichtert. Dies betrifft auch die Datenbanksysteme zur strukturierten Ablage und zum systematischen Zugriff auf Fertigungsdaten, insbesondere für die vor- und nachgelagerten Bereiche der Produktion.

2.3 Planung und Organisation

Die Durchführung von Meßaufgaben läuft nicht isoliert von ihrem jeweiligen Umfeld ab, das die Vorgaben wie etwa das Prüfmerkmal, den Ort der Prüfung etc. definiert. All diese Vorgaben werden in den vorgelagerten Bereichen festgelegt und entsprechend weitergeleitet.

Wirtschaftlichkeit	• Prüfvorgänge dürfen nicht zu Stillständen bei Bearbeitungsmaschinen führen • hohe Anlagenauslastung: Meßgeräte und Bearbeitungsmaschinen • einfache Prüfaufgaben auf einfache Meßgeräte verlagern
Qualifikation	• Vermeidung von Überforderung • ausreichende und rechtzeitige Schulung • hinreichende Zeit für Prüftätigkeiten

Prüf- und Arbeitsplanung	• Entscheidung, welche Merkmale wesentlich sind für
	  • die Prozeßregelung
	  • die Dokumentation
	• Prüfung an sinnvollen Stellen in der Prozeßkette

Berücksichtigung der Meßtechnik in den frühen Produktentstehungsphasen ▶ Vermeidung von Aufwand für nachträgliche Integration und Anpassung

Bild 7: Anforderungen an Planung und Organisation

Die Fertigungsmeßtechnik hat letztendlich eine Dienstleistungsfunktion für die Produktion. Gerade wegen des immensen Kostendruckes, dem die Fertigung am Standort Deutschland ausgesetzt ist, darf die Einführung und Integration von Meßtechnik in den Fertigungsprozeß oder in dessen unmittelbarer Nähe nicht oder nur unwesentlich zu Verzögerungen und Hauptzeitbelastungen führen. Die Integration der Fertigungsmeßtechnik in die Fertigungsprozesse führt damit unweigerlich zu der Problematik, meßtechnische Abläufe und alle damit zusammenhängenden Fragen wie Prüfwerkstückzuführung, Datenerfassung etc. in die anderen Prozeßabläufe optimal einzupassen und mit diesen zu harmonisieren, wobei also auch Aspekte wie die durchschnittlich benötigte Zeit für die Durchführung von Messungen durch Werker, Stichprobenintervalle, Prüfschärfe etc. Berücksichtigung finden müssen. Neben der minimierten Hauptzeitbelastung der Fertigungsprozesse ist darüber hinaus anzustreben, die Zeitspanne für die Amortisation der eingesetzten Meßsysteme möglichst unter 3 Jahren zu halten.

Um das wirtschaftliche Optimierungspotential ausschöpfen zu können, ist es sinnvoll, die Skala der Meß- und Prüfmöglichkeiten hinsichtlich der Gerätschaft und die damit zusammenhängenden Fragen wie Art des Merkmals, Genauigkeitsanforderungen, Qualifikation des Benutzers etc. in diese Optimierungsaufgabe mit einzubeziehen. Bestimmte Meß- und Prüfaufgaben sind nur für den Feinmeßraum geeignet, wohingegen andere Aufgaben direkt im Fertigungsumfeld mit einfacheren Prüfmitteln durchgeführt werden können und auf ihre Weise einen wenn auch begrenzten, aber wirksamen Beitrag zur Prozeßüberwachung liefern.

Die Verwebung beispielsweise der Anforderungsprofile an die Benutzer, die Abstimmung mit den Zeitabläufen der anderen Prozesse und die Klassifikation der Merkmale machen diese Aufgabe zu einem komplexen Unterfangen, für das in den Phasen der Produktentstehung und Produktions- und Arbeitsplanung ein integriertes Vorgehen der Fachleute aus den unterschiedlichen Disziplinen notwendig ist.

Bei der Betrachtung aller aufgeführten Randbedingungen und Parameter, die bei dieser zu optimierenden Integration der Fertigungsmeßtechnik zu beachten sind, spielt der Benutzer eine wesentliche Rolle. Es besteht die Gefahr, daß all die Planspiele sich entweder als unwirtschaftlich oder nicht haltbar erweisen, weil sie auf falschen Annahmen über die Qualifikationsanforderungen an die Benutzer basieren. Erst die durchdachte Einführung sowie die Aus-/Fortbildung der Benutzer in den Fertigungsbereichen im Umgang mit den Meßgeräten führt dazu, daß Hemmschwellen abgebaut, Reibungsverluste in den Abläufen vermieden und praktikable Anregungen der Betroffenen zur weiteren Verbesserung der Abläufe gemacht werden. Wichtig ist hierbei im Auge zu behalten, daß es nicht zu einer Überforderung der Benutzer kommt und ein hohes Maß an Vertrauen und Einsicht geschaffen wird!

3 Heutige Lösungsansätze

3.1 Werkstatttaugliche Meßmittel

Mittlerweile steht auf dem Markt eine Reihe fertigungstauglicher Meßgeräte sowohl für die Werkerselbstprüfung als auch die fertigungsintegrierte, automatisierte Messung zur Verfügung. Damit ist die zur Regelung von Fertigungsprozessen grundlegende Erfassung relevanter Werkstückmerkmale schnell und fertigungsnah möglich. Ausschlaggebend hierfür sind die Flexibilität, die Möglichkeit zur Messung auch komplexer Merkmale, die Integrierbarkeit in die Fertigung, die Bedienerfreundlichkeit sowie die Möglichkeit zur datentechnischen Anbindung der Geräte. Exemplarisch werden hierzu im folgenden kommerzielle Lösungen aus dem Bereich der geometrischen Meßtechnik für Makrogeometrie, Form und Rauheit vorgestellt. Im Bereich der Funktionsprüfung von Produkten sowie der Prozeßüberwachung existieren hauptsächlich anwendungsspezifische Lösungen (z.B. Geräuschprüfung bei Wälzlagern, Überwachung von Kraftverläufen etc.), so daß hierauf nur kurz in den anschließenden Praxisbeispielen eingegangen wird.

Moderne Meßgeräte machen es mittlerweile möglich, Maß, Form und Lage auch an komplexen Geometrien in einer Aufspannung, auf einem Gerät und in einem Bezugssystem zu messen [3, 4]. Auf Koordinatenmeßgeräten kann durch eine Vielpunktmessung im Scanning-Betrieb die gesamte Kontur eines Merkmals in nur wenigen Sekunden (1000 Pkt. in 12 Sek.) erfaßt werden, wodurch auch die Auswertung von Formmerkmalen möglich wird. Neuere Formprüfgeräte sind durch zusätzliche Koordinatenachsen in der Lage, auch Maß- und Lageprüfungen an beliebigen Geometrien durchzuführen. Auch hier kann zwischen Einzel- und Vielpunktantastung gewählt werden [5].

Durch Multi-Sensorik ist es auf einigen Koordinatenmeßgeräten durch einen einfachen automatischen Tastkopfwechsel zudem möglich, auch Temperaturen und Rauheiten am Bauteil zu messen (Bild 8).

Fertigungsintegration
- Thermische Kapselung

Multisensorik
- Automatisch einwechselbares Oberflächenmeßsystem

Potential für den Fertigungsprozeß
- Schnelle und sichere Reaktionen auf Veränderungen des Fertigungsprozesses
- Dynamisierung des Prüfumfangs

nach Zeiss

Bild 8: Fertigungsintegriertes Koordinatenmeßgerät

Auch die Flexibilität der Meßgeräte bezüglich des Einsatzortes nimmt zu. So erlauben portable Oberflächenprüfgeräte und transportable, handgeführte Koordinatenmeßgeräte komplexe Messungen vor Ort durch den Werker. Da diese nicht ortsgebunden sind, ist vielfach eine auch nachträgliche Integration in vorhandene Fertigungsstrukturen möglich.

Durch Kapselung bzw. aktive Kompensation von störenden Umwelteinflüssen, wie Temperatureinflüssen, Schwingungen aber auch Schmutz und Beschädigung, sind genaue Messungen mit komplexen Meßgeräten heute auch im direkten Fertigungsumfeld möglich (Bild 8, Bild 9).

Belade- und Transporteinrichtungen für manuelle und automatische Bestückung erlauben die Integration der Geräte in den Fertigungsfluß. Die Steuerung von Fertigungsabläufen wird durch die direkte Ergebnisrückführung an die Fertigungsmaschine unterstützt (Bild 8, Bild 9).

Qualitätsprüfung

- Form-, Lage-, Maß- und Verzahnungsmerkmale sowie Sonderformen (z.B. Nocken)

Fertigungsintegration

- Dynamische Kompensation von Umwelteinflüssen (z.B. Schwingungen oder Temperatur)

Potential für den Fertigungsprozeß

- Rückkopplung der Meßergebnisse durch Anzeige an der Fertigungsmaschine

nach Mahr

Bild 9: Fertigungsnah einsetzbares Formmeßgerät

Hinterlegtes meßtechnisches Wissen vereinfacht die Bedienung von Meßgeräten für den Werker zunehmend. So können z.B. portable Rauheitsmeßgeräte die zur Auswertung erforderlichen Einstellung der Filtergrenzwellenlänge, Taststreckenlänge etc. aufgrund einer Probemessung automatisch vornehmen. Die Auswertung ist nach verschiedenen Normen und Richtlinien möglich (Bild 10). Auch Fehlbedienungen (falsche Einstellung, zu hohe Antastkraft etc.) erkennen diese Geräte selbständig [6].

Fertigungsintegration

- Tragbares Meß- und Anzeigegerät

Werkergerechtheit

- automatische Erkennung der Oberflächenprofilart

Informationstechnik

- Informationstechnische Anbindung über Schnittstellenadapter
- Profilspeicherung zur späteren Datenübertragung und Weiterverarbeitung

nach Mahr

Bild 10: Fertigungsnah eingesetztes Oberflächenmeßgerät

Zahlreiche Meßgeräte sind mit standardisierten Möglichkeiten zum Datenaustausch versehen. Dies gilt sowohl für die Schnittstellen, die Übertragungsprotokolle als auch die Datenformate. Tragbare Geräte für den Feldeinsatz bieten außerdem die Möglichkeit zur Zwischenspeicherung einer größeren Anzahl von Ergebnissen zur späteren Auswertung.

3.2 Softwaretools

Durch heutige Softwaretools wird der Einsatz der Meßtechnik zur Überwachung und Regelung von Fertigungsprozessen maßgeblich unterstützt. Es existieren kommerzielle Softwareprodukte zur Unterstützung wesentlicher Teile der Kette von der Planung über die Datenerfassung bis hin zur Informationsverarbeitung. Auch die Programmiersysteme für die eingesetzten Meßgeräte werden zunehmend leistungsfähiger.

CAQ-Systeme gewährleisten eine durchgängige Prüfplanung und -durchführung durch die Nutzung gemeinsamer Qualitäts-Stammdaten, so daß Mehrfachprüfungen vermieden werden. Modulare Erweiterungen ermöglichen die Anpassung an die firmenspezifischen Abläufe und Erfordernisse, z.B. für die Prüfabwicklung.

Des weiteren können Meßergebnisse automatisiert erfaßt und unternehmensweit verfügbar gemacht werden. Die Systeme bieten hierfür über entsprechende Module die Möglichkeit, Meßmittel über standardisierte Schnittstellen direkt anzubinden, oder Meßdaten-Files komplexer Meßgeräte zu importieren (Bild 11). Damit ist der flexible Anschluß von Meß- und Prüfmitteln auch in dezentralen Systemen realisierbar.

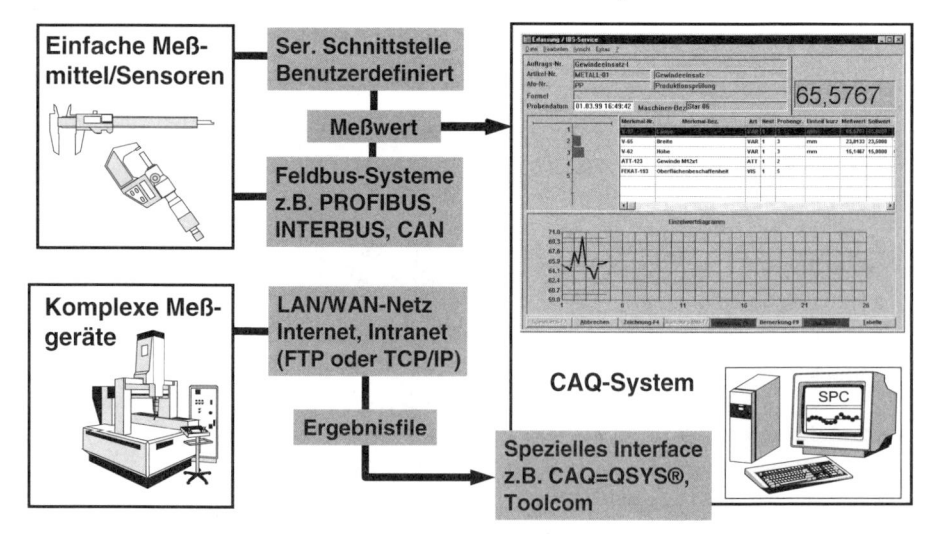

Bild 11: Automatisierte Meßwertübertragung - einige Möglichkeiten

Spezielle CAQ-Module und Softwaretools bieten mit der schnellen Rückführung von Meßdaten aus dezentralen Systemen in den Prozeß die Möglichkeit zur fertigungsnahen Prozeßanalyse und -regelung. So können statistische Auswertungen beispielsweise in Form einer SPC prozeßnah implementiert werden, und Meßergebnisse und Kennwerte in Form von Online-Regelkarten direkt an der Fertigungseinrichtung visualisiert werden (Bild 11). Überwachungsrelevante Merkmale, Warn- und Eingriffsgrenzen sind flexibel definierbar.

Eine langfristig angelegte Auswertung erlaubt die Speicherung der Meßdaten in Datenbanksystemen. Im Zusammenwirken mit Netzwerktechnologien („Web Query") eröffnen diese die Möglichkeit einer unternehmensweiten Nutzung und flexiblen Auswertung. So wird die Qualitätsdokumentation und -kostenrechnung vereinfacht, Meßdaten sind nutzbar und können Produkten oder Fertigungseinrichtungen zugeordnet werden, z.B. bei Rückrufaktionen oder für die Arbeitsvorbereitung. Außerdem sind vielfältige Verknüpfungen der Daten zur Berechnung beliebiger Prozeß-Kennzahlen möglich, wodurch die Optimierung von Prozessen und Teilprozessen unterstützt wird.

Zur Erstellung von Meßprogrammen für Koordinatenmeßgeräte liefern Programmiersysteme flexible, merkmalorientierte Meßprogramme mit variablen Prüfumfängen [7]. Meßprogramme, z.B. für Koordinatenmeßgeräte, können schon in der Arbeitsvorbereitung auf der Basis von Prüfplänen erstellt werden. Durch die Nutzung der 3D-CAD-Konstruktionsdaten wird die Programmierung erleichtert und die Stringenz der Meßprogramme gewährt.

3.3 Fertigungsnahe Qualitätsprüfung - Fallbeispiele

Die Werkerselbstprüfung (WSP) mit einfachen Prüfmitteln ist heute in vielen Unternehmen Bestandteil des Fertigungsalltags. Ebenso der Einsatz von Koordinatenmeßgeräten (KMG's) und Formprüfgeräten in speziellen Meßräumen durch geschultes Personal. Die zunehmend geforderte schnelle Überwachung auch komplexer Prozesse bedingt nun verstärkt den integrierten Einsatz komplexer Meßmittel (z.B. handgeführte KMG's) im direkten Fertigungsumfeld bzw. in der Werkerselbstprüfung. Dieser ist jedoch insbesondere unter den Gesichtspunkten der informationstechnischen Vernetzung der eingesetzten Meßmittel sowie der organisatorischen Einbindung in die Fertigungsabläufe erst ansatzweise, häufig nur in Form spezieller Insellösungen, realisiert.

Die Form der Umsetzung sowie die Stufe der Integration sind dabei stark abhängig von der jeweiligen Art der Fertigung und dem Grad der Automatisierung. Anhand unterschiedlicher Fallbeispiele sollen im folgenden realisierte Lösungsansätze für eine integrierte Qualitätsprüfung beleuchtet werden. Von der personalintensiven Fertigung kleiner bis mittlerer Losgrößen bei den Firmen Heidelberger Druckmaschinen (HDM) und Festo bis hin zur vollautomatisierten Großserie bei der Fa. FAG.

Qualitätsprüfung bei hoher Variantenvielfalt

Moderne Druckmaschinen, die nach wie vor zu einem großen Teil mechanisch gesteuert sind, müssen höchste Präzisions-Anforderungen erfüllen. Dies gilt insbesondere für Komponenten, die das Übertragungsverhalten beeinflussen. So die Kurvengetriebe zur Greifersteuerung bei der Übergabe der Druckbögen an die verschiedenen Druckstufen und die Zahnradgetriebe zur Synchronisation des Papiertransports über die Druckwalzen.

Bei der hier betrachteten Produktion handelt es sich vorwiegend um spanende Bearbeitung bei Losgrößen von 50 bis 450 Stück. Repräsentative Bauteile sind Lager-Halterungen, mechanische Steuerelemente (Kurvenscheiben) und Greifer zur Papierführung und -positionierung. Diese besitzen eine Vielzahl funktionsrelevanter Merkmale, die in der Produktion zu prüfen sind: Abstände und Parallelität von Bohrungen, Rechtwinkligkeit von Anschraubflächen, teilweise sehr eng tolerierte Maße (z.B.: 32^{H7}, T= 25 µm) sowie komplexe Konturen von Kurvenscheiben.

Die Qualitätsprüfung ist dazu in drei Ebenen organisiert:

- Werkerselbstprüfung neben der Maschine zur schnellen Prozeßregelung für einfache Merkmale
- Fertigungsintegrierte Meßinseln mit geschultem Personal zur Prozeßfreigabe und -regelung bei komplexen Merkmalen
- Teilweise Endprüfung zur Losfreigabe durch QS-Personal

Seit 1989 wird bei HDM mit einem hohen Anteil an Werkerselbstprüfung gearbeitet. Das Ziel ist dabei die Realisierung kleiner Regelkreise zur schnellen Prozeßregelung durch den Werker. So ist dieser außerdem selbst für das Einfahren der Prozesse verantwortlich. Entsprechend ist die Prüfung so angelegt, daß der Werker die meisten prozeßrelevanten Merkmale selber prüfen kann. Ihm stehen hierfür im wesentlichen einfache Prüfmittel, wie Lehren u. Höhenmeßgeräte in Verbindung mit teilespezifischen Meßvorrichtungen zur Verfügung (Bild 12).

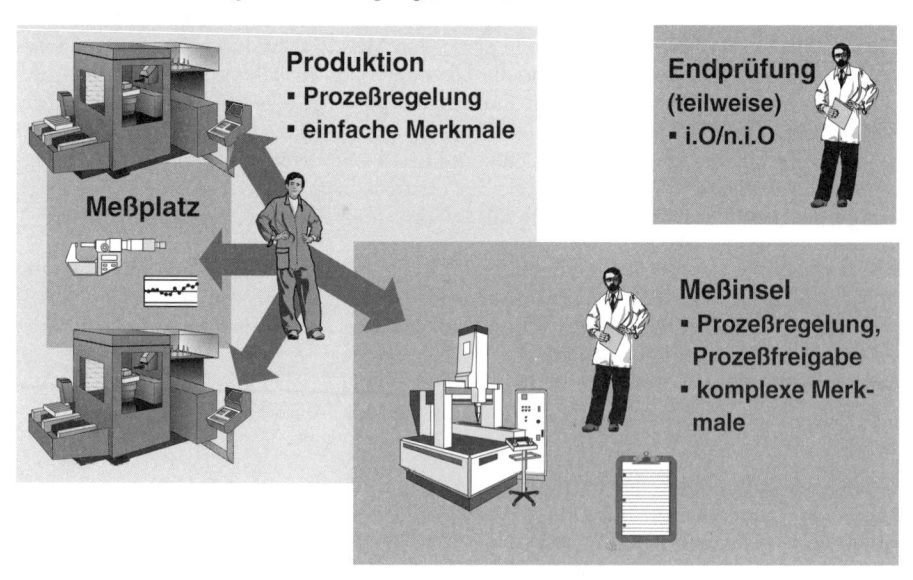

Bild 12: Organisation der Qualitätsprüfung bei HDM

Die Prüfplanung ist bei HDM in die Arbeitsvorbereitung integriert, so daß die Prüftätigkeiten in die Arbeitsabläufe eingebunden sind. Hier werden strukturierte Arbeitspläne mit Prüfmerkmalen und -umfängen erstellt, wobei von der zentralen Qualitätssicherung (QS) vorgegebene Rahmenrichtlinien gelten.

Da die Meßergebnisse allein zur eigenverantwortlichen Regelung der Prozesse durch Werker dienen, wurde keine datentechnische Anbindung der Prüfmittel realisiert. Jeder Werker kann aber bei Bedarf eigene Regelkarten führen, wobei jedoch keine Dokumentation der Ergebnisse stattfindet.

Die in einer fertigungsintegrierten Meßinsel anfallenden Prüfaufgaben umfassen Messungen, die aufgrund der Komplexität oder der meßtechnischen Anforderungen nicht durch den Werker direkt durchgeführt werden können. Auf Koordinatenmeßgeräten und Formprüfgeräten können hier komplexe Merkmale, z.B. zur Freigabe der vom Werker eingefahrenen Prozesse, geprüft werden. Außerdem wird dem Werker hier bei Unsicherheiten bzw. Fragen Unterstützung durch geschultes Personal geboten.

Benötigte Meßprogramme für Koordinatenmeßgeräte werden zentral erstellt, damit die Messung auch an verschiedenen Standorten nach einheitlichen Meßstrategien durchgeführt wird. Hierdurch wird die Vergleichbarkeit der Meßergebnisse sichergestellt.

In der Endprüfung wird ein Teil der gefertigten Lose durch das Qualitätspersonal einer Endkontrolle nach einem festgelegtem Prüfplan und in losgrößenabhängigen Stichproben unterzogen. Das Ergebnis dieser Prüfung ist entweder die Losfreigabe oder eine anschließende Sortierprüfung.

Werkerselbstprüfung in teilautomatisierter Produktion

Die Produktpalette der Fa. Festo umfaßt unter anderem Pneumatikelemente, wie Zylinder, Ventile und Steuerelemente. Diese stellen u.a. hohe Anforderungen an die Form und Lage von Kolben- und Stangenführungen, an die Oberflächengüte von Gleitflächen oder die Einhaltung von Spaltmaßen an Dichtelementen sowie die Maßhaltigkeit der Geometrie von Steuerelementen.

In der bei Festo betrachteten Produktion werden größtenteils prismatische Bauteile für Pneumatikelemente (Ventile) und Steuerungen in mittleren Losgrößen gefertigt, wobei ein hoher Anteil an spanender Bearbeitung anfällt.

Die Qualitätsprüfung in der Fertigung von Pneumatikelementen ist bei Festo ausschließlich in Werkerselbstprüfung (WSP) organisiert. Dabei ist zwischen der

- WSP an maschinennahen SPC-Meßplätzen und der
- WSP in fertigungsanhängigen Meßinseln zu unterscheiden.

Die Aufgabe der Prüfplanung ist dabei im Bereich der Abteilung Qualitätssicherung angesiedelt und wird unter Einbeziehung der Werker in der Produktion durchgeführt. Besonderes Augenmerk wird bei Festo auf die Qualifikation des Fertigungspersonals in der Handhabung der Meßgeräte und der Auswertung der Ergebnisse (SPC) gelegt. Neben regelmäßigen Schulungen findet eine entsprechende Berücksichtigung bereits in der Ausbildung statt. Auch wird darauf geachtet, daß der Werker nicht mit Meßaufgaben überlastet wird.

An den fertigungsintegrierten Meßplätzen kann der Werker die zur Regelung seiner Prozesse erforderlichen Prüfaufgaben, vorwiegend Maß-, Form- und Lagemessungen, erledigen, solange diese nicht zu zeitaufwendig sind. Neben konventionellen Prüfmitteln, wie Handmeßmitteln, Lehren und Höhenmeßgeräten verfügen diese auch über handgeführte Koordinatenmeßgeräte (ScanMax) mit fertigen, teilespezifischen Meßprogrammen zur Messung an komplexen Werkstücken. Die Meßergebnisse können an einem SPC-Rechner ausgewertet und visualisiert werden (Bild 13).

Produkte und Produktion
- Regelgeometrien
- Maß- und Formmerkmale
- teilautomatisierte Produktion

Qualitätsprüfung in Werkerselbstprüfung
- SPC-Meßplätze
- fertigungsintegrierte Meßinsel (Portalkoordinatenmeßgerät)

Meßdatenrückführung
- über firmeninternes PC-Netzwerk
- SPC-Rechner übertragen Meßergebnisse halbstündig an zentralen Server

nach FESTO

Bild 13: Werkerselbstprüfung in teilautomatisierter Produktion

Zur Rückführung der dezentral in der fertigungsintegrierten Qualitätsprüfung gewonnenen Meßdaten in eine zentrale Datenhaltung wurde bei der Fa. Festo eine datentechnische Anbindung der Meßmittel bzw. Auswerterechner an das firmeninterne Netzwerk realisiert. Die SPC-Rechner übertragen halbstündig ihre Daten per TCP/IP-Protokoll auf ein Projektlaufwerk des zentralen Servers.

An die fertigungsintegrierten Meßinseln werden alle Meßaufträge vergeben, die den Werker mehr als 3 Minuten in Anspruch nehmen würden, oder die er aufgrund der Schwierigkeit nicht selber durchführen kann. Hierdurch wird sichergestellt, daß das Fertigungspersonal nicht mit meßtechnischen Aufgaben überlastet wird, sondern sich seiner Kernaufgabe, der Fertigung widmen kann.

Die in den Meßinseln zur Verfügung stehenden Prüfmittel sind hauptsächlich Scanning-Koordinatenmeßgeräte (Prismo-Vast). Der Werker kann selbständig das teilespezifische Meßprogramm aufrufen und den Meßablauf starten. Während der laufenden Messung kann er bereits wieder seine Aufgaben an der Maschine wahrnehmen.

Qualitätsprüfung in vollautomatisierter Produktion

Bei der Fa. FAG werden Wälzlager und Lager-Baugruppen gefertigt. Die Losgrößen variieren von der Einzelanfertigung (Lager für den Bohrer des Euro-Tunnels) bis zur

Großserie (1.3 Mio./Jahr für die Automobilindustrie). Die Einhaltung vorgegebener Oberflächengüten an Laufflächen und tolerierter Lagerspiele sind dabei ausschlaggebend für die Funktion, das Laufgeräusch und die Dauerfestigkeit der Lager.

Die Organisation der Qualitätsprüfung zeichnet sich durch eine integrierte Arbeits- und Prüfplanung aus. Die Art der Prüfaufgaben und der eingesetzten Prüfmittel ist bei FAG jedoch stark abhängig von der betrachteten Fertigungsstufe. Daher werden hier exemplarisch am Beispiel von Standard-Lagerringen und kompletten Lager-Gruppen die Fertigungsstufen Vor- und Hartbearbeitung sowie die Montage in der Großserienfertigung mit einem hohen Automatisierungsgrad betrachtet.

In der Bearbeitung von Standard-Lagerringen werden von einem Einrichter eingestellte Prozesse durch den Werker in WSP überwacht und geregelt. Die Besonderheit bei der Vorbearbeitung ist, daß alle Merkmale (die Kontur der Lauffläche) im Werkzeug verkörpert sind. Die Variation eines Parameters an der Bearbeitungsmaschine führt damit zu einer Beeinflussung aller Merkmale.

Die eingesetzten Prüfmittel sind hauptsächlich Vielstellenmeßgeräte. Die Ergebnisse werden statistisch aufbereitet (SPC) und in Form von Regelkarten auf einem Bildschirm visualisiert. Eine bestehende datentechnische Anbindung der Meßplätze an einen Zentralen Leitrechner wird nicht mehr genutzt.

Bei der Montage der Standard-Lager sind sämtliche Prüfmittel und Meßstationen vollautomatisiert in die Montagelinie integriert. Neben einer Paarungs-Prüfung durch eine berührende Messung der Laufflächen-Durchmesser von Innen- und Außenring finden hier hauptsächlich Funktionsprüfungen statt, z.B.: Prüfung des Radial-Spiels, des Freilaufs und eine Körperschall-Messung zur Erkennung fehlerhafter Komponenten. Diese Prüfungen dienen dazu, fehlerhafte Lager auszusortieren. Eine zentrale datentechnische Anbindung der Meßstationen erfolgt nicht, jedoch die Aufbereitung von Fehlerhäufigkeiten zur längerfristigen Prozeßregelung.

Bei der Montage von Lagergruppen für die Automobilindustrie handelt es sich um besonders sicherheitsrelevante Bauteile, daher findet hier neben den Paarungs- und Funktionsprüfungen zusätzlich eine Prozeßüberwachung der besonders sicherheitskritischen Fertigungsschritte statt (Bild 14). So wird ein Fügeprozeß durch Umformen anhand seiner Kraft-Weg-Kennlinie überwacht. Diese wird am Bildschirm angezeigt und muß bestimmte Fenster durchlaufen. Fehlerhafte Fügeverbindungen werden automatisch aussortiert.

3.4 Zwischenfazit

Flexible Meßgeräte zur fertigungsintegrierten Prüfung komplexer Merkmale existieren. Durch Kapselung bzw. Kompensation von Umwelteinflüssen sind genaue Messungen auch in der Fertigung möglich.

Heutige Softwarelösungen unterstützen zudem die durchgängige unternehmensweite Nutzung von Produkt- und Qualitätsdaten. Meßdaten vielfältiger Prüfeinrichtungen lassen sich für die Prozeßüberwachung einlesen, auswerten, verdichten und visualisieren. Meßgeräte-Programmiersysteme erlauben die Erstellung flexibler, merkmalorientierter Meßprogramme mit variablen Prüfumfängen.

Es existieren unternehmensspezifische Lösungen, die mit einem sinnvollen Einsatz von Meßtechnik und einer geeigneten Methodik ihre jeweiligen Prozesse regeln.

Aber es fehlt ein umfassender, integrativer Ansatz, der die heutigen Möglichkeiten verbindet und alle relevanten Bereiche der Produktentstehungskette optimiert, um zu einer effizienten Beherrschung komplexer Produktionsprozesse zu gelangen. Auch in den hier gezeigten Fallbeispielen werden Meßergebnisse im wesentlichen zur Regelung des Prozesses verwendet. Es ist keine systematische Rückkopplung in weitere Bereiche der Wertschöpfungskette zu erkennen.

Überwachung eines Fügeprozesses

- Aufnahme der Kraft-Weg-Kennlinie beim Fügen
- Prozeßkontrolle anhand des Kennlinienverlaufes
- automatische Aussonderung fehlerhafter Fügeverbindungen

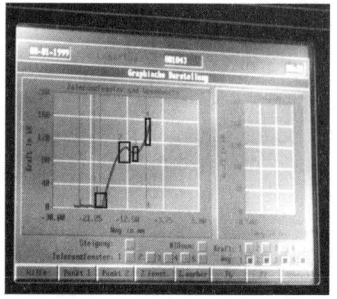

nach FAG

Bild 14: Prozeßkontrolle in der Großserienproduktion

4 Szenarien, Potential und Umsetzung

Um komplexe Produktionsprozesse mit einem wirtschaftlichen Aufwand fähig und stabil zu halten, reicht es nicht aus, alleine die Produktion zu betrachten. Fehler, die zu nicht beherrschten Prozessen führen, werden häufig bereits in den vorgelagerten Bereichen, wie Konstruktion und Arbeitsplanung begangen. So kann zum Beispiel eine ungünstige Arbeitsplanung dazu führen, daß ein kritisches Merkmal auf einer Bearbeitungsmaschine gefertigt wird, die gerade für dieses Merkmal nicht fähig ist. Insbesondere bei der Planung komplexer Produktionsprozesse mit neuen Bearbeitungsverfahren fehlt in der Arbeitsplanung häufig die nötige Information, welche Maschine für die Fertigung eines komplizierteren, eng tolerierten Merkmales geeignet sind.

Aus diesem Grund muß zur Lösung der Aufgabe ein Ansatz gewählt werden, der neben einer reinen Fertigungsprozeßregelung insbesondere auch die Bereiche umfaßt und optimiert, die der Produktion vorgelagert sind. Somit kommt der Fertigungsmeßtechnik die Aufgabe zu, zur kontinuierlichen Verbesserung des kompletten Produktentstehungsprozesses beizutragen [8].

Die zugrunde liegende Idee läßt sich mit heutigen, marktgängigen Lösungen aus dem Bereich der Meßgerätetechnik sowie der Informations- und Kommunikationstechnik bereits mittelfristig realisieren. Dabei ist eine Umsetzung mit einem unterschiedlichen Grad an Automatisierung und Softwareunterstützung möglich. Bei Stufen mit einem niedrigen Grad an Unterstützung nimmt der Mensch eine zentrale Rolle ein, da er diejenigen Lücken, die nicht durch die Technik abgedeckt sind, mit seinem Wissen und seinen Fähigkeiten schließen kann.

Die Idee besteht darin, daß **alle** prozeßrelevanten Merkmale - auch die komplexer Bauteile - in der Produktion durch die dortigen Mitarbeiter gemessen werden, und die Meßergebnisse für eine Optimierung der gesamten Wertschöpfungskette genutzt werden (Bild 15).

In der Produktion selbst stehen Meßergebnisse ohne Zeitverzögerung und in entsprechend aufbereiteter Form für eine Prozeßregelung zur Verfügung. Auf diese Weise entsteht ein fertigungsnaher Qualitätsregelkreis, der eine schnelle Reaktion auf Prozeßänderungen zuläßt. Die Zusammenhänge zwischen Merkmalausprägungen und den Prozeßparametern müssen bekannt sein, damit aufgrund der Meßergebnisse die richtigen Maßnahmen eingeleitet werden. Sie müssen gegebenenfalls in Voruntersuchungen mit geeigneten Methoden, wie beispielsweise statistischer Versuchsmethodik, ermittelt werden. Insbesondere ist ein Prozeß daraufhin zu analysieren, an welchen Stellen es sinnvoll ist, Meßtechnik einzusetzen. So kann ein zusätzlicher Meßschritt zwischen zwei Bearbeitungsvorgängen zwar auf den ersten Blick einen höheren Aufwand darstellen, in einer Gesamtbetrachtung jedoch zu einer wesentlichen Verbesserung der Prozeßbeherrschung und somit auch zu Kosteneinsparungen führen.

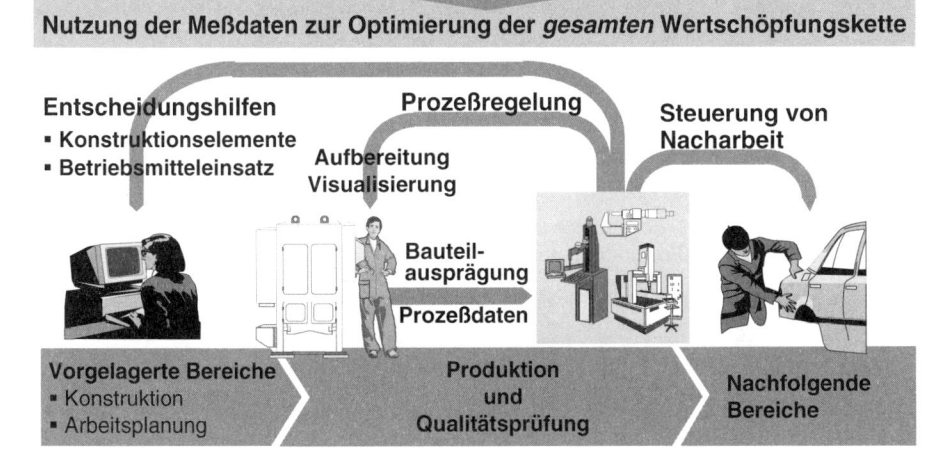

Bild 15: Die Idee

Über die Regelung des Produktionsprozesses hinaus werden sämtliche Meßdaten weitergehend aufbereitet und in die vorgelagerten Bereiche zurückgeführt. Beispielsweise können sie in entsprechender Darstellung in der Konstruktion Auskunft über für die Fertigung kritische Konstruktionselemente an Bauteilen geben oder für die Arbeitsvorbereitung zu Fähigkeitsindizes von Bearbeitungsmaschinen verdichtet werden.

Auf diese Weise schließt sich ein weiterer Regelkreis, der als Regelstrecke den planerischen Teil der Wertschöpfungskette einschließt und optimiert. Somit leistet die Meßtechnik einen Beitrag zu präventiven Qualitätssicherungsmaßnahmen. Für den Konstrukteur entsteht eine wesentlich größere Transparenz über die Herstellbarkeit der Bauteile. Gerade bei einem kurzen Time-To-Market-Intervall mit entsprechenden Produktionsanlaufzeiten gewinnt eine fertigungs- und montagegerechte Konstruktion an Bedeutung, da nachträgliche Änderungen mit enormen Kosten und Zeitverzögerungen verbunden sind.

Neben der Rückkopplung in vorgelagerte Bereiche können die Meßdaten darüber hinaus zur Informationsgewinnung bei nachfolgenden Schritten genutzt werden. Auf diese Weise können Montagevorgänge oder Arbeitsgänge in der Nacharbeit gesteuert und damit wesentlich effizienter gestaltet werden.

So können Meßergebnisse von Merkmalen bei der Montage dazu genutzt werden, geeignete Bauteilpaarungen auszuwählen, ähnlich wie dies auch bei einfachen Montagevorgängen zum Beispiel zur Paarungsauswahl von Lagerringen bei der Wälzlagerherstellung geschieht. Des weiteren können sie zur Ableitung von Maßnahmen innerhalb der Nacharbeit herangezogen werden.

Der dargestellte Ansatz einer Nutzung von Meßdaten zur Optimierung der gesamten Wertschöpfungskette läßt sich in mehreren Schritten realisieren, wobei jeder Schritt Potential erschließt (Bild 16).

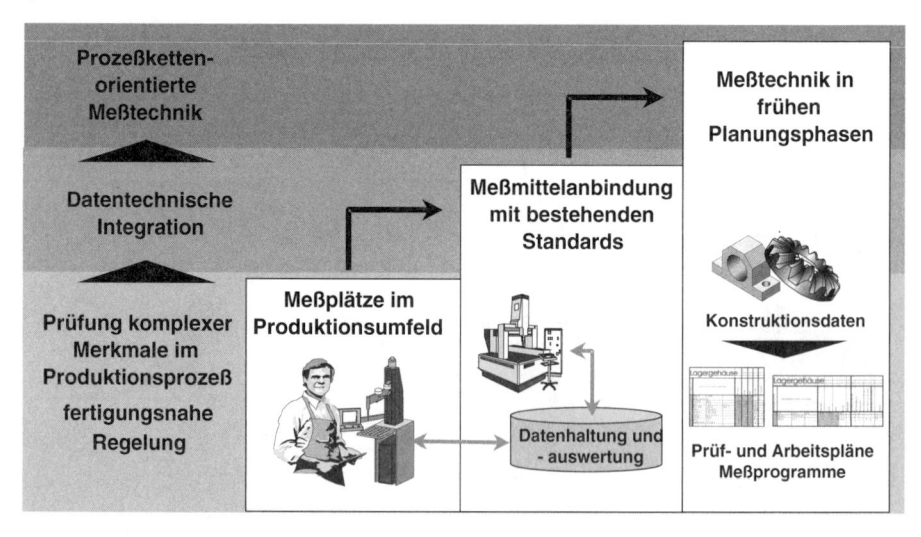

Bild 16: Die Stufen der Realisation

Durch die Einrichtung von fertigungsintegrierten Meßplätzen mit entsprechender meßtechnischer Ausstattung, (i.a. marktgängige Meßgeräte) kann bereits eine Prüfung aller prozeßrelevanten Merkmale sowie eine Auswertung der Ergebnisse, beispielsweise in Form einer SPC, in der Produktion erfolgen. Da die Information über die Qualitätslage somit in der Nähe der Fertigungsmaschine entsteht, kann das Ziel einer schnellen Reaktion auf Prozeßstörungen bereits mit dieser relativ einfachen Stufe der Realisation erreicht werden.

In einem nächsten Schritt können die in der Produktion eingerichteten Meßplätzen über bestehende Standards der Informations- und Kommunikationstechnik, wie beispielsweise das Protokoll TCP/IP, angebunden werden. Auf diese Weise wird eine informationstechnische Integration realisiert, womit eine flexible Meßdatenübertragung zur weiteren Nutzung ermöglicht wird. Dadurch können Informationen über die Qualitätssituation problemlos in produktionsfernen Abteilungen, wie beispielsweise die vorgelagerten Bereiche, zurückfließen. Dieses Szenario läßt sich realisieren, indem Meßsysteme über standardisierte Schnittstellen an das in vielen Unternehmen ohnehin vorhandene PC Netzwerk angeschlossen werden.

Die Realisierung einer effizienten und prozeßkettenorientierten Meßtechnik erfordert eine Berücksichtigung der entsprechenden Tätigkeiten und Prozesse bereits in den frühen Phasen der Produktionsplanung. Dies ist Schwerpunkt des dritten Schrittes. Um Prozesse zur Qualitätsprüfung - unter Berücksichtigung von Aspekten wie Betriebsmittelauslastung und Produktionslogistik - optimal in Abläufe zu integrieren, ist eine enge Verzahnung zwischen Prüf- und Arbeitsplanung erforderlich. Eine sogenannte integrierte Prüf- und Arbeitsplanung kann auf der Grundlage von Konstruktionsdaten erfolgen und sollte softwareunterstützt unter Nutzung eines durchgängigen Datenmodelles geschehen.

Während sich die ersten beiden Realisierungsstufen bereits mit marktgängigen Systemen und bestehenden Standards weitgehend umsetzen lassen, erfordert die letzte Stufe noch umfassenden Forschungs- und Entwicklungsbedarf im Bereich der Datenmodellierung und Prozessorentwicklung.

4.1 Meßplätze in der Produktion

Diese Stufe der Realisation läßt sich mit häufig im Unternehmen bereits vorhandenen Prüfmitteln umsetzen und besteht im wesentlichen in einer Erweiterung des Tätigkeitsbereiches der Produktionsmitarbeiter. Die Idee besteht darin, in der Produktion Meßplätze einzurichten, an denen der Werker in Maschinennähe alle Merkmale, die für die Prozeßregelung relevant sind, selbst prüfen kann und somit eine größtmögliche Nähe zwischen Fertigung und Prüfung entsteht. Hierzu müssen in Abhängigkeit von den zu prüfenden Merkmalen geeignete, werkergerechte Meßmittel eingesetzt werden.

Die Rolle der lehrenden Prüfung tritt hier in den Hintergrund, da zur Prozeßregelung quantitative Meßergebnisse notwendig sind. Die Auswertung der Messungen erfolgt durch geeignete Methoden wie SPC im Meßplatz selbst und kann durch werkergerechte Softwaretools unterstützt werden. Wesentlich dabei ist, daß die Meßdaten in einer für den Produktionsmitarbeiter anschaulichen Form dargestellt werden, und er direkt Maßnahmen zur Regelung seines Fertigungsprozesses ableiten kann. So ist es beispielsweise sinnvoll, bei der Erstellung von Meßprogrammen für flexible Meßgeräte, wie Koordinatenmeßgeräte, Bezüge und Koordinatensystem nach Möglichkeit so zu wählen, daß sie einen direkten Bezug zu den Koordinaten auf der Bearbeitungsmaschine haben. Auf diese Weise entsteht ein enger Zusammenhang zwischen den Meßergebnissen und den Stellgrößen der Bearbeitungsmaschine, womit Umrechnungen zur

Transformation vermieden werden. Aus diesem Grund sollten solche Meßprogramme unter Einbeziehung der betreffenden Produktionsmitarbeiter geschrieben werden.

Bei dieser Realisationsform des fertigungsnahen Qualitätsregelkreises nimmt der Werker eine zentrale Rolle ein, da er die Prozesse im wesentlichen in Eigenverantwortung aufgrund seiner Erfahrung und Qualifikation regelt, und der Grad an automatisierter Datenverarbeitung und Meßergebnisrückführung hier relativ gering ist.

Die Rückkopplung in weitere Teile der Prozeßkette erfolgt hier ohne weitgehende softwaretechnische Unterstützung. Sie kann auf einfache Weise gerade in kleineren Unternehmen schon dadurch realisiert werden, daß einfache Statistiken über Prozeßverhalten und problematische Bauteile geführt werden und diese in regelmäßigen Teamsitzungen zwischen den betreffenden Bereichen besprochen werden.

Das Potential dieser Idee liegt sowohl in einem produktionstechnischen, wirtschaftlichen als auch arbeitspsychologischen Nutzen (Bild 17).

Idee:	• Einsatz werkstatttauglicher Meßgeräte zur Prüfung komplexer Merkmale in Werkerselbstprüfung
	• Werker als Regelglied und Wissensbasis
	• SPC-Auswertung in der Meßinsel
	• Reduktion der lehrenden Prüfung

Nutzen:		
produktionstechnisch:	wirtschaftlich:	arbeitspsychologisch:
• fertigungsnahe Regelung auch *komplexer* Prozesse	• Kosten- und Zeitreduktion bei der Qualitätsprüfung	• höhere Motivation durch Aufgabenvielfalt
• Vermeidung von Produktionsausfällen durch Maschinenstillstände	• höhere Meßmittelauslastung	• gesteigertes Bewußtsein für Produktqualität durch Transparenz
	• Reduktion von Ausschuß	
	▶ schnelle Amortisation bei richtigem Einsatz !	

Bild 17: Meßplätze zur Prüfung komplexer Merkmale

Durch die fertigungsnahe Regelung der Prozesse ist eine schnelle Reaktion auf Produktionsstörungen möglich, womit Produktionsausfälle, Maschinenstillstände und die Produktion von Ausschuß reduziert werden können [9].

Des weiteren wird durch die Nähe zwischen Fertigung und Messung eine leicht zu quantifizierende Zeit- und Kostenreduktion innerhalb der Qualitätsprüfung erreicht. Insbesondere durch den Wegfall von Wegzeiten zum Feinmeßraum und Wartezeiten lassen sich erhebliche Einsparungen erzielen. Des weiteren wird die kostenintensive Prüfung im Feinmeßraum reduziert. Bei einem sinnvollen Einsatz der Prüfmittel mit angemessener Arbeitsorganisation können sich die getätigten Investitionen in neue Meßgeräte bereits nach kurzer Zeit amortisieren.

Die weitgehende Verlagerung nahezu aller Prüftätigkeiten in den Verantwortungsbereich des Produktionsmitarbeiters führt zu einer größeren Aufgabenvielfalt und Verantwortung. Der Werker hat somit die Möglichkeit beziehungsweise Pflicht, sich Gewißheit über die von ihm produzierte Qualität zu verschaffen. Die gibt ihm eine größere Selbstbestätigung, sowie das Selbstverständnis, eine „ganze Arbeit" zu verrichten. Aus der direkten und selbsterworbenen Information über die Produktqualität resultiert ein stärkeres Interesse, den eigenen Prozeß robust zu gestalten und hochwertige Produkte herzustellen [10, 11]. Insgesamt kann auf diese Weise - bei einer angemessenen Vorbereitung der Mitarbeiter auf die neuen Aufgaben - eine deutliche Steigerung der Arbeitsmotivation erzielt werden. So ist beispielsweise in Arbeitsstrukturen mit einer größeren Aufgabenvielfalt im allgemeinen ein geringerer Krankenstand festzustellen als in solchen Organisationsformen mit einer strengen tayloristischen Arbeitsteilung [12].

Handlungsbedarf zur Umsetzung des hier dargestellten Schrittes besteht sowohl auf seiten der Entwicklung geeigneter Meßsysteme, als auch auf seiten des bereffenden Unternehmens, das die erforderlichen Änderungen durchführen muß.

Im Bereich der Meßsystementwicklung ist insbesondere eine benutzergerechte Gestaltung von hoher Bedeutung. Gerade wenn komplexere Meßtechnologien, beispielsweise die Scanningtechnologie in der Koordinatenmeßtechnik, zum Einsatz kommen ist der Informationsgehalt der anfallenden Daten sehr hoch. Diese Daten müssen für den Benutzer in sinnvoller Weise visualisiert werden. Neue Möglichkeiten ergeben sich durch Methoden der PC-basierten Datenvisualisierung in 3D-Darstellung.

Bediensysteme sollten einen einheitlichen Aufbau haben, der sich an gängigen Standards, beispielsweise aus dem Bereich der PC-Welt orientiert. In der Darstellung technischer Spezifika sowie bei der Verwendung von Bildzeichen sollte die Anlehnung an die Benutzeroberflächen von Produktionsmaschinen gesucht werden, um Produktionsmitarbeitern ein einfaches Einlernen zu ermöglichen.

Da die genauen Anforderungen der späteren Benutzer von Meßsystemen häufig nicht bekannt sind, sollte bei der Entwicklung und Gestaltung von Benutzungsoberflächen eine Integration der späteren Anwender erfolgen. Dies kann dadurch geschehen, daß beispielsweise in der frühen Entwicklungsphase eine Erhebung über Wünsche und Qualifikation späteren Nutzer durchgeführt wird. Im weiteren können Prototypen von Anwendern getestet werden und Änderungsvorschläge umgesetzt werden.

Um die geforderte geringe Meßunsicherheit von Meßmitteln zu garantieren, sind geeignete Verfahren und Prüfkörper zur Überwachung und Rückführung von fertigungsintegrierten Meßmitteln bereitzustellen. Diese Verfahren sollten mit geringem Aufwand durchzuführen sein und wenig Zeit in Anspruch nehmen, da solche Untersuchungen den Produktionsablauf nach Möglichkeit nicht beeinträchtigen sollten.

Bei der Verlagerung von Prüfaufgaben in den Tätigkeitsbereich der Produktionsmitarbeiter, sind innerhalb des Unternehmens wesentliche Schritte durchzuführen. Im Rahmen einer integrierten Prüf- und Arbeitsplanung sollten die bisherigen Prüf- und Arbeitsabläufe analysiert werden und in einem Team, das aus Mitarbeitern des Qualitätswesens und der Produktions besteht, neu definiert werden. Die dabei entstehenden

Aufgaben sollten für die Mitarbeiter anspruchsvoll und interessant sein, ohne sie zu überfordern.

Ausgehend von diesen neuen Aufgaben muß in einem nächsten Schritt die dafür notwendige Qualifikation ermittelt werden und mit der im Unternehmen bestehenden Situation verglichen werden. Aufgrund der Diskrepanz kann ein geeignetes Schulungskonzept entwickelt werden, das die betreffenden Mitarbeiter auf die neuen Aufgaben vorbereitet.

4.2 Informationstechnik zur Meßdatenrückführung

In der vorangegangenen Stufe wurde die Einrichtung von Meßplätzen im Produktionsumfeld dargestellt und es wurden die dazu notwendigen Schritte aufgezeigt. Der Informationsaustausch über die Qualitätslage geschieht bei der dort dargestellten Realisation im wesentlichen über den Mitarbeiter, beispielsweise über das Ablesen und Notieren von Meßergebnissen und den Austausch entsprechender Papierdokumente.

Ein weiteres Verbesserungspotential besteht in einer datentechnischen Integration der vorhandenen Meßgeräte und einer softwaretechnischen Unterstützung bei der weiteren Nutzung und Übertragung von Meßdaten in die relevanten Bereiche der Wertschöpfungskette (Bild 18). Zur Umsetzung dieser Aufgaben stehen leistungsfähige Mittel sowohl der Kommunikationstechnologie als auch der Datenverarbeitung bereit.

Idee:
- Rückführung von Meßergebnissen in relevante Bereiche
- zentrale Datenhaltung in Datenbank
- Verwendung bestehender Standards z.B. TCP / IP

Meßgeräte und Sensoren

flexible, automatisierte Auswertung aller Meßdaten

- Information über Qualitätslage
- Kennzahlen
- Entscheidungshilfen zur Prozeßregelung
- Dynamisierung des Prüfumfanges

Nutzen:
- Transparenz des Produktionsprozesses
- effiziente und schnelle Prozeßregelung
- hohe Flexibilität bei der Meßdatenauswertung und -rückführung

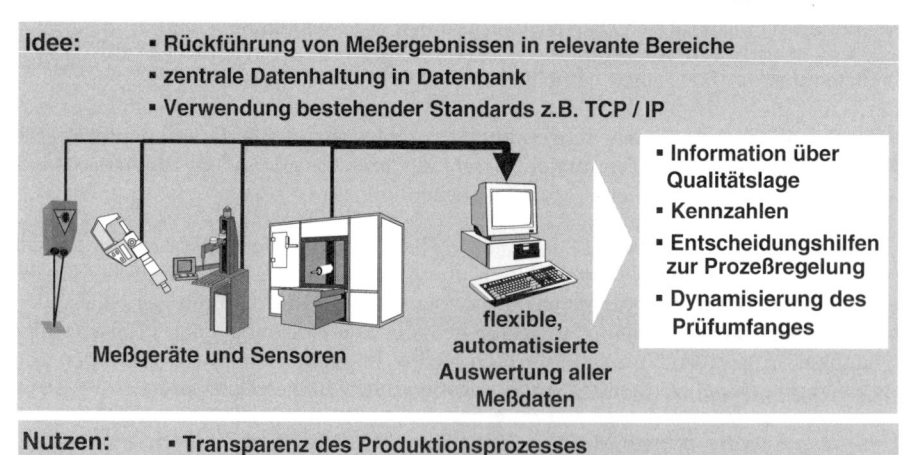

Bild 18: Anbindung von Meßmitteln

Für den Transfer von umfassenderen Meßdaten und weiteren qualitätsrelevanten Informationen innerhalb eines Unternehmens oder auch zwischen verteilten Produktionsstandorten bieten Internet oder Intranetlösungen nach dem standardisierten Protokoll TCP/IP weitreichende, leistungsfähige Möglichkeiten.

Das Internet als weltweites, offenes Rechnernetz verbindet mittlerweile (Stand: Anfang 1999) über ca. 43,2 Millionen Server in mehr als 140 Ländern [13]. Seine globale Kommunikationsinfrastruktur und seine plattformübergreifenden Anwendungsdienste haben bereits viele Unternehmen veranlaßt, ihre Informations- und Kommunikationsbeziehungen neu zu gestalten, so daß Unternehmensnetze nach dem standardisierten Protokoll TCP/IP derzeit eines der am stärksten wachsenden Segmente der Informations- und Kommunikationstechnik sind [14].

Da TCP/IP-basierte Netzwerke ohnehin bereits in vielen Unternehmen installiert sind, können diese dazu genutzt werden, Meßergebnisse oder Kennzahlen zur Qualitätslage in eine zentrale Datenbank oder nahezu jeden beliebigen Bereich des Unternehmens - auch bei großen räumlichen Entfernungen - zu übertragen. Wenn diese Daten in einer zentralen Datenbank abgelegt sind, ist eine Auswertung in nahezu beliebiger Form möglich, was ein enormes Potential hinsichtlich einer geeigneten Informationsverdichtung eröffnet.

Die Art der Auswertung, beispielsweise die Ableitung von Kennzahlen oder Entscheidungshilfen, ist in starkem Maße von den jeweiligen Prozessen in der Produktion, der Organisation der Wertschöpfungskette und des Qualitätsmanagements abhängig. Hierzu sind geeignete Softwaremodule notwendig, die aus den erfaßten und abgelegten Daten die Informationen, die an der jeweiligen Stelle benötigt werden, generieren.

In der Produktion können Meßdaten in entsprechenden Programmen aufbereitet werden, und es kann der Mitarbeiter durch Kennzahlen und Entscheidungshilfen bei seiner Tätigkeit unterstützt werden. In Abhängigkeit von den Anforderungen sind flexible Lösungen für die Prozeßregelung realisierbar. Meßergebnisse können entsprechenden Teilprozessen zugeordnet werden, so daß eine gezielte Optimierung erfolgen kann.

Des weiteren können Prüfumfänge in Abhängigkeit von der Prozeßsituation automatisch dynamisiert werden. Der Ansatz liegt in diesem Fall darin, daß diejenigen Merkmale, die sich im Prozeß als kritisch erweisen, mit einer höheren Häufigkeit gemessen werden als unkritische Merkmale. Eine solche Prüfumfangsdynamisierung kann zu erheblichen Einsparungen bei der Prüfzeit führen, ohne daß die Prozeßsicherheit dadurch gefährdet ist [7].

In Konstruktion und Arbeitsvorbereitung können automatisiert Prozeß- und Maschinenfähigkeitsindizes sowie Statistiken über Fehlerhäufigkeiten bestimmter Konstruktionsmerkmale aus Meßdaten abgeleitet werden.

Bei der Konstruktion und Fertigung von Freiformflächen besteht die Möglichkeit, gefertigte Bauteile auf Koordinatenmeßgeräten zu digitalisieren und durch eine Flächenrückführung ins CAD-System einen exakten Vergleich zwischen dem konstruierten und dem gefertigten Bauteil durchzuführen. Auf diese Weise kann der Konstrukteur auch bei komplexen Freiformflächen genau erkennen in wie weit das gefertigte Bauteil den konstruktiven Vorgaben entspricht und gegebenenfalls Änderungen durchführen.

Der Nutzen des dargestellten Szenarios liegt darin, daß eine wesentlich höhere Transparenz der Produktionsprozesse und der Qualitätslage in den relevanten Bereichen der Wertschöpfungskette geschaffen wird. Auf diese Weise erhalten auch die der Produktion vorgelagerten Bereiche eine schnelle Rückkopplung relevanter Information und können entsprechende Maßnahmen ableiten. Ein Konstrukteur kann somit sehr schnell erkennen und entsprechende Maßnahmen ableiten, wenn gewisse Elemente an einem Bauteil in der Produktion Probleme hervorrufen. Auf diese Weise werden - wie bereits eingangs gefordert - weitere Bereiche der Wertschöpfungskette in einen Qualitätsregelkreis mit eingeschlossen und können schneller optimiert werden.

Für die Umsetzung des dargestellten Schrittes ist eine Analyse der eigenen Abläufe und Prozesse erforderlich. Hierzu ist ein Team notwendig, das sich aus Mitarbeitern von Konstruktion, Produktion und Qualitätssicherung zusammensetzt. Im wesentlichen muß detailliert beschrieben werden,

- welche Information
- an welcher Stelle in der Wertschöpfungskette
- in welcher Form benötigt wird.

Die Anforderungen an eine einzusetzende Informations- und Kommunikationstechnik sollten in einem Lastenheft dokumentiert werden. Viele dieser Anforderungen lassen sich bereits mit auf dem Markt erhältlichen Lösungen umsetzen, für Bereiche die nicht abgedeckt sind, müssen spezifische Lösungen entwickelt werden.

4.3 Meßtechnik in frühen Planungsphasen

Das im folgenden beschriebene Szenario hat zum Ziel, meßtechnische Verfahren unter wirtschaftlichen Gesichtspunkten in Produktionsabläufe zu integrieren und die gesamte Prozeßkette zur Qualitätsprüfung effizienter und flexibler zu gestalten.

Dafür müssen Möglichkeiten geschaffen werden, Prüfverfahren bereits in der planerischen Phase in einer Art auszulegen, daß sie optimal unter Berücksichtigung aller wesentlichen Aspekte in den Produktionsablauf eingebunden sind. Des weiteren muß die Prozeßkette zur Qualitätsprüfung so gestaltet und unterstützt werden, daß ein schneller Durchlauf bei neuen Produkten oder konstruktiven Änderungen ermöglicht wird und insbesondere auch Methoden zur parallelen Produkt- und Prozeßplanung für die Meßtechnik umsetzbar sind.

Wesentliche Komponente der hier dargestellten Idee ist ein einheitliches Datenmodell, das in der Lage ist, neben Konstruktionsdaten die gesamte Information, die zur Qualitätsprüfung notwendig ist - neben Prüfplänen sind dies auch Meß- und Auswertestrategien - abzubilden. Somit wird eine durchgängige Nutzung von Konstruktionsdaten entlang der Prozeßkette möglich.

Ziel ist es, sämtliche Informationen, die innerhalb der Prozeßkette generiert werden, redundanzfrei in elektronischer Form zu halten. Auf diese Weise wird es möglich, Tätigkeiten, wie beispielsweise die Meßprogrammerstellung bereits zu einem sehr frühen Zeitpunkt an einem virtuellen Bauteilmodell durchzuführen und Meßabläufe zu simulieren. So kann die Prozeßkette durch eine Parallelisierung von Tätigkeiten beschleunigt werden.

Die Verfahrensschritte gestalten sich wie folgt: Die Prüfplanung wird in die Arbeitsplanung integriert und basierend auf Konstruktionsdaten durchgeführt (Bild 19). Dafür ist es notwendig, daß die Konstruktionsdaten gemäß der Datenmodellspezifikation von einem CAD-System bereitgestellt werden und für die weiteren Verfahrensschritte zur Verfügung stehen. Die aus dem CAD-System stammenden Informationen werden dann in einem entsprechenden Prüfplanungsmodul um die relevanten Daten (Kennzeichnung von Prüfmerkmalen, Festlegung von Prüfmittel und Prüfer etc.) ergänzt.

Idee: Unterstützung und Rationalisierung in der vorgelagerten Ebene unter Nutzung eines durchgängigen Datenmodelles — Konstruktionsdaten

Konstruktion

Festlegung von Prüfplaninformation
- Merkmal
- Prüfmittel
- Prüfer
- ...

Definition *einheitlicher* Meßstrategien für komplexe Verfahren

Einordnung der Meßabläufe in die Prozeßkette unter Vernetzung von Produktionsplanung und Steuerung

Prüf- und Meßplandaten
einheitliches Datenmodell

Nutzen:
- Beschleunigung der Prozeßkette zur Qualitätsprüfung
- vergleichbare Meßergebnisse auch bei denzentraler Qualitätsprüfung
- wirtschaftliche Betriebsmittelnutzung durch rechtzeitige Planung
- Flexibilität bei Änderungen von Bauteilen

Bild 19: Künftige Verfahrenskette zur Prüf- und Meßplanung

Mit der Eingliederung der Prüfplanung in die Arbeitsplanung wird gewährleistet, daß Prüfprozesse und -tätigkeiten bereits in einem frühen Stadium auf die Bearbeitungsprozesse und Produktionsabläufe abgestimmt werden. Somit können unnötige Rekursionen sowie Aufwände für nachträgliche Änderungen vermieden werden.

Bei komplexeren Meßverfahren, beispielsweise Verfahren der Koordinatenmeßtechnik, die weitergehende Informationen wie Meß- und Auswertestrategien benötigen, werden diese im nächsten Schritt einheitlich festgelegt. Dies ist wesentlich, um eine größtmögliche Vergleichbarkeit von Meßergebnissen zu erzielen, auch wenn diese an verschiedenen Orten an unterschiedlichen Geräten entstehen.

Aus den generierten Informationen können Prüf- und Arbeitspläne abgeleitet werden, sowie Prüfprogramme für komplexe Meßverfahren erstellt werden, nach denen die Messung durchgeführt wird.

Eine für die Umsetzung dieser Idee wesentliche Notwendigkeit ist die Bereitstellung eines geeigneten Datenmodelles, um die umfangreichen Informationen, die generiert werden, abzubilden und zueinander in Beziehung zu setzen. Eine Möglichkeit, die sich hier bietet, besteht darin, das bereits international standardisierte STEP-Datenmodell um die spezifischen Anforderungen der Meßtechnik zu erweitern.

Der dargestellte Handlungsbedarf ist Gegenstand aktueller Forschungsarbeiten.

Für die Realisierung der ersten beiden Szenarien, die bereits mit kommerziellen Systemen weitgehend möglich ist, sind Schritte notwendig, von denen ein Erfolg der Bemühungen in hohem Maße abhängt (Bild 20).

Grundsätzlich ist das Konzept nur in soweit erfolgreich, wie es von den betroffenen Mitarbeitern umgesetzt wird. Daher sollte die Konzipierung nach der Devise „Betroffene zu Beteiligten machen", in einem abteilungsübergreifenden Team unter Nutzung der Erfahrungen Berücksichtigung der Wünsche der jeweiligen Mitarbeitern erfolgen. Auf diese Weise wird eine wesentlich höhere Akzeptanz des Projektes geschaffen.

Abteilungsübergreifende Zusammenarbeit
- Bildung eines Teams aus Fertigung und Qualitätsprüfung
- Entwicklung eines abgestimmten Konzeptes

Planung und Investition
- Ermittlung prozeßrelevanter Merkmale
- Erstellung von Prüf- und Arbeitsplänen
- Anschaffung geeigneter Meßsysteme und Software

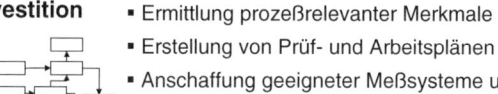

Qualifizierung der Mitarbeiter
- Vorbereitung auf neue Aufgaben
- Entwicklung eines geeigneten Schulungskonzeptes
- Vermeidung von Angst vor zusätzlicher Verantwortung

Einführungsphase
- Pilotanwendung in ausgewählten Produktionsbereichen
- Durchführung von Reviews
- schrittweise Ausdehnung auf weitere Bereiche

Bild 20: Die Schritte zur Umsetzung

Nach Entwicklung eines abgestimmten Konzeptes können in entsprechenden Arbeitsgruppen die jeweiligen Details wie Fragen zur Prüf- und Arbeitsplanung geklärt und notwendige Investitionen getätigt werden. In dieser Phase sollten vorhandene Abläufe und Prüfunterlagen analysiert werden und relevante Merkmale für Prozeßregelung, Dokumentation und weitere Aufgaben ermittelt werden. Darauf aufbauend erfolgt in einem nächsten Schritt die Auswahl und Anschaffung geeigneter Meßsysteme und Software.

Besondere Beachtung muß der Qualifikation der Mitarbeiter auf die neuen Aufgaben gewidmet werden. Bei Projekten, die mit neuen Tätigkeiten für die Mitarbeiter verbunden sind, wird dieser Punkt häufig unterschätzt. Eine Überforderung kann schnell zu Frustration und einer innerlichen Ablehnung der neuen Aufgaben führen. Wenn diese Einstellung beim Mitarbeiter einmal entstanden ist, ist es schwierig ihn für ein solches Projekt zurückzugewinnen.

In der Einführungsphase sollten zunächst Pilotanwendungen an ausgewählten Produktionsbereichen erprobt werden. Kriterien zur Auswahl dieser Bereiche können sein:

- Überschaubarkeit des Bereiches und Bewertbarkeit von Erfolgen

- durchschnittliches Fehleraufkommen
- gute Motivation der Mitarbeiter bei durchschnittlicher Qualifikation

Die Einführungsphase sollte von regelmäßigen Reviews begleitet werden, in denen die gewonnenen Erfahrungen diskutiert werden. Anregungen der Mitarbeiter sollten aufgenommen werden und gegebenenfalls in Änderungen umgesetzt werden, bevor eine schrittweise Erweiterung auf weitere Produktionsbereiche erfolgt.

Grundsätzlicher Handlungsbedarf liegt sowohl im Bereich der Forschung und Entwicklung als auch auf seiten des Unternehmens (Bild 21).

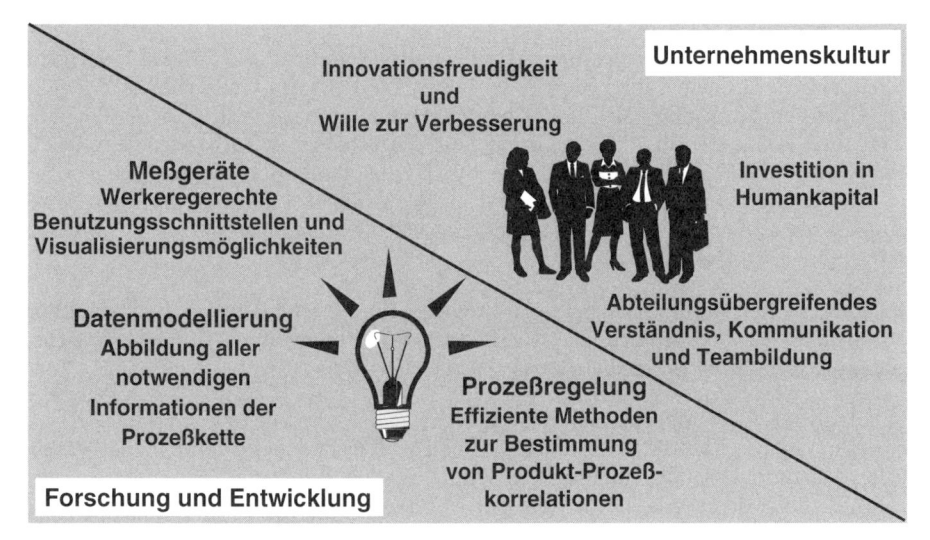

Bild 21: Handlungsbedarf und Voraussetzungen

Wesentliche Aufgaben bestehen in der weiteren Entwicklung werkergerechter Schnittstellen komplexer Meßgeräte. Gerade für die Darstellung von Meß- und Prüfergebnissen sind Methoden zur PC-basierten Datenvisualisierung in 3D-Darstellung interessant. Für die Eingabe von Anweisungen bieten Touch-Screen -Systeme neue Möglichkeiten.

Grundsätzlich müssen alle Lösungen den Mitarbeiter in seiner Aufgabenumsetzung optimal unterstützen. Bei der Auslegung von Benutzungsoberflächen sind daher auch Aspekte der Qualifikation, Mentalität und Art der Problemlösung der Benutzer zu berücksichtigen. Hierbei ist zu bedenken, daß sich kulturelle Unterschiede zwischen Ländern stark bemerkbar machen können.

Im Bereich der Informationstechnik muß eine durchgängige Nutzung von Daten entlang der Prozeßkette realisiert werden. Dies erfordert einerseits, wie bereits dargelegt, die Bereitstellung eines leistungsfähigen, standardisierten Datenmodelles als auch die Entwicklung von Prozessoren, die Informationen nach dieser Spezifikation übertragen.

Um für komplexe Prozesse die Korrelationen zwischen dem Prozeßverhalten und der Merkmalausprägung von Bauteilen zu ermitteln, und Entscheidungshilfen zu geben, an welchen Stellen im Prozeß Meßtechnik eingesetzt werden muß, bedarf es der Entwicklung effizienter Methoden der Analyse.

Neben Forschung und Entwicklung müssen insbesondere auf seiten des Unternehmens wesentliche Voraussetzungen geschaffen werden. In den dargestellten Szenarien ist an vielen Stellen zu erkennen, daß anstehende Aufgaben nur in einer abteilungsübergreifenden Zusammenarbeit gelöst werden können. Dies setzt eine Unternehmenskultur voraus, in der die Mitarbeiter über die Grenzen ihres eigenen Aufgabenbereiches oder ihrer Abteilung hinausdenken, gegenseitiges Verständnis aufbringen und sich in abteilungsübergreifenden Teams engagieren. Viele Lösungen - auch im Bereich des Qualitätsmanagements - lassen sich schon durch eine bessere Kommunikation erreichen.

Des weiteren muß im Unternehmen das Bewußtsein vorhanden sein, daß der eigene Mitarbeiter mit seinen Fähigkeiten einen hohen Wert für das Unternehmen darstellt. Ein Unternehmen kann es sich in der heutigen Situation nicht leisten, dieses Potential ungenutzt zu lassen. Aus diesem Grund muß die Bereitschaft vorhanden sein, in die eigenen Mitarbeiter zu investieren - sei es durch Qualifikationsmaßnahmen, eine bessere Ausstattung der Arbeitsplätze oder weitere Maßnahmen - und sich mit ihren Anregungen sowie Kritik ernsthaft auseinanderzusetzen beziehungsweise diese umzusetzen.

Die dargestellten Ansätze bringen neue Aufgaben für die Mitarbeiter in der Produktion mit sich. Es ist anzunehmen, daß diese einer Erweiterung ihres Tätigkeitsbereiches grundsätzlich positiv gegenüberstehen:

Innerhalb des Verbundprojektes *Werkergerechte und Prozeßkettenorientierte Meßtechnik*, das zum Ziel hat, Meßverfahren der Koordinatenmeßtechnik besser in die innerbetriebliche Ablauforganisation einzubinden, wurde in den beteiligten Unternehmen eine Umfrage unter den Werkern durchgeführt. Mit dieser Umfrage wurde ermittelt, in wie weit diese für meßtechnische Tätigkeiten bereits qualifiziert und aufgeschlossen gegenüber zusätzlichen Aufgaben der Qualitätsprüfung sind. Dabei gaben mehr als 80% der Befragten an, daß sie ihren Tätigkeitsbereich gern erweitern würden !

5 Zusammenfassung und Ausblick

Neue Aufgaben und Herausforderungen für die Fertigungsmeßtechnik ergeben sich durch gestiegene Anforderungen an Produkte und Prozesse. Insbesondere die Beherrschung von Prozessen zur Fertigung komplexer Bauteile stellt vor dem Hintergrund von Forderungen nach schnellen Durchlaufzeiten und geringen Prüfzeiten ein Problem dar.

Für eine wirtschaftliche Beherrschung solch komplexer Produktionsprozesse muß ein Ansatz gewählt werden, der neben der reinen Prozeßregelung auch die der Produktion vorgelagerten Bereiche umfaßt. Der Fertigungsmeßtechnik als Lieferant von zuverlässigen Informationen über die Ist-Lage fällt dabei - gemäß der Devise „Nur was gemessen wird, kann verbessert werden !" - eine zentrale Rolle zu.

Ein solcher Ansatz kann auf unterschiedliche Weise bereits mit am Markt zur Verfügung stehenden Mitteln realisiert werden. Ausgereifte Meßsysteme und Softwareprodukte, die zur Lösung dieser Aufgaben eingesetzt werden können, existieren. Handlungsbedarf besteht im Bereich der Schaffung von Möglichkeiten zur durchgängigen Nutzung von Daten entlang der Prozeßkette.

Viele der anfallenden Aufgaben, die zur Umsetzung geeigneter Szenarien notwendig sind, können nur in einer abteilungsübergreifenden Zusammenarbeit unter Beteiligung der betroffenen Mitarbeiter gelöst werden. Aufwände sind in den Anfangsphasen erforderlich, rentieren sich jedoch durch die erzielten Einsparungen schnell.

Grundsätzliche Voraussetzung für das Beherrschen und die ständige Optimierung der Prozesse sind qualifizierte und motivierte Mitarbeiter. Es ist daher die Aufgabe des Managements, die Randbedingungen und eine Unternehmenskultur zu schaffen, in der sich jeder Mitarbeiter für seine Tätigkeiten und eine Verbesserung seines Umfeldes motivieren kann.

Literatur

[1] VDMA: Kennzahlenkompaß, Hrsg: Verband Deutscher Maschinen- und Anlagenbau e.V. VDMA-Verlag, Frankfurt 1998

[2] T. Pfeifer: Ohne Fertigungsmeßtechnik geht nichts; in: Qualität und Zuverlässigkeit 9/97; Carl Hanser - Verlag, München 1997; S. 942 - 943

[3] R. Ohnheiser, H. Lang, W. Hinterschweiger: Leistungsfähigkeit und Einsatzspektrum der Formmessung auf Koordinatenmeßgeräten; in VDI-Berichte 1258, VDI-Verlag Düsseldorf 1996

[4] R. Ohnheiser: Form Measurement on Coordinate Measuring Machines with new Scanning Possibilities, Seminário Internacional de Metrologia para Controle da Qualidade, Florianópolis, Brasilien 1997

[5] H. Löschner: Einsatz eines neuen Meßsystems; in: Werkstatt und Betrieb, Carl Hanser Verlag, München, 1997

[6] R. Bartelt: Fertigungsnah - Rauheitsmessungen direkt vor Ort durchführen; in: MM-Special Control, Vogel Verlag Würzburg 1998

[7] T. Pfeifer, S. Meyer, C. Pietschmann: Dynamisierung der Qualitätsprüfung mit Koordinatenmeßgeräten; in: FQS-Schrift Nr. 80 - 95, 1995, S. 217 - 236

[8] T. Pfeifer: Fertigungsmeßtechnik; R. Oldenbourg Verlag München Wien, 1998

[9] T. Pfeifer, D. Effenkammer, D. Imkamp: Verantwortung motiviert; in: Qualität und Zuverlässigkeit 9/97; Carl Hanser - Verlag, München 1997; S. 1013

[10] D. Weigelt, T. Pfeifer, C. Theis, M. Weigelt: Umsetzung der Werkerselbstprüfung in der Praxis; in: Zertifizierung Mai 1995; Carl Hanser - Verlag, München 1995

[11] Prefi, T: Entwicklung eines Modells für das prozeßorientierte Qualitätsmanagement; Hrsg. Forschungsgemeinschaft Qualitätssicherung e.V. (FQS), Frankfurt am Main; Berlin, Wien, Zürich Beuth Verlag 1995

[12] H.J. Bullinger: Arbeitsgestaltung: Personalorientierte Gestaltung marktgerechter Arbeitssysteme, Teubner - Verlag 1995, Stuttgart

[13] Internet Domain Survey January 1999, http://www.nw.com, 1999

[14] M.-R. Wolf: Unternehmenskommunikation - Anwendung und Potentiale der Internet-Technologie; in: Theorie und Praxis der Wirtschaftsinformatik, Heft 196, Hüthig Verlag 1997, S. 8-21

Mitarbeiter der Arbeitsgruppe für den Vortrag 4.4

Dipl.-Ing. D. Effenkammer, WZL, RWTH Aachen
Dr.-Ing. Dipl.-Wirt. Ing. M. Erb, IBS Softwaresysteme & Consulting GmbH, Marbach
Dr.-Ing. R. Freudenberg, WZL, RWTH Aachen
Dipl.-Ing. M. Glombitza, WZL, RWTH Aachen
Dr.-Ing. H. Golüke, FAG Kugelfischer AG, Schweinfurt
W. Hinterschweiger, Heidelberger Druckmaschinen AG, Wiesloch
H. Lang, Festo AG, Esslingen
Dr.-Ing. A. Lütgert, DaimlerChrysler, Ulm
Dr.-Ing. R. Ohnheiser, Carl Zeiss, Oberkochen
Prof. Dr.-Ing. Dr. h. c. Prof. h. c. T. Pfeifer, WZL, RWTH Aachen
Dipl.-Ing. Y. Weiland, Heidelberger Druckmaschinen AG, Wiesloch
Dipl.-Ing. R. Ziegenbein, Mahr GmbH, Göttingen
Prof. Dr.-Ing. D. Zühlke, PAK, Kaiserslautern

Notizen

Notizen

Notizen

Notizen

Notizen

Notizen